Robert Koch, Georg Gaffky

Bericht über die Tätigkeit der zur Erforschung der Cholera im Jahr 1883 nach Ägypten und Indien entsandten Kommission

Mit Abbildungen im Text, 30 Tafeln und einem Titelbild

Robert Koch, Georg Gaffky

Bericht über die Tätigkeit der zur Erforschung der Cholera im Jahr 1883 nach Ägypten und Indien entsandten Kommission
Mit Abbildungen im Text, 30 Tafeln und einem Titelbild

ISBN/EAN: 9783743311459

Hergestellt in Europa, USA, Kanada, Australien, Japan

Cover: Foto ©berggeist007 / pixelio.de

Manufactured and distributed by brebook publishing software (www.brebook.com)

Robert Koch, Georg Gaffky

Bericht über die Tätigkeit der zur Erforschung der Cholera im Jahr 1883 nach Ägypten und Indien entsandten Kommission

Arbeiten

aus dem

Kaiserlichen Gesundheitsamte.

(Beihefte zu den Veröffentlichungen des Kaiserlichen Gesundheitsamtes.)

Dritter Band.

Mit Abbildungen im Text, 30 Tafeln und einem Titelbilde.

Berlin.
Verlag von Julius Springer.
1887.

UFER DES HOOGLY IN CALCUTTA

Bericht über die Thätigkeit

der zur

Erforschung der Cholera

im Jahre 1883

nach Egypten und Indien entsandten Kommission,

unter Mitwirkung

von

Dr. Robert Koch,

Geheimer Medizinal-Rath, Mitglied des Kaiserl. Gesundheitsamtes und o. ö. Professor an der Universität Berlin

bearbeitet

von

Dr. Georg Gaffky,

Kaiserl. Regierungs-Rath, Mitglied des Kaiserl. Gesundheitsamtes.

Mit Abbildungen im Text, 30 Tafeln und einem Titelbilde.

Berlin.

Verlag von Julius Springer.

1887.

Vorwort.

Ueber die Thätigkeit der von der deutschen Reichsverwaltung im Jahre 1883 zur Erforschung der Cholera nach Egypten und Indien entsandten Kommission hat der Führer derselben, Geheimer Regierungsrath Dr. Koch, an den Staatssekretär des Innern Herrn Staatsminister von Boetticher eine fortlaufende Reihe von Berichten erstattet, durch deren Veröffentlichung im Deutschen Reichs- und Königlich Preußischen Staatsanzeiger auch weitere Kreise alsbald über den Verlauf und die Ergebnisse der Expedition in Kenntniß gesetzt worden sind.

Nach der im Mai 1884 erfolgten Heimkehr der Kommission nach Deutschland erübrigte es, in einem ausführlichen Reiseberichte den Plan und den Gang der wissenschaftlichen Untersuchungen im einzelnen darzulegen und die sonstigen Beobachtungen mitzutheilen, welche die Kommission bezüglich der Cholera und der zu ihrer Bekämpfung ergriffenen Maßregeln zu machen Gelegenheit hatte. Mancherlei Umstände haben jedoch der Erstattung dieses zusammenfassenden Berichtes bisher im Wege gestanden.

Das Erscheinen der Cholera auf französischem Boden im Juni 1884 machte es wünschenswerth, die in Egypten und Indien gewonnenen Kenntnisse thunlichst bald und in einer Weise bekannt zu geben, welche ihre praktische Verwerthung im Falle einer Verbreitung der Seuche nach Deutschland zu fördern geeignet war. Mit Genehmigung des Herrn Staatssekretär des Innern legte daher der Führer der Kommission zunächst in einer im Kaiserlichen Gesundheitsamte abgehaltenen Conferenz seine Anschauungen über die Cholera auf Grund der experimentellen Forschungen und der im Heimathlande der Seuche gemachten Erfahrungen vor einem engeren Kreise von Sachverständigen ausführlich dar. Ein stenographischer Bericht über diesen mit Demonstrationen verbundenen Vortrag und die an denselben sich anschließende Diskussion wurde nebst erläuternden Abbildungen in zwei wissenschaftlichen Zeitschriften veröffentlicht.

Kurz vorher hatte der Führer der Kommission bereits Gelegenheit gehabt, bei einer im Auftrage der Reichsverwaltung nach Frankreich unternommenen Reise die in Egypten und Indien erzielten Forschungsergebnisse praktisch zu verwerthen, indem es ihm mit Hülfe derselben gelungen war, die Zweifel, welche über den Charakter der in Toulon ausgebrochenen Epidemie bestanden, durch den Nachweis der Cholerabacillen alsbald zu beseitigen. Diese

Entsendung nach Toulon machte es zugleich möglich die Cholerabacillen behufs weiterer wissenschaftlicher Bearbeitung in vermehrungsfähigem Zustande nach Berlin zu bringen, was zur Zeit der Rückkehr der Kommission angesichts des Umstandes, daß ganz Europa damals frei von der Seuche war, als nicht unbedenklich hatte unterlassen werden müssen.

Im Herbst 1884 wurde noch auf anderem Wege der praktischen Verwerthung der Kommissionsarbeiten für die Abwehr der Cholera näher getreten. Es fanden nämlich unter Leitung des Führers der Kommission im Kaiserlichen Gesundheitsamte Unterrichts-Kurse statt, in welchen mehr als 150 Medizinalbeamte, Sanitätsoffiziere und Aerzte aus allen Theilen des Deutschen Reiches mit den Cholerabacillen und ihren Eigenschaften, sowie mit der Methode ihrer Auffindung bekannt gemacht wurden, um gegebenen Falls schon bei der ersten verdächtigen Erkrankung den Charakter derselben mit Sicherheit feststellen zu können.

Im Mai 1885 wurden die Verhandlungen der oben erwähnten Conferenz zur Erörterung der Cholerafrage unter Theilnahme der noch lebenden Mitglieder der früheren Reichs-Cholera-Kommission wieder aufgenommen, nachdem es inzwischen im Kaiserlichen Gesundheitsamte gelungen war, die Frage der Choleraätiologie durch das Thierexperiment noch weiter zu fördern. Auch über diese Conferenz wurde ein stenographischer Bericht veröffentlicht.

Umfangreiche sonstige Amtsgeschäfte, von denen hier nur die Vorbereitungen für die Verhandlungen der im Herbst 1884 im Kaiserlichen Gesundheitsamte versammelten Kommission zur Berathung der Impffrage besonders erwähnt sein mögen, hatten es im Verein mit der geschilderten Thätigkeit bis dahin dem Führer der Kommission unmöglich gemacht, die Bearbeitung des Hauptberichtes über die Expedition in Angriff zu nehmen. Seine im April 1885 erfolgte Ernennung zum Direktor des neugeschaffenen hygienischen Institutes und zum o. ö. Professor der Hygiene an der Universität Berlin nahm auch in der Folge seine Arbeitskraft in einem so beträchtlichen Umfange in Anspruch, daß an die Erledigung jener Aufgabe nicht gedacht werden konnte. Unter diesen Umständen wurde dem Unterzeichneten, welcher inzwischen zum Mitgliede des Kaiserlichen Gesundheitsamtes ernannt worden war, der ehrenvolle Auftrag zu Theil die Bearbeitung des Berichtes unter Mitwirkung des Herrn Geheimen Medizinalrath Dr. Koch und unter Verwerthung des reichhaltigen für die erwähnten Conferenzen von demselben vorbereiteten Materials zu übernehmen. Eine Betheiligung des dritten ärztlichen Mitgliedes der Kommission, des Stabsarztes der Kaiserlichen Marine Dr. Fischer, erschien leider unthunlich, da derselbe durch seine dienstlichen Pflichten bald nach der Heimkehr aus Indien von neuem in ferne Länder geführt worden war.

Wenn nunmehr mit Genehmigung des Herrn Staatssekretär des Innern der Bericht der Oeffentlichkeit übergeben wird, so erscheint angesichts der lebhaften und allseitigen Theilnahme, deren die Arbeiten der Kommission sich zu erfreuen gehabt haben, die Hoffnung berechtigt, daß auch die Darlegung ihrer gesammten Thätigkeit und ihrer Reiseerlebnisse einer freundlichen Aufnahme begegnen wird.

Berlin, im September 1887.

Regierungsrath Dr. Gaffky.

Inhalts-Verzeichniß.

Anlagen-Verzeichniß.

Tafeln-Verzeichniß.

Am 24. Juni 1883 veröffentlichte Wolff's Telegraphisches Büreau das nachstehende, aus Kairo eingegangene Telegramm:

> „Die Regierung hat von einem Arzt in Damiette telegraphisch die Nachricht erhalten, daß ein bösartiges Fieber während der letzten Tage daselbst gewüthet habe; von zwanzig Erkrankungsfällen seien sechs tödtlich verlaufen. Die Sanitäts-Kommission hat sich in Folge dessen von hier nach Damiette begeben. Einer dem „Reuter'schen Büreau" zugehenden Meldung zufolge ist die Epidemie in Damiette während der dortigen Messe zum Ausbruch gekommen, und sollen bis jetzt bereits neunzehn Personen gestorben sein, darunter elf unter dem Verdacht der Cholera."

Diese Besorgniß erregende Nachricht wurde zwar am folgenden Tage durch ein Telegramm abgeschwächt, demzufolge das Reuter'sche Büreau seine Meldung aus Damiette dahin berichtigt habe, daß dort nicht die Cholera, sondern ein gastrisches Fieber mit typhoidem Charakter ausgebrochen sei; indeß schon am 27. Juni machte eine im Deutschen Reichs- und Königlich Preußischen Staatsanzeiger veröffentlichte Nachricht der Hoffnung, daß es sich nicht um Cholera handle, ein Ende. Diese Nachricht lautete:

> „Nach amtlicher Mittheilung aus Alexandrien ist ein epidemisches Auftreten der Cholera in Damiette konstatirt. Zwei Erkrankungsfälle sind in Mansurah vorgekommen."

Auch die anfangs gehegte Erwartung, daß es gelingen werde, die Krankheit auf ihren ersten Heerd zu beschränken, sollte sich nur zu bald als trügerisch herausstellen. Am 27. Juni wurde bereits ein Todesfall aus Port Said gemeldet, am 30. desselben Monats erschien die Seuche in Samanud, forderte am 2. Juli in Alexandrien das erste Opfer, suchte bereits um die Mitte desselben Monats die Hauptstadt Kairo heim und verbreitete sich dann unaufhaltsam über ganz Egypten, an manchen Orten milder, an anderen mit ihrer ganzen verheerenden Gewalt auftretend.

Von dem Augenblicke an, wo die Cholera in Egypten festen Fuß gefaßt hatte, konnte es nicht mehr zweifelhaft sein, daß auch Europa in der größten Gefahr schwebte. Die Erinnerung an das Jahr 1865, in welchem die Seuche ebenfalls vom Lande der Pharaonen aus ihren Einzug in die europäischen Mittelmeerländer gehalten hatte, war noch eine zu lebhafte, als daß man sich mit Zuversicht der Hoffnung hätte hingeben können, daß die Bemühungen, den unheimlichen Gast den Grenzen Europas fern zu halten, von Erfolg gekrönt sein würden.

Dieser Sachlage entsprechend beschränkten sich denn auch die Regierungen nicht darauf, durch Ueberwachung des Schiffsverkehrs und sonstige Abwehrmaßregeln ihre Länder gegen die Einschleppung der Cholera nach Möglichkeit zu schützen, sie begannen alsbald diejenigen Maßnahmen in Erwägung zu ziehen, welche zur erfolgreichen Bekämpfung der Krankheit im eigenen Lande nützlich erschienen. Leider fehlte zur Zeit für derartige Maßnahmen noch insofern durchaus die wünschenswerthe sichere Unterlage, als alle auf die Ergründung der Krankheitsursache gerichteten Bemühungen bislang ohne Erfolg geblieben waren. Es lag daher jetzt, wo Europa wiederum von einer Epidemie bedroht war, der Gedanke nahe, mit der Wiederaufnahme jener Untersuchungen nicht zu warten, bis dazu im eigenen Lande Gelegenheit gegeben sein würde, vielmehr durch Entsendung von wissenschaftlichen Expeditionen nach dem schwer heimgesuchten Egypten die Aufgabe sofort in Angriff zu nehmen. Ein solcher Schritt mußte um so eher Erfolg versprechen, als seit dem letzten Besuche der Cholera in Europa die Erkenntniß des eigentlichen Wesens der Infektionskrankheiten außerordentlich gefördert, und neue Untersuchungsmethoden gefunden waren, von denen auch für die Ergründung der Choleraursache das beste sich hoffen ließ.

Die französische Regierung war die erste, welche die Entsendung einer wissenschaftlichen Expedition nach Egypten in's Werk setzte und zwar auf Anregung Pasteur's. Nachdem das Comité consultatif d'hygiène den Plan befürwortet hatte, bewilligten zunächst am 26. Juli die Deputirten-Kammer und bald darauf auch der Senat dem Handels-Ministerium für die Zwecke der Expedition einstimmig einen Kredit von 50 000 Fr. Bald waren die erforderlichen Vorbereitungen getroffen, und wenige Wochen später, am 15. August, traf diese französische Mission oder, wie sie auch wohl genannt worden ist, die »Mission Pasteur«, bestehend aus den beiden Assistenten des genannten Forschers, Roux und Thuillier, dem außerordentlichen Professor der medicinischen Fakultät zu Paris Strauß und dem Professor der Veterinärschule zu Alfort Nocard, in Alexandrien ein, um alsbald ihre Arbeiten im »Hôpital Européen« zu beginnen.

Die deutsche Reichsverwaltung hatte bereits im Jahre 1879 durch Entsendung einer wissenschaftlichen Expedition nach dem von der Pest heimgesuchten Rußland gezeigt, daß sie Opfer nicht scheut, wenn es sich darum handelt, die Erforschung der verheerenden Volkskrankheiten zu fördern. Jetzt, wo die Cholera einmal wieder aus den Grenzen ihrer indischen Heimat herausgetreten war und ganz Europa mit Besorgniß erfüllte, entzog sie sich jener Aufgabe um so weniger, als auch von höchster Stelle von Anfang an das lebhafteste Interesse an der Entsendung einer Expedition nach Egypten bekundet worden war.

Nach kurzen Vorverhandlungen beauftragte S. Excellenz der Staatssekretär des Innern Herr v. Boetticher durch Erlaß vom 9. August 1883 das Mitglied des Kaiserlichen Gesundheitsamtes Geheimen Regierungsrath Dr. Koch mit der Leitung der Expedition.

Zu seiner Unterstützung wurden dem letzteren mit Genehmigung Ihrer Excellenzen des Königlich Preußischen Herrn Kriegsministers bezw. des Herrn Chefs der Kaiserlichen Admiralität die zum Kaiserlichen Gesundheitsamte kommandirten Hülfsarbeiter Stabsarzt Dr. Gaffky und Marine-Stabsarzt Dr. Fischer, sowie der im Gesundheitsamte als Präparator beschäftigte Chemiker Treskow beigegeben. —

Die Vorbereitung der Expedition.

Nachdem am 11. August der amtliche Auftrag den Kommissionsmitgliedern ertheilt, und die entsprechenden Geldmittel zur Verfügung gestellt waren, wurde alsbald mit der Beschaffung der erforderlichen Ausrüstung begonnen, und dieselbe mit möglichster Beschleunigung durchgeführt. — In erster Linie war es begreiflicherweise die Ausrüstung für das Laboratorium, über deren Umfang man sich schlüssig zu machen hatte. Handelte es sich doch bei den der Kommission bevorstehenden Arbeiten zunächst und vor allem darum, auf dem Wege der experimentellen Forschung die Ursache der Krankheit zu ermitteln. An dieser Aufgabe die neuen Untersuchungsmethoden erproben zu dürfen, bei ihrer Lösung die Erfahrungen verwerthen zu können, welche gelegentlich der erfolgreichen Erforschung anderer Infektionskrankheiten in den letzten Jahren gewonnen waren, das war es in erster Linie, was die Kommission mit einiger Hoffnung auf ein glückliches Gelingen erfüllte.

Zwar verhehlte die Kommission sich nicht, daß sie unter tropischer Sonne und fern von den Hülfsmitteln der Heimat mit ganz neuen und vielfach unerwarteten Schwierigkeiten der experimentellen Untersuchung zu kämpfen haben würde; um so mehr aber war sie bestrebt, solchen Schwierigkeiten, welche sich mit Wahrscheinlichkeit voraussehen ließen, schon durch die Art der Ausrüstung zu begegnen. Da hieß es denn, vor allem an Apparaten und sonst erforderlichen Gegenständen nichts zu vergessen, was vielleicht später gar nicht oder nicht in genügendem Maße zu beschaffen sein würde. Auf der anderen Seite aber waren alle diejenigen Dinge auszuscheiden, welche irgend entbehrlich erschienen, oder von denen mit Sicherheit vorauszusehen war, daß ihrer Beschaffung in Egypten Schwierigkeiten nicht begegnen würden, um so den Umfang des Reisegepäcks nicht allzugroß werden zu lassen.

Stets mußte auch bei der Beschaffung der Einrichtung für das Laboratorium der Umstand im Auge behalten werden, daß die Detachirung eines oder einiger Mitglieder als erforderlich sich herausstellen konnte, sowie daß die ganze Kommission oder ein Theil von ihr in die Lage kommen würde, in Gegenden experimentelle Arbeiten auszuführen, in welchen auch die allergewöhnlichsten Hülfsmittel fehlten.

Von diesen Gesichtspunkten aus gesehen wird das im Anhange gegebene Verzeichniß der nach Egypten mitgeführten Ausrüstungsgegenstände nicht zu umfangreich erscheinen (s. Anlagen — I). —

Während die Kommission mit Anspannung aller Kräfte an der Fertigstellung der Ausrüstung arbeitete, lauteten die Nachrichten über den Stand der Epidemie in Egypten täglich günstiger; in den meisten Städten war die Krankheit gegen Mitte August bereits erloschen, und auch aus Kairo, das noch im Beginne des Monats auf's schwerste heimgesucht war, wurden täglich nur noch wenige Fälle gemeldet. Eine Ausnahme machte allein Alexandrien, wo erst seit Anfang August die Erkrankungen sich zu mehren begonnen hatten und bis Mitte des Monats in langsamer aber stetiger Zunahme begriffen waren. — Unter diesen Umständen konnte es nicht zweifelhaft sein, daß als erstes Reiseziel der Expedition Alexandrien in's Auge zu fassen war. Für den Fall, daß auch hier die Epidemie für die Arbeiten der Kommission zu früh zum Erlöschen kommen sollte, wurde beabsichtigt, ihr eventuell auf ihrem weiteren Wege, sei es nach Oberegypten, sei es nach Syrien, zu folgen.

Von Berlin bis Kairo.

Im Laufe von vier Tagen war die gesammte Ausrüstung fertig gestellt, so daß die Kommission am Abend des 16. August Berlin verlassen konnte. In ununterbrochener Fahrt reiste sie über München, Bozen, Verona nach Bologna, wo in der Nacht vom 17. zum 18. August die Ankunft erfolgte.

Hier wurde in Erfahrung gebracht, daß die Seitenlinie der Peninsular- and Oriental-Steam-Navigation-Company „Venedig—Brindisi—Alexandrien" den Verkehr mit Alexandrien eingestellt hatte, und daß diese Linie nach „Brindisi—Port Said" verlegt war. Es erschien daher zweckmäßig, wegen der weiteren Reisedispositionen zunächst eine telegraphische Anfrage an das General-Konsulat in Alexandrien zu richten, um sicher zu sein, auf dem kürzesten Wege das Ziel zu erreichen. Nachdem noch an demselben Tage die Antwort eingetroffen war, daß ein egyptischer Dampfer die Verbindung zwischen Port Said und Alexandrien vermittle, reiste die Kommission am 19. August mit dem die englische Post führenden Expreßzuge von Bologna nach Brindisi weiter und schiffte sich daselbst sofort an Bord der zur Abfahrt bereit liegenden „Mongolia" ein. Am 20. wurden in aller Frühe die Anker gelichtet. Eine frische Brise, welche einigen Mitgliedern der Kommission die Fahrt anfänglich etwas unbehaglich machte, legte sich bald, und so konnte man sich ungestört und vom schönsten Wetter begünstigt dem Genusse der herrlichen Seefahrt hingeben. Heißer und heißer sandte die Sonne ihre Strahlen vom wolkenlosen Himmel herab, und bereits am vierten Seetage, dem 23. August, tauchte über der flachen Küste Egyptens der Leuchtthurm an der Mündung des Damiette-Armes des Nils auf. Gegen Mittag desselben Tages lief das Schiff in den Hafen von Port Said ein. Hier war Dank der Vorsorge des General-Konsulates in Alexandrien die bevorstehende Ankunft der Kommission bereits bekannt gewesen, und wurde die letztere von dem Vertreter des beurlaubten deutschen Konsuls und dem Kanzler des Konsulates in liebenswürdigster Weise empfangen. Der Sorge um die Ueberführung des Gepäcks auf den schon zur Abfahrt bereit liegenden egyptischen Dampfer enthoben, konnten die Mitglieder der Kommission die wenigen zur Verfügung stehenden Stunden benutzen, um theils die in Port Said herrschenden Meinungen über die Entstehung der Epidemie kennen zu lernen und insbesondere die später noch zu erörternde Ansicht des Dr. Kood von ihm persönlich zu hören, theils dem arabischen Hospital einen kurzen Besuch abzustatten und einen Blick in das bunte Treiben des abseits von der europäischen Stadt gelegenen arabischen Dorfes zu werfen. In letzterem waren es, abgesehen von den fremdartigen Erscheinungen und Trachten, vor allem die ungünstigen hygienischen Verhältnisse, welche die Aufmerksamkeit auf sich zogen. In elenden Hütten eng zusammengepfercht, mit ihren Hausthieren meist in denselben Räumen lebend, auf kärgliche Nahrung angewiesen, hauste hier eine Bevölkerung, von der man hätte annehmen sollen, daß sie so recht geeignet gewesen wäre, den Boden für eine Choleraepidemie abzugeben. Wohin das Auge sah, traf es auf Schmutz und Abfälle aller Art, auf menschliche und thierische Excremente, welche der Luft ihre Gerüche beimengten. Und trotz den ärmlichen Verhältnissen, trotz der herrschenden Unreinlichkeit und trotzdem, daß wiederholt der Cholerakeim durch Kranke eingeschleppt worden war, hatte hier die Seuche nicht Fuß fassen können. Einschließlich zweier von Damiette zugereister Personen hat die Krankheit in Port Said bei einer Einwohnerzahl von ca. 15 000 Menschen nach den offiziellen Angaben nur acht Opfer gefordert. Es wird sich später noch Gelegenheit bieten, auf diese Verhältnisse zurückzukommen.

Kaum war der Gang durch das arabische Dorf beendet, so mahnte die Pfeife des Dampfers zur Einschiffung. Wenige Stunden später befand sich die Kommission bereits auf der Fahrt nach Alexandrien, woselbst die Ankunft am Morgen des folgenden Tages, des 24. August, erfolgte.

Unmittelbar nachdem das Schiff im Hafen vor Anker gegangen war, erschien der Vertreter des General-Konsulates, Herr Vicekonsul Hellwig, an Bord, um die Kommission in Empfang zu nehmen; auf Befehl Sr. Königl. Hoheit des Khedive waren Regierungsbarken zur Verfügung gestellt, um dieselbe an Land zu befördern; der General-Direktor der Douanen, Herr Caillard, war persönlich erschienen, um allen bezüglich der Verzollung des Gepäckes etwa entstehenden Schwierigkeiten vorzubeugen; kurz von allen Seiten kam man den Mitgliedern der Kommission schon bei der Ankunft auf's freundlichste entgegen. Auch was Unterkommen und Bedienung betraf, war seitens des Herrn Vicekonsuls Hellwig bereits vorgesorgt. In einem vortrefflichen Gasthofe, dem Hotel Khedivial, waren die erforderlichen Zimmer bestellt, und ein Kawasse des Konsulats, ein Berberiner, der auch später die Kommission auf allen ihren Fahrten in Egypten und im rothen Meere begleitet hat und der ihr durch seine Gewandtheit und seine Sprachkenntnisse — außer seiner Muttersprache war er des Französischen, Italienischen, Griechischen, Arabischen und Deutschen mächtig — von größtem Nutzen gewesen ist, wurde der Kommission zugewiesen. — So war es möglich, daß die letztere sich unmittelbar nach der Ankunft in Alexandrien ihrer eigentlichen Aufgabe zuwenden konnte.

Vor allem handelte es sich um die Beschaffung eines geeigneten Arbeitsplatzes, der begreiflicherweise nur in einem Hospitale mit Cholerakranken gefunden werden konnte. Wenn es nun auch das nächstliegende zu sein schien, das deutsche, von Kaiserswerther Schwestern geleitete Hospital um Aufnahme zu bitten, so mußte doch hiervon Abstand genommen werden, da vorauszusehen war, daß das Untersuchungsmaterial in diesem Hospitale nur ein geringes sein würde. Auch das »Hôpital Européen« konnte nicht in Betracht kommen, da in dem selben bereits die französische Mission ihr Laboratorium eingerichtet hatte. Um so freudiger wurde daher das Entgegenkommen der Aerzte vom griechischen Hospitale begrüßt, von denen Herr Dr. Kartulis unmittelbar nach dem Einlaufen des Schiffes an Bord erschienen war, um im Namen seines Chefs, des Herrn Dr. Zantarol, die Räume und das Krankenmaterial der Anstalt der Kommission zur Verfügung zu stellen. Dieses freundliche Anerbieten wurde mit dem größten Danke angenommen. Wie sich in der Folge ergab, hätte die Kommission in der That keine geeignetere Arbeitsstätte finden können. Vor allem hat sie es nur der thatkräftigen Unterstützung der griechischen Aerzte, insbesondere des Herrn Dr. Kartulis, zu danken gehabt, daß sie in einer Zeit, in welcher überhaupt nur noch wenige Choleratodesfälle in Alexandrien vorkamen, und trotz der religiösen Vorurtheile der arabischen Bevölkerung verhältnißmäßig zahlreiche Obduktionen von Choleraleichen hat ausführen können.

Es war wahrlich keine geringe Last, welche dem griechischen Hospitale aus der Aufnahme der deutschen Cholerakommission erwachsen ist, und dankbar werden sich die Mitglieder der letzteren stets der wahren Kollegialität erinnern, mit welcher sie dort in ihren Arbeiten unterstützt worden sind.

Mit besonderer Anerkennung ist an dieser Stelle auch der Förderung zu gedenken, welche die Kommission durch den in egyptischen Diensten stehenden schweizer Arzt, Herrn Dr. Schieß-Bey, erfahren hat. Unermüdlich ist derselbe bestrebt gewesen, Material für die Untersuchungen der Kommission zu beschaffen, und selbst nachdem die letztere längst in die Heimat zurückgekehrt war, hat er nicht aufgehört, sein reges Interesse durch werthvolle Mittheilungen zu bethätigen.

Wie sehr Se. Hoheit der Khedive den wissenschaftlichen Arbeiten der Kommission sein Interesse zugewandt hat, erhellt daraus, daß auf hohen Befehl der Abtheilungsarzt des arabischen Hospitals, Herr Hassan-Rifki, sich der Kommission zur Verfügung stellte.

Den geschilderten glücklichen Verhältnissen war es zu danken, daß bereits wenige Stunden nach dem Eintreffen in Alexandrien die Obduktion einer Choleraleiche vorgenommen und mit der Untersuchung der Entleerungen von Cholerakranken begonnen werden konnte.

Von den beiden der Kommission zur Verfügung gestellten, im Erdgeschoß des Hospitals gelegenen Räumen wurde der eine für die mikroskopischen Arbeiten eingerichtet, während in dem anderen die zur Anlegung der Kulturen erforderlichen Apparate aufgestellt wurden. Zur Unterbringung der Versuchsthiere dienten in der Folge mehrere in einem Nebengebäude befindliche Räumlichkeiten.

Binnen kurzem war das Laboratorium im vollen Betriebe. Unter Benutzung der verschiedensten Methoden wurden Theile von Choleraleichen, sowie die Abgänge von Cholerakranken aufs sorgfältigste mikroskopisch durchforscht; immer neue Versuche wurden gemacht, durch das Kultur-Verfahren die Krankheitsursache zu ermitteln; in frischem und älterem Zustande, feucht und getrocknet, gekocht und ungekocht wurde Material von Cholerakranken und Choleraleichen in mannichfaltigster Weise in den Körper von Affen, Hunden, Katzen, Hühnern und Mäusen eingeführt, um eine künstliche Infektion zu erzielen. Daneben galt es immer neues Untersuchungsmaterial zu beschaffen, Obduktionen von Choleraleichen auszuführen, die verbrauchten Nährsubstrate durch neue zu ersetzen, kurz sämmtliche Mitglieder der Kommission waren dauernd in angestrengtester Thätigkeit. Sie waren es im wahrsten Sinne des Wortes im Schweiße ihres Angesichts, denn die Hitze war groß und die Luft mit Feuchtigkeit gesättigt. Nur gegen Abend brachte regelmäßig eine erfrischende Brise von der Seeseite her einige Kühlung. — Mit Hülfe eines großen Eisschrankes, der eigens für die Zwecke der Kommission und nach ihren Angaben angefertigt wurde, war es möglich, trotz der Hitze auch Nährgelatine zu den Kulturen zu benutzen. Es genügte, die Thüren des Eisschranks ein wenig geöffnet zu halten, um in seinem Innern eine Temperatur zu erzielen, welche einerseits die Organismen in den Plattenkulturen noch üppig gedeihen, andererseits aber die Gelatine noch nicht zum Zerfließen kommen ließ.

Abgesehen von der ungewohnten Hitze hatte die Kommission bei ihren Arbeiten noch mit einem anderen Uebelstande zu kämpfen, der nicht weniger lästig war, nämlich mit der unsäglichen Zudringlichkeit zahlloser Fliegen. Es wird von diesen Thieren und der Rolle, welche sie bei der Verbreitung ansteckender Augenkrankheiten in Egypten spielen, später noch die Rede sein. Hier sei nur erwähnt, daß sie namentlich die mikroskopischen Arbeiten außerordentlich erschwerten. Gesicht und Hände waren während der letzteren ununterbrochenen Angriffen ausgesetzt, die nur dadurch einigermaßen abgewehrt werden konnten, daß ein großes Stück Gaze den Kopf des Untersuchenden bedeckte, und die Hände in leichten Handschuhen steckten, welchen, um sie weniger störend zu machen, die Fingerspitzen abgeschnitten waren. Der Umstand, daß im Laboratorium stets Choleradejektionen in großer Menge vorhanden waren, machte diese ungeladenen Gäste nicht gerade angenehmer.

Während des Aufenthaltes in Alexandrien sind von der Kommission 10 Obduktionen von Choleraleichen ausgeführt. Abgesehen von dem hierdurch gewonnenen Material sind die Entleerungen von 11 Cholerakranken, zum großen Theil wiederholt, sowohl mikroskopisch als auch mit Hülfe von Kulturen untersucht bezw. zu Thierversuchen benutzt worden.

Ueber die Ergebnisse aller dieser Untersuchungen soll später zugleich mit den Mittheilungen über die in Indien gewonnenen Resultate berichtet werden. Es möge hier die Bemerkung genügen, daß, wenn es auch bei den Arbeiten in Alexandrien der Kommission nicht gelungen ist, die Krankheitsursache mit Sicherheit zu ermitteln, so doch schon dort wichtige Anhaltspunkte sich ergeben haben, welche nach dem Erlöschen der Cholera in Egypten die Fortsetzung der Arbeiten in Indien, dem Heimatlande der Cholera, dringend wünschenswerth erscheinen ließen.

Von den in Alexandrien bei den mikroskopischen Forschungen und den Kulturversuchen gefundenen Organismen, deren ätiologischer Zusammenhang mit der Krankheit mehr oder weniger wahrscheinlich erschien, wurden Präparate bezw. Zeichnungen angefertigt, welche bestimmt waren, bei den weiteren Untersuchungen zum Vergleich herangezogen zu werden.

Soweit es die Verhältnisse gestatteten, wurden in Alexandrien neben den Untersuchungen über Cholera auch solche über andere wichtige, in Egypten endemische Infektionskrankheiten angestellt, insbesondere über die egyptische Augenkrankheit, über das biliöse Typhoid, die dysenterischen Erkrankungen, über Leberabscesse, sowie über einige thierische Parasiten. Die Ergebnisse dieser Untersuchungen werden später mitgetheilt werden (s. Anlagen VI).

Daneben galt es, über die Entstehung und den Verlauf der Epidemie in Alexandrien, über die hygienischen Verhältnisse der Stadt und über die zur Bekämpfung der Krankheit ergriffenen Maßregeln Ermittelungen anzustellen, sowie die in Alexandrien vorhandenen dauernden Einrichtungen, welche der Abwehr von Seuchen zu dienen bestimmt sind, einer Besichtigung zu unterziehen. Als ferner gegen Anfang des Oktober die Epidemie in Alexandrien nahezu erloschen war, und in Folge dessen das Material für die mikroskopischen und experimentellen Untersuchungen immer spärlicher wurde, erschien es nothwendig, nunmehr der Entstehung der egyptischen Epidemie, über welche die widersprechendsten Ansichten unter den Aerzten sich geltend machten, ein eingehenderes Studium zu widmen. Zu diesem Behufe begab sich die Kommission am 6. Oktober nach Damiette, dem Ausgangspunkte der Epidemie. In der bereitwilligsten und thatkräftigsten Weise unterstützt von dem Bruder und Vertreter des abwesenden deutschen Konsuls, Herrn An Houri, in dessen Hause sie gleichzeitig gastliche Aufnahme fand, hat die Kommission in Damiette ein reichhaltiges Material zur Beurtheilung der beregten Frage gesammelt und außerdem Gelegenheit gehabt, hier, wo der Einfluß europäischer Kultur sich noch nicht merklich geltend gemacht hat, die Lebensgewohnheiten der egyptischen Bevölkerung aus eigener Anschauung kennen zu lernen. — Auf der Rückreise nach Alexandrien stattete die Kommission am 9. Oktober Mansurah einen Besuch ab und wandte hier unter der freundlichen Führung eines in egyptischen Diensten stehenden deutschen Arztes, des Herrn Dr. Winkler, namentlich dem egyptischen Begräbnißwesen ihre Aufmerksamkeit zu, besichtigte mehrere öffentliche Anstalten, unter anderen ein großes egyptisches Gefängniß, und gewann weitere Informationen über die Entstehung der Epidemie in Damiette, sowie über die ersten Fälle und die Choleraepidemie in Mansurah. Am 11. Oktober traf die Kommission wieder in Alexandrien ein, nachdem sie während der Reise einen Aufenthalt von einigen Stunden in Tantah zur wenn auch nur flüchtigen Besichtigung der Stadt und des neuerbauten öffentlichen Schlachthauses benutzt hatte.

Schon in einem unter dem 17. September an den Herrn Staatssekretär des Innern erstatteten Berichte (s. Anlagen — II) hatte der Führer der Kommission dargelegt, daß auf eine längere Fortsetzung der Arbeiten in Alexandrien wegen des bevorstehenden Erlöschens der Epidemie nicht gerechnet werden könne, und daß andererseits einer Wiederaufnahme der Untersuchungen in den Dörfern Oberegyptens, wo zur Zeit die Seuche ausschließlich noch einige Fortschritte machte, wegen der religiösen Vorurtheile der arabischen Bevölkerung gegen die Vornahme von Obduktionen unüberwindliche Hindernisse sich entgegenstellten. Herr Dr. von Niemeyer, der Dragoman des General Konsulats, welcher Land und Leute seit sieben Jahren kannte und insbesondere auch mit den Verhältnissen im Innern und auf dem platten Lande vertraut war, hatte nämlich die Vornahme von Obduktionen in den Dörfern für geradezu unmöglich erklärt, und der Minister Präsident S. E. Chérif Pacha hatte auf eine bezügliche Anfrage seitens des General Konsulats folgendes geantwortet: »Je ne puis conseiller à Monsieur le Dr. Koch de se rendre dans les villages pour faire des autopsies; il est même de mon devoir de l'en dissuader car elles pourraient donner lieu à de graves complications.«

Unter diesen Umständen war seitens der Kommission die hohe Genehmigung erbeten worden, die begonnenen Arbeiten in Indien fortsetzen zu dürfen. Die telegraphisch ertheilte Gewährung dieser Bitte war inzwischen eingetroffen und wurde von der Kommission bei ihrer Rückkehr von Damiette und Mansurah mit der lebhaftesten Freude und der größten Genugthuung begrüßt. Da, wie sich hatte voraussehen lassen, die Cholera in Alexandrien nunmehr erloschen war, da ferner für den Fall, daß doch noch vereinzelte Todesfälle sich ereignen sollten, die Herren Dr. Schieß und Dr. Kartulis sich freundlichst erboten, das Material für die Kommission zu sammeln, so wurde sofort mit der Auflösung des Laboratoriums begonnen. Diejenigen Ausrüstungsgegenstände, welche sich bei den bisherigen Arbeiten als zur Noth entbehrlich herausgestellt hatten, wurden zur Rücksendung nach Berlin bestimmt, während die übrigen möglichst sorgfältig verpackt nach Suez vorausgeschickt wurden. Ein Verzeichniß dieser letzteren Gegenstände ist ebenfalls beigefügt (s. Anlagen — I).

Die französische Mission hatte bereits am 9. Oktober die Heimreise angetreten, nachdem von ihr im ganzen 24 Obduktionen von Choleraleichen — ausschließlich Leichen von Europäern — ausgeführt waren. Was ihre Bemühungen, die Krankheitsursache zu ermitteln, betrifft, so war zwar die Erwartung der wissenschaftlichen Welt durch ein Telegramm auf's höchste gespannt, welches in der Sitzung der Akademie der Wissenschaften zu Paris schon am 27. August mitgetheilt wurde und welches lautete:

»Dépêche télégraphique adressée à M. Dumas, par M. Pasteur.

Je reçois ce matin des nouvelles télégraphiques de la mission française du choléra en Egypte.

Très curieuses observations avec grand caractère de nouveauté et constantes dans le sens espéré. Je vous communiquerai lettre détaillée attendue. Pasteur. *)

Da indeß weitere Veröffentlichungen zunächst nicht erfolgten, so war anzunehmen, daß die Arbeiten zu entscheidenden Resultaten doch nicht geführt hatten. Der später im Namen der französischen Mission von Dr. Strauß erstattete Bericht**) bestätigte diese Vermuthung. Es wird bei Gelegenheit der Erörterung über die in Indien gewonnenen Forschungsergebnisse noch Veranlassung genommen werden, auf den Inhalt jenes Berichtes zurückzukommen. — Auch die Ergebnisse derjenigen Ermittelungen, welche Surgeon General Sir W. Guyer Hunter im Auftrage der englischen Regierung über die Entstehung der Epidemie an Ort und Stelle ausgeführt hat, werden später noch zu besprechen sein. Das Gleiche gilt von den Untersuchungen des Dr. Mahé, Sanitätsbeamten Frankreichs in Konstantinopel, welcher seitens des französischen Handelsministers mit einer Mission nach Egypten betraut war. — Wie Surgeon General Hunter und Dr. Mahé, so hat sich auch der von der russischen Regierung nach Egypten entsandte Dr. Eck, soweit der Kommission bekannt geworden ist, mit dem experimentellen Studium der Krankheit nicht befaßt, sondern auf Ermittelungen über die Entstehung und Verbreitung der Epidemie und über die zu ihrer Bekämpfung ergriffenen Maßregeln sich beschränkt.

Eines betrübenden Ereignisses ist hier noch zu gedenken, welches auf die letzte Zeit des Aufenthaltes der wissenschaftlichen Kommissionen in Alexandrien einen dunkeln Schatten geworfen hat. Ihrem vollständigen Erlöschen nahe, forderte die Cholera noch ein Opfer aus der Zahl derjenigen, welche gekommen waren, ihr innerstes Wesen zu entschleiern. Am 18. September starb Louis Thuillier, eins der Mitglieder der französischen Mission, nach kurzem Kranksein an der Cholera, tief betrauert von seinen Freunden, seinem Vaterlande und der ganzen wissenschaftlichen Welt. Unter denen, die ihn zur letzten Ruhestätte geleiteten, befanden sich auch die Mitglieder der deutschen Kommission.

Die letzteren hatten sich, abgesehen von leichten, bald vorübergehenden Indispositionen, während ihrer Arbeiten in Alexandrien eines guten Gesundheitszustandes zu erfreuen gehabt.

---

*) Compt. rend. des séances de l'académie des sciences. — Séance du 27. Août 1883.

**) Rapport sur le choléra d'Egypte, en 1883, par M. le docteur Strauss, au nom de la mission française, composée de M. M. Strauss, Roux, Thuillier et Nocard. — Revue scientifique 24. Nov. 1883.

Immerhin war indeß auch für sie nach den Anstrengungen der beiden Monate eine Erholung nothwendig. Da es außerdem erforderlich erschien, die sanitären Verhältnisse der Hauptstadt, welche im Vergleich zu Alexandrien von einer sehr schweren Epidemie heimgesucht war, aus eigener Anschauung kennen zu lernen, so beschloß die Kommission, zunächst einen kurzen Aufenthalt in Kairo zu nehmen.

Ueber die Beobachtungen und Ermittelungen, welche sie hier in der Zeit vom 16. bis 30. Oktober angestellt hat, und bei welchen sie in der bereitwilligsten und wirksamsten Weise von allen Seiten, insbesondere auch von dem deutschen Arzte, Herrn Dr. Wild, unterstützt worden ist, wird später bei der Besprechung der Cholera-Epidemie von Kairo im Zusammenhange berichtet werden.

Die Cholera in Damiette und die Entstehung der egyptischen Epidemie im Jahre 1883.

Die Stadt Damiette ist auf dem rechten Ufer des östlichen Nilarmes, etwa 20 Kilometer oberhalb der Einmündung desselben ins Meer gelegen (s. Tafel 1). Sie ist auf einem Boden erbaut, welcher im Laufe der Jahrhunderte durch Ablagerung des Nilschlammes entstanden ist und welcher nur aus einem schmalen, im Osten vom Menzalehsee, im Westen vom Nil begrenzten Landstreifen besteht. Wie aus der anliegenden Skizze (s. Tafel 3) ersichtlich ist, bildet der Strom da, wo er an die Stadt herantritt, eine starke Krümmung, indem sein Lauf aus der Richtung von Westen nach Osten in diejenige von Süden nach Norden übergeht. Die Stadt wird durch einen vom Nil ausgehenden Kanal (=khalig=) in schräger Richtung durchschnitten, welcher das Nilwasser den östlich gelegenen bebauten Feldern zuführt, woselbst es mit Hülfe von primitiven Schöpfwerken, sogenannten „Sakyien" gehoben und in offenen Kanälen und Rinnen überallhin vertheilt wird. Der im Bereiche der Stadt tief eingeschnittene und mit steilen Ufern versehene Kanal ergießt sich in den im Osten und Südosten der Stadt gelegenen, mehr als zweitausend □km großen Menzalehsee, welcher sich bis nach Port Said hin erstreckt und in seinem östlichen Theile von dem Suezkanal durchschnitten wird. Bevor der Nil die Stadt erreicht, zweigen sich von ihm noch zwei kleinere, ebenfalls der Bewässerung des Landes dienende Kanäle ab.

In früheren Zeiten ein Haupt-Handelsplatz hat Damiette seit dem Aufblühen Alexandriens wesentlich an Bedeutung verloren. Die Einwohnerzahl wurde im Jahre 1883 auf nahezu 35000 geschätzt. Im Jahre 1882, zur Zeit der Unruhen unter Arabi Pascha, soll sie ca. 36700 betragen haben. — Als Nahrungsmittel dienen den Bewohnern plattgeformte, ohne Salz und Sauerteig zubereitete Brode, ferner Linsen, Bohnen, Mais, Reis und verschiedene Früchte, namentlich Datteln, Melonen und Gurken. Fleisch wird von der überwiegend ärmlichen Bevölkerung wegen des hohen Preises nur ausnahmsweise genossen, dagegen bilden die reichlich vorhandenen Fische in frischem, getrocknetem und gesalzenem Zustande einen wesentlichen Bestandtheil der Nahrung. Nur zum kleineren Theile stammen dieselben aus dem Meere oder dem Nile; die meisten werden im Menzalehsee gefangen, auf welchem zahlreiche Fischer in etwa 1000 Booten den Fang betreiben. Die Fische müssen von den Fischern gegen Erstattung von etwa einem Drittel des Werthes an die Gouvernements-Behörde abgeliefert werden, welche ihrerseits die weitere Behandlung und den Vertrieb besorgt. Da von mehreren Seiten den Fisch-Präparations-Anstalten Damiettes ein nicht unbeträchtlicher Einfluß auf die Entstehung der Choleraepidemie zugeschrieben, und der Genuß der Fische als besonders gesundheitsschädlich bezeichnet worden war, so hat die Kommission während ihres Aufenthaltes in Damiette den Anstalten einen Besuch abgestattet, um die Art und Weise der Behandlung der Fische aus eigener Anschauung kennen zu lernen. Der Betrieb in den beiden Anstalten, von welchen die eine unmittelbar am Menzalehsee, die andere an der Ostseite der Stadt sich befindet, ist folgender: Nachdem die Fische ihrer Größe nach sortirt sind, werden die kleineren, ohne vorher ausgenommen zu sein, indem ihnen nur etwas Salz ins Maul und in die Kiemen gesteckt wird, schichtweise, unter reichlichem Einstreuen von Salz zwischen die einzelnen Schichten, in Fässer gepackt. Die den letzteren aufliegenden Deckel werden mit Steinen beschwert. Die abfließende Lake versickert in Vertiefungen im Boden. Die großen Fische werden der Länge nach gespalten, mit Salz eingerieben und dann entweder an der Luft getrocknet oder wie die kleineren in Fässer verpackt. Die Ovarien werden besonders gesalzen und getrocknet und liefern eine in ganz Egypten sehr beliebte Delikatesse, das sogenannte Botarek. Die in der Anstalt vorhandenen eingesalzenen Fische, fisih genannt, befanden sich in halbfaulem Zustande, sie wurden aber angesichts der Kommission mit dem größten Behagen von den anwesenden Arabern verzehrt. Trotz des erwähnten Zustandes der Fische war übrigens der Geruch in der Anstalt nicht viel unangenehmer, als er auf den meisten europäischen Fischmärkten zu sein pflegt; er war hier entschieden weniger lästig als auf dem Bahnhofe, wo bei der Ankunft der Kommission gerade eine größere Menge der im ganzen Nildelta gern und viel gegessenen Fische zur Versendung kam.

Die Straßen der Stadt, meist sehr schmal und sämmtlich ungepflastert, machten zur Zeit der Anwesenheit der Kommission keineswegs einen schmutzigeren und verwahrlosteren Eindruck als beispielsweise diejenigen Tantah's oder Mansurah's. Inwieweit hierzu die in Folge der Epidemie erlassenen Verordnungen der Behörde beigetragen haben, muß dahingestellt bleiben, wenn es auch bei der Sorglosigkeit der egyptischen Bevölkerung sanitären Uebelständen gegenüber wenig wahrscheinlich ist, daß jene Verordnungen eine nennenswerthe bleibende Besserung herbeigeführt haben sollten.

Was die Wasserversorgung der Stadt betrifft, so kommt ausschließlich Nilwasser zur Verwendung, welches hier, wie überhaupt in Egypten als besonders gesund und heilkräftig gilt. Von Sonnenaufgang bis Sonnenuntergang, namentlich aber in den frühen Morgen- und den kühleren Abendstunden füllen die Wasserträger, die Sakka's, das Nilwasser in ihre primitiven, aus ganzen Thierhäuten hergestellten Schläuche und verkaufen es auf den Straßen und in den Häusern, während die Frauen und Mädchen der ärmeren Bevölkerung ihren Hausbedarf in Krügen holen, die sie kunstvoll auf dem Kopfe zu tragen wissen.

Da die Ufer des Stromes nicht überall in gleicher Weise zugänglich sind, so concentrirt sich naturgemäß die Wasserentnahme auf einige besonders geeignete Stellen. Auch mag die unwiderstehliche Neigung der Egypter zu harmlosem Geplauder hierzu beitragen. Je größer aber der Zudrang ist, um so schneller trübt sich das Wasser, und so bleibt denn den Trägern,

Männern und Weibern, nichts anderes übrig, als in die flache Strömung hineinzuwaten, um nicht den ganzen aufgewühlten Schlamm mit in ihre Gefäße und Schläuche füllen zu müssen. Daß zahlreiche Boote, von denen Schmutz und Unrath, und insbesondere auch menschliche Dejektionen ohne weiteres dem Flusse überantwortet werden, die Stelle der Wasserentnahme besetzt halten, stört die Bevölkerung ebensowenig, wie der Umstand, daß Badende — Menschen und Thiere — an derselben Stelle Erfrischung und Kühlung suchen, und daß allerlei Gefäße und schmutzige Wäsche ebendaselbst gereinigt werden. Die Wasserholenden selbst lassen sich übrigens die Gelegenheit auch nicht entgehen, Füße und Beine im Strome zu waschen. — Die Bewohner der unmittelbar am Nil gelegenen Häuser entnehmen ihren Bedarf da, wo der Fluß ihnen am nächsten ist, unbekümmert darum, daß beispielsweise kurz oberhalb dieser Stelle die Latrinen einer Moschee ihren Inhalt in den Nil entleeren.

Es liegt auf der Hand, daß die geschilderten Uebelstände um so mehr sich bemerklich machen müssen, je weniger Wasser der Nil hat, und je langsamer in Folge dessen die Strömung wird. In der geräumigen, durch die oben erwähnte Krümmung des Nils entstehenden Bucht, welche eine der am meisten benutzten Stellen für die Wasserentnahme bildet, stagnirt allerdings in Folge von Rückströmungen das Wasser bis zu einem gewissen Grade selbst beim Hochstande des Flusses, wie das die Kommission bei ihrer Anwesenheit in Damiette selbst zu beobachten Gelegenheit hatte; immerhin sind zu dieser Zeit die Verhältnisse aber doch unendlich viel günstiger, als dann, wenn der Nil seinen tiefsten Stand erreicht, und das Strombett zum großen Theil trocken liegt. Unter solchen Umständen soll das Wasser nicht nur einen ganz außerordentlichen Grad von Verunreinigung erreichen, es soll auch in Folge von Rückstauung vom Meere her regelmäßig brackig werden. Während nun die ärmere Bevölkerung auch unter diesen Verhältnissen auf das Nilwasser angewiesen ist, dasselbe außerdem nach glaubhaften Mittheilungen selbst in dem erwähnten Zustande vielfach jedem anderen Wasser vorzieht, benutzen die Wohlhabenderen das direkt aus dem Nil entnommene Wasser nur in den Monaten des Hochstandes des Flusses und auch dann meist nur in geklärtem und filtrirtem Zustande. Die Klärung wird durch einen Zusatz von Alaun oder dadurch befördert, daß eine geschälte Mandel*) an der Innenseite der mächtigen Gefäße von gebranntem Thon zerrieben wird, nachdem das Wasser in dieselben durch die Sakka's eingefüllt worden ist. Bei Anwendung des letzterwähnten Mittels soll das zur Zeit des Hochstandes des Flusses an aufgeschwemmten erdigen Bestandtheilen sehr reiche Wasser nach 18stündigem Stehen vollständig klar werden. — Als Filter dienen große poröse Thongefäße, welche nach einer Mittheilung des Herrn Au Houri aus Algier und Tunis importirt werden. Aehnliche kleinere Gefäße, sogenannte „Gullen," welche in Folge ihrer Porosität eine fortwährende lebhafte Verdunstung des Wassers auf der Außenfläche ermöglichen und dasselbe dadurch auf einen im Vergleich zur umgebenden Luft niedrigen Temperaturgrad bringen, dienen hier wie überhaupt im Süden zur Aufbewahrung des zum Trinken bestimmten Wassers. — Zur Zeit des Tiefstandes des Nils bedienen sich die Wohlhabenderen des Wassers aus den Cisternen. Die letzteren, mit Steinen erbaut, welche durch einen Mörtel aus gestampften Ziegeln und Kalk zusammengefügt sind, liegen unterirdisch im Bereich der Häuser und werden zur Zeit der Nilschwelle von den Sakka's mit Nilwasser gefüllt. Wie versichert wurde, soll das Cisternenwasser schon kurze

*) In Indien wird zu demselben Zwecke die Frucht einer Strychnos-Art (Strychnos potatorum L.) benutzt.

Zeit nach der Einfüllung vollständig klar und von vortrefflichem Geschmack sein. Die Zahl der mit Cisternen ausgestatteten Häuser beträgt indeß nach einer der Kommission gemachten glaubwürdigen Mittheilung nur wenig mehr als zweihundert. Brunnen sind in der Stadt nicht vorhanden.*)

Was die Beseitigung der Abfallstoffe in Damiette betrifft, so wird auch nach dieser Richtung hin den Anforderungen der Gesundheitspflege wenig Rechnung getragen. Kehricht und Unrath werden meist ohne weiteres auf die Straße geworfen und hier von zahlreichen herrenlos umherirrenden Hunden nach Nahrung durchwühlt und umhergezerrt, während die am Nil gelegenen Häuser auch diese Abfälle dem Strome überantworten. Abtritte besitzen die Häuser in Damiette meist überhaupt nicht; wo sie vorhanden sind, gelangen die Fäkalien entweder direkt in den Nil, oder sie werden in Gruben gesammelt, aus welchen sie theils auf's Feld geschafft werden, theils in den Boden versickern. Die Männer verrichten ihre Bedürfnisse in der Regel in der ihnen zunächst gelegenen Moschee, die Weiber nach einer glaubwürdigen, der Kommission gemachten Mittheilung vielfach auf den flachen Dächern der Häuser, wo die Dejektionen unter den heißen Strahlen der egyptischen Sonne alsbald vertrocknen.

Es kann keinem Zweifel unterliegen, daß gerade die Moscheen in Egypten bei der Verbreitung der Cholera eine hervorragende Rolle zu spielen geeignet sind, und es ist daher nothwendig, auf die Art der Anlage und die Einrichtungen derselben etwas näher einzugehen. In Damiette, einer Stadt, welche verhältnißmäßig selten von europäischen Reisenden besucht wird, hat die Kommission, geführt von angesehenen und der Bevölkerung bekannten Persönlichkeiten, Gelegenheit gehabt, diese Verhältnisse aus eigener Anschauung gründlicher kennen zu lernen, als das beispielsweise in Kairo oder Alexandrien die religiösen Vorurtheile der leicht erregbaren Menge gestatten. –

Das Innere einer arabischen Moschee besteht aus einem unbedeckten Raume, der rings von einer Säulenhalle eingeschlossen ist. An der nach Mekka gerichteten Seite dieses Raumes

*) Während ihres Aufenthaltes in Damiette sowohl wie in Mansurah hat die Kommission mitten aus dem Nilstrom, an Stellen, welche vor Verunreinigungen geschützt waren, Wasserproben entnommen und dieselben gelegentlich der Rückkehr des Herrn Treskow nach Berlin gesandt, wo sie einer chemischen Untersuchung unterzogen worden sind. Das Ergebniß war folgendes: Beide Proben waren frei von Salpetersäure und salpetriger Säure und enthielten nur Spuren von Ammoniak, Chlor und Eisen.

Es ergab sich ferner für je ein Liter

	des Wassers aus Damiette	des Wassers aus Mansurah
Rückstand (bei 110° C.	183,0 mg	165,0 mg
Glühverlust	35,0	35,0
Schwefelsäure . . .	9,17	3,09
Kalk	43,1	39,1
Verbrauch von Permanganat . .	7,6	6,5

Die gleich nach der Entnahme des Wassers an Ort und Stelle vorgenommene mikroskopische Untersuchung im hohlgeschliffenen Objektträger ließ von organisirten Gebilden nur einige Bruchstücke von Diatomeen, aber keine Mikroorganismen nachweisen. — Der Nil hatte damals gerade seinen höchsten Stand erreicht, und die Nilwachen, welche als lebendiger Telegraph jede weitere Steigerung durch Zuruf von Mund zu Mund den stromabwärts gelegenen Gebieten im voraus verkünden, wichen Tag und Nacht nicht von ihrem Posten. —

befindet sich der überdachte, für die Betenden bestimmte Theil der Moschee, während der Regel nach an einer andern Seite ein Platz abgegrenzt ist, in dessen Mitte ein Badebassin und an dessen Seitenwänden die Latrinen sich befinden.

Das Wasser in dem zu religiösen Waschungen dienenden Badebassin wird meist nicht genügend oft erneuert — in der von der Kommission besichtigten Moschee Abul Attah soll das beispielsweise nur etwa alle acht Tage der Fall sein — und hat in Folge dessen häufig eine sehr üble Beschaffenheit. Da der Araber seine Nothdurft stets in hockender Stellung verrichtet, so sind in den Latrinen Sitzvorrichtungen nicht vorhanden. Den Boden bildet eine Steinplatte, in der Mitte von einer runden Oeffnung durchbrochen, an welche sich nach vorn zu ein schmalerer Einschnitt anschließt. Zu beiden Seiten der Oeffnung sind auf der Platte zwei der Form des menschlichen Fußes entsprechende flache Steine befestigt, um die Füße der Besucher gegen Benetzung mit Urin zu schützen, eine Vorsicht, welche bei der thatsächlich bestehenden Unreinlichkeit in diesen primitiven Abritten keineswegs überflüssig erscheint.

In der Regel liegt eine größere Anzahl der Abtritte, durch Zwischenwände geschieden, nebeneinander. An der Hauptwand verläuft eine den sämmtlichen Latrinen gemeinschaftliche, in Stein gehauene Rinne, welche das zu den vorgeschriebenen, nach jeder Defäkation bezw. nach jeder Urinentleerung vorzunehmenden Waschungen erforderliche Wasser enthält. Da auch dieses Wasser Tage, wenn nicht Wochen lang seinem Zwecke dient, bevor es erneuert wird, andererseits aber die Benutzung der Latrinen bei dem Mangel von entsprechenden Vorrichtungen in vielen Häusern eine sehr lebhafte ist, so wird man sich von der Beschaffenheit dieses Wassers keine zu günstige Vorstellung machen dürfen. — Die Latrinen waren in der Moschee Abul Attah rings um das große Badebassin angeordnet. — In mehreren Moscheen, deren Damiette eine große Zahl besitzt, fand die Kommission zwischen den einzelnen Abtritten einige Räume von gleicher Größe, welche als Badezellen eingerichtet waren, und in welchen täglich je etwa vier bis fünf Personen Vollbäder nehmen sollen. Das Wasser in diesen Badezellen wird angeblich jeden zweiten Tag erneuert. — Unter den Abtritten befinden sich Gruben, aus denen auch hier der Inhalt größtentheils einfach in den Boden versickert. In der am Strome gelegenen sogenannten Nil Moschee sind die Abtritte von der Moschee selbst durch eine enge Gasse geschieden. Die Dejektionen gelangen hier ohne weiteres in den Nil, aus welchem vor den Augen der Kommission wenige Schritte stromabwärts Salla's ihre Wasserschläuche füllten.

Einer sehr genauen Besichtigung konnte von der Kommission die Moschee Abul Maati unterzogen werden. Dieselbe ist auf dem Terrain, auf welchem alljährlich die große Messe von Damiette stattfindet, gelegen und wird nur zur Zeit jener Messe benutzt; sie bildet dann aber auch einen besonderen Anziehungspunkt für die Gläubigen. Zudem besitzt sie eine wunderthätige Säule, deren Heilkraft weithin bekannt ist. Unter dem Volke besteht nämlich der Glaube, daß diejenigen, welche von Gelbsucht heimgesucht sind, von ihrem Leiden befreit werden, falls sie an jener Säule lecken. Meist sollen die Kranken in ihrem inbrünstigen Bestreben, die ersehnte Heilung zu finden, so lange lecken, bis die Zunge blutig wird, und in der That war die Säule mit zahlreichen Blutspuren bedeckt. In einiger Entfernung wurde übrigens der Kommission eine andere Säule gezeigt, welche bereits so weit weggeleckt war, daß sich die Nothwendigkeit ergeben hatte, das gläubige Vertrauen der jetzt in Gebrauch befindlichen zweiten zuzuwenden. Es liegt auf der Hand, daß der unglückliche Kranke, statt

Heilung zu finden, von hier bisweilen den Keim zu einem neuen Leiden mit nach Hause nehmen wird.

Weniger bedenklich als diese Säulen erscheint vom sanitären Standpunkte aus eine uralte Sykomore, welche die Kommission außerhalb der Stadt an einem vielbegangenen Wege zu sehen Gelegenheit hatte und welche aus ähnlichen abergläubischen Beweggründen derartig mit eingeschlagenen Nägeln bedeckt war, daß fast nirgends ein freies Fleckchen mehr entdeckt werden konnte.

In der Moschee Abul Maaati werden die Dejektionen von der unter den Latrinen befindlichen Grube aus durch einen unterirdischen, gemauerten Kanal zu einer etwa 2—300 Schritte entfernt gelegenen Terrainvertiefung geleitet. In derselben waren übrigens zur Zeit der Besichtigung Fäkalien nicht zu entdecken; auch war kein übler Geruch hier wahrzunehmen. Um während der Messe das erforderliche Wasser für das Badebassin zur Verfügung zu haben, ist in der Moschee ein geräumiger Wasserbehälter angelegt, welcher durch eine besondere Röhrenleitung aus einer Quelle gespeist wird. Dieses Wasser soll schlecht und zum Trinken nicht geeignet sein, insbesondere soll es nicht selten eine vollständig rothe Färbung annehmen. Es wird durch ein Schöpfrad aus dem Reservoir in das Badebassin gehoben.

In der Moschee befindet sich auch eine Cisterne für Trinkwasser, welche zur Zeit des Hochstandes des Nils aus dem die Stadt durchschneidenden Kanal mit Nilwasser gefüllt wird, indem eine Sakyje das Wasser aus dem Kanal in eine zur Cisterne führende offene, cementirte Rinne einpumpt. Die Füllung der Cisterne hatte erst 10 Tage vor Anwesenheit der Kommission stattgefunden, doch war das Wasser bereits klar und von gutem Geschmack.

Neben der Art der Wasserversorgung und der Beseitigung der Abfallstoffe hat die Kommission während ihres Aufenthalts in Damiette namentlich auch dem Begräbnißwesen ihre Aufmerksamkeit zugewandt. Es erschien das um so nothwendiger, als bei den Erörterungen über die Entstehung der Epidemie auch auf diesen Punkt Gewicht gelegt worden war. So sagt z. B. Surgeon General Hunter in seinem vom 19. August datirten 2. Berichte*): The cemeteries which I visited, with rare exceptions, gave off disgusting odours and cannot but be prolific sources of disease.

Der Hauptbegräbnißplatz Damiettes ist am östlichen Ende der Stadt ziemlich hoch auf sandigem, sterilen Boden gelegen. Er hat eine Länge von 1½ bis 2 Kilometern bei nur wenig geringerer Breite. Nach Osten zu stößt er an das Terrain, auf welchem alljährlich die große Messe abgehalten wird, und an die erwähnte auf demselben Terrain gelegene Moschee Abul Maaati. Im Süden wird er von den äußersten Häusern der Stadt begrenzt, welche durchweg von der ärmeren Bevölkerung bewohnt sind. In nordwestlicher Richtung von dem Begräbnißplatze schieben sich zwischen diesen und die Stadt flache Sandhügel hinein, welche den Namen „Knochenberge" tragen. Sie sollen dem Volksmunde zufolge den zahllosen Leichen der hier gefallenen Kreuzritter ihre Entstehung verdanken, wie auch der Name „Blutmeer" für die zwischen dem Begräbnißplatz und jenen Hügeln gelegene Terrainvertiefung die Erinnerung an die Vernichtung der frommen Schaaren vor Damiette lebendig erhält.

Die älteren Grabstätten bilden geräumige, aus Ziegeln gemauerte Grüfte von Backofenform, welche mit ihrem größten Theile unterhalb der Erdoberfläche liegen. Ueber die letztere

---

*) Further Report by Surgeon General Hunter on the Cholera Epidemic in Egypt. Commercial No. 29 (1883).

ragt fast nur das flache, die vier Seitenwände oben abschließende kuppelartige Gewölbe hervor. Der innere Raum ist hoch genug, daß ein Mann von mittlerer Größe aufrecht darin stehen kann. Der nicht durch Mauerwerk, sondern einfach durch den Wüstensand gebildete Boden der Grüfte gestattet 5 bis 10, ja bisweilen noch mehr Leichen neben einander zu lagern.

Da an einer der ältesten dieser Grabstätten — das Alter wurde auf 100 Jahre geschätzt — ein Theil des oberen Gewölbes eingefallen war, so wurde die günstige Gelegenheit benutzt, das Innere in Augenschein zu nehmen. Rasch war von den Todtengräbern die enge Oeffnung genügend erweitert, und ohne daß die Menge neugieriger Araber, welche der stattlichen Esel-Kavallade zum Begräbnißplatze gefolgt war, Zeichen des Unwillens zu erkennen gegeben hätte, stiegen die Mitglieder der Kommission in die dunkle Höhlung hinab. Der innere Raum war mannshoch, etwa 3 Meter lang und 2 Meter breit. Auf dem Boden lagen die Ueberreste von 5 Skeletten Erwachsener und 3 Skeletten von Kindern. Von Zeugstücken war nirgends mehr etwas wahrzunehmen und auch die Knochen waren bereits derart zerfallen, daß nur der Schädel und die großen Röhrenknochen noch einigermaßen erhalten geblieben waren. Es ließ sich erkennen, daß die Leichen mit den Füßen nach der nördlichen Seitenwand gerichtet gewesen waren, an welcher sich dicht unter der Bodenoberfläche die zur Zeit zugemauerte Eingangsöffnung befand.

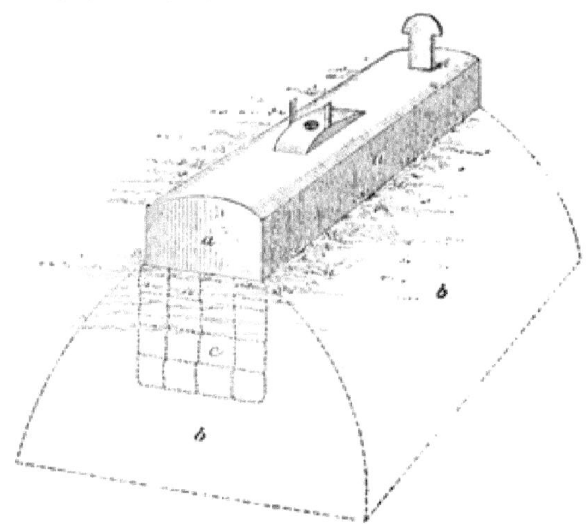

Die neueren Grabstätten und namentlich diejenigen der wohlhabenden Bevölkerung weichen von der geschilderten Construktion etwas ab (s. vorstehende Skizze). Sie bilden ganz in der Erde liegende, nur eben bis an die Oberfläche heranreichende längliche Gewölbe (b), welche von N. nach S. bezw. von NW. nach SO. gerichtet und an beiden Enden durch senkrechte Wände abgeschlossen sind. Der Zugang zu diesen Grabgewölben geschieht durch eine unterhalb der Erdoberfläche gelegene Oeffnung (c). Letztere ist für gewöhnlich mit einem großen Deckstein oder mit einer Anzahl kleinerer Steine verschlossen und befindet sich im oberen Theile der nördlichen Wand; sie ist eben geräumig genug, um einen Mann hineinkriechen zu lassen. Auf dem Gewölbe und nur zum Schmuck und zur Kennzeichnung der Grabstätte dienend ruht ein längliches, flaches, solides Mauerwerk (a), einem großen liegenden Leichensteine ähnlich und gewöhnlich mit einer Vorrichtung zur Aufnahme von Palmwedeln u. dgl. versehen.

Die Grüfte gehören einzelnen Familien an. Wohlhabende und größere Familien besitzen deren mehrere und lassen, wenn sie eine neue erbauen, nicht selten gleichzeitig auch eine einfachere für Leichen von Armen herstellen. Die Kosten für eine dieser letzteren Grüfte sollen nach Mittheilung des Herrn Au Houri etwa 100 Frcs. betragen. Unter den geschilderten Umständen erklärt es sich, daß stets eine ausreichende Anzahl von Grüften zur Aufnahme von Leichen bereit steht und daß, wie der Kommission versichert wurde, selbst zur Zeit der Choleraepidemie dem gesteigerten Bedürfnisse durch die vorhandenen genügt werden konnte. Allerdings mußten mehrfach auch ältere herrenlose Gewölbe, welche sonst wohl geschlossen geblieben wären, wieder geöffnet und in Benutzung genommen, sowie in verschiedenen Grüften bis zu zehn Leichen beigesetzt werden.

Bei der Besichtigung durch die Kommission fanden sich die Grabstätten mit Ausnahme einiger sehr alter, um welche sich niemand mehr bekümmert hatte, und welche in allmählichem Zerfall begriffen waren, sämmtlich geschlossen, in gutem Zustande und ohne sichtbare Risse. Eine Anzahl von Grabstätten fiel durch einen frischen Cementüberzug auf: es waren das angeblich solche, in welchen Choleraleichen bestattet worden waren. Es muß besonders hervorgehoben werden, daß nirgends Leichengeruch oder sonstige üble Gerüche im Bereiche des Beerdigungsplatzes wahrgenommen werden konnten. In dem heißen trocknen Sande verwesen offenbar die Leichen sehr schnell, und ohne daß aus den gut geschlossenen Grabgewölben Fäulnißgase in's Freie gelangen.

Wie in Damiette so hat die Kommission auch in Mansurah dem Begräbnißwesen ihre Aufmerksamkeit zugewandt. Hier waren auf dem alten, während der Choleraepidemie aber noch in Benutzung gewesenen Begräbnißplatze die Grüfte in ganz ähnlicher Weise wie in Damiette angelegt. Sie fanden sich meist reihenweise angeordnet und schlossen seitlich unmittelbar an einander an. Während aber in Damiette die meisten Gewölbe gut erhalten waren, fanden sich hier viele in verfallenem Zustande. Nicht nur war bei einer Anzahl der älteren unter ihnen die Decke eingestürzt, oder fehlte der Schlußstein, auch von den in neuerer Zeit noch benutzten Grüften fanden sich mehrere offen, so daß Erde und Schutt in sie hineingestürzt waren. Leichenreste waren in ihnen übrigens nicht zu sehen, möglicherweise waren sie von Thieren heraus gezerrt: wenigstens fanden sich zwischen den Grabstätten mehrfach Skelettheile. Ueberhaupt machte der ganze Platz einen verwahrlosten Eindruck: überall sah man Schmutz und Unrath, menschliche und thierische Dejektionen. Bezüglich der Construktion der Grabgewölbe in Mansurah ist hervorzuheben, daß im Gegensatz zu denjenigen in Damiette die Zugangsöffnungen vielfach oberhalb der Erdoberfläche lagen, und daß dieselben meist nicht mit einem größeren Schlußstein, sondern durch ohne Mörtel an einander gelegte Ziegel verschlossen waren. Diejenigen Grüfte, in welchen angeblich Choleraleichen beigesetzt waren, fanden sich auch in Mansurah von außen mit einem Cementüberzug versehen und unbeschädigt. — Während dieser alte Begräbnißplatz auf einem sehr trockenen, aus Flugsand bestehenden Terrain liegt, welches nach den benachbarten Feldern zu abfällt, wird die Bodenoberfläche des neuen, etwa zehn Minuten von Mansurah entfernten und nilabwärts gelegenen Begräbnißplatzes von Humus gebildet. Die Construktion einer Anzahl von Grabstätten auf diesem erst im Jahre 1882 nach einem einheitlichen Plane angelegten Platze weicht von der früher geschilderten zum Theil etwas ab. Die Grabstätten sind nämlich in zwei parallelen Reihen angeordnet, zwischen welchen ein Gang von etwa zehn Fuß Breite frei bleibt. Innerhalb jeder Reihe schließen die einzelnen Grüfte, welche nur mit ihrem oberen Gewölbe über die Erdoberfläche hervortreten, unmittelbar aneinander an. Die unter der Erdoberfläche liegenden Zugangsöffnungen finden sich an der dem Mittelgange zugewandten Seite. Vor jeder Oeffnung ist ein gemauerter Einsteigeschacht angebracht, so daß, wenn eine Beisetzung stattfindet, nicht erst die Erde entfernt zu werden braucht, sondern nur das die Oeffnung verschließende Mauerwerk zu beseitigen ist. Der Gang, der zwischen den beiden Reihen von Schachten bleibt, ist immerhin breit genug, um die Leiche zu dem betreffenden Gewölbe transportiren zu können. Zwei der am meisten nach der Nilseite zu gelegenen, unmittelbar an ein reichlich bewässertes Feld stoßende Grabgewölbe, in welchen bereits Leichen beigesetzt waren, standen mit ihrer Sohle im Wasser, wie sich daraus ergab, daß das letztere in den erwähnten Einsteigeschachten mehrere Centimeter hoch sich angesammelt hatte. Offenbar war das Wasser von dem benachbarten Felde her durchgesickert, wenigstens war im Uebrigen selbst an den am tiefsten gelegenen Punkten des Begräbnißplatzes kein Wasser in den Grüften wahrzunehmen. Außer diesen Grabstätten fanden sich übrigens auch auf dem neuen Begräbnißplatze solche, bei denen ein Einsteigeschacht nicht vorhanden war, der Verschlußstein der Zugangsöffnung vielmehr, wie in Damiette, mit Erde bedeckt wurde.

Es bot sich der Kommission Gelegenheit, während des Aufenthaltes auf dem neuen Begräbnißplatze eine Bestattung in einem solchen Grabgewölbe mit anzusehen. Trotzdem das letztere bereits acht Leichen enthielt, war während der Beisetzung übler Geruch nicht wahrzunehmen. Wie versichert wurde, blieb in diesem Gewölbe auch für die Zukunft noch für drei weitere Leichen Raum.

Ueber die Art des egyptischen Begräbnisses mögen an dieser Stelle einige Mittheilungen eingefügt sein.

Alsbald nach dem Tode wird die Leiche entkleidet, in Laken gehüllt und mit Tüchern bedeckt. Nachdem sie dann von dem Leichenwäscher gewaschen worden ist, wird sie, wiederum in Tücher gehüllt, in einen roh gezimmerten, mit zwei Tragestangen versehenen offenen Holzkasten gelegt und mit einem rothen Shawl bedeckt. Der Holzkasten, an einem Ende etwas breiter als an dem anderen und mit vier Füßen ausgestattet, dient ausschließlich zum Transport der Leiche zum Begräbnißplatze und wird von dort aus sofort wieder mit zurückgebracht, um bei dem nächsten Begräbnisse in derselben Weise verwendet zu werden. Nachdem das Trauergefolge sich geordnet hat, begiebt sich der Zug, die Leiche voran, unter dem lauten Klagegeschrei der Weiber in raschem Schritt zur Moschee, wo nach den religiösen Waschungen der Leidtragenden das Leichengebet und eine Art von Todtengericht abgehalten werden.*) Auf dem Begräbnißplatze angelangt, wo inzwischen bereits der Zugang zum Grabgewölbe eröffnet ist, wird die Leiche in ihren Tüchern aus dem Bretterkasten herausgehoben und mit dem Kopfe voran dem in dem Gewölbe stehenden Todtengräber zugeschoben; dieser legt sie auf den Boden nieder und zwar auf die rechte Seite, damit das Gesicht gen Mekka sieht. Hierauf wird das Grabgewölbe geschlossen; Brod und Früchte werden an die versammelten Armen vertheilt, und das Gefolge begiebt sich zur Stadt zurück. Der oft sehr kostbare Shawl, mit

*) Vgl. „Ebers, Cicerone durch das alte und neue Egypten. Stuttgart u. Leipzig 1886.“

welchem der Todte während des Transports bedeckt war, wird nur selten bei ihm belassen; meist wird er von den Angehörigen wieder mitgenommen, um bei späteren Begräbnissen von neuem in Benutzung gezogen zu werden. — Mit den Anschauungen des Islam, denen zufolge der Todte in der Nacht nach seinem Begräbnisse von zwei Engeln über seinen Glauben examinirt wird,*) hängt es zusammen, daß der Körper nicht vor der Bestattung zerstört und daher auch nicht obducirt werden darf, und daß das Grabgewölbe hoch genug sein muß, um den beiden Engeln und dem Todten die Unterhaltung in sitzender Stellung zu gestatten. —

An den drei auf das Begräbniß folgenden Abenden, sowie an bestimmten Tagen der folgenden Wochen finden im Trauerhause Versammlungen der Freunde des Entschlafenen statt. Auch wallfahren die Angehörigen noch häufig zur Grabstätte, um sie mit Palmenblättern oder Schilf zu zieren. Ja nicht selten weilt die Familie, zumal wenn sie reich genug war, um über dem Grabgewölbe ein besonderes kapellenartiges Gebäude zu errichten, Tage und Nächte lang auf dem Begräbnißplatze, um durch immer erneute Klagen ihrem Schmerze Ausdruck zu geben und das Gedächtniß des Verstorbenen zu ehren. Die Familie wohnt, ißt und schläft dann in den erwähnten kleinen Gebäuden. —

Die geschilderte Art des Begräbnisses hat in Damiette auch während der Choleraepidemie keine nennenswerthe Aenderung erfahren. Nur sollen die Leichentransportkästen nach jedesmaligem Gebrauche mit Chlorkalk oder Carbolsäurelösung mittels eines Pinsels besprengt und in einem besonderen Magazin aufbewahrt sein. Ihre Zahl ist angeblich außerdem von etwa 30 auf 70 vermehrt worden. — Begreiflicherweise haben oft Grabgewölbe geöffnet werden müssen, in welchen kurz vorher Choleraleichen beigesetzt waren, so z. B. regelmäßig dann, wenn in einer und derselben Familie nacheinander mehrere Choleratodesfälle vorgekommen sind. Trotzdem soll unter den Todtengräbern, deren Zahl während der Epidemie von 20 auf etwa 100 angewachsen ist, nicht einer an Cholera erkrankt sein. Das Gleiche wurde von den Leichenwäschern behauptet. —

Im Gegensatze zu der muhamedanischen Bevölkerung, welche ihre Todten in der vorstehend geschilderten Weise begräbt, setzen die Kopten die Leichen in oberirdischen, gemauerten Gewölben bei, in ähnlicher Weise, wie das in Italien vielfach Brauch ist, so beispielsweise auf dem Campo santo von Bologna, den die Kommission während ihres kurzen Aufenthaltes daselbst einer Besichtigung unterziehen konnte.

Der Bestattungsplatz der Kopten in Damiette ist innerhalb der Stadt gelegen, und zwar enthalten die Mauern und Seitengebäude um die Koptenkirche herum die erforderlichen Gewölbe, deren Oeffnungen nach der Beisetzung mit Steinen und Kalkmörtel zugemauert werden. Die Kommission hatte Gelegenheit eine derartige unmittelbar vorher verschlossene Nische zu sehen, vor welcher zahlreiche klagende koptische Frauen versammelt waren. Der Verschluß der Oeffnung war vollständig dicht; von üblem Geruch war nichts wahrzunehmen. Während der Epidemie sollen hier im ganzen etwa 30 Choleraleichen bestattet sein. — Nach glaubwürdigen Angaben setzen übrigens die Kopten selbst in Kairo ihre Todten nicht selten innerhalb ihrer Wohnhäuser bei.

*) Vgl. Ebers, l. c., sowie „Wild, Zur Choleraepidemie in Egypten. Berliner Klin. Wochenschr. 1883 Nr Nr. 37 u. 38."

Nach den im Vorstehenden gegebenen Mittheilungen über die sanitären Zustände von Damiette erscheint es erforderlich, nunmehr die Beziehungen der Stadt zu Port Said und zum Suez-Kanal ins Auge zu fassen, da nur unter Berücksichtigung dieser Verhältnisse ein Urtheil über die Entstehung der Epidemie gewonnen werden kann.

Für den Verkehr zwischen Port Said und Damiette stehen drei verschiedene Wege offen, nämlich:

1) zu Lande, auf dem schmalen Küstenstreifen, welcher die beiden Städte mit einander verbindet und den Menzalehsee vom Meere trennt (dieser Landstreifen ist nur an einer Stelle unterbrochen, soll aber auch hier gewöhnlich zu Fuß noch passirbar sein),
2) zu Schiff, die Küste entlang und dann den Nil hinauf,
3) in Barken über den Menzalehsee.

(Vgl. hierzu Tafel 1.)

Nach einer von dem Gouverneur von Damiette, Ismail Pascha Souhdi, der Kommission ertheilten Auskunft kann zwar der erstgenannte Weg zu Fuß an einem Tage zurückgelegt werden, doch soll der Verkehr hier nur ein geringer sein. Auch der Schiffsverkehr die Küste entlang und den Nil hinauf soll bezüglich der Frequenz beträchtlich hinter denjenigen über den Menzalehsee zurückstehen, welcher bei günstigem Winde in 7 bis 8 Stunden zurückgelegt werden kann. Im ganzen verkehren in gewöhnlichen Zeiten nach Angabe des Gouverneurs mindestens 40 Personen täglich zwischen den beiden Orten; es soll insbesondere von Damiette nach Port Said hin ein lebhafter Gemüsehandel betrieben werden.

Eine Anzahl von Einwohnern Damiette's ist in verschiedener Weise dauernd in Port Said beschäftigt; die Zahl dieser Personen konnte indeß von dem Gouverneur nicht genauer angegeben werden. Auch war es demselben nicht möglich, zu ermitteln, ob Einwohner Damiette's als Heizer oder Kohlenarbeiter auf indischen Schiffen beschäftigt sind. Wie dem nun auch sein mag, so kann jedenfalls nicht bezweifelt werden, daß die Zahl der auf indischen Schiffen fahrenden egyptischen Heizer eine beträchtliche ist, und daß dieselben, wenn sie nach der Heimkehr aus Indien das Schiff in Port Said oder schon während der Fahrt durch den Menzalehsee verlassen, stets Gelegenheit haben, in kurzer Zeit und für einen geringen Fahrpreis nach Damiette zu gelangen.

Dr. Mahé, Sanitätsbeamter Frankreichs in Konstantinopel, welcher im Auftrage des französischen Handelsministers in der Zeit vom 15. August bis 25. September 1883 in Egypten sich aufgehalten hat, und dessen hauptsächliche Aufgabe es war, die Entstehung der Epidemie zu erforschen, schreibt auf Grund der von ihm in Port Said gewonnenen Informationen bezüglich jener egyptischen Heizer und Kohlenarbeiter folgendes:*)

»Relativement à la question des chauffeurs indigènes qu'on embarque, principalement à Port Said, sur les navires transitant pour la mer Rouge et la mer des Indes, tout le monde me déclarait, consuls, médecins, agents de la Compagnie du Canal etc., que ces chauffeurs constituent, avec les ouvriers charbonniers, une sorte de corporation nombreuse pouvant s'élever à plus d'un millier d'individus.

*) Rapport adressé à M. le Ministre du Commerce par M. le Dr. Mahé, médecin sanitaire de France à Constantinople, chargé d'une mission médicale en Égypte ayant pour principal objet la recherche de l'origine du Choléra en 1883. Paris 1883.

Ils dépendent ordinairement d'un cheik ou de plusieurs, qui les embauchent et les embarquent de leur propre chef, sans en prévenir l'autorité locale, et en dissimulant en tout cas le nombre réel des individus embarqués, de sorte qu'il n'existe aucun contrôle, aucune police sur ce point comme sur tant d'autres en Égypte.

Ces travailleurs, engagés pour la durée de la campagne du navire, aller et retour seulement jusqu'à Port Said, ne figurent jamais sur le rôle d'équipage ni sur les papiers du bord, à ce point, qu'il est impossible de contrôler leur nombre, leur situation, leur débarquement, leur disparition ou leur mort.

A ce propos, je crois devoir faire observer que quelques médecins, et notamment le docteur Freda (Rapport de Chaffey et Ferrari, annexe No. 3 de la fin du Rapport), ont vainement affirmé que la conformité des papiers de bord avec le nombre des hommes de l'équipage, était une garantie contre les tendances bien connues des capitaines à déguiser la vérité dans les cas suspects.

Or ce moyen de contrôle est nul en ce qui concerne les chauffeurs indigènes égyptiens, lesquels constituent précisément la catégorie la plus dangereuse des équipages des navires les plus susceptibles d'importer le choléra en Égypte.

M. le docteur Pestrini, de nationalité italienne comme la majeure partie des médecins actuels de l'administration sanitaire d'Alexandrie, et directeur de l'office important de Port Said, ne fit que me répéter, en les confirmant, les faits relatifs aux chauffeurs et charbonniers qui, chaque jour, commettent des contraventions difficiles à empêcher, d'abord parce qu'il est impossible de compter sur la fidélité des gardes de santé, en second lieu, parce que les capitaines ont soin de débarquer les chauffeurs, avant d'arriver à Port Said, à quelques kilomètres en amont, juste à l'endroit où se trouvent les barques qui font passage à travers le lac Menzaleh entre le canal et Damiette.«

Das im Vorstehenden Mitgetheilte wird genügen, um zu zeigen, daß zwischen Port Said und dem Suezkanal einerseits und Damiette andererseits nicht nur dauernd ein außerordentlich reger Verkehr stattfindet, sondern daß auch gerade solche Personen, welche mit dem Cholerakeime in Berührung zu kommen Gelegenheit hatten, sich nicht selten alsbald nach ihrer Ankunft aus Indien und insbesondere aus Bombay nach Damiette begeben.

Begreiflicherweise hat die Kommission aber während ihres Aufenthaltes in Damiette auch der Frage, wie sich der erörterte Verkehr in der letzten Zeit vor Ausbruch der Epidemie gestaltet hat, ihre besondere Aufmerksamkeit zugewandt.

Alljährlich findet in Damiette eine große Messe statt, die Messe des Cheik el Chateb, zu welcher Händler und Kauflustige aus der näheren und ferneren Umgebung der Stadt in großer Zahl sich einzufinden pflegen. Abgesehen von den Fellachen aus den nahe gelegenen Dörfern, welche nur Tags über die Messe besuchen, zur Nacht aber wieder in ihre Dörfer zurückkehren, sind es namentlich die benachbarten Ortschaften Matarieh und Menzaleh, sowie Port Said und das durch die Eisenbahn mit Damiette verbundene Mansurah, welche eine große Zahl von Besuchern stellen. Viele derselben nehmen ebenso wie die oft aus weiter Ferne kommenden Händler für die ganze Meßwoche ihren Aufenthalt in Damiette.

Die Messe fand vom 8. bis 15. des Monats „Chaban" des Arabischen Kalenders statt, das heißt in der Woche vom 14. bis 21. Juni. In den Berichten über die Epi demie von Damiette findet sich mehrfach*) die Angabe, es seien in dem in Frage stehenden Jahre ca. 15 000 Fremde während der Messe in der Stadt gewesen, eine Angabe, die nur dadurch zu erklären ist, daß die Besucher aus der nächsten Umgebung mehrfach gezählt worden sind; denn nach einer von dem Gouverneur der Kommission ertheilten Auskunft hat die Zahl der Fremden nur ca. 2500 betragen. Jedenfalls war die Anhäufung von Menschen im Jahre 1883 während der Messe eine weit geringere, als im vorhergehenden Jahre, wo in Folge des Aufstandes Arabi Pascha's ca. 4000 Soldaten mit ca. 1000 Weibern und Kindern sich in der Stadt befanden, ganz abgesehen von zahlreichen Landleuten, welche zur Theilnahme an den Befestigungsarbeiten herbeigekommen waren. — Nach Mittheilung des Gouverneurs sind allein aus Port Said im Jahre 1883 ca. 500 Besucher, Männer und Frauen, zur Messe gekommen, von denen die größte Zahl aus Damiette gebürtig war und bei Freunden bezw. Verwandten wohnte. Die meisten von ihnen (ca. 400) waren, da der Ausbruch der Epidemie unmittelbar nach Schluß der Messe erfolgte, und wenige Tage darauf Damiette mit einem Einschließungs-Kordon umgeben wurde, verhindert, die Stadt zu verlassen. Wie viele von ihnen der Krankheit erlegen sind, hat indeß nicht mehr festgestellt werden können.

Von Personen, welche für die Ermittelung des Weges, auf welchem die Einschleppung des Krankheitskeimes stattgefunden hat, besonders zu berücksichtigen sind, hat man nach Angabe des Gouverneurs während der Messe in Damiette gesehen:

1) Mehrere Personen aus Indien, von denen indeß nicht festgestellt ist, auf welchem Wege sie gekommen waren;

2) Mehrere aus Mekka gebürtige Personen, welche als Händler in Port Said wohnen und welche gekommen waren, um Droguen, Parfümerien u. dgl., insbesondere das beliebte »hennah«, eine zum Färben der Nägel von den egyptischen Frauen vielfach benutzte gelbrothe Farbe, zu verkaufen;

3) Vier als Heizer auf Schiffen beschäftigte, von Port Saïd gekommene Egypter, nämlich Mohamed Ahmed, Mohamed Hassab Allah, Kalil Omar und Mohamed Khalifa.

Von der letztgenannten Persönlichkeit wird später noch eingehender die Rede sein müssen, da es eine Zeit lang schien, als habe man in ihr denjenigen zu suchen, der die Krankheit nach Damiette gebracht hat.

Was die während der Messe in Damiette gesehenen Personen aus Indien betrifft, so schreiben Dr. Chaffey Bey und Dr. Ferrari, welche im Auftrage des Conseil Sanitaire, Maritime et Quarantenaire zu Alexandrien sich mit der Erforschung der Ursachen der Epidemie beschäftigt haben, in ihrem unten citirten Berichte folgendes:

»On a dit qu'au moment de la foire du Cheikh Abou el Maati qui a amené à Damiette 15 000 personnes environ, on a constaté la présence de deux marchands arrivés tout récemment de Bombay. Cette information nous est parvenue par un billet de la part de M. le Docteur Ardouin Bey, qui la tient lui-même d'un médecin anglais, personne très respectable et digne de foi. L'on comprend l'empressement

*) Vgl. „Rapport des Commissions médicales chargées de déterminer la nature et les caractères de la maladie, qui a éclaté à Damiette le 22. Juin 1883. Alexandrie 1883." und „Le Choléra de Damiette en 1883. Rapport adressé au Conseil Sanitaire, Maritime et Quarantenaire par Ahmet Chaffey Bey Rapporteur et Salvatore Ferrari etc. Alexandrie 1883."

que nous avons mis pour aller aux informations auprès des négociants notables de la ville et voici ce que le notable Saïd-el-Lozi croit pouvoir affirmer à ce sujet: Durant la foire on n'a jamais constaté la présence d'aucun négociant ou marchand Indien, ni vendeur de marchandises Indiennes; mais on a vu un étranger coiffé à la façon des derwich et vêtu assez proprement qui s'est entretenu avec plusieurs personnes d'ici et qui déclarait à tout le monde être venu du Caire qu'il habite depuis sept ans.«

Diese Angaben der Dr.Dr. Chaffey und Ferrari stehen in Widerspruch zu denjenigen des bereits erwähnten Dr. Mahé, welcher im Auftrage des französischen Handelsministers ebenfalls an Ort und Stelle Ermittelungen über die Entstehung der Epidemie angestellt hat. Dr. Mahé schreibt:*)

»En 1883 la foire-pèlerinage de Damiette a commencé le 13. juin (8. chabban) et a été close le 20. par le gouverneur lui-même (15. chabban)**). Elle n'a attiré qu'un nombre d'étrangers à la ville atteignant au maximum de 2000 à 2500 personnes.

On y a remarqué un assez grand nombre de marchands et d'individus étrangers à l'Égypte. C'est ainsi que la plupart des notables de la ville, auxquels j'ai été présenté par M. Cosséry***), ont déclaré qu'ils avaient distingué la présence de plusieurs Indiens ou Hindous, marchands ou autres, même des mendiants de cette nationalité, qui ont dû être écartés des mosquées de Damiette où ils voulaient passer la nuit; que des charbonniers, des chauffeurs et quantité de personnes venues de Port Saïd circulaient dans la foire, séjournaient dans la ville, durant et après la foire, à tel point qu'un certain nombre de ces personnes se sont trouvées enfermées par le cordon sanitaire dès les premiers jours de l'épidémie. Et tout cela sans préjudice d'une assez grande proportion d'étrangers, tels que: Syriens, Afghans, Boukharals, et peut-être des Persans. (Voir Annexes C: Pièces et documents fournis par le gouverneur de Damiette, les cheiks et les notables, traduits par M. Cosséry, qui a gardé les originaux en langue arabe.)

Aussi n'est ce pas sans étonnement que les notables de Damiette ont appris que les docteurs Chaffey et Ferrari avaient prétendu faire croire le contraire. Le chef des marchands, Saïd-el-Lozi, cité dans le rapport (page 12) m'a fait exprimer le démenti formel qu'il donne à l'assertion qu'on lui a prêtée, à savoir qu'il n'avait vu aucun marchand Indien à la foire de Damiette, tandis qu'il aurait déclaré en avoir vu au moins deux pendant la foire.

Il a été établi, que les Indiens vendaient des étoffes, des objets divers, des marchandises provenant de l'Inde et que deux marchands de la Mecque se livraient aussi à ce commerce.«

Die deutsche Kommission hat übrigens ebenfalls und zwar durch Vermittelung des Herrn Au Houri Gelegenheit gehabt, von dem Notablen Said el Lozi persönlich zu hören, daß die oben wiedergegebene Mittheilung der Dr.Dr. Chaffey und Ferrari den Thatsachen nicht ent

*) Rapport adressé à M. le Ministre du Commerce etc. Paris 1884.

**) Nach den „Calendriers comparés Grégorien, Grec, Arabe et Copte d'après les calculs de A. Mouriès" entspricht der 8. Chaban 1883 nicht dem 13., sondern dem 11., der 15. Chaban nicht dem 20., sondern dem 21. Juni.

***) Französischer Vice-Konsul zu Damiette.

spreche. Der Genannte, ein reicher und sehr angesehener Kaufmann, versicherte mit aller Bestimmtheit, daß er während der Messe acht Leute gesehen habe, welche er für Inder gehalten habe. Zwei derselben seien Kaufleute, die Uebrigen Arme gewesen. Von letzteren glaubt er, daß sie zu Fuß von Port Said hergekommen seien. Den Weg auf dem schmalen Landstreifen längs der Küste hätten dieselben bequem in einem Tage zurücklegen können.

Was den oben bereits erwähnten Heizer Mohamed Khalifa betrifft, so hat Dr. Flood zu Port Said unter dem 5. Juli an den Präsidenten des »Conseil de Santé et d'Hygiène publique« in Kairo, Salem Pacha, folgendes*) berichtet:

»Le 18. Juin débarqua à Port Said du steamer Anglais »Timor« venant de Bombay et allant à Naples et Gênes, un chauffeur nommé Mohamed Khalifa, natif de la Haute-Égypte, qui partit immédiatement pour Damiette. J'adresse à V. E. la réponse reçue aujourd'hui du Gouverneur de Damiette, à deux dépêches, qui lui furent adressées sur ma demande, au sujet de Mohamed Khalifa, par S. E. le Gouverneur Général du Canal. Bien que n'étant pas entièrement satisfaisantes pour expliquer le dévéloppement d'une épidémie de choléra à Damiette, elles permettent cependant d'admettre le fait de l'importation du mal par Mohamed Khalifa.

Peut-être des cas cholériques se sont-ils manifestés à bord du »Timor« après son départ de Bombay, et par conséquent le sieur Khalifa se serait trouvé à son arrivée à Port Said dans la période d'incubation de la maladie; n'est-il pas possible également que cet homme ait été atteint de diarrhée cholérique en arrivant à Damiette?«

Veranlaßt durch diese Mittheilung haben Chaffey und Ferrari den Mohamed Khalifa vernehmen lassen und hierdurch sowie durch andere Ermittelungen angeblich festgestellt, daß derselbe erst am 23. Juni Port Said, wo er am 19. desselben Monats von Bombay her eingetroffen war, verlassen habe, und daß er erst am 24. Juni nach 20stündiger Fahrt über den Menzalehsee, demnach zu einer Zeit, wo die Epidemie bereits ausgebrochen war, in Damiette eingetroffen sei. Sie vermuthen, daß den Angaben des Dr. Flood eine Verwechselung zwischen dem 18. Chaban des arabischen Kalenders (= 24. Juni) mit dem 18. Juni zu Grunde liege.

Die deutsche Kommission hat sich bemüht, auch über diese Streitfrage an Ort und Stelle entscheidende Auskunft zu erhalten. Es ist ihr von dem Gouverneur von Damiette mitgetheilt, daß Mohamed Khalifa vor dem 15. Chaban, d. h. vor dem 21. Juni in Damiette gesehen worden sei. Unter diesen Umständen dürfte auf das Ergebniß seiner Vernehmung kein allzugroßes Gewicht zu legen sein, zumal er gelegentlich derselben nicht einmal im Stande gewesen ist, den Namen des Schiffes zu nennen, auf welchem er die letzte Reise gemacht hatte.**)

Uebrigens hat die Frage, ob dieser Heizer Khalifa in der That vor oder nach Ausbruch der Epidemie nach Damiette gekommen ist, für die Beurtheilung der Einschleppungsfrage, wie später noch erörtert werden wird, keineswegs die Bedeutung, welche ihr offenbar von Chaffey und Ferrari beigelegt wird.

---

*) Vgl. „Le Choléra de Damiette en 1883. Rapport etc. par Ahmet Chaffey Bey et Salvat. Ferrari. Alexandrie 1883."

**) Vgl. „Chaumery, Le Choléra d'Égypte en 1883. Rapport adressé à S. E. le Ministre du Commerce. Alexandrie 1883."

Der Gesundheitszustand Damiettes vor Ausbruch der Epidemie.

Der Gesundheitszustand Damiettes vor und während der Messe war ein durchaus befriedigender. Epidemische Krankheiten herrschten nicht, und die Zahl der täglichen Todesfälle hielt sich in den gewohnten Grenzen. Erst unmittelbar nach dem Schlusse der Messe zeigte die Zahl der Todesfälle eine beträchtliche, schnell sich steigernde Zunahme, wie aus der nachstehend wiedergegebenen amtlichen Liste hervorgeht:

Mai

1.	2.	3.	4.	5.	6.	7.	8.	9.	10.	11.	12.	13.	14.	15.	16.	17.	18.	19.	20.	21.	22.	23.	24.	25.	26.	27.	28.	29.	30.	31.
6	4	4	1	5	2	2	2	3	8	2	6	4	1	3	5	3	3	5	2	3	2	2	3	2	4	2	8	4	3	3

Juni

1.	2.	3.	4.	5.	6.	7.	8.	9.	10.	11.	12.	13.	14.	15.	16.	17.	18.	19.	20. u. 21.	22.	23.	24.	25.	26.	27.	28.	29.	30.
3	2	3	8	7	5	3	6	3	6	3	5	2	3	6	7	2	6	6	5	11	23	25	12	47	129	106	122	114

Messe (14.–21. Juni)

Ausbruch der Epidemie (20. u. 21. Juni)

Die folgende, ebenfalls auf amtlichen Angaben beruhende Uebersicht läßt ferner erkennen, daß die Sterblichkeit im April und Mai 1883 verglichen mit derjenigen der vorhergehenden Monate keineswegs eine hohe war:

		Januar	Februar	März	April	Mai	Juni
Zu Damiette	wurden geboren:	186	152	232	163	175	124
	starben:	129	135	117	102	107	713

Nach einer Mittheilung des Chefarztes von Damiette, Ali Effendi Ghibril, sind in den der Epidemie vorausgegangenen Monaten choleraähnliche Erkrankungen oder auch nur auffällig häufige Diarrhoeen nicht von ihm beobachtet worden. Bemerkt sei, daß der genannte arabische Arzt bereits die Epidemie des Jahres 1865 in Damiette mit erlebt hat und daher um so eher in der Lage war, etwa vorkommende verdächtige Fälle richtig zu würdigen. Zudem war er zu jener Zeit der einzige Arzt in Damiette und mußte als solcher naturgemäß über den Gesundheitszustand der Stadt am besten unterrichtet sein. Es ist ihm*) der Vorwurf gemacht, daß er erst am 23. Juni auf die Gefahr aufmerksam geworden sei, nachdem die Zahl der Todesfälle bereits am 22. eine ungewöhnliche Höhe erreicht habe. Wie indeß schon Dr. Mahé**) nachgewiesen hat, ist dieser Tadel durchaus ungerechtfertigt. Die deutsche Kommission hat ebenfalls die Ueberzeugung gewonnen, daß die Angabe Ali Effendi Ghibril's, er habe bereits am Morgen des 22. Juni an Dr. Ferrari, den Director der einige Kilometer

*) Vgl. „Le Choléra de Damiette en 1883. Rapport etc. par Ahmet Chaffey Bey et Salvatore Ferrari. Alexandrie 1883."

**) Rapport adressé à M. le Ministre du Commerce etc. Paris 1883.

stromabwärts von Damiette gelegenen Quarantäneanstalt, Nachricht gesandt und denselben um Beistand gebeten, durchaus glaubwürdig ist. Verglichen mit der Unsicherheit in der Constatirung der Cholera während der letzten Jahre in manchen europäischen Städten verdient diese schnelle und zuverlässige Diagnose des Ali Effendi Ghibril die vollste Anerkennung. Es muß dies um so mehr hervorgehoben werden, als der scharfblickende und pflichtgetreue Arzt nach der Epidemie seine Stelle als Stadtarzt von Damiette hat aufgeben müssen. Wohl nur in Folge eines Mißverständnisses hat die Ansicht Boden fassen können, daß er den Ausbruch der Seuche nicht frühzeitig genug erkannt habe.

Die ersten Cholerafälle in Damiette.

Da Dr. Ferrari erst am 23. Juni in Damiette eingetroffen ist, so war Ali Effendi Ghibril der einzige Arzt, welcher aus eigener Erfahrung über den vermuthlich ersten Cholerafall ein Urtheil abzugeben im Stande war, und seine Unterstützung mußte daher der Kommission bei ihren Ermittelungen von besonderem Werthe sein. Sie wurde in der bereitwilligsten Weise gewährt, und die Kommission benutzt gern diese Gelegenheit, dem genannten Arzte ihren Dank auszusprechen.

Der erste bekannt gewordene Todesfall unter choleraverdächtigen Erscheinungen soll bereits am 19. Juni vorgekommen sein, also noch vor dem am 21. Juni erfolgten Schlusse der Messe. Die Angaben Ali Effendi Ghibrils, welcher die in Frage stehende Verstorbene vor ihrem Tode gesehen hat, sowie die Mittheilungen der Bewohner des betreffenden Hauses lassen über den Charakter der Krankheit in diesem Falle kaum einen Zweifel, und nur der Umstand, daß es sich um ein vereinzeltes Vorkommniß handelte, hat den Arzt abgehalten, schon an diesem Tage weitere Schritte zu thun.

Der Fall ereignete sich in dem Hause eines wohlhabenden angesehenen Mannes, des Ali Markabi, welches an einer der größeren Straßen der Stadt gelegen und, wie die Kommission selbst sich überzeugt hat, geräumig, luftig und reinlich gehalten war (s. in der Skizze von Damiette auf Tafel 3 das mit I bezeichnete Haus). Hier sollte während der Messe ein Fest stattfinden, zu dem man besondere Vorbereitungen traf. Unter anderem wurde eine der Familie bekannte, in Damiette wohnende Syrerin, die Frau eines damals schon längere Zeit abwesenden, der Küstenschifffahrt obliegenden Kapitäns, zur Hülfe geladen, da sie ganz besonders gut auf Herrichtung beliebter syrischer Gerichte sich verstand. Dieselbe fand sich denn auch am 18. Juni im Hause des Ali Markabi ein, erkrankte indeß schon wenige Stunden nach ihrer Ankunft unter den ausgesprochenen Erscheinungen der Cholera und erlag ihrem Leiden in dem Hause, dessen Fest sie verschönern sollte, am folgenden Morgen, dem 19. Juni.

Die Kommission hat sich aufs angelegentlichste bemüht, über die Person dieser Syrerin mehr zu erfahren und womöglich die Quelle ihrer Erkrankung zu ermitteln. Unter Führung des Herrn An Houri, welcher bei diesen und den folgenden, in den arabischen Häusern angestellten Nachforschungen unermüdlich und mit nicht genug anzuerkennendem Geschick den Dolmetscher machte, wurde zunächst die Wohnung aufgesucht, in welcher die Verstorbene bis zu ihrem Besuche bei Ali Markabi gemeinsam mit ihrer erwachsenen Tochter gelebt hatte. Im ersten Stockwerk eines unmittelbar am Nil gelegenen Hinterhauses befindlich bestand diese Wohnung nur aus zwei Zimmern. Die inzwischen verheirathete Tochter hatte dieselbe noch inne und konnte, da sie zufällig anwesend war, der Kommission selbst Auskunft geben. Sie gestattete nach einigem Verhandeln auch, einen Blick in die zwar nicht sehr geräumigen, aber reinlich und ordentlich gehaltenen, mit Teppichen und Betten sehr reichlich ausgestatteten Zimmer zu werfen. Die sofort sich versammelnden männlichen Mitbewohner des Hauses gaben ebenfalls bereitwillig auf Fragen Antwort, während lebhafte, von unsichtbaren Personen die Treppe herabgerufene Zwischenworte bewiesen, daß auch das schönere muhamedanische Geschlecht den Verhandlungen mit Eifer und Theilnahme folgte und bemüht war, ungenaue oder falsche Angaben ihrer Angehörigen zu berichtigen. — Das Ergebniß der unter diesen Umständen etwas geräuschvoll vor sich gehenden Verhandlung war folgendes: Bei der Frau des Hausbesitzers, des Zimmermanns Mohamed Tabia, logirte während der Messe eine am 8. Chaban (14. Juni) in Damiette eingetroffene Fremde, Amcha Sindair mit Namen. Dieselbe kam von Port Said, um mit indischen Produkten, seidenen Tüchern, Parfüms, sowie anderen, zu Geschenken sich eignenden Dingen, Kokosnüssen u. dgl. Handel zu treiben. Woher sie diese Sachen bezogen hatte, konnte mit Sicherheit nicht angegeben werden, doch wurde allgemein angenommen, daß sie dieselben in Port Said von Matrosen aus Indien kommender Schiffe erworben habe. Diese Händlerin blieb drei Tage im Hause. Sie schlief in der Wohnung des Zimmermanns, hielt sich aber Tags über sehr viel bei der Syrerin auf. Später hat sie noch in zwei anderen Häusern je einige Tage Unterkunft gefunden und erst kurz nach Ausbruch der Epidemie — am Tage vor der Einschließung Damiettes durch den Sanitätskordon — die Stadt verlassen, um nach Port Said zurückzukehren. Hier durch den Schutzkordon zurückgewiesen, fand sie in Schech Abuti, einem kleinen Dorfe bei Port Said, Aufnahme, woselbst sie am zweiten Tage nach ihrer Abreise von Damiette an der Cholera erkrankte, jedoch wieder hergestellt wurde. Während ihres Aufenthaltes in Damiette soll sie ganz gesund gewesen sein. Bemerkt sei noch, daß sechs Tage nach ihrer Abreise von Damiette daselbst auch eine Nichte von ihr an der Cholera gestorben ist.

In demselben Hinterhause am Nil, in welchem die zuerst verstorbene Syrerin ihre Behausung hatte, wohnten übrigens auch zwei Frauen, deren Männer als Kapitäne kleiner Küstenschiffe regelmäßig zwischen Damiette und Port Said fahren, insbesondere häufig Kohlen von Port Said holen. Diese Kapitäne sollen fast immer auf der genannten Strecke unterwegs sein und sich selten länger als einen Tag bei ihren Frauen aufhalten.

Die Tochter der Syrerin ist drei Tage nach dem Tode ihrer Mutter ebenfalls an der Cholera erkrankt, aber genesen. Sie hat mit dem Hause des Ali Marlabi, in welchem die Mutter erkrankt und gestorben ist, keinen Verkehr gehabt. Auch die Frau des Hausbesitzers, die oben erwähnte Zimmermannsfrau, ist ein Opfer der Seuche geworden, doch hat die Kommission über das Datum ihrer Erkrankung leider nichts in Erfahrung gebracht. —

Daß die im Vorstehenden als „die Syrerin" bezeichnete Person die erste gewesen ist, welche in Damiette der Cholera erlag, haben auch die Untersuchungen des Dr. Mahé*) mit Wahrscheinlichkeit ergeben, nur wurde demselben nicht der 19., sondern der 20. Juni als ihr Todestag bezeichnet. Chaffey und Ferrari sind dagegen geneigt**), als sicher constatirten ersten

*) Rapport adressé à M. le Ministre du Commerce etc. Paris 1883.

**) Le Choléra de Damiette en 1883 etc. Alexandrie 1883.

Todesfall denjenigen eines 80jährigen Mannes, eines Kawassen des französischen Konsulats, zu betrachten. Da sie indeß selbst angeben, daß dieser Mann erst am 22. Juni erkrankt und in der Nacht vom 22. zum 23. gestorben sei, und da andererseits die Liste der Todesfälle Damiettes bereits am 22. eine beträchtliche Steigerung aufweist, so dürfte es völlig ausgeschlossen sein, daß der genannte Fall der erste gewesen ist.

Die Kommission hat sich weiter bemüht, zu ermitteln, ob nicht, abgesehen von der Syrerin, schon vor dem 22. Juni der Cholera verdächtige Todesfälle sich ereignet haben, und es ist ihr gelungen, mit Hülfe der Herren An Houri und Ali Effendi Ghibril, sowie einiger intelligenter Einwohner, welche sich freiwillig den Nachforschungen anschlossen, festzustellen, daß bereits am 21. Juni, und zwar in drei Häusern, welche nicht weit von dem des Ali Markabi, dem Sterbehause der Syrerin, entfernt waren, solche Todesfälle vorgekommen sind. Einer derselben soll sich in dem auf der Skizze (Tafel 3) mit II bezeichneten Hause ereignet haben; hier konnte indeß durch die Kommission nichts genaueres festgestellt werden, da das Haus verschlossen war und auch auf kräftiges Klopfen an der Hausthür nicht geöffnet wurde, vermuthlich, weil die männlichen Bewohner nicht daheim waren. Dagegen hat die Kommission die beiden anderen Häuser selbst besucht und von den Angehörigen der Verstorbenen Auskunft erhalten. Hiernach ist in einem auf der Skizze mit III bezeichneten Hause am 21. Juni ein Todesfall, und sind in einem auf der Skizze mit IV und V bezeichneten Hause an demselben Tage zwei Todesfälle unter den Erscheinungen der Cholera erfolgt. Die letzteren beiden Fälle betrafen Kinder im Alter von 12 bezw. 6 Jahren. — Ob diese Todesfälle in der mitgetheilten offiziellen Liste (s. S. 25) unter dem 20. und 21. Juni, an welchen beiden Tagen im ganzen 5 Personen in Damiette gestorben sein sollen, oder unter dem 22. Juni aufgeführt sind, muß dahingestellt bleiben.

Die genannten beiden Häuser, klein und keineswegs reinlich gehalten, glichen einander durchaus. Der untere Raum, den männlichen Mitgliedern der Familie zum Aufenthalte dienend, war ungepflastert und ungedielt; er wurde zugleich als Stall für eine Ziege und für einige Tauben benutzt und enthielt eine Feuerstelle. Von diesem Raume aus führte eine primitive Treppe hinauf in das den Harem enthaltende obere Stockwerk, dessen Haupttheil ein mittelgroßes gedieltes Zimmer einnahm, mit Teppichen, Decken und Kissen reichlich ausgestattet, aber ebenfalls wenig reinlich aussehend. Eine Abtheilung dieses Zimmers, etwas tiefer gelegen, enthielt die Küche. Selbstverständlich entbehrte das Zimmer nicht des bekannten erkerartigen Ausbaus (Mushrabyie), von dem aus die Frauen das Leben auf der Straße überschauen können, ohne hinter dem durchbrochenen Holzwerk selbst gesehen zu werden. Einige kleine Nebenräume des oberen Stockwerks waren der Kommission nicht zugänglich, da die Frauen während der Besichtigung sich dahin zurückgezogen hatten. Ein Abtritt war in dem Hause überhaupt nicht vorhanden. Wie in den meisten ärmeren arabischen Familien benutzte auch hier der Mann die Latrine einer Moschee, die Frauen das flache Dach des Hauses, um ihre Nothdurft zu verrichten.

Der weitere Verlauf der Epidemie.

Ob die Personen, welche in den soeben besprochenen Häusern am 21. Juni unter Cholera verdächtigen Erscheinungen gestorben sind, irgend welche Beziehungen zu der am 19. Juni im Hause des Ali Marlabi verstorbenen Syrerin gehabt haben, ist nicht zu ermitteln gewesen. Jedenfalls breitete sich vom folgenden Tage, dem 22. Juni an die Krankheit rasch aus und trat zumal in dem am Nil gelegenen nördlichen Theile der Stadt, in welchem die Wohnung der Syrerin lag, alsbald mit großer Heftigkeit auf.

Der 22. Juni war auch der erste Tag, an dem die Zahl der überhaupt Gestorbenen eine ungewöhnliche Höhe zeigte. Von den 11 in der offiziellen Liste (s. S. 25) unter diesem Datum aufgeführten Todesfällen sind 6 als durch Cholera verursacht bezeichnet. Am 23. Juni wurden bereits 13 Cholera Todesfälle gemeldet, am 24. 15, am 26. 37 und am 27. 113.

Daß es sich um Cholera handelte, war, wie oben ausgeführt ist, von dem einzigen Arzte Damiette's, Ali Effendi Ghibril, bereits am 22. Juni erkannt worden. Am 24. Juni entsandten sowohl der „Conseil Sanitaire et d'Hygiène publique" zu Kairo, wie der „Conseil Sanitaire, Maritime et Quarantenaire" zu Alexandrien je eine aus vier ärztlichen Mitgliedern bestehende Kommission nach Damiette, um die Natur der Seuche an Ort und Stelle zu ermitteln. Nachdem diese vereinigten Kommissionen am Abend des 24. und im Laufe des 25. Juni im ganzen 13 Kranke gesehen, eine Obduktion ausgeführt und sich über die sanitären Verhältnisse der Stadt unterrichtet hatten, erstatteten sie unter dem 26. Juni einen bereits wieder aus Kairo datirten Bericht*), in welchem sie sich auf Grund ihrer Untersuchungen einstimmig dahin aussprachen, daß die in Damiette herrschende Seuche in der That die Cholera sei. Nur zu bald sollte der weitere Gang der Ereignisse auch den letzten über das Wesen der Krankheit bestehenden Zweifel beseitigen. –

Was den Verlauf der Epidemie in Damiette betrifft, so kann ein Urtheil darüber nur auf Grund der täglichen Aufzeichnungen über die vorgekommenen Todesfälle an Cholera gewonnen werden, da über die Zahl der Erkrankungen Nachrichten nicht vorliegen. Das Sterblichkeitsverhältniß läßt sich indeß wenigstens bis zu einem gewissen Grade nach den Ergebnissen der Hospitalbehandlung beurtheilen. Von den 45 Cholerakranken, welche in dem oberhalb der Stadt auf dem rechten Nilufer gelegenen Hospitale während der Epidemie zur Aufnahme gelangten, sind nämlich, wie der Kommission bei einem Besuche des Hospitals mitgetheilt wurde, 23 gestorben, was der gewöhnlichen Mortalität von etwa 50 % der Erkrankten entsprechen würde. Daß die Zahl der im Hospital behandelten Kranken eine verhältnißmäßig so geringe war, erklärt sich aus den fatalistischen Anschauungen der Araber, welche wenig Neigung haben, in schweren Krankheitsfällen thätig einzugreifen, vielmehr mit einem „Wie Allah will" geduldig sich in ihr Schicksal ergeben.

Ueber die während der Epidemie von Tag zu Tag vorgekommene Zahl der Cholera Todesfälle giebt die nachstehende Zusammenstellung, welche die Kommission ebenfalls dem Gouverneur von Damiette verdankt, Auskunft:

---

*) Rapport des Commissions médicales chargées de déterminer la nature et les caractères de la maladie qui a éclaté à Damiette le 22. Juin 1883. Alexandrie 1883.

Juni									Juli															
22.	23.	24.	25.	26.	27.	28.	29.	30.	1.	2.	3.	4.	5.	6.	7.	8.	9.	10.	11.	12.	13.	14.	15.	16.
6	13	15	28	37	113	101	113	110	141	130	110	111	109	107	92	88	53	52	65	40	39	38	35	27

Juli															August												
17.	18.	19.	20.	21.	22.	23.	24.	25.	26.	27.	28.	29.	30.	31.	1.	2.	3.	4.	5.	6.	7.	8.	9.	10.	11.	12.	13.
18	17	22	7	14	13	8	16	5	4	3	3	5	2	4	6	—	—	3	—	2	—	3	—	—	—	—	1

Schon am 1. Juli hatte demnach die Epidemie mit 141 Todesfällen ihre Höhe erreicht, um dann ziemlich gleichmäßig und stetig bis Ende des Monats wieder abzunehmen. Anfangs August kamen nur noch vereinzelte Fälle vor. Im ganzen erlagen der Krankheit in der Zeit vom 22. Juni bis 13. August 1929 Personen oder ca. 5,5 Prozent der Einwohner, und die Epidemie ist demnach eine sehr mörderische gewesen. Es kommt noch hinzu, daß die offiziellen Zahlen wohl mehr oder weniger erheblich hinter der Wirklichkeit zurückbleiben, denn das Bestreben, Cholerafälle zu verheimlichen, um allen lästigen sanitären Maßregeln zu entgehen, war unter der eingeborenen Bevölkerung Egyptens während der Epidemie ein allgemeines. Selbst in einer Stadt wie Alexandrien hatten, zumal in den Vororten, Behörden und Aerzte mit dieser Neigung zu kämpfen. So schreibt Dr. de Castro:*) »Il n'est peut-être pas sans intérêt de relater ici, à propos de la visite faite dans ces villages, la répugnance constatée également ailleurs, qu'éprouvaient, en général, les indigènes à faire connaître les cas ou décès de choléra qui se produisaient dans leurs quartiers. Ainsi, lorsque la délégation du Comité eut à se rendre dans le village dont il s'agit, pour en constater l'état, elle fut informée qu'un enfant avait été atteint par la maladie dans la matinée du jour même. Mais, malgré la présence du Mahoun et du Cheik-el-Hara, et leurs investigations, il fut impossible de découvrir l'enfant malade. Le même soir, on l'apportait très gravement atteint de l'épidemie à l'ambulance de Bab-el-Sidra où il fut soigné et guéri après quelques jours de traitement.«

In demselben Berichte heißt es weiter: »Les malades qui nous arrivaient à l'ambulance étaient toujours dans des conditions très graves; cela s'explique par le fait, que les indigènes cachaient soigneusement leurs malades à l'autorité et aux médecins.«

Dr. Mahé**) meint sogar, daß man die nach den offiziellen Angaben während der Epidemie in Egypten vorgekommenen Cholera-Todesfälle verdoppeln müsse, wenn man zu einer richtigen Schätzung der Zahl der Opfer gelangen wolle.

Wenn demnach auch die statistischen Aufzeichnungen über die Cholera-Todesfälle in Damiette mit Vorsicht verwerthet werden müssen, so sind sie doch immerhin geeignet, von dem Verlaufe der Epidemie ein im ganzen richtiges Bild zu geben.

Während der Epidemie getroffene hygienische Maßregeln.

Unmittelbar nach der am 24. Juni erfolgten offiziellen Feststellung der Cholera wurden Maßregeln getroffen, welche die Abschließung Damiette's von dem übrigen Egypten zum Ziele

*) Rapport de la Commission extraordinaire d'Hygiène d'Alexandrie sur ses travaux pendant l'épidemie cholérique de 1883. Le Caire 1884.

**) Rapport adressé à M. le Ministre du Commerce etc. Paris 1883.

hatten. Der Eisenbahnverkehr mit Mansurah wurde eingestellt, die Schifffahrt auf dem Nile gesperrt und die Stadt mit einem militärischen Kordon umgeben. Mit der Herstellung des letzteren soll sogar nach Mittheilung des Gouverneurs bereits am 22. Juni begonnen sein, doch war die Zahl der verfügbaren, in Damiette garnisonirenden Soldaten eine zu geringe (ca. 40), als daß eine wirksame Absperrung der Stadt auch nur annähernd möglich gewesen wäre. Es mußten daher zunächst weitere Truppenkräfte herangezogen werden. Erst vom 27. Juni ab waren nach amtlicher Auskunft ca. 200 Mann zur Verfügung. Der Kordon stand unter der Leitung des Inspecteur sanitaire von Kairo, Dr. de Romano, welcher später selbst ein Opfer der Seuche geworden sein soll. Am 30. Juni waren nach einem Berichte des Dr. Ferrari 400 Soldaten zur Aufrechterhaltung der Einschließung in Thätigkeit und zwar hatte man an 13 verschiedenen Punkten in der Umgebung Damiette's Abtheilungen postirt.

Es hat sich in diesem Falle wieder einmal die schon so oft gemachte Erfahrung bestätigt, daß die Absperrung einer von Cholera inficirten Ortschaft durch Militär-Kordons fast stets ihren Zweck verfehlt. Ganz abgesehen von der außerordentlich großen Schwierigkeit, eine vollständige Abschließung durchzuführen, kam wie gewöhnlich so auch hier die Maßregel zu spät. Es erhellt dies unter anderem daraus, daß Dr. Winkler schon am 25. Juni in Mansurah zwei Cholerafälle gesehen hat, zu einer Zeit, wo von einer wirksamen Absperrung Damiette's noch nicht die Rede sein konnte. Wahrscheinlich ist der Krankheitskeim schon über die Grenzen Damiette's hinaus verschleppt gewesen, bevor man noch offiziell die Existenz der Cholera daselbst festgestellt hatte.

Ueber die innerhalb der Stadt während der Epidemie getroffenen Maßnahmen hat die Kommission von Dr. Ahmed Nadime Bey, dem Sous-inspecteur de la ville du Caire, welcher bald nach Ausbruch der Krankheit von der Regierung zur Wahrnehmung des chefärztlichen Dienstes nach Damiette entsandt wurde, Nachstehendes in Erfahrung gebracht:

Die Stadt wurde in vier Quartiere eingetheilt, deren jedem ein egyptischer Arzt und ein nicht ärztlicher Inspekteur zur Ueberwachung der hygienischen Maßregeln zugetheilt wurde. Jedem Inspekteur standen ein Schreiber und einige Soldaten zur Verfügung.

Die am schwersten betroffenen Häusercomplexe wurden evakuirt, die elendesten Hütten niedergerissen bezw. verbrannt. Die Straßen wurden gekehrt und Sand auf dieselben aufgefahren. Zur Verbesserung der Luft wurden mächtige Stöße getheerten Holzes in den Straßen entzündet, und die Feuer Tag und Nacht unterhalten. In den Häusern wurde mit Chlorkalk desinficirt. Von den Kranken benutzte Gegenstände wurden verbrannt. Die in den Moscheen befindlichen Latrinen wurden angeblich mit Chlorkalk bezw. Carbolsäure desinficirt und möglichst trocken gehalten. — Der Verkauf von Früchten, gesalzenen Fischen und sonstigen für schädlich gehaltenen Nahrungsmitteln wurde verboten. Von Kairo her wurde auf Gouvernementskosten Getreide herbeigeschafft und öffentlich verkauft, auch Brod auf Kosten des Gouvernements unentgeltlich an Arme verabfolgt. Es wurde ferner empfohlen, an Stelle des direkt aus dem Nil entnommenen Wassers des Cisternenwassers sich zu bedienen. Im Strome schwimmende Thierkadaver, deren Zahl in Folge der in Egypten herrschenden Rinderpest und bei der weit verbreiteten Sitte, Kadaver ohne weiteres in den Nil zu werfen, eine große war, wurden mit Hülfe zweier Dampfboote aufgefischt und am Ufer verscharrt. Die in der Stadt vorhandenen Depots für Felle und Knochen wurden geschlossen und der Export derselben verboten. — Die ärztliche Behandlung der Kranken bestand in Darreichung von Opium und

Stimulantien. An Arme wurden die Arzneien unentgeltlich verabfolgt. Die Kleider, Lumpen und Matten der Verstorbenen wurden verbrannt, die Leichentransportkästen nach jedem Gebrauch mit Chlorkalk und Carbolsäure gewaschen, und die Leichen im Grabe mit Aetzkalk bestreut. Die Schlußsteine der Gräber wurden mit Cement abgedichtet.

Das sind die Maßregeln, welche nach Mittheilung des Dr. Ahmed Nadime Bey während der Epidemie ergriffen sein sollen. Es unterliegt aber wohl keinem Zweifel, daß sie thatsächlich nur in sehr geringer Ausdehnung zur Durchführung gelangt sind, ja zum Theil überhaupt nach Lage der Dinge einfach unausführbar waren, zumal da es sich um eine Bevölkerung handelte, welche allen hygienischen Maßnahmen gleichgültig, ja geradezu abweisend gegenüberstand. Nicht zu vergessen ist auch, daß zu Beginn der Epidemie der ärztliche Dienst bei einer Einwohnerzahl von ca. 35 000 Seelen in der Hand eines einzigen, noch dazu bereits betagten Arztes lag. — Chaffey und Ferrari sprechen sich in ihrem mehrfach erwähnten Berichte an den »Conseil Sanitaire, Maritime et Quarantenaire« über das, was zur Bekämpfung der Epidemie in Damiette thatsächlich geschehen, bezw. nicht geschehen ist, in folgenden Sätzen aus:

1. Nous devons déclarer ici que depuis leur établissement jusqu'au moment de leur suppression les cordons Sanitaires établis autour de Damiette n'ont pas fonctionné à la satisfaction générale.

2. La plus importante mesure qui consiste à faire évacuer les quartiers populeux et populaciers, infectés surtout de la maladie, n'a point été exécutée, malgré l'existence de tout ce qui était nécessaire pour l'exécution.

3. La mesure la plus rationelle qui consistait à combler avec de la terre et de la chaux en les clouant ou même murant, toutes les latrines des Mosquées et des bains publics, n'a eu qu'un semblant de commencement d'exécution, et ce semblant même a fini par disparaitre au bout de quelques jours.

4. Aucune hutte ni cabane n'a été brûlée ni abattue ni désinfectée.

5. Ce serait une erreur de croire qu'on a pu réussir après un commencement d'exécution, à détruire par le feu les effets des malades morts de choléra.

6. Aucune maison n'a été blanchie à la chaux.

7. Vu la difficulté où l'on se trouvait de faire régulièrement le balayage et l'arrosage des rues, il a été jugé bon de couvrir le sol de la ville avec une couche épaisse de sable; cette mesure qui a été suivie d'excellents effets, ne fut complètement exécutée que dans ces derniers jours.

8. L'enterrement des morts n'a pas cessé de se faire dans les cimetières sis au centre même des habitations; là et ailleurs il ne faut jamais croire que quelqu'un oserait jeter du chlorure de chaux sur les cadavres.

9. A propos du plâtrage prescrit dans ces circonstances pour fermer hermétiquement l'extérieur des tombeaux, des personnes officielles et dignes de foi affirment que les préposés à l'exécution de cette mesure préféraient vendre le plâtre et la chaux. D'ailleurs, à quoi servirait le plâtrage d'un caveau quand il doit être réouvert autant de fois dans la journée qu'il y a de morts dans une famille?

10. Les médecins envoyés ici n'étaient qu'au nombre de quatre qui tout en donnant preuve de dévouement, de zèle, de capacité et de courage en travaillant jour et nuit, les uns tombant malades parfois sans vouloir cesser de travailler, suffisaient

à peine à leur rude tâche. Aussi nous nous faisons un devoir d'exprimer ici au nom du public des félicitations sincères à M. M. les Docteurs Ahmed Nadim Effendi, Mohamed Amin Effendi, Kassim Mohamed Effendi et Hassan Hassan Effendi.

Nous pouvons en dire autant du zèle et du dévouement du seul pharmacien qui fut envoyé ici M. Ahmed Effendi Hamdi, qui a su faire face jour et nuit à toutes les exigences de la situation.

11. Nous devons faire constater qu'outre l'insuffisance de la quantité du premier envoi de médicaments et de désinfectants ici (80 kilo de chlorure de chaux), le second envoi est resté hors du Cordon pendant trois jours avant de pouvoir entrer en ville.

Mag das im Vorstehenden wiedergegebene Urtheil auch immerhin in manchen Punkten zu schroff sein, so dürfte es doch keinen Zweifel darüber lassen, daß in der That von einer wirksamen Durchführung der beabsichtigten Maßregeln nicht die Rede gewesen ist. Vor allen Dingen aber ist nichts geschehen, die Quelle der Wasserversorgung, den Nil, vor Verunreinigung zu schützen. Vielmehr wurden, wie auch Chaffey und Ferrari berichten, an denselben leicht zugänglichen Uferstellen, an welchen die Sakka's ihre Schläuche füllen, um die Stadt mit Wasser zu versehen, auch die Kleider der Cholerakranken und Choleraleichen gewaschen, und der Straßenschmutz und Kehricht wurden nach denselben Berichterstattern sogar in unmittelbarer Nähe des Gouvernements in den Strom geschüttet.

Erörterungen über die Entstehung der Epidemie.

Ueber die Entstehung der Choleraepidemie, welche, von Damiette ausgehend, Egypten im Jahre 1883 heimgesucht hat, nachdem das Land siebenzehn Jahre lang von der Krankheit verschont geblieben war, sind die verschiedensten Ansichten geäußert und von ihren Urhebern zum Theil mit großem Eifer verfochten worden.

Daß die Krankheit anfänglich von einigen Aerzten nicht als die wirkliche Cholera anerkannt, sondern für eine »maladie choléroïde«, eine »fièvre cholériforme«, eine »dysenterie cholériforme« u. dgl. m. erklärt wurde, möge hier nur nebenbei erwähnt sein: die schnelle Verbreitung der Seuche über ganz Egypten, die Art ihres Verlaufes in den ergriffenen Städten und Ortschaften, das hohe Sterblichkeitsverhältniß der Erkrankten, sowie die sorgfältigen ärztlichen Untersuchungen der Kranken und Verstorbenen zeigten bald genug, daß man es mit einer Krankheit zu thun hatte, welche von der Cholera asiatica in nichts unterschieden war. Ueber die Entstehung der Epidemie aber blieben die Meinungen trotzdem nach wie vor getheilt.

Eine Auffassung, welcher namentlich Chaffey und Ferrari in ihrem schon mehrfach citirten Berichte an den »Conseil Sanitaire, Maritime et Quarantenaire d'Egypte« sich zuneigen, ist die, daß die Cholera in Damiette *spontan entstanden* sei und zwar *in Folge der außerordentlich ungünstigen hygienischen Verhältnisse dieser Stadt.*

Die am 24. Juni nach Damiette entsandte gemischte ärztliche Kommission hatte in ihrem Berichte erklärt, daß es ihr nicht gelungen sei, über den Weg der Einschleppung und und damit über die Entstehung der Epidemie Licht zu verbreiten. Die betreffende Stelle des ebenfalls bereits citirten Berichtes lautet folgendermaßen: »La Commission malgré l'existence des mauvaises conditions hygiéniques énoncées plus haut et tout en reconnaissant qu'elles sont favorables au développement d'une épidémie; considérant que l'apparition du choléra dans une contrée où il n'existe pas endémiquement, laisse supposer qu'il y a été importé, a voulu remonter à l'origine de la maladie sévissant actuellement à Damiette. Dans ce but elle a recherché si les premiers sujets atteints appartenaient à la localité même, s'ils en étaient sortis avant d'être malades, s'ils avaient eu des rapports avec des personnes ou des choses venant du dehors. La Commission n'ayant pu recueillir aucune indication précise à ce sujet et manquant des données suffisantes se trouve dans l'impossibilité d'établir la genèse du choléra épidémique de Damiette.« Es ist hierbei aber zu berücksichtigen, daß die eigentliche Aufgabe dieser Kommission nicht die Ermittelung des Ursprunges der Epidemie, sondern die Feststellung ihrer Natur und ihrer Charaktere war, und daß die Kommission sich nur zwei Tage in Damiette aufgehalten hat. Die ebenfalls im Auftrage des »Conseil Sanitaire Maritime et Quarantenaire« angestellten Ermittelungen der Dr.Dr. Chaffey Bey und Ferrari hatten dagegen ausschließlich die Erforschung des Ursprungs der Epidemie zur Aufgabe und haben sich über einen längeren Zeitraum erstreckt. Auch Chaffey und Ferrari sind indeß zu keinem endgültigen Ergebniß gekommen. In ihrem unter dem 24. Juli 1883 erstatteten Berichte über ihre Forschungen in Damiette suchen sie den Nachweis zu führen, daß in den Wochen vor Ausbruch der Epidemie weder Personen noch Waaren aus Indien nach Damiette gekommen, und daß insbesondere der oben erwähnte Heizer Mohamed Khalifa erst nach Ausbruch der Epidemie eingetroffen sei. Sie fassen das Ergebniß ihrer bezüglichen Untersuchungen in folgenden Worten zusammen: »De l'analyse et de l'appréciation des faits précités nous nous trouvons actuellement et jusqu'à preuves authentiques dans l'impossibilité de nous prononcer en faveur de l'hypothèse de l'importation du choléra de cette année à Damiette, et nous nous voyons forcément conduits à consulter les conditions cosmiques, telluriques et sociales ordinaires ou accidentelles au milieu desquelles le choléra s'est développé épidémiquement dans cette localité.« Im Anschluß hieran führen die Berichterstatter, abgesehen von den allgemeinen ungünstigen sanitären Verhältnissen Damiette's, nicht weniger als 14 verschiedene Punkte auf, welche nach ihrer Meinung für die Annahme einer spontanen Entstehung der Cholera ins Gewicht fallen, erklären sich aber schließlich doch incompetent, die Frage zu entscheiden, und unterbreiten dieselbe »à titre d'observations à la future sanction de la science.«

Es kann darauf verzichtet werden, an dieser Stelle jene 14 Punkte sämmtlich einer Kritik zu unterziehen, zumal dies bereits von anderer Seite geschehen ist*), doch erscheint es erforderlich, wenigstens auf einige Behauptungen etwas näher einzugehen. Nach Chaffey und Ferrari sind während des letzten, der Epidemie vorangegangenen Jahres Tausende von Kadavern an Rinderpest gefallener Thiere durch den Nil Damiette zugeführt, in der Bucht, welche durch die Krümmung des Stromes in der Höhe der Stadt gebildet wird, liegen geblieben und hier in Fäulniß übergegangen.

Während der Meßwoche sollen derartige Kadaver nicht nur als Nahrung gedient, sondern zu vollständigen Orgien Veranlassung gegeben haben. (»Durant ces huit jours d'aggloméُ

*) Vgl. „Mahé, Rapport adressé à M. le Ministre du Commerce. Paris 1883" und „Chaumery, Le Choléra d'Égypte en 1883. Alexandrie 1883."

ration, des véritables orgies ont été commises exclusivement sur la chair des animaux morts de typhus et dont les peaux remplissent actuellement des grands magasins dans la ville et ses environs«*). Dem gegenüber muß zunächst hervorgehoben werden, daß die Rinderpest seit langen Jahren in Egypten theils in endemischem, theils in epidemischem Zustande herrscht**), und zwar ist es einer Mittheilung zufolge, welche die Kommission dem Herrn Dr. Winkler in Mansurah verdankt, besonders die im nordwestlichen Theile des Nildeltas gelegene Provinz Behera, welche von der Seuche heimgesucht wird, und wo sie, wie schon oben erwähnt wurde, auch im Jahre 1884 wieder zum Ausbruch gekommen ist. Andererseits ist auch die Sitte, die Kadaver gefallener Thiere in den Nil zu werfen, eine seit alten Zeiten in Egypten bestehende. So wurden beispielsweise in den Jahren 1876/77, als die sogenannte Typhusseuche unter den Pferden herrschte, Pferdeleichen in großer Zahl im Nil und im Mahmudieh-Kanal gefunden***). Es handelt sich hier also keineswegs um etwas gerade der Zeit vor Ausbruch der Epidemie oder um etwas der Stadt Damiette Eigenthümliches, vielmehr haben ganz dieselben Zustände zu den verschiedensten Zeiten an vielen andern Orten ebenfalls geherrscht. Niemals aber hat sich daraus eine Choleraepidemie entwickelt. Was insbesondere die Orgien betrifft, welche mit Fleisch an der Seuche gefallener Thiere während der Messe in Damiette gefeiert sein sollen, so stellen glaubwürdige und unbefangene Männer, welche die Bevölkerung und ihre Sitten genau kennen, derartige Vorkommnisse auf das Entschiedenste in Abrede. Wohl werde gelegentlich das Fleisch nothgeschlachteter Thiere als Nahrung benutzt, niemals aber dasjenige von Kadavern. Bezüglich der von Chaffey und Ferrari besonders betonten Anhäufung von Menschen während der Messe in Damiette sei hier nochmals darauf hingewiesen, daß die von ihnen angegebene Zahl von 15000 Fremden ganz außerordentlich übertrieben ist. Sie hat nur ca. 2500 betragen und ist weit hinter derjenigen der im Jahre vorher in Damiette versammelten aufständischen Truppen mit ihren Frauen und Kindern zurückgeblieben.

Wenn die Berichterstatter weiter anführen: »La maladie a fait son éclosion principalement dans le quartier le plus insalubre et le plus populeux, habité par des indigents, se servant exclusivement de l'eau de la rivière et du kalig«, so ist dagegen zu bemerken, daß die ersten Todesfälle nach den Ermittelungen der deutschen Kommission keineswegs unter besonders ärmlichen Verhältnissen lebende Personen betroffen haben. Später allerdings hat hier, wie sie das überall zu thun pflegt, die Epidemie mit Vorliebe gänzlich mittellose, heruntergekommene Personen dahingerafft. Auf das unfiltrirte Nilwasser aber war nicht nur die Bevölkerung eines Stadttheiles, sondern mit Ausnahme weniger wohlhabender Leute die ganze Stadt angewiesen. Nebenbei sei bemerkt, daß eine Benutzung des Wassers aus dem sogenannten »kalig«, dem die Stadt durchschneidenden Kanale, jedenfalls nur in geringem Maße stattgefunden hat, da seine Ufer zum Theil sehr hoch und steil sind und aus lockerem Sande bestehen.

Als weiteres Moment für die Annahme einer spontanen Entstehung der Epidemie führen Chaffey und Ferrari an: »La maladie est restée localisée pendant longtemps à

---

*) Le Choléra de Damiette etc. par Ahmet Chaffey Bey et Salvatore Ferrari. Alexandrie 1883.

**) Mahé, Rapport adressé à M. le Ministre du Commerce. Paris 1883.

***) Vgl. „Veröffentl. d. Kaiserl. Gesundheitsamtes 1877 Nr. 6."

Damiette avant de se propager etc.« Dieser Behauptung gegenüber kann auf die später mitgetheilte Uebersicht über die weitere Verbreitung der Epidemie verwiesen werden, aus welcher hervorgeht, daß schon am 27. Juni in Port Said der erste Cholera-Todesfall amtlich constatirt ist, daß schon Anfangs Juli die Seuche in Mansurah, Samanud und Cherbin Fuß gefaßt hatte, ja daß auch in Alexandrien schon am 2. Juli der erste Todesfall verzeichnet wurde. —

Das vorstehend Mitgetheilte möge genügen, um die geringe Stichhaltigkeit der von Chaffey und Ferrari für die Annahme einer spontanen Entstehung der Cholera in Damiette geltend gemachten Gründe zu zeigen. Das entscheidende Moment gegen eine solche Annahme bleibt selbstverständlich die über allen Zweifel feststehende Erfahrung, daß bis dahin noch niemals aus ungünstigen hygienischen Bedingungen heraus unter Umständen, welche eine Einschleppung des Keimes mit Sicherheit ausschließen lassen, die epidemische Cholera sich entwickelt hat. Für diejenigen aber, welche diese Thatsache nicht beachten, wäre es leicht gewesen, selbst wenn die Krankheit zuerst in Kairo aufgetreten wäre, eine Schilderung der hygienischen Verhältnisse der ärmeren eingeborenen Bevölkerung zu entwerfen, welche in den Hauptpunkten hinter derjenigen des vielgeschmähten Damiette kaum zurückgestanden hätte. Die Lebensgewohnheiten der Bevölkerung sind eben im ganzen Nildelta, abgesehen von einigen wenigen Städten, im wesentlichen dieselben; insbesondere ist fast nirgends Vorsorge getroffen, Boden und Wasser vor Verunreinigung durch menschliche Dejektionen zu schützen, und wie in Damiette so werden fast überall Schmutz und Unrath einfach den Straßen überantwortet. In letzterer Beziehung darf übrigens nicht außer Acht gelassen werden, daß die Folgen eines solchen Verfahrens in Egypten sich verhältnißmäßig wenig bemerklich machen und zwar in Folge des heißen und trockenen Klimas, ohne welches allerdings die in Rede stehenden Zustände unerträgliche werden würden. Den feuchten Schmutz europäischer Städte kennt man in den ungepflasterten, nur höchst selten vom Regen befeuchteten egyptischen Straßen nicht. —

Eine zweite Auffassung über die Entstehung der Epidemie wird von Dr. Dutrieux Bey vertreten, einem belgischen Arzt, welcher damals im egyptischen Gouvernements-Hospital zu Alexandrien als Abtheilungsarzt fungirte. Derselbe hat in der Zeit vom 13. Juli bis 19. August im Auftrage des Präsidenten des egyptischen Minister-Conseils eine größere Anzahl von Städten und Ortschaften, welche von der Cholera heimgesucht waren, und unter anderen auch Damiette besucht und daselbst über die Ursachen der Epidemie Untersuchungen angestellt. In einem umfangreichen Berichte über seine Reise*) kommt Dr. Dutrieux im wesentlichen zu dem Resultate, daß die Cholera bereits seit Ende des Monats April in verschiedenen Städten und Ortschaften Unter-Egyptens mehr oder wenig heftig aufgetreten, und daß sie ferner nicht aus Indien eingeschleppt sei, sondern unter dem mitwirkenden Einflusse der ungünstigen sanitären Verhältnisse des Landes aus anderen Krankheiten sich entwickelt habe.

Was zunächst den ersten Punkt betrifft, so hat Dutrieux beispielsweise bei seinem Aufenthalte in Damiette folgendes in Erfahrung gebracht: Schon am 27. April seien in einer

*) La Choléra dans la Basse Égypte en 1883. Relation d'une exploration médicale dans le Delta du Nil pendant l'épidémie cholérique par le Docteur Dutrieux Bey. Paris, O. Berthier 1884.

griechischen Familie zwei Kinder, das eine im Alter von vier, das andere von fünf Jahren unter Cholera verdächtigen Erscheinungen gestorben. (Tous deux sont devenus noirs (cyanose). Ils avaient la peau très froide (algidité). Ils avaient la voix éteinte (aphonie). Ils n'ont eu ni vomissements, ni diarrhée.) Ferner sei gegen den 6. Mai in einer anderen griechischen Familie ein achtjähriger Knabe nach sechstägiger verdächtiger Krankheit (Erbrechen, Krämpfe, kalte Haut, Stimmlosigkeit, aber kein Durchfall) gestorben. Außerdem habe man ihm mitgetheilt, daß gegen den 29. April ein arabischer Barbier nach zwei bis drei Tage andauerndem Erbrechen und Durchfall und gegen den 13. Mai ein arabischer Tabakshändler unter denselben Erscheinungen gestorben seien. Endlich sollen gegen Ende April zwei griechische Frauen während zweier Tage an Erbrechen und Durchfall gelitten haben, in der Folge allerdings genesen sein.

Dutrieux schließt seine Ausführungen mit den Worten: Je considère ces faits comme démontrant que le choléra existait à Damiette dès la fin du mois d'avril.

Bei der Beurtheilung dieser Mittheilungen muß man sich zunächst vergegenwärtigen, daß in keinem Falle ein ärztliches Urtheil über die Natur der Krankheit vorliegt, daß die Angaben vielmehr von Laien herrühren und zum Theil Dutrieux erst von dritten Personen gemacht sind. Auf Zuverlässigkeit können sie keinen Anspruch machen. Aber auch selbst unter der Voraussetzung, daß sie sämmtlich den Thatsachen entsprechen, ist die Ansicht Dutrieux's unhaltbar. Beispielsweise erscheint es doch wenig begründet, die Diagnose „Cholera" bei Kindern zu stellen, welche im Alter von vier bezw. fünf Jahren nach 24stündiger Krankheit gestorben sind, ohne daß sie Erbrechen oder Durchfall gehabt haben, und ohne daß eine Choleraepidemie in der Stadt herrschte oder im Begriff war, sich zu entwickeln (vgl. die zuerst angeführten beiden Fälle). Auch bei dem achtjährigen Knaben, welcher am vierten Tage seiner Krankheit von Damiette nach Mansurah transportirt und dort zwei Tage später, gleichfalls ohne an Diarrhoe gelitten zu haben, gestorben sein soll, ist die Diagnose Cholera ex post denn doch mindestens sehr gewagt. Rechnet man endlich die zuletzt angeführten beiden Frauen ab, von denen nichts weiter bekannt ist, als daß sie zwei Tage lang an Durchfall und Erbrechen gelitten haben, dann aber wiederhergestellt sind, so bleiben nur zwei Fälle übrig, bei welchen eventuell die Diagnose „Cholera" in Frage kommen könnte. Der eine dieser beiden Todesfälle soll gegen den 29. April, der andere gegen den 13. Mai vorgekommen sein. Gerade in den Monaten April und Mai aber ist, wie aus der auf Seite 25 mitgetheilten Todtenliste Damiettes hervorgeht, eine verhältnißmäßig niedrige Zahl von Todesfällen zu verzeichnen gewesen, so daß eine Weiterverbreitung der Krankheit jedenfalls nicht eingetreten ist.

Vereinzelte tödtlich endende Fälle von Cholera nostras aber kommen in Egypten ebenso wie in Europa zu allen Zeiten gelegentlich zur Beobachtung. Zudem sind, wie schon hervorgehoben wurde, die Thatsachen nicht in genügender Weise sicher gestellt. Es wird sich später bei Besprechung der Ermittelungen des Surgeon General Hunter noch Gelegenheit finden, an einem Beispiele die Unsicherheit solcher Diagnosen hervorzuheben. Hier möge nur nochmals betont sein, daß der einzige Arzt, welcher in Damiette in den Monaten vor Ausbruch der Epidemie thätig war und das Vertrauen der Bevölkerung in hohem Grade genoß, mit aller Entschiedenheit angiebt, daß vor dem 19. Juni Cholera ähnliche Erkrankungen nicht zu seiner Kenntniß gekommen seien.

Als ein weiteres Beispiel, wie Dr. Dutrieux die Existenz der Cholera in Egypten vor

Ausbruch der Epidemie in Damiette glaubt feststellen zu können, sei hier aus seinem Berichte noch eine Mittheilung über die Ortschaft Dickerneß bei Mansurah angeführt:

»7 août. — Je m'arrète une seconde fois au village de Dickerness. J'y apprends, d'un négociant grec, M. Alexandre Michaïl (qui, entre paranthèse, me donne ces renseignements en français), que le fils d'Ali-Bourifaï, notable de Dickerness, est mort vers le 6 ou le 8 juin, en deux heures de temps, après avoir présenté les symptômes suivants: Vomissements, crampes, refroidissements. Je considère ce fait, qui, à l'époque, a fait sensation dans ce village, comme établissant l'existence du choléra foudroyant à Dickerness au commencement de juin.«

Es unterliegt wohl keinem Zweifel, daß, wenn man derartige Mittheilungen für genügend erachtet, um das Bestehen der asiatischen Cholera an einem Orte zu constatiren, man dieselbe überall und zu jeder Zeit wird constatiren können. Der »Conseil de Santé et d'Hygiène publique« zu Kairo hat denn auch Veranlassung genommen, gegen die Behauptungen Dutrieux's zu protestiren, indem er am 18. Oktober 1883 nachstehende Note im »Moniteur Égyptien« und zwar an der Spitze des offiziellen Theils veröffentlichte:

»Conseil de Santé et d'Hygiène publique.

Dans sa délibération, en date du 8 octobre 1883, le Conseil de santé et d'hygiène publique, après avoir pris connaissance d'une publication du docteur Dutrieux, médecin à l'hôpital d'Alexandrie, insérée dans la partie non officielle du Moniteur égyptien, relativement à l'épidémie cholérique; considérant que le docteur Dutrieux affirme que le choléra existait à l'état endémique, sur plusieurs parties du Delta du Nil, trois mois environ avant son apparition à Damiette a décidé qu'il y avait lieu de protester contre ces assertions contraires à la vérité, et de les démentir officiellement.«

In dem Berichte über seine Erhebungen in den Ortschaften Unter-Egyptens sucht Dr. Dutrieux weiter den Nachweis zu führen, daß vor dem Ausbruche der Cholera der Typhus und zwar nicht nur der Abdominal-, sondern auch der Flecktyphus und der Typhus biliosus unter der Bevölkerung geherrscht habe. Er ist der Meinung, daß dieser angeblich so verschiedenartig aufgetretene Typhus in engen Beziehungen stehe einerseits zu dem »typhus bovin«, der Rinderpest, von welcher der Viehbestand Egyptens in jener Zeit heimgesucht wurde, andererseits zu der Choleraepidemie. Welcher Art diese Beziehungen aber nach Dutrieux's Auffassung gewesen sind, das ist aus seinen Ausführungen nicht zu ersehen. Erwähnt mag hier noch sein, daß auch im Jahre 1884 und 1885 die Rinderpest in Egypten wieder geherrscht hat, wie aus einer Mittheilung bezw. einem Beschlusse des »Conseil Sanitaire, Maritime et Quarantenaire« zu Alexandrien hervorgeht. Erstere, vom 7. Januar datirt, lautet: »Le typhus bovin a fait sa réapparition dans le district d'Abou Hommus, province Béhéra«, während der in der Sitzung vom 2. Juni 1885 gefaßte Beschluß bestimmt, daß von dem genannten Tage ab die Sanitätspatente und Certifikate den Vermerk zu tragen hätten, daß die Rinderpest seit mehreren Monaten in Egypten wieder erloschen sei.

Im übrigen möge es genügen, darauf hinzuweisen, daß die Beweise, welche von Dutrieux für die angeblich der Cholera vorausgegangene Typhusepidemie beigebracht werden, durchaus nicht überzeugend sind, daß seine Anschauungen über die gegenseitigen Beziehungen von Abdominaltyphus, Flecktyphus und Typhus biliosus allen wissenschaftlichen Erfahrungen widersprechen, und daß endlich ätiologische Beziehungen zwischen Rinderpest und Typhus oder zwischen Typhus und Cholera bisher noch niemals sonst constatirt worden sind.

Eine dritte Ansicht über die Entstehung der Epidemie wird von dem Surgeon General Hunter vertreten, welcher im Auftrage der englischen Regierung an Ort und Stelle über die Ursachen des Ausbruchs der Seuche und über die zu ihrer Bekämpfung geeigneten Maßnahmen Untersuchungen angestellt hat. Hunter ist zwar der Meinung, daß es sich ohne Zweifel um echte asiatische Cholera handle, er bestreitet aber, daß die Krankheit im Jahre 1883 nach Egypten frisch eingeschleppt worden ist. Schon bevor er die Orte, in welchen die Cholera zuerst aufgetreten war, besuchte, hatte sich ihm nämlich der Gedanke aufgedrängt, daß die Krankheit seit der Epidemie des Jahres 1865 überhaupt niemals völlig aus Egypten verschwunden gewesen sei, daß vereinzelte Fälle vielmehr alljährlich sich ereignet hätten, und daß demgemäß *die von Damiette ausgegangene Epidemie nicht als Folge einer neuen Einschleppung aufzufassen sei, sondern als ein Uebergang des endemischen Zustandes in den epidemischen.* Hunter sagt in seinem zweiten Berichte:*)

»For some time previous to starting on this tour (d. h. nach Damiette u. s. w.) my thoughts had frequently taken a direction somewhat as follows: This country has been visited by five epidemics of cholera since that of 1831, namely in 1848, 1850, 1855, 1865 and 1883. Diarrhoea is very common and fatal, and conditions for the development and spread of endemic and epidemic disease abound everywhere. What is this disease which is here called »diarrhoea« and is so lethal?

With my mind possessed by thoughts such as these, I began to make cautious inquiries from medical men and others long resident here, and I found that cases of »cholerine« as by an euphemism they term the disease, are not unknown, and have been seen by one and another from time to time.

Mit diesen Anschauungen trat Hunter am 9. August seine Reise durch die von der Cholera betroffen gewesenen, am Damiette Arm des Niles gelegenen Ortschaften an. Zu seiner Ueberraschung ermittelte er, daß eine Epidemie von Flecktyphus während des Anfangs des Jahres und vor dem Ausbruche der Choleraepidemie im Delta geherrscht habe. Auch kam er zu der Ueberzeugung, daß viele unter dem Namen Diarrhoe verzeichnete Krankheitsfälle thatsächlich nichts anderes gewesen seien, als was man in Indien Cholera nennen würde. Was insbesondere Damiette betrifft, so war Hunter schon vor Antritt seiner Reise mitgetheilt worden, daß daselbst vor dem 22. Juni, also vor dem Beginne der Epidemie, in einer griechischen Schule Cholerafälle vorgekommen seien. Wenn auch die Quelle dieser Mittheilung seinem Gedächtnisse entfallen war, so hat Hunter während seiner Anwesenheit in Damiette sich doch bemüht, ihre Berechtigung zu ermitteln. Von zwei koptischen Priestern erfuhr er denn auf eingehendes Befragen auch, daß ein fünfjähriger koptischer Knabe, welcher zu einer von ihnen geleiteten Schule gehörte, am 17. Juni unter allen Symptomen der Cholera gestorben sei. Von einem griechischen Priester wurde ihm ferner die nachstehende, von dem Diakonus bestätigte Mittheilung gemacht: Im Mai sei ein achtjähriger Zögling der griechischen Schule unter sehr heftigem Erbrechen und allgemeiner Hinfälligkeit erkrankt; Durchfall habe der Knabe

*) Further report by Surgeon General Hunter on the Cholera Epidemic in Egypt. Present. to both Houses of Parliament by Comm. of Her Majesty. 1883.

indeß nicht gehabt. Auf Hunters Frage nach etwaiger Sistirung der Urinabsonderung konnten von dem Priester Angaben nicht gemacht werden. Der Knabe wurde von seiner Mutter nach Mansurah gebracht, woselbst er 24 Stunden später verstarb.

Das ist im wesentlichen alles, was Hunter in Damiette über vermeintliche Cholerafälle vor Ausbruch der Epidemie ermittelt hat. Bezüglich der Bedeutung derartiger Erhebungen darf hier wohl auf dasjenige verwiesen werden, was bereits gelegentlich der Dutrieux'schen Fälle gesagt ist, zumal der zweite Fall Hunter's mit einem der von Dutrieux aufgeführten offenbar identisch ist. Dr. Ferrari, welcher zur Zeit des Todes jener beiden Kinder Direktor der Quarantäne-Anstalt bei Damiette war, hat später der deutschen Kommission mündlich mitgetheilt, das eine habe an Cerebrospinalmeningitis gelitten und sei von ihm selbst behandelt worden. In der That können denn auch die von Hunter bezüglich seines zweiten Kranken mitgetheilten Symptome zum mindesten ebensogut durch die Annahme einer Meningitis, wie durch diejenige eines Choleraanfalls erklärt werden.

Uebrigens ist kaum anzunehmen, daß Hunter die hier in Frage kommenden Ermittelungen überall mit ins Einzelne gehender Sorgfalt hat anstellen können, da die ganze Inspektionsreise von Cairo aus und dahin zurück nur drei Tage in Anspruch genommen hat, und da innerhalb dieses Zeitraumes die sämmtlichen nachstehend genannten Städte und Ortschaften von ihm besichtigt worden sind: Tantah, Kafr es Zayat, Mahallet el Kebir, Mansurah, Talka, Damiette, Gogar, Samanud, Chibin el Com und Benha. — In Damiette soll Hunter nach einer Mittheilung Ferrari's am 10. August Nachmittags 3 Uhr eingetroffen und bereits am folgenden Morgen 5 Uhr wieder abgereist sein.

Besonderes Gewicht legt Hunter in seinem bereits citirten zweiten Berichte darauf, daß ihm von mehreren Aerzten, so von Dr. Dutrieux, Sonsino, Ambron und Sierra mitgetheilt sei, sie hätten schon einige Monate vor Ausbruch der Epidemie, ja selbst Jahre vorher vereinzelte Cholerafälle beobachtet, bezw. es seien solche Fälle zu ihrer Kenntniß gelangt. In den beiden von Dr. Sierra mitgetheilten Fällen hat es sich um Kranke gehandelt, welche im europäischen Hospitale in Alexandrien behandelt worden sind, und über welche demnach zuverlässigere Angaben vorliegen. Der eine, ein siebenzigjähriger, dem Trunke ergebener Italiener, ist im Jahre 1882 wegen Cholera-ähnlicher Krankheitssymptome aufgenommen und nach 15tägigem Aufenthalte im Hospital geheilt entlassen. Sierra selbst hält diesen Fall keineswegs für einen Fall von asiatischer Cholera. In dem Memorandum, welches er Hunter übersandt hat, und welches von letzterem in der Anlage seines Berichtes veröffentlicht ist, äußert er sich vielmehr dahin, daß die schnelle Besserung, welche dem Arzte gestattete, dem Kranken schon am zweiten Tage Nahrung reichen zu lassen und am dritten Tage Chinawein zu verordnen, die Annahme rechtfertige, daß es sich um einen Fall von Cholerine gehandelt habe. — Der zweite Kranke war ein 44jähriger, im Jahre 1883 im Hospitale behandelter Italiener, welcher unter Cholera ähnlichen Erscheinungen aufgenommen wurde und am achten Tage der Behandlung starb. Schon am dritten Tage hatten bei diesem Kranken die Durchfälle aufgehört, ja es war sogar hartnäckige Verstopfung aufgetreten, während das Erbrechen anhielt. Dr. Sierra hält es demnach für möglich, daß es sich um eine Darminvagination gehandelt hat. Die Obduktion ist nicht ausgeführt worden.

Wenn Hunter die beiden vorstehend mitgetheilten Fälle für solche von Cholera asiatica hält, so kann er sich demnach auf Sierra jedenfalls nicht stützen; letzterer hat sich ausdrücklich gegen eine solche Auffassung seiner Mittheilung verwahrt und erklärt, daß Hunter ihn vermuthlich mißverstanden habe.*)

In dem Berichte Hunter's wird ferner eine briefliche Mittheilung des Dr. de Castro wiedergegeben, in welcher Angaben über vier von letzterem Arzte und zwar in den Jahren 1865 bis 1882 beobachtete Cholera ähnliche Krankheitsfälle enthalten sind. Wie wenig übrigens Dr. de Castro selbst geneigt ist, diese Fälle für solche von asiatischer Cholera zu halten, geht aus den Schlußsätzen seines Briefes hervor, in welchen er sie für sporadische Erkrankungen an Cholera nostras erklärt, wie sie auch in allen europäischen großen Städten gelegentlich vorkämen. Ganz anders habe er die ersten Fälle in Damiette beurtheilt. Ueber diese habe er sofort an die italienische Regierung berichtet und vorhergesagt, daß von ihnen aus die Krankheit jedenfalls über ganz Egypten sich verbreiten würde.

Hierzu bemerkt Dr. Hunter folgendes: »Dr. De Castro also states in his letter that if the cases which had come under his observation were cases of cholera, then cholera existed in many of the large cities of Europe. Here I agree with him, for I feel little doubt that examples of cholera are of not infrequent occurrence in many of the cities and towns of Europe, not excluding the British Isles. In certain parts of the Russian Empire cholera is affirmed to be endemic.«

Unter den Gewährsmännern, welche Hunter für seine Auffassung anführt, daß die Cholera in Egypten endemisch sei, befindet sich auch der englische Botschaftsarzt in Alexandrien Dr. Mackie. Derselbe Arzt hatte indeß noch kurz zuvor berichtet, daß seines Wissens Fälle von Cholera in Egypten seit dem Jahre 1866 nicht vorgekommen seien; er habe nur von zwei Cholera-ähnlichen Erkrankungsfällen erfahren, welche im Sommer 1881 in Alexandrien beobachtet seien und von denen der eine beinahe tödtlich geendet hätte. Erst nach den Besprechungen mit Hunter hat sich Mackie der Ansicht des ersteren angeschlossen.

Aus dem Vorstehenden dürfte zur Genüge hervorgehen, daß alle die von Dr. Hunter mühsam gesammelten Fälle keineswegs geeignet sind, die endemische Existenz der asiatischen Cholera in Egypten vor Ausbruch der Epidemie in Damiette auch nur im geringsten wahrscheinlich zu machen. Aus den größeren Städten, in welchen die Todesfälle gut registrirt und beobachtet sind, haben keine Beweise hierfür beigebracht werden können; das in den egyptischen Dörfern aber gesammelte Material ist, wie wohl nicht bestritten werden wird, zur Entscheidung der Frage ganz unbrauchbar. Hunter selbst kommt allerdings in dem mehrfach citirten Berichte zu dem Schlusse, daß ihm der Beweis für seine Behauptung gelungen sei. Denn er sagt: »A careful perusal of the documents and letters attached, of which the above are abstracts, together with the facts communicated to me by Drs. Sonsino, Ambron, Sierra and Dutrieux, to which I drew attention in my second Report, satisfactorily prove to me that cholera has existed in Egypt in an endemic form since the epidemic of 1865, and probably anterior to that period, as shown by Dr. Patterson**).«

---

*) Vgl. auch „Journal d'Hygiène 1883. No. 371."

**) Dr. Patterson, englischer Konsulatsarzt in Konstantinopel, welcher von 1855 bis 1868 in Kairo und Alexandrien ärztlich thätig gewesen ist, hat Hunter im September 1883 in einem Briefe u. a. die Mittheilung gemacht: „that he cannot recall a year during that time without several well marked cases of cholera having come under his notice, and which were conveniently classed under the head of ‚Cholera nostras'."

Die vorstehenden Erörterungen mögen ihren Abschluß mit einer Tabelle finden, für welche die Kommission Herrn Dr. Grant Bey in Kairo zu Dank verpflichtet ist. Diese Tabelle macht ersichtlich, wie viele der überhaupt von dem genannten Arzte in den Jahren 1878 bis 1883 behandelten Patienten an Diarrhoe und Cholerine gelitten haben. Bemerkt sei hierzu, daß Dr. Grant in dem genannten Zeitraume Eisenbahnarzt für die Strecke Kairo-Zagazig gewesen ist und als solcher ca. 2000 Arbeiter in den Werkstätten von Bulacq und ca. 1000 Arbeiter auf Stationen außerhalb Kairos zu seiner Klientel gezählt hat.

Jahr	Anzahl der behandelten Kranken überhaupt	Davon litten an					
		Cholerine	Diarrhoe	Dysenterie	Dengue	Abdominal-typhus	Cholera
1878	794	2	11	30	.	7	—
1879	1169	—	19	30	.	4	—
1880	1462	—	19	41	316	2	—
1881 (9 Monate)	873	—	9	30	100	9	—
1882	985	1	11	53	57	32	—
1883 (bis 12. Oktbr.)	1124	—	35	29	208	2	65
Summa:	6407	3	107	213	681	56	65

Die in der Tabelle verzeichneten Fälle von Cholera kamen während der Epidemie zur Behandlung. Keiner der Fälle von Cholerine und Durchfall verlief tödtlich.

Daß die von Hunter vertretenen Anschauungen, nach welchen weder in ätiologischer, noch sonst in irgend einer Beziehung ein Unterschied zwischen der Cholera asiatica und der Cholera nostras bestehen soll, mit der Geschichte der asiatischen Cholera völlig unvereinbar sind, braucht nicht erst nachgewiesen zu werden; jene Anschauungen erscheinen überhaupt erst verständlich, wenn man bedenkt, daß ihr Autor seine Kenntnisse der Krankheit in ihrem Heimatlande, in Indien, gewonnen hat, wo von dem endemischen Gebiete aus der specifische Krankheitskeim fortwährend leicht über das ganze Land verbreitet werden kann. Außerhalb Indiens haben die großen Wanderzüge der Seuche ihre Charaktere klarer erkennen lassen, und nur zur Zeit einer Choleraepidemie ist es auch hier infolge der Aehnlichkeit der Symptome und pathologischen Veränderungen bei Cholera asiatica einerseits und Cholera nostras andererseits bisher unmöglich gewesen, im einzelnen Falle die Differential-Diagnose zwischen jenen beiden Krankheiten zu stellen. Diese Schwierigkeit konnte erst dadurch beseitigt werden, daß es gelang, einen wohl charakterisirten Krankheitskeim zu entdecken, welcher bei der Cholera asiatica ebenso constant in jedem Falle nachweisbar ist, wie er in jedem Falle von Cholera nostras fehlt.

Dreizehn Jahre waren vergangen, seit Egypten von einer Choleraepidemie heimgesucht war. Keiner der in diesem Zeitraume zur Beobachtung gelangten, von Dr. Hunter mit so großer Sorgfalt gesammelten Erkrankungs- und Todesfälle mit Cholera ähnlichem Charakter hatte Neigung zur Weiterverbreitung gezeigt. Da trat plötzlich im Juni 1883 in Damiette von neuem die Seuche auf und wenige Tage später wußte ganz Europa, daß die asiatische Cholera ihren Einzug in Egypten gehalten hatte. Woher stammte der Keim? Auf welchem Wege war er nach Damiette gelangt? — In der Zeit vor Ausbruch der Epidemie in Egypten waren die Länder diesseits der Straße von Bab el Mandeb von Cholera frei; abgesehen von Indien waren nur aus Sumatra und aus Saigon Fälle gemeldet worden. Was Indien betrifft, so kommt hauptsächlich der Stand der Krankheit in Bombay und in Kalkutta in Betracht, welcher aus den nachstehenden Zusammenstellungen der wöchentlich gemeldeten Cholera-Todesfälle ersichtlich ist. Madras war zu jener Zeit frei von der Seuche.

Cholera-Todesfälle in der Stadt Bombay.

	Wochen des Jahres 1883:												
	26. März bis 1. April	2. bis 8. April	9. bis 15. April	16. bis 22. April	23. bis 29. April	30. April bis 6. Mai	7. bis 13. Mai	14. bis 20. Mai	21. bis 27. Mai	28. Mai bis 3. Juni	4. bis 10. Juni	11. bis 17. Juni	18. bis 24. Juni
Zahl der Todesfälle:		—	3	8	5	28	25	15	9	1	5	5	10

Cholera-Todesfälle in der Stadt Kalkutta.

	Wochen des Jahres 1883:												
	23. bis 29. März	30. März bis 5. April	6. bis 12. April	13. bis 19. April	20. bis 26. April	27. April bis 3. Mai	4. bis 10. Mai	11. bis 17. Mai	18. bis 24. Mai	25. bis 31. Mai	1. bis 7. Juni	8. bis 14. Juni	15. bis 21. Juni
Zahl der Todesfälle:	61	92	86	115	136	102	83	118	79	50	10	33	27

Bezüglich der Verkehrsverhältnisse ist zu berücksichtigen, daß die Eisenbahnfahrt von Kalkutta nach Bombay 60 Stunden in Anspruch nimmt, und daß die schnell fahrenden Dampfer für die Strecke von Kalkutta nach Suez etwa 26, von Bombay nach Suez etwa 12 Tage gebrauchen.

Am 13. Juni waren seitens des »Conseil Sanitaire Maritime et Quarantenaire« in Alexandrien die kurz vorher unter dem 14. Mai angeordneten Quarantäne-Maßregeln gegen Provenienzen aus Bombay mit Rücksicht auf die fortgesetzte Abnahme der Cholera-erkrankungen in letzterer Stadt wieder aufgehoben. Die aus Bombay in Suez anlangenden Schiffe hatten daher nur eine ärztliche Inspektion zu bestehen und wurden, falls während der Reise keine verdächtigen oder ausgesprochenen Fälle von Cholera vorgekommen waren, ohne weiteres zum freien Verkehre zugelassen. Daß unter diesen Umständen ausreichend Gelegenheit gegeben war, den Krankheitskeim zumal von Bombay aus nach Egypten zu verschleppen, liegt bei der großen Zahl der aus Bombay auslaufenden und den Suezkanal passirenden Schiffe auf der Hand, zumal die ärztliche Inspektion in Suez, wie bereits angedeutet ist, keineswegs genügende Garantieen gegen eine Verheimlichung während der Reise vorgekommener Cholerafälle bot.

Dr. Dutrieux*) führt gegen die Annahme einer Einschleppung aus Bombay unter anderem an, daß gerade in der in Betracht kommenden Zeit die Krankheit daselbst außerordentlich wenig verbreitet gewesen sei, da bei einer Einwohnerzahl von 773000 Menschen im Durchschnitt nicht einmal täglich ein Choleratodesfall gemeldet worden sei. Dutrieux sagt ferner:

»Si le choléra n'a pas été assez contagieux pour se propager de Calcutta à Madras, ou pour donner lieu à une recrudescence marquée à Bombay, comment l'a-t-il été assez pour infecter Damiette après avoir épargné tous les ports intermédiaires? Les partisans de l'importation s'abstiennent de toute explication à cet égard.«

Unter »touts les ports,« welche auf dem Wege von Bombay bis Damiette hätten inficirt werden können, sind hier doch nur Aden, Suez, Ismailia und Port Said zu verstehen. Ganz abgesehen aber davon, daß diejenige Person, welche die Einschleppung vermittelte, ihr Schiff vor ihrem definitiven Abgange gar nicht verlassen zu haben braucht, kommt es doch vor allem darauf an, welche Bedingungen der eingeschleppte Keim zu seiner Entwickelung vorfindet. Daß aber gerade die drei genannten egyptischen Orte: Suez, Ismailia und Port Said keineswegs einen günstigen Boden für die Verbreitung der Krankheit boten, hat der spätere Verlauf der Epidemie gezeigt, und es hat daher durchaus nichts Auffälliges, daß die Krankheit mit Ueberspringung jener Orte zuerst in Damiette auftrat, zumal der Verkehr zwischen dieser Stadt und Port Said bezw. dem Suez-Kanal ein außerordentlich reger und, wie die Ermittelungen von Dr. Mahé (vgl. S. 21) ergeben haben, bei der jetzigen Organisation des Gesundheitsdienstes gar nicht zu überwachen ist. Auch der von Dutrieux hervorgehobene Umstand, daß gegen Ende Mai und Anfang Juni die Zahl der Choleratodesfälle in Bombay eine sehr geringe gewesen ist, schließt nicht aus, daß trotzdem der Keim seinen Weg auf eins der nach Egypten zurückkehrenden Schiffe gefunden haben kann.

Unter den geschilderten Umständen die Möglichkeit einer Verschleppung des Krankheitskeimes von Bombay direkt nach Damiette leugnen zu wollen, würde mit allen unseren Erfahrungen über die Verbreitungsweise der Cholera unvereinbar sein.

Diese Möglichkeit genügt nun aber denjenigen nicht, welche die Entstehung der Epidemie von anderen Ursachen ableiten wollen. Sie halten es für unerläßlich, daß eine bestimmte Persönlichkeit nachgewiesen werde, auf welche die Einschleppung zurückzuführen ist. Einer solchen Forderung kann allerdings im vorliegenden Falle nicht genügt werden. Wie oben erörtert ist, betraf der erste ärztlich konstatirte Cholerafall die am 19. Juni verstorbene Syrerin. Dieselbe hatte in den Tagen vor ihrer Erkrankung vielfach mit einer Frau verkehrt, welche aus Port Said gekommen war, um während der Messe mit aus Indien stammenden, wahrscheinlich von Matrosen in Port Said aufgekauften Gegenständen Handel zu treiben. In einem und demselben Hause mit der Syrerin wohnten ferner zwei Kapitäne, welche fortwährend zwischen Port Said und Damiette unterwegs waren. Ob durch eine dieser Personen der Syrerin der Krankheitskeim zugeführt worden ist, läßt sich ebensowenig entscheiden, wie beispielsweise die Frage, ob ihre Erkrankung nicht vielleicht durch den Genuß von inficirtem Nilwasser verursacht wurde. Man kann auch die letztere Möglichkeit nicht ohne weiteres von der Hand weisen. Es ist denkbar, daß eine der zur Messezeit in Damiette gesehenen Per-

*) Le Choléra dans la Basse Égypte etc. Paris 1884.

sonen aus Indien oder ein eben aus Bombay zurückgekehrter egyptischer Heizer mit Choleradejektion beschmutzte Wäsche oberhalb des Hauses der Syrerin im Nil gewaschen hat. Auch kann eine jener Personen selbst an leichter Cholera gelitten und durch ihre Dejektionen das Wasser direkt inficirt haben, beispielsweise von den am Nil gelegenen Latrinen der erwähnten Moschee aus. Es braucht dies keineswegs der vielbesprochene Heizer Mohamed Kalifa gewesen zu sein, wenngleich auch diese Möglichkeit nach den oben gegebenen Ausführungen nicht ausgeschlossen ist. Jedenfalls ist es nicht das erste mal gewesen, daß ein egyptischer Heizer auf einem von Bombay kommenden Schiffe die Krankheit mit sich gebracht hatte. Noch im Jahre vorher erkrankte und starb, wie später erörtert werden wird, in Aden ein solcher Heizer an Bord der „Hesperia“, denjenigen Schiffe, welches die Seuche nach der Insel Kamaran und möglicherweise auch nach dem Hedjaz verschleppt hat.

So giebt es eine ganze Reihe von Wegen, auf welchen der Krankheitskeim von Indien her der Syrerin oder, allgemeiner gesagt, dem ersten Kranken zugeführt sein kann. Bei dem regen Verkehr zwischen Port Said und Damiette, der noch dazu durch die Messe erheblich gesteigert war, bei den eingehend geschilderten Lebensgewohnheiten der Bevölkerung und bei dem großen Mangel an Aerzten wäre es andererseits aber ein geradezu wunderbarer Zufall, wenn der Weg der Einschleppung mit Sicherheit im Einzelnen hätte klar gelegt werden können.

Als im folgenden Jahre die Krankheit in Toulon zum Ausbruch kam, gelang es ebenfalls nicht, zu ermitteln, von wo der Keim stammte, ob er bereits im Jahre 1883 von Egypten her eingeschleppt, oder ob er durch eins der zahlreichen aus dem fernen Osten kommenden Schiffe direkt eingeführt war. Auch hier aber, bei dem nach langer Pause erfolgten ersten Wiederauftreten der Cholera in Europa handelte es sich wieder um einen Ort, der unzweifelhaft in reichem Maße Gelegenheit zur Einschleppung bot. Die noch im Jahre 1884 erfolgte Weiterverbreitung der Seuche von Toulon aus nach der spanischen Ostküste, sowie ihr Gang in den folgenden Jahren haben in Uebereinstimmung mit allen früheren unbefangenen Beobachtungen ebenfalls die immer wiederkehrende Thatsache bestätigt, daß nur da die Krankheit zum Ausbruche kommt, wo der spezifische Krankheitskeim durch den menschlichen Verkehr hat eingeführt werden können.

Der weitere Verlauf der Epidemie in Egypten und ihr Erlöschen.

Am 22. Juni war die Cholera in Damiette konstatirt worden. Nach den offiziellen Angaben erschien sie am 27. Juni in Port Said, am 2. Juli in Mansurah*) und in Samanud — beides Städte, welche Eisenbahnverbindung mit Damiette haben und an demselben

*) Nach einer Mittheilung des Herrn Dr. Winkler sind die ersten beiden Choleraerkrankungen in Mansurah bereits am 25. Juni vorgekommen. Der dritte Fall betraf einen Soldaten, welcher am 21. Juni mit Dr. Winkler zusammen in Damiette gewesen war und nach nur sechsstündiger Krankheit starb.

Städte und Ortschaften	Zahl der Cholera-Todesfälle	Datum des ersten Cholera-Todesfalles	Datum des letzten Cholera-Todesfalles	Bemerkungen
Damiette	1 956	22. Juni	13. August	
Port Said	8	27. „	4. Juli	
Mansurah	1 075	2. Juli	6. August	
Samanud	352	2. „	31. Juli	
Alexandrien	789	2. „		am 21. September noch nicht erloschen.
Cherbin	114	3. „	2. August	
Menzaleh	258	9. „	6. „	
Talka	90	10. „	23. „	
Chibin el Com	1 120	11. „	8. „	
Zifta	226	11. „	10. „	
Ghizeh	698	15. „	10. „	
Kairo	5 661	15. „	24. „	
Mit-Ghamr	216	16. „	16. „	
Mahallet el Kebir	680	16. „	25. „	
Sinbelania	161	18. „	13. „	
Tantah	539	19. „	21. „	
Beni Suéf	138	20. „	15. „	
Kafr ez Zaijât	161	20. „	17. „	
Bentha	158	23. „	22. „	
Jomaisia	56	23. „	14. „	
Suez	53	23. „	27. „	
Mesiehe	4	25. „	5. „	
Menuf	115	26. „	22. „	
Minieh-Roda	26	27. „	9. „	
Barrage (Kairo)	138	27. „	13. „	
Minieh	305	27. „	23. „	
Kafr-Dawar	27	27. „	12. „	
Zagazig	306	28. „	21. „	
Rosette	230	28. „	21. „	
Helnan	20	28. „	15. „	
Menufieh	2	28. „	28. Juli	
El Wardan	26	30. „	16. August	
Kalyub	3	2. August	2. „	
Atfeh	81	3. „	20. „	
Girge	251	4. „	3. September	
Damanhur	275	6. „	1. „	
Ortschaften der Provinzen				
Dakalieh	1 491	18. Juli	30. August	
Minieh	851	25. „	3. September	
Charkieh	1 344	19. „	21. August	
Garbieh	1 466	14. „	23. „	
Behera	587	23. „	31. „	
Ghizeh	750	26. „	16. September	
Kalyubieh	585	22. „	26. August	
Beni Suéf	873	26. „	1. September	
Menufieh	438	21. „	16. August	
Assiut	1 312	31. „		am 21. September noch nicht erloschen.
Kene	404	3. August		am 21. September noch nicht erloschen.
Girge	1 558	6. „	7. September	
Fayûm	416	6. „	31. August	
Esne	10	6. September		am 21. September noch nicht erloschen.
Summe	28 442	22. Juni		am 21. September noch nicht erloschen.

Nilarm gelegen sind, sowie in Alexandrien; rückte dann nilaufwärts vor und erreichte am 15. Juli die Hauptstadt Kairo. Während sie sich demnächst in der zweiten Hälfte des Juli über das ganze Delta ausbreitete, setzte sie gleichzeitig ihren Marsch nilaufwärts fort und war schon am 20. Juli in Beni Suef, am 31. Juli in Assiut, am 3. August in Keneh und endlich am 6. September in dem oberhalb Luksor gelegenen Esne angelangt (vgl. Tafel 2). —

Die Tabelle auf S. 46, welche vom „Conseil Sanitaire, Maritime et Quarantenaire d'Égypte“ zusammengestellt ist, giebt einen Ueberblick über den Lauf der Epidemie in der Zeit von ihrem Beginne am 22. Juni bis zum 21. September, an welchem Tage die offiziell verzeichneten Todesfälle im ganzen die Höhe von 28 442 erreicht hatten.

Nach dem 21. September sind nur noch aus Alexandrien und den Ortschaften der oberegyptischen Provinzen Assiut, Keneh und Esne Todesfälle gemeldet worden und zwar im ganzen 280, so daß die Gesammtzahl aller im Jahre 1883 in Egypten vorgekommenen Choleratodesfälle nach der offiziellen Statistik 28 722 beträgt. Daß diese Zahl weit hinter der Wirklichkeit zurückbleibt, kann keinem Zweifel unterliegen. Es braucht hier nur an dasjenige erinnert zu werden, was bereits früher über die Verheimlichung von Choleratodesfällen durch die arabische Bevölkerung gesagt ist, sowie an die Thatsache, daß allein in Bulaca bei Kairo durch die nachträglich angestellten Erhebungen des Dr. Hamdy Bey nicht weniger als tausend Choleratodesfälle ermittelt worden sind, welche nicht zur Meldung gelangt waren. — In Alexandrien ist allerdings die Registrirung wohl eine bessere gewesen; daß sie indeß auch hier immerhin noch mangelhaft war, dafür spricht unter anderem die Thatsache, daß, wie aus der graphischen Darstellung*) auf Seite 48 ersichtlich ist, die Zahl der angeblich an anderen Krankheiten Verstorbenen im Beginne der Epidemie eine nicht unbeträchtliche Zunahme gezeigt hat, während man doch nach sonstigen Erfahrungen gerade das Gegentheil hätte erwarten sollen.

Auch in Alexandrien werden namentlich die bei den Frauen der einheimischen Bevölkerung vorgekommenen Choleratodesfälle vielfach als an anderen Krankheiten erfolgt verzeichnet sein. Es erscheint das kaum zweifelhaft, wenn man bedenkt, daß die Feststellung der Todesursache bei den Frauen, wie gelegentlich der Verhandlungen der außerordentlichen Hygienekommission in Alexandrien mitgetheilt wurde, ausschließlich durch Hebammen stattfindet.**) Sehr viel mangelhafter noch als in den großen Städten ist jedenfalls die Aufzeichnung der Todesfälle in den ländlichen Bezirken gewesen, wo dem Dorfbarbier die Führung der Todtenregister obliegt, so daß man nicht fehlgehen wird, wenn man mit Hunter***) mindestens das Doppelte der oben angegebenen Zahl annimmt. Mahé†) schätzt auf Grund seiner an Ort und Stelle gemachten Erfahrungen die Zahl der Opfer auf etwa 60 000, während Dutrieux††) sie sogar auf 100 000 veranschlagt. —

---

*) Für die Mittheilung der dieser Darstellung zu Grunde gelegten Zahlen ist die Kommission dem „Inspectorat Sanitaire“ in Alexandrien zu Dank verpflichtet.

**) Rapport de la Commission extraordinaire d'Hygiène d'Alexandrie sur ses travaux pendant l'épidémie cholérique de 1883. Le Caire 1884.

***) Report on the Cholera Epidemic in Egypt. Commercial No. 29 (1883). London.

†) Rapport adressé à M. le Ministre du commerce etc. Paris 1883.

††) Le Choléra dans la Basse Égypte, en 1883 etc. Paris 1884.

Die englischen Truppen in Egypten haben in der Zeit vom 22. Juni bis 1. Oktober im ganzen 130 Mann an Cholera verloren, davon 11 in Alexandrien, 38 in Kairo, 25 in Ismailia, 20 in Suez, 19 in Helnan und 25 in El Wardan.

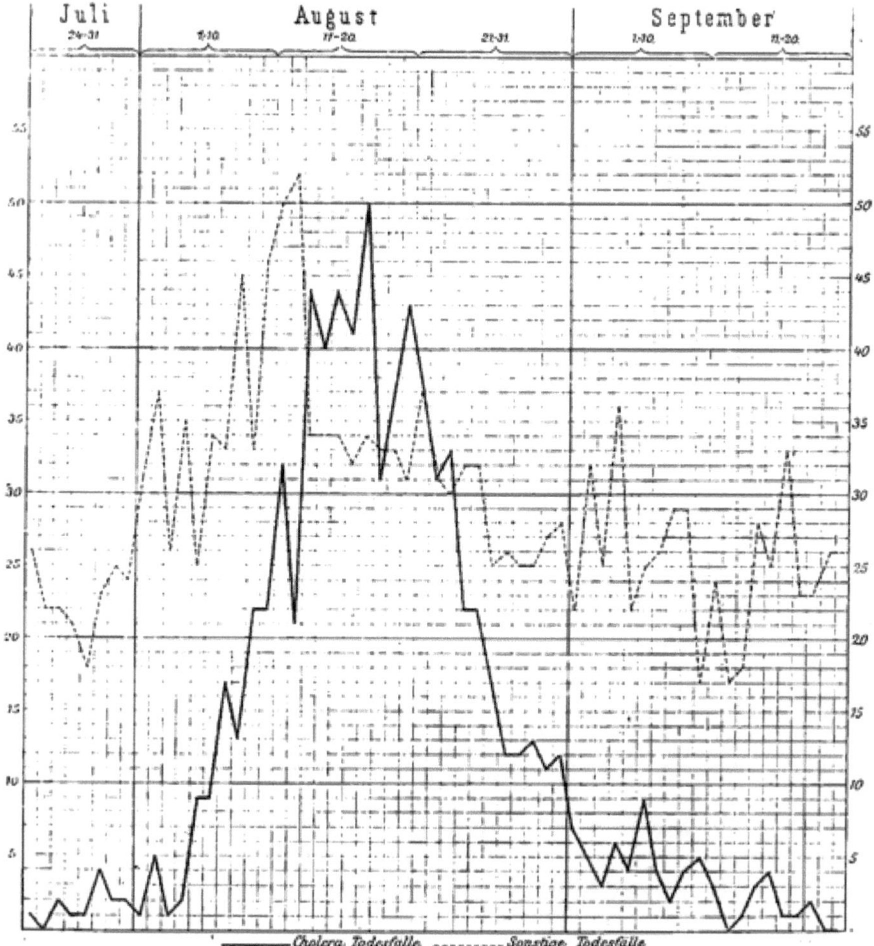

Was die Verbreitungswege der Epidemie betrifft, so hat offenbar einerseits der Eisenbahnverkehr eine wesentliche Rolle gespielt; andererseits sind es die Flußläufe gewesen, welchen die Seuche gefolgt ist. Im einzelnen der Verbreitung nachzugehen, dazu fehlt es an der erforderlichen Vollständigkeit und Zuverlässigkeit der Angaben; soviel lassen dieselben indeß mit Sicherheit erkennen, daß die Seuche von Ende Juni an bis in den September hinein immer weiter südlich gewandert ist. Der Umstand, daß während dieser ihrer Wanderung der Nil in fortwährendem Steigen begriffen war, ist ihr offenbar kein Hinderniß gewesen.

Nach Ebers*) beginnt die alljährlich wiederkehrende Nilschwelle, welche „ihren Ursprung dem stets in den gleichen Jahreszeiten fallenden Tropenregen und dem Schmelzen des Schnees auf den Hochgebirgen in dem Heimatlande der beiden Quellströme des Nils verdankt, kaum merklich anfangs Juni; vom 15. bis 20. Juni steigt der Strom schneller, nimmt langsamer bis gegen Ende September zu, kommt einige Wochen lang zur Ruhe, ja manchmal zu einem leisen Rückgang und pflegt Mitte Oktober noch einmal wachsend seinen höchsten Stand zu erreichen, auf dem er sich nur wenige Tage zu behaupten weiß, und kehrt sodann, nach und nach abnehmend, zu seinem Tiefstande zurück."

Ueber den Nilstand des Jahres 1883 im untersten Theile des Delta giebt die nachstehende Tabelle Auskunft, welche die Kommission dem Direktor der Wasserwerke in Alexandrien Herrn Cornish verdankt. In derselben ist der Wasserstand des Mamudieh-Kanals für die Zeit vom 15. Juni bis 15. September verzeichnet, und zwar entspricht der Nullpunkt in der Tabelle einer Höhe von 0,91 m über dem Meeresspiegel. Das Steigen des Nils macht sich hier erst vom 21. Juli an bemerklich, während dasselbe im oberen Egypten begreiflicherweise bei weitem früher eintritt. Bemerkt sei noch, daß die Nilschwelle im Jahre 1883 besonders reichliche Wassermengen gebracht hat.

Da atmosphärische Niederschläge, zumal im oberen Theile Egyptens, so selten und so spärlich sind, daß sie das Grundwasser nicht beeinflussen, und da anderweitige unterirdische Zuflüsse zum Grundwasser nicht existiren, so ist der Stand des letzteren ausschließlich abhängig von dem Steigen und Fallen des Nils, und es steigt und fällt beispielsweise in den Brunnen Alexandriens das Wasser regelmäßig etwa 14 Tage später als im Mamudieh-Kanal.

Hiernach kann es nicht zweifelhaft sein, daß im oberen Egypten zur Zeit, als die Cholera bis dahin vorgeschritten war, das Grundwasser schon eine Reihe von Wochen im Steigen gewesen sein mußte. Es sei hier beispielsweise daran erinnert, daß die Seuche in Beni Suëf erst gegen Ende Juli erschien und trotzdem nach der offiziellen Statistik bis Anfang September noch 873 Opfer forderte. In der noch weiter südlich gelegenen Provinz Assiut, wo die ersten Fälle am 31. August zur Kenntniß kamen, war sie sogar am 21. September noch nicht erloschen und hatte hier 1312 Menschen dahingerafft. Noch später als Assiut befiel sie die südlichsten, von ihr während der Epidemie überhaupt besuchten Provinzen Girge, Keneh und Esne. Auch in den letztgenannten beiden Provinzen hatte sie am 21. September ihr Ende noch nicht erreicht.

Für einen Einfluß des Bodens im Sinne der Pettenkofer'schen Theorie auf das Auftreten der Cholera spricht demnach der Gang der Epidemie jedenfalls nicht.

Uebereinstimmend mit früheren Erfahrungen haben sich auch im Jahre 1883 Militärkordons, welche zur Lokalisirung der Cholera um verseuchte Orte gezogen worden sind, ebenso wirkungslos erwiesen, wie Schutzkordons um noch nicht verseuchte Orte. Es darf in dieser Beziehung auf die bereits gelegentlich der Erörterungen über die Epidemie in Damiette ge-

*) Ebers, Cicerone durch das alte und neue Egypten. Stuttgart und Leipzig 1886.

Wasserstand des Mamudieh-Kanals bei Alexandrien im Jahre 1883.

Datum	Wasserstand	Datum	Wasserstand	Datum	Wasserstand	Datum	Wasserstand
		1. Juli	— 0,42 m	1. August	— 0,52 m	1. Septbr.	+ 1,09 m
		2. "	— 0,42 "	2. "	— 0,46 "	2. "	+ 1,09 "
		3. "	— 0,46 "	3. "	— 0,41 "	3. "	+ 1,09 "
		4. "	— 0,51 "	4. "	— 0,35 "	4. "	+ 1,04 "
		5. "	— 0,57 "	5. "	— 0,27 "	5. "	+ 1,05 "
		6. "	— 0,55 "	6. "	— 0,20 "	6. "	+ 1,06 "
		7. "	— 0,58 "	7. "	— 0,17 "	7. "	+ 1,06 "
		8. "	— 0,63 "	8. "	— 0,17 "	8. "	+ 1,09 "
		9. "	— 0,58 "	9. "	— 0,18 "	9. "	+ 1,09 "
		10. "	— 0,60 "	10. "	— 0,15 "	10. "	+ 1,08 "
		11. "	— 0,60 "	11. "	— 0,07 "	11. "	+ 1,18 "
		12. "	— 0,63 "	12. "	— 0,04 "	12. "	+ 1,19 "
		13. "	— 0,66 "	13. "	0,00 "	13. "	+ 1,29 "
		14. "	— 0,65 "	14. "	+ 0,07 "	14. "	+ 1,39 "
15. Juni	— 0,20 m	15. "	— 0,65 "	15. "	+ 0,15 "	15. "	+ 1,45 "
16. "	— 0,25 "	16. "	— 0,66 "	16. "	+ 0,25 "		
17. "	— 0,27 "	17. "	— 0,63 "	17. "	+ 0,30 "		
18. "	— 0,25 "	18. "	— 0,66 "	18. "	+ 0,36 "		
19. "	— 0,20 "	19. "	— 0,70 "	19. "	+ 0,40 "		
20. "	— 0,25 "	20. "	— 0,70 "	20. "	+ 0,40 "		
21. "	— 0,25 "	21. "	— 0,70 "	21. "	+ 0,41 "		
22. "	— 0,25 "	22. "	— 0,73 "	22. "	+ 0,44 "		
23. "	— 0,14 "	23. "	— 0,75 "	23. "	+ 0,49 "		
24. "	— 0,05 "	24. "	— 0,69 "	24. "	+ 0,54 "		
25. "	— 0,05 "	25. "	— 0,66 "	25. "	+ 0,62 "		
26. "	— 0,06 "	26. "	— 0,65 "	26. "	+ 0,74 "		
27. "	— 0,14 "	27. "	— 0,64 "	27. "	+ 0,81 "		
28. "	— 0,30 "	28. "	— 0,63 "	28. "	+ 0,99 "		
29. "	— 0,40 "	29. "	— 0,60 "	29. "	+ 1,05 "		
30. "	— 0,42 "	30. "	— 0,53 "	30. "	+ 1,09 "		
		31. "	— 0,54 "	31. "	+ 1,09 "		

machten Mittheilungen verwiesen werden. Eine andere Maßregel hat sich dagegen in denjenigen Fällen, in welchen sie energisch durchgeführt worden ist, gut bewährt, nämlich die gänzliche Evakuirung der von der Seuche betroffenen, in ungünstigen sanitären Verhältnissen befindlichen Stadttheile (vgl. die später zu erörternde Evakuation in Bulacq bei Kairo und diejenigen des Dorfes Chatby bei Alexandrien).

Es erübrigt noch, einer sehr zweckmäßigen Maßregel hier Erwähnung zu thun, zu welcher man sich nur schwer entschließen konnte, welche indeß unzweifelhaft gute Früchte getragen hat, das ist das Verbot der großen Märkte und vor allem der Messe von Tantah, welche Jahr für Jahr einen besonderen Anziehungspunkt für die Bevölkerung Unter Egyptens abgiebt.

Nach Ausbruch der Epidemie erbot sich die englische Regierung durch Entsendung von Sanitätspersonal aus England und Indien den ärztlichen Dienst im Lande sichern zu helfen.

In der That trafen, nachdem die egyptische Regierung jenes Anerbieten angenommen hatte, aus England 12 Aerzte ein, welche von dem Surgeon General Hunter auf verschiedene Städte bezw. Distrikte vertheilt wurden und in denselben thätig gewesen sind. Das indische Personal, aus 6 Aerzten und 36 muhamedanischen Hospital-Assistenten bestehend, langte erst am 28. August in Kairo an, zu spät, als daß es noch Verwendung hätte finden können.

Soweit bekannt geworden ist, war der letzte Todesfall in Alexandrien am 26. December 1883 zugleich auch der letzte in Egypten überhaupt. Abgesehen von Alexandrien hat sich die Krankheit am längsten in der Provinz Assiut in Ober-Egypten erhalten, wo der letzte Todesfall am 19. December vorgekommen sein soll. Was die Verbreitung der Seuche über die Grenzen Egyptens hinaus betrifft, so erschien in erster Linie Syrien gefährdet. In der That kamen denn auch Anfangs August in Beirut einige Cholerafälle vor: der erste derselben soll ein Individuum betroffen haben, welches von Alexandrien angelangt war, eine zehntägige Quarantäne in Beirut durchgemacht hatte und erst am zweiten Tage nach der Entlassung aus der Beobachtung erkrankte. Die übrigen Ankömmlinge, welche mit dem Erkrankten zusammen die Quarantäne absolvirt hatten, blieben gesund. Der zweite, tödtlich endende Fall ereignete sich bei einer Frau, welche die Wäsche eines aus Egypten zugereisten, bereits 15 Tage in Quarantäne beobachteten und kurz nach seiner Entlassung aus der letzteren an einem leichten Choleraanfall erkrankten Mannes gewaschen hatte. Anläßlich dieser beiden außerhalb der Quarantäne vorgekommenen Fälle wurden seitens der türkischen Behörden gegen Beirut die nämlichen Quarantänemaßregeln angeordnet, wie gegen die egyptischen Häfen; außerdem wurde die Stadt nach der Landseite zu durch einen Kordon abgeschlossen, um den flüchtenden Einwohnern den Ausgang zu verwehren. Jene Fälle scheinen indeß vereinzelt geblieben zu sein. Auch ein Choleratodesfall, welcher am 17. August in der Quarantäneanstalt von Beirut sich ereignete, zu einer Zeit, wo in der letzteren 240 Personen beobachtet wurden, hatte keine weiteren Erkrankungen im Gefolge.

Seitens der portugiesischen Behörde wurde später (vom 15. Oktober ab) der Distrikt von Damaskus als von der Cholera inficirt erklärt. Ob zu dieser Maßregel neue in Beirut oder in dem genannten Distrikt vorgekommene Cholerafälle die Veranlassung gegeben haben, ist nicht bekannt geworden. Was Kleinasien betrifft, so scheint es wie die übrige Türkei im Jahre 1883 gänzlich frei geblieben zu sein. In Klazomene, wo die egyptischen Provenienzen ihre Quarantäne durchzumachen hatten, waren bis zum 11. September nicht weniger als 61 Dampf- und 33 Segelschiffe mit 3026 Passagieren angelangt. Auch unter diesen Personen scheinen Cholerafälle nicht vorgekommen zu sein. Die europäischen Mittelmeerländer blieben von der Seuche ebenfalls verschont.

Alsbald nach Ausbruch der Cholera in Egypten wurde die Gefahr erkannt, daß die Krankheit durch egyptische Pilger nach dem Hedjaz verschleppt werden könnte. Im Conseil Sanitaire, Maritime et Quarantenaire zu Alexandrien wurde dementsprechend einstimmig der Beschluß gefaßt, die Pforte möge aufgefordert werden, in einer öffentlichen Bekanntmachung die Gefahren und Uebelstände der Pilgerreise in diesem Jahre ins rechte Licht zu setzen, um so den Zufluß von Pilgern nach Mekka möglichst zu beschränken. Mag nun diesem Beschlusse Folge gegeben sein oder nicht, jedenfalls ist die egyptische oder die heilige Karawane wie in anderen Jahren nach Mekka gepilgert. Ob auf ihrem Wege dahin Cholerafälle vorgekommen sind, ist nicht sicher festgestellt. Als aber schon vor Mitte Oktober am zweiten Tage der religiösen Feste die Seuche in Mekka zum Ausbruche kam, wurde von der dortigen Sanitätskommission angenommen, daß die Einschleppung in der That durch die egyptische Karawane stattgefunden habe. Ueber den Verlauf der Epidemie im Hedjaz und unter den heimkehrenden Pilgern wird an anderer Stelle berichtet werden. —

Am Schlusse des Jahres 1883 war die Cholera wie in ganz Egypten so auch unter den Pilgern erloschen.

Die Cholera in Kairo.

Die Stadt Kairo, unmittelbar am Nil und zwar auf dem östlichen Ufer des Flusses gelegen, wird nach Norden zu von dem Ismailia Kanal begrenzt, welcher, am unteren Ende der Stadt vom Nil sich abzweigend, zunächst in nordöstlicher, dann in rein östlicher Richtung verläuft und Ismailia, Port Said und Suez mit Nilwasser versorgt. Ein kleinerer Kanal, „Khalig" genannt, verläßt den Nil bereits am oberen Ende der Stadt und durchfließt dieselbe ebenfalls in nordöstlicher Richtung, um sich dann mit dem Ismailia Kanal zu vereinigen (s. Tafel 4).

Nach einer auf Grund der Volkszählung von 1882 von Dr. Engel[*]) angestellten Berechnung betrug die Einwohnerzahl Kairos im Jahre 1883 374 857 Seelen, von denen 353 207 auf die eingeborene Bevölkerung entfielen. —

Neben den alten arabischen, zwar ziemlich eng gebauten, aber überwiegend von dem besser situirten Theile der Bevölkerung bewohnten Stadtvierteln finden sich, namentlich an der Peripherie der Stadt, Bezirke, welche ausschließlich mit ärmlichen, zum Theil halb verfallenen Häusern und Hütten bebaut sind. In dem Stadttheile Alt Kairo liegen die koptischen und griechischen Begräbnißplätze in unmittelbarer Nähe stark bevölkerter Quartiere, deren Bewohner sich zum großen Theil von Almosen derjenigen Familien nähren, deren Mitglieder auf den Friedhöfen begraben liegen. Die Häuser, in denen diese Menschen hausen, sind alt und verfallen, und die oberen Stockwerke springen so weit vor, daß den ohnehin schon engen Gassen dadurch fast vollständig Licht und Luft benommen wird. In den dumpfigen und feuchten Kellern leben Thiere und Menschen eng nebeneinander, und dabei finden sich unmittelbar an die Häuser anstoßend Grüfte, in welche Todte beigesetzt werden. Im Norden der Stadt und von ihr durch den Ismailia Kanal getrennt liegt die Vorstadt Bulacq, welche den Hauptheerd der Cholera abgegeben hat. Der südliche, unmittelbar am Ismailia Kanal gelegene Theil dieser Vorstadt bestand zur Zeit des Ausbruchs der Krankheit aus niedrigen Lehmhütten, in welchen eine fast gänzlich mittellose Bevölkerung unter den ungünstigsten sanitären Verhältnissen lebte. — Im Gegensatz hierzu machen manche Stadttheile mit ihren regelmäßig angelegten Straßen und prächtigen Häusern einen vollständig europäischen Eindruck.

Wie Alexandrien, so besitzt auch Kairo ein Netz von unterirdischen Kanälen, doch kann hier eben so wenig wie dort von einer wirksamen und geregelten Kanalisation die Rede sein.

[*]) Essai de Statistique sanitaire de l'Égypte. Le Caire 1885.

Denn selbst in den besseren Quartieren haben die meisten Häuser ihre Senkgruben, aus welchen der Inhalt ohne weiteres in den trockenen Sand des Untergrundes versickert, so daß niemals geleert zu werden brauchen. Beispielsweise war in dem von der Kommission bewohnten Hôtel du Nil inmitten des rings von Gebäuden umgebenen Gartens ein tiefer, mit Steinen ausgefüllter Schacht vorhanden, in welchen durch ein Ueberlaufrohr von der Senkgrube her die Excremente eingeleitet wurden. Dieser Schacht war, soweit man sich erinnerte, niemals entleert oder gereinigt. Die Anlage der unterirdischen Kanäle ist ferner eine derartige, daß es vielfach an dem nöthigen Gefälle mangelt, und der Inhalt daher in ihnen stagnirt. Sie entleeren sich zum Theil in den Nil und zwar oberhalb der Nilbrücke und des Abganges des Ismailia Kanals, zum Theil auch in den letzteren, zum Theil endlich in den die Stadt durchfließenden „Khalig.“ Unter solchen Umständen kann es nicht überraschen, wenn zumal von dem Khalig aus zur Zeit des Tiefstandes des Nils weithin die Luft der Umgegend verpestet wird.

Um diesem Uebelstande abzuhelfen, hat man vor Ausbruch der Epidemie nicht nur ca. 200 Cubikmeter gebrannten Kalks in den „Khalig“ hineingeschüttet, man hat auch weitere Verunreinigungen dadurch zu verhüten gesucht, daß man die Zuflüsse einfach durch Vermauern der Oeffnungen absperrte. Les ouvertures des égouts ou des fosses d'aisance versant dans ce canal ont été hermétiquement fermées.* Diese Maßregel dürfte am besten geeignet sein, den Werth der Kanalisation von Kairo in das richtige Licht zu setzen.

Mit der Wasserversorgung der Stadt sah es zur Zeit der Epidemie nicht minder traurig aus, obwohl bereits seit einer großen Reihe von Jahren eine Wasserleitung besteht, erbaut und verwaltet von einer Privat Compagnie, welche sich noch für lange Zeit im alleinigen Besitze der Concession befindet. Die Wasserwerke liegen auf dem südlichen Ufer des Ismailia Kanals, einige hundert Meter unterhalb dessen Abzweigung vom Nil, und entnehmen ihren Bedarf an Wasser theils aus dem Nil selbst und zwar dicht oberhalb der Brücke von Kasr el Nil, theils direkt aus dem Ismailia Kanal. Die großen Saugrohre sind bis nahezu in die Mitte des Kanalbettes geführt, so daß wenigstens das Wasser nicht unmittelbar am Ufer entnommen wird. Die Werke besitzen vier Bassins, von denen zwei zur vorläufigen Klärung des Wassers durch Absetzenlassen der schwereren suspendirten Bestandtheile, zwei andere als Filter dienen. Die oberste Schicht der Filter bildet ein verhältnißmäßig grober Sand. Die Quantität des von der Compagnie täglich gelieferten filtrirten und unfiltrirten Wassers beträgt im Mittel etwa 22000 cbm einschließlich des Bedarfs von 51 Straßenauslässen, von welchen 45 mit filtrirtem, 6 mit unfiltrirtem Wasser versehen sein sollen.
Die Kommission hatte Gelegenheit, bei einem Besuche der Werke Proben des unmittelbar vorher filtrirten Wassers zu sehen. Es enthielt allerlei Fasern und gröbere Partikel und zeigte eine deutliche Opalescenz. Nach der Mittheilung zahlreicher glaubwürdiger Personen soll das Leitungswasser im Hochsommer gewöhnlich trübe und von schlechtem Geschmacke sein. Daß es diese Beschaffenheit auch während der Epidemie gehabt hat, ist der Kommission von Dr. Wild und Dr. Ahmed Hamdy Bey ausdrücklich bestätigt. Uebrigens wird einzelnen Stadttheilen regelmäßig nur unfiltrirtes Wasser zugeführt, da die Quantität des filtrirten nicht ausreicht. Allgemeinere Anwendung findet diese Maßregel nothgedrungen, wenn die an Zahl nicht genügenden Filter der Reinigung wegen einmal außer Funktion gesetzt werden müssen.

* Ahmed Hamdy Bey. Rapport sur l'épidémie cholérique de la ville du Caire en 1883. Le Caire 1884.

Die Unzufriedenheit über die Beschaffenheit dieses Leitungswassers, in welchem bisweilen selbst lebende kleine Fische gefunden werden, ist denn auch eine allgemeine. Daß selbst nach der Epidemie hierin eine Besserung nicht eingetreten ist, erhellt aus der nachstehenden, in »The Egyptian Gazette« vom 8. Juli 1884 abgedruckten Klage:

»La compagnie des Eaux du Caire, une des administrations françaises modèles, jouissant d'un monopole de 99 années fournit au quartier Ismailia, le plus beau de toute la ville, de l'eau tirée directement du canal Ismailia qui est malpropre et qui n'est qu'à une centaine de mètres de là.

Il est évident, qu'aucuns filtres ne sont employés pour purifier cette eau, car sa couleur est d'un brun foncé, actuellement tout à fait noire, remplie d'une boue epaisse, de débris de paille etc. et (cela peut vous sembler exagéré, mais c'est la vérité pure) j'ai pris dans mon bain, il y a quelques jours deux petits poissons, tout à fait vivants et se livrant dans l'eau à leurs évolutions.«

In den Häusern der besser situirten Bevölkerung wird das Wasser übrigens vor dem Genuß allgemein einer nochmaligen Filtration durch poröse Thongefäße unterworfen.

Die geschilderten Verhältnisse fallen um so schwerer ins Gewicht, als der Ismailia-Kanal dicht oberhalb der Stelle, an welcher die Kompagnie das Wasser aus ihm entnimmt, nicht nur durch die Einmündung einer Anzahl von Abzugskanälen verunreinigt, sondern auch von der arabischen Bevölkerung Bulacq's allgemein zum Baden und zum Waschen von schmutziger Wäsche, Kleidungsstücken u. dgl. m. benutzt wird. Wie sich die Kommission gelegentlich ihres Aufenthaltes in Kairo von dieser Thatsache selbst hat überzeugen können, so sind entsprechende Beobachtungen auch zu Beginn der Epidemie von dem in Kairo ansässigen österreichischen Arzte Dr. von Becker gemacht. Als derselbe die ersten Cholerakranken in Bulacq besuchte, fand er da, wo die Wasserwerke aus dem Kanal das Wasser entnehmen, die Ufer besetzt mit zahlreichen Weibern, welche schmutzige, durchweg aus dem inficirten Theile Bulacq's herrührende Wäsche reinigten. — Erst später, als die Epidemie bereits ihren Höhepunkt überschritten hatte, gelang es, die Kompagnie zu bestimmen, daß sie das Wasser nicht mehr aus dem Ismailia-Kanal, sondern ausschließlich aus dem Nil entnahm. Viel besser gestalteten sich allerdings dadurch die Verhältnisse nicht; denn auch unmittelbar oberhalb der Entnahmestelle im Nil münden Abzugskanäle in den Strom ein, welche demselben u. a. menschliche Dejektionen in reichlicher Menge zuführen.

Neben dem Wasser der Leitung wird in Kairo, wie überall in Egypten, von der ärmeren Bevölkerung direkt aus dem Nile oder den Kanälen geschöpftes Wasser benutzt. Dabei erregt der Umstand, daß in unmittelbarer Nachbarschaft der Entnahmestelle zur selben Zeit schmutzige Leibwäsche gewaschen wird oder menschliche Dejektionen ins Wasser gespült werden, auch hier offenbar nicht die geringsten Bedenken. —

Eine ziemlich große Anzahl von Häusern, zumal von solchen, welche vom Nil und dem Ismailia-Kanal entfernt liegen, ist endlich mit Cisternen versehen, die zur Zeit des Hochstandes des Nils mit Nilwasser gefüllt werden und dann für das ganze Jahr den Bedarf liefern. —

Daß man unter den geschilderten Verhältnissen der herannahenden Cholera mit der größten Besorgniß entgegensah, ist begreiflich. In der That ist denn auch Kairo von einer Epidemie heimgesucht worden, welche an Heftigkeit hinter derjenigen des Jahres 1865 nicht zurückgeblieben ist.

Unter den Mitgliedern der bereits mehrfach erwähnten Kommission, welche am 24. Juni den Charakter der in Damiette ausgebrochenen Epidemie festzustellen hatte, befand sich auch der Inspecteur sanitaire de la ville du Caire Dr. Ahmed Hamdy Bey. Derselbe war kaum nach Kairo zurückgekehrt, als er auch bereits die erforderlich erscheinenden Vorbeugungsmittel ins Werk setzte.*) Die beamteten Aerzte wurden mit geeigneten Instruktionen versehen und das Sanitätspersonal vermehrt, Medikamente und Desinfektionsmittel vertheilt, der Lebensmittelmarkt überwacht und möglichste Reinlichkeit in den Häusern und auf den Straßen angestrebt. Außerdem wurden Vorbereitungen für den Krankentransport getroffen und Sanitätsstationen errichtet. Wie schon erwähnt, wurden die Seitenkanäle und die Oeffnungen der Abtrittsgruben, welche dem die Stadt durchfließenden „Khalig" Fäkalien zuführten, vermauert, und das Wasser des Kanals selbst mit großen Quantitäten gebrannten Kalks desinficirt. Das alte Schlachthaus von Abassieh wurde geschlossen und angeordnet, daß sämmtliche Schlachtungen in dem Schlachthause von Alt Kairo stattzufinden hätten. Die »Fisih« d. h. die gesalzenen und getrockneten Fische, welche in großer Menge in den Depots lagerten, wurden vernichtet und die Depots selbst desinficirt. In den Sammelplätzen von frischen Knochen wurden letztere vergraben und mit einer Schicht gebrannten Kalks überdeckt. Die Lumpendepots wurden desinficirt und sämmtliche Zugänge derselben vermauert. Die unbewohnten Plätze in der Stadt und die verlassenen halbverfallenen Häuser, welche in Kairo und in Alexandrien ebenso wie in Damiette gewohnheitsmäßig als Ablagerungsstätte für allerlei Unrath und menschliche Dejektionen dienten, wurden gereinigt, desinficirt und durch Errichtung von Mauern oder Zäunen jener Benutzung entzogen. Die allwöchentlich zwei mal stattfindenden Märkte wurden aufgehoben und unreifes und verdorbenes Obst vernichtet. Die aus inficirten Ortschaften anlangenden Personen wurden, sobald man Kenntniß von ihrer Ankunft erhielt, isolirt und in den Gärten des Hospitals von »Kasr el Aïn« in Zelten 10 Tage lang in Quarantäne gehalten. Denjenigen Häusern, in welchen derartige Personen etwa bereits abgestiegen waren, widmete man besondere Sorgfalt. Nach gründlicher Desinfektion derselben wurden die Abtrittsgruben mit concentrirter Eisensulfatlösung ebenfalls desinficirt und dann geschlossen. Vor der Thür dieser Häuser standen Tag und Nacht während eines Zeitraums von 10 Tagen Polizeiposten, welche angewiesen waren, die Bewohner vollständig von der übrigen Bevölkerung abgesperrt zu halten. — Die Latrinen in den Moscheen wurden desinficirt, schon vor Ausbruch der Epidemie geschlossen und während der ganzen Dauer derselben geschlossen gehalten. Dagegen ließ man, wohl aus religiösen Bedenken, die »Medas«, d. h. die Bassins, in welchen die Araber ihre religiösen Waschungen vornehmen, in Thätigkeit, empfahl jedoch, das Wasser in ihnen mindestens alle zwei Tage zu erneuern und sie dabei gründlich zu reinigen.

Der Verkauf und Gebrauch von Haschisch wurde aufs strengste verboten, eine Maßregel, welche der Berichterstatter auch für cholerafreie Zeiten dringend empfiehlt, da in Folge derselben seiner Ansicht nach die Insassen der Irrenanstalt beträchtlich an Zahl sich vermindern würden.

Die Gerbereien desinficirte man und schloß sie dann völlig für die Zeit der Epidemie. Die vorhandenen frischen Häute wurden mit Erde und gebranntem Kalk bedeckt und besondere Instruktionen für die Behandlung, Desinfektion und Unterbringung der aus dem Schlachthause

---

*) Ahmed Hamdy Bey, Rapport sur l'épidémie cholérique de la ville du Caire en 1883. Le Caire 1884.

kommenden Hände gegeben. Besondere Aufmerksamkeit wandte man endlich der Bewässerung der Straßen und der regelmäßigen Abfuhr des Straßenunraths, sowie desjenigen der Wohnungen zu.

Das waren die Maßregeln, mit welchen man dem Ausbruche der Epidemie zu begegnen suchte. Wie man sieht, wurden die außerordentlichen, mit der Art der Wasserversorgung verbundenen Gefahren durch sie in keiner Weise abgeschwächt. Auch Surgeon General Hunter, welcher am 26. Juli, zur Zeit, als die Epidemie bereits in Kairo auf ihrer Höhe war, in letzterer Stadt eintraf, hebt diese Uebelstände in seinem vom 6. August datirten Berichte hervor („No precautions, at least none deserving the name, are taken to keep the source of the water supply from contamination by excreta and filth.“*) Es dürfte nicht überflüssig sein, an dieser Stelle noch darauf hinzuweisen, daß eine der erwähnten Maßnahmen, nämlich die Schließung der Abtritte in den Moscheen, möglicherweise sehr üble Folgen gehabt haben wird. Wo können die Tausende, welche gewohnt waren, alltäglich ihre Defäkation in der Moschee zu verrichten, dies während der Epidemie gethan haben? Die Antwort ist nicht zweifelhaft; sie waren darauf angewiesen, sich im Freien geeignete Plätze zu suchen, und dies werden bei der durch die religiösen Vorschriften gegebene Nothwendigkeit, nach der Defäkation eine Waschung vorzunehmen, in unzähligen Fällen die Ufer des Nils und der Kanäle gewesen sein. So war in Folge jener Maßregel eine neue gefährliche Quelle der Verunreinigung der Wasserläufe mit den Dejektionen Cholerakranker gegeben. — Was die Isolirung und Ueberwachung der aus bereits verseuchten Orten zureisenden Personen betrifft, so liegt es auf der Hand, daß von einer allgemeinen Durchführung der erlassenen Vorschriften auch nicht annähernd die Rede gewesen sein kann. Ohne jeden Zweifel werden die meisten der Zugereisten es verstanden haben, sich überhaupt jeder Kontrolle zu entziehen; die in Quarantäne befindlichen aber werden bei der Schwierigkeit, eine ausreichende Ueberwachung herbeizuführen, in vielen Fällen der Einschließung zeitweise oder dauernd haben entgehen können.

Trotz aller Vorsichtsmaßregeln kam denn auch bereits gegen Mitte Juli die Krankheit in der Vorstadt Bulacq zum Ausbruch. Auf welchem Wege der Keim dahin gelangt ist, hat nicht aufgeklärt werden können. Der bereits erwähnte österreichische Arzt Dr. von Becker hat der Kommission freundlichst die nachstehenden Notizen seines Tagebuchs über den Anfang der Epidemie zur Verfügung gestellt:

„16. Juli. — Am 16. Juli werde ich avisirt, daß in Ghizeh**) in der vorhergehenden Nacht eine Anzahl Choleraerkrankungen, fast sämmtlich mit tödtlichem Ausgange, vorgekommen sind. Um 5 h. p. m. nehme ich mir einen Wagen, um nach Ghizeh zu fahren, finde aber Kordon.

20. Juli. — 60 Stunden nachher ist die Cholera in Bulacq. Ich erfahre, daß die Infektion beider Ortschaften (Ghizeh und Bulacq) von einer und derselben Dahabie***) herrührt, die Individuen von Damiette brachte (sie mußten jedenfalls den dortigen, damals doppelten Militärkordon durchbrochen haben!). Diese Leute, angeblich zumeist Weiber, sollen theils in Bulacq, theils in Ghizeh debarkirt haben. Trotz mühevoller Nachforschungen gelingt es mir nicht, dieses Faktum genügend festzustellen ꝛc.“

---

*) Report on the Cholera Epidemic in Egypt. Commercial No. 29 (1883) London.

**) Ein auf dem linken Nilufer gegenüber der Insel Roda gelegener Vorort.

***) Dahabie ist die Bezeichnung für die Nilbarken.

Der Sanitäts-Inspektor der Stadt Dr. Hamdy Bey*) hat denjenigen Cholerafall, den er geneigt ist für den ersten zu halten, in Gemeinschaft mit mehreren anderen Aerzten in der Nacht vom 14. zum 15. Juli in Bulacq gesehen. Es handelte sich um einen aus Oberegypten gebürtigen, im Quartier Mousky zu Kairo wohnenden Mann, welcher am 14. Juli nach Bulacq gegangen war, um dort bei einem Freunde den Abend zuzubringen. Wo dieser Kranke den Keim in sich aufgenommen hat, darüber liegen nicht einmal Vermuthungen vor. Er wurde ins Lazareth gebracht und war bereits in der Frühe des folgenden Tages eine Leiche. Schon am 15. Juli wurden nach Dr. Hamdy's Mittheilungen 3 und am 16. Juli ebenfalls 3 weitere Choleratodesfälle aus Bulacq gemeldet. Mögen nun die ersten Fälle in Ghizeh oder mögen sie in Bulacq vorgekommen sein, mag der Keim durch Personen, welche mit der Eisenbahn bezw. auf dem Landwege, oder zu Schiff anlangten, eingeschleppt sein, soviel steht fest, daß der Ausbruch der Seuche gegen Mitte des Juli erfolgte, und daß sie zunächst mit großer Schnelligkeit in den ärmlichen, am Ismailia-Kanal gelegenen Hüttenkomplexen (im Arabischen „Echèches" genannt) von Bulacq sich ausbreitete. Die Versuche, die Kranken zu isoliren, blieben wirkungslos, und bald sah man sich gezwungen, auf diese Maßregel überhaupt zu verzichten.

Der Verbreitung der Seuche förderlich hat möglicherweise auch der Umstand gewirkt, daß man sich im Ramadan, dem Fastenmonate der Muhamedaner befand. Derselbe fiel nämlich im Jahre 1883 in die Zeit vom 6. Juli bis 4. August. Während des ganzen Ramadan hat der Gläubige von Sonnenaufgang bis Sonnenuntergang der Speise und des Trankes gänzlich sich zu enthalten; ja selbst einen Schluck Wasser zu sich zu nehmen, ist ihm verboten. Sobald indeß die Sonne unter dem Horizont verschwunden ist, entschädigt sich jeder reichlich für die während des Tages ertragenen Entbehrungen, und die Schmausereien und Festlichkeiten ziehen sich bis spät in die Nacht hinein. Daß bei einem solchen Wechsel zwischen gänzlicher Enthaltung und überreichlicher Aufnahme von Nahrung Störungen der Magenverdauung häufig eintreten müssen, und daß in Folge dessen bei vielen Personen die Prädisposition für eine Erkrankung an Cholera gesteigert worden ist, scheint nicht zweifelhaft.

Binnen kurzem fand die Seuche ihren Weg in die Quartiere von Kairo selbst und verschonte in ihrem weiteren Verlaufe auch nicht ein einziges Quartier ganz. Am 24. Juli erreichte sie ihre Höhe mit 463 Todesfällen in 24 Stunden und nahm dann allmählich wieder ab, um am 25. August zu erlöschen. Die Vertheilung der Todesfälle auf die einzelnen Tage ist aus der nachstehenden Zusammenstellung, welcher die in den offiziellen Bulletins veröffentlichten Zahlen zu Grunde gelegt sind, ersichtlich:

	Juli															
Datum:	16.	17.	18.	19.	20.	21.	22.	23.	24.	25.	26.	27.	28.	29.	30.	31.
Choleratodesfälle:	3	12	61	68	146	242	381	427	463	367	363	317	302	322	331	255

August																							
1.	2.	3.	4.	5.	6.	7.	8.	9.	10.	11.	12.	13.	14.	15.	16.	17.	18.	19.	20.	21.	22.	23.	24.
271	273	194	169	160	111	78	70	78	39	37	31	11	7	9	5	6	4	1	4	3	1		1

*) Rapport sur l'épidémie cholérique de la ville du Caire en 1883.

Hiernach würde die Summe der in Kairo vorgekommenen Choleratodesfälle 5 646 betragen haben. Später angestellte Erhebungen haben indeß, wie bereits erwähnt ist, ergeben, daß diese Zahl nicht unbeträchtlich hinter der Wirklichkeit zurückbleibt.*) Allein in Bulacq sind tausend Choleratodesfälle nachträglich constatirt worden, welche nicht zur Meldung gelangt waren, und als Gesammtsumme der in Kairo überhaupt vorgekommenen Choleratodesfälle ist die Zahl 6 751 ermittelt worden.

In welchem Grade die einzelnen Quartiere der Stadt betroffen sind, erhellt aus der nachstehenden Uebersicht. Die derselben zu Grunde gelegten Bevölkerungszahlen verdankt die Kommission einer privaten Mittheilung des Inspecteur sanitaire Dr. Ahmed Hamdy Bey, während die Zahl der auf die einzelnen Quartiere entfallenden Choleratodesfälle dem von ihm erstatteten offiziellen Berichte entnommen worden sind.

Quartiere	Einwohnerzahl	Zahl der Choleratodesfälle	Von je 1000 Einwohnern starben an Cholera
Abbassieh . . .	13 668	172	13
Abdine . . .	29 897	527	18
Bab-Charieh . .	49 202	235	5
Bulacq	52 339	2 859	55
Darb el Ahmar . .	40 825	115	3
Esbekieh	47 527	402	8
Gamalieh	29 781	79	3
Khalifa	36 737	76	2
Mousky	12 206	109	9
Saida-Zenab . . .	34 097	340	10
Schubra	11 091	370	33
Alt-Kairo	20 132	964	48
Summe	377 502	6 248	17

Im Quartier Abassieh sind außerdem noch 8 Todesfälle unter den englischen, 22 unter den egyptischen Truppen, im Quartier Abdine 8 und im Quartier Khalifa 24 unter den englischen Truppen vorgekommen. Außerdem starben im egyptischen Hospitale 441 Personen an Cholera, so daß sich die offiziell ermittelten Todesfälle in der Stadt Kairo, wie oben erwähnt, zusammen auf 6 751 belaufen.

Ob jene berichtigten, für die einzelnen Quartiere gegebenen Zahlen auf Vollständigkeit Anspruch machen können, muß dahingestellt bleiben. Immerhin gestatten sie, eine Vorstellung von der Vertheilung der Seuche über die Stadt zu gewinnen. Sieht man von den im Hospitale Gestorbenen, sowie von den wenig zahlreichen Soldaten ab, so ist nahezu die Hälfte aller Todesfälle (2 859) in der Vorstadt Bulacq vorgekommen. Hier hat die Cholerasterblichkeit die außerordentlich hohe Ziffer von 55 pro mille der Einwohner erreicht; dann folgen das östlich von der Insel Roda an dem schmalen Nilarme gelegene Alt Kairo und das

*) Vgl. „Ahmed Hamdy Bey, Rapport sur l'épidémie cholérique de la ville du Caire en 1883. Le Caire 1884."

ebenfalls außerhalb der eigentlichen Stadt, nördlich vom Ismailia Kanal gelegene Schubra mit 48 bezw. 33 pro mille der Einwohner, während beispielsweise unter den 40825 Bewohnern des Quartiers Darb el Ahmar nur 115 Todesfälle oder gegen 3 pro mille verzeichnet sind. Diese außerordentlich großen Unterschiede in der Betheiligung der einzelnen Quartiere würden ein eingehenderes Studium unter Berücksichtigung der sämmtlichen ätiologisch in Betracht kommenden Faktoren in hohem Grade wünschenswerth erscheinen lassen; leider fehlen indeß der Kommission hierzu die erforderlichen Unterlagen, zu welchen in erster Linie ein die gegenseitige Abgrenzung der einzelnen Quartiere darstellender Plan der Stadt gehören würde. Auf Tafel 4 ist wenigstens, soweit es nach den vorhandenen Angaben möglich war, die Lage der verschiedenen Quartiere gekennzeichnet.

Einer besonders auffälligen Immunität haben sich innerhalb des am schwersten betroffenen Stadttheiles, nämlich desjenigen von Bulaca die Moulins Français zu erfreuen gehabt, große Getreidemühlen, deren Gebäude von der Umgebung durch Mauern abgesperrt sind (s. Tafel 4). In diesen Mühlen soll nicht ein einziger Cholerafall vorgekommen sein, obgleich in ihrer unmittelbaren Nähe zwei Hüttencomplexe aufs heftigste von der Krankheit heimgesucht wurden. Die Kenntniß dieser Verhältnisse verdankt die Kommission durch Vermittelung des Herrn Sickenberger, eines Deutschen, welcher zur Zeit Direktor des botanischen Gartens in Kairo ist, dem bereits mehrfach erwähnten Inspecteur sanitaire der Stadt, Ahmed Hamdy Bey. Derselbe äußert sich folgendermaßen:

»Aussitôt que le choléra ait éclaté à Boulac, le directeur des moulins français réunit tous les ouvriers et leur fait savoir que vu l'explosion de l'épidémie en ville, il était prêt à garder tous les ouvriers dans les ateliers, de pourvoir à tous leurs besoins pendant tout le temps que durerait l'épidémie, à condition qu'aucun ouvrier ne sortit de l'établissement sous quelque pretexte que ce soit et n'ait aucune relation extérieure. — 82 ouvriers sur 85 acceptaient ces conditions; les trois autres ont été remerciés de leur service.

Avec cette mesure rigoureuse aucun malaise n'a été constaté chez les ouvriers internés, aucune indisposition quelconque n'a été observée, et aucun changement dans la manière de vivre ni dans le travail de l'usine n'a été fait, tous les ouvriers et tout le personel de l'établissement a toujours joui d'une parfaite santé pendant tout le temps de l'épidémie.«

Die einzige Maßregel, welche, abgesehen von der Absperrung, getroffen wurde, war die, daß ausschließlich vorher filtrirtes und gekochtes Nilwasser zur Verwendung kam:

»La boisson a été toujours de l'eau filtré et bouillie, et malgré que l'établissement était entouré de huttes et de flaques d'eau stagnante, aucun cas n'a été constaté. Les deux ouvriers, qui n'ont pas voulu accepter les conditions du directeur, c'est à dire ceux qui n'ont pas voulu être internés comme leurs camarades ont été atteints de la maladie et en sont morts.«

Die Kommission ist leider nicht in der Lage gewesen, die in Frage kommenden Oertlichkeiten persönlich zu besichtigen, immerhin hat sie geglaubt, die Mittheilungen des Herrn Dr. Hamdy hier wiedergeben zu sollen, zumal dieselben auch durch die von Herrn Sickenberger persönlich angestellten Ermittelungen durchaus bestätigt worden sind.

Noch auf eine andere Thatsache ist die Kommission durch Dr. Hamdy Bey aufmerksam gemacht worden, nämlich auf das auffallende Verschontbleiben der karaitischen Juden während der Epidemie. Das Quartier derselben soll von der übrigen Stadt durch Mauern abgesperrt sein, welche nur durch einige Thore den Verkehr gestatten, und soll etwas höher liegen als der größere Theil der anderen Quartiere. Hamdy erklärt die auffallende Immunität dieser Juden — es starben im ganzen von ihnen nur 26 — dadurch, daß sie sich möglichst abgeschlossen gehalten und ihren Wasserbedarf allein aus Cisternen entnommen haben, welche bereits lange vor Ausbruch der Epidemie zur Zeit des letzten Hochstandes des Nils gefüllt waren.

Auch diese Verhältnisse hat die Kommission nicht selbst prüfen können, da dieselben erst zu ihrer Kenntniß gelangten, als sie bereits nach Europa zurückgekehrt war.

Was die Betheiligung der fremden Civil-Bevölkerung Kairos an der Epidemie betrifft, so sind unter derselben im ganzen 126 Cholera-Todesfälle vorgekommen. Davon entfielen auf Engländer 14, Franzosen 19, Italiener 30, Belgier 1, Amerikaner 1, Russen 1, Deutsche 6, Oesterreicher 13, Griechen 40 und Perser 1. — Von der Fremden-Bevölkerung sind demnach nur 5,8 pro mille der Cholera erlegen, während ihr von der einheimischen Bevölkerung etwa dreimal so viel zum Opfer gefallen sind.

Unter den englischen Truppen sind 40 Todesfälle vorgekommen, darunter 23 in der hochgelegenen, Kairo beherrschenden Citadelle.

Als Kuriosum sei hier schließlich noch eine Beobachtung erwähnt, auf welche Surgeon General Hunter in seinem zweiten Berichte einiges Gewicht zu legen scheint. Während der Tage, als die Epidemie in Kairo ihre größte Intensität erreicht hatte, soll nämlich die Atmosphäre eine sehr eigenthümliche Beschaffenheit, ein gelbliches, nebelartiges Aussehen gezeigt haben, und die Sperlinge sollen bis zum 26. Juli aus der Stadt verschwunden gewesen sein. Die Mittheilung lautet: »When the epidemic was at its height on the 23th July a very peculiar condition of the atmosphere was observed; a yellowness of the air, somewhat of the nature of a fog; and it was quite calm. The sparrows, it was observed, had deserted the place and did not return till the 26th July« (vgl. hierzu die oben mitgetheilte Uebersicht über die täglich vorgekommenen Cholera-Todesfälle, aus welcher erhellt, daß bis in den Anfang August hinein die Seuche mit großer Intensität geherrscht hat).

Von den Maßregeln, welche vor Ausbruch der Epidemie ergriffen wurden, ist oben bereits ausführlich die Rede gewesen. Auch wurde schon hervorgehoben, daß die im Beginn der Epidemie angeordnete Isolirung der Kranken und der inficirten Wohnungen sehr bald als erfolglos aufgegeben worden ist. Hier erübrigt nur noch einiger im Verlaufe der Epidemie ergriffener Maßnahmen Erwähnung zu thun. — Da die Cholera in den elenden Hüttenkomplexen von Bulacq bei weitem am heftigsten auftrat, so wurden von denselben nicht weniger als neun vollständig geräumt und durch Feuer zerstört, während die Bewohner einige Meilen stromabwärts geführt und in der Nähe des großen Stauwerks (le Barrage du Nil) in einem Feldlager untergebracht wurden. Diese radikale Maßregel soll von gutem Erfolge begleitet gewesen sein. Unter den Evakuirten scheinen sich nur noch einzelne Krankheitsfälle ereignet zu haben.

Die zu nahe an der Stadt gelegenen oder in ungünstigen sanitären Verhältnissen befindlichen Kirchhöfe wurden geschlossen, und der Leichentransport ärztlich überwacht; die öffentlichen Bäder wurden theils desinficirt, theils ebenfalls geschlossen. Verunreinigte Wäsche und Kleider wurden vernichtet oder, wie die inficirten Wohnungen, desinficirt. Als Desinfektionsmittel kamen Schwefel, Chlorkalk, Carbolsäure und Eisensulfat zur Verwendung. Die Ausführung dieser Maßregeln wurde überwacht von den für die einzelnen Quartiere bestellten arabischen Aerzten, denen Polizeibeamte beigegeben waren. „Zur Desinfektion der Atmosphäre“ brannten Tag und Nacht in den Straßen und auf den Plätzen der Stadt zahlreiche Pechfeuer, welche theils von der Behörde, theils von Privaten unterhalten wurden. Diese Feuer scheinen sich einer ganz besonderen Popularität erfreut zu haben, während im übrigen die Desinfektionsmaßregeln stets sehr mit dem Vorurtheil der eingeborenen Bevölkerung zu kämpfen hatten.

Die Cholera in Alexandrien.

Alexandrien ist auf dem schmalen Landstreifen, welcher am nordwestlichen Ende des Nildeltas zwischen dem Meere und dem Mariotis See sich hinzieht, gelegen (s. Tafel 1). Ein großer Theil der heutigen Stadt steht auf dem alten, im Laufe der Jahrhunderte verbreiterten Heptastadion, durch dessen Bau die dicht vor der Küste liegende kleine Insel Pharos mit dem Festlande verbunden worden ist. Durch diese ursprünglich künstlich geschaffene Verbindung zwischen Insel und Festland wird die geräumige Bucht von Alexandrien in eine östliche und eine westliche Hälfte geschieden. Die letztere bildet den sogenannten alten Hafen, welcher für den Schiffsverkehr ausschließlich in Betracht kommt, während die östliche Hälfte, der sogenannte neue Hafen, an dem namentlich der europäische Theil der Stadt sich entwickelt hat, wegen seiner Untiefen und Riffe nur für Bootsverkehr geeignet erscheint (vgl. Tafel 5).

Die Einwohnerzahl des heutigen Alexandriens ist im Vergleich zu derjenigen, welche die Stadt zur Zeit ihrer größten Blüthe gehabt hat, immer noch eine geringe. Im Jahre 1882 hat sie nach einer Mittheilung des Inspecteur sanitaire Dr. Schieß Bey 231 396 betragen, darunter 181 703 Aegypter und 49 693 Europäer und Fremde.

Im Gegensatz zu dem neuen, von den besser situirten Fremden bewohnten Stadttheile, welcher einen durchaus europäischen Eindruck macht, bestehen die von der ärmeren arabischen Bevölkerung eingenommenen Stadtviertel zum größeren Theil aus Anhäufungen von schmutzigen niedrigen Häusern und Hütten, welche von engen, unregelmäßig angelegten, ungepflasterten Straßen durchzogen werden. Hier findet man vielfach Zustände, welche denjenigen von Damiette nichts nachgeben. Ein für das 1. Quartier (Ras el Tin), in welchem der vicekönigliche Palast gelegen ist, anläßlich der Cholera-Epidemie ernanntes Sanitäts-Comité schildert diese Zustände folgendermaßen:*)

„Dans l'intérieur du quartier on rencontrait également à chaque pas des tas d'immondices et d'ordures, d'âges et d'origines divers. Les rues étaient remplies de balayures et inondées d'eaux plus ou moins ménagères que les habitants jetaient par la porte ou par la terrasse.“ Souvent à côté de quelques maisons de belle

*) Rapport de la Commission extraordin. d'Hygiène d'Alexandrie sur ses travaux pendant l'épidémie cholérique de 1883. Le Caire, 1884.

apparence on trouvait un dédale de ruelles étroites, enserrées par de petites maisons délabrées, et se terminant par une impasse au fond de laquelle on découvrait une ruine servant de dépôt d'immondices et formant de grands tas couronnés par les cadavres de quelques bêtes en putréfaction. L'intérieur de ces masures présente toujours la même disposition. Un couloir long et obscur, suintant l'humidité conduit à une cour intérieure entourée d'un certain nombre de chambres de quelques pieds carrés, souvent enfoncées dans le sol et ne prenant l'air et le jour que par la porte et dans lesquelles se pressent entassés les uns sur les autres, des hommes, des femmes et des enfants couverts de haillons. Dans un coin s'ouvre une latrine infecte dont le contenu déborde et coule jusqu'au milieu de cette cour, où les hôtes de cette triste demeure font cuire leurs repas sur quelques grosses pierres qui émergent du liquide nauséabond . . . .

A peu de distance du mur d'enceinte du palais Khédivial, se trouve ensuite un village arabe de 7000 à 8000 âmes qui était dans un état de malpropreté indescriptible et qui se présentait dans des conditions sanitaires tellement défavorables qu'il semblait devoir former un foyer d'infection à la première apparition du fléau. etc.«

Daß diese Schilderungen nicht übertrieben sind, dafür birgt der Umstand, daß an der Spitze des Comités des 1. Quartiers der österreichische Delegirte zum »Conseil Sanitaire, Maritime et Quarantenaire« Dr. von Duureicher stand, und daß der deutsche Delegirte Dr. Kulp ihm als Mitglied angehörte.

Die beregten ungünstigen sanitären Verhältnisse machten sich im Jahre 1883 um so mehr fühlbar, als die politischen Ereignisse des vorhergegangenen Jahres überall noch ihre Spuren zurückgelassen hatten. So leitet das »Comité exécutif« der außerordentlichen Hygiene-Kommission seinen Bericht mit folgenden Worten ein:

»L'état dans lequel se trouvait la ville d'Alexandrie couverte de ruines et de décombres qui recélaient toutes sortes de détritus et d'immondices, et même des cadavres; l'influence encore sensible des derniers événements, sur la marche des divers services administratifs, la misère et l'état de souffrance de ses habitants, tout faisait craindre que le fléau ne trouvât dans cette ville un terrain particulièrement favorable à son développement et qu'il n'y fît plus de ravages que partout ailleurs.«

Es liegt auf der Hand, daß bei solchen Zuständen auch die angestrengteste Thätigkeit der Hygiene-Kommission, welche am 1. Juli ihre Arbeiten begann, nur langsam und unvollständig eine Besserung erzielen konnte. —

Was die Beseitigung der Abfallstoffe und insbesondere diejenige der Fäkalien betrifft, so herrschen in Alexandrien noch heute sehr ungünstige Verhältnisse, obgleich die Stadt eine Kanalisation besitzt. Zunächst sind, zumal in dem nördlichen, zwischen dem alten und dem neuen Hafen gelegenen Theile der Stadt, Ueberreste eines alten Kanalsystems vorhanden, welches indeß zur Zeit der Epidemie in einem sehr vernachlässigten Zustande sich befand. Die Ausdehnung dieser etwa 200 Jahre alten Kanäle soll nach einer Mittheilung des städtischen Ingenieurs Herrn Dietrich im Jahre 1865 gegen 11000 Meter laufender Länge für die Stadt und gegen 1500 Meter Länge für die Vorstadt „Minet el Bassal" betragen haben. Seitdem hat man indeß einen großen Theil von ihnen beseitigt bezw. umgebaut, so daß gegenwärtig angeblich nur noch etwa 3500 Meter existiren. In Folge der geringen Erhebung der Stadt über die Meeresoberfläche stagniren die Abwässer in den Kanälen, filtriren durch das hochgradig defekte Mauerwerk und verbreiten sich nach allen Seiten in den sandigen Boden. Gegen das Verbot gelangen vielfach auch Fäkalien hinein, so daß der Untergrund stets mit einer in lebhafter Zersetzung begriffenen Flüssigkeit überschwemmt wird. Bis zu welchem Grade das der Fall ist, erhellt aus folgender Mittheilung des erwähnten »Comité exécutif« der außerordentlichen Hygiene-Kommission:

»En certains endroits, la pression des couches inférieures de ce liquide est si forte qu'il suffit de creuser un trou à la surface du sol pour obtenir immédiatement un jet d'eau putride et d'une odeur nauséabonde.«

Neben den alten Kanälen existirt ein neueres Kanalnetz, dessen Bau im Jahre 1868 für die Stadt und im Jahre 1870 für die Vorstadt „Minet el Bassal" begonnen wurde, und welches sich hauptsächlich über die am neuen Hafen gelegenen, zum großen Theil von Europäern bewohnten Straßen ausbreitet. Die Gesammtlänge dieser Kanäle betrug im Jahre 1885 etwa 23500 Meter für die Stadt und 6500 Meter für die Vorstadt „Minet el Bassal". Auch sie leiden unter dem Umstande, daß nur geringes Gefälle vorhanden ist, und daß man an manchen Stellen der Stadt schon bei einer Tiefe von einem Meter im Boden auf infiltrirtes Meerwasser stößt. Dazu sind sie fehlerhaft und bruchstückweise angelegt und keineswegs undurchlässig, wie aus nachstehenden Äußerungen der »Commission d'assainissement de la ville d'Alexandrie« vom Jahre 1885 hervorgeht:*)

»Ils ont été construits par petits tronçons détachés qu'on a successivement reliés entr'eux au fur et à mesure que l'on pavait les rues; mais le système général se ressent de cette manière de procéder, de l'absence d'une direction unique, d'une étude d'ensemble raisonnée et rationelle, et de toute unité dans les projets et les plans.«

»On doit admettre toutefois que d'une façon générale, l'ensemble du réseau n'est pas imperméable, qu'il se produit par suite des infiltrations constantes qui imbibent le sous-sol de la ville et y produisent des émanations putrides de la nature la plus dangereuse.«

Auch diese neueren Kanäle waren und sind zwar nicht dazu bestimmt, die Fäkalien aufzunehmen; es ist jedoch eine allgemein bekannte Thatsache, daß hiergegen sehr vielfach verstoßen wird. Der Inhalt der Kanäle ergießt sich, soweit er nicht in einzelnen Abschnitten stagnirt, durch vier Auslässe ins Meer und zwar in den neuen Hafen hinein. Früher fand die Entleerung auch durch einige Auslässe in den alten Hafen statt: dieselben sind indeß gelegentlich des Baus der neuen Quais vermauert, ohne daß man für anderweitigen Abfluß Sorge getragen hat.**) (Bezüglich der Lage der alten und neuen Kanäle vergl. den Plan auf Tafel 5.)

Unter den geschilderten Verhältnissen kann von einer irgendwie wirksamen Kanalisation der Stadt überhaupt nicht die Rede sein. Wie die Subkommission für die Erhaltung und Pflasterung der Straßen noch in ihrem im Jahre 1884 erstatteten Berichte hervorhebt, bilden vielmehr die Kanäle in den tiefer gelegenen Stadttheilen nur eine einzige ungeheure Kloake.

---

*) Rapport de la Commission d'assainissement de la ville d'Alexandrie. Alexandrie 1885.

**) Rapport adressé à la Commission mixte du Commerce et Municipale Provisoire d'Alexandrie par la Sous-Commission ad hoc pour l'entretien et dallage des rues. Alexandrie 1884.

Noch ungünstiger als mit der Beseitigung der Abwässer steht es mit derjenigen der Fäkalien; denn dieselben werden, soweit sie nicht gegen die Vorschrift in die Kanäle gelangen, von Senkgruben aufgenommen, aus welchen der Inhalt einfach in den Boden versickert. Die »Commission d'assainissement« vom Jahre 1885 spricht sich hierüber folgendermaßen aus*): »Dans les visites que la commission a faites dans différents quartiers pour assister aux vidanges des fosses, elle a même constaté que dans certaines maisons, on écoulait toutes les déjections des lieux d'aisances dans un simple trou creusé dans la terre sans aucunes parois maçonnées. Les matières que les vidangeurs enlevaient à la main étaient très compactes et pâteuses, car tous les liquides s'en étaient échappés et s'étaient répandus dans le sol, d'où ils remontaient nécessairement à la surface pour y produire des exhalaisons qui empestaient le voisinage. Il existe nombre de fosses à fonds maçonnés qui, grâce à leurs fissures, n'ont pas eu besoin d'être vidées depuis des années; la Commission en a visitées dont la dernière vidange remontait à plus de quatre ans.«

Im Anschluß an die vorstehenden Erörterungen sei hier noch erwähnt, daß der Thiermist in Alexandrien, wie überall in Egypten getrocknet wird, um als Brennmaterial verwendet zu werden. Vor Ausbruch der Epidemie war in den Höfen einiger öffentlicher Bäder derartig gewonnenes Material für den Bedarf von reichlich zwei Jahren aufgespeichert.

Ueber die Wasserversorgung der Stadt ist folgendes zu bemerken: Da die wenig zahlreichen in der Stadt vorhandenen Brunnen meist ungenießbares Wasser liefern, so muß sämmtliches Süßwasser aus dem Mamudieh Kanal entnommen werden, welcher sich von dem Rosette Arm des Nils und zwar von dem unteren Laufe desselben abzweigt und bei Alexandrien das Meer erreicht. In früherer Zeit wurde, wie das sonst in Egypten allgemein üblich ist, das Wasser von den Sakka's (Wasserträgern) direkt aus dem Kanal entnommen und in die Häuser gebracht. Eine Anzahl der letzteren war mit Cisternen versehen, welche zur Zeit des Hochstandes des Kanal Wassers gefüllt wurden und dann den Bedarf während des ganzen Jahres deckten. Die Zahl dieser Cisternen hat indeß in den letzten Decennien dauernd abgenommen und war zur Zeit der Epidemie nur noch eine sehr geringe. — Seit dem Jahre 1860 ist die Stadt mit einer Wasserleitung versehen. Dieselbe war ursprünglich in den Händen einer französischen Gesellschaft, wurde dann von der egyptischen Regierung übernommen und ging im Jahre 1879 an eine englische Gesellschaft über, welche zu den vorhandenen zwei Filtertanks noch einen dritten erbaute und ein großes Reservoir für das filtrirte Wasser auf dem Hügel von Kom el Dik anlegte. Zur Zeit der Epidemie standen die Werke unter der Leitung des englischen Ingenieurs Mr. Cornish, welcher der Kommission nicht nur in dankenswerthester Weise jede erbetene Auskunft ertheilt, sondern sie auch gelegentlich eines Besuchs der Anlagen persönlich geführt und mit der Einrichtung der Werke bekannt gemacht hat. Die letztere ist folgende: Aus dem Mamudieh Kanal wird das Wasser zunächst durch ein aus Schrauben Trommeln bestehendes Hebewerk in einen kleineren offenen Kanal gepumpt, in welchem es zum östlichen Ende der Stadt fließt. Von hier aus wird es durch eine geschlossene Leitung zu den Filteranlagen geführt, um nach beendeter Reinigung zu dem Reservoir hinauf gepumpt und von da aus durch das Röhrennetz in der Stadt vertheilt zu werden. Die

*) Rapport de la Commission d'assainissement de la ville d'Alexandrie. Alexandrie 1885.

Filteranlagen bestehen aus drei großen Tanks, von denen immer nur zwei in Thätigkeit sind, während der dritte sich in der Reinigung befindet. Das Filterbett bilden große Steine, auf welchen eine Schicht von ziemlich grobkörnigem Sande in der Höhe von ca. einem Fuß ausgebreitet ist. Jedes Filter ist durch 25 senkrechte Scheidewände in Abtheilungen gebracht, welche in der Weise mit einander in Verbindung stehen, daß die Scheidewände abwechselnd an dem einen bezw. anderen Ende offen gelassen sind. Auf diese Weise ist das Wasser, welches in die erste Abtheilung eintritt, gezwungen, sämmtliche Abtheilungen zu passiren. Alle neun Tage wird das Filter durch Abkratzen der gebildeten grünlichen Schlammschicht und Auflockern der freigelegten Oberfläche des Sandes gereinigt und wieder in Stand gesetzt. Bei hohem Nilstande, während dessen das Kanalwasser reichliche Mengen von Schlamm enthält, muß diese Reinigung, welche jedesmal drei Tage in Anspruch nimmt, in kürzeren Zwischenräumen vorgenommen werden. Das Reservoir in Kom el Dik ist aus Eisen construirt und hat einen Rauminhalt von ca. 7000 Kubikmetern. Nach Mittheilung des Herrn Cornish setzt sich hier aus dem filtrirten Wasser im Laufe von ca. 3 Monaten noch ein etwa 1 Zoll hoher Bodensatz ab. — Im Winter werden der Stadt täglich 16000 bis 17000, im Sommer 21000 bis 22000 Kubikmeter Wasser zugeführt. Von im ganzen etwa 16000 Häusern sind gegen 4000 an die Wasserleitung angeschlossen. In den Straßen befinden sich außerdem zahlreiche Auslässe. Allerdings ist in gewöhnlichen Zeiten nur aus sehr wenigen derselben die Wasserentnahme ohne Bezahlung gestattet; zur Zeit der Epidemie war indeß auch den Bedürftigen ausreichend Gelegenheit gegeben, sich unentgeltlich mit Leitungswasser zu versehen.

Das zur Filtration in den geschilderten Tanks gelangende Wasser ist sowohl während seines Laufes im Mamudieh-Kanal, wie in dem kleineren zur Stadt führenden Seiten-Kanale vielfachen Verunreinigungen ausgesetzt, da zu beiden Seiten dieser offenen Wasserläufe Dörfer bezw. Häuser gelegen sind. Während der Epidemie ist aber durch ausgestellte Wachen einer derartigen Verunreinigung in der Nähe der Stadt nach Kräften vorgebeugt worden.

Was die Wirksamkeit der Filter betrifft, so ergab sich bei der Besichtigung, welche die Kommission an Ort und Stelle vornahm, daß die starke Trübung des zugeführten Kanalwassers auch nach geschehener Filtration nicht völlig beseitigt war. Anscheinend findet eine weitere Reinigung durch Absetzen in dem Reservoir statt, denn das aus Röhren-Auslässen in der Stadt entnommene Wasser zeigte keinerlei Trübung mehr. Beispielsweise ergab eine am 19. September angestellte Untersuchung, daß das frisch aus einem Auslasse der Wasserleitung im griechischen Hospitale entnommene Wasser klar und farblos war und in 1 ccm nur 1320 entwickelungsfähige Keime von Mikroorganismen enthielt, während in 1 ccm von Wasser aus dem Mahmudieh-Kanal, entnommen an der Stelle der Abzweigung des nach dem Wasserwerke führenden Seiten-Kanals, 46000 Keime enthalten waren. Uebrigens wird in den Häusern der besser situirten Bevölkerung das aus der Leitung entnommene Wasser regelmäßig noch einer zweiten Filtration durch poröse Thongefäße unterworfen, bevor es zum Trinken benutzt wird. Eine Untersuchung derartigen frisch filtrirten Wassers ergab einen Gehalt von 120 entwickelungsfähigen Keimen in 1 ccm. Das Wasser, welches in dem von der Kommission bewohnten Hotel als Trinkwasser benutzt wurde, enthielt bei einer am 20. September angestellten Untersuchung 2000 Keime im Kubikcentimeter. Aus diesen Zahlen geht hervor, daß in der That das durch die städtische Leitung den Bewohnern zugeführte Wasser von dem größten Theile der vor der Filtration in ihm enthaltenen Mikroorganismen befreit ist, wenn auch immerhin der Gehalt an solchen noch beträchtlich größer ist als beispielsweise derjenige des Berliner Leitungswassers. —

Angesichts der zahlreichen in der vorstehenden Schilderung berührten sanitären Uebelstände erscheint es begreiflich, daß man auch in Alexandrien bei den Nachrichten über den Cholera-Ausbruch in Damiette der Zukunft mit großer Besorgniß entgegensah. Erinnerte man sich doch noch lebhaft der heftigen Epidemie, welche die Stadt im Jahre 1865 durchzumachen gehabt hatte. Am 25. Juni begab sich daher eine Deputation der Konsuln der fremden Mächte zu Sr. Hoheit dem Khedive, um die Bildung einer außerordentlichen Hygiene-Kommission zu erbitten. Diesem Gesuche wurde alsbald die Genehmigung ertheilt, und eine Kommission mit dem Rechte der Cooptation, bestehend aus Vertretern der Konsulate, aus Mitgliedern des »Conseil Sanitaire, Maritime et Quarantenaire,« aus fünf angesehenen Bürgern der Stadt und zwei Ingenieuren ernannt, welche bereits am 30. Juni ihre erste Sitzung hielt. Ein außerordentlicher Kredit in der Höhe von 3000 egyptischen Pfunden (gleich ca. 62000 Mark), welcher in der Folge allmählich erhöht wurde, gestattete der Kommission, alsbald energisch ans Werk zu gehen. Sie organisirte sich folgendermaßen:

Außer einem Exekutiv-Comité, an dessen Spitze der Gouverneur der Stadt Osman Pascha Orphi stand, und welches anfänglich täglich, später zweimal wöchentlich sich versammelte, wurden gebildet:

1) ein Subcomité zur Ueberwachung der Lebensmittel- und Wasserversorgung;

2) ein Subcomité zur Ueberwachung der Kirchhöfe und der Beseitigung der Abfallstoffe;

3) ein Subcomité zur Anordnung und Ueberwachung der Desinfektion der Straßen, der Moscheen und der Latrinen;

4) je ein Comité, mit einem Konsul an der Spitze, für die fünf Quartiere der Stadt.

Ueber die Thätigkeit, welche diese vortrefflich organisirte Kommission unter der Leitung ihres weitsichtigen und energischen Präsidenten entfaltet hat, wird unten im Zusammenhange berichtet werden. Nur zu bald sollte sich zeigen, wie wohl man gethan hatte, mit ihrer Bildung nicht länger zu säumen. Denn obgleich erst Anfangs Juli die Seuche in Damiette ihren Höhepunkt erreicht hatte, kam schon am 2. Juli der erste Cholerafall in Alexandrien zur Kenntniß der Behörden. Auf welchem Wege die Einschleppung des Krankheitskeimes stattgefunden hatte, ist nicht ermittelt worden; Gelegenheit zu derselben war jedenfalls ausreichend gegeben, da Alexandrien mit Damiette in Eisenbahnverbindung steht, und der um letztere Stadt gezogene Kordon erwiesenermaßen wirkungslos war. Schon am 5. Juli, sowie am 7. und 8. Juli kam je ein weiterer Todesfall vor. Dann schien es allerdings, als solle es nicht zu einer weiteren Verbreitung der Krankheit kommen; denn innerhalb des ganzen Zeitraumes vom 8. bis zum 23. Juli wurde nur am 16. und am 17. je ein Todesfall gemeldet. Erst als im letzten Drittel des genannten Monats die Seuche in der Hauptstadt mit großer Heftigkeit ausgebrochen war, begannen auch in Alexandrien die Fälle sich etwas zu mehren, um bis gegen Mitte August langsam sich auf ihre größte Höhe zu erheben und von da an ebenso langsam wieder abzunehmen. Im September betrug das Maximum der offiziell gemeldeten Todesfälle an einem Tage nur neun; trotz dieser geringen Zahl waren indeß nur sechs Tage in diesem Monate ganz frei. Mit zwei vereinzelten Todesfällen im Anfange des Oktober fand die Epidemie, welche sich über $3\frac{1}{2}$ Monate erstreckt hatte, ihren vorläufigen Abschluß. Die Vertheilung der in jenem Zeitraume gemeldeten 801 Todesfälle auf die einzelnen Tage ist aus der nachstehenden Zusammenstellung ersichtlich. Die höchste Tageszahl fiel auf den 17. August, betrug aber auch nicht mehr als 50.

Juli																									
1.	2.	3.	4.	5.	6.	7.	8.	9.	10.	11.	12.	13.	14.	15.	16.	17.	18.	19.	20.	21.	22.	23.	24.	25.	26.
—	1	—	—	1	—	1	1	—	—	—	—	—	—	—	1	1	—	—	—	—	—	—	2	2	

Juli					August																				
27.	28.	29.	30.	31.	1.	2.	3.	4.	5.	6.	7.	8.	9.	10.	11.	12.	13.	14.	15.	16.	17.	18.	19.	20.	21.
1	1	1	2	2	1	5	2	3	9	9	17	13	22	22	32	22	11	10	11	10	50	31	37	43	37

August										September																
22.	23.	24.	25.	26.	27.	28.	29.	30.	31.	1.	2.	3.	4.	5.	6.	7.	8.	9.	10.	11.	12.	13.	14.	15.	16.	17.
31	33	23	22	17	12	12	13	11	12	6	5	3	6	1	9	5	1	3	5	3	—	1	3	4	1	1

September													Oktober														
18.	19.	20.	21.	22.	23.	24.	25.	26.	27.	28.	29.	30.	1.	2.	3.	4.	5.	6.	7.	8.	9.	10.	11.	12.	13.	14.	15.
2	—	1	—	2	1	1	1	—	1	—	1		—	1	—	—	—		1	—	—	—	—	—			

Die zur Bekämpfung der Epidemie ergriffenen Maßregeln.*)

Als der erste Choleratodesfall in Alexandrien am 2. Juli zur Kenntniß der Behörden kam, machte man energische Anstrengungen, die Krankheit im Keime zu ersticken. Das Haus und die Bettwäsche des Verstorbenen wurden desinficirt, die Bewohner des Sterbehauses und der umliegenden Gebäude für sieben Tage in die später noch zu beschreibende Quarantäneanstalt Gabarri übergeführt, und ein Sanitätskordon um die als inficirt betrachteten Häuser gezogen. Ob es diesen Maßregeln zuzuschreiben ist, daß die Seuche zunächst nicht Fuß zu fassen vermochte, muß dahingestellt bleiben.

Der Ausbruch der Krankheit in Kairo gegen Mitte Juli gab die Veranlassung, daß am 17. Juli ein Schutzkordon um ganz Alexandrien gezogen wurde, welcher indeß im wesentlichen nur dazu dienen sollte, die große Zahl der aus dem Innern kommenden Flüchtlinge fernzuhalten, um auf diese Weise häufig wiederholte Einschleppungen des Krankheitskeimes und bedenkliche Menschenanhäufungen zu vermeiden. Diejenigen aus dem Innern kommenden Passanten, welche ins Ausland sich zu begeben beabsichtigten, wurden unter Umgehung der Stadt nach Gabarri geführt und von hier aus alsbald unter geeigneter Aufsicht an Bord der Schiffe geschafft. Ständigen Bewohnern der Stadt durfte der Zutritt ohne weiteres durch den Gouverneur gestattet werden, während fremde zureisende Personen vorher eine siebentägige Quarantäne in der ebenfalls noch zu besprechenden Anstalt zu Mex durchzumachen hatten. Mit der Eisenbahnverwaltung wurden Vereinbarungen dahin getroffen, daß auf den Stationen im Innern Fahrbillets nicht in größerer Anzahl verausgabt werden sollten, als den in der Quarantäneanstalt disponiblen Plätzen entsprechen würde.

*) Vgl. „Rapport de la Commission extraordinaire d'Hygiène d'Alexandrie sur ses travaux pendant l'épidémie cholérique de 1883. Le Caire 1884.“

Da alle diese Maßregeln indeß die Entwickelung der Epidemie in Alexandrien nicht hinderten, so beschloß man am 13. August, den Sanitätscordon wieder aufzuheben und sich darauf zu beschränken, die inficirten Quartiere so weit wie möglich zu evakuiren. Später wurde die letztere Maßregel auch auf solche nicht inficirten, aber in schlechten sanitären Verhältnissen befindlichen Gebäudecomplexe ausgedehnt, in welchen die Dichtigkeit der Bevölkerung besonders groß war. Zur Unterbringung der Evakuirten wurden die Höhen vor dem Thore Moharem Bey, ferner geräumige für diesen Zweck besonders hergerichtete Magazine ꝛc. seitens des Gouvernements bestimmt. Mehr als 350 Familien, aus etwa 1000 Personen bestehend, welche in einem besonders stark inficirten Theile des dritten Quartiers unter höchst ungünstigen Verhältnissen lebten, wurden in der Nähe der Quarantäneanstalt von Gabarri unter Zelten untergebracht. Für den Unterhalt der Evakuirten wurde durch Vertheilung von Lebensmitteln, Beschaffung von Arbeit u. s. w. Sorge getragen. In einer großen Zahl von Fällen mußte allerdings auf die Evakuation verzichtet werden, weil die Zahl der Auszuquartierenden eine zu große war. Allein im ersten Quartier würde es nach dem Berichte des Subcomités nothwendig gewesen sein, zehn bis zwölftausend Personen anderweitig unterzubringen, was eben einfach unmöglich war.

Die Cholerakranken beabsichtigte man anfänglich sämmtlich nach dem Hospitale der Anstalt in Gabarri überzuführen, mußte hiervon aber sehr bald wegen der großen Entfernung Abstand nehmen. Einige Ambulanzen, welche in der Stadt errichtet wurden, hatten infolge der Vorurtheile der Bevölkerung wenig Zuspruch, ja, eine von ihnen gerieth sogar in Gefahr, von Seiten der Araber demolirt zu werden. So hat sich denn die Unterbringung der Cholerakranken außerhalb ihrer Wohnungen im wesentlichen auf die in der Stadt vorhandenen Hospitäler beschränkt. — In jedem Quartier bildeten die Aerzte im Anschluß an das bereits organisirte Comité eine Kommission, welche die sanitären Maßnahmen überwachen half und ihre Dienste den bedürftigen Cholerakranken unentgeltlich zur Verfügung stellte. — Für die Beerdigung der Choleraleichen wurden besondere Vorschriften erlassen, deren Durchführung indeß bei den an anderer Stelle schon erwähnten religiösen Vorurtheilen der Araber auf große Schwierigkeiten stieß. Auch der Desinfektion der inficirten Häuser, welche zwar allgemein angeordnet wurde, dürfte nach Lage der Dinge ein nennenswerther Einfluß nicht zuzuschreiben sein. Zudem fehlte es im Beginn der Epidemie an Desinfektionsmitteln, ein Uebelstand, dem allerdings bald abgeholfen wurde. Zur Verwendung kamen als Desinfektionsmittel: Karbolsäure, Chlorkalk, Eisensulfat, Schwefel, Salz und Schwefelsäure, sowie übermangansaures Kali. — Der Lebensmittelmarkt wurde besonders sorgfältig überwacht; das aus dem Schlachthause in die Stadt gebrachte und in den Läden feilgehaltene Fleisch mußte stets bedeckt bezw. in Gaze gehüllt sein, so daß es gegen Insekten geschützt war; die Einfuhr von Melonen, Kürbissen und Gurken, sowie von unreifen Früchten wurde verboten, desgleichen diejenige von gesalzenen Fischen. — Um eine Verunreinigung des Wassers im Mamudieh-Kanal oberhalb der städtischen Wasserwerke zu verhüten, wurden, wie bereits erwähnt ist, Wachen am Kanal aufgestellt, und die gleiche Maßregel für den Seiten-Kanal getroffen, welcher das Wasser aus dem Mamudieh-Kanal den Werken zuführt. In das die Stadt versorgende Wasserbassin wurden täglich 30 Kilogramm Kaliumpermanganat geschüttet, um die organischen Substanzen zu zerstören. Für die arme Bevölkerung wurden an den verschiedensten Stellen Auslässe hergerichtet, aus denen sie unentgeltlich Leitungswasser entnehmen konnten. — Da man einsah, daß die großen, durch den Zustand der unterirdischen Kanäle bedingten Uebelstände in absehbarer Zeit nicht zu beseitigen sein würden, so suchte man sie wenigstens nach Kräften dadurch zu verringern, daß man in einen Theil der Kanäle Seewasser, in mehrere andere große Quantitäten Leitungswasser einließ und dasselbe dann wieder auspumpte. In der That gelang es hier durch einen großen Theil der Kanäle wegsam zu machen. Auch eine Desinfektion der letzteren strebte man an; so versuchte man sie z. B. in einem Quartier mit schwefliger Säure zu desinficiren, bei welcher Gelegenheit sich zur Evidenz herausstellte, daß fast sämmtliche anliegende Häuser dem Eindringen der Kanalgase ohne jeden Schutz ausgesetzt waren; denn die schweflige Säure verbreitete sich sofort in allen Wohnungen.

Nach Kräften wurde während der Epidemie für eine Entleerung der Abtrittsgruben und Entfernung ihres Inhalts aus der Stadt Sorge getragen. Die Kothmassen wurden Abends und Nachts auf Kähne geschafft, welche aufs hohe Meer hinausgeführt und sechs englische Meilen von der Stadt entfernt entleert wurden. In gleicher Weise geschah am Tage die Beseitigung des Straßenkehrichts und sonstigen Unraths. Gegen die Mitte des Juli schaffte der für diesen Dienst bestimmte Dampfer täglich bis zu zwölf großen Barken fort, und im Anfange des August stieg die Zahl der letzteren sogar bis auf fünfzehn. Bemerkt zu werden verdient, daß in denjenigen Häusern, in welchen Cholerafälle vorgekommen waren, die Räumung der Senkgruben absichtlich unterlassen wurde.

Das in den öffentlichen Bädern und in vielen Häusern vorhandene, aus allerlei Unrath, getrocknetem Thiermist u. dgl. bestehende Heizmaterial hielt man wegen der von ihm ausgehenden, die Luft verpestenden Gerüche für besonders gefährlich und suchte es daher so viel wie möglich zu beseitigen. In zwei Quartieren ging man dabei in folgender Weise vor: Man drohte den Einwohnern, sie zu evakuiren, falls sie nicht den in den Häusern angehäuften Unrath herausschaffen würden, während gleichzeitig ein Feuer entzündet wurde, um die Massen zu vernichten. In kaum zwei Stunden waren so unendliche Berge zusammengebracht, daß die Flammen hoch emporloderten und den Ausbruch einer Feuersbrunst befürchten ließen. Eiligst mußten die Feuerspritzen requirirt werden, um den Brand wieder zu löschen.

Den Moscheen hat die Subkommission zur Ausführung der Desinfektion besondere Aufmerksamkeit zugewandt. Nicht weniger als fünfhundertundzweiunddreißig Moscheen wurden bis zum 31. August gereinigt und desinficirt. Sie befanden sich zu Beginn der Epidemie in einem unglaublichen Zustande der Unreinlichkeit; beispielsweise schien, wie die erwähnte Subkommission hervorhebt, das Wasser, welches zu den religiösen Waschungen benutzt wurde, überhaupt noch niemals erneuert zu sein, und die Latrinen waren bis zum Rande mit Fäkalien gefüllt.

Schließlich sei erwähnt, daß auch in Alexandrien zur Reinigung der Luft während der Epidemie allabendlich mächtige Feuer in den Straßen entzündet wurden.

Der Cholera-Ausbruch in Chatby und das erneute Auftreten der Krankheit in Alexandrien.

Der letzte Todesfall infolge von Cholera, welcher sich in Alexandrien zur Zeit der Anwesenheit der Kommission ereignete, fiel auf den 7. Oktober. Damit schien die Epidemie erloschen zu sein. 10 Tage lang war kein neuer Fall mehr gemeldet worden, als plötzlich und unerwartet in Chatby, einem zu Alexandrien gehörigen, von etwa 1500 Arabern bewohnten Dorfe die Krankheit von neuem auftrat. — Chatby ist im Nordosten der Stadt in der Nähe des alten Quarantänegebäudes und des Schlachthauses an der nach Ramleh führenden Eisenbahn nicht weit vom Meere gelegen. Das Dorf wird durch einen in der Vorstadt „Moharem Bey" blind anfangenden, tiefliegenden, offenen Kanal, welcher unterhalb Chatby's ins Meer mündet, in zwei Hälften getheilt. In der Nähe des Dorfes liegen die den verschiedenen christlichen Confessionen angehörigen Kirchhöfe von Alexandrien, und zwar ist der nächste derselben etwa 50 Meter von dem Dorfe entfernt (vgl. den Plan auf Tafel 5).

Die Bevölkerung von Chatby besteht aus Arabern, welche fast durchweg in sehr dürftigen Verhältnissen leben. Die Häuser oder vielmehr Hütten sind niedrig, eng und schmutzig.

Auffallender Weise war dieses Dorf in der Zeit, als in der Stadt die Epidemie herrschte, von der Cholera gänzlich verschont geblieben. Erst in der Nacht vom 17. zum 18. Oktober traten plötzlich vier Todesfälle infolge der Krankheit auf, und schon am folgenden Morgen wurden weitere drei Cholerakranke in das arabische Hospital eingeliefert, von denen einer noch am 18. und einer am 19. Oktober verstarb.

Von den Behörden wurden sofort energische Maßregeln ergriffen. Schon am 19. Oktober wurden sämmtliche Einwohner des Dorfes evakuirt und im Südosten der Stadt (Moharem Bey) in Zelten und Baracken untergebracht. Dieses thatkräftige Eingreifen war von dem besten Erfolge gekrönt, denn unter den Evakuirten kam nur noch ein leichter, mit Genesung endender Cholerafall vor.

Der Ausbruch der Krankheit in Chatby bietet insofern ein ganz besonderes Interesse, als die ersten vier Todesfälle gleichzeitig in ganz verschiedenen Theilen des Ortes, nämlich je einer am östlichen, südlichen, westlichen und nördlichen Ende des Dorfes erfolgten. Man muß also annehmen, daß eine gemeinschaftliche, außerhalb der Wohnungen der Erkrankten gelegene Ursache den Anlaß zu der kleinen Epidemie gegeben hat. Im Schoße der Hygienekommission von Alexandrien wurde die Vermuthung ausgesprochen, daß diese Ursache in den naheliegenden Kirchhöfen zu suchen sei, und es wurde insbesondere darauf hingewiesen, daß etwa 12 Tage vor Ausbruch der Krankheit ein zweitägiger heftiger Regen gefallen sei, durch welchen der Keim von den Kirchhöfen her dem Dorfe zugeführt sein könne. Diese Ansicht fand jedoch wenig Anhänger. Am ehesten schien noch der Wasserversorgung des Dorfes ein Einfluß zuzukommen, und in der That lagen nach dieser Richtung die Verhältnisse Chatby's so, daß die Art des Ausbruchs der Krankheit erklärlich ist. Der das Dorf durchschneidende offene Kanal erhält sein Wasser aus dem Mamudieh-Kanal und zwar durch einige kleine, aus alten Zeiten herstammende Röhren. Diese Röhren liegen derartig, daß nur bei sehr hohem Wasserstande ein Ueberlaufen stattfinden kann, und sind zudem halb verfallen. Infolge dessen ist denn auch der Chatby-Kanal während der Monate, wo in Alexandrien die Epidemie herrschte, vollständig ausgetrocknet gewesen und hat erst seit Mitte Oktober etwas Wasser vom Mamudieh-Kanal her erhalten, welches aber vollständig stagnirte, und dessen Tiefe nach glaubwürdigen Angaben nicht mehr als fünf bis zehn Centimeter betrug.

Nun hatte zwar die Bevölkerung von Chatby die Möglichkeit, sich mit Wasser aus der Alexandriner Leitung zu versehen, da sich ein Auslaß derselben dicht bei dem Dorfe befindet. Indeß wurde hier das Wasser seitens der Kompagnie nicht unentgeltlich abgegeben, und wenn auch der Preis für einen Schlauch voll (ca. 30—40 Liter) nur etwa 20 Ctms. betrug, so zog die Bevölkerung es doch zum größten Theil vor, ihren Bedarf, wenn es möglich war, aus dem Kanal zu entnehmen, mochte das Wasser in demselben auch noch so schmutzig sein. So haben auch sämmtliche nach Chatby gehörige Kranke des arabischen Hospitals zugegeben, von diesem Wasser getrunken zu haben. Bedenkt man nun, daß unmittelbar neben dem mehr einer lang gestreckten, tief liegenden Pfütze, als einem Kanal gleichenden Wasserlaufe die Araber vielfach ihre Defäkation verrichtet haben — die Kommission hat gelegentlich ihres zweiten Aufenthaltes in Alexandrien sich überzeugen können, daß hierin auch später eine Aenderung nicht eingetreten ist — , bedenkt man ferner, daß nach der Defäkation die vorgeschriebenen Waschungen in dem Wasser vorgenommen wurden, und daß in demselben auch die sämmtliche schmutzige Wäsche gewaschen worden ist, so erscheint das Auftreten der Cholera in Chatby nicht mehr unerklärlich. Ohne Zwang kann man sich z. B. vorstellen, daß in den Tagen vor Ausbruch der Krankheit ein mit Choleradejektionen beschmutztes Stück Wäsche in dem Kanal gewaschen ist, und daß dann das Wasser den Krankheitskeim den acht Erkrankten gleichzeitig zugeführt hat. Wir haben es hier mit ganz ähnlichen Zuständen zu thun, wie sie zur Zeit des Ausbruchs der Epidemie in Damiette herrschten. Nur wurde in Chatby der weiteren Einwirkung der geschilderten Schädlichkeit rechtzeitig und gründlich dadurch entgegen gewirkt, daß man den ganzen Ort evakuirte. Ob nicht schon früher in Chatby die Cholera zum Ausbruch gekommen sein würde, wenn der Kanal zur Zeit der Epidemie in Alexandrien nicht völlig ausgetrocknet gewesen wäre, mag dahingestellt bleiben. —

Unmittelbar nach den Vorkommnissen in Chatby traten auch in Alexandrien wieder Cholerafälle auf. Am 20. Oktober wurde ein Todesfall gemeldet, am 22. und 23. je vier, am 24. neun u. s. f. Ob die Quelle der Infektion für die ersten dieser Fälle ebenfalls in Chatby zu suchen ist, hat man nicht ermittelt; jedenfalls sind sie erst nach dem Ausbruch der Krankheit in Chatby bekannt geworden. Wie aus nachstehender Uebersicht sich ergiebt, stieg die Zahl der Todesfälle am 27. Oktober sogar bis auf zwölf, so daß es schien, als solle von neuem eine Epidemie sich entwickeln; indeß nahm nach dem genannten Tage die Zahl wieder ab. Zwar forderte die Krankheit noch bis tief in den Dezember hinein einzelne Opfer, vermochte aber nicht mehr festen Fuß zu fassen und war am Jahresschluß endgültig erloschen.

Oktober 1883																								November				
8.	9.	10.	11.	12.	13.	14.	15.	16.	17.	18.	19.	20.	21.	22.	23.	24.	25.	26.	27.	28.	29.	30.	31.	1.	2.	3.	4.	5.
—	—	—	—	—	—	—	—	—	1	1	1	1		1	4	9	7	8	12	6	7	2	—	3	2	3	5	1

November																									Dezember			
6.	7.	8.	9.	10.	11.	12.	13.	14.	15.	16.	17.	18.	19.	20.	21.	22.	23.	24.	25.	26.	27.	28.	29.	30.	1.	2.	3.	4.
6	2	3	1	1	1	1	1	—	2	2	3	—	1		1	1	1	—	1	1	—	3	—	1	—	—		1

Dezember																										
5.	6.	7.	8.	9.	10.	11.	12.	13.	14.	15.	16.	17.	18.	19.	20.	21.	22.	23.	24.	25.	26.	27.	28.	29.	30.	31.
1		1	1	—	—	—	—	—	3	—	—	—	—	—	—	—	—	—	—		1	—	—	—	—	—

Im ganzen sind im Jahre 1883 nach der amtlichen Feststellung in Alexandrien 927 Personen an der Cholera gestorben, darunter 621 Einheimische und 306 Europäer und Fremde. Es entspricht das einer Mortalität von 4 pro mille der Einwohner.

Die in besseren Verhältnissen befindlichen Europäer haben nur in sehr geringem Maße zu leiden gehabt, doch liegen hierüber genauere Aufzeichnungen nicht vor; jedenfalls kann nach dieser Richtung hin die Angabe über die Zahl der gestorbenen „Europäer und Fremden" keinen Anhaltspunkt geben, da unter der vorstehenden Bezeichnung auch viele Personen mit enthalten sind, deren Lebensweise sich von derjenigen der einheimischen Bevölkerung nicht oder kaum unterscheidet. —

Die Cholera in Port Said, Ismailia und Suez.

Von den drei am Suezkanal gelegenen Städten Port Said, Ismailia und Suez (s. Tafel 6) verdanken die ersten beiden ihre Entstehung, die letztere ihr Aufblühen dem Bau des genannten Kanals. Als derselbe im Jahre 1859 in Angriff genommen wurde, hatte Suez nicht mehr als etwa 5000 Einwohner, während da, wo heute Port Said und Ismailia stehen, nur öde Sandflächen sich befanden.

Die größte Schwierigkeit, mit welcher sowohl Suez, wie das neu geschaffene Port Said und Ismailia zu kämpfen hatten, war die Beschaffung von Süßwasser. Erst nachdem durch Fertigstellung des Ismailia Kanals, sowie durch Weiterführung des Kanals von Ismailia nach Suez und durch Erbauung einer Röhrenleitung von Ismailia nach Port Said im Jahre 1863 genügende Zufuhr von Süßwasser gesichert war, konnten die Städte sich freier entwickeln und den Anforderungen, welche die im Jahre 1869 erfolgte Eröffnung des Suezkanals an sie stellte, Genüge leisten. — Zur Zeit des Ausbruchs der Epidemie, im Jahre 1883, waren die Bevölkerungsziffern der drei Städte folgende:*)

	Port Said	Ismailia	Suez
Einheimische Bevölkerung .	11 176	2 393	9 976
Fremde	5 984	943	1 190
Zusammen:	17 160	3 336	11 166

Demnach überwiegt die arabische Bevölkerung in allen drei Städten die Fremden-Bevölkerung bei weitem. Bezüglich der Beschaffenheit der arabischen Quartiere kann hier auf die Schilderung des Eindrucks verwiesen werden, welchen die Kommission schon bei dem ersten Betreten Egyptens in dem arabischen Viertel von Port Said empfangen hat (s. S. 5). Schmutz und Unreinlichkeit in den Häusern und auf den Straßen sind Begriffe, welche eben mit der ärmeren arabischen Bevölkerung überall untrennbar verbunden sind.

Was die Beseitigung der menschlichen Dejektionen in Ismailia betrifft, einer Stadt, welche von der Kommission selbst nicht besichtigt worden ist, so äußert sich eine glaubwürdige Persönlichkeit darüber folgendermaßen:

*) Dr. Engel. Essai de Statistique Sanitaire de l'Égypte. Le Caire 1885. (Die Zahlen sind auf Grund der Volkszählung von 1882 berechnet.)

„Mit Latrinen sind nur europäische Häuser versehen. Die Eingeborenen graben in dem zu ihrem Hause gehörigen Hofe einfach ein mehrere Fuß tiefes Loch, das sie mit Holz verdecken, in welches eine Oeffnung in Form eines Vogelkopfes eingeschnitten wird. Ist die Grube nach und nach mit Excrementen angefüllt, so wird sie Nachts ausgeleert und ihr Inhalt auf die außerhalb der Stadt gelegenen Felder gebracht. — Natürlich haben nicht alle Häuser genügenden Hofraum zur Anlage eines solchen Abortes, was die verunreinigten Straßen bezeugen."

In Suez liegen die Verhältnisse im großen und ganzen ebenso. Wenn hier auch einige wenige Häuser mit unterirdischen Ableitungsröhren für die Abwässer versehen sind, so wird doch der größte Theil der Auswurfsstoffe einfach dem Boden überantwortet. Verschiedene Einwohner haben sich auf den hinter ihren Häusern gelegenen Höfen mehrere Meter tiefe Löcher gegraben, in welche einige auf einander gestellte bodenlose Fässer eingesetzt sind, um das Nachstürzen des Sandes zu verhüten. In diese Gruben werden die Schmutzwässer &c. eingeleitet; zur Zeit der Fluth hebt sich in ihnen der Spiegel der Flüssigkeit, während er zur Zeit der Ebbe wieder sinkt.

Von einer Reinhaltung des Bodens kann demnach in keiner der drei Städte die Rede sein. Bezüglich der Lebensweise und der Lebensgewohnheiten unterscheidet sich die einheimische Bevölkerung nicht von derjenigen in anderen arabischen Ortschaften.

Von der Cholera sind die drei Städte im Jahre 1883 in sehr ungleicher Weise heimgesucht worden. Verhältnißmäßig die meisten Opfer lieferte Ismailia, indem hier in der Zeit vom 23. Juli bis 11. August im ganzen 56 Personen oder 16,8 pro mille der Bevölkerung der Krankheit erlagen. Dann folgt Suez mit 53 in der Zeit vom 23. Juli bis 27. August verzeichneten Todten oder 4,7 pro mille der Einwohner, während in Port Said trotz der Nähe von Damiette und trotz des zwischen beiden Orten bestehenden, auch durch die Kordons selbstverständlich nicht gänzlich aufgehobenen Verkehrs im ganzen nur acht Personen oder 0,46 pro mille der Einwohner von der Seuche hingerafft wurden. Die Mehrzahl dieser in der Zeit vom 27. Juni bis 4. Juli vorgekommenen Fälle betraf außerdem Leute, welche bereits in Damiette inficirt waren, so daß sich Port Said trotz nachgewiesener wiederholter Einschleppung nahezu ganz immun erwiesen hat.

Angesichts dieses verschiedenen Verhaltens der drei Städte ist es von Interesse, daß bezüglich der Art der Wasserversorgung ebenfalls wesentliche Unterschiede zwischen ihnen bestehen, wenn sie auch sämmtlich ihren Bedarf aus dem schon mehrfach erwähnten Ismailia-Kanal erhalten. — Am meisten ist der Verunreinigung mit menschlichen Dejektionen das Wasser von Ismailia ausgesetzt; denn hier verläuft der Süßwasserkanal, zunächst das arabische Viertel passirend, unmittelbar an der Stadt entlang. Da die arabische Bevölkerung ihren Bedarf an Wasser ohne weiteres aus dem Kanal entnimmt, da ferner am Ufer des Kanals oberhalb Ismailia's eine Anzahl von Dörfern und Ortschaften gelegen ist, durch welche leicht eine Infection des Wassers herbeigeführt werden kann, so nähert sich Ismailia hinsichtlich der in Frage stehenden Verhältnisse in der That dem, was man gewöhnlich in Egypten findet. Nach dem bereits mehrfach citirten Berichte des Dr. Mahé haben selbst die englischen Soldaten, welche der Cholera wegen von Kairo nach Ismailia verlegt wurden und an letzterem Orte 25 Mann an der Krankheit verloren haben, zur Verunreinigung des Kanals beigetragen. Nur die europäischen Häuser sollen von einem Wasserhebewerk aus versorgt werden, über welches indeß die Kommission Genaueres nicht hat in Erfahrung bringen können.

Nach Suez wird das Süßwasser von Ismailia aus in einem offenen Kanal weiter geführt. Während seines langen Laufes durch die Wüste berührt dieser Kanal nur einige kleine Stationen der Suez Kanal Gesellschaft, größere Ortschaften aber, wie sie sich oberhalb Ismailia's finden, liegen hier an seinen Ufern nicht. Erscheint so eine neue Infektion des Wassers während seines Laufes nach Suez wenig wahrscheinlich, so liegen in letzterer Stadt selbst die Verhältnisse ebenfalls günstiger als in Ismailia. Da der Kanal nämlich bereits oberhalb der Stadt und in ziemlich beträchtlicher Entfernung von derselben ins Meer mündet, so verbietet es sich hier von selbst, daß die ärmere Bevölkerung sich fortlaufend ihren Bedarf in kleinen Quantitäten aus dem Kanal entnimmt und den letzteren den hiermit verbundenen, an anderer Stelle geschilderten Verunreinigungen aussetzt. Viele Häuser werden von den am Kanal gelegenen Wasserwerken aus mit Wasser versehen, welches der Stadt in unfiltrirtem Zustande durch gußeiserne Röhren zugeführt wird, für eine allgemeine Verwendung aber zu theuer ist, da in jeder Wohnung für eine Person pro Monat 5 Frcs., für jede weitere Person 2½ Frcs. zu bezahlen sind. Wie in Kairo, so sollen übrigens auch in Suez aus den Röhren der Wasserleitung nicht selten selbst kleine Fische zu Tage kommen. Für die ärmere Bevölkerung wird das Wasser in Schläuchen mit Hülfe von Kameelen und in Fässern auf kleinen Wagen herbeigeschafft. Der Preis stellt sich für den Inhalt eines Schlauches auf etwa 15 Ctms. Das zum Trinken verwandte Wasser wird von den Einwohnern vielfach erst noch einer Filtration durch die in ganz Egypten üblichen großen porösen Thongefäße, die sogenannten „Sir's“, unterworfen, da es trübe ist und beträchtliche Mengen von Schlamm absetzt.

Die Versorgung von Port Said mit Süßwasser geschieht nicht durch einen offenen Kanal, sondern vermittels geschlossener eiserner Röhren von großen, bei Ismailia gelegenen Wasserwerken aus. Ein gewaltiges Reservoir in Port Said, welches durch diese Leitung gefüllt wird und den Wasserbedarf der Stadt für drei Tage faßt, das sogenannte Château d'eau, sorgt dafür, daß die Bevölkerung im Falle einer Beschädigung der Röhren vor Mangel geschützt ist. Unter diesen Umständen ist eine Verunreinigung des in Port Said zur Verwendung kommenden Wassers mit Cholera Dejektionen nur insofern möglich, als dieselben bereits in Ismailia in dasselbe hineingelangen. Daß der Infektionsstoff unter solchen Umständen noch in Port Said wirksam sein sollte, ist, wie die späteren Erörterungen über seine Natur ergeben werden, wenig wahrscheinlich. Hier sei nur hervorgehoben, daß von den drei in Frage stehenden Städten Port Said am wenigsten, Ismailia am meisten von der Cholera gelitten hat, und daß diesem Verhältniß entsprechend die Gefahr einer Infektion des Wassers am größten in Ismailia, am kleinsten in Port Said war. Sowohl in Suez wie in Port Said wird übrigens, wie nebenbei bemerkt sei, auch an die Schiffe das unfiltrirte Nilwasser als Trinkwasser abgegeben.

Vergleichende Bemerkungen zu den bisherigen Cholera-Epidemien Egyptens, insbesondere den beiden letzten (1865 und 1883).

Im Jahre 1883 ist Egypten zum sechsten Male von einer Cholera-Epidemie heimgesucht worden. Die erste Invasion fiel in den Juli 1831, die zweite erfolgte am 21. Juni 1848, die dritte am 25. Juli 1850, die vierte am 4. Juni 1855, die fünfte am 11. Juni 1865 und die sechste und letzte nach 18jähriger Pause am 22. Juni 1883.

Auffallender Weise ist also der Ausbruch der Krankheit stets im Juni oder im Juli erfolgt, und der Zeitraum, welcher zwischen der am frühesten und der am spätesten beobachteten Invasion liegt, beträgt der Jahreszeit nach kaum zwei Monate. Eine befriedigende Erklärung für diese Thatsache zu geben, sind wir vorläufig außer Stande. Wohl steht es fest, daß die Eigenthümlichkeiten der Wasserversorgung Egyptens gerade im Juni, wo der Nil seinen tiefsten Stand erreicht, den eingeschleppten Krankheitskeimen besonders günstige Bedingungen für eine weitere Verbreitung bieten, indeß auch in den Frühjahrsmonaten liegen die Verhältnisse nach dieser Richtung hin ähnlich, und doch ist, wenigstens nach den obigen Angaben, welche die Kommission dem Delegirten zum „Conseil Sanitaire, Maritime et Quarantenaire“ Herrn Dr. Schieß Bey in Alexandrien verdankt, bisher noch niemals vor dem Monat Juni eine Invasion erfolgt. Erwähnt sei übrigens, daß nach einer Mittheilung des Dr. Zeonomopoulos*) auch 1837 die Cholera in Egypten geherrscht haben soll, und daß nach diesem Autor die Seuche 1831 und 1848 im August, 1837 erst im September, 1855 aber schon im Mai zum Ausbruch gekommen ist.

Im Jahre 1831 war die Cholera von Mekka aus durch die Karawanen der Pilger auf dem Landwege nach Egypten verschleppt.**) Denselben Weg hat sie in den Jahren 1848, 1850 und 1855 genommen. Dagegen waren im Jahre 1865 zur Zeit, als die Cholera in Egypten und zwar zuerst in Alexandrien zum Ausbruch kam, die Pilgerstraßen auf der ganzen Strecke frei von der Seuche, und nur in Djeddah und in Mekka selbst wurden durch eine dorthin entsandte egyptische Kommission Cholera-Rekonvalescenten bezw. Cholerakranke und Choleraleichen gefunden. Der Weg, auf welchem die Krankheit damals vermuthlich nach dem Hedjaz gelangt ist, wird an anderer Stelle zu besprechen sein.

Wie erwähnt ist, ereigneten sich die ersten Cholerafälle in Egypten, welche die Epidemie des Jahres 1865 einleiteten, in Alexandrien. Diese Thatsache erscheint auf den ersten Blick überraschend; sie erklärt sich aber bei näherer Betrachtung ohne Schwierigkeit. Das Bairam-Fest fiel im Jahre 1865 in die ersten Tage des Monat März. Gegen die aus dem Hedjaz zu Schiff zurückkehrenden Pilger war eine fünftägige Quarantäne angeordnet, welche indeß durch die Fahrt von Djeddah nach Suez als erledigt betrachtet wurde. Um nun den

*) Le Choléra en Egypte en 1883. Étude adressée au Gouvernement Hellénique. Le Caire 1884.

**) Vgl. hierzu: „Procès-verbaux des séances du conseil de l'intendance générale sanitaire d'Egypte, présidé par M. le docteur Ant. Colucci Bey depuis l'apparition du choléra en Egypte en 1865 jusqu'à sa cessation en 1866. Paris 1866.“

auch unter diesen Umständen von den durchziehenden Pilgern dem Lande noch drohenden Gefahren möglichst vorzubeugen, beschloß der »Conseil Sanitaire Maritime et Quarantenaire« in seiner Sitzung vom 3. Mai 1865 die Pilger durch Expreßzüge von Suez nach Alexandrien befördern und hier sofort zum Weitertransport an Bord von Schiffen bringen zu lassen. Daß Eisenbahnbeamte, Arbeiter und Gepäckträger in Alexandrien auf diese Weise unzweifelhaft in Berührung mit den heimkehrenden Pilgern kommen mußten, liegt auf der Hand. Gerade unter jenen Angestellten rc. aber sind am 10. und 11. Juni die ersten Choleratodesfälle aufgetreten, und in dem von ihnen bewohnten Quartier, welches zwischen dem Bahnhofe und dem die Vorstadt Minet el Bassal berührenden Theile des Mahmudieh Kanals gelegen ist, hat die Seuche zuerst Fuß gefaßt. Am 12. Juni wurden vier, am 13. zwölf, am 14. und 15. Juni schon 39 bezw. 38 Choleratodesfälle gemeldet. Ueber den weiteren Verlauf giebt die graphische Darstellung auf Tafel 7 Auskunft. —

In Kairo trat die Seuche schon am 16. Juni auf und zwar anscheinend ebenfalls in Folge direkter Einschleppung von Djeddah her; denn unter den 6 ersten, an dem genannten Tage vorgekommenen Choleratodesfällen ereigneten sich fünf auf dem Bahnhofe und betrafen Personen, welche aus Suez angelangt waren, während der sechste Todesfall im Quartier Esbekieh gemeldet wurde. Weitere Todesfälle kamen erst vom 20. Juni ab zur Kenntniß. In Suez, wo die Pilger zuerst das Land betraten, wurde der erste Fall am 26. Juni bekannt, nachdem inzwischen die Seuche sich bereits über einen großen Theil Egyptens verbreitet hatte. Wie im Jahre 1883 so wanderte sie auch im Jahre 1865 nilaufwärts; erst unter dem 30. Juni sind die ersten Todesfälle in den Provinzen Assiut, Girge, Kene und Esne verzeichnet.

Den Gang der Epidemie und die Zahl der durch sie verursachten Todesfälle, verglichen mit den entsprechenden Angaben für die Epidemie des Jahres 1883, macht die auf offiziellen Angaben beruhende Tabelle auf Seite 77 ersichtlich, welche die Kommission Herrn Dr. Schieß Bey verdankt.

Wie die Tabelle zeigt, hat die Zahl der im Jahre 1865 vorgekommenen Choleratodesfälle nach den amtlichen Aufzeichnungen die Zahl derjenigen im Jahre 1883 um mehr als das Doppelte übertroffen. Daß die für das letztgenannte Jahr verzeichneten Zahlen nachgewiesenermaßen unvollständig sind, kann bei diesem Vergleiche wohl außer Acht gelassen werden, da 1865 vermuthlich die Registrirung eine mindestens ebenso mangelhafte gewesen ist. Was den Antheil betrifft, welchen die größeren Städte an dieser milderen Gestaltung der Epidemie im Jahre 1883 genommen haben, so fällt in erster Linie ein wesentlicher Unterschied zwischen Alexandrien und Kairo ins Auge. Während nämlich die Hauptstadt in beiden Epidemiejahren nahezu mit gleicher Heftigkeit von der Seuche heimgesucht ist, hat Alexandrien im Jahre 1883 noch nicht einmal den vierten Theil der Todesfälle zu beklagen gehabt, welche die Cholera im Jahre 1865 verursachte. Dieses Verhältniß gestaltet sich noch günstiger, wenn man die Zahl der Todesfälle in Beziehung setzt zu der Zahl der Einwohner. Danach sind im Jahre 1865 in Alexandrien etwa 22 pro mille, im Jahre 1883 nur 4 pro mille an der Cholera gestorben, während ihr in Kairo auch im Jahre 1883 nahezu 17 pro mille der Einwohner zum Opfer gefallen sind (für 1865 konnte dies Verhältniß für Kairo nicht berechnet werden, weil Angaben über die Einwohnerzahl nicht vorliegen).

Aber nicht nur die Zahl der Todesfälle an Cholera ist 1883 in Alexandrien sehr viel geringer gewesen als 1865, auch ihr zeitliches Auftreten hat sich in beiden Epidemiejahren

Städte und Provinzen		Datum des Ausbruchs der Cholera im Jahre		Zahl der Cholera-Todesfälle im Jahre	
		1865	1883	1865	1883
Alexandrien		**11. Juni**	2. Juli	4018	919
Kairo .		17. „	15. „	6401	5661
Damiette .		26. „	**22. Juni**	2371	1956
Rosette .		19. „	26. Juli	2168	220
Port Said		26. „	27. Juni	57	8
Ismailia		—	22. Juli		56
Suez .		26. Juni	22. „	57	54
El Arisch .		5. Juli	—	35	—
Provinzen	Beheira	20. Juni	31. Juli	2212	970
	Garbieh .	20. „	19. „	10181	3628
	Menufieh	20.	11. „	2618	1675
	Dakalieh	22.	26. Juni	7356	3202
	Charkieh	21. „	27. Juli	3591	1651
	Kalubieh	25. „	22. „	620	881
	Ghizeh .	25. „	15. „	1473	1520
	Beni Suef .	25.	19. „	1031	1011
	Fayum .	25. „	6. August	1366	116
	Minieh .	30. „	26. Juli	4766	1156
	Assiut	30. „	30. „	1387	1357
	Girge	30. „	3. August	5761	1812
	Keneh .	30.	9. „	3081	111
	Esne	30. „	5. September	713	135
Egypten überhaupt . . .		11. Juni	22. Juni	61651	28720

ganz verschieden gestaltet. Die anliegenden graphischen Darstellungen (Tafel 7, 8 und 9), welche den Gang der Epidemie in Alexandrien, Kairo und Damiette sowohl für 1865 wie für 1883 veranschaulichen, lassen den großen Unterschied zwischen Alexandrien einerseits und Kairo und Damiette andererseits unschwer erkennen. Es hat in diesen Darstellungen die absolute Zahl der Todesfälle eingetragen werden müssen, da auch nur einigermaßen zuverlässige Angaben über die Einwohnerzahlen des Jahres 1865 wie für Kairo so auch für Damiette nicht vorliegen, und in Folge dessen Verhältnißzahlen nicht haben berechnet werden können. Wenn daher auch ein Vergleich der Städte untereinander bezüglich der Schwere der Epidemie an der Hand der Diagramme nicht zulässig ist, so lassen sich doch für jede einzelne Stadt die beiden Epidemiejahre auch nach dieser Richtung bis zu einem gewissen Grade mit einander vergleichen.

In Kairo zeigt sich sowohl 1865 wie 1883 dasselbe rasche Ansteigen der Kurve bis zu ihrer größten Höhe, derselbe nicht minder steile Abfall und dasselbe frühzeitige Ende.

Auch für Damiette stimmen die beiden Kurven ganz auffallend überein.

Anders verhält es sich mit Alexandrien. Während hier die Kurve des Jahres 1865 ebenfalls den geschilderten Charakter erkennen läßt, weicht diejenige des Jahres 1883 vollständig davon ab. Ueber einen ganzen Monat vertheilt sind an vierzehn verschiedenen Tagen einzelne Todesfälle verzeichnet, bevor eine langsame und allmähliche Steigerung ihrer Zahl eintritt.

Während 1865 auf der Höhe der Epidemie nicht weniger als 228 Todesfälle in 24 Stunden gemeldet sind, wird 1883 mit der Zahl 50 schon das Maximum erreicht, trotzdem die Einwohnerzahl inzwischen beträchtlich gewachsen ist. Ebenso langsam, wie sie gestiegen war, fällt dann die Kurve des Jahres 1883 wieder ab; immer häufiger werden die Tage, an welchen überhaupt kein Todesfall verzeichnet ist, und erst nach längerer Pause erfolgt wiederum eine leichte Erhebung, die, ebenso allmählich wie die erste abfallend, dem definitiven Ende vorangeht. Wie aus dem Diagramm ersichtlich ist, fällt die Höhe der 1865er Epidemie auf die Grenze zwischen Juni und Juli, diejenige der 1883er Epidemie erst auf die Mitte des August, und man könnte daher geneigt sein, der Jahreszeit den entscheidenden Einfluß auf die mildere Gestaltung der letzteren zuzuschreiben. Indeß auch 1883 erfolgten die ersten Todesfälle schon Anfangs Juli; nur blieb eben eine weitere Verbreitung aus. Man wird also die Ursache in anderen Verhältnissen suchen müssen. Was zunächst die Lebensgewohnheiten der Bevölkerung betrifft, so sind sie seit dem Jahre 1865 unverändert geblieben; die Nachwirkung der vorangegangenen kriegerischen Ereignisse, welche auf den allgemeinen Wohlstand nicht ohne nachtheilige Folgen geblieben waren, schien 1883 einer Epidemie sogar den günstigsten Boden zu bereiten. — Die unterirdischen Kanäle der Stadt haben zwar, wie bereits erwähnt ist, seit dem Jahre 1865 eine nicht unbeträchtliche Vermehrung erfahren; es braucht hier indeß nur auf die bei der Beschreibung Alexandriens gegebene eingehende Schilderung der Kanalisationsverhältnisse verwiesen zu werden, um die Annahme auszuschließen, daß jenen Kanalbauten ein Einfluß auf den Verlauf der Epidemie zuzuschreiben sei. Anders verhält es sich mit der Wasserversorgung. Allerdings ist die Wasserleitung bereits im Jahre 1860 eröffnet worden und nicht erst nach der 1865er Epidemie, wie an anderer Stelle*) irrthümlicherweise angegeben ist, sie hat indeß seit jener Epidemie eine beträchtliche Verbesserung durch Vermehrung der Filter und Erbauung eines großen Reservoirs (vgl. S. 64) erfahren, und der Verbrauch des Leitungswassers ist im Jahre 1883 nahezu dreimal so groß gewesen als im Jahre 1865, wie sich aus nachstehender Tabelle ergiebt:

	Quantität des in der Stadt verbrauchten Leitungswassers in Cubikmetern	
	im Jahre 1865	im Jahre 1883
im April . .	172 133	506 681
„ Mai	170 894	586 290
„ Juni	195 126	601 460
„ Juli	254 220	614 769
„ August . .	218 031	656 615
„ September . .	269 546	615 765
„ Oktober	230 924	607 069
im ganzen Jahre . .	2 341 013	6 684 026

Es kommt hinzu, daß die arabische Bevölkerung nur langsam ihren alten Gewohnheiten bezüglich der Wasserversorgung entsagt hat, und daß unzweifelhaft gerade von ihr das

*) Zweite Conferenz zur Erörterung der Cholerafrage. Deutsch. Med. Wochenschr. u. Berl. Klin. Wochenschr. Jahrg. 1885.

Leitungswasser 1883 in viel höherem Maße in Anspruch genommen worden ist als 1865. Jedenfalls dürfte der verbesserten Wasserversorgung der Stadt der Hauptantheil an der mit deren Gestaltung der Epidemie von 1883 zukommen, da im übrigen alle Verhältnisse im wesentlichen seit 1865 unverändert geblieben sind. Von Interesse ist es zu untersuchen, wie die einzelnen Stadttheile sich in den beiden Epidemieen verhalten haben. Die nachstehende Tabelle, deren Zahlen die Kommission Herrn Dr. Schieß verdankt, giebt hierüber Auskunft:

Quartiere	1865			1883		
	Einwohnerzahl	Cholera-Todesfälle	Cholera Todesfälle pro mille der Einwohner	Einwohnerzahl	Cholera-Todesfälle	Cholera Todesfälle pro mille der Einwohner
I	42 506	441	10,4	46 171	81	1,7
II	44 597	611	13,7	58 851	206	3,5
III	36 015	1 023	28,4	45 601	277	6,1
IV	55 430	1 859	33,5	76 155	329	4,3
V	2 217	81	36,5	4 382	35	8,1
Summe	180 796	4 018	22,2	231 306	927	4,0

Die für 1883 angegebenen Einwohnerzahlen sind diejenigen der Volkszählung von 1882; die Einwohnerzahlen für 1865 sind, da eine Volkszählung vor 1882 niemals statt gefunden hat, von Herrn Dr. Schieß so genau, wie es eben möglich war, geschätzt worden. Die Zahlen der Cholera-Todesfälle sind den amtlichen Aufzeichnungen des Inspectorat sanitaire entnommen; die Lage der einzelnen Quartiere erhellt aus dem Plane von Alexandrien auf Tafel 5. — Zu der Tabelle ist noch zu bemerken, daß das V. Quartier von dem nordöstlich von Alexandrien gelegenen Vororte Ramleh gebildet wird, welcher durch eine Eisenbahn mit der Stadt verbunden ist und vielen Europäern als Sommeraufenthalt dient. Ramleh hat noch zur Zeit der 1865er Epidemie seinen ganzen Wasserbedarf aus Ziehbrunnen entnommen. Erst seit etwa zwölf Jahren besitzt es eine eigene, von derjenigen Alexandriens unabhängige Wasserleitung. Das gelieferte Wasser wird aus dem Mamudiehkanal geschöpft und unfiltrirt abgegeben. Inwieweit auch zur Zeit noch Ziehbrunnen in Gebrauch sind, muß dahingestellt bleiben. — Ein Blick auf die Tabelle zeigt, daß in beiden Epidemiejahren das I. Quartier am geringsten gelitten, ja daß es im Jahre 1883 noch nicht einmal 2 pro mille seiner Einwohner verloren hat. Gerade das I. Quartier ist aber fast ausschließlich von Arabern bewohnt und befand sich zum Theil, wie bei der Schilderung Alexandriens eingehend erörtert ist, zur Zeit der letzten Epidemie in höchst ungünstigen sanitären Verhältnissen. Demnächst ist das II. Quartier am geringsten von der Seuche heimgesucht, während die übrigen Quartiere in beiden Epidemieen in höherem Maße gelitten haben. Es stimmt diese Abstufung in der Betheiligung der einzelnen Quartiere sehr gut überein mit der Annahme, daß der Art der Wasserversorgung ein wesentlicher Einfluß zuzuschreiben ist. Wie in Kairo die am Nil bezw. am Ismailiakanal gelegenen Quartiere, in welchen der Wasserbedarf größtentheils direkt aus den Ausläufen entnommen wurde, am stärksten an der Epidemie betheiligt gewesen sind, während die weiter abliegenden, zum Theil durch Cisternen versorgten Stadttheile verhältnißmäßig wenig gelitten haben, so wiederholt sich diese Erfahrung auch in Alexandrien; nur daß gleichzeitig in letzterer Stadt der Einfluß einer guten Wasserleitung sich geltend gemacht hat, während in Kairo ein solcher Einfluß wegen der mangelhaften, bereits oben geschilderten Beschaffenheit des Leitungswassers nicht hat hervortreten können, und in Damiette auch 1883 eine centrale Wasserversorgung noch nicht bestand.

Leider ist es nicht möglich gewesen, die Betheiligung der einzelnen Stadttheile Kairo's an den Epidemieen der Jahre 1865 und 1883 in derselben Weise einer vergleichenden Betrachtung zu unterziehen, wie es für Alexandrien geschehen konnte. Die Quartiereintheilung scheint nämlich im Jahre 1865 eine andere gewesen zu sein als 1883, und über die Einwohnerzahlen der einzelnen Quartiere fehlt für das erstgenannte Jahr der Kommission überhaupt jede Angabe. Nach Dr. Hamdy Bey ist der südöstlich vom Ismailiakanal gelegene Stadttheil Sobetieh im Jahre 1865 der am stärksten heimgesuchte gewesen, während Bulacq bezüglich der absoluten Zahl der Todesfälle damals erst in zweiter Linie stand. —

Wie Alexandrien 1883 im Vergleich zu 1865 in sehr geringem Maße von der Cholera zu leiden gehabt hat, so gilt dies in noch höherem Grade von Rosette (vgl. die Tabelle auf S. 77). Es fehlt indeß der Kommission jeder Anhaltspunkt für die Erklärung dieses Verhaltens, da die genannte Stadt nicht von ihr besucht worden ist. — Von der geringen Betheiligung der drei am Suezkanal gelegenen Städte Port Said, Ismailia und Suez an der 1883er Epidemie ist oben bereits die Rede gewesen. Auch 1865 haben sie, wie aus der mitgetheilten Zusammenstellung hervorgeht, nur eine verhältnißmäßig geringe Zahl von Cholera-Todesfällen zu verzeichnen gehabt; ja aus Ismailia ist in dem genannten Jahre ein solcher überhaupt nicht gemeldet worden. Wie viele von den 57 sowohl in Port Said, wie in Suez vorgekommenen Todesfällen des Jahres 1865 auf Zugereiste entfallen, darüber liegen Angaben nicht vor. — Die Wasserversorgung der genannten drei Städte war 1865 bereits im wesentlichen dieselbe wie 1883 (vgl. S. 72).

Von Kairo nach Kolombo.

Am 30. Oktober verließ die Kommission Kairo, um zunächst den wichtigsten egyptischen Sanitäts- und Quarantäne-Anstalten am Rothen Meere einen Besuch abzustatten und dann die Weiterreise nach Indien anzutreten. S. Hoheit der Khedive, dessen lebhaftes Interesse den Arbeiten der Kommission während ihres Aufenthaltes in Egypten unablässig zugewandt war, hatte gern auch die Genehmigung ertheilt, daß ihr für die beabsichtigte Expedition im Rothen Meere ein Regierungsdampfer zur Verfügung gestellt würde. Es ist der Kommission ein tiefgefühltes Bedürfniß, den lebhaftesten Dank für diesen neuen Beweis des Wohlwollens Sr. Hoheit auch an dieser Stelle zum Ausdruck zu bringen; desgleichen unterläßt sie nicht, dem Ministerpräsidenten Sr. Excellenz Cherif Pascha für die auch bei dieser Gelegenheit freundlichst gewährte Unterstützung aufrichtig zu danken.

Als weiteres Reiseziel war anfänglich Bombay in Aussicht genommen. Indeß hatten später verschiedene Gründe, vor allem aber die Befürchtung, daß es in der genannten Stadt wegen des damals verhältnißmäßig seltenen Vorkommens von Choleratodesfällen an Untersuchungsmaterial fehlen könnte, den Führer der Expedition bestimmt, mit Genehmigung Sr. Excellenz des Herrn Staatssekretär des Innern das im Bereich des Gangesdeltas, der eigentlichen Heimat der Seuche, gelegene Kalkutta als demnächstiges Arbeitsfeld zu wählen.

Am 30. Oktober reiste die Kommission in ununterbrochener Fahrt über Ismailia nach Suez, woselbst sie noch am Abende desselben Tages eintraf und in liebenswürdigster Weise von dem deutschen Konsul Herrn Meyer und den egyptischen Behörden empfangen wurde.

Am Vormittage des folgenden Tages begab sich die Kommission zunächst zu der am Hafen gelegenen, später noch näher zu beschreibenden Sanitätsanstalt, in welcher der ärztliche Direktor, Herr Dr. Freda Bey die Führung übernahm. Auf Wunsch der Kommission ließ Herr Dr. Freda vor ihren Augen insbesondere auch eine Desinfektion von Personen ausführen. Dieselbe geschah in der Weise, daß eine Hand voll Chlorkalkbrei, nebst etwa halb so viel grobgepulverten Schwefels (!) in eine flache irdene Schale gethan, die Mischung mit einer geringen Menge roher Salzsäure übergossen, und die Schale dann unter die Hürde niedergesetzt wurde, auf welcher die zu desinficirenden Personen standen. Als solche fungirten zwei Mitglieder der Kommission. Dieselben wurden nach etwa eine Minute währendem Aufenthalte in dem trotz seiner zerbrochenen Fensterscheiben sehr stark mit Chlordämpfen erfüllten Raume als ausreichend desinficirt erklärt. Waaren sollten in dem Desinfectionsraume bis dahin noch nicht desinficirt worden sein, Personen dagegen in großer Zahl; beispielsweise an einem der letzten Tage nach Dr. Freda's Mittheilung 76, welche in mehreren Abtheilungen — jede in 1 bis $1\frac{1}{2}$ Minuten — abgefertigt wurden.

Auch das Aufschlagen eines der in dem Magazine lagernden und für die Quarantäne-Anstalten bestimmten Zelte ließ Herr Dr. Freda angesichts der Kommission ausführen. Es wurde dies in der überraschend kurzen Zeit von $1\frac{1}{2}$ Minuten bewerkstelligt. — Ueber die Art und Weise, in welcher die ärztlichen Besichtigungen der vom Süden her vor Suez anlangenden Schiffe stattfinden, konnte die Kommission von Herrn Dr. Freda nichts Bemerkenswerthes erfahren, abgesehen von der Mittheilung, daß eine solche Besichtigung in der Regel in 5 bis 10 Minuten erledigt sei.

An den Besuch der Sanitätsanstalt schloß sich die Besichtigung eines neben derselben liegenden, in Reparatur befindlichen Raddampfers, welcher dazu bestimmt war, für die Zeit, während welcher in El Wedj Pilger die Quarantäne durchmachen, das für dieselben erforderliche Wasser durch Destillation zu gewinnen. Das Schiff, „Dib el Bar" genannt, hatte nur einen großen Kessel; es soll nach einer der Kommission ertheilten Auskunft im Stande sein, innerhalb 24 Stunden 36 Tons Wasser (= 36 000 Liter) zu liefern.

Es folgte nunmehr eine kurze Besichtigung der Stadt. Wie schon erörtert wurde, ist Suez nur in verhältnißmäßig geringem Grade von der Cholera heimgesucht, trotzdem auch hier offenbar in dem arabischen Viertel die äußeren Verhältnisse der Bevölkerung, abgesehen von der Art der Wasserversorgung, von welcher ebenfalls bereits an anderer Stelle die Rede gewesen ist, annähernd ebenso ungünstige waren, wie beispielsweise in Damiette. — In den ungepflasterten Straßen der Stadt fielen der Kommission hier und da eigenthümliche aus Mauerwerk hergestellte Vorrichtungen auf. Dieselben hatten etwa die Form von Bienenkörben, waren ca. $2\frac{1}{2}$ Fuß hoch, innen hohl und mit einer Anzahl Oeffnungen versehen. Auf Befragen ergab sich, daß diese Apparate dazu gedient hatten, während der Cholerazeit durch Verbrennen von Stroh ꝛc. Rauch zum Zwecke der Desinfektion der Straßenluft zu erzeugen. Beim Anblick derselben wurde die Kommission lebhaft an den uralten griechischen Patriarchen zu Alexandrien erinnert, vor dessen in der Nähe des griechischen Hospitals gelegener Behausung allabendlich ein mächtiges Feuer zur Fernhaltung der Cholera entzündet wurde. —

Inzwischen hatte die Kommission die Nachricht erhalten, daß das von S. Hoheit dem Khedive zur Verfügung gestellte Schiff die „Damanhur" von der Khedivial Steam Ship Company, welches gleichzeitig Lazarethmaterial und dgl. nach El Tor bringen sollte, zur Abfahrt fertig sei, und so konnte ohne Zeitverlust noch am Nachmittage desselben Tages, des 31. Oktober, die beabsichtigte Expedition nach El Tor und El Wedj angetreten werden. Schon vorher war der Kommission von dem Direktor der Sanitätsanstalt in Suez Herrn Dr. Freda die beruhigende Versicherung gegeben, daß sie bei ihrer Rückkehr keine Quarantäne durchzumachen haben werde, vorausgesetzt, daß sie während dieser Zeit mit Cholerakranken nicht in unmittelbare persönliche Berührung gekommen sein würde. — Der Kawasse Osman begleitete, theils in der Eigenschaft als Diener, theils in derjenigen als Dolmetscher, die Kommission auch auf dieser Fahrt. Der erforderliche Proviant war durch einen Steward beschafft worden, welchen die Kommission zugleich als Koch für die Dauer der bevorstehenden Expedition engagirt hatte.

Nach angenehmer Fahrt erfolgte am Morgen des 1. November die Ankunft in dem an der Westküste der Halbinsel Sinai gelegenen, für 10 bis 12 Dampfschiffe Platz bietenden, vortrefflichen Hafen von El Tor (s. Tafel 10). Nur ein Postschiff der Khedivial-Gesellschaft, die „Hodeida", lag im Hafen vor Anker. Dasselbe, nach Suakim bestimmt, absolvirte hier die vorgeschriebene siebentägige Quarantäne, welche sämmtliche von Suez nach einem Hafen des Rothen Meeres bestimmten Fahrzeuge zur Zeit durchmachen mußten. Nur diejenigen Schiffe, welche egyptische Truppen nach Suakim behufs Verwendung gegen die Aufständischen befördert hatten, waren ausnahmsweise von der Quarantäne befreit gewesen.

Nachdem die „Tamanlur" im Hafen vor Anker gegangen war und die gelbe Quarantäne-Flagge an der Gaffel des Fockmastes gehißt hatte, erschien alsbald ein die egyptische Quarantäne-Flagge führendes Segelboot mit einer Besatzung von drei Mann längsseit des Schiffes, um das Patent und zwar mit Hülfe einer außenbords emporgehobenen Blechbüchse in Empfang zu nehmen. Sobald das Boot zur Sanitäts-Anstalt zurückgekehrt war, begab sich die Kommission ebenfalls an Land. Hier angekommen, wurde sie von dem Arzte, Herrn Dr. Ferrari, und dem ersten Commis, Herrn de Logier, mit abwehrenden Geberden empfangen und als in Quarantäne befindlich erklärt. Einen von dem Vorsitzenden des „Conseil Sanitaire, Maritime et Quarantenaire", Dr. Hassan Pascha Mahmud, der Kommission mitgegebenen Brief, durch welchen ihr die Erlaubniß zur Besichtigung der Quarantäne-Einrichtungen gewährt wurde, erfaßte man mit einer eigens für solche Zwecke konstruirten Zange (s. Figur) und brachte ihn zunächst zu dem eisernen Desinfektionskasten. Nachdem er mit Hülfe der

Zange auf den Rost niedergelegt war, wurde unter letzteren eine Pfanne mit glühenden Kohlen geschoben, auf welche etwa ein Theelöffel voll Schwefel und darüber etwas Sand gestreut war. Nach wenigen Minuten wurde der Brief, an den Ecken etwas verkohlt, herausgenommen und von den Beamten erbrochen, worauf der Kommission die Besichtigung der Einrichtungen unter der Bedingung gestattet wurde, daß jede unmittelbare Berührung sowohl mit dem Quarantäne-Personal, als mit etwa in Quarantäne befindlichen Personen vermieden würde. Der Sohn eines koptischen Notabeln aus Tor, welchen der Kapitän der „Tamanlur" von Suez her mitgenommen hatte, wurde dagegen alsbald in Quarantäne verwiesen und bezog geduldig sein Zelt etwas abseits von dem Sanitätsgebäude. Während des Vormittags unterwarf die Kommission die sämmtlichen Einrichtungen einer eingehenden Besichtigung und gewann von Herrn Dr. Ferrari sowohl, wie von Herrn de Logier willkommene Aufschlüsse über den Betrieb derselben. Sie hatte außerdem das Glück, daß noch an demselben Tage ein von Djeddah kommendes Pilgerschiff, die dem österreichischen Lloyd gehörige „Diana", in den Hafen von Tor einlief. Da die Ausschiffung der Pilger indeß erst am folgenden Tage stattfinden sollte, so konnte der Nachmittag benutzt werden, um auf Eseln dem in der Nähe von Tor gelegenen Mosesbade einen Besuch abzustatten. Dasselbe gehört nebst einem großen ummauerten Garten einem der Sinai-Klöster, dessen Brüder zur Zeit, wenn die Datteln reifen, herabkommen, um sich hier einige Wochen aufzuhalten. Das Badebassin befindet sich in einem ziemlich stark verfallenen Gebäude und wird von einer alkalinischen Quelle gespeist.

Diese Expedition sollte für die von der Kommission benutzten, übrigens in kläglichem Zustande befindlichen Esel insofern nicht ohne Folgen bleiben, als sie wegen der unmittelbaren Berührung mit den als choleraverdächtig betrachteten Kommissionsmitgliedern zur Quarantäne verurtheilt wurden. Wie später ermittelt wurde, haben sie dieselbe in der Nähe des Mosesbades, übrigens in völliger Freiheit, durchgemacht. Bei der Rückkehr zum Hafen ergab sich, daß wiederum ein Schiff angekommen war. Dasselbe, „Mehallah" genannt, hatte indeß zur Zeit keine Pilger mehr an Bord. Nach der von Dr. Ferrari erhaltenen Auskunft gehörte es der Khedivial Compagnie an und hatte den Pilger Verkehr zwischen Kamaran und Djeddah vermittelt. Bevor ihm gestattet wurde, nach Suez zurückzukehren, hatte es in Tor eine zehntägige Quarantäne zu absolviren. Zur Nacht begab sich die Kommission wieder an Bord der „Damanhur", wo während des Aufenthaltes in Tor auch die Mahlzeiten eingenommen wurden. — War es Tags über sehr heiß gewesen, so stellte sich Abends der stets mit großer Regelmäßigkeit einsetzende Seewind ein, ja während der Nacht schien es den bereits an gleichmäßige Hitze gewöhnten Kommissionsmitgliedern sogar empfindlich kühl zu sein. Allerdings betrug an Deck des Schiffes die niedrigste während des Aufenthaltes in Tor notirte Temperatur (am Morgen des 6. November) immerhin noch 18° C. Am 4. November wurden 9 Uhr Abends 24° C. und am 6. November 9 Uhr Abends 22° C. verzeichnet.

In der Frühe des 2. November erfolgte die Ausschiffung der an Bord der „Diana" befindlichen Pilger. Dieselbe wurde durch vier Segelboote bewirkt, von denen jedes etwa 30 bis 40 Personen faßte, und dauerte von 8 Uhr Morgens bis 3 Uhr Nachmittags. Die Zahl der Pilger betrug 480. Unter Rufen und Drängen und doch in verhältnißmäßig guter Ordnung füllten sich langsam die Boote mit den malerischen Gestalten der Männer, Frauen und Kinder und ihrem umfangreichen, vielgestaltigem Gepäck. Bald war die etwa eine halbe englische Meile betragende Entfernung zur Landungsbrücke zurückgelegt, und während die binnen kurzem geleerten Boote zum Schiff zurückkehrten, begannen die Gelandeten ihren Einzug in das ca. $1\frac{1}{2}$ Kilometer vom Strande entfernte Zeltlager, auf beiden Seiten bewacht von je einer Reihe Soldaten, welche mit schußbereiten Gewehren die ganze Strecke besetzt hielten und nur einen etwa 40 Schritt breiten Raum zwischen sich ließen.

Ihr Gepäck mußten die Pilger die lange Strecke selbst befördern, was offenbar für viele von ihnen unter den heißen Strahlen der inzwischen höher gestiegenen Sonne keine leichte Aufgabe war. Für die Kranken und Schwachen sprangen übrigens dabei jüngere, kräftigere Pilger hülfsbereit ein. Das Gepäck bestand aus anscheinend vielfach sehr schweren großen Bündeln, Zeltmaterial, Kisten und Kasten, Wasserfässern u. dgl. m. Auch Koffer, offenbar europäischen Ursprungs, fehlten nicht.

Während sich das Lager mehr und mehr füllte — die sämmtlichen Pilger der „Diana" wurden in einer Zeltdivision untergebracht — waren Beduinen, welche in ihren schmutzigen und abgetragenen Leinwandgewändern nicht gerade sehr vertrauenerweckend aussahen, eifrig beschäftigt, die beiden aufgestellten eisernen Wassertanks zu füllen, indem sie mit den die Wasserschläuche tragenden Kameelen zwischen ihrem Dorfe und dem Zeltlager hin und her zogen. Alsbald drängten sich auch die Pilger zu den Tanks und füllten sich ihre Krüge und sonstigen Gefäße mit dem zwar etwas trüben, aber wohlschmeckenden Naß. Andere breiteten ihre zahlreichen Decken und Betten in den geräumigen Zelten aus, brachten schnell ein Feuer vor ihrem neuen Heim in Gang und fingen an zu kochen.

War der Kommission auch jede direkte Berührung mit den Pilgern untersagt, eine Verordnung, deren Innehaltung bei dem lebhaften Naturell der Orientalen und dem Interesse, mit welchem sie vielfach auf die Fragen der Kommissionsmitglieder eingingen, nicht immer leicht war, so konnte sie doch ungestört und in aller Ruhe ihre Beobachtungen machen. Mit der größten Bereitwilligkeit und Liebenswürdigkeit ertheilten dabei sowohl Herr Dr. Ferrari wie Herr de Logier die gewünschten Erklärungen und Aufschlüsse, und beide dienten zugleich unermüdlich als gewandte Dolmetscher.

Die Pilger gehörten den verschiedensten Nationalitäten an; vorwiegend waren es Türken, ferner Leute aus Tunis, Tripolis, Algier, aus Syrien, Bulgarien, Griechenland, vom Kaukasus und selbst aus Süd-Sibirien und Bokhara. Egypten war nur durch etwa 30 Personen vertreten. Neben offenbar sehr armen Leuten fanden sich auch besser Situirte, Kaufleute, Offiziere &c. Selbst ein mit allem Comfort reisender Pascha fehlte nicht. Ein 75jähriger, noch sehr rüstiger Kaufmann aus Tunis, welcher außer seinem Neffen einen Diener und einen Sklaven mit sich führte, erzählte, daß er bereits zum sechsten Male in Mekka gewesen sei. Ein Egypter hatte die Reise mit zwei Frauen und zwei kleinen Kindern zurückgelegt. Ueberhaupt waren Frauen und Kinder jeden Alters, letztere bis zu Säuglingen hinab, in nicht geringer Zahl vertreten. Die Frauen reisten zum Theil auch ohne männliche Angehörige und hatten sich dann zu kleinen Gruppen zusammengethan. Viele von ihnen waren hochbetagt, wie sich denn auch unter den Männern zahlreiche altersschwache, gebrechliche Personen befanden, welche ihr Alter zum Theil über 80, ja selbst über 90 Jahre angaben, wenn sie überhaupt im Stande waren, Aussagen über diesen Punkt zu machen. Nach Dr. Ferrari's Mittheilung soll es keineswegs etwas Seltenes sein, daß solche alten Leute während der Quarantänezeit einfach an Erschöpfung zu Grunde gehen. Es kann das auch nicht überraschen, wenn man bedenkt, welche unsäglichen Entbehrungen und Strapazen sie bis zu ihrer Ankunft durchzumachen gehabt haben.

Einige dieser gebrechlichen Gestalten hatten beträchtliche Oedeme an den Füßen; andere, auch jüngere, zeigten eine außerordentlich anämische Gesichtsfarbe. Ein besonders blaß aussehender 45jähriger Syrier erzählte, daß er schon vor Antritt der Reise nach Mekka an Blutharnen gelitten, deswegen aber auf die Pilgerschaft nicht habe verzichten wollen; außerdem werde er von heftigen Malaria-Anfällen heimgesucht. Die meisten Kinder waren mit mehr oder weniger schweren Augenentzündungen behaftet, welche übrigens auch bei den Erwachsenen nicht selten angetroffen wurden.

Auffallend war es, daß viele Pilger, nachdem sie kaum im Lager angekommen waren, eiligst den Latrinengraben aufsuchen die Latrinen-Zelte wurden erst am Nachmittage errichtet um theils hier, theils in der Umgebung ihre Nothdurft zu verrichten. Unter den vier ersten Ausleerungen, welche auf diese Weise zur Besichtigung gelangten, fanden sich zwei normal aussehende, ein diarrhoischer und ein mit Blut gemischter, offenbar dysenterischer Stuhl. Mehrere Pilger gaben auf Befragen nach ihrem Gesundheitszustande von selbst an, daß sie an Durchfall litten, wie denn der Kommission auch von Dr. Ferrari bestätigt wurde, daß nach seinen Erfahrungen gerade Durchfälle bei den Pilgern sehr häufig beobachtet würden.

Einer der Ankömmlinge, welcher offenbar nur unter großer Anstrengung sich und seine Effekten ins Lager schleppte, sah besonders elend aus. Er erzählte, daß er seit drei Tagen krank sei; am ersten Tage habe er sehr häufige schmerzhafte Stuhlentleerungen ohne Blutbeimengung und dazu mehrmaliges Erbrechen gehabt. Letzteres sei indeß nicht wiedergekehrt.

und auch der Durchfall habe nachgelassen. Auf Anordnung Dr. Ferrari's wurde dieser Mann sofort ins Lazareth transportirt, wo sich seine Krankheit alsbald zur ausgesprochenen Cholera entwickelte. Nach zwei Tagen war er bereits eine Leiche. — Mit den vorstehend wiedergegebenen Beobachtungen stand die Angabe, welche seitens des Schiffsarztes bei der Ankunft gemacht war, daß alles an Bord gesund sei, einigermaßen in Widerspruch. Allerdings muß zugegeben werden, daß, abgesehen von den erwähnten Alten, Gebrechlichen und Kranken, die größere Zahl der Pilger im allgemeinen wohl und kräftig aussah. Viele von ihnen murrten darüber, daß sie hier in Quarantäne festgehalten wurden.

Die größte Belegungszahl eines Zeltes, welche von der Kommission beobachtet wurde, betrug zehn, die geringste drei bis vier Personen; meist wohnten fünf bis sechs in je einem Zelte zusammen. Nach Familien-Angehörigkeit, Nationalität oder Reisebekanntschaft hatten sich die einzelnen Zeltgenossenschaften gebildet.

Der Bazar, in welchem Brod, Dattelconserven, Reis, Petroleum, Brennholz ꝛc. ꝛc. käuflich zu haben waren, und wo auch Narghileh's miethweise abgegeben wurden, fand reichlichen Zuspruch. —

Vom Lager aus begab sich die Kommission wieder an den Strand, um die in dem Beduinendorfe gelegenen Brunnen, welche das Wasser für die Pilger liefern, zu besichtigen. Im ganzen sollen sechs Brunnen vorhanden sein. Aus einem derselben wurde bei der Ankunft der Kommission noch eifrig mit Hülfe eines an einem Stricke befestigten Eimers Wasser geschöpft und in die Schläuche gefüllt. Der Wasserspiegel lag etwa sechs Meter unter der Erdoberfläche, während die Höhe der Wassersäule im Brunnen etwa einen Meter betrug. Das Wasser war mäßig warm, leicht getrübt, von gutem, nicht salzigen Geschmack. Die Trübung war offenbar die Folge des Aufrührens beim Schöpfen; zwei Beduinen standen unten im Brunnen und füllten den herabgelassenen Eimer. Nach einer Mittheilung des Herrn de Logier werden von den Pilgern pro Kopf und Tag etwa 20 Liter Wasser verbraucht.

Die unterirdischen Wasserströmungen, welche diese fast unmittelbar am Strande gelegenen Süßwasserbrunnen speisen, kommen offenbar in geradem Zuge vom nahe gelegenen Gebirge zur Küste herunter. Sie markiren sich auf der sandigen Ebene deutlich durch eine geringe Bodenvertiefung und dadurch, daß die betreffenden Stellen mit grünen, der Wüstenflora angehörigen Pflanzen bestanden sind, während zwischen ihnen der nackte, völlig vegetationslose Sand den ödesten Anblick gewährt. Wie Herr de Logier mittheilte, soll man beim Eingraben im Bereich dieser grünen Streifen regelmäßig auf Süßwasser stoßen. Einer derselben läuft geradeswegs auf das Beduinendorf zu. — Im Norden von El Tor kommen ähnliche, aber an hygroskopischen Salzen reiche unterirdische Strömungen vom Gebirge herunter, deren eine die Quelle des oben erwähnten Mosesbades speist. Im Bereiche dieser Strömungen sieht hier die Bodenoberfläche trotz der großen Hitze und des fehlenden Regens stets feucht aus.

Während die Kommission der Errichtung des Zeltlagers beiwohnte, hatte der Kapitän der „Damanhur" begonnen, mit Hülfe von Segelbooten das von ihm für die Quarantäne-Anstalt mitgeführte, zum Bau von Baracken bestimmte Holzmaterial auszuschiffen. Diese Thätigkeit wurde jedoch auf Wunsch der Kommission schon Nachmittags unterbrochen. Es erschien nämlich zweckmäßig, sich zunächst nach El Wedj zu begeben, nach Besichtigung der dortigen, zur Zeit nicht in Thätigkeit befindlichen Anstalten aber wieder nach El Tor zurückzukehren, da hier voraussichtlich in der Zwischenzeit noch andere Pilgerschiffe zur Abhaltung der Quarantäne eingetroffen sein würden. Der Plan, die Expedition bis nach Djeddah und eventuell nach der Insel Kamaran auszudehnen, mußte aufgegeben werden, da die Kommission bei Ausführung desselben unzweifelhaft selbst die vorgeschriebene Quarantäne hätte durchmachen müssen, dies aber schon mit Rücksicht auf die möglichst zu beschleunigende Wiederaufnahme der experimentellen Untersuchungen in Indien unzulässig erschien.

Da die Mitglieder der Kommission während ihres Aufenthaltes an Land stets unter der unmittelbaren Controle der Sanitätsbeamten gestanden hatten, und außerdem jede körperliche Berührung mit den Pilgern ꝛc. aufs gewissenhafteste vermieden war, so konnte der „Tamanlur" den Anordnungen des »Conseil Sanitaire, Maritime et Quarantenaire« entsprechend ein reines Patent ertheilt werden. Außerdem erhielt die Kommission ein Schreiben, in welchem Herr de Logier dem Gouverneur von El Wedj dieselbe Behandlung des Schiffes und der Kommission, wie sie in Tor stattgefunden hatte, anempfahl. — Um 4 Uhr Nachmittags ging die „Tamanlur" Anker auf und schon am Nachmittage des folgenden Tages, des 3. November, traf sie im Hafen von El Wedj ein (s. Tafel 10). Nachdem das Schiff hier die Quarantäneflagge gehißt hatte, kam ein Boot vom Lande aus mit gelber Flagge längsseit und nahm das Schiffs-Patent, sowie die für den Gouverneur bestimmten Empfehlungsbriefe, diesesmal ohne besondere Vorsichtsmaßregeln, in Empfang. Bald darauf wurde denn auch der Kommission der Verkehr mit dem Lande gestattet und die demnächstige Ertheilung eines reinen Patents in Aussicht gestellt: letzteres allerdings nur unter der Bedingung, daß persönliche Berührungen vermieden sein würden. Weshalb auch hier diese Bestimmung getroffen wurde, wo doch überhaupt keine Cholera herrschte oder geherrscht hatte, und Pilger nicht aufgenommen worden waren, erschien nicht recht verständlich. Wenn überhaupt eine der betheiligten Parteien als verdächtig gelten konnte, so waren es doch jedenfalls die aus Egypten und El Tor kommenden Mitglieder der Kommission, nicht aber die Bewohner von El Wedj. Von dem Gouverneur erfuhr die Kommission, daß drei Tage vorher die „Diana" (vgl. oben) und zwei Tage vorher ein türkisches Schiff, die „Jennal", mit 450 Pilgern an Bord in der Richtung nach Norden El Wedj passirt habe. Die Frage, ob Pilgerkarawanen auf der in einer Entfernung von etwa einer geographischen Meile bei El Wedj vorbeiführenden Pilgerstraße gesehen wären, wurde verneint. Ueber den Gesundheitszustand der noch in Mekka befindlichen Pilger bezw. über etwaiges Auftreten der Cholera daselbst während der Feste war dem Gouverneur nichts bekannt geworden.

Wie zweckmäßig es gewesen war, den Kawassen Osman als Dolmetscher mitzunehmen, ergab sich hier, wo weit und breit außer den Mitgliedern der Kommission ein Europäer nicht anwesend war, der Verkehr mit der Behörde aber nur in arabischer Sprache stattfinden konnte. Wenn durch diesen Umstand auch die Erlangung der gewünschten Erklärungen etwas erschwert wurde, so war es der Kommission doch andererseits von großem Interesse, hier einmal einen Blick in arabische, von europäischem Einflusse noch fast gänzlich unberührte Verhältnisse zu werfen. — Bei dem Besuche, welchen die Kommission dem bereits betagten Gouverneur abstattete, fand sich auch der Scheich der nächsten Beduinentribus ein. Derselbe erklärte sich bereit, für den folgenden Tag die erforderlichen Reit-Kameele zu einem Ausfluge nach dem in der Wüste gelegenen Fort und der bei demselben vorüberführenden Pilgerstraße zur Verfügung zu stellen, ein Anerbieten, welches von der Kommission mit Dank angenommen wurde.

Zunächst wurden noch am Tage der Ankunft die neben der Citadelle gelegenen Baracken der Quarantäne-Anstalt einer Besichtigung unterworfen. Hieran schloß sich ein Besuch der beiden großen Wassercisternen im Norden der Stadt, von welchen die eine gerade in Reparatur befindlich und in Folge dessen der Kommission ohne weiteres zugänglich war. Sie zeigte sich noch zur Hälfte mit Wasser gefüllt, welches geruchlos, klar, von angenehmem Geschmacke und nicht sehr warm gefunden wurde. Etwa ein Dutzend Menschen war damit beschäftigt, die schadhaft gewordenen Stellen der Innenfläche mit einer aus frisch gebranntem Kalk und Lehm hergestellten cementartigen Masse auszubessern. — Von hier aus begab sich die Kommission nach dem südöstlich vom Hafen gelegenen, für die Pilgerlager bestimmten Terrain, von welchem später bei der Beschreibung der Anstalt noch ausführlicher die Rede sein wird. Von derjenigen Stelle des Hafens aus, an welcher das Wasser-Reservoir für die Pilger sich befindet, führte ein ziemlich steiler Weg durch eine Schlucht hinauf auf das meilenweit ausgedehnte Hochplateau. Abgesehen von einem Leuchtturm war hier ringsum keine Spur von menschlichen Wohnungen wahrzunehmen. Zum Ueberfluß bewies eine ganz frische Hyänenspur die Oede und Verlassenheit dieser Stätte, von der aus ein Entweichen der Pilger ebensowenig wie unter den gleichen Verhältnissen in Tor zu befürchten ist. Der Boden war hier fest und trocken, mit Geröll bedeckt und zeigte nur hier und da kümmerliche Spuren von Wüsten-Vegetation. — Die Lagerplätze der früher hier in Quarantäne gewesenen Pilger waren noch deutlich an den kreisförmigen Vertiefungen, welche die Zelte zurückgelassen hatten, zu erkennen, ja man konnte ohne Schwierigkeit noch die Anordnung der einzelnen Divisionen, die Zahl der Zelte in denselben, die Plätze, an welchen die Wassertanks, die Latrinenzelte und der Bazar gestanden hatten, ermitteln. Auffallend war, daß offenbar einige Divisionen in dieser, andere in jener Himmelsrichtung aufgestellt gewesen waren. Was die Latrinen betrifft, so deuteten die Ueberreste derselben auf sehr mannichfaltige Konstruktionen hin. Theils waren es gerade lange und flache Vertiefungen, theils reihenförmig angeordnete quadratische Löcher, theils tiefe ringförmige oder endlich flachere halbkreisförmige Gräben gewesen. — Auch Ueberreste von Backöfen waren noch deutlich zu erkennen. Wie der Kommission mitgetheilt wurde, müssen die Bäcker und Kaufleute, welche bei der Ankunft der Pilger meist aus El Wedj selbst, zum Theil aber auch aus Suez sich einfinden, hier ebenfalls stets mit den Pilgern vollständig die Quarantäne durchmachen.

Es sind früher zu einer und derselben Zeit bisweilen die Pilger von fünf und mehr, ja selbst von zehn Schiffen auf dieser Ebene untergebracht gewesen, und die Zeltreihen des Lagers sollen sich manchmal über eine Stunde weit ausgedehnt haben. An zwei Stellen hatten offenbar erst im vorhergehenden Jahre Zeltdivisionen gestanden.

Ein festes Hospital wie in Tor ist in El Wedj nicht vorhanden. Die Hospitalzelte hat man stets weitab von den Zeltdivisionen in nordöstlicher Richtung aufgestellt und in ihrer Nähe auch die Begräbnißplätze angelegt. Hier fanden sich noch die ziemlich gut erhaltenen Gräber einiger Europäer, des Ingenieurs und einiger Leute von dem Destillirschiffe „Tib el Bar", während die Grabstätten der zahlreichen hier bestatteten Pilger durch nichts mehr kenntlich waren, und nur ein aufgefundener menschlicher Unterkieferknochen die Art der Benutzung der betreffenden Stätte vermuthen ließ. Der erwähnte Ingenieur ist, nach den Erzählungen der Begleiter der Kommission zu urtheilen, an Leberabsceß gestorben.

Die Sonne war bereits untergegangen, als die Mitglieder der Kommission von ihren Besichtigungen an Bord der „Damanhur" zurückkehrten. —

Schon vor Anbruch des folgenden Tages, des 4. November, begab die Kommission sich wieder an Land, wo sie zunächst von einem Beduinen empfangen wurde, der als Gastgeschenk seines Schechs einen wohlgenährten lebenden Hammel übergab. Letzterer wurde mit Rücksicht auf die bereits etwas eintönig gewordene Verpflegung sehr dankbar angenommen und sofort an Bord geschickt. Bald erschien auch der Schech selbst, mit einer gewaltigen Lanze bewaffnet, auf magerem, aber sehnigen Rosse, begleitet von einer Anzahl nicht berittener Beduinen; die mitgebrachten Kameele wurden bestiegen und fort ging's in die Wüste hinein, während zu Ehren der Kommission eine Fantasia, d. h. allerlei Kriegsspiele von den meist mit alten Steinschloßflinten bewaffneten Beduinen und ihrem ritterlichen Schech ausgeführt wurden. Nach etwa zweistündigem Ritt war das am Fuße eines kahlen Höhenzuges gelegene kleine Fort (s. die nachstehende Skizze) erreicht, an welchem die von Kairo über Akaba nach Mekka

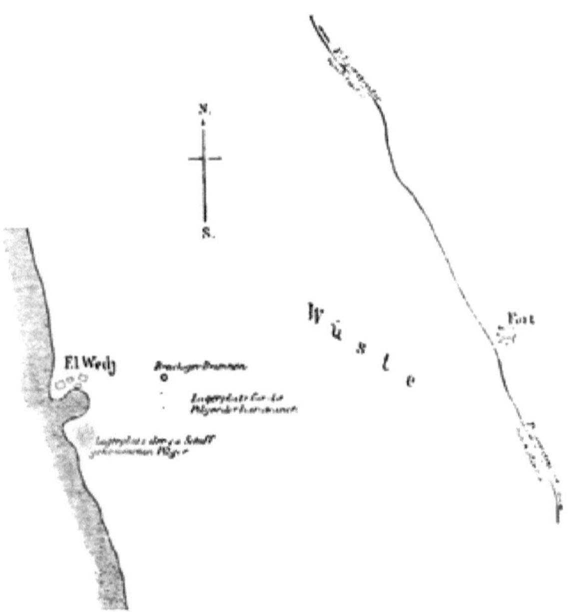

führende, der Küste des Rothen Meeres annähernd parallel verlaufende Pilgerstraße sich vorbei zieht. In dem Fort und seiner Umgebung waren mehrere Brunnen vorhanden, deren Wasser zwar klar, aber leicht brackig und wenig wohlschmeckend gefunden wurde. Der eine Brunnen maß von der Erdoberfläche bis zum Wasserspiegel 25 bis 30 Fuß. Die Umgebung des Forts soll den vorüberziehenden Pilgerkarawanen regelmäßig als Lagerplatz dienen; von hier aus haben sie sich aber auch oft nach der Bucht von El Wedj begeben, um daselbst entweder die vorgeschriebene Quarantäne durchzumachen oder sich einzuschiffen und den Rest der Reise zur See zurückzulegen. Sie haben dann stets an dem etwa zwei Kilometer östlich von El Wedj gelegenen Brunnen ihr Lager aufgeschlagen. Auch das Wasser dieses Brunnens wurde von der Kommission während des gegen Mittag erfolgten Rückrittes einer Prüfung unterzogen und gleichfalls ziemlich stark brackig gefunden. Es liegt auf der Hand, daß der

Genuß derartigen Wassers, welches von den erschöpft und abgemattet anlangenden Pilgern mit Gier getrunken wird, zu Verdauungsstörungen und Darmkatarrhen Veranlassung geben muß.

Gegen Mittag langte die Kommission wieder am Hafen von El Wedj an und begab sich alsbald an Bord, wo bereits das von dem Gouverneur ausgestellte reine Patent eingetroffen war. Eine Stunde später wurden die Anker gelichtet, und die Rückreise nach Tor angetreten. Hier lief die „Damanhur" am folgenden Tage, dem 5. November, Nachmittags wieder in den Hafen ein.

Außer den beiden der Kommission bereits bekannten Schiffen „Diana" und „Mehallah" lag nunmehr auch das während ihrer Abwesenheit angelangte türkische Pilgerschiff „Jennat" im Hafen, dasjenige Schiff, dessen bereits in El Wedj seitens des Gouverneurs Erwähnung gethan war. Das Khedivial Schiff „Hodeida" dagegen hatte Tor inzwischen wieder verlassen. — Wie von Bord aus sich erkennen ließ, waren bis dahin im ganzen drei Zeltdivisionen errichtet. Die am meisten nordwestlich gelegene hatten noch die Pilger der „Diana" inne, die südöstlich gelegene war bereits am vorhergehenden Tage, dem 4. November, von den Pilgern der „Jennat" besetzt, während die zwischen beiden errichtete Division noch nicht bezogen war. — Alsbald nach der Ankunft begab sich die Kommission an Land und erfuhr von Herrn Dr. Ferrari, daß die „Jennat" am 30. Oktober mit Pilgern an Bord den Hafen von Djeddah verlassen und am 2. November El Wedj angelaufen habe, sofort aber nach Tor weiter geschickt und hier am 3. November eingetroffen sei. Das Schiff habe 397 Pilger gebracht und sei demnach nicht überfüllt gewesen, da es reglementsmäßig — für türkische Schiffe seien für einen Pilger 9 □Fuß Grundfläche vorgeschrieben — etwa 800 Pilger unterzubringen vermöge. Der Schiffsarzt, ein wallachischer Israelit, habe bescheinigt, daß während der Ueberfahrt an Bord zwei Todesfälle sich ereignet hätten. Beide seien in Folge von chronischer Dysenterie erfolgt, und zwar habe der eine einen 93jährigen, der andere einen 85jährigen Greis betroffen. An Kranken hätten sich beim Einlaufen in den Hafen von Tor nur zwei, ebenfalls an chronischer Dysenterie leidende Personen an Bord befunden. — Die Kommission erfuhr ferner, daß, als die Pilger der „Jennat" am 4. November ausgeschifft worden waren, ein schwerkranker Mann sofort ins Lazareth hatte gebracht werden müssen, woselbst er zwölf Stunden später (am 5. November Morgens 4 Uhr) unter den ausgesprochenen Symptomen der Cholera verschieden war. — Eine Besichtigung des Pilgerlagers mußte wegen der hereinbrechenden Dunkelheit für diesen Tag aufgegeben werden.

Am folgenden Tage, dem 6. November, begab sich die Kommission bereits frühzeitig an Land, um an der regelmäßig täglich um 8 Uhr stattfindenden, von dem Arzte und den Beamten abgehaltenen ersten Inspektion des Pilgerlagers Theil zu nehmen.

Mit den Pilgern der „Diana" wurde begonnen. Die von ihnen besetzte, der Kommission schon bekannte Zeltdivision hatte sich insofern etwas verändert, als außer ihren 90 Zelten noch einige Privatzelte aufgeschlagen waren. Dieselben befanden sich an den beiden Enden der einen Zeltreihe und waren etwas aus derselben herausgerückt. Eins dieser Zelte gehörte dem Gouverneur von Hodeida, einige andere waren von einem Pascha mit seinen Frauen besetzt, der offenbar mit allem Comfort für die Pilgerschaft sich ausgerüstet und selbst sein Reitpferd nicht vergessen hatte, welches hinter den Zelten angepflöckt war. Auch ein kleines als Privatkloset dienendes Zelt war hier errichtet, mußte aber auf eine in Gegenwart der Kommission getroffene Anordnung der Beamten wieder abgebrochen werden.

Dagegen wurde ein ähnliches Privatzelt, welches neben den officiellen Latrinenzelten zur Benutzung seitens einiger den besseren Ständen angehörenden Frauen aufgeschlagen war, nicht beanstandet.

Die Inspektion des Lagers ging in folgender Weise vor sich. Zunächst marschirten etwa 20 Soldaten zwischen den beiden Zeltreihen der Division auf und postirten sich daselbst in gleichmäßigen Abständen, das Gesicht den Zelten zugewandt, während jede Reihe von außen her durch die reglementsmäßigen vier Posten bewacht wurde. Sodann ließen die den inneren Wachdienst versehenden Quarantäne Wächter, welche wegen der großen Zahl der Zelte in der Division der „Diana“ durch zwei Soldaten von vier auf sechs vermehrt waren, die Bewohner des ersten Zeltes heraustreten und überzeugten sich, daß niemand im Innern zurückgeblieben war, worauf die Besichtigung der Leute durch den Arzt und die Beamten stattfand. So ging es von Zelt zu Zelt. Selbst die Pascha Frauen wurden von dieser Inspektion nicht entbunden. Die Besichtigten traten alsbald wieder in ihre Behausung zurück oder bereiteten sich an den offenen Feuerstätten ihr Frühstück.

Eine Zeltgenossenschaft hatte sich, wie bei der Besichtigung bemerkt wurde, ihr Feuer innerhalb des Zeltes angezündet: dasselbe wurde indeß sofort seitens der Beamten ausgelöscht. Uebrigens soll noch niemals in einem dieser Lager Feuer ausgekommen sein: ein derartiges Ereigniß wurde anscheinend auch wenig befürchtet.

Das Aussehen der Pilger war im allgemeinen ein gutes, wenn auch vielfach ein etwas anämisches. Ein besonders kräftiges und gesundes Aeußeres zeigten die zahlreichen syrischen Pilger, welche überhaupt die Strapazen der Pilgerschaft nach Mittheilung der Beamten am besten ertragen sollen.

Ein anscheinend kranker, etwa 65 Jahre alter Mann gab auf Befragen an, schon längere Zeit an mäßigem Durchfall gelitten zu haben. Er wurde auf Anordnung des Arztes sofort, wenn auch widerstrebend, ins Lazareth übergeführt. Als ihn hier die Kommission einige Stunden später wiedersah, war er mit seinem neuen Aufenthalte sehr zufrieden und machte bereits einen weniger besorgnißerregenden Eindruck.

Ein etwa 20jähriger Mann, welcher, wie sich bei der Inspektion ergab, an Lepra litt, wurde ebenfalls dem Hospital überwiesen. Derselbe zeigte Lepraknoten im Gesicht, an den Ohren und auf der Brust, sowie eine Anzahl alter, von Heilungsversuchen herrührender Brandnarben am Unterschenkel und Vorderarm. Er stammte aus Mahallet el Kebir bei Tantah in Egypten und hatte seinen Heimatsort vor seiner Erkrankung angeblich niemals verlassen. Wie er mittheilte, war in seiner Familie sonst keine Lepra vorgekommen, er selbst aber von Kindheit an kränklich und von blassem Aussehen gewesen. Beschäftigt war er in einer Baumwolle Egränirungs Anstalt. Auf Befragen räumte er ein, stets viel gesalzene Fische (Fisih) gegessen zu haben. — Unter den übrigen Pilgern fiel der Kommission noch ein gänzlich erblindeter alter Mann, sowie ein jugendlicher Idiot auf.

Der Bazar hatte sich während der Reise der Kommission nach El Wedj sehr zu seinem Vortheil verändert, denn es gab daselbst jetzt Tauben, sowie Hammelbutter aus El Wedj in großen viereckigen Zinnbüchsen, ferner Mandeln, Nüsse, Reis, Bohnen, Linsen, trockene Datteln, Dattelwurst und zweierlei Arten von süßem, gut ausgebackenen frischen Brod: außerdem Tabak und Cigarren. Frische Datteln werden nach Auskunft des Herrn de Logier nicht zugelassen. Ein zu dem Bazar gehöriges Café, vor welchem frischgekochte Bohnen und Linsen, auf offenem Feuer warm gehalten, zum Genusse einluden, wurde anscheinend viel besucht.

Die auf der Tariftafel angegebenen Preise für die genannten Lebens- und Genußmittel waren mäßige. Uebrigens waren trotzdem viele Pilger offenbar nicht in der Lage, die im Bazar gebotenen Genüsse sich zu verschaffen, denn hier, wie auch später bei der Besichtigung des Jennal-Lagers klagten sie mit Geberden und Worten über Hunger und baten um unentgeltliche Verabfolgung von Nahrungsmitteln.

Das in den eisernen Tanks vorhandene Wasser wurde von der Kommission auffallend trübe gefunden.

Bei der Besichtigung der Latrinen ergab sich, daß die Dejektionen zum Theil mit Sand bedeckt, zum Theil auch mit roher Karbolsäure übergossen worden waren. Auch jetzt sah man wieder ziemlich viele diarrhoische Ausleerungen und zwar sowohl in den anscheinend nicht allzuviel benutzten Latrinenzelten, wie in und neben dem offenen als Pissoir funktionirenden Graben. Das für die Frauen reservirte Zelt war wenig benutzt; es enthielt neben einigen normalen zwei diarrhoische Ausleerungen. Jedenfalls konnte es keinem Zweifel unterliegen, daß die größere Zahl der Pilger ihre Nothdurft einfach hinter ihren Zelten verrichtete, was bei der entfernten Lage der Latrinenzelte nicht Wunder nahm. Nach Beendigung der Inspektion sah man denn auch mehrere Pilger in hockender Stellung hinter ihren Zelten, welche nach Angabe der Beamten mit religiösen Waschungen beschäftigt waren, ohne Zweifel aber hier gleichzeitig ihre Defäkation besorgten. Ein Pilger, welcher sich zu demselben Zwecke etwas weiter entfernt hatte, wurde von den Wächtern durch lebhafte Zurufe in seiner Thätigkeit unterbrochen und an den vorgeschriebenen Ort verwiesen.

Seit der Ausschiffung der Pilger der „Diana" waren unter denselben im Ganzen **drei tödtlich verlaufene Cholera- bezw. der Cholera dringend verdächtige Fälle vorgekommen.** Der erste Fall betraf den gelegentlich des früheren Besuches der Kommission in Tor bereits erwähnten Mann. Derselbe, ein etwa 50jähriger Pilger aus Rumelien, war nach Angabe seiner Reisegenossen bereits seit mehreren Monaten leidend gewesen; am Tage der Ausschiffung, dem 2. November, erkrankte er unter den Erscheinungen der Cholera und starb am Morgen des 4. November. Von seinen Gefährten, welche im fünften Zelte der ersten Zeltreihe kampirten, war seitdem Niemand erkrankt. Die Effekten des Verstorbenen hatte man angeblich verbrannt und das Zelt durch ein anderes ersetzt, welches etwas aus der Reihe herausgerückt aufgeschlagen war.

Der zweite Fall betraf einen Pilger aus dem 14. Zelte der zweiten Zeltreihe. Derselbe erkrankte am 4. November mit heftigem Erbrechen und Durchfall, wurde von Herrn Dr. Ferrari als ein Fall von »Fièvre gastrique, Choléra suspect« bezeichnet und starb nach kaum 24stündiger Krankheit am 5. November. Seine Leiche ist von der Kommission im Todtenzelt des Lazareths besichtigt worden. Der Unterleib war stark eingesunken, die Augen tiefliegend, die Fingerspitzen zeigten die bekannten an Waschfrauenfinger erinnernden Veränderungen.

Der dritte Fall betraf einen im 22. Zelt der zweiten Zeltreihe untergebrachten Pilger aus Beirut, welcher am 4. November unter den Erscheinungen der Cholera erkrankte und bereits in der folgenden Nacht im Lazareth verstarb.

Von den zur Zeit der Inspektion noch in Lazarethbehandlung befindlichen Kranken der Zeltdivision der „Diana" wird später die Rede sein. —

Die zweite noch nicht besetzte Zeltdivision, aus 70 Zelten bestehend, bot nichts Besonderes.

In der dritten aus 80 Zelten bestehenden Division waren die zu dem Schiffe „Jemal" gehörigen 336 Pilger untergebracht, deren Besichtigung nunmehr in gleicher Weise, wie es von denjenigen der „Diana" beschrieben worden ist, erfolgte.

Daß ein Pilger der „Jemal" schon bei der Ausschiffung als schwerkrank ins Lazareth gebracht und am 4. November daselbst an Cholera gestorben war, ist bereits erwähnt. Von den im Lager befindlichen Leuten zeigten viele mehr oder weniger heftige Augenentzündungen, im übrigen war indeß der Gesundheitszustand anscheinend ein guter. Der Nationalität nach waren es meist Türken, ferner viele Russen, Syrier und Leute aus Algier und Tunis, während Egypter auch hier wieder nur in geringer Zahl vertreten waren. Außer von Mekka heimkehrenden Pilgern waren in dieser Division auch zahlreiche mit der „Jemal" aus Hodeida gekommene Soldaten, sowie ein auf der Reise befindlicher Kapitän untergebracht. Unter den Pilgern fiel besonders eine aus Bokhara stammende russische Familie mit acht Kindern im Alter von ca. fünf Monaten bis zu zwölf Jahren durch gesundes und blühendes Aussehen vortheilhaft auf. Alte Männer und alte Frauen sah man in großer Zahl, auch Kinder unter einem Jahre fanden sich mehrere. Verschiedene Pilger trugen dicke Pelze und Pelzmützen. Einige, welche ihre Abstammung auf den Propheten zurückleiteten, kennzeichneten sich durch grüne Turbane, während wieder andere anläßlich der Pilgerschaft sich den Bart roth gefärbt hatten und daran als Perser zu erkennen waren. — Im Uebrigen glich die Division fast durchaus derjenigen der „Diana". Der Bazar war hier noch besser als dort versehen, indem auch Kartoffeln, Zwiebeln, Sardinen, Makkaroni, frische Eier, Aepfel und Birnen, Lichte u. s. w. käuflich waren. Ein kleines Café fehlte hier ebenfalls nicht. — Während der Vorschrift gemäß den Pilgern sonst alle Waffen abgenommen waren, trat zur Inspektion aus einem der Zelte ein mit mächtiger Hellebarde an kurzem Stiel bewehrter Pilger hervor. Auf Befragen wurde der Kommission mitgetheilt, daß dies ein Derwisch sei, und daß man nicht wagen dürfe, einem solchen die Waffe abzunehmen, wenn man sich nicht der Gefahr eines allgemeinen Aufstandes aussetzen wolle. Im vorliegenden Falle sah es ganz so aus, als könne der offenbar geistig nicht ganz gesunde Derwisch sehr wohl einmal einen sehr üblen Gebrauch von seiner Waffe machen.

Nach Beendigung der Inspektion des Lagers wurde nunmehr unter Führung des Dr. Ferrari dem Lazareth ein Besuch abgestattet.

In dem später noch zu beschreibenden Lazarethgebäude fanden sich sämmtliche sechs Betten belegt. Bemerkt sei, daß sowohl die Krankenräume, wie die Latrinen ordentlich und reinlich gehalten aussahen.

Die Kranken waren folgende:

1. Alter Mann von der „Jemal". Reichliche Diarrhoeen. Choleraverdächtig.
2. 50jähriger Mann von der „Jemal". Diagnose fraglich. Große Schwäche; Oedem an den Füßen; Zunge roth aussehend, wie vom Epithel entblößt. — Keine Diarrhoe.
3. Türke mittleren Alters von der „Jemal". Sehr schwach; Puls und Temperatur normal; kein Erbrechen, kein Durchfall.
4. Mann mittleren Alters von der „Jemal". Geringe Diarrhoe, kein Erbrechen. Allgemeinbefinden ziemlich gut.
5. Mann mittleren Alters von der „Diana". Chronische Dysenterie; seit 20 Tagen krank; war gesund ausgezogen.

6. Alter Mann von der „Diana". Sehr abgemagert und schwach. Keine Diarrhoe, kein Erbrechen. —

Neben dem festen Lazareth waren vier Krankenzelte errichtet, in welchen sich die nachstehenden Kranken vorfanden:

Zelt I.

7. Alte Frau von der „Jennat". Sehr schwach. Seit 24 Stunden Diarrhoe.

8. 13jährige Circassierin von der „Jennat". Diagnose: Nervöses Fieber. Bereits wieder gesund. Dieselbe ist allein, ohne Verwandte auf die Pilgerschaft gegangen.

Zelt II.

9. ca. 80jähriger Mann von der „Jennat". Diagnose fraglich. Sehr schwach, Oedeme an den Füßen. Keine Diarrhoe.

Zelt III.

10. Leprakranker von der „Diana" (bereits erwähnt).

11. Mann mittleren Alters von der „Diana". Wegen großer Schwäche aufgenommen. Kein Durchfall.

12. Alter Mann von der „Jennat". Etwas Diarrhoe; kein Erbrechen. Kurz vorher aufgenommen.

Zelt IV.

13. Alter Mann von der „Jennat". Diarrhoe; kein Erbrechen; sehr schwach. Choleraverdächtig.

14. 40jähriger Mann von der „Jennat". Sehr häufige reiswasserähnliche Stühle. Wiederholtes Erbrechen. Eingesunkene Augen. Aphonie. Diagnose: Cholera.

15. ca. 40jähriger Mann von der „Diana". Angeblich Cholera-Reconvalescent. Während der Nacht drei wässerige Stühle. Aphonie. Pulslosigkeit. Facies cholerica. — Cholera. (Offenbar nach kurzer Besserung Rückfall.)

16. ca. 50jähriger Mann von der „Diana". Sehr schwach; geringe Diarrhoe; kein Erbrechen. Von Dr. Ferrari als choleraverdächtig bezeichnet.

Unter den 16 in Lazarethbehandlung befindlichen Kranken litten demnach zwei (Nr.Nr. 14 und 15) an ausgesprochener Cholera, während drei andere (Nr.Nr. 1, 13 und 16) derselben für verdächtig erklärt werden mußten. — Die Krankenzelte machten im allgemeinen einen guten Eindruck. Nur in Zelt IV. war übler Geruch unangenehm bemerklich. —

Vom Lazareth aus begab sich die Kommission gegen Mittag noch einmal nach dem Beduinendorfe, um die Art der Wasserentnahme zu besichtigen. Trotz der großen Zahl der zu versorgenden Pilger war seit mehreren Tagen ausschließlich aus einem Brunnen geschöpft worden, und auch an diesem Tage war derselbe bereits seit 8 Uhr Morgens ununterbrochen in Anspruch genommen gewesen. Das Wasser im Brunnen fand sich aufgerührt und trübe; anscheinend quoll es von allen Seiten her in den Brunnenkessel nach. — Die Art der Entnahme, welche nicht gerade einen sehr appetitlichen Eindruck machte, war folgende: Zwei Beduinen standen mit nackten Füßen am Rande und zum Theil im Wasser, warfen die leeren Ziegenschläuche hinein und reichten dieselben dann gefüllt den obenstehenden Beduinen hinauf, welche sie auf Kameele luden und zu den eisernen Tanks der Pilger-Divisionen beförderten. Es sollen übrigens noch drei andere ebenso reichlich Wasser liefernde Brunnen vorhanden sein.

Auf dem Hofe der am Strande gelegenen Magazine stand ein Zelt, in welchem der von Suez mit der Kommission gekommene Jüngling unter Aufsicht einiger Wächter seine Quarantäne absolvirte. Anscheinend hatte er sich ganz behaglich eingerichtet und fand sich mit Gleichmuth in sein Schicksal.

Etwa in der Mitte zwischen dem Strande und dem Zeltlager der Diana-Pilger waren bereits mit Hülfe des von der „Damanhur" mitgebrachten Holzmaterials zwei Baracken errichtet, während zwei weitere noch hergestellt werden sollten. Sie waren nach Mittheilung des Herrn de Logier dazu bestimmt, in besseren Verhältnissen befindliche Reisende aufzunehmen welche feste Gebäude den Zelten meist vorziehen sollen.

Mittlerweile hatte die „Damanhur" sich des Restes des Baracken-Materials entledigt, und da von einem längeren Aufenthalte in Tor für die Kommission kein Vortheil mehr zu erwarten war, wurde beschlossen, sofort die Rückreise nach Suez anzutreten. In dem Schiffspatent wurde bescheinigt, daß Cholerafälle unter den Pilgern in Tor allerdings sich ereignet hätten, daß aber die Besichtigung des Lagers seitens der Kommission mit aller Vorsicht vorgenommen sei, sowie daß ein Verkehr mit Tor selbst nicht stattgefunden habe. Noch am Nachmittage des 6. November ging die „Damanhur" Anker auf und traf am 7. November Morgens kurz vor sechs Uhr wieder auf der Rhede von Suez ein. Sofort war das Schiff von einer Anzahl Segelbarken umschwärmt, deren Insassen anfragten, ob jemand wünsche, an Land befördert zu werden. Gegen ½7 Uhr kam ein Schreiber der Sanitäts-Anstalt in einem Boote längsseit, wie sich indeß bald herausstellte, nicht in amtlicher Eigenschaft. Er hatte die „Damanhur" sofort erkannt, als sie auf der Rhede erschienen war, und kam, um der Kommission Postsendungen und seitens des deutschen Konsuls für sie bestimmte Zeitungen zu bringen. Das Schiffspatent nahm er nicht mit. Erst um ½8 Uhr erschien das Quarantäne-Ruderboot, nahm mit Hülfe einer emporgereichten Blechbüchse das Patent, sowie die Post aus El Tor, welche unter Anderem eine Depesche Dr. Ferrari's an den »Conseil Sanitaire, Maritime et Quarantenaire« über den Ausbruch der Cholera unter den Pilgern enthielt, in Empfang und kehrte dann an Land zurück. Da nach Ablauf einer weiteren Stunde die Sanitätsbehörde noch nichts wieder von sich hatte hören lassen, so fuhr um ¾9 Uhr der erste Offizier an Land, um sich nach dem Grunde der Verzögerung zu erkundigen, konnte aber nur in Erfahrung bringen, daß wegen der Behandlung des Schiffes nach Alexandrien telegraphirt werde.

Gegen ½10 Uhr fuhr die Kommission selbst an Land und verlangte den Direktor der Sanitäts-Anstalt, Herrn Dr. Freda, zu sprechen. Nach Ablauf von fast einer Viertelstunde und nach wiederholtem Ersuchen erschien derselbe in der That, es ergab sich aber, daß er das Packet aus Tor, welches die Depesche bezüglich des Cholera-Ausbruchs enthielt, überhaupt noch nicht geöffnet hatte. Dies geschah erst vor den Augen der Kommission und unter der Versicherung, daß nunmehr schleunigst nach Alexandrien telegraphirt werden solle, von wo voraussichtlich gegen 11 Uhr eine Rückantwort eintreffen werde. Freie Praktik könne dem Schiff bis dahin nicht gewährt werden. — Da es der Kommission zweifelhaft erschien, ob die Entscheidung aus Alexandrien in der That so bald eintreffen würde, so beschloß sie, zunächst noch der Quarantäne-Anstalt bei den Mosesquellen einen Besuch abzustatten, wogegen Dr. Freda unter der Voraussetzung, daß keine unmittelbare Berührung mit dort befindlichen Personen stattfinden werde, nichts einzuwenden hatte. Die Kommission kehrte also zum Schiffe zurück, woselbst inzwischen zwei Quarantänewächter, durch gelbe Schärpen gekennzeichnet, aber unbewaffnet, sich eingefunden hatten, und trat alsbald die etwa einstündige Fahrt zur Quarantäne-Anstalt an den Mosesquellen an. Nachdem das Schiff in der Nähe des Landungsdammes vor Anker gegangen war, begab sich die Kommission, gefolgt von einem der Quarantänewächter, an Land und wurde hier von Herrn Dr. Hermanowitsch, dem Direktor der Anstalt, empfangen, welcher auf's bereitwilligste die gewünschten Erklärungen und Aufschlüsse bezüglich der Anstalt gab. — Pilger waren in diesem Jahre noch nicht hier untergebracht gewesen, doch war bereits in der Nähe einiger im Bau befindlicher Hospital-Baracken eine Zeltdivision, aus zwei Reihen mit je zehn Zelten bestehend, für dieselben aufgeschlagen.

Am Strande und in einiger Entfernung von einem erst seit acht Tagen in Angriff genommenen, trotzdem aber schon halb fertigen, massiven Dienstgebäude beherbergten vier Zelte je einige Passagiere erster Klasse, anscheinend englischer Nationalität. Auch ein Abtrittszelt für dieselben fehlte nicht. — Der Arzt und die Beamten waren vorläufig in zwei Zelten neben dem neuen Dienstgebäude untergebracht, während nordwestlich davon das Lager des militärischen Detachements aufgeschlagen war. Vor den Zelten der Beamten standen zwei eiserne Wassertanks, die anscheinend den Bedarf für das gesammte Personal, einschließlich der Soldaten und der erwähnten in Quarantäne befindlichen Passagiere lieferten.

Die klimatischen Verhältnisse sollen an diesem Theile der Küste nach Angabe des Dr. Hermanowitsch auch in der heißen Zeit sehr angenehm sein, zumal soll Nachts regelmäßig eine beträchtliche Abkühlung der Luft stattfinden.

Nach Beendigung der Besichtigung stattete die Kommission noch den Mosesquellen einen Besuch ab und begab sich dann wieder an Bord, um alsbald die Rückfahrt nach Suez anzutreten. Als hier das Schiff gegen $4\frac{1}{2}$ Uhr Nachmittags auf der Rhede erschien, kam alsbald das Sanitätsboot heran und brachte die Nachricht, daß durch telegraphische Anordnung des »Conseil Sanitaire, Maritime et Quarantenaire« der Kommission freie Pratik bewilligt sei, daß aber zunächst eine Desinfektion stattfinden solle. Die betreffende, später von der Kommission eingesehene Depesche an Dr. Freda lautete:

»Si vapeur »Damanhur« à bord duquel se trouvent Dr. Koch et mission allemande n'a touché aucun port côte arabique mer rouge mais seulement Tor et Wedj êtes autorisés admettre libre pratique après visite médicale et désinfection.«

Ein Arzt erschien übrigens nicht an Bord; die alsbald vorgenommene Desinfektion des Schiffes geschah vielmehr unter Aufsicht eines Commis und zwar in folgender Weise. Dem Sanitätsboote wurde eine Weinflasche entnommen mit einem schwärzlich aussehenden flüssigen Inhalte von schwach säuerlichem stechenden Geruch. Anscheinend war es Schwefelsäure, wenigstens färbte ein damit befeuchteter Fichtenholzspan sich alsbald schwärzlichbraun. Von dieser Flüssigkeit wurden nahezu zwei Weingläser voll in einen mit Seewasser gefüllten Holzeimer gegossen, in die Mischung ein großer Pinsel eingetaucht, und hie und da Boden und Wände damit besprengt. Auf dem Oberdeck waren nach Beendigung dieses Verfahrens nur wenige Tropfen der Flüssigkeit aufzufinden. Die unteren Schiffsräume blieben ganz unberücksichtigt, ebenso die von den Mitgliedern der Kommission bewohnten Cabinen und der von ihnen benutzte Abort. Dagegen wurde im Eßraum der Boden ein wenig besprengt, ohne Rücksicht auf den Teppich, der hier ausgebreitet lag. Die ganze „Desinfektion“ dauerte etwas weniger als zehn Minuten.

Hierauf mußte sich die Kommission mit ihrem Reisegepäck zur Sanitätsanstalt an Land begeben, um selbst desinficirt zu werden. Zu diesem Zweck wurden die Effekten in dem Vorraume des weiter unten beschriebenen Desinfektionsgebäudes aufgestellt, und die Reisekoffer geöffnet. Dann ließ man die Mitglieder der Kommission auf die im hinteren Raume befindliche Hürde treten, ohne daß die zwischen den beiden Räumen befindliche Thür geschlossen wurde. Auch das Fenster des hinteren Raumes blieb geöffnet. Nunmehr wurde die Desinfektionsmasse (Chlorkalk und Salzsäure) in einer Schale angerührt und in dem hinteren Raume auf den Boden gestellt. Der Chlorgeruch war hier binnen kurzem so intensiv, daß der Aufenthalt kaum länger als eine halbe Minute zu ertragen war, so daß die Desinfektion alsbald unterbrochen werden mußte. Nach kurzer Pause kehrte die Kommission noch einmal für einige Sekunden in den Raum zurück, und damit war das Verfahren, welches etwa fünf Minuten in Anspruch genommen hatte, beendet. Auch die Koffer u. s. w. wurden für ausreichend desinficirt erklärt.

Während aller dieser Vorgänge war der Arzt der Anstalt nicht anwesend. Dem Vernehmen nach war er in der Stadt anderweitig beschäftigt. —

Nachdem die Kommission die Freiheit ihrer Bewegungen wieder erlangt hatte, tauchte eine neue Schwierigkeit auf. Es war nämlich kein Boot vorhanden, durch welches sie sich hätte nach Suez befördern lassen können; den Weg aber entlang dem einige Kilometer langen Steindamm zu Esel zurückzulegen, schien wegen des für die wenigen vorhandenen Thiere zu umfangreichen Gepäcks unthunlich. Glücklicherweise kam zufällig eine Dampfbarkasse an der Anstalt vorüber, deren Besitzer aus Gefälligkeit Kommission und Gepäck nach Suez mitnahm, woselbst nach etwa ¼stündiger Fahrt bei hereinbrechender Dunkelheit die Ankunft erfolgte.

Durch die freundliche Vermittelung des Herrn Konsul Meyer waren inzwischen bereits auf der „Clan Buchanan", einem Schiffe der Glasgow'er (Clan Line), Plätze für die Fahrt von Suez nach Kalkutta für die Mitglieder der Kommission belegt worden, da von der anfänglich beabsichtigten Benutzung eines Schiffes der (Peninsular and Oriental Steam Navigation Company), der sogenannten (P. and O.), wegen der Ueberfüllung des erwarteten Dampfers dieser Linie hatte Abstand genommen werden müssen. Die ganze Reise nach Kalkutta zur See zurückzulegen, anstatt den Weg über Bombay zu wählen, erschien zweckmäßig, weil auf diese Weise Gelegenheit geboten war, die hinsichtlich der Choleraätiologie besonderes Interesse bietenden sanitären Zustände von Madras an Ort und Stelle kennen zu lernen und der Insel Ceylon, über deren Choleraverhältnisse die Nachrichten zum Theil widersprechend lauteten, einen wenn auch nur flüchtigen Besuch abzustatten. Die Besichtigung Bombay's konnte unbedenklich bis zur Zeit der Rückreise aufgeschoben werden.

Die wenigen der Kommission noch bis zur Ankunft der „Buchanan" verbleibenden Tage in Suez wurden mit der Berichterstattung und mit der Ordnung und Vervollständigung der gesammelten Aufzeichnungen ausgefüllt. Auch stellte die Heimat hier noch einige Anforderungen, insofern eine größere Anzahl von nachgesandten Korrekturabzügen derjenigen wissenschaftlichen Arbeiten durchzusehen war, welche demnächst im zweiten Bande der „Mittheilungen aus dem Kaiserlichen Gesundheitsamte" erscheinen sollten. — Vor ihrer Abreise hatte die Kommission noch Gelegenheit, dem Präsidenten des (Conseil Sanitaire, Maritime et Quarantenaire), Hassan Pascha Mahmud, welcher am 9. November zu Inspektionszwecken in Suez eintraf, persönlich ihren Dank für die höchst willkommenen Empfehlungsschreiben zu übermitteln, welche der genannte Beamte ihr vor Antritt der Fahrt ins Rothe Meer übersandt hatte.

Am Mittage des 13. November erschien die schon am Tage vorher von Port Said aus gemeldete „Buchanan“ und nahm, ohne ihre Fahrt zu unterbrechen, die mit Hülfe einer Dampfpinnaß längsseit gebrachte Kommission an Bord.

Die Fahrt durch das wegen seiner Hitze vielberufene Rothe Meer war in dieser Jahreszeit keineswegs eine unangenehme, zumal das Schiff im südlichen Theile den hier regelmäßig wehenden Südwind gegen sich hatte. Selbst bis gegen Mittag konnte die Kommission ohne Belästigung durch Hitze an Deck der weiteren Ausarbeitung der in Tor und El Wedj gemachten Notizen obliegen. Hier hatte sie, wie nebenbei erwähnt sei, zum ersten Male Gelegenheit fliegende Fische zu sehen, welche wie Gruppen kleiner Vögel über eine Strecke von mehreren Schiffslängen und einige Fuß hoch über dem Wasser dahin schossen. — Am Abende des 18. November kam das Blickfeuer der Insel Perim in Sicht, in der Nacht vom 20. zum 21. November wurde das Cap Guardafui und noch am letzteren Tage die zur Linken gelassene Insel Sokotra passirt, in deren Nähe reichliche Wolkenbildung sich bemerklich machte, und der Kommission der lange entbehrte Genuß eines ziemlich kräftigen, wenn auch nur etwa 10 Minuten andauernden Regens zu Theil wurde. Auch der folgende Morgen zeigte bewölkten Himmel und brachte Wind und Regen; bald indeß klärte sich das Wetter wieder auf und blieb während der ganzen weiteren Reise, abgesehen von einigen schnell vorübergehenden unbedeutenden Regenschauern gleichmäßig gut. Nachts war stets das schönste Meerleuchten sichtbar, und zwar strahlte das Wasser da, wo es aufgerührt wurde, einerseits jenes gleichmäßige milde Licht aus, wie es beispielsweise im Kieler Hafen häufig wahrgenommen wird; andererseits waren aber auch größere leuchtende Körper bis zu einem Fuß Durchmesser und darüber, zumal am Heck des Schiffes im Bereiche der Schraubenwirkung, sichtbar. — Bei nordöstlicher Windrichtung machte sich die Temperatur durch ihre Höhe nur Mittags unangenehm bemerklich, stieg aber auch um diese Zeit unter dem doppelten Sonnensegel und im Schatten nicht wesentlich über 30° C. — Nachdem am 26. November Minikoy, die nördlichste der Malediven, eine mit üppigen Kokosnußpalmen bestandene Koralleninsel von der charakteristischen Kreisform passirt, und am 27. November in der Ferne das Kap Komorin, die Südspitze Indiens, vorübergehend sichtbar gewesen war, tauchte in der Frühe des 28. November der bekannte, sagenumwobene „Adams Pik“ und bald darauf auch die dicht bewaldete Küste von Ceylon am Horizont auf. Binnen kurzem war die „Buchanan“ von zahlreichen außerordentlich schmalen Booten mit wunderbar geformten, weit abstehenden Auslegern und braunen, fast vollständig nackten Insassen umschwärmt, und gegen Mittag lief sie nach 15tägiger Seefahrt in den Hafen von Kolombo ein. —

Die Quarantäne-Anstalten in Egypten und am Rothen Meere.

Die Anwendung von Quarantänen und sonstigen Absperrungsmaßregeln gegen verseuchte Länder ist vielfach als mit derjenigen Lehre der muhamedanischen Religion in Widerspruch stehend betrachtet worden, nach welcher jedem Menschen sein Schicksal von Gott bestimmt sei, und eine Flucht vor den von Allah gesandten Uebeln als gleichbedeutend gelte mit der Anmaßnung, unsterblich sein zu wollen. Dieser vermeintliche Widerspruch hat schon im Jahre 1838 die Veranlassung gegeben, daß Sultan Mahmud eine außerordentliche Versammlung von hohen Würdenträgern der Pforte, sowie von Vertretern der Geistlichkeit (Ulema's) und der Justiz berufen hat, welche sich darüber äußern mußten, ob die Anwendung jener Schutzmaßregeln gegen die Pest in der That religiösen Bedenken unterliege. Auf Grund des von der Versammlung abgegebenen Urtheils, daß dies nicht der Fall sei, wurde dann auf Befehl des Sultans eine öffentliche Bekanntmachung erlassen, welche die Errichtung von Quarantäne-Anstalten zur Fernhaltung der Pest ausdrücklich für zulässig erklärte und jeden mit schwerer Strafe bedrohte, der versuchen würde, den bezüglichen, auf Grund der Neuorganisation des Sanitätsdienstes erlassenen Vorschriften sich zu entziehen. — Im Nachstehenden mögen aus jener Bekanntmachung, welche von Bulard in seinem Werke „De la Peste orientale pendant les années 1833—1838“ zum Abdruck gebracht worden ist, die wesentlichsten Abschnitte nach der Uebersetzung von Dr. H. Müller*) mitgetheilt sein:

„Wie gegen das Feuer, so muß man also Vorsichtsmaßregeln nehmen gegen dieses andere Uebel, und sich nicht mit verdächtigen oder compromittirten Personen oder Pestkranken in Verbindung setzen. Um diese Verbindungen zu vermeiden, hat Seine Hoheit, von der Liebe erleuchtet, welche sie zu ihrem Volke trägt, befohlen, daß Maßregeln zum Schutze der Bevölkerung des Reiches gegen die Anfälle der Krankheit genommen werden sollen, und anerkannt, daß es nothwendig wäre, Sanitäts-Kordons einzurichten, Lazarethe zu bauen, Quarantänen zu halten und endlich zu allen als gut anerkannten Mitteln seine Zuflucht zu nehmen; denn es ist heute durch die schmerzhafte Erfahrung von Jahrhunderten vollkommen erwiesen, daß durch Verachtung dieser Maßregeln oder Unbekanntschaft mit denselben Millionen Menschen umgekommen sind . . . . . Es ist also ebenso vernünftig, die Pest zu fliehen, als ein Erdbeben oder eine einstürzende Mauer, und diejenigen, welche, ganz an dem Fatalismus hängend, dies nicht glauben, denken nicht sehr weise. Um aber jeder Meinungsverschiedenheit über diesen Punkt Recht widerfahren zu lassen, so haben sich die achtbarsten Mitglieder des Corps der Ulema's in einer Versammlung bei der hohen Pforte vereinigt und erklärt, daß so wie Gott die Uebel schickt, er sie entfernen kann, und daß in den zu ihrer Entfernung gemachten Anstrengungen nichts liegt, was dem göttlichen Gesetze entgegen wäre. Nach dem in diesem Geiste abgefaßten Fetwas der Ulema's hat das Oberhaupt des Staates, der ohne Unterlaß das Heil und das Glück seines Volkes, den Ruhm und die Wiederaufrichtung des Reiches sucht, seinen gnädigen Firman erlassen, durch welchen befohlen wird, das ganze Land vor der bösen Krankheit zu schützen.“ —

In Egypten waren schon vor diesem Erlasse Quarantäne-Anstalten, sogenannte Lazarethe, nach dem Muster entsprechender europäischer Einrichtungen erbaut worden. So ist z. B. die im Nachstehenden beschriebene, zur Zeit als Beobachtungsstation für importirtes Vieh benutzte „alte Quarantäne“ in Alexandrien, wie Néroutsos Bey**) mittheilt, im Anfange der dreißiger Jahre errichtet, nachdem anläßlich der Cholera-Epidemie des Jahres 1831 unter der Herrschaft von Mehemet Ali Pascha durch eine Vereinigung der General-Konsuln der europäischen

*) Ueber die orientalische Pest von F. A. Bulard, aus dem Französischen übersetzt von Dr. H. Müller. Leipzig 1840.

**) Néroutsos Bey, Aperçu historique de l'organisation de l'intendance générale sanitaire d'Egypte. Alexandrie 1880.

Mächte die »Intendance Sanitaire Publique« gebildet worden war. In den folgenden Jahren gab zwar das Auftreten der Pest einen weiteren Anstoß zur Entwickelung des Quarantänewesens in Egypten, einer regelrechten Durchführung desselben standen indessen auch hier die Vorurtheile der Bevölkerung entgegen, so daß Mehemet Ali Pascha schon im Jahre 1834 sich veranlaßt sah, ausdrücklich zu erklären, ein Widerspruch zwischen den angeordneten sanitären Maßnahmen und den religiösen Lehren bestehe nicht. Der bezügliche von Nérontsos Bey mitgetheilte Erlaß beginnt mit den Worten: »L'aversion des habitants d'Alexandrie contre les mesures sanitaires provient de leur ignorance.« — Diejenigen Ulema's, welche mit den Anordnungen des Erlasses nicht einverstanden waren, wurden mit siebenmonatlicher Galeerenstrafe bedroht, falls sie sich den sanitären Vorschriften nicht unterwerfen würden.

Im Jahre 1835 wurde ein neues Reglement geschaffen, durch welches die Organisation des Sanitätsdienstes an der ganzen Küste Egyptens und seiner Dependenzen Kreta und Syrien festgesetzt wurde; und zwar verblieb die oberste Leitung dieses Dienstes zunächst den in Alexandrien akkreditirten General-Konsuln der fremden Mächte. — Die zahlreichen Phasen, welche seitdem diese Verwaltung durchlaufen hat, sind ausführlich in der oben bereits citirten Schrift von Nérontsos Bey geschildert worden. — Die Cholera-Epidemie des Jahres 1865 und die im darauffolgenden Jahre in Konstantinopel abgehaltene internationale Sanitäts-Conferenz gaben die Veranlassung, daß auch im Rothen Meere ein Sanitäts- und Quarantäne-dienst eingerichtet wurde, dessen Organisation die inzwischen geschaffene »Intendance Sanitaire d'Égypte« bereits gegen Ende des Jahres 1866 in Angriff nahm. Im folgenden Jahre wurden die erforderlichen Anordnungen betreffs der Quarantäne-Stationen El Wedj und El Tor, sowie derjenigen an den Mosesquellen mit der Maßgabe getroffen, daß El Wedj ausschließlich für die Unterbringung der aus dem Hedjaz heimkehrenden Pilger dienen sollte.

Die internationale Sanitäts-Conferenz in Wien vom Jahre 1874 sprach sich für Aufrechterhaltung der 1866 in Konstantinopel empfohlenen Maßregeln und insbesondere für Beibehaltung der Quarantäne im Rothen Meere aus, einen thatsächlichen Einfluß auf die Gestaltung des Sanitätsdienstes in Egypten hat sie indeß nicht ausgeübt.

Finanzielle Schwierigkeiten, mit welchen die egyptische Regierung in den darauf folgenden Jahren zu kämpfen hatte, leisteten dem Verfalle der vorhandenen Einrichtungen mehr und mehr Vorschub, so daß gegen Ende 1878, wie Nérontsos Bey, der damalige Präsident der »Intendance Générale Sanitaire« schreibt, „alle dem Sanitätsdienste gewidmeten Etablissements, sowohl die Quarantäne-Anstalten wie die Hospitäler, ausnahmslos wegen jeglichen Mangels an Erhaltung und Reparatur zu Ruinen wurden.“ —

Im Jahre 1881 fand wiederum eine Reorganisation des egyptischen Sanitätsdienstes statt, indem an Stelle der »Intendance Générale Sanitaire« der »Conseil Sanitaire, Maritime et Quarantenaire« in Alexandrien trat. Das Dekret des Khedive vom 3. Januar 1881, welches die Zusammensetzung, die Aufgaben und Befugnisse des Conseil regelt, findet sich in den Anlagen unter III mitgetheilt. Die Thätigkeit der dem Conseil unterstellten Organe wurde durch die im Jahre 1882 erlassenen »Règlements sanitaires, maritimes et quarantenaires, approuvés par le Conseil sous la présidence de M. le Docteur Hassan Bey Mahmoud« geordnet.*)

*) Vgl. auch: „Règlements revisés à la date du 6 Mai 1884. — Alexandrie 1884.“

Die Einrichtung derjenigen Quarantäne-Anstalten in Egypten und am Rothen Meere, welche die deutsche Kommission zu besichtigen Gelegenheit gehabt hat, ist aus den nachstehenden Beschreibungen ersichtlich.

Die Quarantäne-Anstalten in Alexandrien.

a. Die Quarantäne-Anstalt von Gabarri.

Die Anstalt von Gabarri ist außerhalb der Stadt und von derselben einige Kilometer nach Südwesten entfernt, vollständig isolirt innerhalb des „Jardin du Gabarri" gelegen, eines ausgedehnten Terrains, auf welchem bebautes Gartenland mit zahlreichen Palmenhainen abwechselt. Das im Jahre 1858 zur Quarantäne-Anstalt eingerichtete Gebäude ist ein altes,

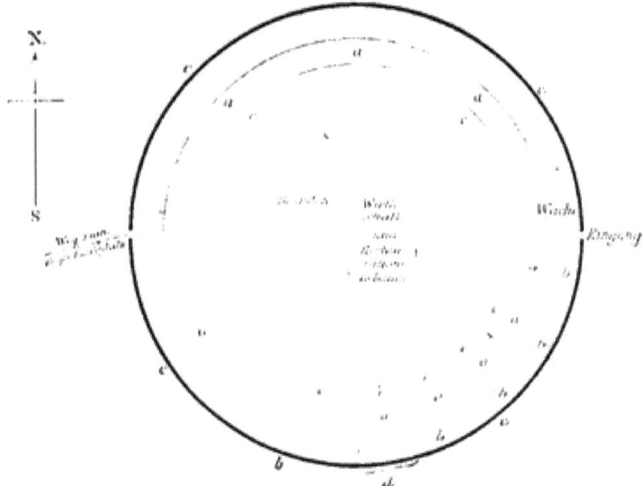

von Said Pascha erbautes Vice-Königliches Schloß. Sind die Baulichkeiten zum Theil auch in Verfall begriffen, so ist man doch offenbar bemüht gewesen, dem letzteren nach Kräften entgegenzuwirken. Uebrigens hat die Anstalt während der Epidemie von 1883 zu Quarantänezwecken nur vorübergehend gedient und ist vielmehr als Reservelazareth für die in der Stadt errichteten Ambulanzen, sowie zur Unterbringung der von Mex hierher geschafften Cholerakranken benutzt worden.

Die Einrichtung der Anstalt erhellt aus der vorstehenden Skizze. Das in der Mitte des Terrains gelegene alte Schloß dient als Wirthschaftsgebäude, während ein kleineres Haus daneben die Wohnungen für die Beamten enthält. Die eigentlichen Quarantäneräume bilden einen geschlossenen Kreis um diese beiden Gebäude herum und sind durch eine hohe Ringmauer (e) nach außen zu völlig abgeschlossen. Der Zugang zur Anstalt, demjenigen einer kleinen Festung ähnlich, wird von einer militärischen Wache besetzt gehalten. Die in der Skizze nur zum Theil ausgeführten Quarantäne-Räumlichkeiten bestehen je aus einem Wohnraume (a), einem nach innen zu sich daran schließenden mit Bäumen bepflanzten Platze (c) und einem nach außen gelegenen, die Abtritte (b) enthaltenden Hofe. Die einzelnen Abtheilungen oder Divisionen sind durch radiäre Scheidewände vollständig von einander getrennt. Eine der Abtheilungen enthält die Desinfektions-Anstalt (d).

Die zur Unterbringung von Personen bestimmten Abtheilungen unterscheiden sich in ihrer Einrichtung von einander, je nachdem sie Personen der 1. und 2. oder der 3. Bezahlungs-

Division I. und II. Klasse.

Division III. Klasse.

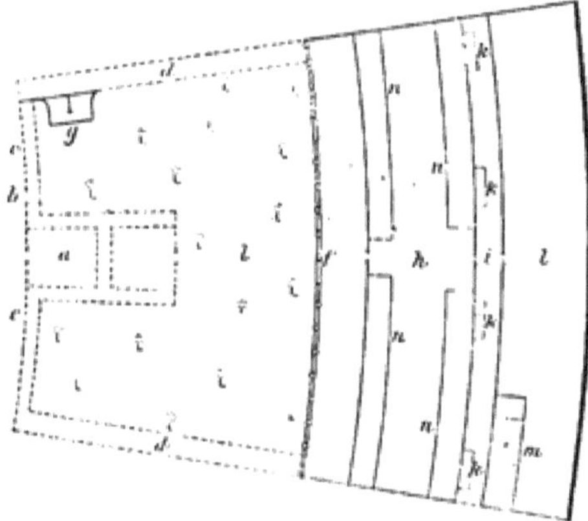

klasse aufnehmen sollen. Von den beiden vorstehenden Skizzen veranschaulicht die obere die Einrichtung einer Division 1. bezw. 2. Klasse, die untere diejenige einer Division 3. Klasse. Bei b befindet sich der während der ganzen Beobachtungszeit geschlossen gehaltene Eingang; der Verkehr zwischen den Beobachteten und den Beamten findet bei a in einer Weise statt, welche jede unmittelbare Berührung ausschließt. Ein doppeltes Gitter (c) schließt sowohl die mit Bäumen bepflanzten und mit einem Wasserauslaß (g) versehenen Vorräume (f) von dem inneren Terrain der Anstalt ab, wie auch die (in den Skizzen ebenfalls mit l bezeichneten) Hofräume der einzelnen Divisionen von einander durch ein solches Gitter oder eine Mauer geschieden sind. Vor den Wohnräumen (h) befindet sich eine Säulenhalle (f). Räume zum Kochen (i), mit Kochheerden (k) ausgestattet, sind von den Wohnräumen abgegrenzt, während die Abtritte (m) im Bereiche der hinteren Hofräume liegen.

In den Wohnräumen 1. und 2. Klasse sind Bettstellen vorhanden; in denjenigen 3. Klasse ziehen sich längs der Wände gemauerte Bänke (n) von etwa 75 cm Höhe hin, auf welchen die in Quarantäne befindlichen Personen ihr Nachtlager herrichten. Im ganzen können in der Anstalt ca. 400 Personen untergebracht werden. Zu bezahlen sind für einen Platz 1. Klasse täglich 15 Piaster Tarif (= ca. 3 Mark), für einen der 2. Klasse 12 Piaster Tarif (= ca. 2,50 Mark) und für einen der 3. Klasse 5 Piaster Tarif (= ca. 1 Mark). Kinder, sowie Soldaten und Arme bezahlen nichts. — Für die Verpflegung hat ein Privatunternehmer gegen tarifmäßige Bezahlung zu sorgen, doch können die in Quarantäne Befindlichen die Zubereitung ihrer Speisen auch selbst vornehmen, da, wie erwähnt ist, in jeder Division eine Kücheneinrichtung — ein als Heerd dienendes Mauerwerk von kaum einem halben Meter Höhe mit einem primitiven Rauchfang darüber — vorhanden ist.

Die Anstalt ist mit filtrirtem städtischen Leitungswasser versorgt. Die Abtritte sind ohne Sitzvorrichtung und in der in Egypten allgemein üblichen Weise hergerichtet (vgl. S. 11). Unter den letzteren liegen nach Mittheilung des Herrn de Logier, unter dessen freundlicher Führung die Besichtigung der Anstalt durch die Kommission stattfand, große in Cement gemauerte Senkgruben, welche, sobald sie in Gebrauch kommen, durch tägliches Einschütten von Eisenvitriol desinficirt werden sollen.

Im südlichen Theile des Etablissements und zwar im äußeren Hofraume befindet sich die aus vier neben einander gelegenen Abtheilungen bestehende Desinfektionsanstalt. Jede Abtheilung derselben zerfällt ihrerseits in zwei Räume, nämlich einen größeren vorderen, mit Holzgestellen an den Wänden versehenen und zum Lagern bezw. zur Desinfektion von Waaren bestimmten und in einen hinteren kleineren Raum, welcher zur Desinfektion von Reise-Effekten, Kleidern, Wäsche u. dgl. dient. In letzterem befindet sich eine, in ca. 1½ Meter Höhe angebrachte ganz durchgehende horizontale Hürde, auf welcher die zu desinficirenden Objekte niedergelegt werden. Dieser hintere Raum mißt etwa 125 Cubikmeter. Die Desinfektion geschieht mit schwefliger Säure, und zwar werden auf je einen Cubikmeter Raum etwa 70 bis 80 g Schwefel verbrannt. Nach 48 Stunden wird der Raum geöffnet und zwei Stunden lang gelüftet, wonach die Objekte herausgenommen werden. Sollen in dem vorderen größeren Raume Waaren desinficirt werden, so geschieht das ebenfalls mit schwefliger Säure; hier werden indeß nur etwa 50 bis 60 g Schwefel auf den Cubikmeter verbrannt. In einer der vier Desinfektionsabtheilungen steht ein viereckiger eiserner Desinfektionskasten von etwa 1 Meter Höhe und ½ Meter Breite und Tiefe, welcher dazu bestimmt ist, neben der schwefligen Säure auch eine höhere Temperatur auf die Objekte einwirken zu lassen. Im oberen Theile dieses Kastens befindet sich ein horizontaler durchlöcherter Boden, auf welchen die zu desinficirenden Gegenstände nach Aufheben des Deckels gelegt werden; dann wird der Deckel wieder geschlossen und nun durch eine kleine im unteren Theile des Kastens befindliche Thür ein Becken mit glühenden Holzkohlen, auf welche Schwefel gestreut wird, ins Innere des Kastens hineingeschoben. Ein oben angebrachtes Thermometer gestattet die auf diese Weise im Kasten erzeugte Temperatur abzulesen, welche angeblich bis auf 110° C. gesteigert werden kann. Die Objekte bleiben etwa 15 bis 20 Minuten in dem Apparate. Uebrigens scheint bei diesem Verfahren der Wirkung der hohen Temperatur in der Praxis keine wesentliche Bedeutung beigelegt zu werden, da man sich nach Mittheilung des Herrn de Logier meist darauf beschränkt, einfach den Schwefel im Apparat zu verbrennen.

In einer der Desinfektionsabtheilungen befindet sich ein großes Gefäß zum Auskochen der Wäsche von Cholerakranken. —

Während der letzten Epidemie sind in der Anstalt 40 bis 50 Cholerakranke untergebracht gewesen, und zwar in mehreren Divisionen der dritten Klasse. Etwa die Hälfte dieser Kranken soll gestorben sein. — Die Abtrittsöffnungen in den als Lazareth benutzten Abtheilungen sind nach Beendigung der Epidemie vermauert; die Wände frisch getüncht.

Der im Westen der Anstalt befindliche und etwa 2 Kilometer von ihr entfernte Begräbnißplatz ist groß und frei gelegen. Zur Zeit der Besichtigung durch die Kommission diente er als Weideplatz für Schafheerden.

Im Osten der Anstalt und einige hundert Schritt von ihr entfernt liegen mehrere fiskalische Gebäude, in welchen während der Epidemie eine Anzahl evakuirter Familien aus dem Stadttheile Raz el Tin untergebracht gewesen ist. —

In der geschilderten Anstalt müssen noch heute die aus verdächtigen bezw. verseuchten Orten zu Wasser oder zu Lande in Alexandrien eintreffenden Personen ihre Quarantänezeit durchmachen, soweit sie dieselbe nicht etwa an Bord von Schiffen absolviren.

b. Die provisorische Quarantäne-Anstalt zu Mex.

Etwa fünf Kilometer östlich von Alexandrien war im Sommer 1883, während die Cholera-Epidemie in Kairo wüthete, eine provisorische Quarantäne-Anstalt in einer alten zu dem Fort Mex gehörigen Kaserne eingerichtet, welche bestimmt war, die mit der Eisenbahn von Kairo kommenden Personen aufzunehmen. Von hier aus hatten sich dieselben entweder direkt an Bord der nach Europa gehenden Schiffe zu begeben oder, wenn ihr Reiseziel Alexandrien war, zunächst hier eine siebentägige Quarantäne durchzumachen. Die Anstalt soll etwa einen Monat lang in Thätigkeit gewesen sein und allein in der dritten Klasse ca. 500 Personen beherbergt haben. Sie wurde am 23. September von der Kommission einer Besichtigung unterzogen. — Auf dem Hofe der Kaserne fand sich ein mäßig großer, unter Benutzung vorhandenen Mauerwerks hergestellter Bretterschuppen mit mehreren, von einander getrennten Räumen. Dieselben erhielten nur wenig Licht durch einige kleine Fenster; auch war in Folge dessen die Luft in ihnen etwas dumpfig. Der Fußboden bestand aus festgestampfter Erde. An den Thüren und Wänden dieses Gebäudes, welches zur Aufnahme von Personen der dritten Bezahlungs-Klasse gedient hatte, fanden sich zahlreiche Namen angeschrieben. Ein kleiner schattenloser Hof hat den hier Untergebrachten als Promenade gedient. Für die erste und zweite Klasse waren im zweiten Stock des eigentlichen Kasernengebäudes mehrere gut gelegene Räume hergerichtet; einer derselben war noch zur Zeit der Besichtigung mit Betten, Matratzen u. s. w. aus der Anstalt zu Gabarri ausgestattet. Auch in diesen Räumen waren indeß die Fensterscheiben zum Theil zerbrochen, der Fußboden vielfach schadhaft u. s. w.

Zwei große Räume in demselben Stockwerk waren als Lazareth für die etwa an der Cholera Erkrankenden bestimmt und mit bequemen, sogar Mosquito-Vorhänge tragenden Betten besetzt. In der That sollen unter den in der Anstalt internirt gewesenen Personen 19 Cholerafälle vorgekommen sein, von denen drei hier tödtlich endeten. Sobald wie irgend möglich sind indeß die Kranken von hier aus nach Gabarri geschafft worden.

Die Verpflegung der in Quarantäne befindlichen Personen hat ein Restaurateur von Alexandrien aus bewirkt.

Die Wahl des Ortes mußte in Hinsicht auf den Zweck als vortrefflich bezeichnet werden. Das Gebäude liegt hoch, auf felsigem Untergrunde und ist den frischen Seewinden frei ausgesetzt. Außerdem ist es mit Alexandrien durch einen Schienenstrang verbunden und erhält sein Wasser durch eine besondere Leitung aus den städtischen Wasserwerken.

c. Die alte Quarantäne an der Ostseite von Alexandrien.

Die an der Ostseite von Alexandrien bei dem Dorfe Chatby gelegene alte Quarantäne besteht aus einer Anzahl quadratisch angeordneter Baulichkeiten, welche je einen Hofraum umschließen und zusammen einen großen, viereckigen, mit hohen Mauern umgebenen Gebäudecomplex darstellen. Die Anstalt hat wesentlich nur noch ein historisches Interesse, da sie zur Unterbringung von Menschen schon seit der Pestepidemie in den 30er Jahren nicht mehr benutzt worden ist.

Sie befindet sich in starkem Zerfall; überall liegen Schutthaufen umher, die Wände sind zum Theil eingestürzt, die Fenster zerbrochen u. s. w. — Zur Zeit dient das Gebäude als Quarantäne-Stall für importirtes Vieh, und zwar wird sämmtliches nach Alexandrien eingeführtes Vieh zunächst zur Beobachtung hierher gebracht. Der Transport vom Hafen her durch die Stadt geschieht nur zur Nachtzeit.

Bei der am 24. September vorgenommenen Besichtigung fand die Kommission verschiedene Abtheilungen mit Vieh besetzt. In einer Abtheilung standen etwa 20 Stück irrischer Rinder, kleine hellgraue Thiere mit kurzen Hörnern; in einer andern waren etwa 40 aus Ober-Egypten und Sualim eingeführte kleine hellbraune, kurz gehörnte, der Form nach dem Zebu gleichende Rinder untergebracht. In einer dritten Abtheilung stand etwa ein Dutzend großer schwarzer Büffel, in einer vierten vier Stück russischen Steppenviehs, grau gefärbte bewegliche Thiere mit ziemlich langen, nach oben gerichteten Hörnern. Es sei hier beiläufig bemerkt, daß bald darauf, während die Kommission in Damiette sich befand, unter derartigem russischen Steppenvieh in der Quarantäne Fälle von Rinderpest vorgekommen sind.

In der Nähe der Anstalt befindet sich das städtische Schlachthaus, sowie mehrere Gerbereien.

Die Quarantäne-Anstalt von Damiette.

Die schon vor ca. 40 Jahren erbaute Quarantäne-Anstalt ist auf dem östlichen Ufer des Damiette-Nilarmes, ca. 15 Kilometer stromabwärts von Damiette und 5 Kilometer oberhalb der Einmündung des Flusses ins Meer gelegen. Ihre Aufgabe besteht darin, die stromaufwärts gehenden Schiffe in sanitärer Beziehung zu überwachen und die Einschleppung von Menschen- und Thierseuchen nach Damiette zu verhüten.

Die Anstalt besteht aus einem unmittelbar am Nil gelegenen Hause, welches im Erdgeschoß die Bureaus, sowie die Beamtenwohnungen und im oberen Stock die Wohnung des Arztes enthält; ferner aus zwei etwas weiter zurück gelegenen, lang gestreckten, unter sich und mit dem Nil parallel verlaufenden Gebäuden, welche an ihren Enden durch Mauern mit einander verbunden sind und so einen geräumigen Hof einschließen. Von diesen beiden Gebäuden ist das eine (A der nachstehenden Skizze) zur Unterbringung von Thieren und von Waaren bestimmt, enthält aber gleichzeitig einen Raum zum Verkehr mit seuchverdächtigen Personen; das andere (B) enthält im Erdgeschoß die Quarantäneräume für wenig bemittelte Personen, sowie die Desinfektionsanstalt, ferner im oberen Stock die Quarantäneräume für wohlhabendere Personen und die Lazarethräumlichkeiten. — An die für Waaren und Thiere bestimmten Räume (a) schließen sich unbedachte, ebenfalls als Ställe dienende Plätze (b) an, welche nach dem Hofe zu durch eine mittels eines Holzgitters erhöhte Mauer abgeschlossen sind.

Der Sprech- und Untersuchungsraum (c) ist auch hier so eingerichtet, daß die Beamten die in Quarantäne befindlichen Personen durch ein Holzgitter hindurch sehen und sprechen können, ohne einer Berührung mit ihnen ausgesetzt zu sein. Der Boden in den Abtheilungen des Gebäudes A ist festgestampfte Erde. — Nach Auskunft des zur Zeit der Besichtigung durch die Kommission als Director fungirenden Dr. Hermanowitsch dauert die Quarantäne für seucheverdächtige Thiere 21 Tage. Es war damals in der Anstalt nur ein Thier vorhanden, nämlich ein zu Schiff ohne Paß von Cypern angekommener Esel. Das Geschick desselben war noch zweifelhaft, da seitens des Directors telegraphisch die Entscheidung des Conseil zu Alexandrien erbeten war. — Im Erdgeschoß des östlich gelegenen Gebäudes B befinden sich sieben Quarantäne-Abtheilungen, je aus einem nach dem Hof zu gelegenen Zimmer (d) und einer daran sich schließenden Küche (e) bestehend. Der Boden dieser Räume ist mit Steinfliesen bedeckt; die Küche enthält in der einen Ecke den Heerd, in der anderen den Abtritt. Verfallene, unter dem Hofe durch zum Nil verlaufende Abzugskanäle waren einst dazu bestimmt, die Fäkalien von hier abzuführen. — Die Räume machten einen vernachlässigten Eindruck;

sie sind außerdem dumpf und dunkel, da sie nur durch die Thür, sowie durch ein kleines Fenster in der Küche Licht und Luft erhalten, und glichen eher Gefängnissen als Quarantäneräumlichkeiten. In den letzten Jahren sollen denn auch Personen hier nicht mehr in Quarantäne gewesen sein; daß die Anstalt indeß früher zur Unterbringung von solchen gedient hat, ging daraus hervor, daß an den Wänden zahlreiche Namen angeschrieben waren, und rohe Zeichnungen von Schiffen u. dgl. m. sich fanden. — Die südlich gelegenen Abtheilungen des Erdgeschosses (f) sind für die Zwecke der Desinfektion reservirt. Hier befinden sich auch fünf cementirte Behälter, in welchen verdächtige Thierhäute mit Chlorkalk behandelt werden (von 4 bis zu 48 Stunden). Die Desinfektion von Personen findet angeblich durch Kali hypermanganicum statt. Einer der Räume war bestimmt, zur Desinfektion von Waaren durch schweflige Säure zu dienen. — Das obere Stockwerk, in welchem sich die Quarantäne-Räumlichkeiten der ersten Klasse befinden, macht schon dadurch einen freundlicheren Eindruck als der übrige Theil der Anstalt, daß eine offene Gallerie vorhanden ist, von welcher eine Treppe zu dem übrigens keinerlei Vegetation zeigenden Hofe hinabführt. Die Räume sind hier trockener, heller und luftiger; zur Zeit der Besichtigung sahen sie indeß ebenfalls verfallen und schmutzig aus.

Die über der Desinfektionsanstalt gelegenen fünf Zimmer dienen zur Aufnahme von Kranken und sind ohne Zweifel von allen vorhandenen Gelassen auch am besten hierzu geeignet. Im ganzen soll das Hospital, in welchem übrigens ebenso wie in den Quarantäneräumen keinerlei Inventar vorhanden war, 60 bis 90 Kranke aufnehmen können, während die Quarantäneanstalt überhaupt angeblich 400 bis 500 Personen unterzubringen vermag.

Das Inventar wird im Bedarfsfalle telegraphisch aus Damiette requirirt. Für ihre Verpflegung haben die in Quarantäne befindlichen Personen selbst zu sorgen.

Bezüglich der Ausdehnung des Schiffsverkehrs auf dem Nil erhielt die Kommission von dem Direktor der Anstalt die nachstehende Auskunft:

Im Jahre 1882 haben im ganzen 1220 Fahrzeuge die Anstalt passirt, darunter 875 von je 100 bis 250 Tons und 345 von je 50 bis 100 Tons. Im Sommer ist der Verkehr am regsten, im Winter sehr gering gewesen. Die Schiffe kommen zum größten Theil von Port Said, ferner von den benachbarten Küsten, insbesondere der syrischen, und von den Inseln des Mittelländischen Meeres. Sie bringen vor allem Holz und Kohlen, Wein u. dgl. m.

Der Verkehr des Jahres 1883, über welchen die nachstehenden Zahlen Aufschluß geben, war in Folge des Ausbruchs der Cholera während der Sommermonate ein sehr geringer. Es passirten:

im Januar	27	Schiffe.
„ Februar	52	„
„ März	46	„
„ April	19	„
„ Mai	75	„
1. 17. Juni . .	10	„
17. 30. Juni	3	„
im Juli	9	„
„ August	6	„
„ September	28	„

Von den 13 im Juni verzeichneten Schiffen sind 11 von Port Said gekommen.

Die Sanitäts-Anstalt zu Suez.

Die Anstalt befindet sich am südlichen Eingange des Suezkanals und zwar am Ende des Steindammes, welcher, einen Eisenbahn-Schienenstrang tragend, von der Stadt Suez aus zum Port Ibrahim führt (s. den nachstehenden Plan). Sie besteht aus einem stattlichen Hauptgebäude für die Verwaltung und einem kleineren Nebengebäude, welches zur Aufbewahrung von Lazarethmaterial dient und gleichzeitig die Desinfektionsräume enthält. Das Ganze ist von einer steinernen Mauer umschlossen, außerhalb welcher eine Anzahl von Hütten steht, von Soldaten mit ihren Familien bewohnt.

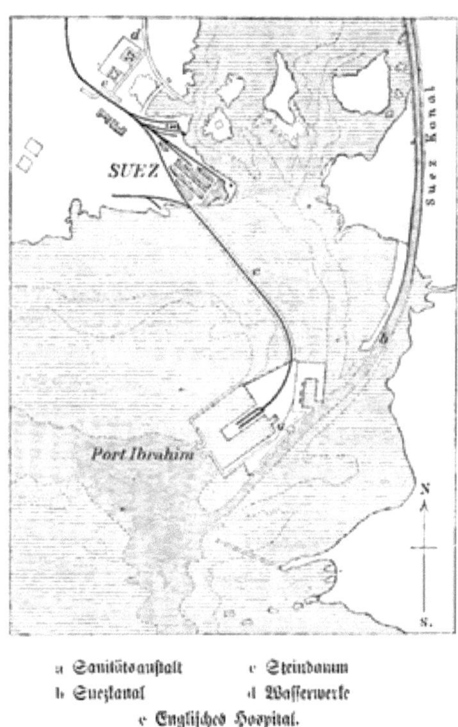

a Sanitätsanstalt c Steindamm
b Suezkanal d Wasserwerke
e Englisches Hospital.

Im Hauptgebäude befindet sich auf beiden Seiten des Einganges je ein Untersuchungszimmer, in welchem die Verhandlungen zwischen dem Personal der Anstalt und seucheverdächtigen Passagieren statthaben. Jedes dieser beiden Zimmer zerfällt in eine vordere, für die zu Untersuchenden bestimmte und eine hintere, von jener durch ein Gitter mit Schiebefenster getrennte Hälfte, zu welchem nur das Sanitätspersonal Zutritt hat. Die übrigen Räume im Erdgeschosse werden von dem Bureau eingenommen, während das obere Stockwerk die Dienstwohnungen des Arztes und der Beamten enthält.

In den Lagerräumen des Nebengebäudes sind für die Quarantäne-Anstalt an den Mosesquellen bezw. in El Wedj bestimmte Zelte nebst Zubehör, sowie Desinfektionsmittel, bestehend aus Carbolsäure, Chlorkalk, Schwefel, in Säcken verpacktem Kalk und in Flaschen aufbewahrten Mineralsäuren untergebracht. Der Desinfektionsraum besteht aus zwei durch eine Thür mit einander verbundenen Hälften, deren hintere durch eine horizontale, aus Holzlatten hergestellte, in etwa Mannshöhe angebrachte Hürde in eine obere und eine untere Abtheilung gebracht ist. Auf diese Hürde begeben sich die zu desinficirenden Personen, während aus einer auf den Boden gestellten Schale Dämpfe von Chlor oder schwefliger Säure entwickelt werden. Im übrigen ist nach der von dem Direktor der Anstalt, Herrn Dr. Kreda, der Kommission ertheilten Auskunft die Behandlung von Gegenständen, welche aus verseuchten oder verdächtigen Orten kommen, folgende:

„Nicht giftfangende" Waaren, Getreide u. s. w. bleiben sieben Tage lang in Quarantäne, werden dann aber ohne weiteres freigegeben. „Giftfangende" Waaren, wie Baumwolle, Wolle, Teppiche werden ebenso behandelt, nur kommt zum Schluß der Quarantänezeit ein Besprengen mit 5 % Carbolsäurelösung hinzu. Die für Egypten bestimmte Post kommt in getheerten Säcken an. Die Briefe werden an zwei Stellen durchstochen und dann in einem eisernen Kasten, ähnlich demjenigen in der Quarantäne-Anstalt zu Gabarri bei Alexandrien (s. S. 103), der Einwirkung von gasförmiger schwefliger Säure oder von Chlor unterworfen. Die Hitze scheint hierbei keine Rolle zu spielen. Auch ist an dem Kasten ein Thermometer nicht angebracht. Thierfelle, welche für Egypten bestimmt sind, werden fünf bis sechs Stunden ins Meer gelegt, bevor sie freigegeben werden; diejenigen aus Suakim sollen meistens noch feucht von Seewasser ankommen und lagern dann bis zu ihrem weiteren Transport einfach im Freien, in der Nähe der Sanitäts-Anstalt.

Ein Hospital steht der Anstalt nicht zur Verfügung. Wenn bei der Besichtigung eines Schiffes Personen gefunden werden, welche an Cholera ꝛc. leiden, so werden sie nach der Anstalt an den Mosesquellen geschickt. Die erforderlichen Zelte werden ihnen mitgegeben, dagegen erhalten sie Betten nur in Ausnahmefällen, Decken angeblich überhaupt nicht.

Die Quarantäne-Anstalt zu El Tor.

Die Ortschaft „El Tor" ist an der Westküste der Halbinsel Sinai gelegen (s. Tafel 10) und wird von etwa 100 Personen, größtentheils Kopten und Griechen, bewohnt, welche den Verkehr zwischen dem Golf von Suez und den Sinai-Klöstern vermitteln. Der nach Westen zu durch eine schmale Landzunge begrenzte Hafen, an welchem der Ort liegt (vgl. die nachstehende Skizze), ist geräumig genug, um zehn bis zwölf größere Schiffe aufzunehmen.

Die Berge, welche sonst an diesem Theile der Küste vom Meeresstrande aus ziemlich steil sich erheben, weichen bei Tor auf mehrere englische Meilen zurück, so daß sich östlich vom Hafen ein weites, vom Strande her leicht aufsteigendes sandiges Plateau ausbreitet. Dieser Platz eignet sich vortrefflich für ein Quarantänelager, zumal bei seiner Lage zwischen Meer und Wüste ein Entweichen wider den Willen der Aufsichtsbehörde nahezu unmöglich ist.

Etwa zwei Kilometer südlich des Ortes liegt zwischen einer Anzahl Dattelpalmen ein Beduinendorf, das, wie die Stadt selbst, etwa 100 Bewohner zählt.

Am östlichen Ende von Tor befindet sich das Sanitätsgebäude, ein einfaches, einstöckiges Haus, mit einem größeren, als Bureau dienenden Raume, einigen Wohnräumen und mehreren

Nebengelassen, von denen eins den eisernen Desinfektionskasten enthält. Für die erforderlichen Wächter werden je nach Bedarf in der Nähe des Gebäudes Zelte aufgeschlagen.

Das Personal der Anstalt besteht während der Zeit der Rückkehr der Pilger von Mekka aus einem Arzte, einem commis en chef, einem zweiten Commis, einem Apotheker (zur Zeit der Besichtigung durch die Kommission sämmtlich Italiener), einem Apothekergehülfen und einigen Bureaubediensteten.

In der Nähe des Beduinendorfes, unmittelbar am Strande, stehen zwei ziemlich große, als Magazine dienende Gebäude, welche zugleich die Desinfektionsanstalten enthalten. Bezüglich der Konstruktion der letzteren darf auf die Beschreibung derjenigen in der Anstalt zu Gabarri verwiesen werden (vgl. S. 103). Im Innern der Magazine werden Zelte, Bettstellen, Matratzen, ferner Biscuit für mittellose Pilger, Kalk u. dgl. m. aufbewahrt. Nach Angabe der Beamten war zur Zeit der Besichtigung das erforderliche Material zur Unter-

bringung von mehr als 12000 Personen (1800 Zelte) vorhanden. — Dicht neben dem Magazin befindet sich die Landungsbrücke für die Pilger. Da das Wasser hier ziemlich flach ist, so findet der Verkehr mit den im Hafen vor Anker liegenden Schiffen (Ausschiffung von Pilgern, Ausladen von Waaren ꝛc.) durch Segelboote statt, welche von den Einwohnern von Tor der Behörde zu diesem Zweck vermiethet werden. Die Boote und ihre Bemannung bleiben ebenso lange wie die betreffenden Pilger in Quarantäne.

Die Unterbringung der Pilger geschieht in Zeltlagern, welche etwa $1\frac{1}{2}$ Kilometer vom Strande bezw. der Pilger-Landungsbrücke entfernt in sehr regelmäßiger Weise aufgeschlagen werden (vgl. die Skizze auf Seite 112). Die Pilger eines Schiffes bilden stets eine aus zwei Reihen bestehende Zelt-Division für sich, welche von der nächsten daneben gelegenen 100 bis 120 Meter entfernt bleibt. Die beiden Zeltreihen einer Division lassen einen freien Raum von 40 Meter Breite zwischen sich, während innerhalb einer Reihe Zelt an Zelt stößt. Die Richtung der Divisionen ist durchweg dieselbe und zwar senkrecht zum Strande, um dem Seewinde freien Zutritt zu gestatten. Eine Division besteht aus 70 bis 90, eine Zeltreihe demnach aus 35 bis 45 Zelten. Die letzteren sind je für fünf bis sechs, im maximo für zehn Personen bestimmt; ihre Konstruktion ergiebt sich aus der nachstehenden Skizze.

Der von einem Zelt eingenommene runde Platz hat einschließlich des für die Befestigung der Zeltleinen erforderlichen Raumes einen Durchmesser von 4,5 m. Die senkrechte Seitenwand ist etwa 1 m hoch und kann ringsum in die Höhe geschlagen werden, um Tags über der Luft freien Zutritt zu gewähren. Während der Nacht wird sie herabgelassen und zur besseren Abhaltung der oft ziemlich empfindlichen Kälte durch Anhäufung von Sand ringsum abgeschlossen.

Die Versorgung der Pilger mit Nahrungsmitteln geschieht, soweit dieselben solche nicht mit sich führen, durch Negozianten aus Tor oder Suez, welche mit der betreffenden Division in Quarantäne verbleiben und am landeinwärts gerichteten Ende einer Zeltreihe ihren Bazar herrichten. In einiger Entfernung von demselben, außerhalb der Zeltreihen, werden einige Tische aufgestellt, auf welchen die aus der Stadt zugeführten Vorräthe niedergelegt werden. Auf diese Weise ist jeder Berührung der Leute aus Tor mit den in Quarantäne befindlichen

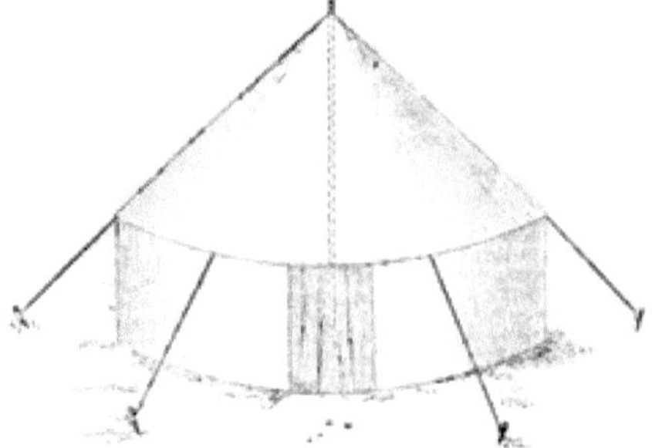

Negozianten vorgebeugt. Die Uebertheuerung der Pilger seitens der letzteren wird durch einen von der Behörde controlirten, offen aufgestellten Tarif verhütet.

Diejenigen Pilger, welche ohne Lebensmittel ankommen und zu arm sind, sich solche aus dem Bazar zu kaufen, erhalten Brod und Reis auf Kosten des Gouvernements. Die Gesuche dieser Bedürftigen müssen indeß von den Schech's, d. h. von den aus freier Wahl hervorgegangenen Führern einzelner Pilgergruppen, vorher zusammengestellt und beglaubigt werden.

Die Wasserversorgung der einzelnen Divisionen wird in der Weise bewerkstelligt, daß an dem westlichen, nach dem Strande zu gerichteten Ende beider Zeltreihen je ein großer eiserner Tank aufgestellt wird, aus dem die Pilger nach Belieben Wasser entnehmen können. Die Füllung dieser Tank's besorgen die Bewohner des bereits erwähnten Beduinendorfes. Das Wasser wird aus mehreren, im Bereiche des Dorfes gelegenen, stets genügend Wasser gebenden Brunnen entnommen und in Ziegenschläuchen auf dem Rücken von Kameelen zum Lager geschafft.

Für jede Division werden drei bis vier runde Latrinenzelte errichtet und zwar etwa 200 Meter landeinwärts. Sitzvorrichtungen existiren in diesen Zelten nicht; ein einfacher Graben, welcher einen nicht ganz geschlossenen Kreis bildet, und über welchen die Pilger sich bei der Defäkation stellen, ist innerhalb des Zeltes zur Aufnahme der Dejektionen bestimmt. Die Gräben sollen täglich mit Eisenvitriol und Carbolsäure desinficirt, nach je drei Tagen aber zugeschüttet, und die Latrinenzelte darauf an anderer Stelle wieder aufgeschlagen werden. — Als Pissoir dient jeder Division ein einfacher, zwischen den Wohn- und den Latrinenzelten angelegter, quer verlaufender Graben.

Bezüglich des zur Bewachung und Beaufsichtigung der Pilger bestimmten Personals ist zwischen den Wächtern und den Soldaten zu unterscheiden. Die ersteren besorgen den Dienst innerhalb der Division, befinden sich daher, wie die Pilger selbst, in Quarantäne und sind

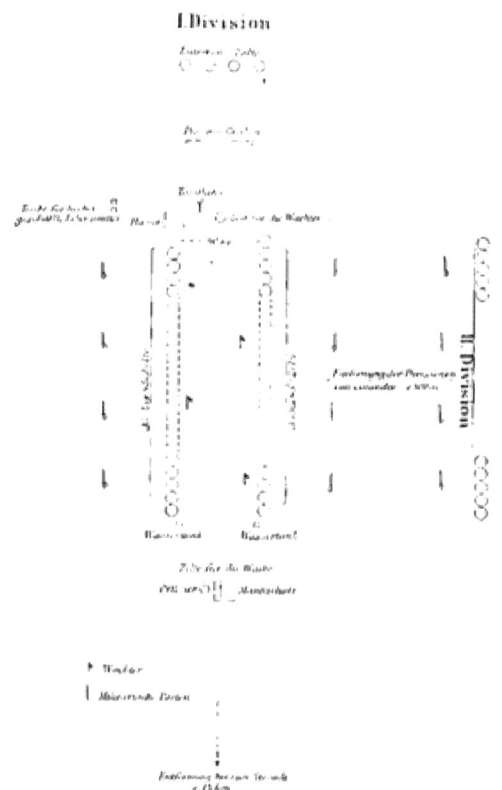

äußerlich dadurch gekennzeichnet, daß sie eine breite gelbe Schärpe tragen. Ihre Zahl beträgt für jede Division in der Regel vier. Das militärische Detachement, welches zwar ausnahmsweise auch Leute für den Wärterdienst abgeben muß, selbst aber nicht in Quarantäne sich befindet, besteht aus 200 Mann unter einem Aide-major und sechs Offizieren. Das Gros dieses Detachements ist in Zelten am Strande in der Nähe des Beduinendorfes untergebracht. Die von dem Detachement für jede Division gegebene Wache besteht aus einem Offizier und 24 Mann, welche nach Ablauf von 24 Stunden regelmäßig abgelöst werden. Sowohl für den Offizier, wie für die Mannschaft der Wache werden an der Strandseite der Zeltdivision und etwa 50 Meter von ihr entfernt Zelte aufgeschlagen. Von hier aus werden die das Zeltlager bewachenden Posten gestellt. Die Zahl der letzteren beträgt für jede Division acht; je vier stehen der Außenseite einer Zeltreihe entlang. Diese Posten haben scharf geladen und sind instruirt, auf Flüchtlinge, welche nach dreimaligem Anrufen nicht stehen, zu schießen. Ihre Ablösung erfolgt zweistündlich. — Der zur Bewachung von Pilgern nicht in Anspruch genommene Theil des Detachements wird mit militärischen Uebungen beschäftigt.

Die Skizze auf Seite 112 möge die Anlage einer Zeltdivision nebst Zubehör veranschaulichen.

Landeinwärts und etwas abseits von dem Zeltlager befindet sich die Lazarethanlage. Von derselben bleibt die nächste Pilgerdivision stets mindestens 300 Meter entfernt. Für gewöhnlich werden die Kranken in großen viereckigen Zelten untergebracht, doch ist auch ein kleines festes Lazareth vorhanden, welches in seinem mit Dachreiter versehenen Hauptraume sechs Betten enthält, während ein kurzer bedeckter Gang zu dem besonderen, in vier Abtritte getheilten Latrinengebäude führt, unter welchem eine große cementirte Grube sich befindet.

Die Krankenzelte, die je nach Bedürfniß in der Nähe des festen Lazareths in fortlaufender Linie aufgestellt werden (vgl. die nachstehende Skizze), besitzen eine nahezu quadratische Form und eine Seitenlänge von etwa sieben Schritt; sie enthalten je vier eiserne Bett-

gestelle mit Bretteremlage, Matratze, Kopfpolster und wollener Decke. An jedem Bette steht ein Tischchen. Zur Aufnahme der Dejektionen von Schwerkranken dienen Blechbecken, während die nicht bettlägerigen Kranken ihre Nothdurft außerhalb der Zelte verrichten.

Ein die Küche enthaltendes Zelt, ein solches für die Krankenwärter und eins für die Leichen vervollständigt die Anlage.

Vor und hinter jedem mit Kranken belegten Zelte wird ein militärischer Posten aufgestellt.

Der Grundriß des festen Lazareths, sowie die Anordnung der Lazareth-Zelte ist aus der Skizze auf Seite 114 ersichtlich. —

Die Herrichtung des ganzen Lagers kann in sehr kurzer Zeit bewerkstelligt werden, da zum Aufstellen von mehreren Hundert Zelten nur wenige Stunden erforderlich sind. Die Boote, welche den Transport der Pilger und ihrer Effekten vom Schiffe zur Landungsbrücke und umgekehrt besorgen, fassen je etwa 30 bis 40 Personen. Mit Ausnahme der tonratlich von der Bezahlung entbundenen gänzlich mittellosen Pilger hat jeder der letzteren für diesen Transport an den Bootsführer 2 Frcs. zu bezahlen. Der für den Aufenthalt in der Quarantäne zu entrichtende Betrag beläuft sich für jeden Pilger auf etwa 15 Frcs.

Der Einzug der Pilger von der Landungsbrücke aus in das Zeltlager vollzieht sich zwischen zwei militärischen Postenketten, so daß an ein Entweichen oder an einen Verkehr mit der Bevölkerung nicht zu denken ist. Etwa mitgeführte Waffen werden den Pilgern für die Zeit der Quarantäne abgenommen.

Alsbald nach dem Einrücken ins Lager findet eine sorgfältige Musterung mit Ueberführung der krank Befundenen ins Lazareth statt. In der Folge wird zweimal täglich, nämlich um 8 Uhr Morgens und um 5 Uhr Nachmittags eine Besichtigung sämmtlicher Pilger durch den Arzt, den ersten Commis und den Apotheker vorgenommen. Zu dieser Besichtigung

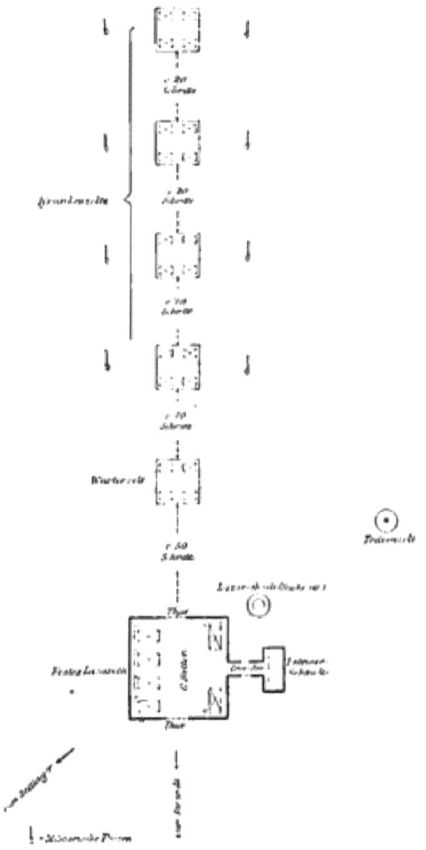

müssen Alle, die Frauen nicht ausgenommen, vor die Zelte heraustreten. Etwaige Kranke werden sofort ins Hospital gebracht. — Falls unter den Pilgern kein Cholerafall vorkommt, bleiben sie in der Regel 20 Tage in Tor und zwar 15 Tage in dem ursprünglichen Lager und die letzten fünf Tage an einer etwas entfernter von der Küste gelegenen Stelle. Treten dagegen Cholerafälle auf, so beginnt die Quarantäne in der gleichen Zeitdauer nach der letzten Erkrankung immer wieder von neuem.

Jedes Schiff, welches Pilger gebracht hat, muß während der ganzen Quarantänezeit im

Hafen liegen. Alsbald nach dem Ausschiffen seiner Passagiere, sowie vor dem Wiedereinschiffen derselben soll es unter Aufsicht des Schiffsarztes, dem die Auswahl des Desinfektionsverfahrens überlassen bleibt, desinficirt werden.

Die Quarantäne-Anstalt zu El Wedj.

El Wedj ist an der Ostküste des Rothen Meeres nahe dem 26. Grade nördlicher Breite gelegen (s. Tafel 10). Eine in nordöstlicher Richtung in die Küste eingeschnittene Bucht, welche nach Westen zu durch ein ins Meer hineinragendes Riff einigermaßen geschützt ist,

bildet den nach Mittheilung des Kapitäns der „Dannhur" nur für vier bis fünf größere Schiffe Raum bietenden Hafen.

Die Stadt liegt auf ziemlich steil aufsteigendem, aus Muschelkalk bestehenden Boden an der nordwestlichen Seite der Bucht (s. die vorstehende Skizze). Sie hat ungefähr 1000 Einwohner und wird überragt von einer kleinen, etwa 30 Meter über dem Meeresspiegel gelegenen Citadelle. Die Einwohner von El Wedj leben von Fischfang und von dem Handel mit den Beduinen des Innern, welche zeitweise ihre Zeltwohnungen rings um die Stadt aufschlagen. Die vorwiegende Windrichtung in El Wedj ist die nord-westliche; bisweilen soll während längerer Zeit fast völlige Windstille herrschen.

Die Quarantäne-Verwaltung besitzt fünf einstöckige, neben der Citadelle gelegene Holzschuppen, von denen drei theils als Magazine, theils als Wohnung für die Wächter und Soldaten dienen, während der vierte die Wohnung für den Arzt und der fünfte diejenige für die

Beamten enthält. Feste Magazine wie in El Tor bestehen hier nicht, vielmehr wird das erforderliche Material erst von Suez bezw. Tor aus hergeschafft, wenn Pilger hier die Quarantäne absolviren sollen. Auch der Arzt und das Beamten-Personal werden erst in diesem Falle von Egypten aus nach El Wedj gesandt.

Die Unterbringung der Pilger erfolgt in Zeltlagern genau in derselben Weise, wie es bereits für „El Tor" eingehend beschrieben ist. Einen vorzüglichen Platz hierfür bietet das im Südosten des Hafens gelegene und daher von der Stadt vollständig getrennte, meilenweit und ganz eben sich ausbreitende Hochplateau.

Ein Umstand, der die Benutzung von El Wedj als Quarantäneplatz für die Pilger stets außerordentlich erschwert hat, ist der Mangel an gutem Trinkwasser. Schon die Stadt allein hat in dieser Beziehung mit großen Schwierigkeiten zu kämpfen. Denn das Grundwasser ist überall mehr oder weniger brackig und Regenwasser steht nur sehr spärlich zur Verfügung, da es im Laufe des ganzen Jahres überhaupt nur drei bis vier mal — stets während der Wintermonate — regnet. In früheren Zeiten soll Süßwasser von einer mehrere Stunden in östlicher Richtung von El Wedj entfernt gelegenen Oase durch eine besondere Leitung zugeführt sein. Seit die letztere verfallen ist, mußte das Wasser von dorther auf Kameelen herbeigeführt werden. Erst vor einigen Jahren ist durch Anlage von zwei großen Cisternen der Wassersnoth der Bevölkerung einigermaßen abgeholfen. Diese Cisternen, von zwei wohlhabenden Einwohnern El Wedj's erbaut, befinden sich etwa einen Kilometer von der Stadt entfernt auf dem im Norden gelegenen, vom Innern nach der Küste zu allmählich abfallenden Plateau, dessen Oberfläche eine harte, mit Geröll bedeckte, keine Spur von Pflanzenwuchs zeigende Decke bildet. Jede der beiden Cisternen liegt im Grunde einer breiten, natürlichen Terrainrinne, welche von künstlich hergestellten, niedrigen Erdwällen flankirt wird, um bei eintretendem Regen das kostbare Naß mit Sicherheit an den Ort seiner Bestimmung zu leiten. Die Cisterne selbst stellt ein gemauertes, oben durch ein flaches Gewölbe abgeschlossenes Reservoir von etwa 40 Schritt Länge und 7 Schritt Breite dar, welches ca. 20 Fuß tief in den felsigen Boden hineingearbeitet ist und nur etwa 6 Fuß über die Erdoberfläche hervorragt. In gleicher Höhe mit der letzteren befinden sich an den langen Seitenwänden eine Anzahl von Oeffnungen, durch welche das Wasser ins Innere einströmen kann. Die gewölbte Decke ist außerdem mit Luftlöchern versehen. Eine 24 Stufen zählende Treppe führt bis auf den Boden der Cisterne hinab, so daß man bei jedem Wasserstande bequem bis zur Oberfläche des Wassers gelangen kann. — In günstigen Jahren sollen diese mächtigen Reservoire durch die wenigen, aber dann um so gewaltsamer auftretenden Regengüsse völlig gefüllt werden. Sobald das der Fall oder Regen nicht mehr zu erwarten ist, werden die Zuflußöffnungen mit Sand bedeckt. Das Wasser wird zum Preise von $2\frac{1}{2}$ Piaster (etwa 50 Pf.) für einen Ziegenschlauch voll an die Einwohner von El Wedj verkauft. — Der Bau der einen Cisterne soll 4000 Theresienthaler (à 3,60 *M.*), derjenige der andern 3000 Theresienthaler gekostet haben.

Behufs Sicherung der Wasserversorgung für die Pilger ist an der östlichen Seite der Bucht von El Wedj vor etwa 10 Jahren ein Reservoir erbaut, welches angeblich 200000 Liter faßt. Dasselbe liegt oberirdisch, ist unbedeckt, ca. 34 Schritt lang, 5 Schritt breit und 15 Fuß hoch. Dieses Reservoir (b' der Skizze) lehnt sich nach der Hafenseite zu an ein Gebäude (b*) an, welches als Wohnung für den die Destillation des Meerwassers überwachenden Ingenieur gedient hat. Durch eine querverlaufende, etwa sechs Fuß hohe Scheidewand ist das Reservoir in zwei

Hälften getheilt. Die südlich gelegene Hälfte sollte nach dem ursprünglichen Plane zur Aufspeicherung von Regenwasser dienen, welches auf dem benachbarten Plateau gesammelt und durch eiserne Röhren (a) herzugeleitet wurde. Zur Zeit der Anwesenheit der Kommission waren die betreffenden, auf hölzernen Gerüsten liegenden Röhren zwar noch vorhanden, doch war im übrigen die ganze Einrichtung verfallen, obgleich das Reservoir schon einmal zur Hälfte auf die angegebene Weise sich gefüllt haben soll. In den letzten Jahren ist das Reservoir zur Zeit der Anwesenheit der Pilger ausschließlich mit destillirtem Wasser und zwar durch die Destillir-Maschinen besonderer Schiffe gespeist worden. Anfänglich war die Anlage derartig, daß die Maschine am Lande neben dem Reservoir aufgestellt, und das Wasser durch ein Druckwerk in dasselbe hineingepumpt wurde; später ließ man die Maschine an Bord und leitete das gewonnene Wasser durch einen von Holzböcken getragenen Schlauch in das Reservoir hinein. An der Außenseite des letzteren ist eine Art von Trog angebracht, aus welchem das Wasser in Lederschläuche eingefüllt wird, um auf dem Rücken von Kameelen zur Hochebene hinauf transportirt zu werden und die eisernen Tanks der Pilgerdivisionen zu versorgen; zum Theil wird es auch durch ein von Menschenhänden in Bewegung gesetztes Druckwerk hinaufgetrieben, da der Weg für die Kameele wegen seiner Steilheit schwer passirbar ist.

Man kann sich angesichts dieser Verhältnisse vorstellen, welche Zustände eintreten würden, wenn einmal bei der Anwesenheit zahlreicher Pilger die Destillirmaschinen funktionsunfähig, und die hier zwangsweise festgehaltenen fanatischen Schaaren auf das ebenfalls nur in mäßiger Menge zur Verfügung stehende brackige Wasser des bei El Wedj gelegenen Brunnens angewiesen sein würden. Schon bei regelrechtem Betriebe soll nach einer an Ort und Stelle erhaltenen Auskunft der Bedarf durch das destillirte Wasser mehrfach nur unvollkommen gedeckt worden sein. So erklärt es sich denn, daß die Quarantäne-Anstalt von El Wedj nur im Falle der Noth in Funktion tritt, während für gewöhnlich El Tor die Pilger aufnimmt.

Die Quarantäne-Anstalt an den Mosesquellen bei Suez.

An der Ostküste des Golfs von Suez, drei bis vier Kilometer südlich vom Eingange in den Suezkanal und etwa drei Kilometer von der Küste entfernt liegt mitten in der Wüste eine kleine Oase, gebildet von einer Anzahl Quellen, welche von Palmen und Tamarisken umgeben sind, den sogenannten Mosesquellen (vgl. Tafel 6). Dieselben haben der etwas weiter nördlich an der Küste errichteten Quarantäne-Anstalt den Namen gegeben, haben aber sonst keine Beziehungen zu derselben. Ihr Wasser ist von unangenehmem, salzig bitterem Geschmack und daher für die Quarantäne-Anstalt ohne Werth. Abgesehen von den Mosesquellen, welche etwa fünf Kilometer von der Anstalt entfernt liegen, zeigt sich auf dem weiten Plateau keine Spur von Pflanzenwuchs. Die Küste fällt ins Meer hinein nur sehr allmählich ab, so daß, um die Annäherung von Barken zu ermöglichen, ein mächtiger steinerner Landungsdamm hat erbaut werden müssen. In der Nähe desselben befindet sich das steinerne, wenig geräumige Dienstgebäude der Anstalt, auf der einen Seite des Hausflurs das Bureau und die Küche, auf der anderen Seite ein Zimmer für den Arzt und den Desinfektionsraum enthaltend. Zur Zeit der Besichtigung durch die Kommission war das Gebäude noch im Bau begriffen.

Das Personal besteht aus einem Arzte, welcher sich indeß hier nur während der Zeit der Rückkehr der Pilger von Mekka aufhält, in der übrigen Zeit als Direktor der Quarantäne

Anstalt von Damiette fungirt, und aus vier Beamten. Außerdem wird zur Bewachung der in Quarantäne befindlichen Pilger ein Offizier mit 60 Soldaten hier stationirt. Der Arzt ist der Sanitätsanstalt von Suez unterstellt, von woher auch je nach Bedürfniß das Material, Zelte u. s. w. herbeigeschafft werden. Für die Zeit der Pilgerrückkehr stehen dem Arzte ein Pharmazent, ein Commis und einige Krankenwärter zur Verfügung.

Das Wasser muß von Suez aus herbeigeschafft werden und ist unfiltrirtes Nilwasser aus dem von Ismailia nach Suez geführten Süßwasserkanal. Der Transport geschieht in eisernen Tanks, von welchen jeder etwa 2000 Liter Wasser faßt. Je vier solcher Tanks werden von einer Barke transportirt. — Die Unterbringung der hier ihre Quarantäne durchmachenden Reisenden sowohl wie der Pilger geschieht in Zelten in ganz entsprechender Weise, wie es bezüglich der Anstalt in El Tor eingehend beschrieben worden ist.

Erwähnt mag noch sein, daß nach einer Mittheilung des Arztes die Pilger ihre Latrinenzelte wenig zu benutzen pflegen, sondern es vorziehen, trotz der Entfernung von 400 Metern am Strande ihre Nothdurft zu verrichten, wo ihnen das zu den religiösen Waschungen nöthige Wasser zur Verfügung steht.

Zur Zeit der Besichtigung durch die Kommission wurden etwa 400 Meter landeinwärts vom Landungsdamm zur Unterbringung von Kranken zwei Hospitalbaracken aufgeführt. Bis dahin waren auch die Kranken ausschließlich auf Zelte angewiesen.

Außer den vorstehend beschriebenen bestehen noch egyptische Sanitäts-Anstalten in Rosette, Port Said, Suakim und Massauah, sowie je eine Sanitätsagentur (»agence sanitaire«) in El Arich und in Kosseir. Sie alle unterstehen dem »Conseil Sanitaire, Maritime et Quarantenaire« in Alexandrien.

Die von der türkischen Regierung bezw. dem »Conseil Supérieur de Santé« in Konstantinopel eingerichteten Sanitäts-Anstalten in den Häfen des Hedjaz, sowie die zu Quarantänezwecken dienende Insel Kamaran hat die Kommission nicht besuchen können. Bei der hervorragenden Bedeutung, welche die letztere neuerdings für die Verhütung der Cholera im Hedjaz gewonnen hat, ist es indeß erforderlich, ihrer hier mit einigen Worten zu gedenken.

Die Quarantäne-Anstalt auf der Insel Kamaran.*)

Die Nothwendigkeit, die aus dem fernen Osten anlangenden Pilger vor ihrem Eintritt ins Hedjaz einer Beobachtung auf ihren Gesundheitszustand und erforderlichen Falls einer Quarantäne zu unterwerfen, ist bereits bei den Verhandlungen der Internationalen Sanitätsconferenz zu Konstantinopel im Jahre 1866 zur Sprache gebracht worden. Man stand damals noch unter dem frischen Eindrucke der im Jahre vorher gemachten Erfahrung. War doch der Ausbruch der Cholera im Hedjaz im Jahre 1865 nicht nur für Egypten, sondern auch für ganz Europa verhängnißvoll geworden. In der That hat denn auch der Gesundheitsrath in Konstantinopel bereits im Jahre 1867, sowie im Jahre 1870 Kommissionen entsandt, welche

*) Vgl. „Le Pèlerinage de 1884 et l'établissement définitif du lazaret de Camaran. Rapport présenté au Conseil Supérieur de Santé par une commission spéciale. — Constantinople 1884."

eine am südlichen Theile des Rothen Meeres und zwar möglichst nahe der Straße von Bab el Mandeb gelegene, für den fraglichen Zweck geeignete Oertlichkeit ausfindig machen sollten. Es verging indeß noch ein Jahrzehnt, bevor man sich entschloß, unter den von den Kommissionen empfohlenen Plätzen einem, nämlich der Insel Kamaran, den Vorzug zu geben. Dieselbe, etwa 150 Seemeilen nord nordwestlich vom Kap Bab el Mandeb und etwa 500 Seemeilen von Djeddah entfernt gelegen, schien allen Anforderungen zu entsprechen. Sie ist nach den vorliegenden Berichten genügend isolirt, hat einen sicheren Ankerplatz, gesundes Klima, sandigen Boden und eine Anzahl von Brunnen, welche eine ausreichende und gute Wasserversorgung gewährleisten. Die Verpflegung selbst großer Pilgerschaaren ist durch die Nähe der Städte Loheya und Hodeida durchaus sichergestellt (s. Tafel 10).

Zum ersten Male ist die Insel im Jahre 1881 zu Quarantänezwecken benutzt worden. Es sollen indeß damals im ganzen nur 1131 Pilger daselbst ausgeschifft worden sein. Im Jahre 1882 haben schon 9067 Pilger und im Jahre 1883 vom 28. Juni bis 23. Oktober 20016 Pilger ihrer Quarantänepflicht auf der Insel genügt. — Die noch näher zu besprechende Einschleppung der Cholera nach der Insel Kamaran durch das Pilgerschiff „Hesperia“ im Jahre 1882 hat nicht wenig dazu beigetragen, die Ueberzeugung von der Nothwendigkeit einer strengen Ueberwachung der aus dem fernen Osten kommenden Pilger zu befestigen.

Die Unterbringung der Pilger geschieht in sogenannten „Arich's“ d. h. in Schilfhütten, welche anfänglich jedes Jahr neu errichtet wurden. Auch für das Personal und Material waren in den ersten Jahren, in welchen die Quarantäne Anstalt in Thätigkeit kam, keinerlei dauernde bauliche Einrichtungen vorhanden. Erst im Jahre 1885 ist es der Energie des „Inspecteur du service“ Dr. Duca*) gelungen, diesem Uebelstande abzuhelfen. Zwar behielt man das System der Unterbringung der Pilger in „Arich's“ als am wenigsten kostspielig und zugleich sehr zweckentsprechend bei; die letzteren wurden indeß dauerhaft aus Balkenwerk, welches mit Schilf bekleidet wurde, konstruirt, mit Matten bedeckt und mit einer Veranda zum Schutz gegen die manchmal heftigen Regengüsse versehen. Derartiger „Arich's“, je 20 m lang, 5½ m breit und ca. 3½ m hoch, wurden ca. 100 errichtet und zwar in einzelnen von einander völlig getrennten Gruppen, deren jede ihr eigenes Hospital erhielt. Da ein „Arich“ für 50 Pilger berechnet ist, so war die Anstalt im Jahre 1885 im Stande, 5000 Pilger auf einmal unterzubringen. Ein massives Gebäude wurde errichtet, in welchem die Aerzte und Beamten Wohnung erhielten, und außerdem zwei große massive Magazine zur Aufnahme und Lagerung verdächtiger Waaren erbaut. Für die Unterbringung der das Lager bewachenden Soldaten behielt man die bis dahin benutzten Zelte bei.

Da die Quarantäne Anstalt ausschließlich für Pilger bestimmt ist, so beschränkt sich ihre Thätigkeit auf die fünf Monate, welche dem Kurban Bairam Feste vorangehen. Alljährlich wird zu Beginn dieser Zeit von dem Gesundheitsrathe in Konstantinopel ein „Règlement applicable au pèlerinage“ erlassen, und das erforderliche Personal ꝛc. nach der Insel entsandt. Das Reglement für 1883**) bestimmte, daß jedes von jenseit der Straße von

*) Vgl. „Le Pèlerinage de 1885 et la Quarantaine de Camaran. Rapport au Conseil Supérieur de Santé par le docteur Duca, inspecteur du service. Constantinople 1885.“

**) Le Pèlerinage de 1883 et la Quarantaine de Camaran, rapport au Conseil Supérieur de Santé, présenté par une commission composée des docteurs Mordtmann, Bartoletti et Stekoulis rapporteur. Constantinople 1883.

Bab el Mandeb kommende Pilgerschiff, einschließlich der Pilger führenden Segelbarken, ohne einen anderen Hafen im Rothen Meere anzulaufen, sich direkt nach Kamaran zu begeben habe, und daß dort sämmtliche Pilger auszuschiffen und der reglementsmäßigen ärztlichen Inspektion zu unterwerfen seien. Bei unverdächtiger Herkunft und gutem Gesundheitszustande während der Reise wurde eine fünftägige Beobachtung der Pilger an Land, Desinfektion ihrer Effekten und des Schiffes erfordert. Nach Ablauf dieser Zeit waren die Pilger, falls kein verdächtiger Erkrankungsfall sich ereignet hatte, wieder einzuschiffen und nach dem Hedjaz überzuführen. Der Cholera verdächtige oder inficirte Schiffe hatten eine Quarantäne von 10 bezw. 15 Tagen durchzumachen und waren im übrigen den Bestimmungen des allgemeinen Cholera-Reglements unterworfen.

Als Ersatzstation für Kamaran in denjenigen Monaten, in welchen der Zuzug der Pilger nur ein geringer ist, dient neuerdings die Insel Abou Saad, an der Westküste Arabiens in der Höhe zwischen Djeddah und Consuda gelegen (s. Tafel 10). Hier können auch während des ganzen Jahres diejenigen meist in besseren Verhältnissen befindlichen Pilger ihrer Quarantänepflicht genügen, welche die Seereise auf Passagierdampfern und anderen nicht als Pilgerschiffe betrachteten Fahrzeugen zurückgelegt haben. Irgend welche dauernde Einrichtungen bestanden in Abou Saad im Jahre 1883 ebenfalls nicht. —

Wie aus der nachstehenden Tabelle*) ersichtlich ist, vertheilt sich der Zuzug der für Kamaran und Abou Saad in erster Linie in Betracht kommenden indischen und javanischen Pilger über das ganze Jahr, wenn er auch bei weitem am beträchtlichsten in den Monaten ist, welche dem Pilgerfeste vorangehen.

Jahr und Monat	Zahl der in Djeddah ausgeschifften indischen und javanischen Pilger
1881 November . .	31
» December	403
1882 Januar	?
» Februar	251
» März	324
» April	228
» Mai	431
» Juni	1 009
» Juli	2 672
» August	2 454
» September	6 255
» Oktober (in diesen Monat fiel Kurban Bairam)	1 802

Die in Yambo ausgeschifften Pilger würden noch zu den in der Tabelle aufgeführten hinzuzurechnen sein.

*) Vgl. „Le Pèlerinage de 1884 et l'établissement définitif du lazaret de Camaran. Rapport présenté au Conseil Supérieur de Santé par une commission spéciale. — Constantinople 1884."

Die Mekka-Pilger und die Cholera im Hedjaz.

Zum Verständniß der Bedeutung, welche den Quarantäne-Anstalten im Rothen Meere und in Egypten zukommt, erscheint es erforderlich, auf die Pilgerfeste im Hedjaz und die Geschichte der Cholera daselbst an dieser Stelle etwas näher einzugehen.*)

Nach einem Gebote des Koran soll jeder gläubige Muselmann wenigstens einmal in seinem Leben die heiligen Orte im Hedjaz besucht und an dem Pilgerfeste in Mekka zur Zeit des „Kurban Bairam"**) Theil genommen haben. Nach Sale***) ist die Ueberlieferung in diesem Punkte sogar so streng, daß derjenige, welcher stirbt, ohne in Mekka gewesen zu sein, ebenso gut als Jude oder als Christ sterben könne. Nur die Angehörigen einiger weniger Sekten sind von der Pilgerschaft in demjenigen Falle entbunden, daß ihnen die für die Reise erforderlichen Geldmittel fehlen, während für die meisten Muhamedaner die Vorschrift auch unter diesen Umständen gültig ist. So erklärt es sich, daß unter den Pilgern stets eine große Zahl von Personen sich befindet, deren geringe auf die Reise mitgenommenen Mittel bald erschöpft sind, und welche dann, auf die Gnade der Wohlhabenderen angewiesen, in der mangelhaftesten Weise sich nähren und überhaupt in den ungünstigsten sanitären Verhältnissen leben.

In der Erkenntniß, daß diesen Uebelständen nur durch energische Maßregeln entgegen zutreten sei, gestattet die Regierung von Niederländisch Indien ihren muhamedanischen Unterthanen nur dann die Pilgerschaft anzutreten, wenn sie die erforderlichen Mittel zur Reise nachzuweisen im Stande sind. Leider steht diese Maßregel vereinzelt da, und zumal aus Britisch Indien kommen noch immer in großer Zahl schlecht gekleidete und mangelhaft genährte Personen nach Mekka, welche nur eben im Stande waren, die Kosten der Ueberfahrt zu bestreiten, beim Betreten des Hedjaz aber ausschließlich auf Almosen angewiesen sind. — Stets finden sich unter den Pilgern auch in verhältnißmäßig großer Zahl betagte Leute, welche den Strapazen der Reise nicht mehr gehörig Widerstand zu leisten vermögen. Viele derselben gehen mit der ausgesprochenen Absicht nach Mekka, um dort zu sterben und in heiliger Erde begraben zu werden, während andere von Jahr zu Jahr die Pilgerfahrt verschoben haben und nun an ihrem Lebensabende sich beeilen, das Versäumte nachzuholen. — Weiber und Kinder, in großer Zahl an der Pilgerfahrt Theil nehmend, vermehren die Menge derer, welche durch die ungewohnten Anstrengungen geschwächt, zu allerlei Erkrankungen leichter geneigt sind, als unter ihren heimischen Lebensverhältnissen.

*) Vgl. „Stékoulis, Le Pèlerinage de la Mecque et le choléra au Hedjaz. Constantinople 1883."

**) Dieses Fest, welches den Abschluß der Mekka-Pilgerschaft bildet und von der ganzen muhamedanischen Welt mitgefeiert wird, fällt alljährlich auf den neunten bis elften Tag des Monats „Zilhedje" des arabischen Kalenders. Da das arabische Jahr um elf Tage kürzer ist, als dasjenige des Gregorianischen Kalenders, so wird nach unserer Zeitrechnung das Fest alljährlich um elf Tage früher gefeiert als in dem vorhergehenden Jahre und wird somit allmählich von einer in die andere Jahreszeit verschoben. Bemerkt sei hierzu, daß in Westarabien der Winter oder vielmehr die regnerische Zeit von Oktober bis Januar, der Frühling von Januar bis April und der Sommer und Herbst von April bis Oktober dauern.

***) Vgl. „James Christie, Cholera epidemics in East Africa. London 1876."

Die Mekkapilger rekrutiren sich aus der ganzen muhamedanischen Welt; die Hauptcontingente stellen die Türkei und die unter türkischer Oberhoheit stehenden Länder, sodann Britisch und Niederländisch Indien, Persien ꝛc. Die Gläubigen schrecken vor keiner Entfernung zurück. So sah Dr. Christie im Juni 1874 eine zahlreiche Gesellschaft vom Kap der guten Hoffnung aufbrechen, welche sieben Monate später, im Januar 1875, das Fest in Mekka feiern wollte; und die Takruri-Pilger ziehen selbst von der Westküste von Afrika und von Timbuktu zu Fuß hin und zurück quer durch den afrikanischen Continent, Entfernungen, die in manchen Fällen über 8000 englische Meilen betragen, und zu deren Zurücklegung Jahre erforderlich sind. Die Gesammtzahl der während des Festes in Mekka versammelten Pilger schwankt in verschiedenen Jahren beträchtlich und entzieht sich außerdem, da der Zuzug auf dem Landwege nicht controlirbar ist, genauerer Kenntniß. Nach Stékoulis hat sich in den Jahren 1867 bis 1882 die Zahl der auf dem Seewege angelangten, innerhalb der vier Monate vor Beginn des Festes in den Häfen des Hedjaz ausgeschifften Pilger folgendermaßen verhalten:

Jahr.	Zahl der ausgeschifften Pilger.
1867—68	23 538
1868—69	27 133
1869—70	24 910
1870—71	29 760
1871—72	56 173
1872—73	30 000
1873—74	35 867
1874—75	40 091
1875—76	35 279
1876—77	38 759
1877—78	42 759
1878—79	30 487
1879—80	42 860
1880—81	59 659
1881—82	37 785*)
Im Durchschnitt der vorstehenden Jahre . . .	37 004

Es unterliegt keinem Zweifel, daß die Gesammtzahl der zur Zeit der Feste in Mekka anwesenden Pilger in manchen Jahren bis zu 100 000, ja selbst darüber betragen hat. In den letzten Jahren soll sich allerdings eine deutliche Abnahme bemerklich gemacht haben.

Die Entwickelung des Dampfschiff-Verkehrs im Rothen Meere und im Persischen Golfe, welche nach Macnamara**) seit 1839 bezw. seit Anfang der 40er Jahre datirt, vor allem aber die im Jahre 1869 erfolgte Eröffnung des Suezkanals haben es mit sich gebracht, daß die alte Gewohnheit, auf den Karawanenwegen nach den heiligen Städten zu ziehen, mehr

*) Darunter 8 596 aus Britisch-Indien und 6 256 aus Niederländisch-Indien, Siam, China ꝛc. —

**) A History of asiatic cholera. London 1876.

und mehr verlassen ist, und daß die Pilger der bei weitem schnelleren Seereise den Vorzug geben. Wurden sie dadurch auch einer großen Zahl von Gefahren enthoben, welche der lange Marsch durch oft vollständig wüste und von räuberischen Horden unsicher gemachte Gegenden im Gefolge hatte, so ist ihnen andererseits durch die Art und Weise, wie sie vielfach auf den Schiffen transportirt wurden, neues Elend erwachsen. Da viele von ihnen nicht im Stande sind, einen hohen Ueberfahrtspreis zu zahlen, so wurden sie nicht selten in einer Zahl, welche das nach dem jetzigen Reglement zulässige Maß weit überschritt, an Bord genommen und in einer Weise zusammengepfercht, daß sie zumal bei schlechtem Wetter auf einen außerordentlich geringen Raum beschränkt waren, ein Uebelstand, der noch dadurch vergrößert wurde, daß viele Pilger umfangreiches Gepäck mit sich führen. Diese Zustände sind die Veranlassung gewesen, daß die „Intendance Générale Sanitaire“ im Jahre 1877 eine Kommission ernannte, welche das Projekt eines neuen Reglements für den Pilgertransport prüfen sollte. Die Schilderung, welche diese Kommission von dem Zustande eines von ihr in Suez besichtigten Schiffes, der „Amerika“, giebt, lautet allerdings traurig genug.*) Das Schiff war mit 662 Pilgern von Djeddah her angelangt. Bei der Besichtigung konnte sich die Kommission an Deck kaum einen Weg durch die Pilger bahnen, und im unteren Schiffsraume waren 300 bis 400 Pilger zusammengehäuft, meist Greise bezw. schwächliche Personen, mehr Leichen als lebenden Menschen ähnlich. In der beengten und durch Exkrete jeder Art verpesteten Luft dieses Raumes hatten sich die Pilger bereits drei Nächte und vier Tage aufgehalten. Eine Entfernung der Exkrete während der Reise war wegen der Ueberfüllung des Schiffes geradezu unmöglich. Als Dr. Bimsenstein dem Kapitän sagte, er kommandire ein Schiff, das nicht besser sei als ein Sklavenschiff, erwiderte er, daß er weniger Pilger an Bord habe, als das Reglement ihm gestatte.

Unzweifelhaft haben sich seit jener Zeit die Zustände auch auf den kleineren im Rothen Meere fahrenden Pilgerschiffen gebessert, nachdem im Jahre 1880 das neue „Règlement applicable aux navires faisant le Transport des Pèlerins“ seitens der hohen Pforte sanktionirt und veröffentlicht worden ist; auch muß hervorgehoben werden, daß auf den von Indien kommenden, unter der Wirksamkeit der „Native Passenger Ships Act“ stehenden englischen Pilgerschiffen die sanitären Verhältnisse günstiger sein sollen; immerhin ist nach glaubwürdigen Mittheilungen eine beträchtliche Anhäufung der Pilger an Bord auch heute noch etwas gewöhnliches und schon aus dem Grunde kaum zu vermeiden, weil ohne eine solche die Rheder bei dem Unternehmen ihre Rechnung nicht finden würden. —

Von den Häfen des Hedjaz kommt in erster Linie für den Pilgerverkehr derjenige von Djeddah in Betracht, von wo aus Mekka in drei bis vier Tagereisen zu erreichen ist.

Hier landen die meisten zu Schiff ankommenden Pilger aus dem fernen Osten, aus dem Persischen Golfe, aus Zanzibar, aus Arabien und von der Westküste des Rothen Meeres, sowie diejenigen aus Egypten, Tripolis, Tunis, Algerien, Marokko, Senegambien ꝛc. Der Sammelpunkt der den Seeweg wählenden egyptischen und nordafrikanischen Pilger ist Suez. Uebrigens begeben sich auch die aus dem fernen Osten kommenden Pilger zum Theil zunächst nach Suez, um von hier aus die Reise nach Djeddah fortzusetzen. — Erwähnt zu werden ver-

---

*) Rapport adressé à l'Intendance générale sanitaire d'Alexandrie au nom de la commission chargée d'examiner un projet de règlement pour le transport des pèlerins. Bimsenstein rapporteur. Alexandrie 1877.

dient, daß in Djeddah einige Christen leben, während denselben das Betreten der heiligen Städte aufs strengste untersagt ist. Die wenigen Europäer, welche Mekka besucht haben, reisten in der Verkleidung als Muselmänner. — Außer Djeddah kommt für den Pilgerverkehr der in der Höhe von Medina liegende Hafen von Yambo in Betracht, wo hauptsächlich diejenigen Pilger, für welche der Besuch von Medina obligatorisch ist (die Pilger von der Nordküste Afrikas und die Neger), landen. Die Entfernung zwischen den beiden heiligen Städten Mekka und Medina beträgt ca. 300 Kilometer, während diejenige von Yambo nach Medina in gerader Linie etwa 200 Kilometer ausmacht. Von Yambo aus führt der Weg nach Mekka entweder über Medina oder die Küste entlang über Djeddah.

Von den Landstraßen, auf welchen die Pilger in großen Karawanen und wegen der häufigen räuberischen Angriffe der Beduinenstämme unter dem Schutze militärischer Begleitung — selbst Artillerie wird zu diesem Zwecke aufgeboten — zu den heiligen Festen ziehen, ist die am meisten frequentirte die von Damaskus herkommende (s. Tafel 11). Diesen Weg zieht die große türkische Karawane, welche die reichen für die Moschee in Mekka bestimmten Geschenke der türkischen Regierung, Teppiche, Gold- und Silbersachen 2c., nach der heiligen Stadt bringt. Ihr schließen sich die Pilger aus Kleinasien, die Bosnier, Circassier, Kurden und ein Theil der Perser an. Kapitän Burton, welcher diese syrische Karawane im Jahre 1853 in Medina ankommen sah, giebt die Gesammtzahl ihrer Theilnehmer auf ca. 7000 an. In früheren Zeiten, als der Landweg ausschließlich benutzt wurde, betrug die Zahl beträchtlich mehr. So schätzte sie Ludovico Bartema, der im Jahre 1503 mit dieser Karawane nach Mekka zog, auf 40000 Menschen und 35000 Kameele.*) — Die Route führt, zahlreiche Stationen passirend, über Maan durch die Wüste nach Medina und von da nach Mekka. Sie erfordert von Damaskus bis nach Mekka 40 bis 45 Tage.

Eine zweite Karawane, die heilige oder Teppich-Karawane genannt, weil sie den alljährlich vom Khedive gespendeten heiligen Teppich mit sich führt, kommt aus Egypten. Ihr Sammelpunkt ist Kairo, von wo aus der Zug über Suez geht, die Halbinsel Sinai durchquert und nach dem Passiren des nördlichen Endes des Golfs von Akaba sich nach Süden wendet, um die Küste entlang nach Djeddah und von hier aus nach Mekka sich zu begeben. Diese Karawane pflegt mit Einschluß eines dreitägigen Aufenthaltes in Medina vierzig Tage unterwegs zu sein. Die Zahl ihrer Theilnehmer soll in neuerer Zeit beträchtlich abgenommen haben. Pitts, welcher im Jahre 1680 auf diesem Wege von Mekka nach Kairo zurückpilgerte, — auch einer der wenigen europäischen Augenzeugen der heiligen Feste — giebt nach Christie von seiner Reise folgende Schilderung: „Während des ganzen Weges begegneten wir kaum dem geringsten Grün; kein Thier, kein Vogel war zu sehen oder zu hören; nichts als Sand und Steine; nur an einer Stelle, welche wir bei Nacht passirten, bemerkten wir einige Bäume und anscheinend auch Gärten, welche unserer Vermuthung nach zu einer kleinen Ortschaft gehörten."

Eine dritte und vierte Karawane (Djebbel Djammar und Nedjid) kommen aus der Gegend von Bagdad bezw. vom Persischen Golfe her. Sie ziehen quer durch Arabien und setzen sich fast ausschließlich aus Persiern zusammen. Ihre Routen, sowie diejenige der aus dem Süden kommenden Yemen Karawanen, welche ihren Ausgangspunkt in Sana haben, sind auf Tafel 11 ebenfalls ersichtlich gemacht.

*) Christie, Cholera epidemics in East Africa.

Den Pilgerzug auf dem Landwege zurückzulegen, gilt zwar wegen der damit verbundenen größeren Strapazen als verdienstlicher; eine Vorschrift, welche den Gläubigen diesen Weg ausdrücklich gebietet, besteht indeß nicht. Die deutsche Kommission ist durch Vermittelung des Herrn Dr. Schieß Bey in den Besitz der vor etwa 60 Jahren von dem Schech el Islam Mohamed el Amir veröffentlichten „heiligen Vorschriften für die Pilgerschaft nach Mekka" gekommen. Diese Vorschriften, welche von dem Chef Interprète du Conseil Quarantenaire in Alexandrien, Herrn Georges Zananiri, für die Kommission im Manuskript übersetzt und in höchst dankenswerther Weise mit zahlreichen, das Verständniß wesentlich erleichternden und fördernden Anmerkungen versehen sind, enthalten bezüglich der Wahl des Land- oder Seeweges seitens der Pilger nichts. Auch hat nach einer Mittheilung von Sticlouis die heilige Karawane von Kairo ausnahmsweise einmal unter der Regierung von Abbas Pascha statt des Landweges den Seeweg eingeschlagen.

Was die sanitären Verhältnisse Mekka's anbetrifft, so hat man sich in neuerer Zeit zwar nach Kräften bemüht, dieselben besser zu gestalten, immerhin lassen sie aber auch heute noch, soweit aus den Berichten der muhamedanischen Aerzte und Beamten ein Urtheil gewonnen werden kann, wenigstens zur Zeit der heiligen Feste sehr viel zu wünschen übrig. Die Straßen der etwa 40000 ansässige Einwohner zählenden Stadt sollen schmutzig und eng, und die Beseitigung der Abfallstoffe eine sehr mangelhafte sein. Die Häuser, drei bis vier Stockwerke hoch, sind auf die Unterbringung möglichst zahlreicher Pilger berechnet und zur Zeit der Feste überfüllt. Auch die Wasserversorgung war bis vor kurzem eine mangelhafte. Denn die von den benachbarten Höhen des Arafat hergeführte Leitung hatte man verfallen lassen, und man war daher größtentheils auf Cisternen, welche durch aufgefangenes Regenwasser gespeist werden, und auf Brunnen angewiesen, welche indeß sämmtlich salzig schmeckendes Wasser liefern. Sowohl die Cisternen wie die Brunnen waren vielfach bei heftigen Regengüssen allen möglichen Verunreinigungen ausgesetzt. Während der Feste soll unter diesen Umständen früher regelmäßig das Wasser unzureichend und nur für theures Geld zu haben gewesen sein. Erst in neuester Zeit, wo mit Hülfe der von den Pilgern erhobenen Beiträge bauliche Veränderungen der Wasserleitung ausgeführt sind, scheint es gelungen zu sein, den wesentlichsten Uebelständen abzuhelfen.

Seit der Mitte der 60er Jahre ist auf Anregung des internationalen Gesundheitsraths zu Konstantinopel ein regelmäßiger Sanitätsdienst in Mekka für die Zeit der Anwesenheit der Pilger eingerichtet. Die Stadt ist in 14 Quartiere getheilt, und in jedem derselben ist ein Schech mit der Ueberwachung der von der Sanitätsbehörde angeordneten Maßregeln beauftragt. Die letzteren bestehen hauptsächlich in der Beseitigung von Unrath und Schmutz aus den Straßen, in Reinhaltung der von den Pilgern bewohnten Häuser die überwachenden Polizeibeamten haben das Recht, die Häuser ohne weiteres zu inspiciren, in der Beschränkung des Schlachtens von Thieren auf die außerhalb der Stadt gelegenen Schlachtlokalitäten und in der Sorge für Herstellung einer genügenden Zahl von Abtrittsgruben in der Stadt.

Jeder Todesfall soll bei Vermeidung empfindlicher Strafen angemeldet, und die Leichen sollen nicht vor der Inspektion durch einen Arzt beerdigt werden. Die in den Straßen gefundenen Kranken werden durch die Polizei bezw. Sanitätsbeamten dem für diese Zwecke errichteten, allerdings nur 60 Betten enthaltenden Hospitale zugeführt.

Auch im Thale von Mina, wo die Pilger das Kurban Bairamfest feiern, ist angeblich neuerdings für Beseitigung der Abfallstoffe, insbesondere der Eingeweide der Opferthiere, sowie für möglichst häufige Erneuerung des Wassers in den Cisternen und für Herstellung zahlreicher Abtrittsgruben Sorge getragen.

Bemerkt sei noch, daß Mekka an sich trotz seiner engen Straßen und trotz der mannigfachen sanitären Mißstände in dem Rufe einer gesunden Stadt steht, und daß auch zur Zeit der Pilgerversammlung die einzige Seuche, welche man nach den bisher gemachten Erfahrungen fürchtet, die Cholera ist. —

Die eigentliche Pilgerschaft beginnt mit dem Gelübde (el Ehram), welches die Gläubigen erst nach der Ankunft im Hedjaz, aber noch einige Tagereisen von Mekka entfernt ablegen. Zeit und Ort der Ablegung des Gelübdes (Mikat) sind durch die religiösen Vorschriften festgesetzt und für die Pilger verschiedener Herkunft verschieden, doch ist es auch gestattet, von dieser Vorschrift abzuweichen und das Gelübde schon früher zu thun. Vor dem letzteren hat der Pilger ein Bad zu nehmen; er muß sich ferner die Nägel schneiden und den Kopf rasiren lassen, sowie seiner gewohnten Kleider sich entledigen. Für die kommenden Tage soll er nur mit einem Tuche um die Hüften und einem solchen über die Schultern bekleidet sein und insbesondere das Haupt unbedeckt lassen. Diejenigen, welche gegen diese Vorschriften verstoßen, haben ein bestimmtes Almosen an die Armen zu entrichten, wie denn überhaupt die Regeln mit wenigen Ausnahmen nöthigenfalls unbefolgt bleiben dürfen, vorausgesetzt, daß der dafür festgesetzten Buße, in Fasten, Almosen oder einem Thieropfer bestehend, genügt wird. So vorbereitet begiebt sich der Pilger nach Mekka, wo in der Mitte der heiligen Moschee (el Haram), einem großen, von Säulenhallen und einer äußeren Umfassungsmauer umgebenen viereckigen freien Platze das heiligste Bauwerk der Muhamedaner gelegen ist, die sogenannte Kaaba oder das Haus Gottes. Außerhalb der Kaaba und an einer Ecke des Gebäudes liegt der berühmte schwarze Stein, welcher etwa die Größe eines menschlichen Kopfes besitzt und der Ueberlieferung zufolge seine Farbe den Sünden der Heiden verdankt.

Innerhalb des Gebietes, welches dieser Stein bei seinem Falle aus dem Paradiese erleuchtet haben soll, befinden sich die oben erwähnten Orte, an welchen das Gelübde abzulegen ist. Nach Stékoulis soll die Sage gehen, der Engel, welcher Adam und Eva im Paradiese zu bewachen hatte, sei von Gott zur Strafe dafür, daß er sie von der verbotenen Frucht hatte essen lassen, in diesen Stein verwandelt worden.

Nach dem Eintritt in die Moschee beginnt die erste große Ceremonie der Pilgerschaft, das »Tawâf«. Zum Zeichen, daß er sich dem Willen Gottes unterwirft, hat der Pilger den schwarzen Stein zu küssen — das Lecken an demselben verbieten die „Vorschriften" ausdrücklich — oder bei großem Andrange wenigstens zu berühren und dann sieben mal unter Beobachtung bestimmter Regeln die Kaaba zu umgehen. Nach einem Gebet muß er dann aus der großen innerhalb der Moschee gelegenen Cisterne trinken, welche ununterbrochen mit Wasser aus dem daneben gelegenen heiligen Brunnen Zam-Zam gefüllt wird. Der letztere ist mit einer Mauer umgeben, auf welcher eine Anzahl von Leuten steht, die mit Hülfe von Schläuchen Wasser in die Cisterne einfüllen. Ein eisernes Gitter schützt diese Leute vor dem Hinabstürzen in den Brunnen.*) Der Pilger soll von dem Zam-Zam-Wasser trinken, soviel er nur irgend vermag. „Je mehr man trinkt, desto mehr Vertrauen zu Gott besitzt man",

*) Christie, Cholera epidemics in East Africa.

gen die Vorschriften. Auch ist es üblich, von dem Wasser mit sich zu nehmen, da es im Stande sein soll, alle Wohlthaten zu gewähren, welche man beim Trinken erfleht. Stekoulis theilt das Ergebniß einer von Frankland in London ausgeführten Untersuchung dieses Wassers mit, nach welcher es u. a. trübe und von salzigem Geschmacke, sowie stark mit organischen Substanzen verunreinigt gewesen ist. Neuerdings hat Heaton Zam Zam-Wasser untersucht, welches er von Dr. Balfour erhalten hatte. Er fand dasselbe ebenfalls außerordentlich stark verunreinigt.*) — Außerhalb der Pilgerzeit ist das Wasser indeß völlig klar, wie eine Probe beweist, welche Dr. Snouck Hurgronje**) neuerdings an Ort und Stelle entnommen, und welche der Berichterstatter zu sehen Gelegenheit gehabt hat.

An die Ceremonie des „Tawâf“ schließt sich diejenige des „Sahyie“ an, wesentlich in der wiederholten Zurücklegung einer bestimmten vorgeschriebenen Wegstrecke zwischen den Höhen Safá und Merwá bestehend, eine Nachahmung des Umherirrens Hagar's in der Wüste. Hiermit dürfen die wenigen, welche nur das kleinere Gelübde (Omra) gethan haben, die Ceremonien beschließen; wer aber die volle Pilgerschaft gelobt hat, begiebt sich am nächsten Tage auf den sechs Stunden von Mekka entfernt gelegenen, etwa 200 Fuß über die Ebene sich erhebenden Berg Arafat, wo die dritte heilige Ceremonie (Oukouf) stattfindet. Nur diejenigen Pilger, welche hier der Predigt des Kadi von Mekka beigewohnt haben, besitzen Anspruch auf den Titel eines „Hadji“, d. h. nur sie haben wirklich der gebotenen Pilgerpflicht genügt. Mekka selbst ist an diesem Tage wie ausgestorben, da die gesammte Bevölkerung an dem Zuge nach dem Arafat sich betheiligt, wo infolge dessen in vielen Jahren bis zu 100000 und mehr Menschen versammelt gewesen sind.

Nach Sonnenuntergang ziehen die Pilger noch an demselben Abende in wilder Eile und mit großem Lärm, unter Abgabe von Flintenschüssen ꝛc. nach Monzdalefa, um dort die Nacht zuzubringen und am folgenden Tage sich zunächst nach Mina zu begeben. (Bemerkt sei, daß das übliche Lärmen ꝛc. beim Verlassen des Arafat von den „Vorschriften“ als unzulässig bezeichnet wird.) Nachdem sie sodann eine gründliche Körperreinigung vorgenommen und den Kopf sich haben scheeren lassen, kehren sie zunächst nach Mekka zurück, um noch eine Schlußceremonie (Tawâf-el-Efada) zu vollziehen, nach welcher ihnen gestattet ist, ihre gewohnte Lebensweise wieder aufzunehmen. Dieser Tag ist zugleich der erste des großen Festes, des Kurban Bairam, und im Laufe dieses Tages werden die Thieropfer dargebracht. Letzteres darf zwar auch in Mekka geschehen, es ist indeß üblich, alsbald nach Absolvirung des „Tawâf-el-Efada“ ins Thal von Mina zurückzukehren und hier die Opferthiere zu schlachten. Kameele, Rinder, Hammel und andere Thiere, je nach dem Vermögen der Pilger werden in unendlicher Zahl geopfert, und ihr Fleisch theils den Armen geschenkt, theils von den Opfernden selbst verzehrt. — Nach einem Berichte des Dr. Arnaud sollen beispielsweise bei dem im Jahre 1877 gefeierten Feste nicht weniger als 70000 Hammel geschlachtet worden sein. — Kapitän Burton, der im Jahre 1853 diesen Vorgängen beigewohnt hat, sagt***) vom ersten Tage des Festes in Mina:

„Die Oberfläche des Thales glich binnen kurzem dem schmutzigsten Schlachthause, und bange Ahnungen für die Zukunft beschlichen mich bei ihrem Anblicke.“

---

*) The Lancet 5. I. 1884.

**) Verhandl. der Gesellsch. f. Erdkunde in Berlin. Bd. XIV.

***) Christie, Cholera epidemics in East Africa.

Den Zustand des zweiten Tages schildert er folgendermaßen:

„Das Land stank, im wahrsten Sinne des Wortes; fünf oder sechstausend Thiere waren getödtet und zerlegt . . . . . Ich überlasse es dem Leser, das übrige sich selbst vorzustellen."

Drei Tage dauert das Fest in Mina; dann wird ein Schlußgebet in Mekka verrichtet, und die Pilger zerstreuen sich eiligst wieder nach allen Richtungen, um die Heimreise anzutreten, sofern sie nicht noch Medina oder andere heilige Orte besuchen wollen. Der Aufenthalt im Hedjaz währt sonach mindestens etwa zehn Tage. Viele Pilger finden sich indeß schon Monate vor Beginn des Festes daselbst ein. —

Der im Vorstehenden gegebene flüchtige Ueberblick über den Verlauf der eigentlichen Pilgerschaft läßt zur Genüge erkennen, daß den von den Strapazen der Reise ermüdeten Pilger beim Betreten des Hedjaz neue Anstrengungen in großer Zahl erwarten. Schon die Abweichung von der gewohnten Tracht, das Unbedecktbleiben des Hauptes und die durch die Vorschriften gebotene weniger sorgfältige Körperreinigung sind Umstände, welche in dem Klima von Mekka mit seinen heißen Tagen und häufig sehr kühlen Nächten nicht gleichgültig sein können.

Hierzu kommt die außerordentlich geistige Anspannung, die zumal bei den ärmeren Pilgern vielfach unzureichende Ernährung, der Wechsel zwischen Fasten und überreichlichen Mahlzeiten, der Genuß des oft sehr stark verunreinigten und zum Theil brackigen Wassers, insbesondere des abführend wirkenden Zam Zam Wassers, Einflüsse, welche ohne Zweifel geeignet sind, Störungen der Magenverdauung herbeizuführen oder zu befördern.

Vergegenwärtigt man sich dazu, daß die Zahl dieser in einer Stadt von etwa 40000 Einwohnern zusammengedrängten Fremden häufig bis zu 50000, in manchen Jahren selbst bis zu 100000 und darüber betragen hat, in einer Stadt, in welcher die Entfernung der Abfallstoffe und insbesondere der menschlichen Dejektionen eine sehr mangelhafte ist, so wird man sich nicht darüber wundern, daß hier die Cholera wiederholt in ganz außerordentlich heftiger Weise gewüthet hat. In der Zeit von 1831 bis 1883 ist Mekka viermal von einer sehr schweren Epidemie heimgesucht worden, nämlich von 1831, 1846, 1865 und 1881. Weniger schwere Epidemien sind außerdem in vierzehn verschiedenen Jahren aufgetreten, so daß innerhalb eines Zeitraums von 53 Jahren im ganzen 18 Cholerajahre gezählt worden sind. Das nachstehende Diagramm giebt einen Ueberblick über die Vertheilung derselben während jenes Zeitraums. Ob in den als cholerafrei aufgeführten Jahren zum Theil nicht auch noch kleine Epidemien sich abgespielt haben, muß dahingestellt bleiben. Bei der in früheren Zeiten gänzlich unzuverlässigen, auch heute noch sehr mangelhaften Registrirung der Todesfälle ist das jedenfalls nicht ausgeschlossen. —

Wie schon das erste Auftreten der Seuche im Hedjaz, im Jahre 1831, in die Zeit des Pilgerzuges fiel, so sind — mit einer einzigen Ausnahme — auch alle späteren Epidemien während dieser Zeit zum Ausbruch gekommen.*) Es ist daher mit Sicherheit anzunehmen, daß die Pilger selbst den Krankheitskeim mit sich gebracht haben, wie denn auch durch sie erfahrungsgemäß von Mekka aus wiederholt und nach verschiedenen Richtungen hin die Seuche verschleppt worden ist.

Das erwähnte einzige Jahr, in welchem die Cholera im Hedjaz außerhalb der Zeit der Pilgerversammlung aufgetreten ist, war das Jahr 1846. Nach St-Koulis wurde damals der

*) Vgl. „St-Koulis, Le Pèlerinage de la Mecque et le choléra au Hedjaz."

Krankheitskeim von Bagdad aus über Bassora, den persischen Golf und das Küstengebiet von Hadramaut nach Mekka gebracht und verursachte daselbst schon vor Ankunft der Pilger eine Epidemie, welche später eine außerordentliche Intensität erreicht und nicht weniger als 15000 Menschen in Mekka dahingerafft haben soll. —

Ueber die Entstehung der Epidemie von 1865, welcher in Mekka den Schätzungen nach ebenfalls gegen 15000 Menschen zum Opfer fielen, schreibt Hirsch in seinem Handbuch der historisch geographischen Pathologie*) folgendes: „Gegen Ende des Jahres 1864 oder im Anfange des folgenden war die Krankheit von der Küste von Bombay durch den Schiffsverkehr nach Hadramaut (an der Südküste von Arabien) und nach dem Somali-Lande (an der Ostküste Afrikas) gelangt, und in den ersten Tagen des Mai 1865 war sie, durch indische Pilger, welche an einem der zuvor genannten Punkte inficirt worden waren, eingeschleppt, unter den zur Feier der dortigen Feste versammelten Gläubigen in Mekka ausgebrochen."

Wie Colucci Bey**) mittheilt, war die Krankheit wahrscheinlich von Makallah, einem am persischen Golfe gelegenen Hafen, aus durch das 400 Pilger an Bord führende Schiff „Tarsia", auf welchem während der Fahrt gegen 50 Pilger im Laufe von neun Tagen an der Cholera gestorben waren, nach Djeddah verschleppt worden. Da an Bord dieses Schiffes drei Tage vor der Ankunft in Djeddah keine neuen Erkrankungen mehr vorgekommen waren, so hatte man die Pilger sofort nach Mekka weiterziehen lassen.

Das Jahr 1865 war zugleich das erste, in welchem die Cholera unter den Mekkapilgern auch Europa verhängnißvoll werden sollte. Schon an anderer Stelle (S. 75) ist dargelegt worden, daß durch die aus dem Hedjaz heimkehrenden Gläubigen zunächst Egypten inficirt wurde. „Von hier (sc. Egypten) aus" — schreibt Hirsch (l. c.) — „gelangte die Krankheit durch den Schiffsverkehr, und zwar zum Theil ebenfalls in directem Zusammenhange mit dem Transporte der heimkehrenden Pilger, schon in den nächsten Wochen nach Malta, Marseille, Konstantinopel, Ancona, Valencia u. a. O., und in gleicher Weise wurde die Seuche durch die in ihre Heimat zurückkehrenden Pilger auf dem Landwege nach Vorder- und Central-Asien gebracht."

In den Jahren 1866 bis 1870 ist über Cholera in Mekka nichts berichtet worden. Erst 1871 trat die Krankheit wieder unter den Pilgern auf. Nach Sékoulis soll sie zwar damals in Mekka nur 150 Todesfälle verursacht haben (December 1871 bis März 1872), aus den Mittheilungen der Intendance Générale Sanitaire d'Égypte***) geht indeß hervor, daß die Pilger auch dieses Mal während ihres Aufenthaltes im Hedjaz beträchtlich von der Seuche zu leiden gehabt haben. Obgleich das Fest Kurban Bairam erst vom 19. bis 22. Februar 1872 stattfand, waren bereits in den Herbstmonaten 1871 zahlreiche Pilger im Hedjaz eingetroffen. Von denselben sollen schon in der Zeit vom 21. September bis 10. October 958 in Medina der Cholera erlegen sein, und auch in Mekka ist der angegebenen Quelle zufolge die Seuche bereits in den letzten Tagen des October ausgebrochen. Gegen Ende 1871 und Anfang 1872 scheint sie an Intensität nachgelassen zu haben und erst nach dem Feste wieder stärker aufgeflammt zu sein. Die Karawane von Damascus hat angeblich auf dem Rückwege

*) 2. Aufl. S. 292.

**) Colucci Bey, Procès verbaux de l'Intendance générale sanitaire d'Égypte.

***) Exposé des mesures prises en Égypte à raison de l'épidémie cholérique de Constantinople de 1871 et de l'épidémie cholérique du Hedjaz de 1871—1872. Alexandrie 1872.

von Mekka von 4000 Menschen 400 an Cholera verloren, und in Medina, wo nach dem Feste mehr als 20000 Pilger versammelt waren, erlagen der Seuche allein vom 20. bis 28. März 1872 gegen 1800 Pilger. „Die Gesammtzahl der Choleratodesfälle" — so heißt es in dem citirten officiellen Schriftstücke — „in Medina und unter den Karawanen seit ihrem Aufbruch von Mekka bis zur Weiterreise von Medina wurde auf 4000 geschätzt." —

Schon auf die ersten Gerüchte von dem Ausbruche der Cholera im Hedjaz hatte der Conseil in Alexandrien, um einer Wiederholung der Ereignisse des Jahres 1865 vorzubeugen, den Beschluß gefaßt, die heimkehrenden Pilger der reglementsmäßigen Beobachtung in El Wedj zu unterwerfen. Später wurde die Quarantäne auf 20 Tage in El Wedj und 10 Tage an den Mosesquellen erhöht. Egypten blieb dieses Mal von der Seuche verschont. —

Die Theilnehmer der Pilgerschaft von 1872/73 wurden ebenfalls durch den Ausbruch der Cholera heimgesucht; eingehendere Angaben über diese Epidemie sind indeß nicht zur Kenntniß der Kommission gekommen. In Mekka selbst sollen nach Stékoulis vom 24. December 1872 bis 29. Januar 1873 318 Personen der Seuche erlegen sein. —

Die Cholera-Epidemie im Hedjaz während der Pilgerschaft von 1877/78.

Seit Anfang des Jahres 1873 war das Hedjaz von der Cholera frei geblieben. Auch das gegen Ende 1877 gefeierte Fest schien ohne das Erscheinen des gefürchteten Gastes verlaufen zu sollen; wenigstens ließ nach den vorliegenden Berichten*) der Gesundheitszustand unter den Pilgern, welche am 13. und 14. December auf dem Berge Arafat und vom 15. bis 17. December im Thale von Mina versammelt waren, nichts zu wünschen übrig. Ihre Zahl wurde einschließlich der Mekkaner auf etwa 150000 geschätzt. Von diesen waren in Djeddah 30230 ausgeschifft, darunter 8086 Javaner und Malayen, 6732 Mograbiner (aus Tripolis, Tunis, Algier rc.), 4560 Indier, 4634 Egypter, 3271 Türken, 1757 Perser und 1190 Araber.

Am 19. December hatten sich die Pilgerschaaren bereits in Bewegung gesetzt, um in ihre Heimat zurückzukehren, ohne daß bis dahin von dem Vorkommen von Cholerafällen etwas bekannt geworden wäre. Erst am 25. December, als bereits mehr als fünftausend Pilger, von Mekka kommend, in Djeddah sich eingefunden hatten, wurde festgestellt, daß die Seuche unter ihnen zum Ausbruch gekommen war. Im Laufe von $2\frac{1}{2}$ Tagen starben in Djeddah nach einem Berichte des dort anwesenden Dr. Arnaud 52 Pilger an Cholera. Vom 29. December bis 6. Januar wurden daselbst weitere 96 Cholera-Todesfälle gemeldet, während die Zahl der an anderen Krankheiten gestorbenen Personen 188 betrug. Nach dem 6. Januar sollen in Djeddah weitere Cholerafälle nicht bekannt geworden sein.

Wie nachträglich ermittelt wurde, war schon vor dem Ausbruche in Djeddah die Krankheit unter den noch in Mekka weilenden Pilgern aufgetreten. Für die Nacht vom 23. zum 24. December wurden daselbst 13 tödtlich verlaufene Fälle festgestellt; am 24. December kamen 102, am 25. 98, am 26. 65 und am 27. 64 Choleratodesfälle zur Anzeige. Ihre

*) Vgl.: „Intendance Générale Sanitaire d'Égypte. Exposé des mesures prises en Égypte contre l'épidémie cholérique du Hedjaz de 1877—78. Alexandrie 1878."

esammtzahl betrug für die Zeit vom 24. December bis 13. Januar 792, während infolge nderer Krankheiten 640 Personen gestorben sein sollen. Nach dem 13. Januar kamen nur och vereinzelte Cholerafälle vor. Dr. Mahé*) schätzt die Gesammtzahl der 1877/78 im edjaz an Cholera gestorbenen Pilger auf Grund amtlicher Quellen mindestens auf 2500, nd es würde demnach die Epidemie zu den schwereren zu rechnen sein. Auf welchem Wege r Krankheitskeim nach Mekka gelangt war, hat nicht ermittelt werden können. Der Um and, daß der Ausbruch erst erfolgte, nachdem die Feste bereits vorüber waren, hat einige erzte annehmen lassen, daß die Seuche überhaupt nicht eingeschleppt worden, sondern infolge r ungünstigen Witterungsverhältnisse — während der Festtage sollen Ströme von Regen efallen sein —, infolge des Schmutzes in den Straßen von Mekka und unter dem Einflusse r mangelhaften Ernährung der zahlreichen, zum großen Theil gänzlich mittellosen Pilger ontan entstanden sei.

Wie behauptet wird, sind alle in Djeddah angekommenen Pilgerschiffe sorgfältig revidirt nd frei von Cholera befunden worden. Ein unter französischer Flagge fahrender Dampfer, r „François", welcher von Singapore kommend javanische Pilger brachte, soll zwar vor der nkunft in Aden während der Ueberfahrt 38 Todesfälle gehabt haben — auf der Halbinsel alakka herrschte im September die Cholera**) —; in Aden hatte das Schiff indeß freie ratika erhalten, und auch bei der Ankunft in Djeddah sollen die Pilger alle in gutem Ge ndheitszustande gewesen sein. Zwischen dem Ausbruche der Krankheit in Mekka und der nkunft des „François" in Djeddah waren außerdem bereits drei Monate verflossen.

Bezüglich der Ansicht über die spontane Entstehung dieser Epidemie kann hier auf die usführungen verwiesen werden, welche bei der Besprechung der Epidemie von Damiette im ahre 1883 gemacht worden sind. Es liegt auf der Hand, daß in Djeddah ausgeschiffte ilger, auch wenn sie bei der ärztlichen Revision gesund befunden waren, trotzdem den holerakeim mit sich geführt haben können. Zudem dürften die ersten Krankheitsfälle wohl hon lange vor dem 24. December, an welchem Tage bereits 102 Cholera-Todesfälle in ekka verzeichnet sind, sich ereignet haben.

Derselbe Standpunkt ist übrigens auch in den Verhandlungen der internationalen Ge ndheitsbehörde in Alexandrien zur Geltung gebracht worden. In dem bereits citirten Expos ißt es:

„Le Président et quelques membres du Conseil ont justement observé, qu'on ne ut pas admettre, que l'épidémie se soit déclarée d'un seul coup et que l'incubation t duré 50 jours pendant lesquels des masses de Pèlerins sont restés à la Mecque; faut donc qu'il y ait eu négligence de la part des autorités Sanitaires Ottomanes ns le Hedjaz et un grand défaut de surveillance."

Erst auf dem Umwege über Suakim gelangte die Nachricht von dem Ausbruche der holera im Hedjaz nach Alexandrien. Durchdrungen von dem Bewußtsein der sowohl Egypten e auch ganz Europa drohenden Gefahr ordnete der Conseil sofort eine zehntägige, in Tor

Mémoire sur la marche et l'extension du choléra asiatique des Indes-Orientales vers l'occident puis les dix dernières années 1875—1884 et sur quelques conséquences qui en résultent. Constanti ple 1885.

Intendance Générale Sanitaire d'Egypte. Exposé des mesures prises en Egypte contre l'épidémie olérique du Hedjaz de 1877—78. Alexandrie 1878.

zu absolvirende Quarantäne für die Pilger an und verbot denselben gleichzeitig den Durchgang durch Egypten. Ohne Verzug wurde durch Entsendung von Personal und Material dafür gesorgt, daß der Quarantänedienst in Tor und an den Mosesquellen der gewaltigen, ihm bevorstehenden Aufgabe gewachsen war. Unter anderem wurden nicht weniger als 1200 Zelte nach den genannten Orten befördert. Auf die Benutzung von El Wedj verzichtete man für dieses Jahr wegen der unzureichenden Wasserversorgung. — Bald darauf wurde beschlossen, daß auch diejenigen mit unreinem Patente in Suez anlangenden Schiffe, welche keine Pilger an Bord hätten, einer zehntägigen Quarantäne und zwar an den Mosesquellen zu unterwerfen seien.

Nachdem im Quarantänelager zu Tor die ersten Cholerafälle sich ereignet hatten, verschärfte der Conseil die Abwehrmaßregeln noch mehr. Das ganze Lager wurde ohne Rücksicht auf den Gesundheitszustand einzelner Zeltdivisionen als eins betrachtet, und bestimmt, daß freie Praktika erst ertheilt werden dürfte, nachdem während 20 Tagen ein Fall von Cholera nicht mehr vorgekommen sei. Nach Ablauf dieser Periode sollten die in Suez anlangenden Pilger an den Mosesquellen von neuem ausgeschifft werden, hier noch eine 48stündige Beobachtungsquarantäne durchmachen, dann in Quarantäne den Kanal passiren und, ohne Egypten zu berühren, in ihre Heimat transportirt werden. Für die egyptischen Pilger, sei es, daß sie auf dem Landwege anlangen würden, sei es, daß sie bereits die Quarantäne in Tor absolvirt hätten, wurde die Bestimmung über die Dauer der Beobachtung an den Mosesquellen noch vorbehalten.

Welchen außerordentlichen Schwierigkeiten man entgegensah, erhellt aus der Thatsache, daß in der Zeit vom 9. August bis zum 14. December 1877 auf 56 Schiffen nicht weniger als 19823 Pilger Suez passirt hatten, um sich nach Djeddah zu begeben. —

Am 30. December kam das erste Schiff aus Djeddah mit 707 Pilgern an Bord in Tor an, und eine Woche später beherbergte das Lager daselbst bereits mehr als 3600 Pilger. Im ganzen sind in der Zeit vom 30. December 1877 bis 11. März 1878 von 23 Schiffen 12210 Pilger in Tor gelandet worden.

Die ersten acht Schiffe kamen sämmtlich von Djeddah und hatten während der Ueberfahrt zusammen 13 Todesfälle an Bord gehabt, darunter 5 infolge von Diarrhoe und 1 infolge von Cholera. — Im Pilgerlager ließ das Auftreten von Cholerafällen nicht lange auf sich warten. Bis zum 8. Januar waren 16 Todesfälle an choleraverdächtiger Diarrhoe und 5 Todesfälle an ausgesprochener Cholera konstatirt, und zwar betrafen die meisten dieser Fälle Pilger von ein und denselben am 2. Januar in Tor eingetroffenen Schiffe. Schon vom 8. Januar ab wurden indeß neue verdächtige Erkrankungen nicht mehr gemeldet, und der Conseil beschloß daher, diejenigen Pilger, welche 20 Tage bereits in Tor gewesen waren, zur 48stündigen Observation an den Mosesquellen zuzulassen. Bald konnten denn auch die ersten Pilgerschiffe in Quarantäne den Suezkanal passiren.

Die egyptischen Pilger wurden bis auf weiteres, dem früheren Beschlusse des Conseil gemäß, an den Mosesquellen in Quarantäne belassen. Erst nachdem sie einschließlich der 20 Tage in Tor in einem Zeitraum von im ganzen 33 Tagen frei von Cholera geblieben waren, gab man ihnen nach und nach in Gruppen von je 300, um eine zu große Anhäufung in Suez zu vermeiden, freie Praktika. Schon sollten auch die letzten 300 entlassen werden, als ein Gemüseverkäufer aus Suez, welcher im Pilgerlager Handel trieb, unter den Erscheiungen der Cholera erkrankte und noch an demselben Tage starb. Die letzte Gruppe mußte nunmehr bis zum 24. Februar noch in der Quarantäne verbleiben und wurde erst dann, nachdem weiter kein verdächtiger Fall mehr vorgekommen war, nach im ganzen zweimonatlicher Beobachtung entlassen. Die Summe derjenigen Pilger, welche die Quarantäne an den Moses-quellen absolvirt hatten, betrug 15700.

Auch im Quarantänelager zu Tor kam noch gegen Ende Februar ein Choleratodesfall ur Beobachtung, nachdem am 27. Februar das erste Schiff mit Pilgern angelangt war, welche on Mekka aus zunächst nach Medina sich begeben und dann in Yambo sich eingeschifft hatten. Er betraf einen jungen Griechen, welcher mit den Pilgern die Fahrt von Yambo nach Tor emacht hatte. —

Gelegentlich des Quarantänedienstes in diesem Jahre hat sich noch mehr als sonst erausgestellt, daß die Angaben der die Pilgerschiffe führenden Kapitäne über die Kopfzahl der Passagiere durchaus unzuverlässig sind, und daß demnach der Verheimlichung von Cholera odesfällen, welche während der Ueberfahrt sich ereignet haben, Thür und Thor geöffnet ist. Der offizielle Bericht des Conseil*) macht über diesen Punkt folgende specielle Angaben. Bei er Ankunft in Suez hatte die „Austria" 830 Pilger an Bord, während in dem Schiffspatent eren Zahl nur auf 707 angegeben war. Die „Sphinx" transportirte 561 an Stelle von 499, die „Hodeida" 836 an Stelle von 626, der „Achilles" 933 an Stelle von 811 in em Patente verzeichneten Pilgern. Allein für diese vier Schiffe macht die Summe der über ählig mitgenommenen Pilger demnach 517 aus, während sie für die sämmtlichen in diesem Jahre in Suez anlangenden Pilgerschiffe nach dem citirten Berichte 1890 betragen hat. Es liegt auf der Hand, daß unter solchen Umständen nicht nur jede Kontrole über die an Bord vorgekommenen Todesfälle unmöglich war, sondern daß auch eine in hohem Grade be entliche Ueberfüllung der Schiffe eintreten mußte. Die bezüglichen Vorschriften wurden ffenbar von manchen Kapitänen einfach nicht beachtet. Ein Umstand, welcher der egyptischen Regierung große Sorge gemacht hat, war der, daß die Schiffe, der langen Quarantäne müde, zum Theil ihre Pilger an den Mosesquellen im Stich ließen und nach Süden von annen gingen. Es fehlte in Folge dessen nach Ablauf der Quarantäne an Beförderungsmitteln, in Ereigniß, welches um so mehr Verlegenheiten bereitete, als der größere Theil der Pilger nzwischen auch den letzten Rest seiner Habe verausgabt hatte und gänzlich hilflos dem Gouver nement zur Last fiel. Nur mit großen Opfern seitens der Regierung wurden diese Armen chließlich durch Schiffe der Khedivial Kompagnie weiter befördert.

Es erübrigt noch der auf dem Landwege heimkehrenden Pilger mit einigen Worten zu edenken. Da wird denn zunächst bezüglich der verschiedenen von Mekka nach Medina ziehen en Karawanen berichtet, daß die Cholera sehr stark unter ihnen geherrscht haben soll. Auch Medina selbst hatte nicht unbeträchtlich zu leiden. Die syrische Karawane hat bei einer Stärke von 5000 Köpfen nach dem Berichte des Conseil auf ihrem Wege 169 Pilger an er Cholera verloren, während die aus 2500 Köpfen bestehende Karawane von Bagdad ur 10 Choleratodesfälle gehabt haben soll. An welchen Punkten der Routen die letzten erdächtigen Erkrankungen vorgekommen sind, ist nicht festgestellt; anscheinend ist die Seuche

*) Intendance Générale Sanitaire d'Egypte. Exposé des mesures prises en Egypte contre l'épidémie holérique du Hedjaz de 1877–78. Alexandrie 1878.

unter den Theilnehmern der genannten Karawanen ziemlich bald nach dem Verlassen Medina's erloschen.

Nach Dr. Mahé sind die Verluste, welche die sämmtlichen Karawanen auf dem 11 bis 13 Tage dauernden Marsche von Mekka bis Medina in Folge von Cholera gehabt haben, mindestens auf 400 bis 500 Todte zu veranschlagen, was bei einer Zahl von etwa 10000 Pilgern einer Sterblichkeit von vier bis fünf Procent entsprechen würde.

An den Mosesquellen langte die erste Karawane am 6. Februar an, als bereits die zu Schiff gekommenen egyptischen Pilger aus der Quarantäne daselbst entlassen wurden. Sie bestand aus 1081 mograbinischen Pilgern, d. h. solchen aus Tripolis, Tunis, Algier, Marokko ꝛc. mit 1392 Kameelen. Bald darauf, am 18. Februar, traf eine zweite Karawane ein, 169 Beduinen aus der Provinz Menufieh mit 124 Kameelen, und am 24. Februar erschien endlich die eigentliche egyptische Karawane, welche den heiligen Teppich nach Mekka begleitet hatte, aus 831 Pilgern mit 849 Kameelen und Pferden bestehend. Sie hatte sich in Medina 20 Tage lang aufgehalten und soll nach den offiziellen Angaben auf dem Wege von Mekka nach Medina nur einen Pilger an Cholera verloren haben. (Nach Dr. Mahé hat sie indeß auf diesem Wege 25 Erkrankungsfälle an Cholera und bei der Ankunft in Medina deren noch 7 gehabt.) — Die beiden egyptischen Karawanen wurden an den Mosesquellen 20 Tage lang in Quarantäne beobachtet und, nachdem daselbst keine verdächtigen Erkrankungen aufgetreten waren, in die Heimat entlassen. Die Mograbiner wurden sogar 23 Tage an den Mosesquellen zurückgehalten. Sie überschritten dann südlich von Kairo den Nil und zogen gen Tunis weiter. —

Nach dem Südwesten Arabiens war die Cholera durch Pilger, welche von Mekka aus auf dem Landwege heimkehrten, schon früh verschleppt worden, so unter anderen auch nach Jebba. Ein aus der Provinz Asir kommendes Bataillon türkischer Truppen, welches in Konfuda nach Konstantinopel eingeschifft werden sollte und auf seinem Wege Jebba passirte, wurde hier infizirt und übertrug die Krankheit in Konfeira auch noch auf ein zweites Bataillon, mit welchem es zusammentraf. Diese beiden Bataillone sollen in der ersten Hälfte des Januar zusammen 25 Mann an Cholera verloren haben. — Nach Hodeida wurde die Seuche durch Pilger verschleppt, welche die Heimreise über Djeddah auf dem Seewege zurückgelegt hatten.

Die über die Verbreitung der Krankheit in Südwest-Arabien vorliegenden Nachrichten sind spärlich und unzuverlässig, doch scheint es, als ob Anfangs Februar die Krankheit auch hier überall erloschen gewesen sei. — Erwähnt möge noch sein, daß von Seiten Egyptens gegen Provenienzen von der ganzen Westküste Arabiens dieselben strengen Abwehrmaßregeln durchgeführt wurden, wie gegen Provenienzen von Mekka.

Am 1. April 1878 konnte der Conseil seinen Bericht mit der Mittheilung schließen, daß die Cholera als vollständig erloschen zu betrachten sei, ohne daß der Gesundheitsstand auch nur an einem einzigen Punkte Egyptens oder der zahlreichen diesseits Egyptens gelegenen Länder, in welchen Pilger, aus Mekka heimkehrend, angelangt waren, zu irgend einer Zeit gestört worden wäre. Die Berechtigung zu den Worten: »Le Conseil International de l'Intendance Sanitaire d'Égypte a la confiance d'avoir encore cette année-ci paré aux événements autant qu'il dépendait de lui« wird Jedermann anerkennen. —

Die Cholera-Epidemie in Aden und im Hedjaz im Jahre 1881.*)

Nachdem die Pilgerfeste der Jahre 1878, 1879 und 1880 verlaufen waren, ohne daß Egypten und Europa durch Nachrichten über das Auftreten der Cholera unter den im Hedjaz versammelten Gläubigen beunruhigt worden wäre, sollte das Jahr 1881 wiederum eine und zwar sehr schwere Epidemie bringen.

Das große Fest „Kurban Bairam" fiel in dem genannten Jahre auf den 2. bis 4. November, doch waren schon am 16. September nicht weniger als 11300 Pilger in Mekka anwesend und bis zum 28. September waren allein in Djeddah ihrer gegen 16000 gelandet worden.

Unter denjenigen Schiffen, welche schon frühzeitig in Djeddah eintrafen, befand sich auch der Dampfer „Columbian". Mit einer Ladung Reis und 650 Pilgern an Bord war er im Juli von Bombay abgefahren, wo damals die Cholera in beträchtlichem Grade herrschte (118 Todesfälle im Laufe des Juli), und hatte am 10. August seine Pilger in Djeddah ausgeschifft.

Da der „Columbian" auf dieser Reise nicht nur die Cholera von Bombay nach Aden gebracht hat, sondern auch in dem nicht unbegründeten Verdacht steht, den Keim der Krankheit nach dem Hedjaz verschleppt und den Anlaß zu der im September daselbst ausgebrochenen Epidemie gegeben zu haben, so ist es erforderlich, zunächst auf die Vorgänge in Aden etwas näher einzugehen.

Bei der Ankunft in Aden hatte das Schiff nach einer einfachen Inspektion sofort freie Pratika erhalten, da der Gesundheitszustand der Pilger ein guter war, und die während der Reise vorgekommenen sieben Todesfälle als unverdächtig angesehen wurden. Fünf derselben hatten Pilger betroffen und wurden seitens des Kapitäns auf Altersschwäche und Erschöpfung zurückgeführt, während zwei andere unter der Mannschaft vorgekommen waren. Der eine der beiden letzteren Fälle bietet insofern ein besonderes Interesse, als es sich um einen Heizer gehandelt hat, welcher elf Tage nach der Abreise von Bombay am 29. Juli in Folge eines „Kolik-Anfalles" gestorben war.**) — In Aden***) wurde alsbald mit der Ausschiffung der Reisladung begonnen. Am 2. August, dem zweiten Tage nach der Ankunft des Schiffes, erfuhr man, daß ein bei der Löschung der Ladung beschäftigter Kuli plötzlich unter choleraverdächtigen Erscheinungen gestorben war. Da die alsbald angestellten Nachforschungen ergaben, daß auch noch zwei andere ebenfalls bei der Herausschaffung des Getreides thätig gewesene Kuli's unter denselben Symptomen erkrankt waren, so wurde eine zweite Inspektion des „Columbian" veranlaßt, welche jedoch keine verdächtigen Fälle unter den Pilgern oder der Besatzung auffinden ließ. Kurz darauf erkrankten wiederum zwei auf dem Schiffe beschäftigt gewesene Kuli's.

---

*) vgl. „Mahé, Mémoire sur la marche et l'extension du choléra asiatique des Indes-Orientales vers l'occident etc. Constantinople 1885", ferner: „Conseil Sanitaire, Maritime et Quarantenaire d'Egypte. Exposé des mesures prises en Egypte contre l'épidémie cholérique du Hedjaz de 1881–1882. Alexandrie 1882" und: „Stekoulis, Le Pèlerinage de la Mecque et le Choléra au Hedjaz. Constantinople 1883."

**) vgl. „Les Quarantaines dans la mer Rouge et les Provenances de l'Inde. Extrait des Actes du Conseil Supérieur de Santé à Constantinople. Constantinople 1882."

***) Die Mittheilungen über die Epidemie in Aden beruhen auf dem Berichte einer englischen Kommission, welche zur Erforschung der Ursachen und der Verbreitung der Krankheit ernannt war. vgl. „Journal d'Hygiène de Paris 1881."

In Folge dessen ließ man nunmehr den verdächtigen Gast eine dreitägige Beobachtungsquarantäne im Außenhafen durchmachen und ordnete außerdem Räucherungen in den Schiffsräumen an. Nach Ablauf der drei Tage gestattete man dem Kapitän, mit reinem Patent nach Djeddah weiter zu fahren, da auch jetzt der Gesundheitszustand der Pilger und der Besatzung keine Störung erfahren hatte. Inzwischen waren am 3. August drei andere Kuli's, sowie eine Somali Frau, welche in dem Bazar von „Steamer Point", einem am Hafen gelegenen Häusercomplex, lebte, unter denselben Erscheinungen erkrankt, so daß bis zu dem genannten Tage die Zahl der Fälle schon auf zehn angewachsen war. Sechs derselben endeten tödtlich.

In den nächsten acht Tagen kamen weder in Steamer Point, noch in dem zunächst bedrohten, von Arabern und Somali's bewohnten Dorfe Maala, weitere Erkrankungen vor. Erst vom 14. August ab entwickelte sich die Epidemie in unzweideutiger Weise und zwar hauptsächlich in dem erwähnten Maala, wo unter anderen auch ein großer Theil der ca. 50 auf dem „Columbian" beschäftigt gewesenen Kuli's unter den ungünstigsten sanitären Verhältnissen hauste. Es liegt dieses Dorf an dem vom Hafen aus nach Aden führenden Wege. Unter den Bewohnern der Stadt selbst, welche mehrere Kilometer vom Hafen entfernt ist, kam der erste Erkrankungsfall am 28. August zur Kenntniß; bis zum 27. September zählte man im ganzen 28 Erkrankungen und 24 Todesfälle in der Stadt. Mit dem genannten Tage schien die Krankheit überhaupt erloschen zu sein; doch kam nachträglich noch je ein Erkrankungsfall am 15., 20., 25. und 30. Oktober vor, zwei davon im Bereiche der Stadt.

Die Gesammtzahl der im Gebiete von Aden bei einer Bevölkerung von ca. 30000 Seelen bekannt gewordenen Erkrankungen wird auf 187, diejenige der Todesfälle auf 151 angegeben; es dürfte demnach wohl keinem Zweifel unterliegen, daß leichtere Erkrankungen sich vielfach der Kenntniß entzogen haben. — Bemerkenswerth ist die geringe Betheiligung der Stadt selbst (24 von 151 Todesfällen), sowie insbesondere auch der Umstand, daß unter der europäischen Kolonie nur ein einziger Fall vorgekommen ist, welcher eine schon seit längerer Zeit an Dysenterie leidende, in Steamer-Point wohnhafte Soldatenfrau betraf, während von den in Aden selbst lebenden Europäern Niemand auch nur erkrankt ist. Es wird sich noch Gelegenheit bieten, bei den Mittheilungen über den Besuch, welchen die Kommission auf ihrer Rückreise von Indien Aden abgestattet hat, auf diese Verhältnisse zurückzukommen.

Die 187 Erkrankungen vertheilen sich folgendermaßen:

Somali's	135
Andere Afrikaner	9
Araber	27
Kadiner	9
Indier	6
Europäer	1
Summa	187

Von Aden aus sollen noch einige etwas weiter im Innern des Landes gelegene Ortschaften, welche mit der Stadt Verkehr hatten, inficirt worden sein; auch ist die Krankheit wahrscheinlich nach Makallah und zwei anderen an der Südküste Arabiens gelegenen Häfen, woselbst ihr Auftreten gegen Mitte November erfolgte, verschleppt worden. Genauere Nachrichten über diese Verbreitung liegen indeß nicht vor.

Auf Grund der hier kurz wiedergegebenen Thatsachen hat die erwähnte englische Kommission, welche zur Erforschung der Krankheit an Ort und Stelle ernannt war, erklärt, daß die Seuche durch den „Columbian“ nach Aden eingeschleppt worden sei.*)

Der Conseil Sanitaire, Maritime et Quarantenaire, welcher unter dem 3. Juni 1881 an Stelle der bisherigen Intendance Générale Sanitaire d'Égypte getreten war, erhielt von den Ereignissen in Aden erst Anfangs September Kenntniß, nachdem der „Columbian“ schon Wochen vorher seine Pilger in Djeddah ausgeschifft hatte. Hier war von der Hafenbehörde kein Anlaß gefunden, die Pilger einer Quarantäne zu unterwerfen, da dem Schiffe in Aden ein reines Patent ausgestellt war, da ferner nach Aussage des Kapitäns während der Ueberfahrt von Aden nach Djeddah verdächtige Erkrankungen nicht vorgekommen waren, und da endlich auch die Inspektion nichts Verdächtiges ergab. Von den Ereignissen in Aden hat die Hafenbehörde offenbar erst später Kenntniß erhalten. Bemerkenswerth ist, daß, wie Dr. Mahé mittheilt, bei der Ausschiffung in Djeddah 630 Pilger vorhanden waren, während ihre Zahl nach dem in Aden ausgestellten Patente nur 650 betragen sollte (vgl. hierzu die Mittheilungen auf Seite 135). Gegen Mitte August hatten sämmtliche Pilger des „Columbian“ bereits von Djeddah aus nach Mekka sich begeben. Nebenbei sei erwähnt, daß unter der Schiffsmannschaft des „Columbian“ während seiner Rückfahrt nach Bombay Cholerafälle nicht vorgekommen sein sollen.

Auf die Nachricht von dem Ausbruche der Cholera in Aden trat der Conseil in Alexandrien am 7. September zu einer außerordentlichen Sitzung zusammen und beschloß, daß die aus Aden oder einem türkischen Hafen des Rothen Meeres in Suez anlangenden Schiffe ausnahmslos einer siebentägigen Beobachtungsquarantäne an den Mosesquellen, im Falle des Vorkommens verdächtiger Erkrankungen an Bord aber der strengen Quarantäne in Tor zu unterwerfen seien. In den egyptischen Häfen des Rothen Meeres sollten alle solche Schiffe abgewiesen und entweder nach den Mosesquellen oder nach Tor dirigirt werden.

Nur zu bald sollte sich die Befürchtung, daß auch das Hedjaz bereits inficirt sein könnte, bestätigen. Am 25. September erhielt nämlich der Conseil über Suakim die vom 20. desselben Monats datirte Nachricht, daß die Cholera unter den Pilgern in Mekka ausgebrochen sei. Sofort wurde beschlossen, daß jede Verbindung zwischen den arabischen Häfen des Rothen Meeres einerseits und Egypten andererseits, sei es zu Wasser oder zu Lande, abgebrochen, und daß die fremden Regierungen von dem Ausbruche der Cholera benachrichtigt und veranlaßt werden sollten, dem weiteren Zuzuge von Pilgern entgegenzutreten. Letztere Maßregel konnte leider nur noch in Algier, in Bosnien und der Herzegowina ausgeführt werden, da die Pilger sämmtlicher übrigen Länder bereits auf dem Wege nach Djeddah bezw. Mekka sich befanden. In Alexandrien und Suez, sowie später auch in Kairo ließ der Conseil übrigens selbst wiederholt bekannt machen, daß die Cholera im Hedjaz herrsche, in der Hoffnung, hierdurch wenigstens diejenigen egyptischen Pilger, welche die Reise noch nicht angetreten hatten, zurück

*) Die hiergegen von DDr. Lewis und Cunningham später geltend gemachten Gründe sind von Dr. Mahé in seiner mehrfach citirten Schrift „Mémoire sur la marche et l'extension du choléra asiatique etc.“ eingehend widerlegt worden.

zuhalten. — Ein Kriegsschiff wurde mit der Bewachung der egyptischen Küste beauftragt, um das heimliche Landen kleinerer Fahrzeuge zu verhindern; die Quarantäne-Anstalten in Tor und an den Mosesquellen wurden nach der Landseite durch militärische Kordons bewacht, und die gleiche Maßregel in El Wedj getroffen, wo zugleich umfangreiche Vorbereitungen für die Zeit der Heimkehr der Pilger aus Mekka stattfanden. Dem Wassermangel in El Wedj, welcher während der letzten Epidemie auf die Benutzung der dortigen Anstalten hatte verzichten lassen, hoffte man durch Destilliren von Meerwasser abhelfen zu können.

Es ist schon erwähnt, daß die erste an den Conseil gelangte Meldung über den Ausbruch der Cholera in Mekka vom 20. September datirt war. Wie nachträglich ermittelt wurde, hatte indeß der Arzt des Krankenhauses in Mekka schon in der Zeit vom 29. August bis 16. September 14 Todesfälle unter choleraverdächtigen Erscheinungen beobachtet. Am 18. September kamen einem anderen Arzte drei unter denselben Symptomen erkrankte Soldaten in Behandlung, von denen einer bereits nach 24 Stunden starb. Vom 16. bis 21. September betrug die Zahl der Todesfälle nach dem offiziellen Berichte 54, so daß nunmehr über den Charakter der Krankheit ein Zweifel nicht mehr bestehen konnte. Auch der vom Conseil nach Mekka entsandte Dr. Chaffey Bey erklärte mit Bestimmtheit, daß es sich um Cholera handele.

Wenn man bedenkt, daß gegen Mitte September schon ca. 16000 auswärtige Pilger in Mekka versammelt waren, so wird man verstehen, daß die Registrirung der einzelnen Todesfälle mit großen Schwierigkeiten verknüpft war, und daß die mitgetheilten Zahlen daher nur mit Vorsicht aufzunehmen sind. Auch ist es durchaus begreiflich, daß über die ersten Cholerakranken sichere Angaben nicht vorliegen. Ob die Pilger des „Columbian“ oder diejenigen eines anderen Schiffes, welches Aden berührt hatte bezw. aus Indien gekommen war, den Krankheitskeim nach dem Hedjaz eingeschleppt haben, ist demnach eine offene Frage. Die aus dem fernen Osten kommenden Pilgerschiffe sollten zwar — in diesem Jahre zum ersten Male — eine Beobachtungsquarantäne in Kamaran durchmachen, bevor sie einen Hafen des Hedjaz anliefen; diese Maßregel ist indeß nur sehr unvollkommen zur Durchführung gelangt. Auch wurde sie vielfach dadurch umgangen, daß die Schiffe, ohne Kamaran zu berühren, direkt nach Suez weiter fuhren, wo sie nach 24stündiger Observation freie Praktika erhielten und dann ohne weiteres ihre Pilger in Djeddah landen konnten.

Für die Einschleppung durch den „Columbian“ sprechen jedenfalls verschiedene Umstände. Zunächst hat das Schiff auf der Fahrt von Bombay nach Aden Todesfälle an Bord gehabt, welche trotz der gegentheiligen Behauptung des Kapitäns durch Cholera bedingt gewesen sein können; es steht ferner fest, daß das Schiff die Cholera Anfangs August nach Aden gebracht hat, und daß endlich die Cholera in Mekka Ende August zuerst sich gezeigt hat, nachdem gegen Mitte August die Pilger des „Columbian“ daselbst eingetroffen waren. Alle Angaben über den guten Gesundheitszustand der „Columbian“-Pilger bei der Ankunft in Djeddah beweisen nichts gegen jene Annahme, da sie durchaus unzuverlässig sind. Erwähnt ist schon, daß der „Columbian“ in Djeddah mit 650 Pilgern eingetroffen ist, d. h. mit zehn mehr als der Kapitän in Aden angegeben hatte. — Als die deutsche Kommission im Jahre 1883 der Ausschiffung der von Mekka kommenden Pilger in Tor beiwohnte, war es sogar ein Schiffsarzt, welcher aussagte, daß der Gesundheitszustand an Bord ein durchaus guter sei, und schon nach zwei Tagen war trotzdem im Pilgerlager der erste Todesfall an Cholera erfolgt (vergl. S. 85). —

Uebrigens hat der „Columbian" im Jahre 1881 in einem Zeitraume von sechs Monaten nicht weniger als fünf mal die Fahrt zwischen Bombay und Djeddah zurückgelegt und während dieser fünf Reisen im ganzen 3566 indische Pilger nach dem Hedjaz befördert. Ueber die Dauer der einzelnen Fahrten und die Zahl der bei denselben transportirten Pilger giebt die nachstehende Tabelle Auskunft, welche Dr. Mahé den Archiven der türkischen Sanitäts-Administration entnommen und gelegentlich der Verhandlungen des internationalen Gesundheitsrathes in Konstantinopel mitgetheilt hat.*) Die Tabelle veranschaulicht am besten den regen und schnellen Verkehr, welcher in diesem Jahre zwischen Bombay und dem Hedjaz stattgefunden hat.

Reisen des englischen Schiffes „Columbian", 1417 Tonnen, Kapitän G. Baldwin, zwischen Bombay und Djeddah im Jahre 1881.

Datum der Ausstellung des Gesundheits-Patentes in Bombay	Datum der Ankunft in Djeddah	Zahl der in Djeddah ausgeschifften Pilger
20. April 1881	1 Mai 1881	177
2. Juni	19. Juni	279
16. Juli	9. August	690
29. August „	13. September „	1060
8. Oktober „	20. Oktober	1360

Da der Beginn des religiösen Festes in Mekka erst gegen Ende Oktober bevorstand, so brach in den letzten Tagen des September eine aus etwa 10000 Pilgern bestehende Karawane von Mekka nach Medina auf, um hier am Grabe des Propheten zu beten und dann zu den Festen nach Mekka zurückzukehren. Diese Karawane hat nicht nur selbst ganz außerordentlich schwer von der Cholera zu leiden gehabt, sie hat auch die Krankheit nach Medina und Umgegend verschleppt. Nach einem Berichte von Dr. Kadri aus Medina betrug die Zahl der Todesfälle unter den Theilnehmern der Karawane für die Zeit vom 25. September bis zum 3. Oktober 397. Vom 4. Oktober ab begannen die Pilger nach Mekka zurückzukehren und sollen während des zehntägigen Rückmarsches noch weitere 441 Personen verloren haben, während unter den in Medina zurückgebliebenen allein an zwei Tagen 72 starben. Dr. Mahé, nach dessen Quellen die Karawane nur aus etwa 6000 Pilgern bestanden hat, schätzt die Zahl der Todten für die Zeit der Abwesenheit von Mekka auf mehr als 1200, eine Rechnung, nach welcher jeder vierte oder fünfte Pilger im Zeitraume von kaum einem Monate das Leben eingebüßt hätte. —

In Mekka selbst war inzwischen die Seuche in mäßigen Grenzen geblieben. Vom 1. bis zum 29. Oktober waren daselbst 352 Todesfälle an gewöhnlichen Krankheiten und 137 Choleratodesfälle verzeichnet. Erst nach der am 31. Oktober stattgehabten Versammlung der Pilger auf dem Berge Arafat brach während der Feier des Kurban Bairam die Krankheit mit einer Gewalt aus, welche überall Schrecken und Entsetzen verbreitete und die unglücklichen Pilger nach allen Richtungen fliehen ließ. Innerhalb 48 Stunden (am 3. und 4. November) starben nach den offiziellen Berichten nicht weniger als 429 und in der Zeit

*) Les Quarantaines dans la mer Rouge et les Provenances de l'Inde. Extrait des Actes du Conseil Supérieur de Santé à Constantinople. Constantinople 1882.

vom 1. November bis 15. November mindestens 2000 Personen an der Cholera. Die Zahl der während des Kurban-Bairam versammelten Pilger wird auf 60000 geschätzt, von denen 37 785 in Djeddah ausgeschifft worden waren.

Am 15. November empfing der Conseil von seinem Delegirten Dr. Chaffey Bey einen Bericht, welcher unter anderen nachstehende Worte enthielt:

»Les fêtes de Mouna se sont passées dans des déplorables conditions sanitaires. Les 3me et 4me jours des fêtes resteront gravés pour longtemps dans la mémoire de plus de 60 mille pélerins. Malgré le chiffre donné officiellement dans nos dépêches, le nombre des morts et surtout des malades dans ces deux jours a été incalculable; après l'expédition de la dépêche, la mortalité s'est élevée le 6. Novembre à 300 par jour; toutes les maladies ordinaires ont disparu devant la constitution médicale régnante.«

Gegen Mitte November begann die Seuche infolge der allgemeinen Flucht der Pilger in Mekka schnell abzunehmen. Vom 15. bis 30. November sind noch 114 und im December noch 66 Choleratodesfälle daselbst verzeichnet worden. Hierzu kommen noch 110 bis 120 Todesfälle in einigen bei Mekka gelegenen Ortschaften, 250 bis 300 unter den nach Djeddah fliehenden Pilgern und in Djeddah selbst, 76 in Yambo und ungefähr ebenso viele in Rebut.

Die Gesammtzahl der Opfer, welche die Cholera im Jahre 1881 unter den im Hedjaz versammelten Pilgern gefordert hat, beträgt nach der offiziellen Statistik*) 4561, man wird indeß kaum fehlgehen, wenn man sie mit Dr. Mahé auf 6000 bis 7000 veranschlägt, wonach dann ausschließlich der übrigen Todesfälle allein mehr als zehn Procent der unglücklichen Wallfahrer der Seuche erlegen sein würden. —

Während die Cholera im Hedjaz ihre Opfer forderte, hatte man mit thunlichster Beschleunigung die zur Aufnahme der Pilger bestimmten Quarantäne-Anstalten in Stand gesetzt, das erforderliche Sanitäts- und militärische Personal, Zelte, Wassertanks und Wasserschläuche, Medikamente, Desinfektionsmittel, Hospitalbetten ꝛc. dahin entsandt und durch kostenfreie Ueberführung von Händlern mit Lebensmitteln die Verpflegung, welche im übrigen von den an Ort und Stelle befindlichen Geschäftsleuten besorgt werden sollte, noch mehr gesichert. Auf Anregung des Dr. Schieß Bey in Alexandrien bildete sich außerdem in Egypten ein Hilfscomité, welches sich zur Aufgabe machte, Geld, Nahrungsmittel und Kleider für die bedürftigen Pilger zu sammeln. Ein eigener Dampfer sollte die Verbindung zwischen den Anstalten und Suez aufrecht erhalten. — Nach den vom Conseil getroffenen Anordnungen fiel die Hauptthätigkeit in diesem Jahre der Anstalt in El Wedj zu, und es wurden daher zur Destillation von Wasser für die hier unterzubringenden Pilger außer dem „Dib el Bahr" noch zwei andere Dampfschiffe bestimmt, die „Tor" und die „Rahmanieh". Da vorauszusehen war, daß in der verhältnißmäßig kleinen Bucht von El Wedj die sämmtlichen nach und nach anlangenden Schiffe nicht Platz finden würden, so bezeichnete der Conseil noch zwei andere in der Nähe gelegene Häfen, in welchen die Schiffe in Quarantäne liegen bleiben sollten, um später die Pilger von El Wedj nach Tor überzuführen.

Das Sanitätspersonal in El Wedj bestand aus fünf Aerzten und drei Pharmazeuten. Gegen Ende November begab sich außerdem der »Inspecteur Générale du Service Sanitaire,

*) Stekoulis, Le Pèlerinage de la Mecque et le Choléra au Hedjaz. Constantinople 1883.

Maritime et Quarantenaire Dr. Ardouin dorthin, um persönlich den gesammten Sanitätsdienst zu überwachen.

Am 27. November langte das erste Schiff, die „Ruta“ mit 550 Pilgern an Bord von Djeddah her in Et Wedj an; am 28. November folgten der „Kaiseri“ mit 957, sowie die „Babel“ mit 829 Pilgern, und am 1. December waren schon 3358 Pilger in dem Lager vereinigt. Um die zweckmäßige Unterbringung derselben haben sich nach dem Berichte des Conseil die Herren Dr. Ferrari und de Logier besonders verdient gemacht. Die fünf bis zu dem genannten Tage bezogenen Divisionen, betreffs deren Anordnung auf die eingehende, an anderer Stelle gegebene Beschreibung verwiesen werden kann, hatten einen gegenseitigen Abstand von hundert Meter. Zur Beerdigung der Leichen wurde ein trockenes, sandiges Terrain, mehr als einen Kilometer vom Lager entfernt, bestimmt.

Wie aus der nachstehenden Zusammenstellung sich ergiebt, ereigneten sich schon wenige Tage nach der Ankunft der ersten Pilger im Lager einige Choleratodesfälle, deren Zahl sich allmählich steigerte.

Datum	Todesfälle in Folge von			Summe der Todesfälle.
	Cholera	Verdächtiger Diarrhoe	anderen Krankheiten	
27. November			—	
28. „		2		2
29. „			1	1
30. „		1	1	2
1. December	2		1	3
2. „	1	3	2	6
3. „	1	2	1	4
4. „	2	3	1	6
5. „	4		2	6
6. „	6	1	1	8
7. „	5	—	2	7
Summa in 11 Tagen	21	12	12	45
	33			

Die Cholerafälle vertheilten sich auf sämmtliche Divisionen, doch war diejenige des Schiffes „Babel“ am meisten betroffen. Auch trat unter der Mannschaft dieses noch im Hafen von Et Wedj liegenden Schiffes die Seuche am 5. December plötzlich mit großer Heftigkeit auf. Neun junge und kräftige, bis dahin ganz gesunde Matrosen wurden gleichzeitig befallen; drei von ihnen starben noch im Laufe desselben Tages, zwei am 6. und einer am 7. December. Sofort ließ Dr. Ardouin die aus 150 Köpfen bestehende Mannschaft bis auf einige Wächter an einer von dem Pilgerlager genügend entfernten Stelle ausschiffen und die Schiffsräume desinficiren, Maßregeln, welche anscheinend von Erfolg gewesen sind; wenigstens liegen Mittheilungen über weitere Todesfälle unter der ausgeschifften Mannschaft nicht vor.

Vom 8. bis 15. December wurden im Lager weitere 45 Todesfälle, darunter 32 an Cholera und 7 an Cholerine und verdächtiger Diarrhoe, konstatirt. Die oben schon erwähnte Zeltdivision des Schiffes „Babel“ hat von der Ankunft in Et Wedj bis zum 15. De cember von 957 Pilgern 32 an Cholera und 3 an verdächtiger Diarrhoe verloren, d. h. im Laufe von etwa einem halben Monate $3\frac{1}{2}$ Procent.

Unter der Bevölkerung des auf der anderen Seite des Hafens gelegenen Ortes El Wedj blieb während dieser ganzen Zeit der Gesundheitszustand ein ausgezeichneter.

Bemerkt sei noch, daß in mehreren Divisionen des Pilgerlagers auch die eitrige Augenentzündung epidemisch herrschte. —

In der Zeit vom 8. bis zum 16. December kamen bei El Wedj auch die längs der Küste auf dem Landwege heimkehrenden Pilger (16 Karawanen mit 1800 Pilgern und 1850 Kameelen) an. Dieselben wurden in der Nähe des landeinwärts von El Wedj gelegenen Brunnen (siehe Seite 89) 15 Tage lang in Quarantäne gehalten, ohne daß Cholerafälle unter ihnen sich ereignet hätten, und zogen dann nach den Mosesquellen weiter, um hier ihre Schlußquarantäne zu überstehen.

Eine Karawane hatte, um sich der verhaßten Quarantäne in El Wedj zu entziehen, den letzteren Ort in weitem Bogen umgangen; sie sollte von dieser Kriegslist indeß keine Vortheile haben, denn am 29. December wurde sie — aus 101 Pilgern bestehend — nordöstlich von Ismailia, noch bevor sie El Kantara erreicht hatte, angehalten und cernirt. Der Conseil beschloß, sie unter den erforderlichen Vorsichtsmaßregeln nach den Mosesquellen führen und hier einschiffen zu lassen, um sie nachträglich in Tor einer 15tägigen Quarantäne zu unterwerfen.

Am 9. December traf das erste Schiff mit Pilgern von Yambo her in El Wedj ein, und bald folgten deren mehrere. Doch sind in den Zeltdivisionen dieser von Yambo gekommenen Pilger Cholerafälle nicht beobachtet; die letzteren haben sich vielmehr auf die fünf ersten Zeltdivisionen der aus Djeddah eingetroffenen Pilger beschränkt. Daß auch diese sehr ungleich heimgesucht worden sind, zeigt die nachstehende Uebersicht:*)

Zeltdivision des Schiffes	Datum der Ankunft in El Wedj 1881	Datum der Abfahrt von El Wedj 1882	Anzahl der Pilger	Todesfälle im Lager von El Wedj: an Cholera	an verdächtiger Diarrhoe	an anderen Krankheiten	in Summa
Muta . . .	27. 11.	5. 2	560	15	21	18	54
Kaiſſeri . .	28. 11.	6. 2.	829	9	17	24	50
Babel . .	28. 11.	14. 2.	958	42	58	62	162
Damanhur .	30. 11.	7. 2.	748	2	3	10	15
Medina . .	3. 11	14. 2.	305	7	8	9	21

Hiernach muß man annehmen, daß eine Uebertragung der Cholera von einer Division auf die andere nicht stattgefunden hat, und daß in der That nur diejenigen Divisionen von der Krankheit gelitten haben, welche den Keim auf ihrem Schiffe vom Hedjaz her mit sich gebracht hatten. Zu dieser Lokalisirung der Seuche hat wahrscheinlich der Umstand nicht unwesentlich beigetragen, daß alsbald nach den ersten Erkrankungsfällen die Entfernung zwischen

*) Vgl. „Conseil Sanitaire, Maritime et Quarantenaire d'Égypte. Exposé des mesures prises en Égypte contre l'épidémie cholérique du Hedjaz de 1881—82. Alexandrie 1882."

den verschiedenen Divisionen vergrößert, und daß später die von Yambo anlangenden Pilger weitab von den übrigen untergebracht wurden.

Am 26. December konnten Dr. Ardouin und Dr. Ferrari an den Conseil berichten, daß nur noch in drei der verseuchten fünf Divisionen vereinzelte Cholerafälle vorkämen, daß in den beiden anderen aber die Krankheit erloschen sei.

Die Zahl der an jenem Tage in El Wedj versammelten Hadji's betrug nicht weniger als 10097; von diesen waren 3251 aus Djeddah und 3613 aus Yambo zu Schiff eingetroffen, während 3200, darunter auch die große egyptische Karawane, auf dem Landwege gekommen waren.

Am 28. December wurden von El Wedj aus die ersten Pilger nach Tor übergeführt, nämlich diejenigen der Schiffe „Dionei" und „Chibin", nachdem sie 15 Tage lang keinen verdächtigen Krankheitsfall in El Wedj gehabt hatten. Wegen Mangels an Zelten und sonstigem Material in Tor beschloß jedoch der Conseil die weitere Ueberführung der Pilger dorthin zu sistiren, sie vielmehr so lange in El Wedj zu belassen, bis 15 Tage lang im ganzen Lager kein verdächtiger Erkrankungsfall mehr vorgekommen sein würde.

Es schien jedoch, als wenn dieser Zeitpunkt sehr spät eintreten sollte, denn während immer noch von Yambo her einzelne cholerafreie Pilgerschiffe in El Wedj anlangten, erlosch die Seuche in den drei inficirten Divisionen des Djeddah Lagers nur sehr langsam. Vom 27. December bis zum 16. Januar kamen in denselben noch fünf Todesfälle an ausgesprochener Cholera und fünfzig an verdächtiger Diarrhoe vor. Am 21. Januar beschloß daher der Conseil, daß diejenigen Divisionen des Yambo Lagers, in welchen 15 Tage lang nichts Verdächtiges beobachtet sei, nach Tor übergeführt werden dürften, woselbst sie noch eine zehntägige Quarantäne durchmachen sollten. – Erst nachdem vom 7. bis zum 26. Februar auch unter den Pilgern des Djeddah Lagers keine neue Erkrankung mehr beobachtet war, wurden dieselben ebenfalls nach Tor transportirt. Am 8. März konnte endlich auch das Sanitätspersonal nach fast viermonatlicher Thätigkeit El Wedj verlassen, um nach Suez zurückzukehren. Im ganzen hatten unter seiner Obhut 12417 Pilger ihre Quarantäne absolvirt, von denen 341 gestorben waren, 183 an Cholera oder verdächtiger Diarrhoe und 158 an anderen Krankheiten. – – Trotz der großen Zahl von Pilgern war es gelungen, die Schwierigkeiten der Wasserversorgung glücklich zu überwinden. Der Antheil, welchen hieran die beiden Destillirschiffe – das dritte ist kaum in Thätigkeit gekommen – gehabt haben, ist aus nachstehender Tabelle ersichtlich:

Name des Schiffes	Dauer der Thätigkeit	Arbeitsstunden	Kohlenverbrauch	Gelieferte Wassermenge
„Tib el Bahr"	19. 11. 81 – 25. 2. 82	1625	157 tons	2795 tons
„Rahmanieh"	4. 1. – 9. 2. 82	511	137 tons	857 tons

In Tor, wo vom 29. December bis zum 28. März 8865 Pilger in Quarantäne waren, sind 73 Todesfälle vorgekommen, darunter in den ersten Monaten eine Anzahl in Folge von Diarrhoeen, welche indeß als choleraverdächtig nicht bezeichnet worden sind.

An den Mosesquellen haben vom 9. Januar bis zum 22. März 7519 Pilger mit

2867 Kameelen ihre Quarantäne absolvirt. Hier ist kein irgendwie choleraverdächtiger Fall zur Kenntniß gekommen; an anderen Krankheiten sind nur 13 Pilger gestorben.

Im Hedjaz ist allen Berichten zufolge gegen Ende des Jahres 1881 die Cholera vollständig erloschen gewesen, und auch die syrische Karawane ist in gutem Gesundheitszustande an ihrem Bestimmungsorte angelangt. Sie soll, nachdem sie Medina passirt hatte, keine Cholerafälle mehr gehabt haben. Von einem Auftreten der Cholera im übrigen Arabien ist nichts bekannt geworden.

Wieder einmal hatte Egypten und damit auch Europa eine sehr gefährliche Periode glücklich überstanden.

Die Cholera-Epidemie im Hedjaz im Jahre 1882.*)

Wie der Cholera-Epidemie, von welcher das Hedjaz im Jahre 1881 heimgesucht wurde, der durch den „Columbian" verursachte Ausbruch der Seuche in Aden voranging, so hat auch die Epidemie des Jahres 1882 ein für das Verständniß der ätiologisch wichtigen Verhältnisse höchst lehrreiches Vorspiel gehabt.

Am 25. Juli 1882 traf in Aden die „Hesperia" ein, welche gegen den 12. desselben Monats mit 501 Pilgern und einer Ladung für England bestimmter Waaren an Bord Bombay verlassen hatte. Während der Reise hatte das Schiff nach Aussage des Kapitäns sechs Passagiere verloren; davon waren angeblich vier infolge von gewöhnlichen Krankheiten gestorben (Stékoulis bemerkt hierzu: „et chose curieuse, l'une des victimes, âgée de 35 ans, aurait été atteinte de marasme sénile"), und zwei durch eine Meereswelle über Bord gespült. Wie gleich hier erwähnt werden mag, ergab sich später, daß der Kapitän außer den 501 in dem Patent verzeichneten Pilgern vorschriftswidrig noch 24 mehr mitgenommen hatte, so daß also auch in diesem Falle jede Kontrole über die Zahl der vorgekommenen Todesfälle unmöglich war.

Einen Tag nach der Ankunft des Schiffes in Aden, am 26. Juli, erkrankte ein egyptischer Heizer an Bord unter den ausgesprochenen Erscheinungen der Cholera und starb bereits am 27. Juli. Um eine Wiederholung der Ereignisse des vorhergehenden Jahres zu verhüten, wurde das Schiff nun sofort nach der Insel Kamaran gesandt, wo seitens der hohen Pforte in diesem Jahre zum ersten Male umfangreichere Vorbereitungen getroffen waren, alle von jenseits der Straße von Bab el Mandeb kommenden Pilgerschiffe vor dem Landen in Djeddah einer Beobachtungs- bezw. der reglementsmäßigen Quarantäne zu unterwerfen.

Kaum waren die Pilger der „Hesperia" in Kamaran ausgeschifft (am 8. August), als auch bereits zwei von ihnen, welche aus Buchara über Bombay gekommen waren, unter höchst verdächtigen Erscheinungen erkrankten und am 10. August starben. Am 16. und am 18. August erfolgte je ein neuer Todesfall, beide Male einen Pilger aus Buchara betreffend. Die Krankheit, welche nunmehr als ganz unzweifelhafte Cholera erkannt wurde, hatte in dem ersten dieser Fälle 36 Stunden, in dem zweiten nur 18 Stunden gedauert. In den nächsten neun Tagen

*) Vgl. „Dr. Mahé, Mémoire sur la marche et l'extension du choléra asiatique des Indes-Orientales vers l'occident etc. Constantinople 1885." und „Stékoulis, Le Pèlerinage de la Mecque et le Choléra au Hedjaz. Constantinople 1883."

konnten trotz der sorgfältigsten Nachforschung seitens mehrerer europäischer Aerzte unter den Pilgern neue verdächtige Erkrankungen nicht entdeckt werden; doch war, wie sich bald zeigen sollte, der Keim noch nicht erloschen, denn am 28. August erfolgte wiederum ein Cholera todesfall, dem vom 30. August bis einschließlich 13. September noch zwölf tödtlich und zwei mit Genesung endende Fälle folgten. Besonders bemerkenswerth ist, daß sich darunter auch ein türkischer Quarantänewächter befand, welcher am 4. September in wenigen Stunden einem Choleraanfall erlag. Wie Dr. Mahé mittheilt, dem als französischen Delegirten zum Conseil Supérieur de Santé in Konstantinopel das gesammte offizielle Material zugänglich war, und dessen mehrfach citirter Schrift diese Angaben entnommen sind, hat der Kapitän der „Hesperia“ in Kamaran später zugestanden, daß auch die sechs während der Ueberfahrt von Bombay nach Aden vorgekommenen Todesfälle unter den Erscheinungen der Cholera erfolgt seien. Drei Viertel der Passagiere der „Hesperia“ waren Pilger aus Buchara und Afghanistan. Von Peshawar ab hatten sie die Eisenbahn benutzt, um sich über Lahore nach Bombay zu begeben, ja einige von ihnen sollen zur Erledigung von Handelsgeschäften von Lahore aus zunächst noch nach Kalkutta gefahren sein und erst dann mit der Eisenbahn nach Bombay sich begeben haben, um von hier aus die Reise nach Djeddah anzutreten. Wie lange die Pilger in Bombay sich aufgehalten haben, ist nicht ermittelt; jedenfalls war ihnen in Indien reichlich Gelegenheit gegeben, mit dem Cholerakeime in Berührung zu kommen.

Fast ein Monat war seit der Abfahrt der „Hesperia“ von Bombay verflossen, als die Ausschiffung der Pilger in Kamaran erfolgte. Und wiederum länger als einen Monat hat es gedauert, bevor hier die Seuche zum Erlöschen kam.

Von 19 in Kamaran in ärztliche Behandlung gekommenen Cholerakranken sind nicht weniger als 17 gestorben, und es ist demnach wohl anzunehmen, daß eine Anzahl leichterer Fälle nicht zur Kenntniß der Aerzte gelangt ist. Die Krankheitsdauer schwankte in den tödtlich endenden Fällen zwischen 6 und 36 Stunden. Unter den Erkrankten bezw. Gestorbenen befanden sich 13 Pilger aus Buchara, 1 Hindus, 1 Afghane und endlich der oben schon erwähnte türkische Quarantänewächter.

Obgleich die „Hesperia“ Pilger in mehreren streng von einander isolirten Divisionen untergebracht waren, so ist doch nicht eine einzige der letzteren ganz von Cholera freigeblieben.

In der Uebersicht auf Seite 146 sind die Choleratodesfälle nach den einzelnen Tagen eingetragen.

Nachdem seit dem letzten Todesfall am 13. September zehn Tage lang der Gesundheitszustand unter den Pilgern ein guter geblieben war, wurden dieselben wieder an Bord der inzwischen desinficirten „Hesperia“ eingeschifft und nach Djeddah übergeführt. Die Ladung war an Bord geblieben, während die Desinfektion stattfand, und die letztere kann demnach wohl nur eine sehr unvollkommene gewesen sein.

Während der geschilderten Vorgänge in Kamaran hatten im Hedjaz die Zuzüge von Pilgern bereits eine beträchtliche Höhe erreicht, wenn auch wegen der Unruhen in Egypten ihre Zahl im Jahre 1882 jedenfalls geringer gewesen ist, als in der entsprechenden Periode früherer Jahre. Daß die von jenseits der Straße von Bab el Mandeb kommenden Pilger durch jene Ereignisse nicht fern gehalten sind, ist von vornherein verständlich, ergiebt sich aber beispielsweise auch aus der auf Seite 147 mitgetheilten Tabelle.

Juli			August			September		
Datum	Zahl der Cholera-Todesfälle	Bemerkungen	Datum	Zahl der Cholera-Todesfälle	Bemerkungen	Datum	Zahl der Cholera-Todesfälle	Bemerkungen
			1.			1.		
			2.			2.	2	
			3.			3.	1	
			4.			4.	2	
			5.			5.		
			6.			6.		
			7.			7.		
			8.		Ankunft in Kamaran	8.	2	
			9.			9.		
			10.	2		10.	1	
			11.			11.		Quarantäne in Kamaran
12.		Abfahrt der „Hesperia" von Bombay	12.			12.	1	
13.			13.			13.	1	
14.			14.			14.		
15.			15.			15.		
16.			16.	1		16.		
17.			17.			17.		
18.	6		18.	1		18.		
19.	7		19.			19.		
20.			20.		Quarantäne in Kamaran	20.		
21.			21.			21.		
22.			22.			22.		
23.			23.			23.		Wiedereinschiffung der Pilger und Abfahrt nach Djeddah
24.			24.					
25.		Ankunft in Aden und Aufenthalt daselbst	25.					
26.			26.					
27.	1		27.					
28.			28.	1				
29.			29.					
30.			30.	1				
31.			31.	1				

Die Gesammtzahl der während der Feste in Mekka versammelten Pilger — Kurban Bairam fiel in diesem Jahre auf den 22. bis 25. Oktober — wird auf 30000 bis 40000 angegeben.

So günstig die Nachrichten über den Gesundheitszustand der Pilger auch bis in den Oktober hinein lauteten, so sollte das große Fest, an welchem einschließlich der Bewohner von Mekka 70000 bis 75000 Menschen theilnahmen, den gefürchteten Gast doch noch erscheinen sehen.

Wann die ersten Cholerafälle sich ereignet haben, darüber stimmen die Berichte der verschiedenen Aerzte nicht überein. Während der von der englisch-indischen Regierung nach Mekka entsandte Dr. Abdul Rassak behauptet, daß noch zur Zeit der Versammlung der Pilger

Uebersicht der bis zum 12. Oktober 1882 in Djeddah ausgeschifften Pilger.

Pilger aus	Java 2c.	6218
	Brit. Indien	7848
	Persien	2480
	Arabien	1890
	Yemen	291
	Sudan	718
	Türkei und Syrien	1358
	Egypten	596
	Tripolis, Tunis, Algier 2c.	178
	Summa	21577
	Außerdem mit Küstenfahrzeugen angelangt	936
	Gesammtsumme	22513

auf dem Berge Arafat (21. Oktober) der Gesundheitszustand ein guter gewesen, und daß erst im Verlaufe des Festes in Mina am 24. Oktober die ersten Cholerafälle bekannt geworden seien*), geht aus dem Berichte des türkischen Sanitätsbeamten in Mekka Dr. Noury Effendi hervor, daß bereits gegen den 21. Oktober in der heiligen Stadt tödtlich verlaufende Fälle von Cholera sich ereignet haben. Es hat diese Differenz insofern ein gewisses Interesse, als Dr. Abdul Kassat die Einschleppung des Cholerakeimes aus Indien bestreitet und die Meinung verficht, daß in Folge der ungünstigen sanitären Verhältnisse in Mina, welche er mit den schwärzesten Farben malt, die Seuche spontan entstanden sei. Mag nun Dr. Noury im Rechte sein oder nicht, jedenfalls datirt eine erheblichere Choleraſterblichkeit erst von dem Tage, an welchem die Pilger nach Beendigung des Festes sich zu zerstreuen begannen. In Mekka sind vom 26. bis 31. Oktober 192 und vom 1. bis 9. November 103 Choleratodesfälle verzeichnet worden, in Medina, wohin die Krankheit alsbald durch die Karawanen verschleppt wurde, vom 5. bis 19. November deren 250.

Einschließlich der in der Umgebung der heiligen Orte sowie in Djeddah unter den von Mekka anlangenden Pilgern vorgekommenen Todesfälle schätzt Dr. Mahé die Gesammtzahl der Opfer im Hedjaz auf 1200 bis 1500.

Die zu Schiff heimkehrenden egyptischen bezw. den Suezkanal passirenden Pilger wurden auch in diesem Jahre einer Quarantäne in El Wedj und darauf einer Beobachtungsquarantäne an den Mosesquellen unterworfen, ohne daß indeß hier Cholerafälle unter ihnen vorgekommen wären. Auch die syrische und egyptische Karawane langten in gutem Gesundheitszustande an ihren Bestimmungsorten an.

Was die Entstehung dieser nicht sehr erheblichen Epidemie des Jahres 1882 betrifft, so führt der genannte, damals an Ort und Stelle befindliche türkische Sanitätsbeamte Dr. Noury Effendi sie auf Einschleppung durch den „Columbian" zurück (La Choléra éclaté cette année à la Mecque a été incontestablement importé des Indes. Ce fait résulte de ce que le bateau Columbian ayant débarqué un malade celui-ci a été visité

*) Der vom 24. Dezember 1882 datirte Bericht des Dr. Abdul Kassat ist in dem „Phare d'Alexandrie" 1883 Nr.-Nr. 250 u. 251 veröffentlicht.

par le docteur Escherell Effendi et le consul de France, qui ont constaté un cas de choléra etc.«) Fest steht jedenfalls, daß auch in diesem Jahre trotz der durch das Reglement vorgeschriebenen Quarantäne in Kamaran der Einschleppung des Krankheitskeimes Thür und Thor geöffnet war. Selbst die „Hesperia“ kann als ganz unverdächtig nicht betrachtet werden. Zwar waren ihre Pilger zehn Tage lang in Kamaran frei von Cholera gewesen, als sie am 24. September nach Djeddah eingeschifft wurden, und zwischen diesem Tage und dem Ausbruch der Cholera im Hedjaz lag fast ein ganzer Monat; indeß auch im Verlauf der Quarantänezeit in Kamaran sind neun volle Tage hindurch keine verdächtigen Erkrankungen zur Kenntniß gekommen (19. bis 27. August), und doch trat dann die Seuche von neuem auf. Wie leicht aber einzelne während der Fahrt von Kamaran nach Djeddah bezw. nach der Ankunft im Hedjaz in den ersten Wochen des Oktober unter den Pilgern der „Hesperia“ vorgekommenen Krankheitsfälle sich jeder Kenntniß haben entziehen können, darüber bedarf es kaum noch einer Auseinandersetzung. Es liegt zu sehr auf der Hand, daß die Pilger stets alles aufbieten werden, verdächtige Krankheitsfälle zu verheimlichen, da sie sonst zu befürchten haben, von den heiß ersehnten heiligen Festen ausgeschlossen zu werden und die außerordentlichen Opfer der Pilgerreise an Zeit, Geld, Anstrengungen und Entbehrungen vergeblich gebracht zu haben. Ist es schon in europäischen Städten unmöglich im Einzelnen allen Wegen der Verbreitung des Krankheitskeimes zu folgen, so kann während der Pilgerfeste im Hedjaz selbst von einem Versuche dazu kaum die Rede sein. Uebrigens war auch abgesehen von der „Hesperia“ und dem „Columbian“ reichlich Gelegenheit zur Einschleppung der Seuche vorhanden. Wie wenig streng insbesondere die Quarantäne in Kamaran durchgeführt worden ist, erhellt zur Genüge aus den nachstehenden Thatsachen, welche dem »Conseil Sanitaire Maritime et Quarantenaire« unter dem 30. November 1882 von seinem in Djeddah befindlichen Delegirten berichtet worden sind:

Am 17. Oktober langte der englische Dampfer „Achelley“, von Bombay kommend, mit 623 Pilgern in Djeddah an, wo das Schiff nach 24 stündiger Beobachtung zum freien Verkehr zugelassen wurde, obgleich der Kapitän dieses Schiffes es abgelehnt hatte, in Kamaran die seitens der Pforte vorgeschriebene Quarantäne zu absolviren.

Am 19. Oktober erschien aus Indien kommend der englische Dampfer „Red Sea“ mit 1200 Pilgern an Bord im Hafen von Djeddah. Auch dieses Schiff hatte in Kamaran keine Quarantäne gehalten, ja die Insel überhaupt gar nicht erst angelaufen. Trotzdem wurde es in Djeddah nach nur 24 stündiger Beobachtung zum freien Verkehr zugelassen.

Der Berichterstatter nimmt an, daß bis zum 21. Oktober mehr als 2000 aus verdächtigen Häfen gekommene und der Quarantäne in Kamaran entgangene Pilger das Hedjaz betreten hätten, und weist darauf hin, daß erst fünf bis sechs Tage nach jenem Datum, begünstigt durch die Menschen-Anhäufung während der Feste die Cholera zum Ausbruch gekommen sei.

Sehr zahlreiche Pilger haben, aus inficirten oder verdächtigen Häfen kommend, die Quarantäne in Kamaran auch auf die Weise umgangen, daß sie auf englischen Schiffen zunächst nach Suez sich begeben haben, woselbst man sie eine nur dreitägige Quarantäne durchmachen ließ und ihnen dann freie Praktika gab, so daß sie ohne weiteres in Djeddah zugelassen wurden.

—

Die Cholera im Hedjaz im Jahre 1883.

Es erübrigt, des Auftretens der Cholera im Hedjaz im Jahre 1883 mit einigen Worten zu gedenken, zumal dasselbe der Kommission Gelegenheit gegeben hat, die Thätigkeit der egyptischen Quarantäneanstalten am Rothen Meere aus eigener Anschauung kennen zu lernen. Kurban Bairam fiel in diesem Jahre auf den 11. bis 14. Oktober, in eine Zeit also, wo sowohl in Alexandrien wie in Oberegypten die Seuche noch nicht erloschen war. Trotzdem ließ man, wohl im Vertrauen auf den langen Weg durch die Wüste, die egyptische Teppich-Karawane wie in anderen Jahren nach den heiligen Orten ziehen.

Ueber den Gesundheitszustand der in Mekka versammelten Pilger, deren Zahl auf etwa 40000 geschätzt wurde, lauteten die Nachrichten anfangs fortdauernd günstig. Erst am 14. Oktober sandte die ärztliche Kommission in Mekka eine Depesche an den Conseil in Alexandrien ab, des Inhalts, daß am zweiten Tage der Feste in Mina, d. h. am 13. Oktober, die Cholera daselbst aufgetreten sei und im Laufe von zwei Tagen 18 Todesfälle verursacht habe. Kurz darauf erschien die Seuche auch in Mekka, woselbst ihr an den einzelnen Tagen vom 14. bis 21. Oktober 19 bezw. 23, 38, 20, 46, 29, 36 und 20 Pilger erlagen. Bis zum 4. November betrug die Summe der Choleratodesfälle in Mekka 151. Nur die Pilger waren an denselben betheiligt, während die ansässige Bevölkerung ganz frei geblieben sein soll. Auf dem Wege von Mekka nach Medina verloren die Karawanen 150 Todte, in Medina selbst 64. In Djeddah kamen unter den aus der heiligen Stadt zurückkehrenden Hadji's nach den Berichten nur noch acht Erkrankungen an Cholera mit sechs Todesfällen zur Kenntniß. Am 4. November wurde die Epidemie im Hedjaz als nahezu erloschen betrachtet.

Ueber ihren Ursprung ist wiederum nichts Bestimmtes ermittelt worden. Die Sanitätskommission war der Ansicht, daß die egyptische Karawane den Keim mit sich gebracht habe, doch wurde seitens des die Karawane begleitenden Arztes behauptet, daß die letztere auf dem Wege sowohl, wie während ihres Aufenthaltes auf dem Arafat und in Mina nicht einen einzigen Todesfall gehabt habe. Nach einer anderen Mittheilung soll man allerdings in Mina nach dem Abzuge der Karawane auf ihrem Lagerplatze 16 Gräber gefunden haben.

Uebrigens bedarf es nach dem, was gelegentlich der Epidemie von 1882 über die Unzulänglichkeit der Quarantäne in Kamaran gesagt worden ist, wohl kaum noch des Hinweises, daß der Cholerakeim auch im Jahre 1883 durch indische Pilger direkt nach dem Hedjaz gebracht sein kann. Von Interesse ist in dieser Beziehung noch ein Ereigniß, von dem die Kommission in Tor Kenntniß erhielt, und welches ihr später in Suez von glaubwürdigen Personen bestätigt wurde. Kurze Zeit vor dem Beginne der Festlichkeiten im Hedjaz langte ein englisches Schiff mit Pilgern an Bord in Kamaran an, um die vorgeschriebene Quarantäne zu absolviren. Da die Pilger indeß einsahen, daß sie bei Innehaltung der reglementsmäßigen Quarantänezeit nicht mehr rechtzeitig nach Mekka gelangen würden, so zwangen sie nach fünftägigem Aufenthalte in Kamaran durch Drohungen den Kapitän, nach Djeddah aufzubrechen. Das zur Aufsicht in Kamaran stationirte türkische Kriegsschiff verfolgte das Pilgerschiff, ohne dasselbe indeß erreichen zu können. Auch einige nachgesandte Kanonenschiffe sollen erfolglos geblieben sein. Als das Schiff in Djeddah ankam, wurde ihm zwar seitens der Hafenbehörde die Ausschiffung der Pilger verweigert, mehrere Hundert der letzteren sollen indeß ins Meer gesprungen sein, um auf diese Weise das ersehnte Ziel zu erreichen. Angeblich wurden sie von dem türkischen Militär zurückgetrieben; über ihr weiteres Geschick und dasjenige des Schiffes hat die Kommission nichts in Erfahrung bringen können. —

Die vom 14. Oktober datirte Depesche der Sanitätskommission über den Ausbruch der Cholera unter den Pilgern in Mina langte erst am 26. Oktober in Alexandrien an. Sofort bestimmte der Conseil, daß wegen unzureichender Vorbereitungen in El Wedj die zu Schiff nordwärts heimkehrenden Pilger in Tor eine 15tägige Quarantäne und im Anschlusse daran ebenfalls in Tor, aber an einer zwei Kilometer von den erst benutzten Plätzen abgelegenen Stelle, noch eine fünftägige Observation durchmachen sollten. Seitens der Pforte wurde den von Tor heimkehrenden Pilgern noch eine 15tägige Schluß-Quarantäne in der Anstalt von Klazomene auferlegt. —

Ueber das Auftreten der Cholera unter den Pilgern der beiden Schiffe „Jennat" und „Diana" im Pilgerlager zu Tor ist bereits an anderer Stelle berichtet. Bis zum 10. November sind im ganzen 19 Erkrankungen an Cholera mit sieben Todesfällen vorgekommen, nach dem genannten Tage aber keine weiteren Fälle mehr, so daß am 25. bezw. 27. November auch jene beiden Schiffe mit ihren Pilgern Tor verlassen konnten. Von den 529 Pilgern der „Diana" (im Patent waren nur 472 verzeichnet!) sind neun, von den 452 Pilgern der „Jennat" (dem Patent nach sollten es nur 397 sein!) sind im ganzen 11 im Hospitale des Lagers gestorben. —

Am 9. Januar 1884 beschloß der Conseil die Abwehr-Maßregeln vom 1. Februar ab außer Kraft treten zu lassen.

Seitdem ist bis heute von einem erneuten Auftreten der Cholera unter den Mekkapilgern nichts bekannt geworden.

Die im Vorstehenden in großen Zügen wiedergegebene Geschichte der Cholera im Hedjaz dürfte zur Genüge erkennen lassen, wie drohend noch immer die Gefahr ist, daß von dort aus wieder einmal wie im Jahre 1865 die Seuche ihren Wanderzug über Egypten und Europa antritt, wie groß andererseits aber auch die Schwierigkeiten sind, welche die egyptische Regierung und der »Conseil Sanitaire, Maritime et Quarantenaire« und die ihm unterstellten Beamten in ihrem redlichen Bestreben, jener Gefahr zu begegnen, nach wie vor zu überwinden haben. —

Inzwischen vollziehen sich im Osten des Kaspischen Meeres gewaltige Aenderungen der Verkehrsverhältnisse, geeignet, die volle Aufmerksamkeit aller derjenigen in Anspruch zu nehmen, welche den Wanderzügen der Cholera ihr Interesse zuwenden. Schon hat die Transkaspische Bahn den Amu Darja erreicht, und näher und näher rückt die Zeit, wo der Schienenstrang das endemische Gebiet der Cholera im Gangesdelta in direkte Verbindung mit den Ländern Europas bringen wird. Welche Bedeutung man dann noch angesichts der steten Gefahr der Einschleppung der Seuche auf dem Landwege der Cholera im Hedjaz zuerkennen wird, muß die Zukunft lehren.

Von Kolombo nach Kalkutta.

Der Aufenthalt der Kommission auf der Insel Ceylon konnte nur ein sehr kurzer sein, da die „Clan Buchanan" den für Kolombo bestimmten Theil der Ladung binnen kurzem gelöscht hatte und danach alsbald die Weiterfahrt nach Madras antreten mußte. Der Nachmittag des 28. November wurde zu einem Besuche bei dem deutschen Konsul in Kolombo, Herrn Freudenberg, sowie zu einem Gange durch die Stadt benutzt. Am folgenden Tage machte die Kommission einen Ausflug nach dem im Innern gelegenen Kandy. Vorüber an Kaffeepflanzungen und Reisfeldern, an Kakao- und Zimmtplantagen und üppigen urwaldähnlichen Hainen von Kokosnuß, Areka, Palmyra, Papaiota, Fächerpalmen u. a. m. führt die Eisenbahn zunächst zwei Stunden durch die Ebene dahin, um dann langsam die bewaldeten Höhen hinaufzusteigen und nach dem Passiren von neun Tunneln das herrlich gelegene Kandy, die alte Hauptstadt Ceylons, zu erreichen. Unvergeßlich wird den Mitgliedern der Expedition der Besuch in Peradenyia, dem botanischen Garten bei Kandy, bleiben, der an Mannigfaltigkeit und Pracht der Vegetation alles übertrifft, was ihnen während der Reise zu sehen beschieden gewesen ist. Dem Direktor des Gartens, Herrn Dr. Trimen, sei auch an dieser Stelle für seine liebenswürdige Führung der Dank der Kommission ausgesprochen. In der Frühe des 30. November erfolgte die Rückfahrt nach Kolombo, woselbst am Nachmittage das bei der Stadt gelegene Lepra-Hospital besichtigt wurde. Auch hier hatte die Kommission der sachverständigen Führung des Direktors der Anstalt, des Herrn Dr. Kinsey, sich zu erfreuen. — Die Beschreibung des Hospitals und die Mittheilung der hier bezüglich der Lepra erlangten Informationen findet sich in den Anlagen unter IV. —

So oft der Kommission während ihres Aufenthaltes auf Ceylon die Gelegenheit dazu sich bot, hat sie bei Aerzten sowohl wie bei Laien, welche mit den Verhältnissen des Landes vertraut waren, Erkundigungen über das Vorkommen von Cholerafällen auf der Insel angestellt. Von keiner Seite, weder in Kolombo noch in Kandy, sind ihr indeß Angaben gemacht worden, welche die Annahme der endemischen Existenz der Krankheit im geringsten gestützt hätten. Die letzte Cholera-Epidemie, von welcher Ceylon heimgesucht wurde, soll vor sechs Jahren geherrscht haben und durch Kulis aus Süd-Indien eingeschleppt worden sein.

Bezüglich der hygienischen Verhältnisse von Kolombo sei noch erwähnt, daß die Wasserversorgung aus Brunnen geschieht. Der Wasserstand in denselben soll zwar ein wechselnder, das Wasser aber nicht brackig sein. Die Europäer sind gewöhnt, das Trinkwasser wiederholt filtriren und danach kochen zu lassen. Bis zum Gebrauch wird es im Eisschrank aufbewahrt. Eine Trinkwasserleitung ist im Bau. — Von Krankheiten sollen Dysenterie und Malaria häufig vorkommen, auch Lungenschwindsucht nicht selten sein. Die erstgenannten beiden Krankheiten erfahren angeblich in der Regel zur Zeit des Nordostmonsuns, welcher auf der westlichen Seite der Insel kühle und trockene Luft bringt, eine Steigerung. Lepra und Framboesie, letztere Krankheit hier »Paranga yaws« genannt, kommen nicht selten vor; Beri-Beri und Madura-Fuß vereinzelt. Auch Dengue soll in einigen Jahren sich gezeigt haben.

In der Nacht vom 30. November zum 1. December lichtete die „Clan Buchanan" die Anker, um die Fahrt nach Madras anzutreten. Nachdem bei schönstem Wetter die Südspitze von Ceylon umschifft war, wobei die Kommission unter 5° 49′ nördlicher Breite den südlichsten Punkt ihrer Reise erreichte — die Temperatur betrug am 1. December Nachmittags 4 Uhr an Deck auch hier nur 28,5° C —, brachten die folgenden Tage eine sehr frische Brise aus WNW mit lebhaft bewegter See, so daß erst am Nachmittage des 4. December die Ankunft im Hafen von Madras erfolgte.

Vom Konsulat in Kolombo bereits telegraphisch angemeldet, wurde die Kommission am Hafen von dem deutschen Konsul, Herrn Gerdes, und von zwei Landsleuten freundlichst empfangen. Am folgenden Morgen stattete sie zunächst dem Sanitary Commissioner der Präsidentschaft Madras, Herrn Dr. Furnell, einen Besuch ab, besichtigte sodann, geführt von dem Vertreter des abwesenden Surgeon General, Herrn Dr. Sturmer, einige Krankenhäuser, sowie das Gefängniß (s. Anlage VII) und das Lepra-Hospital (s. Anlage IV) und hatte am Nachmittage und Abende Gelegenheit, von Herrn Dr. Furnell weitere Auskunft über die Choleraverhältnisse von Madras und Pondichery zu erlangen. Der genannte Sanitätsbeamte hat außerdem die Kommission nicht nur durch Ueberlassung einer umfangreichen Sammlung für die Cholerafrage wichtiger Drucksachen zu Dank verpflichtet, sondern auch in der Folge noch gern jede gewünschte Auskunft ertheilt.

Der Morgen des 6. December wurde dazu benutzt, unter Führung des Herrn Konsul Gerdes einen Blick in das Leben und Treiben der von den Eingeborenen bewohnten Stadttheile zu werfen und dem botanischen Garten, sowie dem reichhaltigen und insbesondere sehr schöne naturhistorische Gegenstände enthaltenden Museum einen wenn auch nur flüchtigen Besuch abzustatten. Gern hätte die Kommission ihren Aufenthalt in Madras verlängert, um mit Unterstützung des Herrn Dr. Furnell in der Stadt selbst und an anderen Orten der Präsidentschaft die lokalen sanitären Verhältnisse mit Bezug auf die Verbreitung der Cholera zu studiren, indessen in Kalkutta wartete ihrer eine andere, zunächst wichtigere Aufgabe, und so begab sie sich denn gegen Mittag an Bord zurück, um alsbald die Weiterreise nach Kalkutta anzutreten. — Bald nach der Abfahrt von Madras verstarb ziemlich plötzlich und unerwartet ein an Malaria leidender indischer Matrose. Seine Leiche wurde, auf einem Brette befestigt, ohne Sang und Klang ins Meer versenkt. Bemerkenswerther Weise war dies Vorkommniß nur von wenigen Passagieren überhaupt wahrgenommen worden. Am Abend des 9. December ging die „Buchanan" in der Mündung des Hoogly vor Anker. Da die Fahrt stromaufwärts für tiefergehende Schiffe nur zur Zeit der Fluth möglich ist und wegen der zahlreichen Untiefen mit großer Vorsicht ausgeführt werden muß, so wurde auch am folgenden Tage Kalkutta noch nicht erreicht; die „Buchanan" mußte vielmehr noch einmal vor Anker gehen. Dieser Aufenthalt wurde von der Kommission benutzt, um einem am Strome gelegenen Native-Dorfe einen

Besuch abzustatten und zum ersten Male einen Blick in die später noch eingehend zu schildernden Verhältnisse einer solchen niederbengalischen Ansiedelung zu werfen. Leider sollte diese interessante kleine Expedition einen wenig erfreulichen Abschluß finden. Nachdem nämlich die Kommission an Bord zurückgekehrt war und das Boot bereits verlassen hatte, erfolgte ein thätlicher Angriff der vermuthlich infolge an Land genossenen Palmweins erregten muhamedanisch indischen Bootsbesatzung gegen den führenden Schiffsoffizier. Nur durch die Geistesgegenwart eines englischen Bootsmanns wurde weiteres Unglück verhindert. Die Uebelthäter wurden mit Handschellen gefesselt und an Deck angeschlossen, um in Kalkutta ihrer Bestrafung entgegen zu sehen.

Am Nachmittage des 11. December, vier Wochen nach der Abfahrt von Suez, erfolgte die Ankunft in Kalkutta. Hier wurde die Kommission im Hafen von dem Vertreter des deutschen Reiches, Herrn Konsul Bleek, empfangen und alsbald zu einem Boarding House geleitet, in welchem die erforderlichen Zimmer für sie bereits bestellt waren.

Am folgenden Tage galt es zunächst einen geeigneten Arbeitsplatz ausfindig zu machen. Der Surgeon General with the Government of India, Herr Dr. J. M. Cuningham, welcher die Kommission aufs freundlichste aufnahm, ihr auch späterhin seine Unterstützung stets aufs bereitwilligste gewährt und ihr insbesondere ein sehr umfangreiches und werthvolles literarisches Material zur Verfügung gestellt hat, schlug für diesen Zweck das Medical College Hospital vor. Er und sein Sekretär Herr Dr. A. Barclay begleiteten die Kommission alsbald persönlich dorthin. In der That konnte eine bessere Wahl nicht getroffen werden, zumal das Hospital mit einer medicinischen Fakultät für studirende Eingeborene verbunden ist und schon durch diesen Umstand vor den übrigen Kranken-Anstalten manche Vortheile bot. Wohl in keinem der letzteren wäre außerdem ein so vortrefflicher Arbeitsraum zur Verfügung gewesen, wie er hier sofort von dem dirigirenden Arzte Herrn Dr. M. Coates der Kommission zur freien Benutzung übergeben wurde. Dieser Raum, im ersten Stock eines Nebengebäudes gelegen, bestand aus einem länglichen Saale, welcher von drei Seiten her Licht erhielt, so daß für die mikroskopischen Arbeiten die Verhältnisse zu allen verschiedenen Tageszeiten günstige waren. Die Fenster ließen sich durch Läden verschließen, und der Raum war verhältnißmäßig kühl. Zahlreiche Regale, große Tische und Glasschränke boten Platz für die Unterbringung der Apparate und sonstigen Laboratoriumsgegenstände; Wasserleitung und zwei Gasauslässe standen zur Verfügung; ein zum Spülen und Reinigen der gebrauchten Gefäße ꝛc. bestimmter Vorraum fehlte nicht; für die Unterbringung der Versuchsthiere war im Souterrain ein Stall vorhanden; in den Parterre-Räumlichkeiten befand sich das chemische Laboratorium des Herrn Professor Dr. C. J. H. Warden, welcher aufs bereitwilligste der Kommission seine Unterstützung zusagte; der Obduktionsraum war nicht fern gelegen, kurz, nach den verschiedensten Richtungen hin waren die Verhältnisse so günstig, daß die Erwartungen der Kommission bei weitem übertroffen wurden. Das einzige Bedenken war, daß im Medical College Hospital die Zahl der Cholerakranken damals eine verhältnißmäßig geringe war, zumal im Vergleich zu dem an der Peripherie der Stadt gelegenen Sealdah Hospital. Da indeß die Entfernung zwischen den beiden Krankenhäusern keine sehr große ist, so konnte später mit der bereitwilligst ertheilten Genehmigung des dirigirenden Arztes, Herrn Dr. Mackenzie, auch das gesammte im Sealdah Hospital zur Verfügung stehende Cholera-Material verarbeitet werden. Es war dies um so leichter möglich, als die Kommission sich der steten Unterstützung des Hausarztes, Herrn

Dr. Dissent, in einer Weise zu erfreuen hatte, durch welche sie sich zu dem größten Danke verpflichtet fühlt.

Auch aus dem General Hospital und dem Mayo Hospital wurden in der Folge wiederholt der Kommission Choleraleichen bereitwilligst zur Verfügung gestellt, so daß es ihr an Untersuchungsmaterial nicht gefehlt hat.

Bei der Einrichtung des Laboratoriums waren die Herren Dr. Warden und Dr. Waddell in jeder Weise der Kommission behülflich. Zu ganz besonderem Danke aber ist sie Herrn Dr. M. Coates verpflichtet, der nicht müde wurde, immer von neuem nach etwaigen Wünschen sich zu erkundigen und für die Erfüllung derselben Sorge zu tragen. Auch außerhalb des Laboratoriums ist Herr Dr. Coates der Kommission ein stets bereiter und sachkundiger Führer bei Besichtigungen u. dgl. gewesen.

Schon am 14. December wurde die erste Cholera Obduktion im Medical College Hospital, am 15. December die zweite und dritte im Sealdah Hospital ausgeführt, und bald war der Betrieb des Laboratoriums in vollem Gange.

Aufs angenehmste machte sich der Umstand bemerklich, daß der Beginn der Arbeiten in die kühle Jahreszeit fiel, und daß infolge dessen namentlich auch die Verwendung der Nährgelatine bei den Kulturen auf keinerlei Schwierigkeiten stieß. Erst gegen Mitte Februar wurde es in dem bis dahin verhältnißmäßig kühlen Laboratorium so heiß, daß die Gelatinekulturen zu zerfließen begannen.

Was die persönlichen Verhältnisse der Kommissionsmitglieder betrifft, so gestalteten sich dieselben durch das Wohlwollen Sr. Excellenz des Vicekönigs Lord Ripon, durch die Fürsorge des deutschen Konsuls und das Entgegenkommen der englischen Aerzte und Beamten sowie der in Kalkutta ansässigen Deutschen aufs angenehmste. Für die von allen Seiten ihr gewährte freundliche Aufnahme auch an dieser Stelle ihren aufrichtigsten Dank auszusprechen, ist der Kommission eine angenehme Pflicht. —

Im nachstehenden soll nunmehr zunächst über die Ergebnisse der mikroskopischen und experimentellen Forschungen, soweit dieselben auf den Cholerainfektionsstoff sich erstreckt haben, berichtet werden. Wie schon an anderer Stelle erwähnt worden ist, erschien es zweckmäßig, die bezüglichen in Egypten ausgeführten Arbeiten im Zusammenhange mit denjenigen darzustellen, welche die Kommission in Indien ausgeführt hat.

Was die Beobachtungen und Untersuchungen betrifft, welche über sonstige Krankheiten in Egypten und Indien von der Kommission gelegentlich angestellt worden sind, so wird über dieselben in den Anlagen unter VI berichtet werden.

Die Cholerabacillen; ihr Nachweis, ihre Lebenseigenschaften und die Art ihrer Verbreitung.*)

Auf dem weiten Arbeitsgebiete, welches der Kommission in Egypten und Indien sich eröffnete, war es eine Aufgabe, an deren Erledigung zunächst alle Kräfte gesetzt werden mußten: Es galt, die Natur des Infektionsstoffes der Cholera zu ermitteln. Davon, ob diese Aufgabe gelöst wurde, hing offenbar auch die Möglichkeit ab, auf sicherer Grundlage Aufklärung über alle sonstigen die Krankheit betreffenden Fragen, ihre Verbreitungsweise, die Bedingungen ihrer Existenz und die zu ihrer Bekämpfung geeigneten Mittel zu gewinnen.

Wie wenig man damals über die Natur des Krankheitskeimes wußte, wie gering die Ausbeute der außerordentlich zahlreichen, seit dem ersten Auftreten der Seuche auf europäischem Boden ausgeführten mikroskopischen und experimentellen Untersuchungen gewesen war, das hat der Führer der Expedition bereits an anderer Stelle mit folgenden Worten**) hervorgehoben:

„Man kannte eigentlich noch nichts von dem Cholera-Infektionsstoff; man wußte nicht, wo man ihn suchen sollte, ob er etwa nur im Darmkanal oder im Blut oder sonst irgendwo seinen Sitz hatte. Man wußte ferner nicht, ob es sich in diesem Falle auch um Bakterien handeln würde, oder etwa um Sproßpilze, oder dergleichen, oder gar um thierische Parasiten z. B. Amöben."

Wenn trotzdem die Untersuchungen seitens der Kommission nicht ganz ohne Hoffnung auf einen glücklichen Erfolg begonnen wurden, so lag dies, wie schon im Eingange dieses Berichtes hervorgehoben wurde, einzig und allein an dem Umstande, daß seit jenen resultatlos gebliebenen früheren Forschungen neue Methoden gefunden waren, welche sich anderen ähnlichen Aufgaben gegenüber aufs vortrefflichste bewährt und die Kenntnisse von den Ursachen der Infektionskrankheiten in ungeahnter Weise gefördert hatten.

Eine unerwartete Schwierigkeit, welche erst beim Beginn der Arbeiten der Kommission in Egypten sich herausstellte, bestand in der außerordentlich großen Verschiedenheit der pathologisch-anatomischen Darm-Befunde bei den zur Obduktion gelangenden Choleraleichen.

---

*) Die auf den Tafeln 12, 13, 14 und 15 diesem Abschnitte beigegebenen Photogramme sind, soweit sie nicht von dem Führer der Kommission Herrn Geheimen Medizinalrath Professor Dr. Koch selbst hergestellt sind, von seinen Assistenten Herren Stabsarzt Dr. Plagge und Herrn Dr. C. Fraenkel im hiesigen hygienischen Institute angefertigt und dem Berichterstatter in dankenswerthester Weise zur Verfügung gestellt worden. — Das Photogramm auf Tafel 12 ist bei diffusem Tageslichte vermittels eines Steinheil'schen 11 Linien-Aplanats aufgenommen worden. Zu den Mikrophotogrammen auf den Tafeln 13, 14 und 15 ist zu bemerken, daß Nr.Nr. 1 bis 4 einschl. bei diffusem Tageslichte mit Zeiß'schem apochromat. System 16 mm und Projektions-Okular 4, Nr. 5 bei elektrischem Lichte mit Seibert'schem System 1/12 Zoll und Okular 4, Nr.Nr. 6 bis 9 einschl. bei Sonnenlicht mit Zeiß'schem apochromat. System 2 mm und Projektions-Okular 4 und endlich Nr. 10 ebenfalls bei Sonnenlicht und mit Zeiß'schem apochromat. System 2 mm unter Benutzung des Amplifier hergestellt worden sind. — An den Photogrammen ist, wie ausdrücklich bemerkt sei, irgend welche Retouche nicht ausgeführt worden.

**) Erste Conferenz zur Erörterung der Cholerafrage. Deutsche med. Wochenschr. u. Berliner klin. Wochenschr. 1884.

Diejenigen Fälle, in welchen der Dünndarminhalt einer reiswasserähnlichen Flüssigkeit glich, und die Darmwandungen verhältnißmäßig geringe Veränderungen zeigten, bildeten nämlich keineswegs die Regel; im Gegentheil wurden bei der Mehrzahl der Obduktionen tiefe und auffallende Veränderungen des Darms gefunden, und die Beschaffenheit seines Inhalts war eine so wechselnde, daß es einige Zeit dauerte, bis der richtige Ueberblick über diese mannigfaltigen pathologisch-anatomischen Bilder gewonnen wurde. Es kann in dieser Beziehung auf die Protokolle über die in Egypten und in Indien ausgeführten Obduktionen von Choleraleichen verwiesen werden, welche in den Anlagen unter V mitgetheilt sind. Daß manche dieser Protokolle an Vollständigkeit zu wünschen übrig lassen, wird mit Rücksicht darauf, daß der Schwerpunkt der Arbeiten ins Laboratorium verlegt werden mußte, und die hier zu bewältigenden Aufgaben allein schon die Thätigkeit der Kommissionsmitglieder in hohem Maße in Anspruch nahmen, begreiflich erscheinen. — Bemerkt sei noch, daß in Kalkutta Cholera-Obduktionen für die Kommission wiederholt durch Herrn Dr. Dissent, den ordinirenden Arzt im Sealdah Hospital, ausgeführt worden sind, welcher dann die für die weitere Untersuchung erforderlichen doppelt unterbundenen Darmschlingen der Kommission übersandte. — Soweit Notizen über die Dauer und den Verlauf der Krankheit in den einzelnen Fällen gemacht worden sind, finden sich dieselben bei den Obduktionsprotokollen mitgetheilt.

Was das Verhältniß betrifft, in welchem die im Darme gefundenen Veränderungen zur Dauer des Krankheitsprocesses standen, so waren die ersteren meistens um so schwerer, je später der Tod eingetreten war. Doch fanden sich auch nicht selten Ausnahmen von dieser Regel. So wurde beispielsweise in dem fünften in Kalkutta obducirten Falle die Schleimhaut im untersten Theile des Ileum dunkelbraunroth und mit vielen Hämorrhagieen durchsetzt, der Dünndarminhalt braunroth und stinkend gefunden, obgleich der Krankheitsverlauf ein außerordentlich rapider gewesen war. In dem zwar etwas weniger schnell verlaufenen, aber auch nach nur $2\frac{1}{2}$tägiger Krankheit schon tödtlich geendeten neunten Falle in Kalkutta war der unterste Abschnitt des Dünndarms von blauschwarzer Farbe, und die Schleimhaut an vielen Stellen oberflächlich nekrotisirt, während der Inhalt eine gelbliche suppenartige Flüssigkeit darstellte. Ueberhaupt war in einer Reihe von akuten Fällen der Dünndarminhalt eher einer mehr oder weniger dicken Mehlsuppe als einem Reiswasser vergleichbar. War der Krankheitsverlauf ein sehr rapider gewesen, so bestand der Darminhalt nicht selten auch aus einer fast farblosen bezw. schwach röthlichen klaren wässerigen Flüssigkeit, in welcher zahlreiche gallertige, blaßrothe Schleimklumpen schwammen, so daß die Masse grob gehacktem und mit einer reichlichen Menge Wasser übergossenen und ausgezogenen Fleische nicht unähnlich sah. In anderen weniger akut verlaufenen Fällen fehlten dagegen die Schleimflocken im Dünndarminhalt oft ganz, und derselbe war von galliger Färbung und von mehr fäkulenter Beschaffenheit oder stellte eine blutig-jauchige, stinkende Flüssigkeit dar. Die Dünndarmschleimhaut zeigte bei den verschiedenen Obduktionen alle Uebergänge von leichter Schwellung und Trübung in den oberflächlichen Schichten und leicht rosenrother Färbung zu intensiverer, mit ausgedehntem Verluste des Epithels verbundener Schwellung und Röthung und endlich zu blauschwarzer Färbung, zahlreichen Blutungen, oberflächlichen Nekrosen und selbst diphtheritischen Veränderungen. Am schwersten war regelmäßig der untere Abschnitt des Dünndarms betroffen, und dicht oberhalb der Ileocöcalklappe erreichten meistens die Läsionen ihre größte Intensität. — Besonders auffallend war in einer großen Reihe von Fällen das Verhalten der Follikel und namentlich der

Peyer'schen Drüsenhaufen. Während diese selbst nämlich von grauer Färbung waren, zeigte sich an ihrem Rande häufig ein Saum von stark injicirten Gefäßen bezw. kleinen Blutergüssen. Es trat diese Erscheinung am deutlichsten da hervor, wo die Darmschleimhaut selbst verhältnißmäßig wenig verändert war. Aber auch in denjenigen Fällen, in welchen die Dünndarmschleimhaut intensiver geröthet war, hoben sich die Peyer'schen Plaques meist sehr deutlich durch ihre blaßgraue Färbung von der Umgebung ab.

Im Uebrigen muß bei der außerordentlichen Mannigfaltigkeit der pathologisch-anatomischen Befunde bezüglich der Einzelheiten derselben auf die Protokolle verwiesen werden.

Im Anfange der Untersuchungen wurde begreiflicherweise der Schwerpunkt auf die mikroskopische Durchforschung des von den Choleraleichen herrührenden Materials gelegt. Es wurden Theile der Nieren, der Milz, der Leber, der Lungen, des Magens, des Dünn- und Dickdarms, sowie der Mesenterialdrüsen in absolutem Alkohol gehärtet, mit Hülfe des Mikrotoms in feine Schnitte zerlegt, und die letzteren nach Behandlung mit den verschiedenen Färbemitteln mikroskopisch untersucht. Zugleich wurden dünne Schichten von dem Mageninhalt, sowie von den im Dünn- und Dickdarm gefundenen Massen, von Blut aus dem Herzen, aus der Vena pulmonalis, der Vena cava und Vena portarum, und endlich auch von Urin an Deckgläschen angetrocknet und nach der Behandlung mit Farbstoffen ebenfalls sorgfältig durchforscht. Der gleichen Behandlung wurde das Erbrochene, der Urin und die Dejektionen der Cholerakranken unterworfen.

Schon in Egypten wurde neben der mikroskopischen Untersuchung auch das Kulturverfahren in Anwendung gezogen. Als Aussaat-Material diente anfangs besonders häufig Gewebssaft aus der Leber, der Milz, den Nieren und insbesondere auch aus den Mesenterialdrüsen, sowie Blut aus dem Herzen und den großen Gefäßen. Bei der Entnahme dieses Materials aus der Leiche wurde jede zufällige Verunreinigung durch von außen her eindringende Keime aufs sorgfältigste vermieden und bei der weiteren Behandlung nach den Methoden verfahren, welche sich im Gesundheitsamte ähnlichen Aufgaben gegenüber bewährt hatten. Auch die Darmschleimhaut wurde mit Hülfe des Kulturverfahrens untersucht. Theils wurde die oberste Schleimhautschicht zur Aussaat benutzt, theils die tieferen Schichten. Um in letzterem Falle die Verunreinigung durch Darminhalt nach Möglichkeit auszuschließen, wurden mit aller Vorsicht entnommene Stücke der Darmwandung mit der Peritonealseite nach oben auf Brettchen aufgespannt, mit sterilisirten Instrumenten der Peritonealüberzug und die Muskelschicht entfernt, und nun von der Rückseite der Schleimhaut her das Aussaatmaterial gewonnen. Magen- und Darminhalt, Erbrochenes und Dejektionen wurden gleichfalls mit Hülfe des Kulturverfahrens darauf hin untersucht, ob unter den vorhandenen zahlreichen verschiedenen Organismen nicht solche zu entdecken wären, welche durch die Art ihres Wachsthums auf dem festen Nährboden von den bisher bekannten Arten sich unterschieden. — Als Nährmaterial diente in erster Linie die bekannte Fleischwasserpeptongelatine, ferner erstarrtes Blutserum, und die Schnittflächen gekochter Kartoffeln. Das Arbeiten mit Nährgelatine war zwar in Egypten anfangs durch die beträchtliche im Laboratorium herrschende Hitze, welche nicht selten die Kulturen zum Zerfließen brachte, sehr erschwert; es gelang indeß diesem Uebelstande dadurch einigermaßen zu begegnen, daß die Kulturen in einen großen nach den Angaben der Kommission angefertigten Eisschrank gestellt wurden, dessen Thür stets etwas geöffnet blieb. Ein neben den Kulturen liegendes Thermometer gestattete die Kontrole, daß die Temperatur unter diesen Verhältnissen die gewünschte Höhe von etwa 20 bis 24° C inne hielt. Da von vorn herein mit der Möglichkeit gerechnet werden mußte, daß der gesuchte Krankheitskeim zu den nur bei Abschluß atmosphärischer Luft vermehrungsfähigen Organismen gehörte, so wurden auch nach dieser Richtung wiederholt Kulturversuche angestellt, ohne daß dabei indeß bemerkenswerthe Ergebnisse erzielt worden wären.

Ueber die Thier-Experimente, mit welchen alsbald nach der Einrichtung des Laboratoriums in Alexandrien begonnen wurde, und welche auch in Kalkutta bis zum Schlusse der Arbeiten fortgesetzt worden sind, soll weiter unten im Zusammenhange berichtet werden. Sie haben leider die Erkenntniß der Krankheitsursache nicht zu fördern vermocht, da sie im wesentlichen negativ ausfielen.

Während bei dem geschilderten Gange der Untersuchungen trotz der größten Sorgfalt weder im Blute, noch in den Lungen, den Nieren, der Milz, der Leber oder in den Mesenterialdrüsen der Choleraleichen ein organisirter Infektionsstoff nachgewiesen werden konnte, gelang es dem Führer der Kommission schon in Egypten, in den Wandungen des Darms eine bestimmte Art von Bakterien zu entdecken, welche durch die Regelmäßigkeit ihres Vorkommens bei Choleraleichen und ihr Fehlen bei Leichen an anderen Krankheiten Verstorbener, sowie durch die Art ihres Eindringens in das Gewebe den Schluß rechtfertigten, daß sie in irgend einer Beziehung zu dem Choleraprocesse stehen müßten. Es waren dies Bacillen, welche in den gefärbten Schnitten der Darmwandung in Größe und Gestalt eine gewisse Aehnlichkeit mit Rotzbacillen zeigten. Am besten gelang der Nachweis dieser Organismen, wenn die Schnitte 24 Stunden lang in einer starken wässerigen Methylenblaulösung gefärbt und dann in der gewöhnlichen Weise behandelt waren. In seinem vom 17. September 1883 datirten, an S. Excellenz den Herrn Staatssekretär des Innern erstatteten Berichte hat der Führer der Kommission die Art des Eindringens dieser Bacillen in die Schleimhaut des Darms eingehend beschrieben und die Gründe erörtert, weshalb ihnen eine ganz besondere Bedeutung beigelegt werden mußte. Da der genannte Bericht in der Anlage II mitgetheilt ist, so kann hier auf eine eingehendere Besprechung der mikroskopischen Befunde in den Darmschnitten verzichtet werden.

Obgleich die Bacillen in sämmtlichen zehn in Egypten zur Obduktion gelangten Choleraleichen nachgewiesen werden konnten, während sie in anderen Leichen fehlten und auch in einem Falle vermißt wurden, in welchem erst mehrere Wochen nach Ablauf eines Choleraanfalls der Tod eingetreten war (vgl. die Obduktion 22 in Anlage VI), so blieb doch immer noch die Möglichkeit zu berücksichtigen, daß sie zu den regelmäßig oder häufig im Darm schmarotzenden Organismen gehörten, und daß die durch den Choleraproceß in der Darmwandung gesetzten Veränderungen gerade ihnen besonders günstige Bedingungen für das Eindringen in das Gewebe böten. Um diese Frage zu entscheiden, genügte die durch die mikroskopische Untersuchung gewonnene Charakteristik der Bacillen nicht. Bei der Mannigfaltigkeit der im Darminhalte vorkommenden Formen war es vielmehr erforderlich, weitere sichere Kennzeichen zu gewinnen, welche selbst in diesem Gewirre verschiedener Bakterien die fraglichen Bacillen mit Sicherheit von anderen, der Form nach ähnlichen zu unterscheiden gestatteten. Bestimmte färberische Eigenthümlichkeiten, wie sie beispielsweise die Tuberkelbacillen besitzen, und welche die weitere Untersuchung sehr erleichtert haben würden, konnten an den Organismen leider nicht aufgefunden werden, und es blieb daher nichts übrig, als ihre biologischen Eigenschaften zu ihrer Charakteristik zu verwerthen.

Es erforderte indeß eine gewisse Zeit, bis es gelang, festzustellen, welche Art der zahlreichen verschiedenen, in den Kulturen zur Entwickelung gekommenen Bacillen den in den Schnitten der Darmwandung gefundenen entsprachen. Zwar lassen die durch schematische Zeichnungen illustrirten Protokolle der Kommission über die in Egypten ausgeführten Kulturversuche keinen Zweifel darüber, daß es schon dort gelungen ist, die Cholerabacillen aus dem Dünndarminhalt mehrerer Leichen (Obduktionen 1, 4, 6 und 10 in Anlage V) auf den Gelatineplatten zu züchten, während sie in den anderen Fällen vermuthlich wegen ihrer verhältnißmäßig geringen Zahl übersehen worden sind; erst in Indien gab indeß die Untersuchung einer Choleraleiche die Aufklärung darüber, daß die schon wiederholt durch die Art ihres Wachsthums in der Nährgelatine und ihre leicht gekrümmte Gestalt aufgefallenen Bacillen identisch waren mit den oben erwähnten, durch die mikroskopische Untersuchung in der Darmwand nachgewiesenen Organismen. Es handelte sich um den dritten in Kalkutta zur Obduktion gelangten Fall. Ein 22jähriger Hindu war in der Nacht vom 14. zum 15. December mit Durchfall erkrankt und morgens mit den Symptomen eines schweren Choleraanfalls ins Sealdah Hospital aufgenommen. Schon nach 10stündiger Krankheit war der Tod eingetreten, und 2½ Stunden später die Obduktion ausgeführt worden. In diesem außerordentlich akut verlaufenen und ganz frisch zur Untersuchung gelangten Falle ergab sich folgendes: Der Inhalt des Darms stellte eine reiswasserähnliche, mit vielen blaßgrauen schleimigen Flocken durchsetzte Flüssigkeit dar, welche einen deutlichen Geruch nach frischem Fleischwasser hatte. Bei der mikroskopischen Untersuchung fanden sich in dem Darminhalte (abgesehen von den gleich zu besprechenden Mikroorganismen) außerordentliche Mengen von Cylinderepithel, an vielen Stellen in zusammenhängenden Schichten, wie sie der Oberfläche der Zotten oder der Auskleidung der schlauchförmigen Drüsen entsprachen. Die Epithelzellen waren vielfach blasenförmig aufgetrieben. Die vom bloßen Auge sichtbaren Veränderungen der Dünndarmschleimhaut beschränkten sich auf geringe Verdickung und mäßige Röthung; vielfach war sie mit denselben schleimigen Flocken bedeckt, welche bereits als Bestandtheil des Darminhalts erwähnt sind.

In den Gelatine-Platten-Kulturen, welche mit Partikeln dieser schleimigen Flocken angelegt wurden, wuchsen in den beiden folgenden Tagen fast ausschließlich Kolonieen, welche den bereits bei früheren Obduktionen wiederholt, wenn auch bis dahin niemals in so überwiegender Menge gewonnenen durchaus entsprachen, und welche dieselben leicht gekrümmten, beweglichen Stäbchen enthielten wie jene. Ihrer Gestalt entsprechend wurden diese Stäbchen von dem Führer der Kommission mit dem über ihre ätiologische Bedeutung nichts präjudicirenden Namen „Kommabacillen" belegt. Bei der mikroskopischen Untersuchung des Darminhalts und insbesondere der mehrfach erwähnten Schleimflocken, sowie in Darmschnitten — hier nur an der Oberfläche der Zotten — fanden sich diese Kommabacillen nahezu als Reinkultur. In den Darmdrüsen und in der Schleimhaut selbst konnten Mikroorganismen in diesem Falle überhaupt nicht nachgewiesen werden. Offenbar war der Krankheitsproceß zu akut verlaufen, als daß die Bacillen so weit hätten vordringen können. Bemerkt sei ausdrücklich, daß auch bei dieser Leiche trotz der sorgfältigsten mikroskopischen Untersuchung im Herzblute, in den Lungen, den Nieren, der Leber, der Milz und den Mesenterialdrüsen keinerlei Mikroorganismen zu entdecken waren. Im Lebergewebe fanden sich nur einige kapilläre Hämorrhagieen, in den Nieren zeigten sich die Harnkanälchen der Rinde erweitert und mit scholligen und feinkörnigen Massen gefüllt, während das Epithel an der Oberfläche im Zerfall begriffen war.

Gelegentlich der Obduktion hatte die Kommission auch ein Stück des leinenen Bettbezuges erhalten, auf welchem der Verstorbene während seines kurzen Aufenthaltes im Hospitale gelegen hatte. Die Leinewand war mit den Entleerungen reichlich befeuchtet worden und fand sich mit schleimigen Flocken bedeckt, in welchen neben sehr vielen Epithelzellen in sehr großer Zahl und anscheinend in völliger Reinkultur dieselben leicht gekrümmten beweglichen Bacillen nachgewiesen werden konnten, wie in dem Darminhalte der Leiche (vgl. hierzu das Photogramm Nr. 9 auf Tafel 15).

Die Untersuchung dieses Cholerafalles bestätigte die früheren Vermuthungen über nähere Beziehungen dieser Bakterienart zum Choleraprocesse und gab die Veranlassung, dieselbe in Reinkulturen fortzuzüchten und auf ihre sonstigen Eigenschaften eingehend zu untersuchen. Auch stellte sich beim Vergleichen mit den oben besprochenen, in den Darmschnitten der sämmtlichen bis dahin obducirten Choleraleichen gefundenen feinen Bacillen immer mehr heraus, daß kein Anlaß vorhanden war, an ihrer Identität mit jenen zu zweifeln. Daß an den Bacillen in den Schnitten die Krümmung nicht besonders aufgefallen war, konnte nicht überraschen. Einerseits nehmen nämlich in Schnitten auch an sich gerade Bacillen nicht selten eine leicht gekrümmte Gestalt an, wie das insbesondere auch für Rotzbacillen zutrifft, mit welchen der Führer der Kommission in seinem ersten Berichte die Kommabacillen verglichen hatte; andererseits konnte begreiflicherweise bei der Untersuchung in Schnitten an zahlreichen Organismen die Krümmung deswegen nicht zum optischen Ausdruck gelangen, weil die Krümmungsebene zufällig nicht in der horizontalen, sondern in der senkrechten Ebene lag. Anders verhält es sich bei der Untersuchung des bakterienhaltigen Materials in dünner, am Deckgläschen angetrockneter Schicht. Hier bringt es die Präparationsmethode mit sich, daß fast an jedem einzelnen Exemplar die gekrümmte Form sichtbar ist.

Nachdem es mit Hülfe von Reinkulturen gelungen war, die fraglichen Bacillen durch die Art ihres Wachsthums in der Nährgelatine und ihre sonstigen charakteristischen Eigenschaften mit Sicherheit von anderen Organismen zu unterscheiden, war auch die Möglichkeit gegeben, sie selbst in solchen Cholerafällen aufzufinden, in welchen sie im Darminhalt bezw. den Dejektionen weniger zahlreich vorhanden und von den verschiedenartigsten anderen Organismen so sehr verdeckt waren, daß ihr Nachweis durch die mikroskopische Untersuchung allein unsicher oder geradezu unausführbar gewesen wäre. Es ergab sich nun, daß die Kommabacillen in der That regelmäßige Bewohner des Choleradarms sind. Weiter unten wird über die Zahl der Fälle, in welchen ihr Nachweis gelungen ist, berichtet werden; hier sollen zunächst die Ergebnisse der zur Ermittelung der besonderen Eigenthümlichkeiten und der Lebenseigenschaften der Bacillen angestellten Untersuchungen besprochen werden.*)

Die Cholerabacillen, wie sie nunmehr genannt sein mögen, sind etwa $\frac{1}{2}$ oder höchstens $\frac{2}{3}$ so lang wie Tuberkelbacillen, aber dicker und außerdem mit einer leichten Krümmung versehen, welche für gewöhnlich nicht stärker als die eines Komma ist, unter Umständen aber bis zur Form eines Halbkreises gehen kann. Die letztere Erscheinung ist wahrscheinlich die Folge davon, daß zwei Bacillen nach der Theilung mit einander in Zusammenhang geblieben sind

*) Berichterstatter hat sich im Nachstehenden zum Theil wörtlich an die Darstellung angeschlossen, welche der Führer der Kommission gelegentlich der im Jahre 1884 im Gesundheitsamte abgehaltenen 1. Cholera-Conferenz gegeben hat.

und dadurch den Eindruck einer stärkeren Krümmung hervorrufen, als sie den einzelnen Individuen zukommt. Häufig sind zwei Bacillen auch in der Weise verbunden, daß ihre Krümmung die entgegengesetzte Richtung hat, sodaß daraus eine S-Form resultirt. Sind, wie es zumal in Kulturen nicht selten geschieht, mehr als zwei Bacillen mit einander in Zusammenhang geblieben, so machen sie in gefärbten Deckglaspräparaten den Eindruck mehr oder weniger langer, wellenförmig gebogener Fäden; bei ihrer Untersuchung im lebenden Zustande überzeugt man sich indeß leicht, daß sie zierliche Schrauben darstellen, welche sehr große Aehnlichkeit mit den Recurrens-Spirochäten besitzen (vgl. hierzu Tafel 14 Photogr. Nr. 6 und Tafel 15 Photogr. Nr.Nr. 7—10).

Die Gewinnung von Reinkulturen der Cholerabacillen aus dem Darminhalt einer Choleraleiche oder aus der Dejektion eines Cholerakranken ist bei Benutzung des festen durchsichtigen Nährbodens eine sehr einfache. Ein kleines Schleimflöckchen wird in etwa 10 ccm einer 10 % Nährgelatine (Fleischwasser-Pepton-Gelatine mit 10 % Gelatinegehalt und schwach alkalischer Reaktion), welche man vorher durch Erwärmen verflüssigt hat, eingebracht und zunächst darin gründlich vertheilt. Zweckmäßig inficirt man aus diesem ersten Glase zunächst ein zweites und aus dem zweiten ein drittes, um verschiedene Verdünnungsgrade zu erhalten und damit die Sicherheit zu erlangen, daß wenigstens in einem der Gläschen die für die spätere Untersuchung nothwendige räumliche Trennung der einzelnen Bakterien von einander erreicht ist. Nun gießt man den Inhalt der drei Gläschen auf je eine horizontal liegende, durch darunter befindliches Eis abgekühlte Glasplatte aus und legt die letztere nach dem alsbald erfolgenden Erstarren der Gelatine unter feucht gehaltene Glasglocken bezw. zwischen zwei mit feucht gehaltenem Fließpapier ausgekleidete Teller. Schon nach 24 Stunden zeigen sich dann in der Gelatine kleine Pünktchen, welche je einer Reinkultur von Mikroorganismen entsprechen.

In ganz akut verlaufenen frischen Cholerafällen kommen auf den Platten nicht selten fast ausschließlich Cholerabacillen-Kolonieen zur Entwickelung, während dieselben in solchen Fällen, in denen bereits tiefer gehende Veränderungen im Darm eingetreten sind, oder das Höhestadium der Krankheit überschritten ist, mehr oder weniger hinter den Kolonieen der gewöhnlichen Darmbakterien zurücktreten. Stets aber sind sie durch ihr charakteristisches Aussehen bei schwacher Vergrößerung leicht zu erkennen und lassen sich bei genügend isolirter Lage ohne weiteres als Reinkultur in neues Nährmaterial übertragen, um der weiteren Prüfung zugänglich gemacht zu werden. — Eine Kolonie von Cholerabacillen sieht nach etwa 24stündigem Wachsthum in der Gelatine bei schwacher Vergrößerung (etwa Zeiß: System AA Okular IV) wie ein kleines blasses Tröpfchen aus, welches aber nicht völlig kreisrund ist, wie die meisten anderen in der Gelatine wachsenden Bakterienkolonieen, sondern eine unregelmäßig begrenzte, stellenweise auch rauhe oder höckerige Kontur besitzt. Schon sehr frühzeitig bietet sie auch ein etwas granulirtes Aussehen und ist nicht von so gleichmäßiger Beschaffenheit wie andere Bakterienkolonieen. (Vgl. hierzu Tafel 13 Photogr. Nr.Nr. 1 und 2. — Von den zahlreichen Kolonieen ist hier begreiflicherweise nur ein Theil scharf eingestellt gewesen und zwar auf Photogr. Nr. 2 andere als auf Photogr. Nr. 1. Der dunkle Rand um die höckerige Kontur der scharf eingestellten Kolonieen ist der optische Ausdruck der eben erst beginnenden Verflüssigung der Gelatine in der unmittelbaren Nähe der Kolonieen.) Wenn die Kolonie größer wird, tritt die granulirte Beschaffenheit immer deutlicher hervor. Schließlich scheint sie aus stark lichtbrechenden Körnchen zusammengesetzt, ein Aussehen, welches der Führer der Kommission mit demjenigen eines Häufchens von Glasbröckchen verglichen hat. (Vgl. hierzu Tafel 14 Photogr. Nr. Nr. 3, 4 und 5. — Von den Kolonieen auf dem Photogr. Nr. 3 ist wiederum nur ein Theil scharf eingestellt gewesen). Bei weiterem Wachsthum verflüssigt sich die Gelatine in der nächsten Umgebung der Bakterienkolonie, und letztere sinkt zu gleicher Zeit etwas tiefer in die Gelatine hinein. Es bildet sich dadurch eine kleine trichterförmige Vertiefung, in deren Mitte die Kolonie vom bloßen Auge als ein weißliches Pünktchen zu erkennen ist. Die Verflüssigung der Gelatine greift, vorausgesetzt daß die Kolonie genügend isolirt liegt, selbst bei Tage langem Wachsthum nie sehr weit um sich, eine Eigenschaft, welche die Cholerabacillen Kolonieen ebenfalls von vielen anderen die Gelatine verflüssigenden unterscheidet. Charakteristisch ist auch das makroskopische Aussehen einer Gelatineplatte, welche sehr zahlreiche, dicht aneinander liegende junge Kolonieen von Cholerabacillen enthält. Die Oberfläche der Gelatine gleicht in diesem Falle derjenigen einer mattgeschliffenen Glasplatte. Junge Kolonieen zeigen ferner in Folge der ganz leichten Niveaudifferenz, welche durch ihr eben beginnendes Einsinken an der Oberfläche der Gelatineschicht erzeugt wird, bei gewisser Beleuchtung nicht selten ein leicht röthliches Aussehen.

Am ungestörtesten kann man das Einsinken der Kolonie und die charakteristische Trichterbildung verfolgen, wenn man mit einem sterilisirten Platindraht eine auf der Glasplatte gewachsene Kolonie berührt und mit dem Draht hiernach in nicht verflüssigte, im Reagensgläschen befindliche sterilisirte Nährgelatine einsticht. Unter dem Watteverschluß sieht man dann im Bereiche des Impfstiches die Cholerabacillen in Gestalt einer grauweißlichen feinen Trübung sich entwickeln, an deren oberem Theile auch hier wieder ein kleiner Trichter entsteht (vgl. das erste Reagensgläschen auf Tafel 12). Allmählich verflüssigt sich, oben schneller als unten, im nächsten Bereiche des Impfstiches die Gelatine; dabei bleibt aber oben eine tiefe eingesunkene Stelle, welche in der theilweise verflüssigten Gelatine so aussieht, als ob eine Luftblase über der Bacillenkolonie schwebe (vgl. das zweite Reagensgläschen auf Tafel 15; auch das dritte und vierte Gläschen lassen oben noch die eingesunkene Stelle erkennen, um welche herum ein Rand nicht verflüssigter Gelatine stehen geblieben ist). Es macht den Eindruck, als ob die Bacillenvegetation nicht allein eine Verflüssigung der Gelatine, sondern auch eine rasche Verdunstung der gebildeten Flüssigkeit bewirkt. In der kleinen Flüssigkeitssäule, welche den Impfstich unmittelbar umgiebt, bildet die grauweißliche Bacillenmasse nicht mehr wie anfangs einen geraden fortlaufenden Faden, sondern setzt sich aus einzelnen lockeren Flocken zusammen, welche vielfach durch klare flüssige Gelatine von einander getrennt sind (vgl. das dritte, vierte und fünfte Gläschen auf Tafel 12). Sehr allmählich und langsam nimmt dann weiter die Verflüssigung der Gelatine vom Impfstiche aus und zwar zunächst überwiegend im oberen Theile der Gelatine zu und erstreckt sich schließlich je nach der das Wachsthum mehr oder weniger begünstigenden Temperatur nach einer oder mehreren Wochen auf den gesammten Inhalt des Gläschens. Dabei senkt sich der überwiegende Theil der Bacillenvegetation als graugelbliche lockere Masse zu Boden, während im obersten Theile der Flüssigkeit eine leicht graue Trübung, vermuthlich bedingt durch die noch in Bewegung befindlichen Bacillen sich zeigt, und zwischen beiden Schichten die flüssige Gelatine mehr und mehr sich klärt (vgl. das sechste Gläschen auf Tafel 12).

In geeigneten Nährmedien, welche durch einen Zusatz von Agar Agar an Stelle der Gelatine zum Erstarren gebracht sind, wachsen die Cholerabacillen ebenfalls und zwar als graue, später leicht gelblich werdende Vegetation, ohne daß aber dabei eine Verflüssigung des Nährbodens einträte. Auch auf den Schnittflächen gekochter Kartoffeln kann man sie kultiviren. Sie bilden auf denselben, falls die Temperatur nicht zu niedrig ist (mindestens etwa 24° C), einen graubräunlichen Belag, welcher am meisten an das Ansehen von Rotzbacillen-Kulturen erinnert.

Sehr üppig gedeihen die Bacillen in Blutserum und zwar sowohl in flüssigem, wie in solchem Serum, welches durch Erwärmen zum Gelatiniren gebracht worden ist; letzteres verflüssigen sie bei ihrem Wachsthum; bei höherer Temperatur (30—40° C) geht die Verflüssigung schnell, bei niedrigerer Temperatur (ca. 18° C) sehr langsam vor sich. Auch in Milch vermehren sich die Bacillen sehr reichlich und schnell, ohne dabei, was besonders bemerkenswerth ist, Gerinnung oder sonstige makroskopisch sichtbare Veränderungen hervorzubringen.

Ein vortreffliches Nährmaterial bietet ferner neutrale oder schwach alkalische Fleischbrühe für die Cholerabacillen. Wenn man ein Tröpfchen einer Fleischbrühe-Kultur, am Deckgläschen suspendirt, direkt mit starker Vergrößerung untersucht, so überzeugt man sich leicht, daß die Organismen mit einer außerordentlich lebhaften Eigenbewegung ausgestattet sind. Zumal am Rande des Tropfens, wo sie sich in Menge ansammeln und aufs lebhafteste durcheinander schwärmen, gewähren sie ein sehr charakteristisches Bild, welches an den Anblick eines tanzenden Mückenschwarmes erinnert. Zwischen den Bacillen tauchen dann auch die oft sehr langen, ebenfalls lebhaft sich bewegenden schraubenförmigen Fäden (vgl. Tafel 15, Photogr. Nr. 10) auf.

Die Frage, bis zu welchem Grade die Nährflüssigkeiten verdünnt werden können, ohne daß das Wachsthum der Cholerabacillen aufgehoben wird, ist in Indien ebenfalls bereits der Gegenstand einiger Versuche gewesen. In einem derselben vermehrten sich die Bacillen noch in einer Fleischbrühe, welche aus gleichen Theilen Fleisch und Wasser gewonnen und dann mit der zehnfachen Menge Wasser verdünnt war. In einem anderen Versuche schien dagegen eine derartige geringe Concentration des Nährmaterials nicht mehr ausreichend für ein sichtbares Wachsthum zu sein.

Ungleichmäßig waren auch die Ergebnisse einiger Versuche, die Bacillen in sterilisirtem Tank- oder Leitungswasser zu kultiviren. Während einige Male unter diesen Umständen eine unzweifelhafte Vermehrung der Bacillen stattfand, schienen sie in einigen anderen Fällen bald abzusterben. Ein abschließendes Urtheil über diese Frage, auf welche später noch zurückzukommen sein wird, wurde wegen Ueberhäufung der Kommissionsmitglieder durch andere zunächst wichtigere Arbeiten nicht gewonnen.

Erwähnt sei noch, daß nach einigen in Indien angestellten Versuchen die Bacillen auch in schwach alkalisch gemachtem Sagowasser und auf der Schnittfläche gekochter sogenannter „Sweet potatoes" zu wachsen im Stande sind, während auf den Schnittflächen gekochter Bananen eine Vermehrung nicht konstatirt werden konnte.

Was den Einfluß der Temperatur betrifft, so wachsen die Bacillen am üppigsten zwischen 30 und 40° C, aber sie sind auch nicht sehr empfindlich gegen niedrigere Temperaturen. Nach den in Indien angestellten Untersuchungen gedeihen sie noch ziemlich gut bei 16 bis 17° C, während bei noch niedrigeren Temperaturen allerdings eine Vermehrung nicht mehr stattzufinden scheint. — Abgetödtet wurden die Bacillen dagegen in einem Versuche selbst bei der einstündigen Einwirkung einer Temperatur von — 10° C nicht. Obgleich die betreffende

Kultur vollständig gefroren war, vermehrten sich die Bacillen, als sie nach dem Aufthauen in frische Nährgelatine übertragen wurden, ebenso üppig wie sonst.

Beim Abschluß der atmosphärischen Luft hören die Bacillen auf, sich zu vermehren. Es ergab sich dies, als nach einer schon früher im Gesundheitsamte bei ähnlichen Versuchen benutzten Methode ein dünnes Glimmerblättchen auf die mit Cholerabacillen inficirte, auf eine Glasplatte ausgegossene Gelatine gelegt wurde. Eine solche Glimmerplatte schließt sich der noch flüssigen Gelatine vollständig an und hält nach dem Festwerden der letzteren die Luft von der bedeckten Stelle ab. Das Ergebniß dieses mehrfach wiederholten Versuches war, daß unter der Glimmerplatte nur außerordentlich kleine, mit bloßem Auge nicht mehr sichtbare Kolonieen zur Entwickelung kamen, welche wahrscheinlich von dem noch in der Gelatine enthaltenen Sauerstoff ihr Dasein gefristet hatten, während außerhalb des Bereiches der Platte und unter dem äußersten Rande derselben die Kolonieen in der gewöhnlichen Weise sich üppig entwickelten. Auch unter der Luftpumpe, sowie in einer Kohlensäure-Atmosphäre hörte das Wachsthum der Cholera-Bacillen in Nährgelatine auf, um indeß alsbald von neuem zu beginnen, nachdem der Luft der Zutritt wieder gestattet war. Die Dauer der Kohlensäureeinwirkung überschritt in diesen Versuchen allerdings nicht zwei Tage. Auch ist eine Durchleitung von Kohlensäure durch flüssige Kulturen nicht versucht worden.

Bei den Züchtungen stellte sich unter anderem heraus, daß die Nährsubstanzen, wenigstens die Nährgelatine und die Fleischbrühe, durchaus nicht sauer sein dürfen. Sobald die Nährgelatine auch nur eine Spur von saurer Reaktion zeigte, war das Wachsthum der Kommabacillen schon ein kaum merkbares. War die Reaktion deutlich sauer, dann hörte die Entwickelung der Bacillen vollkommen auf. Daß indeß nicht alle Säuren diesen nachtheiligen Einfluß ausüben, ergab sich daraus, daß die Cholerabacillen, wie schon erwähnt ist, auf den ebenfalls sauer reagirenden Schnittflächen gekochter Kartoffeln recht üppig gediehen.

Noch einer Beobachtung ist hier zu gedenken, welche mit Rücksicht auf die Auffassung, daß die Bacillen bei ihrem Stoffwechsel giftige Produkte erzeugen, von Interesse ist. Wenn Nährgelatine, welche mit Blut versetzt war, zu den Züchtungen verwandt wurde, so zerstörten die Cholerabacillen, wie sich das sehr deutlich an Platten-Kulturen verfolgen ließ, die Blutkörperchen und zwar noch weit über die Grenze hinaus, innerhalb welcher sie die Gelatine verflüssigt hatten. Die einzelnen Bacillenkolonieen waren auf solchen infolge des Blutzusatzes röthlich gefärbten Platten-Kulturen von sehr auffallenden entfärbten Höfen umgeben. — Uebrigens kommt diese Eigenschaft, wie sich bald herausstellte, außer den Cholerabacillen auch noch einigen anderen Organismen zu.

Unter Verhältnissen, wo die Cholerabacillen mit anderen Mikroorganismen den Kampf ums Dasein zu kämpfen hatten, wurden sie von den letzteren meist ziemlich bald überwuchert. Doch ergaben sich hierbei je nach der Art des Substrates gewisse Unterschiede. Von besonderem Interesse war in dieser Beziehung die nachstehende, in Indien wiederholt gemachte Beobachtung: Wenn Darminhalt oder Dejektionen, welche an Cholerabacillen sehr reich waren, daneben aber auch andere Bakterien enthielten, auf feuchte Erde oder feuchte Leinewand gebracht und gegen Eintrocknung geschützt aufbewahrt wurden, so vermehrten sich fast stets zunächst die Cholerabacillen aufs üppigste, so daß nach 24—48 Stunden von der Oberfläche der Erde oder Leinewand entnommene Proben, wie sich bei der mikroskopischen Untersuchung herausstellte, geradezu Reinkulturen der Cholerabacillen enthielten (vgl. Tafel 15, Photogr. Nr. 9). Sehr lange hielt indeß ihr üppiges Wachsthum nicht an. Schon nach einigen Tagen fingen sie an abzusterben, und andere Bakterien kamen zur Vermehrung. Wie lange es unter den geschilderten Verhältnissen dauert, bis die Cholerabacillen sämmtlich abgestorben sind, darüber gestatteten die in Indien angestellten Versuche ein abschließendes Urtheil noch nicht. Von den bezüglichen Beobachtungen mögen indeß einige wegen ihrer praktischen Bedeutung hier Platz finden.

Darminhalt von einer Choleraleiche, Cholerabacillen fast in Reinkultur enthaltend, wurde auf feucht gehaltene Erde gegossen. Bei einer nach einigen Tagen vorgenommenen Untersuchung ergab sich, daß die Cholerabacillen in der schleimigen, auf der Erde liegenden Schicht außerordentlich sich vermehrt hatten, während von anderen Organismen auch jetzt nur vereinzelte Exemplare nachgewiesen werden konnten. Vier Wochen später waren dagegen die Cholerabacillen von Fäulnißbakterien völlig überwuchert, so daß auf den Gelatineplatten nicht eine einzige Kolonie von ihnen mehr zur Entwickelung kam.

In einem in gleicher Weise mit Darminhalt einer anderen Leiche angestellten Versuche konnten in der Schleimschicht auf der Oberfläche der feucht gehaltenen Erde schon nach vierzehn Tagen keine Cholerabacillen mehr nachgewiesen werden.

Im Anschluß an diese Beobachtungen seien auch noch einige ähnliche hier mitgetheilt.

Darminhalt von einer Choleraleiche wurde mit Wasser und Erde gemischt in einem Wasserglase unbedeckt aufbewahrt. Nach drei Tagen hatte sich auf der Oberfläche ein Häutchen gebildet, welches überwiegend aus geraden beweglichen Bacillen bestand, daneben aber noch zahlreiche Gruppen von Cholerabacillen enthielt. Als das Häutchen nach zwei weiteren Tagen wieder untersucht wurde, konnten Cholerabacillen nicht mehr nachgewiesen werden.

Ein Erlenmeyer'sches Kölbchen, mit Bouillon gefüllt, war mit Cholerabacillen-Reinkultur inficirt und in den Brütschrank gestellt worden. Nach fünf Tagen hatte sich auf der Oberfläche ein ziemlich dickes Häutchen gebildet, welches, wie die mikroskopische Untersuchung erwies, aus unzähligen Cholerabacillen bestand, daneben aber auch ganz vereinzelte große dicke Bacillen enthielt. Anscheinend war die zu dem Versuche benutzte Bouillon nicht völlig keimfrei gewesen. Nach Ablauf von drei weiteren Tagen wurde das Häutchen wieder untersucht und gefunden, daß die dicken Bacillen die Cholerabacillen fast völlig verdrängt hatten. Die letzteren fanden sich nur noch in ganz vereinzelten Exemplaren.

Während der Arbeiten der Kommission in Kalkutta wurde ihr aus Madras ein Fläschchen mit Darminhalt einer Choleraleiche geschickt. Als das verkorkte und versiegelte Fläschchen geöffnet wurde, entwichen intensiv stinkende Gase. Cholerabacillen waren in der Flüssigkeit weder durch die mikroskopische Untersuchung, noch durch das Kulturverfahren mehr nachzuweisen.

Aehnliche Beobachtungen zeigten dann wiederholt, daß namentlich mit Bildung übelriechender Gase einhergehende Fäulnißprocesse in hohem Grade ungünstig auf die Lebensfähigkeit der Cholerabacillen einwirkten. Verhältnißmäßig am längsten erhielten sie sich, bei Gegenwart anderer Organismen, offenbar auf schwach feuchter Leinwand oder Erde. —

Der Einfluß einer Anzahl entwickelungshemmender Substanzen auf das Wachsthum der Cholerabacillen wurde in folgender Weise geprüft:

Reagensgläschen wurden mit je 10 ccm sterilisirter Bouillon gefüllt und dann in jedes Gläschen ein kleines Stück einer von jungen Cholerabacillen-Kolonieen durchsetzten Gelatineschicht eingebracht. Da die Gelatinestückchen gleich groß geschnitten waren und von derselben Platte stammten, so gelang es leicht, auf sämmtliche Gläschen annähernd die gleiche, nicht zu große Menge von Cholerabacillen zu vertheilen. In jeder Versuchsreihe wurden sechs Reagensgläschen benutzt. Eins diente als Kontrole, während die übrigen mit verschiedenen Quantitäten einer Lösung versetzt wurden, welche die zu prüfende Substanz in bekannter Concentration enthielt. Alsbald nachdem die Mischung bewerkstelligt war, wurde aus jedem Gläschen ein Tropfen entnommen und am Deckgläschen suspendirt in der kleinen Kammer eines hohl geschliffenen Objektträgers, vor Eintrocknung geschützt, aufbewahrt. In den folgenden Tagen wurden die Tropfen mit starker Vergrößerung darauf hin mikroskopisch untersucht, ob die Cholerabacillen sich vermehrt hatten oder nicht. Auf diese Weise gelang es leicht, die Grenze derjenigen Concentration festzustellen, bei welcher das Wachsthum der Bacillen aufgehoben wurde. Das Ergebniß dieser Versuche war, daß Jodwasser (ca. 1 Theil Jod auf 4000 Theile Wasser) selbst dann das Wachsthum noch nicht zu behindern vermochte, wenn 1 ccm zu 10 ccm der Fleischbrühe zugesetzt war. Die Entwickelung wurde aufgehoben, wenn die Fleischbrühe enthielt:

Alkohol	im Verhältniß von	1 : 10
Eisensulfat	- -	1 : 50
Alaun	- -	1 : 100
Campher	- -	1 : 300
Carbolsäure	- -	1 : 400
Pfefferminzöl	- -	1 : 2000
Kupfersulfat	- -	1 : 2500
Chinin	- -	1 : 5000
Sublimat	- -	1 : 100000

Die mitgetheilten Zahlen bezeichnen, wie hier nochmals hervorgehoben sei, nur diejenigen Concentrationen, bei welchen die weitere Entwickelung der Cholerabacillen aufgehoben wurde. Desinfektionsversuche, d. h. Versuche darüber, bei welcher Concentration und bei welcher Dauer der Einwirkung die Cholerabacillen durch chemische Substanzen getödtet werden, haben wegen Mangels an Zeit in Indien nicht mehr angestellt werden können.

Die Untersuchungen über den Einfluß entwickelungshemmender Mittel waren anfänglich nicht in der geschilderten Weise, sondern so ausgeführt, daß ein ganz kleines Tröpfchen bacillenhaltiger Substanz auf Deckgläschen eingetrocknet wurde, daß dann von der auf ihre Wirkung zu prüfenden, mit Fleischbrühe in bestimmten Verhältnissen gemischten Flüssigkeit ein Tropfen darauf gebracht, und die Kultur im hohlen Objektträger der Entwickelung überlassen wurde. Es ergab sich indeß sehr bald, daß diese Methode, welche sich früher in ähnlichen Fällen vortrefflich bewährt hatte, für den vorliegenden Fall nicht anwendbar war, weil die Cholerabacillen schon durch das Eintrocknen allein ihre Entwickelungsfähigkeit einbüßten, und daß demgemäß auch in den einfach mit Bouillon armirten Kontrolpräparaten jede Vermehrung ausblieb.

Diese überraschende Beobachtung hatte noch insofern eine besondere Wichtigkeit, als man durch sie die Möglichkeit erhielt, in einfacher Weise zu prüfen, ob die Cholerabacillen einen Dauerzustand besitzen oder nicht. Es lag auf der Hand, daß von einem solchen nicht die Rede sein konnte, wenn in der That die Bacillen unter allen Umständen durch einfaches

Eintrocknen von kurzer Dauer getödtet wurden. Daß die Feststellung dieser Verhältnisse insbesondere auch für das Verständniß der Aetiologie der Cholera von der allergrößten Bedeutung sein mußte, war ebenfalls klar.

Es wurde nun zunächst folgender Versuch gemacht: Eine Anzahl Deckgläschen wurden mit einem Tröpfchen bacillenhaltiger Substanz versehen. Nachdem die letztere binnen wenigen Minuten eingetrocknet war, wurde eins der Deckgläschen nach einer Viertelstunde, eins nach einer halben Stunde, eins nach einer Stunde u. s. w. mit einem Tropfen Fleischbrühe versetzt, auf hohlgeschliffenen Objektträgern befestigt und an den folgenden Tagen mit starker Vergrößerung mikroskopisch untersucht. Das Ergebniß war, daß die eine viertel, eine halbe, bezw. eine und zwei Stunden trocken gewesene Schicht noch lebensfähige Bacillen enthielt, daß schon nach drei bezw. vierstündigem Trocknen aber die Bacillen sämmtlich abgestorben waren. Während der Bouillontropfen im ersteren Falle nach 24 Stunden gleichmäßig milchig getrübt war und das oben geschilderte Bild einer Reinkultur bot, war in letzterem Falle die Bouillon vollständig klar geblieben, und nur die aus der losgelösten Schicht stammenden abgestorbenen Bacillen waren hier und da noch nachweisbar.

Das Resultat blieb dasselbe, als von neuem Bacillenmasse auf Deckgläschen eingetrocknet, dann wieder aufgeweicht und mit Hülfe von Gelatineplatten auf ihre Entwickelungsfähigkeit geprüft wurde. Ein mehrstündiges Trocknen hatte wiederum genügt, jedes Leben zu ertödten. Gelatineplatten, auf welchen ausschließlich Cholerabacillen und zwar in bester Entwickelung befindliche zahlreiche Kolonieen sich befanden, wurden an der Luft getrocknet, unmittelbar nach dem völligen Eintrocknen mit frischer Nährgelatine übergossen und in feuchten Kammern weiter beobachtet. Auch hier blieb jedes Wachsthum aus. Die Bacillen waren sämmtlich abgestorben. –

Bei der großen Tragweite dieser Beobachtung wurden nun weiterhin die Versuche nach allen Richtungen hin variirt. Die verschiedensten Reinkulturen, ein, zwei, drei, vier und mehr Tage alte, mehrere Wochen alte, in neutraler, alkalischer oder sehr schwach saurer Nährgelatine, auf Blutserum, auf Kartoffeln, in Fleischbrühe, in Tragantschleim, in Althaeadecoct, in Salepdecoct, in Milch, in Urin, in Reiswasser, in Sagowasser, in Sagobouillon, in frischem menschlichen Blute, in Fleischextrakt ꝛc. gezüchtete Cholerabacillen verschiedenen Alters und von den verschiedensten Obduktionen und Kranken herrührend, im Zimmer und bei Brüttemperatur gewachsen, schnell oder langsam eingetrocknet, in dünner oder dicker Schicht, im Sonnenschein, unter der Luftpumpe, unter Kohlensäure, in Wasserstoffatmosphäre, auf Filtrirpapier, auf Erde oder auf Leinwand eingetrocknet, wurden auf ihre Widerstandsfähigkeit gegen das Eintrocknen geprüft: stets war das Ergebniß, daß ein mehrstündiges, in der Regel ein drei bis fünfstündiges Trocknen genügt hatte, alles Leben zu ertödten. Selbst nach mehrtägiger Beobachtung der betreffenden Nährsubstanzen zeigte sich nicht die geringste Spur eines Wachsthums. Nur zweimal kam es unter diesen außerordentlich zahlreichen Versuchen vor, daß eine Kultur noch nach 24stündigem Trocknen entwickelungsfähige Cholerabacillen enthielt. In dem einen Falle waren die Bacillen auf gekochten Kartoffeln, in dem anderen auf gekochten „Sweet potatoes" gewachsen, und zwar hatten die Kulturen vier Tage lang bei etwa 37° C gestanden. Die Untersuchung der eingetrockneten Bacillenmasse war in diesen beiden Fällen mittels Kulturen in hohlgeschliffenen Objektträgern ausgeführt. Auch in diesen die äußerste Grenze der Widerstandsfähigkeit repräsentirenden Versuchen zeigten sich indeß die eingetrockneten

Bacillen nach 48 Stunden abgestorben. Erwähnt sei, daß gleichzeitig angesetzte, ebenso bereitete Kartoffelkulturen, welche statt bei 37° C vier Tage lang bei ca. 25° C gestanden hatten, schon nach 24stündigem Eintrocknen sich als todt erwiesen. — Sowohl auf Bouillon-, wie auf verflüssigten Gelatinekulturen in Reagensgläsern bildeten die Cholerabacillen nach längerem Stehen an der Oberfläche mehr oder weniger feste weißliche Häutchen. Auf diese richtete sich besonders die Aufmerksamkeit. Weder in ihnen, noch in den am Boden abgesetzten gelbweißlichen Massen wurde jedoch jemals Material gefunden, welches auch nur 24stündigem Eintrocknen widerstanden hätte. Unter derartigen, zur Untersuchung gelangten Kulturen war die älteste eine 49 Tage alte Bouillonkultur, welche, wie eine Kontroluntersuchung ergab, noch sehr zahlreiche entwickelungsfähige Bacillen enthielt.

Wiederholt wurde die Beobachtung gemacht, daß aus Kulturen, zumal älteren entnommene Cholerabacillen in gefärbten Präparaten in ihrem mittleren Theile den Farbstoff nicht recht angenommen hatten, so daß der Eindruck beginnender Sporenbildung hervorgerufen wurde. Indeß war an diesen ungefärbten oder nur schwach gefärbten Theilen des Bacillenkörpers weder eine ganz regelmäßige Begrenzung, noch ein stärkeres Lichtbrechungsvermögen wahrzunehmen, und wie alle anderen, so wurden auch solche Bacillen durch Eintrocknen binnen kurzem getödtet.

Es würde zu weit führen, alle diese Versuche im Einzelnen mitzutheilen. Bemerkt sei nur noch, daß in einem Falle auch eine Kultur zur Prüfung gelangte, welche auf einer mit Agar-Agar versetzten Nährgelatine gewachsen war. Sie erwies sich indeß ebenfalls nach 24stündigem Eintrocknen als abgestorben, während sie nach ¼stündigem Trocknen ihre Entwickelungsfähigkeit noch bewahrt hatte.

Es war nun denkbar, daß, wenngleich die Cholerabacillen in den zur Verwendung gekommenen künstlichen Nährsubstraten und unter den gewählten Züchtungsbedingungen Dauerformen nicht hatten bilden können, ein derartiger Vorgang vielleicht ausschließlich unter Verhältnissen sich vollzöge, wie sie im menschlichen Darminhalt bezw. in den menschlichen Dejektionen vorhanden sind.

Auch nach dieser Richtung wurden nun außerordentlich zahlreiche Untersuchungen angestellt, welche indeß dasselbe Resultat ergaben, wie die mit Reinkulturen ausgeführten. Von den verschiedensten Obduktionen herrührender Darminhalt wurde frisch, sowie nach ein-, zwei-, drei- und mehrtägigem Stehen im Zimmer oder bei Brüttemperatur, in dünner oder dicker Schicht, ferner nach mehr oder weniger langem und bei verschiedener Temperatur stattgehabten Aufbewahren auf feuchtem Filtrirpapier, auf oder in Erde, welche in großen irdenen Töpfen theils mehr trocken, theils feuchter gehalten wurde, auf Leinewand oder in zusammengerollter, mit Pergamentpapier umhüllter Leinewand zum Eintrocknen gebracht; niemals wurden auch nur nach 24stündigem Trocknen lebensfähige Cholerabacillen mehr gefunden, mochte der Darminhalt auch geradezu eine Reinkultur derselben dargestellt haben. Ebenso verhielt sich Choleradarminhalt, welcher Tage lang unter Kohlensäure oder in fest verkorkten und versiegelten Flaschen aufbewahrt war. — Mit mehr oder weniger reichlichen Mengen von Taufwasser verdünnter Darminhalt von Choleraleichen ließ an der Oberfläche des Wassers wohl die Cholerabacillen und zwar fast in Reinkultur in Form eines Häutchens zur Entwickelung kommen; es gelang aber auch bei solcher Versuchsanordnung nicht, widerstandsfähigere Formen zu erzielen. — In der Regel kam bei diesen Versuchen der Inhalt des Ileum zur Verwendung, in vielen Fällen jedoch auch der gesammte Darminhalt bezw. derjenige des Jejunum, des Coecum oder des Dickdarms.

Genau dieselben Resultate, wie mit dem Darminhalt von Leichen wurden in zahlreichen, in der verschiedensten Weise angeordneten Versuchen mit den Ausleerungen von Cholerakranken erzielt.

Schließlich ist noch zu erwähnen, daß auch das Wasser des Choleratanks in Saheb Bagan, von welchem noch eingehend die Rede sein wird, offenbar Dauerformen nicht enthielt; denn als es getrocknet, und der verbleibende Rückstand alsbald in Fleischbrühe wieder ausgesät wurde, kamen keine Cholerabacillen mehr zur Entwickelung.

Alle diese zahlreichen und mannigfaltigen Versuche führten zu dem Ergebnisse, daß Dauerformen der Cholerabacillen, welche im Stande gewesen wären, im trockenen Zustande ihre Lebensfähigkeit längere Zeit zu erhalten, nicht nachzuweisen waren.

Was die Erhaltung der Lebensfähigkeit der Cholerabacillen im feuchten Zustande betrifft, so ist im Vorstehenden bereits einer 49 Tage alten Bouillonkultur Erwähnung gethan, in welcher die Bacillen unverändert lebenskräftig geblieben waren. Bei der Aussaat einer äußerst geringen Menge dieser Kultur auf Gelatineplatten kamen Kolonieen von Cholerabacillen in sehr großer Zahl zur Entwickelung. Ueberhaupt ist unter den zahlreichen älteren Reinkulturen, welche in Indien zu anderweitigen Versuchen verwandt worden sind, niemals auch nur eine gefunden worden, in welcher die Bacillen abgestorben gewesen wären, sofern nur das Nährmaterial noch genügend feucht war. —

Die vorstehend mitgetheilten Untersuchungen legten die Vermuthung nahe, daß die Cholerabacillen überhaupt nicht zu den echten Bacillen gehören, daß sie vielmehr der Gruppe der schraubenförmigen Bakterien, den Spirillen, näher stehen, bei welchen bisher Dauerformen ebenfalls noch nicht bekannt geworden sind, und welche ein für alle Mal auf Flüssigkeiten angewiesen sind.

Die experimentell festgestellte Thatsache, daß die Cholerabacillen in trockenem Zustande sehr schnell absterben, fand übrigens ihre Bestätigung durch die Erfahrung, daß der Infektionsstoff noch niemals im trockenen Zustande, durch Waaren, Briefe oder Postsendungen nach westlich von Indien aus verschleppt worden ist, und daß auch für eine Verbreitung des Infektionsstoffes durch die Luft in trockenem staubförmigen Zustande die bisherigen Beobachtungen durchaus nicht sprechen. —

Für die Beantwortung der nunmehr zu erörternden Frage, ob den vorstehend beschriebenen, wohl charakterisirten Bacillen eine Bedeutung für die Aetiologie der Cholera beizumessen sei, kam es begreiflicherweise vor allem darauf an, festzustellen, ob sie ein regelmäßiges Vorkommniß bei der Cholera sind. Demgemäß ist eine möglichst große Reihe von Cholerafällen sorgfältig nach dieser Richtung hin untersucht worden.

Was die zehn in Egypten ausgeführten Obduktionen betrifft, so waren damals die Eigenschaften der Bacillen bei ihrem Wachsthum in Nährgelatine noch nicht genügend bekannt, um das Kulturverfahren für ihren Nachweis in Anwendung zu bringen. Durch sorgfältige mikroskopische Untersuchung der in Alkohol gehärteten Darmstücke, sowie des an Deckgläschen angetrockneten Darminhalts wurde indeß der Nachweis geliefert, daß auch in keinem dieser Fälle die Kommabacillen fehlten. — Schon oben ist mitgetheilt, daß die Aufmerksamkeit auf das charakteristische Wachsthum der Bacillen in Nährgelatine in entscheidender Weise erst durch die dritte in Kalkutta ausgeführte Obduktion gelenkt wurde. Da indeß von den beiden ersten Obduktionen die eine an demselben Tage, wie jene, die andere am Tage vorher gemacht waren, so konnte in dem von ihnen herrührenden Material der Nachweis der Kommabacillen ebenfalls noch durch das Gelatine Kulturverfahren erbracht werden. Auch die sämmtlichen übrigen in Indien ausgeführten Cholera Obduktionen, deren Zahl im ganzen 42 betrug, wurden sowohl mikroskopisch, wie mit einigen gleich zu erwähnenden Ausnahmen durch Kulturen in Nährgelatine, fast regelmäßig daneben auch durch Kulturen in hohlgeschliffenen Objektträgern untersucht, und die Cholerabacillen in keinem einzigen Falle vermißt. Nur bei einigen in der letzten Zeit des Aufenthaltes der Kommission in Kalkutta gemachten Obduktionen wurde auf die Anwendung des Gelatineverfahrens verzichtet, und nur die Kultur im hohlgeschliffenen Objektträger ausgeführt, weil schon die mikroskopische Untersuchung ergeben hatte, daß der charakteristische Darminhalt fast eine Reinkultur von Cholerabacillen darstellte.

Außerdem sind in Indien noch die Dejektionen von 32 Cholerakranken mikroskopisch und durch das Gelatine-Kulturverfahren untersucht. Nur in einem Falle, in welchem es sich um die schon ziemlich consistente Dejection eines Menschen handelte, der 7—8 Tage vorher einen Choleraanfall gehabt hatte, fehlten die Cholerabacillen, in allen übrigen wurden sie gefunden.

Schließlich wurden die Bacillen noch in den Präparaten von acht anderen Cholera-Obduktionen mikroskopisch nachgewiesen, welche der Führer der Kommission zum Theil schon früher aus Indien erhalten, zum Theil aus Alexandrien von Dr. Schieß und Dr. Kartulis nachgesandt bekommen hatte.

Von Cholerakranken erbrochene Flüssigkeiten sind häufig sowohl mikroskopisch wie durch das Kulturverfahren untersucht; es wurden indeß nur zweimal Cholerabacillen darin gefunden, und zwar ließ die Beschaffenheit des Erbrochenen in diesen Fällen darauf schließen, daß es kein eigentlicher Mageninhalt war, sondern Darminhalt, der durch die Bauchpresse in die Höhe getrieben war. Die Flüssigkeit reagirte alkalisch und hatte auch ganz das Ansehen von Darminhalt. —

Ohne Zweifel sind die Untersuchungen in Indien wesentlich dadurch erleichtert worden, daß die Obduktion in den meisten Fällen wenige Stunden nach dem Tode ausgeführt werden konnte, zu einer Zeit, wo die postmortale Fäulniß noch nicht verändernd auf die Beschaffenheit des Darms und seines Inhalts gewirkt hatte. Aber auch wo das letztere der Fall gewesen war, und die Kommabacillen schon so sehr von anderen Organismen überwuchert waren, daß ihr mikroskopischer Nachweis Schwierigkeiten bereitete, konnten sie immer noch mit Hülfe des Gelatineplattenverfahrens, welches auch bei der Lösung dieser Aufgabe wieder vortrefflich sich bewährt hat, leicht aufgefunden werden.

Je älter der Krankheitsproceß war, und je mehr sekundäre Veränderungen im Darm Platz gegriffen hatten, um so mehr traten auch die Cholerabacillen an Zahl hinter anderen Organismen zurück. In dem frischen charakteristischen Darminhalt bezw. Dejektionen wurden sie nicht selten nahezu in Reinkultur gefunden. — Die Entnahme von mehreren Darmstücken aus den Leichen ermöglichte es, auch über die Vertheilung der Cholerabacillen in den verschiedenen Abschnitten des Darms ein Urtheil zu gewinnen. Es ergab sich, daß sie fast regelmäßig auf den Gelatineplatten aus denjenigen Darmstücken in größter Zahl zur Entwickelung kamen, welche aus dem unteren Ileum entnommen waren; sie wurden um so spärlicher, je höher hinauf man das Darmstück ausgeschnitten hatte.

Alle diese Beobachtungen waren mit der Annahme durchaus im Einklang, daß die Bacillen zu dem Krankheitsproceß in ätiologischer Beziehung ständen, eine Annahme, welche sich der Kommission bei ihren Arbeiten in Kalkutta von Tag zu Tag mehr aufdrängte, als es sich immer wieder und wieder bestätigte, daß die Bacillen ganz regelmäßig im Cholera darme zu finden sind.

Es galt indeß noch durch eine größere Reihe sorgfältiger Untersuchungen zu ermitteln, ob die Bacillen ganz ausschließlich bei der Cholera vorkommen, oder ob sie nicht doch noch unabhängig von derselben irgendwo anzutreffen sein würden, sei es im Darm von Gesunden oder an anderen Krankheiten leidenden Personen, sei es in irgend welchen sonstigen bakterien haltigen Substanzen. Diese Seite der Untersuchung war von um so größerer Bedeutung, als nach den zahllosen bereits früher von anderen Forschern, wie auch von der Kommission selbst ausgeführten vergeblichen Infektionsversuchen an Thieren kaum zu hoffen war, daß etwa bei der Verwendung von Reinkulturen günstigere Erfolge zu erzielen sein würden, und in Folge dessen voraussichtlich darauf verzichtet werden mußte, durch künstliche Erzeugung des Krankheitsprocesses bei Thieren die ätiologische Bedeutung der Cholerabacillen klar zu stellen. Da es nicht gelungen war, ein Präparationsverfahren aufzufinden, durch welches die Cholerabacillen im mikroskopischen Bilde so kenntlich zu machen gewesen wären, daß daraufhin in allen Fällen ihre Unterscheidung von ähnlichen Formen sich hätte bewirken lassen, so blieb nichts anderes übrig, als diese Kontrol untersuchungen ebenfalls regelmäßig mit Hülfe des Kulturverfahrens auszuführen. In den meisten Fällen wurde sowohl das Plattenverfahren, wie dasjenige mit Hülfe des hohlgeschliffenen Objektträgers in Anwendung gezogen; nur in verhältnißmäßig sehr seltenen Fällen kam ausschließlich das eine oder das andere Verfahren zur Verwerthung.

In erster Linie richtete sich die Aufmerksamkeit auf die Untersuchung des Darm Inhalts menschlicher Leichen und zumal solcher, bei welchen der Darm den Sitz der Erkrankung abgegeben hatte. Die Methode der Untersuchung war ganz dieselbe, wie sie sich bei den Cholera leichen bewährt hatte, d. h. es wurden mehrere, zum mindesten aber zwei Stücke des Darms, darunter eins aus dem unteren Ileum, nach doppelter Unterbindung aus der Leiche entfernt und ihr Inhalt alsbald im Laboratorium zur mikroskopischen Untersuchung und zu Kulturen benutzt. Die erforderlichen Leichen wurden der Kommission größtentheils im Sealdah Hospital, zum Theil auch im Medical College Hospital zur Verfügung gestellt.

In der geschilderten Weise wurde der Darminhalt von zehn an Dysenterie, von zwei an Lungen und Darmtuberkulose, zwei an Pocken, zwei an remittirendem Fieber, je einer an ulceröser Enteritis, an Lungengangrän mit Darmgeschwüren, an Abdominaltyphus, intermittirendem Fieber, Lepra, chronischer Bronchitis, Lebercirrhose, Bright'scher Krankheit, Nierenschrumpfung, Lungenentzündung, Cerebrospinal Meningitis, Pericarditis, Alkoholismus und an ausgedehnter Verbrennung verstorbenen Personen, zusammen also von 30 Leichen, sorgfältig untersucht, aber in keinem Falle die Cholerabacillen gefunden. Auffällig war dabei, daß Organismen, welche die Gelatine verflüssigten, in diesen Fällen überhaupt in verhältnißmäßig geringer Anzahl angetroffen wurden. Ja auf vielen Platten kam auch nicht eine einzige Kolonie der genannten Art zur Entwickelung, sodaß meistens schon ohne mikroskopische Untersuchung allein durch Beobachtung der Plattenkulturen vom bloßen Auge das Vorhandensein von Cholerabacillen sich hätte ausschließen lassen können. Hervorzuheben ist noch, daß in allen untersuchten Fällen, in welchen der Darminhalt schleimige Beimengungen enthielt, auf die letzteren bei der Auswahl des zu Kulturen verwertheten Materials besondere Aufmerksamkeit gerichtet wurde, da sich ergeben hatte, daß bei der Cholera gerade die Schleimflocken reich an den Kommabacillen waren. In einem oben nicht mit aufgeführten Falle handelte es sich um die Leiche eines Menschen, welcher sechs Wochen vorher einen Cholera-Anfall überstanden hatte und dann an Anämie gestorben war. Im Darminhalt dieser Leiche konnten Cholerabacillen ebenfalls nicht mehr gefunden werden. In einer weiteren Anzahl von Fällen hat sich die Untersuchung des Darminhaltes auf die mikroskopische Durchforschung von gefärbten Deckglas-Trocken präparaten beschränkt, so unter anderen in drei in Egypten obducirten Fällen von biliösem Typhoid. Stets wurden auch hier die Cholerabacillen vermißt.

Nächst dem Darminhalt von Leichen dienten ferner menschliche Dejektionen, sowohl von Gesunden wie von Kranken herrührend, insbesondere dysenterische und diarrhoische, zu diesen Kontroluntersuchungen, und zwar wurde hierbei regelmäßig das Kulturverfahren in Anwendung gezogen. In allen diesen Fällen, insbesondere auch in der bereits erwähnten Dejektion eines Menschen, welcher 7—8 Tage vorher einen Choleraanfall gehabt hatte, und bei dem die Entleerungen schon anfingen wieder consistent zu werden, fehlten die Cholerabacillen.

Mit demselben negativen Resultat wie das von Menschen herrührende Kontrol-Material wurde auch der feste und diarrhoische Koth verschiedener Thiere, sowie der Darminhalt von getödteten oder in Folge von Krankheiten gestorbenen Affen, Kaninchen, Meerschweinchen und Mäusen aufs sorgfältigste durchforscht. Niemals kam auf den sehr zahlreichen Gelatineplatten eine Kolonie zur Beobachtung, welche das gleiche Aussehen wie diejenigen der Cholerabacillen gezeigt hätte; niemals fanden sich Organismen, welche mikroskopisch mit jenen hätten verwechselt werden können.

Mit Rücksicht auf die Aehnlichkeit des pathologisch-anatomischen Darmbefundes bei Arsenikvergiftung mit demjenigen bei Cholera wurde noch folgender Versuch gemacht: Eine gesunde Katze wurde durch mehrere auf drei Tage vertheilte Dosen Arsenik vergiftet, und dann der Inhalt des Verdauungskanals bakteriologisch untersucht. Wohl kamen auf den acht angefertigten Gelatineplatten sehr große Mengen von Bakterienkolonieen zur Entwickelung, obgleich das Thier fast 2 g arsenige Säure erhalten hatte; unter allen diesen Kolonieen aber fand sich keine auch nur irgendwie den charakteristischen Kolonieen der Cholerabacillen ähnliche.

Endlich wurden ebenso erfolglos zahlreiche andere bakterienreiche Flüssigkeiten und Substanzen vermittels des Kulturverfahrens untersucht, so z. B. Wasser des Hoogly, von verschiedenen Stellen, u. a. auch von vielbesuchten Badeplätzen entnommen, Wasser aus verschiedenen zum Theil sehr stark verunreinigten oder mit Wasserpflanzen dicht bedeckten Tanks, feuchter Schlamm vom Rande der Tanks und aus überflutheten Terrain, verschiedene faulende organische Substanzen, Zahnschleim, mit Zahnschleim versetztes und einige Tage aufbewahrtes Kartoffelwasser, Reiswasser, Spüljauche aus den Kanälen von Kalkutta u. dgl. mehr. Nur einmal wurde in dem Wasser, welches zur Fluthzeit das östlich von Kalkutta gelegene Terrain des Saltwater-Lake überschwemmt hatte, eine Bakterienart gefunden, welche beim ersten Anblick eine gewisse Aehnlichkeit mit den Cholerabacillen darbot; bei genauerer Untersuchung ergab sich jedoch, daß die Organismen die Gelatine nicht verflüssigten, auch größer und dicker als die Cholerabacillen waren, und demnach von diesen mit Sicherheit unterschieden werden konnten.

Leicht gekrümmte, aber von den Cholerabacillen schon durch die mikroskopische Untersuchung zu unterscheidende größere Bacillen, durch die Art ihres Wachsthums von jenen ebenfalls verschieden, fanden sich auch gelegentlich in dem Wasser eines Tanks. Ueber den Befund un zweifelhafter Cholerabacillen in einem anderen Tank, welcher das Trink- und Gebrauchswasser für sämmtliche umwohnenden Menschen lieferte, und in dessen unmittelbarer Umgebung eine Anzahl von Cholerafällen vorgekommen war, wird weiter unten noch ausführlich berichtet werden. Es ist dies das einzige Mal gewesen, daß trotz der außerordentlich zahlreichen Untersuchungen in Indien Cholerabacillen außerhalb des menschlichen Körpers bezw. seiner Ausscheidungen gefunden worden sind. — —

Während der ganzen Zeit ihrer Thätigkeit in Egypten und in Indien hat die Kommission ihre besondere Aufmerksamkeit dem Thierexperiment zugewandt. Von zwei Gesichtspunkten aus erschien nämlich das Gelingen desselben in hohem Grade wünschenswerth. Galt es zunächst in Egypten, durch die Erzeugung der Krankheit bei Thieren sich unabhängig von dem nur verhältnißmäßig spärlich zur Verfügung stehenden Leichenmaterial zu machen, so trat später, als die Bedeutung der Kommabacillen für die Entstehung der Krankheit immer unabweislicher sich herausstellte, aus naheliegenden Gründen das Bestreben in den Vordergrund, durch das Thierexperiment die krankheitserzeugende Wirkung der gewonnenen Reinkulturen zu bestätigen.

Allerdings konnte man sich nicht verhehlen, daß die betreffenden Bemühungen nur sehr geringe Aussichten auf Erfolg boten, da zahlreiche von anderen Forschern bereits früher ausgeführte Thierversuche zu durchaus negativen oder doch mindestens zweideutigen und bestrittenen Ergebnissen geführt hatten. Die meiste Aufmerksamkeit schienen noch die bereits in den 50er Jahren von Thiersch*) an weißen Mäusen erzielten Resultate zu verdienen, wenn auch sie freilich durch spätere Untersuchungen, so u. a. diejenigen Ranke's**), in ihrer Beweiskraft erschüttert waren. Es wurden daher an den von Berlin aus nach Egypten mitgenommenen weißen Mäusen sowohl unter genauer Befolgung der von Thiersch angegebenen Versuchsanordnung, wie unter den mannigfaltigsten anderen Bedingungen außerordentlich zahlreiche Experimente angestellt. So wurde gleich von der ersten Obduktion herrührender Dünndarm- und Dickdarminhalt getrennt in Bechergläser gefüllt, und dieselben theils bei Zimmertemperatur, theils im Eisschrank aufbewahrt; acht Tage lang wurde je eine Gruppe von Mäusen täglich mit diesem Material in der Weise gefüttert, daß das ihnen verabreichte Stückchen Brod damit befeuchtet wurde, während gleichzeitig dasselbe Material täglich an Fließpapierstückchen eingetrocknet und nach dem Trockenwerden an andere Mäuse verfüttert wurde. Letzteres geschah theils in der Weise, daß nach Wiederanfeuchten der Fließpapierstückchen der Saft ausgepreßt und auf Brodstückchen gebracht wurde, theils wurden entsprechend den Versuchen von Thiersch die Fließpapierstückchen direkt in das die Mäuse enthaltende Glas hineingeworfen und stets auch von ihnen zerfetzt bezw. angefressen. Zu diesen und ähnlichen Versuchen sind in Egypten Darminhalt von nicht weniger als acht verschiedenen Obduktionen herrührend, sowie Dejektionen von sieben verschiedenen Kranken benutzt worden. Kaum fand sich noch ein Platz im Labo-

*) Infektionsversuche an Thieren mit dem Inhalt des Choleradarms. München 1856.

**) Cholera-Infektionsversuche an weißen Mäusen. Mittheil. u. Anz. a. d. ärztl. Intelligenzblatt. 1. Jahrg. Nr. 2. München 1871.

ratorium bezw. im Eisschranke, wo nicht Bechergläser mit Cholera-Darminhalt oder damit getränktes Fließpapier untergebracht gewesen wären. Sämmtliche Mäuse, viele von ihnen sogar wiederholt, haben zu diesen Fütterungsversuchen gedient, ohne auch nur im geringsten zu erkranken, obgleich sie sämmtlich ganz unzweifelhaft das in den verschiedensten Stadien der Zersetzung befindliche Material gefressen hatten.

Ferner wurden in Alexandrien drei Hunde, darunter ein kleineres und zwei große kräftige Thiere, neun Tage lang täglich mit Darminhalt von Choleraleichen und charakteristischen Stuhlentleerungen Cholerakranker gefüttert, indem ihnen das Infektionsmaterial mit Milch oder Fleisch gemischt gereicht wurde und theils frisch, theils in verschiedenen Stadien der Zersetzung zur Verwendung kam. Die beiden großen Hunde blieben hierbei ganz gesund, der kleinere hatte während einiger Tage Appetitlosigkeit und etwas Durchfall, erbrach auch einmal das inficirte Futter, erholte sich dann aber bald wieder. Nach Schluß des Versuches wurden die Thiere getödtet und secirt. Irgend welche auffällige Veränderungen wurden bei ihnen nicht vorgefunden. Die bei dem kleinen Hunde beobachteten Verdauungsstörungen dürften sich ohne Schwierigkeit durch den Genuß des theilweise stark in Zersetzung übergegangenen Materials erklären lassen.

Auch zwei Katzen und vier Hühner wurden mit Darminhalt und Dejektionen wochenlang Tag für Tag gefüttert, ohne daß es gelungen wäre, eine Infektion zu erzielen. Desgleichen erhielten drei Affen, darunter ein Pavian und zwei Java-Affen, neunzehn Tage lang täglich geringe Mengen Cholera-Darminhalt und Cholera-Dejektionen, von acht verschiedenen Leichen und sechs verschiedenen Kranken herrührend, dem Futter beigemengt. Das Material wurde in diesen Versuchen ebenfalls sowohl frisch, wie im Eisschrank oder bei Zimmertemperatur aufbewahrt, ferner für einige Tage auf gekochten Kartoffelflächen, im Innern gekochter Kartoffeln, auf feuchter Erde, auf feuchter Leinwand belassen, endlich an Fließpapier angetrocknet und auf Fließpapier in dünner Schicht feucht gehalten verfüttert; in Bechergläsern aufbewahrtes Material wurde vom ersten bis zum elften Tage täglich in geringen Mengen gegeben, kurz, die Fütterungsversuche wurden in jeder erdenklichen Weise modificirt, ohne daß es gelungen wäre, bei einem der Affen auch nur Durchfall zu erzeugen, geschweige denn ihn ernstlich krank zu machen. Erwähnt sei noch, daß die Affen auch aus einem großen mit Wasser gefüllten Gefäße, in welches eine geringe Menge charakteristischen Darminhalts hineingeschüttet war, täglich zu saufen bekamen, daß zwei von ihnen, sowie einem der großen Hunde wiederholt eine nicht unbeträchtliche Quantität frischen Materials möglichst hoch ins Rektum eingespritzt wurde, daß ferner sämmtliche Thiere mit den verschiedensten in Alexandrien gewonnenen Reinkulturen gefüttert wurden, ohne daß eine Infektion erzielt werden konnte. Zwei Hunden wurden je 6 ccm frisch aus dem Herzen einer Choleraleiche entnommenen Blutes unter die Rückenhaut gespritzt, desgleichen sechs Mäusen je ein bis einige Tropfen. Auch diese Thiere blieben gesund. Von den mit Darminhalt oder Dejektionen geimpften oder mit kleinen Stückchen Cholera-Darmschleimhaut inficirten Mäusen erkrankten und starben zwar einige wenige, doch handelte es sich bei denselben offenbar um septische Processe, die mit dem Choleravirus nichts zu thun hatten.

Um zu erfahren, ob in den Reiswasserstühlen etwa ein fertig gebildetes Gift vorhanden sei, wurde ein solcher Stuhl von ganz charakteristischem Ansehen gekocht und von der klaren Flüssigkeit dann einigen Mäusen je ½ bezw. 1 Pravaz'sche Spritze voll subkutan injicirt; diese

Thiere blieben ebenso gesund, wie einige Kontrollthiere, welche einen Tropfen der nicht gekochten Flüssigkeit unter die Haut injicirt erhalten hatten. Schließlich wurden zu ähnlichen Zwecken von 16 verschiedenen aus den Sektionen ꝛc. gewonnenen Reinkulturen Züchtungen in Bouillon gemacht; nach genügender Vermehrung der Organismen wurden letztere durch Kochen getödtet und dann 16 Mäusen von den verschiedenen Flüssigkeiten je ½–1 ccm subkutan eingespritzt. Nur eine Maus starb und zwar erst am folgenden Tage, so daß von einer Vergiftung auch bei ihr nicht die Rede sein konnte.

So entmuthigend nun auch alle diese mit großem Aufwande von Zeit und Mühe in Egypten ausgeführten Thierversuche ausgefallen waren, so sind sie doch in Indien von neuem aufgenommen, nachdem es gelungen war, den Krankheitskeim in Reinkulturen zu isoliren. Zudem standen in Kalkutta einige Thierarten zur Verfügung, welche in Egypten nicht erlangt werden konnten, so unter anderen auch Kaninchen und Meerschweinchen.

Der Schwerpunkt wurde bei den mit Reinkulturen angestellten Versuchen ebenfalls auf die Infektion vom Darm aus gelegt. Cholerabacillen in Nährgelatine, auf Blutserum, in Bouillon, in Milch, auf Kartoffeln u. dgl. m., sowohl im Zimmer, wie im Brütapparat, theils nur wenige Tage, theils Wochen lang gezüchtet, wurden an Affen, Kaninchen, Meerschweinchen, Katzen und Mäuse verfüttert, und diese Fütterung in einzelnen Fällen eine Reihe von Tagen wiederholt. Das Ergebniß war indeß durchweg ein negatives. Die Thiere bekamen weder Durchfall, noch zeigten sie sonst Krankheitserscheinungen. Auch der bei einigen Thieren, unter anderen auch bei einem Affen angestellte Versuch, eine Infektion dadurch zu befördern, daß den Thieren vor der Verfütterung der Cholerabacillen künstlich durch Verabreichung von Crotonöl Durchfall gemacht wurde, änderte an den Resultaten nichts. Als zwei Mäuse, welche Tage lang mit großen Mengen der Bacillen gefüttert waren, einige Stunden nach der letzten Fütterung getödtet, und die verschiedensten Abschnitte des Verdauungskanals mit Hülfe von Gelatineplatten auf das Vorhandensein der Bacillen geprüft wurden, ergab sich, daß dieselben nirgends mehr aufgefunden werden konnten. Offenbar waren sie schon im sauren Mageninhalte zu Grunde gegangen. Bei einer dritten ganz ebenso behandelten Maus kamen nur auf einer der mit Dickdarminhalt bereiteten Platten einige vereinzelte Cholerabacillenkolonieen zur Entwickelung. Dasselbe Resultat wie der mit den beiden Mäusen angestellte Versuch hatte auch der folgende: Ein großer Javaaffe wurde drei Tage lang mit beträchtlichen Mengen von Cholerabacillen, welche getodtem und mit kohlensaurem Natron deutlich alkalisch gemachten Milchreis zugesetzt waren, gefüttert. Am dritten Tage, drei Stunden nach der letzten Fütterung, wurde das Thier getödtet, und der Inhalt der Speiseröhre, des Magens, des duodenum, jejunum, ileum, coecum und rectum auf die Anwesenheit von Cholerabacillen mittelst des Kulturverfahrens geprüft. Nirgends wurden letztere gefunden, wohl aber waren im Darm reichliche Mengen von Oidium lactis vorhanden, welche offenbar der Milch entstammten und den Magen unzerstört passirt hatten. Auf einer der Platten fand sich ein dem Micrococcus prodigiosus ähnlicher, aber einen mehr ziegelrothen Farbstoff erzeugender Organismus. Daß auch dieser im Gegensatz zu den Cholerabacillen im Stande war, unbeschädigt den Magen von Thieren zu passiren, ergab sich, als auf Veranlassung des Führers der Expedition Herr Dr. A. Bareian Reinkulturen an Mäuse verfütterte und den Darminhalt dieser Thiere nachher auf Kartoffelflächen aussäte. Wie nebenbei bemerkt sei, wurde dieser Organismus, welcher später als „Micrococcus indicus“ durch die im Gesundheitsamte ab gehaltenen Choleraturse weiteren Kreisen bekannt geworden ist, in der Weise nach Berlin gesandt, daß eine geringe Menge einer Kartoffel-Reinkultur auf ein Stückchen Fließpapier gestrichen, und dieses in einen Brief eingelegt wurde. Die Desinfektion, welche der Brief unterwegs durchzumachen hatte, war an dem Micrococcus indicus spurlos vorübergegangen, denn bei der alsbald in Berlin vorgenommenen Aussaat entwickelte er sich aufs üppigste.

Der gleiche Versuch, wie mit dem vorstehend erwähnten Affen wurde mit einem Kaninchen, zwei Meerschweinchen und einer Ratte angestellt. Auch bei diesen einige Stunden nach der letzten Fütterung getödteten Thieren konnten trotz der eingehendsten Untersuchung mit Hülfe des Kulturverfahrens weder im Magen noch in irgend einem Darmabschnitte Cholerabacillen aufgefunden werden.

Nunmehr wurde der Versuch gemacht, durch direkte Einführung der Kulturen in den Darm eine Infektion zu erzielen. Unter antiseptischen Cautelen wurde einem Kaninchen die Bauchhöhle eröffnet, und mittels einer sterilisirten Pravaz'schen Spritze je ½ ccm einer Reinkultur von Cholerabacillen in den Dünndarm und den Blinddarm eingespritzt. Die Bauchdeckenwunde wurde nach Beendigung der Operation durch Nähte sorgfältig vereinigt. Auch dieses Thier zeigte ebensowenig wie später ein zweites Kaninchen, bei welchem derselbe Versuch ausgeführt wurde, irgend welche Krankheitserscheinungen. —

Nach allen diesen negativen Versuchen mußte endlich darauf verzichtet werden, durch Fütterung bezw. vom Darmkanal aus eine Infektion von Thieren mit dem Cholerakeim zu erzielen. — Es konnte dies um so eher geschehen, als kein sicher festgestelltes Beispiel existirt, daß zu Zeiten von Choleraepidemieen Thiere in größerer Zahl und unter Verhältnissen erkrankt und verendet wären, welche die Einwirkung des Choleragiftes als Ursache anzunehmen gestatteten. Es ist zwar behauptet worden, daß die Cholera auch Pferde, Kühe, Elephanten, Hunde, Katzen, Hasen, Hühner, Krähen, Sperlinge und andere Vögel befalle; ja selbst Fische sollen zu Cholerazeiten in auffallendem Maße gestorben sein; alle diese Behauptungen erscheinen indeß wenig glaubwürdig. Auch in Bengalen, wo eine außerordentlich dichte Bevölkerung mit zahlreichen Thieren eng zusammenlebt, wo überall und fortwährend Cholera vorhanden ist, und die Thiere recht oft den Cholerainfektionsstoff in ihren Verdauungskanal bekommen müssen, stimmten zahlreiche darauf befragte objektive Beobachter darin überein, daß Cholera bei Thieren nicht vorkomme. Schon an anderer Stelle ist in dieser Beziehung darauf hingewiesen worden, daß auch sonst manche menschliche Infektionskrankheiten, beispielsweise die Lepra und der Abdominaltyphus bei Thieren nicht beobachtet werden. Das gleiche gilt von der Syphilis. Wohl ist behauptet worden, daß man den Abdominaltyphus z. B. beim Rindvieh, die Syphilis beim Hasen beobachtet habe; es dürfte indeß wohl heute kaum noch bezweifelt werden, daß es sich hier um Krankheitsprocesse gehandelt hat, welche mit den genannten beim Menschen vorkommenden Infektionskrankheiten nichts zu thun haben. Andererseits sind manche Thierkrankheiten, wie z. B. Rinderpest und Lungenseuche auf den Menschen nicht übertragbar.

In Anbetracht aller vorstehend mitgetheilten Erwägungen und Versuchsergebnisse schien der Schluß gerechtfertigt, daß die Thiere, welche der Kommission zu Gebote standen, und ebenso diejenigen, welche mit den Menschen gewöhnlich in Berührung kommen, sämmtlich für Cholera immun sind, und daß ein richtiger Choleraproceß bei ihnen auch nicht künstlich erzeugt werden kann. Immerhin blieb es aber noch möglich, daß den Cholerabacillen auch bei Thieren gewisse pathogene Eigenschaften zukamen, falls sie auf einem anderen als dem der natürlichen Infektion entsprechenden Wege in den Körper eingeführt wurden.

Es leuchtet ein, daß das Auffinden solcher pathogener Wirkungen schon aus dem Grunde willkommen sein mußte, weil es geeignet erschien, die Merkmale der Cholerabacillen noch zu vermehren. Die bezüglichen von der Kommission angestellten Versuche sollen im Nachstehenden kurz wiedergegeben werden.

Vier Kaninchen wurde je ein Tropfen Bouillon-Reinkultur, unzählige Cholerabacillen enthaltend, in die vordere Augenkammer eingebracht. Nachdem alsbald die Cornealwunde sich geschlossen hatte, erfolgte im Laufe der nächsten Tage die vollständige Resorption der eingebrachten Flüssigkeit, ohne daß irgend welche Reizerscheinungen bezw. Störungen des Allgemeinbefindens bei den Thieren aufgetreten wären. Cornealimpfungen blieben ebenfalls gänzlich wirkungslos. — Mit ähnlichem negativen Ergebnisse wurde einem Kaninchen mit einer Pravaz'schen Spritze 1 ccm verdünnte Bouillonkultur in die Ohrvene und einem anderen Kaninchen dieselbe Menge direkt in die Vena jugularis eingebracht. Das erste Kaninchen war unmittelbar nach der Injektion ganz munter und zeigte auch weiterhin nichts Auffallendes. Das zweite Thier sah nach der Injektion wie benommen und struppig aus, war auch am folgenden Tage noch etwas traurig, fraß aber und hatte keinen Durchfall. Am zweiten Tage war es völlig wieder hergestellt.

Auch subkutane Impfungen und Injektionen wurden mehrfach versucht. So wurden einem Kaninchen vier (!) Pravaz'sche Spritzen einer verflüssigten Blutserumreinkultur unter die Rückenhaut gespritzt. Dasselbe blieb gesund. Zwei andere Kaninchen erhielten je fünf (!) Pravaz'sche Spritzen von Milch, in welcher Cholerabacillen in üppiger Vermehrung begriffen waren, unter die Bauchhaut gespritzt. Das eine dieser Thiere starb am folgenden Tage, offenbar an malignem Oedem. An der Injektionsstelle hatten sich noch zahlreiche Cholerabacillen in lebensfähigem Zustande erhalten, im Blute und in den inneren Organen waren sie aber weder durch mikroskopische Untersuchung noch durch Gelatineplattenkulturen nachzuweisen. Das andere Kaninchen starb, ebenfalls an malignem Oedem, zwei Tage nach der Injektion. Bei diesem Thiere waren die injicirten Cholerabacillen weder an der Injektionsstelle noch sonst irgendwo im Körper mehr aufzufinden. — Ein Meerschweinchen, welches zwei Pravaz'sche Spritzen einer anderen Milch-Reinkultur unter die Bauchhaut injicirt erhielt, zeigte keinerlei Krankheitserscheinungen.

Von zwei Mäusen, welchen je eine halbe Spritze einer Bouillon-Reinkultur unter die Haut gebracht war, starb die eine am nächsten Tage, ohne daß eine Todesursache entdeckt werden konnte. Cholerabacillen waren in der Leiche nicht mehr nachweisbar. Die andere starb am vierten Tage in Folge einer Pneumonie. An der Injektionsstelle war noch eine geringe Menge Oedemflüssigkeit vorhanden, aus welcher neben anderen Organismen auch eine Anzahl von Cholerabacillen auf Gelatineplatten sich entwickelte. Dagegen wurden die geschwollenen Inguinaldrüsen, das Blut und die inneren Organe, sowie endlich der Dünndarminhalt vergeblich nach Cholerabacillen durchforscht. Zwei Mäuse endlich, die mit einer Gelatine-Reinkultur am Schwanz geimpft waren, blieben völlig munter.

Nach diesen Versuchen konnte von weiteren Bemühungen, vom subkutanen Gewebe aus eine Infektion zu erzielen, füglich abgesehen werden.

Es wurde nunmehr einer Anzahl von Thieren das Infektionsmaterial direkt in die

Bauchhöhle eingeführt. So erhielten ein fliegender Fuchs, vier Kaninchen und drei Meerschweinchen zum Theil wiederholt an verschiedenen Tagen je eine bezw. eine halbe Pravaz'sche Spritze einer Bouillon oder verflüssigten Gelatine-Reinkultur in die Bauchhöhle injicirt. Der fliegende Fuchs, die Meerschweinchen und zwei von den Kaninchen zeigten danach keinerlei Störung ihres Befindens. Das dritte Kaninchen starb einen Tag nach der Injektion, ohne daß indeß in der Bauchhöhle oder im Darm Cholerabacillen hätten gefunden werden können. Die Todesursache blieb in diesem Falle unaufgeklärt. Das vierte Kaninchen starb neun Tage nach der Injektion an Pneumonie. Auch bei diesem Thiere ließen sich trotz sorgfältiger Untersuchung Cholerabacillen nicht mehr nachweisen. Etwas günstiger fielen die Versuche bei den Mäusen aus. Nebenbei sei bemerkt, daß ausschließlich graue Hausmäuse zur Verwendung kamen und zwar im ganzen acht, von denen jede etwa den dritten Theil einer Pravaz'schen Spritze voll Cholerabacillen-Reinkultur in die Bauchhöhle injicirt erhielt. Von den acht Mäusen blieb nur eine am Leben, die übrigen sieben starben, und zwar eine unmittelbar nach der Injektion an innerer Verblutung, fünf nach einem und eine nach zwei Tagen. Bemerkenswerther Weise waren gerade bei der letzterwähnten Maus Cholerabacillen weder in der Bauchhöhle noch im Herzblute mehr nachzuweisen, während die Bauchhöhle der fünf nach einem Tage gestorbenen Thiere die Bacillen noch ausnahmslos in entwickelungsfähigem Zustande enthielt, und in einem Falle auch lange Spirillen mikroskopisch in ihr nachweisbar waren. Das Herzblut enthielt bei vieren der letztgenannten fünf Thiere noch entwickelungsfähige Bacillen, bei dem einen dagegen keine mehr. Der Darminhalt wurde nur bei einer dieser Mäuse untersucht, Cholerabacillen darin aber nicht gefunden. — Wenn man berücksichtigte, daß den Mäusen eine im Verhältniß zu ihrer Größe immerhin sehr erhebliche Quantität der Flüssigkeit injicirt war, so konnte man auf diese Injektionsversuche allzugroßes Gewicht nicht legen, zumal in dem einen Falle überhaupt keine tödtliche Wirkung eingetreten war, und in einem zweiten die Cholerabacillen sich noch nicht einmal zwei Tage lang im Körper des Thieres lebensfähig erhalten hatten. Andererseits war indeß auch bei Berücksichtigung jenes Umstandes nicht zu verkennen, daß im Vergleich zu nicht pathogenen Organismen die Cholerabacillen bei der Injektion in die Bauchhöhle von Mäusen sehr virulent sich gezeigt hatten.

Daß die Wirkung in der That wesentlich auf Rechnung der lebenden Bacillen und nicht auf diejenige fertig gebildeter chemischer, in den eingespritzten Kulturen vorhandener Stoffwechselprodukte zu setzen war, ergab sich in dem einen der vorstehend mitgetheilten Versuche, in welchem zwei Kontrolmäusen die gleiche Quantität derselben Kultur, aber nach vorherigem Aufkochen in die Bauchhöhle injicirt war. Diese beiden Thiere zeigten nicht die geringsten Krankheitserscheinungen, während die beiden anderen, welche dasselbe nicht gekochte Material erhalten hatten, nach 24 bezw. 48 Stunden verendet waren. — Nachgetragen sei an dieser Stelle noch, daß wiederholt auch in Indien große Mengen von Reinkulturen, sowie von Darminhalt und charakteristischen Dejektionen, in welchen die Cholerabacillen durch Trocknen bezw. Eindampfen auf dem Wasserbade getödtet waren, und endlich auch große Mengen getrockneten Herzblutes von Choleraleichen an Thiere (Affen, Kaninchen und Meerschweinchen) verfüttert worden sind, ohne daß Krankheitserscheinungen aufgetreten wären, welche auf die Wirkung eines in jenen Substanzen vorhandenen chemischen Giftes hätten zurückgeführt werden können. —

Angesichts aller dieser nahezu erfolglosen Experimente mußte man sich die Frage vorlegen, ob denn das Gelingen des Thierexperiments ein unerläßliches Erforderniß sei für den Nachweis, daß die Cholerabacillen die Ursache der Krankheit sind, oder ob ein solcher Schluß bereits genügend durch die Thatsache begründet werden könne, daß die geschilderten Organismen konstante Begleiter des Choleraprocesses sind, und daß sie nirgend anderswo vorkommen. Wie der Führer der Kommission bereits an anderer Stelle*) dargelegt hat, konnten für die Beurtheilung des Verhältnisses, in welchem die Bacillen zu dem Choleraprocesse stehen, drei verschiedene Annahmen in Betracht kommen:

„Man kann erstens sagen: der Choleraproceß begünstigt das Wachsthum der Kommabacillen, indem er ihnen den Nährboden vorbereitet, und infolge dessen kommt es zu einer so auffallenden Vermehrung gerade dieser Bakterienart. Wenn man diese Behauptung aufstellt, dann muß man von der Voraussetzung ausgehen, daß jeder Mensch schon Kommabacillen in sich hat, wenn er cholerakrank wird, denn sie wurden in den verschiedensten Orten in Indien, in Egypten, in Frankreich und in Menschen der verschiedensten Herkunft und Nationalität gefunden.**) Diese Bakterienart müßte bei dieser Annahme eine der verbreitetsten und gewöhnlichsten sein. Aber es ist das Gegentheil der Fall, denn sie kommen, wie wir gesehen haben, weder bei solchen, die an anderen Krankheiten leiden, noch bei Gesunden, noch außerhalb des Menschen an den der Bakterienentwicklung günstigsten Orten vor: sie erscheinen immer nur dort, wo die Cholera auftritt. Diese Annahme kann also nicht als eine zulässige angesehen werden, und wir müssen sie deswegen fallen lassen.

Zweitens könnte man sich das regelmäßige Zusammentreffen der Kommabacillen und des Choleraprocesses in der Weise zu erklären versuchen, daß durch die Krankheit Verhältnisse geschaffen werden, durch welche unter den vielen Bakterien, die im Darm vorkommen, die eine oder andere Art sich verändert und die Form und Eigenschaften annimmt, die wir an dem Kommabacillus kennen gelernt haben. In Betreff dieser Deutung muß ich nun aber gestehen, daß sie ohne irgend welche thatsächliche Begründung, daß sie eine reine Hypothese ist. Wir kennen bis jetzt noch nicht eine derartige Umwandlung einer Bakterienart in eine andere. Die einzigen Beispiele von Umwandlung in den Eigenschaften der Bakterien beziehen sich auf ihre physiologischen und pathogenen Wirkungen, aber nicht auf die Form. Die Milzbrandbacillen verlieren beispielsweise, wenn sie in einer bestimmten Weise behandelt werden, ihre pathogene Wirkung, sie bleiben aber in ihrer Form ganz unverändert. In diesem Beispiel handelt es sich außerdem auch um den Verlust der pathogenen Eigenschaften. Dies ist aber gerade das Gegentheil von dem, was bei der Umwandlung unschädlicher Darmbakterien in die gefährlichen Cholerabacillen stattfinden würde. Für diese letztere Art der Abänderung von unschädlichen in schädliche Bakterien existirt überhaupt noch kein exakt bewiesenes Beispiel. Vor einer Reihe von Jahren, als die Bakterienforschung sich noch in den ersten Anfängen befand, konnte man noch mit einiger Berechtigung eine solche Hypothese aufstellen. Aber je weiter die Bakterienkunde sich entwickelt hat, um so mehr hat sich auch herausgestellt, daß die Bakterien gerade in Bezug auf ihre Form außerordentlich konstant sind. Speciell in Bezug auf die Kommabacillen will ich noch bemerken, daß sie alle die früher geschilderten Eigenschaften vollkommen

*) Erste Conferenz zur Erörterung der Cholerafrage. Deutsche Medicin. Wochenschr. und Berliner Klin. Wochenschr. Jahrg. 1884.

**) Die Befunde der Kommission in Egypten und Indien waren inzwischen durch weitere Untersuchungen, welche der Führer der Kommission in Frankreich zu machen Gelegenheit hatte, bestätigt worden.

beibehalten, wenn sie außerhalb des menschlichen Körpers weiter gezüchtet werden. Sie wurden beispielsweise mehrfach bis zu zwanzig Umzüchtungen in Gelatine kultivirt und hätten, wenn sie in ihren Eigenschaften nicht ebenso konstant wären wie andere Bakterien, bei diesem Versuche sich doch wieder in die bekannten Formen der gewöhnlichen Darmbakterien zurückverwandeln müssen, was aber keineswegs der Fall war.

Es bleibt nunmehr nur noch die dritte Annahme übrig, daß nämlich der Choleraproceß und die Kommabacillen in einem unmittelbaren Zusammenhang stehen, und ich kenne in dieser Beziehung keinen anderen als den, daß die Kommabacillen den Choleraproceß verursachen, daß sie der Krankheit vorhergehen, und daß sie dieselbe erzeugen. Das Umgekehrte würde ja auf das herauskommen, was ich eben auseinandergesetzt habe, daß der Choleraproceß die Kommabacillen hervorbringt, und das ist, wie gezeigt wurde, nicht möglich. Für mich ist also die Sache erwiesen, daß die Kommabacillen die Ursache der Cholera sind."

Uebrigens sind wir, wie an derselben Stelle schon hervorgehoben wurde, bei einigen anderen Infektionskrankheiten in ähnlicher Lage wie gegenüber der Cholera. Auch bei der Lepra z. B. findet sich in jedem Falle ein wohl charakterisirter, der Krankheit specifischer Mikroorganismus, auch sie läßt sich nicht auf Thiere übertragen, und doch müssen wir nach Allem, was wir von den Leprabacillen wissen, annehmen, daß sie die Ursache der Lepra sind.

Eine wesentliche Stütze für die Auffassung von der ätiologischen Bedeutung der Cholerabacillen mußte darin gefunden werden, daß das Vorkommen und die Vertheilung derselben im Körper ein den pathologischen Veränderungen und dem Verlauf der Krankheit entsprechendes war, und daß die ganze Choleraätiologie, soweit sie bekannt war, im Einklange mit den Eigenschaften der Bacillen stand.

„Wir haben gesehen," so äußerte sich der Führer der Kommission gelegentlich der Verhandlungen der mehrfach citirten Conferenz, „daß die Kommabacillen außerordentlich schnell wachsen, daß ihre Vegetation rasch einen Höhepunkt erreicht, dann aufhört, und daß die Bacillen schließlich durch andere Bakterien verdrängt werden. Das entspricht genau dem, was im Choleradarm vor sich geht.

Es läßt sich annehmen, daß, wie es bei anderen Bakterien der Fall ist, sehr wenige Exemplare, unter Umständen ein einziges genügt, um eine Infektion zu bewirken. Dem entsprechend können wir uns sehr wohl vorstellen, daß einzelne Kommabacillen gelegentlich in den Darmkanal gelangen und sich daselbst sehr schnell vermehren. Sobald sie sich bis zu einem gewissen Grade vermehrt haben, werden sie einen Reizzustand der Darmschleimhaut und Durchfall veranlassen; wenn dann aber die Vermehrung in steigender Progression vor sich geht und den Höhepunkt erreicht, dann lösen sie den eigenthümlichen Symptomencomplex aus, den wir als den eigentlichen Choleraanfall bezeichnen.

Wir haben früher gesehen, daß die Kommabacillen höchst wahrscheinlich unter gewöhnlichen Verhältnissen den Magen, wenigstens bei Thieren, nicht passiren können. Auch das stimmt wieder mit allen Erfahrungen über die Cholera, denn es scheint die Prädisposition bei der Cholerainfektion eine außerordentlich wichtige Rolle zu spielen. Es läßt sich annehmen, daß von einer Anzahl von Menschen, die der Cholerainfektion ausgesetzt waren, nur ein Bruchtheil erkrankt, und das sind fast immer solche, die vorher schon an irgend welchen Verdauungsstörungen, z. B. einem Magen- oder Darmkatarrh litten, oder welche den Magen mit unverdaulichen Speisen überladen hatten. Namentlich im letzteren Falle können mehr oder weniger unverdaute, nicht vollständig im Magen verarbeitete Massen in den Darmkanal übergehen und möglicherweise die im Magen noch nicht abgetödteten Kommabacillen in den Darm hinüber führen. Gewiß ist Ihnen die oft gemachte Beobachtung bekannt, daß die meisten Cholera anfälle sich am Montag und Dienstag ereignen, also an den Tagen, denen gewöhnlich Excesse im Essen und Trinken vorausgegangen sind.

Nun ist es allerdings eine eigenthümliche Erscheinung, daß die Kommabacillen sich auf den Darm beschränken. Sie gehen nicht ins Blut über, nicht einmal in die Mesenterialdrüsen. Wie kommt es nun, daß diese Bakterienvegetation im Darm einen Menschen tödten kann? Um dies zu erklären, muß ich daran erinnern, daß die Bakterien bei ihrem Wachsthum nicht allein Stoffe verbrauchen, sondern auch sehr verschiedenartige Stoffe produciren. Derartige Producte des Bakterien Stoffwechsels kennen wir jetzt schon eine Menge, die sehr eigenthümlicher Art sind. Manche sind flüchtiger Natur und geben intensiven Geruch, andere liefern Farbstoffe, noch andere giftige Substanzen. Bei Fäulniß eiweißhaltiger Flüssigkeiten, z. B. des Blutes, bilden sich Gifte, welche, da die Fäulniß nur eine Folge der Bakterienvegetation ist, Stoff wechsel Produkte dieser Bakterien sein müssen. Manche Erscheinungen sprechen dafür, daß diese Gifte nur von bestimmten Bakterienarten producirt werden, denn wir sehen, daß faulige Flüssigkeiten das eine Mal einem Thier inficirt werden können, ohne eine Wirkung zu äußern, während sie sich ein anderes Mal sehr giftig erweisen. So stelle ich mir auch die Wirkung der Kommabacillen im Darm vor, welche durch giftige Stoffwechsel Produkte bedingt sind.

Mit der Annahme, daß die Kommabacillen ein specifisches Gift produciren, lassen sich die Erscheinungen und der Verlauf der Cholera in folgender Weise erklären. Die Wirkung des Giftes äußert sich theils in unmittelbarer Weise, indem dadurch das Epithel und in den schwersten Fällen auch die oberen Schichten der Darmschleimhaut abgetödtet werden, theils wird es resorbirt und wirkt auf den Gesammtorganismus, vorzugsweise aber auf die Circu lationsorgane, welche in einen lähmungsartigen Zustand versetzt werden. Der Symptomen complex des eigentlichen Choleraanfalls, welchen man gewöhnlich als eine Folge des Wasser verlustes und der Eindickung des Blutes auffaßt, ist meiner Meinung nach im Wesentlichen als eine Vergiftung anzusehen. Denn er kommt nicht selten auch dann zu Stande, wenn verhältnißmäßig sehr geringe Mengen Flüssigkeit durch Erbrechen und Diarrhoe bei Lebzeiten verloren sind, und wenn gleich nach dem Tode der Darm ebenfalls nur wenig Flüssigkeit enthält.

Erfolgt nun der Tod im Stadium der Choleravergiftung, dann entsprechen die Leichen erscheinungen jenen Fällen, in denen die Darmschleimhaut wenig verändert ist, und der Darm inhalt aus einer Reinkultur der Kommabacillen besteht.

Zieht sich dagegen dieses Stadium in die Länge, oder wird es überstanden, dann machen sich nachträglich die Folgen der Nekrotisirung des Epithels und der Schleimhaut geltend: es kommt zu kapillären Blutungen in der Schleimhaut, und dem Darminhalt mischen sich Blut bestandtheile mehr oder weniger reichlich bei. Die alsdann eiweißreiche Flüssigkeit im Darm beginnt zu faulen, und es bilden sich unter dem Einfluß der Fäulnißbakterien andere giftige Produkte, welche ebenfalls resorbirt werden. Doch wirken diese anders als das Choleragift: die von ihnen hervorgerufenen Symptome entsprechen dem, was gewöhnlich als Choleratyphoid bezeichnet wird.

Entsprechend der Auffassung, daß die Kommabacillen nur im Darm vegetiren und ihre

Wirkung entfalten, kann man auch den Sitz des Infektionsstoffes nur in den Dejektionen der Kranken suchen, ausnahmsweise noch in dem Erbrochenen. . . . . .

Für die weitere Verbreitung des Infektionsstoffes ist die erste Bedingung, daß die Dejektionen in einem feuchten Zustande bleiben. Sobald sie zum Trocknen kommen, verlieren sie ihre Wirksamkeit."

Man könnte diesen Anschauungen gegenüber einwenden, daß die früher mitgetheilten Thierversuche nicht für die Annahme der Erzeugung giftiger Stoffe durch die Cholerabacillen sprechen. Indeß handelt es sich einerseits bei dem Wachsthum der Bacillen im Darm um ganz andere Bedingungen, als sie in den Kulturflüssigkeiten gegeben waren, andererseits ist es auch sehr wohl möglich, daß die vermutheten giftig wirkenden Stoffwechsel-Produkte außerordentlich leicht zersetzlicher Natur sind.

Eine Beobachtung, welche in den verschiedensten Epidemieen und an den verschiedensten Orten gemacht ist und immer wieder von neuem ihre Bestätigung findet, ist die, daß Wäscherinnen, welche von Cholerakranken herrührende Wäsche zu reinigen haben, in besonders hohem Maße der Infektion ausgesetzt sind. Diese Erfahrung ist um so mehr geeignet, uns als Ersatz des Thierexperimentes zu dienen, als sie mit der Thatsache durchaus im Einklange steht, daß die Cholerabacillen auf einer mit Choleradejektionen beschmutzten Leinewand in den feucht bleibenden, schleimigen Massen aufs üppigste sich vermehren und gewöhnlich zunächst alle anderen Bakterien fast ganz überwuchern. „Mag nun die Uebertragung in der Weise statt gefunden haben, daß die Wäscherin die mit Kommabacillen beschmutzten Hände mit ihren Speisen oder direkt mit ihrem Munde in Berührung gebracht hat, oder dadurch, daß das bacillenhaltige Waschwasser verspritzt, und einzelne Tropfen auf die Lippen und in den Mund der Wäscherin gelangen; auf jeden Fall liegen hier die Verhältnisse so, wie bei einem Experiment, in welchem ein Mensch mit geringen Mengen einer Reinkultur von Kommabacillen gefüttert wäre. Es ist in der That ein Experiment, welches ein Mensch unbewußt an sich selbst vornimmt, und dem ganz die nämliche Beweiskraft zukommt, als wenn es absichtlich herbeigeführt wäre." —

Was die Verbreitung der Cholerabacillen durch das Wasser betrifft, so hat die Kommission in Kalkutta Gelegenheit gehabt, dieselbe in dem nachstehend ausführlich mitgetheilten Falle direkt nachzuweisen.

Die Cholera und der Tank von Saheb Bagan.

Die häufig gemachte Erfahrung, daß in Kalkutta und seinen Vorstädten lokalisirte kleine Choleraepidemieen vorkommen, welche sich fast ausschließlich auf die in der Umgebung eines stark verunreinigten Tanks gelegenen Häuser und Hütten beschränken, hatte der Kommission Veranlassung gegeben, den Sanitary Commissioner with the Government of India Herrn Dr. J. M. Cuningham um eine gefällige Benachrichtigung zu bitten, falls etwa eine derartige Epidemie zu seiner Kenntniß gelangen würde. Am 8. Februar 1884 wurde denn auch die Kommission von Herrn Dr. Cuningham, welcher in dankenswerthester Weise alsbald Anordnung getroffen hatte, daß Vorkommnisse der fraglichen Art ihm gemeldet würden, benachrichtigt, daß in „Saheb Bagan", einem in der Vorstadt Sektion Belliaghatta gelegenen Hüttencomplexe, eine Choleraepidemie herrsche. Noch an demselben Tage begab sich die Kommission an Ort und Stelle, begleitet von Herrn Dr. Dissent, dem ordinirenden Arzte des Sealdah Hospitals, welcher ihr auch bei dieser Gelegenheit gern seine Unterstützung gewährte und die anzustellenden Ermittelungen durch seine Sprachkenntnisse und seine Vertrautheit mit den Sitten und Gewohnheiten des Landes außerordentlich erleichterte.

In dem nördlichen Vorstadt-Polizeidistrikte Belliaghatta liegt in der Nähe der Gaswerke ein rings von Native-Hütten umgebener ca. 80 Schritt langer und 40 Schritt breiter Tank. (Tank A der nachstehenden Skizze.) Südlich von diesem Tank befindet sich eine Eisfabrik, welche zur Speisung ihrer Maschinen das Wasser aus einem Brunnen entnimmt, während zur Eisbereitung selbst Wasser aus der städtischen Leitung verwandt wird. Der genannte Brunnen stand seit etwa einem Vierteljahre durch eine unterirdische Röhrenleitung mit dem

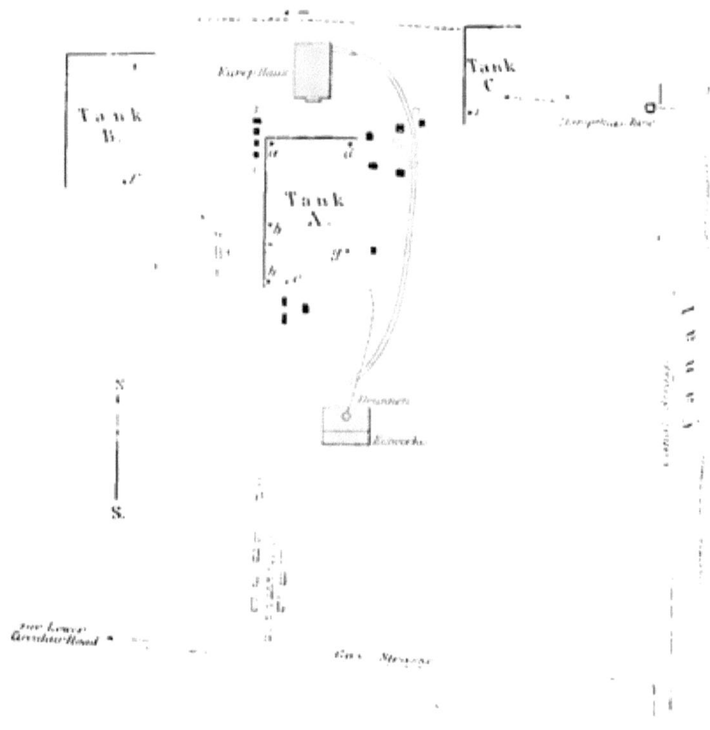

Tank A, dieser ebenso mit dem benachbarten Tank B und der letztere mit Tank C in Verbindung.

Der Wasserverbrauch aus dem Brunnen muß ein sehr großer gewesen sein: denn obgleich zu seiner Speisung sämmtliche drei Tanks beitrugen, reichte das Wasser gegen Ende Januar nicht aus, und es wurde daher aus dem östlich von Tank C gelegenen offenen Schifffahrts-Kanale mit Hülfe einer Dampfmaschine während einiger Tage Wasser in Tank C übergepumpt. Der Wasserspiegel in den Tanks hat sich dadurch um ca. 3 Fuß gehoben. Der Tank A ist von einer 1–2 Fuß hohen Lehmbank umgeben, auf welcher eine Anzahl von niedrigen, im Innern ziemlich reinlich gehaltenen Hütten steht. Die ziemlich steil abfallende Böschung des Tanks hatte bis zum Wasserspiegel gemessen zur Zeit der Besichtigung eine Höhe von 4 bis 5 Fuß; an etwa einem Dutzend verschiedener Stellen war durch einige große Steine oder einen am Ufer liegenden Baumstamm der Zugang zum Wasser den Anwohnern erleichtert. Besonders in die Augen fallend sowohl durch ihre große Zahl, wie durch die Art ihrer Construktion erschienen die Aborte. Dieselben, meist an der nach dem Tank zu gewandten Rückseite der Hütten gelegen, bestanden nämlich aus halbzerbrochenen großen irdenen Töpfen, welche mit ihrer unteren Hälfte in die Erde eingegraben, im übrigen aber mit keinerlei Sitzvorrichtung oder dergleichen ausgestattet waren. Die meisten dieser primitiven Aborte waren den Blicken frei ausgesetzt; nur an der nordwestlichen Ecke des Tanks A war einer von ihnen mit einer dürftigen, aus einigen Matten hergestellten Schutzwand versehen. Vielleicht hatte sich der hier befindliche Topf in Folge dessen besonders fleißigen Zuspruchs zu erfreuen gehabt; denn er war bis zum Rande mit Fäkalien gefüllt, und eine Jaucherinne zog sich von ihm aus zum Wasser hinunter. Ein anderer Topf an der südwestlichen Ecke des Tanks war für den Gebrauch der wasserholenden Weiber bestimmt. Wie der Kommission auch bei dieser Gelegenheit mitgetheilt wurde, ist es übrigens allgemeine Sitte, während des Badens im Tank zu uriniren. — Trotz der zahlreich vorhandenen Töpfe, mit welchen auch der Rand eines in der Nähe des Tanks B gelegenen, mit Jauche gefüllten, ziemlich tiefen Grabens sehr reich besetzt war, fanden sich an anderen Stellen und insbesondere unmittelbar am Rande des Tanks A menschliche Fäkalien in großer Menge verstreut. Zwischen den Häusern sah man an verschiedenen Stellen nach der Wasserseite zu Rinnsale hervorkommen, welche neben anderem Schmutz und Unrath offenbar auch menschliche Dejektionen in den Tank hinein spülten. — Eine ganz besonders schmutzige Stelle fand sich etwa 20 Schritt vom Tank A entfernt in der Nähe der Eiswerke; auch sie war mit mehreren Abtrittstöpfen besetzt.

Die Zahl der um den Tank A gelegenen Lehmhütten betrug etwa 40; ihre Bewohner waren mit wenigen Ausnahmen Muhamedaner und machten zusammen etwa 350 Köpfe aus. Das Tankwasser wurde von ihnen sowohl zum täglichen Baden, wie zur Vornahme der vorgeschriebenen religiösen Waschungen benutzt; ferner wurde die sämmtliche schmutzige Wäsche im Tank gewaschen, und außerdem das für Haus und Küchenzwecke erforderliche Wasser aus ihm entnommen. Was das Trinkwasser betrifft, so wurde zwar von einigen Leuten ausgesagt, daß dasselbe vielfach aus dem nächsten Standrohre in der Circular road (an der Grenze des eigentlichen Stadtgebietes) geholt werde, doch räumten andere ohne weiteres ein, daß sie das Tankwasser auch zum Trinken benützten. Jedenfalls hat die Kommission an jedem der Tage, an welchen sie der Lokalität einen Besuch abgestattet hat, eine Anzahl Menschen gesehen, welche angeblich zum Küchengebrauch (zum Waschen und Kochen von Reis &c.) bestimmtes Wasser aus dem Tank schöpften, dann solche, welche ihr Hausgeräth in demselben wuschen, und endlich Badende, welche ihren Mund mit dem Wasser reinigten, um letzteres dann wieder in den Tank hineinzuspeien. Auch einzelne Wasserträger, welche ihre Lederschläuche aus dem Tank füllten, um den Inhalt in die benachbarten Wohnungen zu tragen, wurden bemerkt. — An der nach dem Tank zu gelegenen Seite einer Hütte, welche eine Waschstelle am Ufer hatte, fand die Kommission bei der zweiten Besichtigung auf Stangen frisch gewaschene Kleider zum Trocknen aufgehängt. Sofort angestellte Nachforschungen ergaben, daß dieselben von einem Manne herrührten, welcher am Tage vorher mit Erbrechen und Durchfall erkrankt war, und welcher in jeder Beziehung das Aussehen eines

Cholerakranken darbot. Ueberhaupt wurde seitens der Angehörigen nirgends in Abrede gestellt, daß die Kleider und die Wäsche der an der Cholera erkrankten oder gestorbenen Personen ebenso wie sämmtliche übrige Wäsche in dem Tank gewaschen worden seien.

Die beiden kleineren Tanks werden von der Bevölkerung nicht oder doch nur von verhältnißmäßig wenigen Personen benutzt.

Das Wasser im Tank A sah trübe aus, war aber nicht übelriechend. Ersteres konnte nicht Wunder nehmen, da der Schlamm am Boden des Tanks beim Wasserholen, Waschen &c. stark aufgerührt wurde. In der Nähe der Einmündungsstelle des von Tank B herkommenden Zuflußrohres (bei b) zeigte das Wasser sich mit einem feinen Häutchen bedeckt, während es an der nordöstlichen Ecke von grünlicher Färbung war. Nebenbei sei bemerkt, daß an den Fischen, welche in dem Tank zu sehen waren, und den Enten, welche auf ihm sich herumtummelten, während der lokalen Choleraepidemie ebenso wenig irgend welche auffällige Erscheinungen beobachtet waren, wie an den zahlreichen in den Hütten gehaltenen Ziegen, Hühnern und Katzen und an den Rindern und Pferden, die in einigen an der Gasstraße gelegenen Stallungen standen und sämmtlich aus dem Tank A getränkt wurden.

Angesichts der geschilderten Zustände wurde die Kommission an ihre in Egypten gemachten Wahrnehmungen erinnert. In der That blieb hier, in einer Vorstadt Kalkutta's, die Verunreinigung des zu allen häuslichen Zwecken verwandten Wassers hinter derjenigen durchaus nicht zurück, welche beispielsweise in Damiette und in Bulacq bei Kairo gefunden worden war. Des weiteren auf diese Verhältnisse zurückzukommen wird sich im nächsten Abschnitte noch mehrfach Gelegenheit bieten.

Zur Zeit der ersten Besichtigung der in Frage stehenden Oertlichkeit hatte die Cholera schon einige Wochen lang unter den Bewohnern der Hütten geherrscht. Begreiflicherweise war es nicht möglich, sofort alle diejenigen Familien zu ermitteln, in welchen Cholerafälle vorgekommen waren; soweit dies indeß geschehen konnte, ist das Ergebniß in der vorstehenden Skizze durch Volldruck der betreffenden Hütten ersichtlich gemacht.

Nach den allerdings sich widersprechenden und etwas verworrenen Aussagen der Leute schien es, als ob der erste Todesfall in der mit „1" bezeichneten Hütte an der nordwestlichen Ecke des Tanks vorgekommen sei. In der daneben liegenden Hütte waren nach jenem Todesfall nicht weniger als drei Personen an der Cholera gestorben. Wieder einige Hütten weiter wurden zwei Leute vorgefunden, welche angaben, Anfangs Januar unter den Erscheinungen der Cholera schwer krank gewesen zu sein. Beide arbeiteten während des Tages außerhalb ihres Wohnortes, der eine in der Münze, der andere in einer Hutfabrik. Die Angehörigen der anscheinend zuerst gestorbenen Person versicherten mit Bestimmtheit, daß die Kleider und die Wäsche derselben in dem Tank gewaschen worden seien.

Welche beträchtliche Ausdehnung die Seuche unter den Umwohnern des Tanks in der That gefunden hatte, ergiebt sich aus der anliegenden, von der Polizeibehörde aufgestellten und durch Herrn Dr. J. M. Cuningham der Kommission freundlichst zur Verfügung gestellten Liste.

Da in der Liste für die Zeit vom 1. Januar bis zum 15. Februar nicht weniger als 18 Choleratodesfälle verzeichnet sind, so dürfte anzunehmen sein, daß mindestens die doppelte Zahl von Erkrankungen, von denen ein Theil der Kenntniß sich wird entzogen haben, vorgekommen ist. Es würde das bedeuten, daß etwa zehn Procent der Anwohner erkrankt, und mindestens fünf Procent gestorben sind. Da die Bevölkerung zum Theil eine fluktuirende ist, so haben einige derjenigen, welche nachweislich erkrankt gewesen sind, nicht mehr aufgefunden werden können; unmöglich ist es nicht, daß sie im Hospitale gestorben sind. — Für die ganze übrige Nordabtheilung der Vorstädte („Northern Division Suburbs“) haben für jene $1\frac{1}{2}$ Monate zusammen nur noch 22 Choleraerkrankungen seitens der Polizeibehörde festgestellt werden können. Davon entfallen auf Theile derjenigen Sektion, in welcher Saheb Bagan gelegen ist, sechs, während die übrigen sechszehn Fälle zerstreut in vier anderen Polizei-Sektionen sich ereignet haben.

Verzeichniß der Cholerafälle, welche in der Zeit vom 1. Januar bis 15. Februar in „Saheb-Bagan“ im Verwaltungsbezirke der Sektion E. von Belliaghatta vorgekommen sind.

Laufende Nr.	Name	Alter	Datum der Erkrankung	Ausgang der Krankheit	Entfernung des Wohnortes von dem Tank A	Bemerkungen
1.	G. A.	17 Jahre	2. 1. 84	gestorben	60 Fuß	
2.	Ch.	30 „	10. 1. 84	genesen	80 „	
3.	Th.	40 „	15. 1. 84	gestorben	30 „	
4.	Gh.	30 „	20. 1. 84	genesen	10 „	
5.	M.	30 „	21. 1. 84	gestorben	30 „	
6.	Abd.	8 „	21. 1. 84	gestorben	30 „	
7.	B. Ch.	5 „	22. 1. 84	gestorben	25 „	
8.	B.	20 „	22. 1. 84	?	?	Konnte nicht aufgefunden werden
9.	M. C. B.	30 „	22. 1. 84	gestorben	40 „	
10.	E. K.	25 „	23. 1. 84	gestorben	60 „	
11.	B.	30 „	23. 1. 84	gestorben	10 „	
12.	R. B.	22 „	27. 1. 84	gestorben	80 „	
13.	G. M.	22 „	27. 1. 84	gestorben	30 „	
14.	S. A.	25 „	27. 1. 84	gestorben	30 „	
15.	K. B.	20 „	27. 1. 84	?	?	Konnte nicht aufgefunden werden
16.	S. A.	20 „	29. 1. 84	gestorben	15 „	
17.	B. S.	80 „	2. 2. 84	gestorben	5 „	
18.	E.	30 „	2. 2. 84	genesen	20 „	
19.	B.	40 „	3. 2. 84	gestorben	30 „	
20.	Kh.	27 „	5. 2. 84	gestorben	60 „	
21.	S. A.	32 „	5. 2. 84	gestorben	10 „	
22.	K. B.	27 „	9. 2. 84	?	?	Konnte nicht aufgefunden werden
23.	N. B.	20 „	10. 2. 84	gestorben	50 „	
24.	J.	40 „	15. 2. 84	gestorben	40 „	

Summa der Erkrankten 24, davon gestorben: 18
„ genesen: 3
Ausgang unbekannt bei: 3

Bemerkenswerth ist noch, daß in dem an der nördlichen Seite des Tanks A gelegenen, von drei Europäern mit ihrer Dienerschaft bewohnten Hause niemand erkrankt ist, sowie daß auch in früheren Jahren in der Umgebung des Tanks schon Cholera-Epidemien, im Gegensatz zu der in Frage stehenden aber stets in der heißen Jahreszeit, vorgekommen sein sollen. —

Wie oben erörtert worden ist, waren in Kalkutta trotz der sorgfältigsten Untersuchung des verschiedenartigsten bakterienreichen Materials, soweit es nicht von Cholerakranken oder Choleraleichen herrührte, niemals Organismen gefunden worden, welche mit den Cholerabacillen hätten identificirt werden können. Um so wichtiger war die Frage, ob es gelingen würde, sie in dem Wasser des Tanks A nachzuweisen, welcher mit der allergrößten Wahrscheinlichkeit als der Verbreiter des Infektionsstoffes unter den Anwohnern angesehen werden mußte.

Gelegentlich der ersten Besichtigung am 8. Februar waren im ganzen sechs Wasserproben entnommen, davon vier aus dem Tank A (bei a, b, c und d der Skizze), je eine aus dem Tank B (bei f) und aus dem in der Nähe desselben verlaufenden Graben (bei e). Wie die Untersuchung dieser Proben mit Hülfe des Gelatineplatten-Verfahrens ergab, waren sie sämmtlich ganz außerordentlich reich an den verschiedensten entwickelungsfähigen Mikroorganismen. Cholerabacillen konnten in den Proben e und f (Tank B und Graben) trotz sorgfältiger Nachforschung nicht gefunden werden, desgleichen ergaben die aus dem Tanke A entnommenen Proben a und d nach dieser Richtung ein negatives Resultat; dagegen kam auf denjenigen Gelatineplatten, welche mit den Wasserproben b und c aus dem Tank A bereitet waren, neben vielen anderen Kolonieen eine ziemlich große Anzahl von solchen zur Entwickelung, welche von Kolonieen der Cholerabacillen in keiner Weise zu unterscheiden waren. Die in denselben enthaltenen Organismen wurden aufs eingehendste sowohl durch mikroskopische Untersuchung wie durch mannigfache Züchtungen geprüft; sie glichen in allen ihren Eigenschaften den aus Choleradejektionen und Cholera-Darminhalt gewonnenen Bacillen.

Bei der am 11. Februar ausgeführten zweiten Besichtigung wurden im ganzen sieben Wasserproben entnommen, darunter aus dem Tank A bei a, b, c, d, g und h. Von diesen Proben, welche in der gleichen Weise, wie die am 8. Februar entnommenen, untersucht wurden, enthielten entwickelungsfähige Cholerabacillen die Proben b, d und h; die Zahl der Kolonieen war indeß eine weit geringere als bei der ersten Untersuchung. Die aus dem Tank C entnommene Probe i war sehr reich an den verschiedensten Organismen, Cholerabacillen enthielt sie aber nicht; das Gleiche ist über die aus dem Tank A entnommene Probe g zu berichten, obgleich an der bezüglichen Entnahmestelle nicht allzulange vorher die Wäsche jenes von der Kommission vorgefundenen Cholerakranken gewaschen worden war.

Nachdem die Cholera-Epidemie nahezu völlig erloschen war, wurden am 21. Februar nochmals drei Proben aus dem großen Tank untersucht (von den Stellen a, c und h entnommen), desgleichen auch eine Probe aus dem östlich an Saheb Bagan vorüberfließenden Kanal, aus welchem man zur Zeit als die Epidemie bereits auf ihrer Höhe war Wasser in den Tank C übergepumpt hatte. Das Ergebniß dieser letzten Untersuchung war, daß nur noch eine einzige Kolonie von Cholerabacillen zur Entwickelung kam; dieselbe fand sich auf einer derjenigen Platten, zu deren Bereitung die dem Tank A entstammende Probe c gedient hatte. —

Somit war es zum ersten Male gelungen, die Cholerabacillen auch außerhalb des menschlichen Körpers und seiner unmittelbaren Abgänge aufzufinden und zwar unter Verhältnissen, welche die Ueberzeugung ihrer ätiologischen Bedeutung zu bekräftigen durchaus geeignet waren.

Man könnte einwenden, daß die Anwesenheit der Cholerabacillen in dem Tank nichts Auffälliges habe, da ja Cholerawäsche in dem Wasser nachweislich gereinigt sei. Demgegenüber ist hervorzuheben, daß in dem Tankwasser aller Wahrscheinlichkeit nach zur Zeit der ersten Untersuchung eine Vermehrung der hineingespülten Bacillen stattgefunden hatte; denn ohne die

Annahme einer solchen würde die verhältnißmäßig große Anzahl der auf den Platten zur Entwickelung gekommenen Kolonieen kaum erklärlich sein. Später, als die Epidemie zum Erlöschen kam, waren sie offenbar von den außerordentlich zahlreichen anderen Organismen überwuchert. Daß gleichzeitig die Durchseuchung der umwohnenden Bevölkerung mitgewirkt haben kann, die Epidemie zu beendigen, soll dabei nicht in Abrede gestellt werden; bei einer unbefangenen Betrachtung der geschilderten Epidemie wird indeß nicht bezweifelt werden können, daß der Genuß des mit Choleradejektionen inficirten Tankwassers die Epidemie verursacht hat, und die Thatsache, daß dementsprechend auf der Höhe der Epidemie die Cholerabacillen in dem Tankwasser gefunden wurden, während sie gegen Ende derselben nahezu völlig verschwunden waren, steht im vollsten Einklange mit der auf Grund anderweitiger Untersuchungen gewonnenen Ueberzeugung von der Bedeutung der genannten Organismen.

Was die örtlichen Verhältnisse in dem vorliegenden Falle betrifft, so sei hier nochmals darauf hingewiesen, daß die von der Krankheit so außerordentlich schwer betroffenen Hütten auf einer festen undurchlässigen Lehmschicht standen.

Die Rolle, welche die Tanks in Kalkutta bei der Verbreitung der Cholera spielen, kann keinem unbefangenen Beobachter entgehen, und es entspricht durchaus den Anschauungen der Kommission, wenn der jetzige Health Officer der Stadt, Dr. Simpson, in einem seiner Vierteljahrsberichte*) unter den wichtigsten Thatsachen, welche mit dem überwiegenden Vorkommen der Seuche in bestimmten eng begrenzten Bezirken in Zusammenhang stehen, in erster Linie hervorhebt: »a large grouping took place round tanks.«

Daß in der Beschaffenheit der Tanks seit der Anwesenheit der deutschen Kommission in Kalkutta eine Aenderung nicht eingetreten ist, erhellt aus der von Dr. Simpson gegebenen Beschreibung, welche folgendermaßen lautet: »Human ordure is seen on the edge of the water and often adjacent to utensils for cooking purposes and storing water. The people in these instances simply bathe in, cook with and drink their own filth, and they might as well in many instances drink and bathe in the water issuing from a sewer.«

Möchten die energischen Anstrengungen des genannten Gesundheitsbeamten, diesen Zuständen ein Ende zu machen, von Erfolg gekrönt sein.

Uebrigens bedarf es so außerordentlich ungünstiger Verhältnisse, wie sie in der vorstehend geschilderten Epidemie bestanden, keineswegs, um eine Infektion des Wassers zu bewirken. Auch unter Verhältnissen, wie sie noch heute in der bei weitem überwiegenden Zahl der europäischen Städte bestehen, „können**) Choleradejektionen oder das zum Reinigen von Cholerawäsche benutzte Wasser leicht in Brunnen, öffentliche Wasserläufe oder sonstige Entnahmestellen für Trink- und Gebrauchwasser gerathen. Von da finden die Kommabacillen vielfache Gelegenheit in den menschlichen Haushalt zurückzugelangen, entweder mit dem Trinkwasser oder mit dem Wasser, welches zum Verdünnen der Milch, zum Kochen der Speisen, zum Spülen der Geräthschaften, zum Reinigen von Gemüse und Früchten, zum Waschen, Baden u. s. w. dient.

---

*) Report on the health of the Town of Calcutta for the 4th quarter of 1886.

**) Erste Conferenz zur Erörterung der Cholerafrage. Deutsche medicin. Wochenschr. und Berliner Klin. Wochenschr. Jahrg. 1884.

Außerdem kann der Infektionsstoff auch auf kürzerem Wege in die Verdauungsorgane eines Menschen gelangen, denn die Kommabacillen können sich unzweifelhaft auf Nahrungsmitteln, welche eine feuchte Oberfläche haben, längere Zeit lebensfähig halten, und es läßt sich wohl denken, daß sie durch Berührung mit beschmutzten Händen oder dergl. nicht selten dahin gebracht werden. Es ist auch gar nicht unmöglich, daß der Infektionsstoff durch Insekten, z. B. durch Stubenfliegen, auf Speisen übertragen wird. In den meisten Fällen wird allerdings der Infektionsstoff mit den Dejektionen in den Boden gelangen und irgendwie einmal seinen Weg in die Wasserbehälter finden."

Daß die Cholerabacillen auf gekochten Kartoffeln und ganz besonders gut auf Milch gedeihen, ist bereits hervorgehoben. Die Frage, ob in gleicher Weise das Wasser im Stande ist, sie nicht nur lebensfähig zu erhalten, sondern ihnen auch die erforderlichen Bedingungen zu ihrer Vermehrung zu bieten, konnte, wie schon erwähnt ist, durch die in Indien von der Kommission ausgeführten wenig zahlreichen und zum Theil sich widersprechenden Laboratoriums-Versuche noch nicht als endgültig entschieden angesehen werden. Der Führer der Kommission hat indeß schon gelegentlich der Conferenz zur Erörterung der Cholerafrage im Jahre 1884 darauf hingewiesen, daß für die Beurtheilung jener Verhältnisse auch die häufig im Wasser suspendirten organischen Substanzen wesentlich mit in Betracht zu ziehen sind. „Ich möchte allerdings," so führte er aus, „nicht annehmen, daß die Vermehrung der Kommabacillen außerhalb des Körpers, etwa unmittelbar in dem Brunnen oder im Flußwasser vor sich geht; denn diese Flüssigkeiten besitzen nicht diejenige Concentration der Nährsubstanz, welche für das Wachsthum der Bacillen erforderlich ist. Ich kann mir dagegen wohl vorstellen, daß, wenn auch die Gesammtmasse des Wassers in einem Behälter zu arm an Nährsubstanz für das Gedeihen der Bacillen ist, doch bestimmte Stellen die genügende Concentration an Nährstoffen besitzen können, z. B. diejenigen Stellen, wo ein Rinnstein oder der Ablauf einer Abtrittsgrube in ein stehendes Gewässer einmündet, wo Pflanzentheile, thierische Abfallstoffe u. dgl. liegen und der Zersetzung durch Bakterien ausgesetzt sind. An solchen Punkten kann sich ein reges Leben entwickeln. Ich habe früher vielfach solche Untersuchungen gemacht, und es ist mir oft begegnet, daß ein Wasser fast gar keine Bakterien enthielt, während Reste von Pflanzen, namentlich Wurzeln oder Früchte, welche darin schwammen, von Bakterien und zwar vorzugsweise Bacillen und Spirillenarten wimmelten. Selbst noch in der nächsten Umgebung solcher Objekte war das Wasser durch Bakterienschwärme getrübt, welche offenbar den durch Diffusion bis auf geringe Entfernung sich ausbreitenden Nährstoffen ihren Nahrungsbedarf entnahmen." Daß in der geschilderten Tank Epidemie den Cholerabacillen in ähnlicher Weise im Wasser genügendes Nährmaterial geboten war, dürfte nicht zweifelhaft sein.

Spätere von verschiedenen Forschern, insbesondere auch im Gesundheitsamte angestellte Untersuchungen haben übrigens, wie hier vorweg bemerkt sei, ergeben, daß die für das Wachsthum der Cholerabacillen erforderliche Concentration der Nährstoffe eine geringere ist, als nach den orientirenden Versuchen der Kommission in Indien angenommen werden mußte.

Es erübrigt schließlich noch, die wissenschaftlichen Ergebnisse, welche die französische, unter Führung des Herrn Dr. Straus stehende Cholera-Kommission, die „Mission Pasteur", bei ihren

Arbeiten in Alexandrien erzielt hat, mit einigen Worten zu berühren.*) Diese Kommission war am 15. August in Alexandrien eingetroffen, zu einer Zeit, wo daselbst etwa 40 bis 50 Choleratodesfälle täglich vorkamen. Unter den 24 Cholera Obduktionen, welche im ganzen von ihr ausgeführt worden sind, befanden sich 15 Fälle, in denen der Tod nach kurzer Krankheit (10 Stunden bis 3 Tage) eingetreten war. Stets wurden die Leichen sehr bald nach dem Tode untersucht; selbst der längste zwischen dem Tode und der Obduktion verstrichene Zeitraum betrug nur 14 Stunden. — Daß die Krankheit die echte asiatische Cholera sei, davon waren auch die französischen Forscher sehr bald nach ihrer Ankunft in Egypten völlig überzeugt.

Bei ihren Bemühungen, die Krankheitsursache zu ermitteln, richteten sie ihre Aufmerksamkeit zunächst auf den Darm. Unter den zahlreichen verschiedenen Mikroorganismen, welche ihnen bei der mikroskopischen Untersuchung von Dünndarmschnitten begegneten, fanden sie am häufigsten einen feinen Bacillus, welchen der Berichterstatter Dr. Straus seiner Form nach mit dem Tuberkelbacillus verglichen hat, und welcher seiner Ueberzeugung nach mit dem von dem Führer der deutschen Kommission in seinem ersten Berichte aus Egypten beschriebenen Organismus identisch war. Ueber das Eindringen dieser Bacillen in die Darmschleimhaut spricht sich Dr. Straus folgendermaßen aus: »Dans certains points, cette variété de bacilles prédomine manifestement, formant des nids ou des traînées qui envahissent jusqu'à la sous-muqueuse, sans jamais pénétrer dans les vaisseaux sanguins ni dans la tunique musculeuse.« — In den Mesenterialdrüsen, der Leber, der Milz und den Nieren hat auch die französische Kommission, wie besonders hervorgehoben zu werden verdient, niemals Mikroorganismen gefunden. Was die Lungen betrifft, so konnten zwar verschiedene Bakterien in Schnitten dieses Organs von der Kommission nachgewiesen werden; die letztere hat indeß und wohl mit Recht geglaubt, wegen der freien Kommunikation dieses Organs mit der atmosphärischen Luft auf solche Befunde ein besonderes Gewicht nicht legen zu sollen.

Gleich der deutschen Kommission hat die »Mission Pasteur« sehr zahlreiche und verschiedenartige Thierversuche angestellt, zu denen ihr Hühner, Tauben, Wachteln, Elstern und ein Truthahn, ferner Kaninchen, Meerschweinchen, Ratten, Mäuse, Hunde, Katzen, Schweine und ein Affe gedient haben. Eins dieser Thiere, ein Huhn, starb unter Erscheinungen, welche zuerst eine erfolgreiche Infektion mit dem Choleravirus annehmen ließen. Bei weiteren Versuchen fand diese Auffassung indeß keine Stütze, da die Krankheit von jenem Thiere auf andere Hühner nicht übertragen werden konnte. Im Uebrigen sind sämmtliche, vielfach variirte Versuche negativ ausgefallen.

Der von dem Führer der deutschen Kommission schon in seinem ersten Berichte zum Ausdruck gebrachten Ueberzeugung, daß die in den Darmschnitten gefundenen feinen Bacillen in naher Beziehung zu dem Krankheitsprocesse stehen müßten, glaubte die französische Kommission deswegen nicht beitreten zu können, weil jene Organismen gerade in einigen ganz akut verlaufenen Cholerafällen bei der mikroskopischen Untersuchung gefärbter Darmschnitte von ihr vermißt worden seien.

Nun bieten aber gerade die ganz akut verlaufenen Cholerafälle bei der Untersuchung

*) Vgl. „Rapport sur le choléra d'Égypte en 1883, par M. le docteur Straus, au nom de la mission française composée de M.M. Straus, Roux, Thuillier et Nocard. Revue scientifique 24. Nov. 1883."

von Darmschnitten bezüglich des Nachweises der Cholerabacillen besondere Schwierigkeiten; denn in diesen Fällen hat ein Eindringen der Organismen in die Darmwandung bisweilen überhaupt noch nicht stattgefunden, die Kommabacillen sind vielmehr im wesentlichen auf den Darminhalt beschränkt und finden sich in Schnitten nur sehr spärlich an der freien Oberfläche der Schleimhaut. Unter solchen Umständen giebt in der Regel die Untersuchung des Darminhalts, zumal mit Hülfe des Gelatineplatten-Kulturverfahrens um so überraschendere Resultate, d. h. es findet sich hier nicht selten geradezu eine Reinkultur der Cholerabacillen.

Der französischen Kommission scheinen allerdings die außerordentlichen Vortheile, welche die Anwendung des festen Nährbodens für diesen Theil der Untersuchung gewährt, nicht bekannt gewesen zu sein; jedenfalls hat sie die Methode nicht zur Anwendung gebracht, sonst würde ihr Führer sich bezüglich der Isolirung der im Darminhalt vorhandenen Organismen nicht mit folgenden Worten ausgesprochen haben: „Il est évident qu'en présence d'une aussi grande diversité d'organismes il est impossible de distinguer et de désigner celui qui plutôt qu'un autre pourrait être la cause du choléra.“

So sind denn die Ergebnisse der „Mission Pasteur“, wenn man annimmt, daß dieselbe in den von ihr beschriebenen feinen Bacillen in der That die Cholerabacillen vor sich gehabt hat, weit eher geeignet, die Befunde der deutschen Kommission zu bestätigen, als daß sie denselben widersprächen.

Noch während ihres Aufenthaltes in Indien ersah die deutsche Kommission aus medicinischen Zeitschriften, daß von den französischen Forschern im Blute der Choleraleichen Organismen gefunden worden seien, welche der Krankheit eigenthümlich sein sollten.

Ein solcher Befund stand im Widerspruch mit zahlreichen seitens der deutschen Kommission angestellten Blutuntersuchungen. Dagegen ließ die Beschreibung, welche die Referate von den vermeintlichen Organismen gaben, kaum einen Zweifel darüber, daß dieselben nichts anderes seien, als die keineswegs nur dem Cholerablute eigenthümlichen, sondern auch im Blute gesunder Menschen vorkommenden sogenannten Blutplättchen.

In seinem vom 7. Januar 1884 datirten, in Anlage II wiedergegebenen Berichte an S. Excellenz den Herrn Staatssekretär des Innern hat der Führer der deutschen Kommission eingehend die Gründe dargelegt, welche ihn bestimmten, einen derartigen Irrthum der französischen Forscher anzunehmen. Erst nach ihrer Rückkehr aus Indien hat die Kommission Gelegenheit gehabt, den von Dr. Straus erstatteten Bericht selbst einzusehen, in welchem der betreffende Abschnitt folgendermaßen lautet:

„Au microscope, les globules rouges s'étalent sous la lamelle, paraissent pâles et poisseux, mais non pas agglutinatifs à la manière de ceux du sang charbonneux. Les globules blancs, augmentés en nombre, sont remplis de granulations très nombreuses; leur consistance est diminuée, et ils s'écrasent sous le couvre-objet en masses granuleuses. Dans le sang des vingt-quatre cholériques sur lesquels ont porté nos observations, que ce sang fût recueilli immédiatement ou seulement quelques heures après la mort, nous avons vu, dans les intervalles libres compris entre les globules, de petits articles très pâles, légèrement allongés, paraissant étranglés en leur milieu, et que nous ne pouvons mieux comparer qu'aux petits articles du ferment lactique, avec cette différence cependant, qu'ils sont beaucoup plus petits et que leur réfringence est si faible qu'ils sont très difficiles à voir. Le sang du cœur en contient parfois en abondance; mais, en général, le sang des veines mésentérique, gastrique, porte et sus-hépatique en est le plus chargé.

Si l'on essaye de rendre ces petits corps plus apparents en les colorant par les couleurs d'aniline, on s'aperçoit qu'ils prennent et gardent mal la matière colorante, en sorte qu'il y a de grandes difficultés à faire des préparations démonstratives, d'autant plus que l'on craint toujours de confondre un organisme aussi petit avec les dépôts de la matière colorante employée ou avec les granulations échappées des globules blancs. Si, sur des préparations fraichement faites, nous avons cru voir nettement teintés les petits articles dont nous parlons, nous ne sommes pas arrivés à en conserver des préparations satisfaisantes.

Lorsqu'on laisse à l'étuve à 38° des tubes de sang cholérique recueilli avec pureté et qu'on examine ensuite, au bout de vingt-quatre à quarante-huit heures, le sang ainsi soumis à la chaleur, on voit que ces articles ont augmenté en nombre et que parfois ils sont réunis par trois ou quatre formant de petites chainettes. Il semble donc que, dans ces conditions, il y ait eu culture d'un microorganisme dans le sang. C'est surtout dans la profondeur des tubes, là où les couches de sang sont tout à fait soustraites à l'action de l'air, que cette prolifération est abondante.

Dans le cas où une couche de sérum surnage le dépôt des globules sanguins, elle ne se trouble pas. Au bout de quelques jours, les globules de sang pâlissent, se déforment et se désagrègent; il en résulte des apparences filiformes lisses ou formées de grains plus ou moins réguliers qui feraient croire à l'apparition d'organismes en chapelet beaucoup plus gros que ceux observés dans les premiers jours, si leur plasticité et leur adhérence aux globules ne révélaient pas leur origine. Ces mêmes formes filamenteuses apparaissent aussi, mais au bout d'un temps beaucoup plus long, lorsque les tubes de sang sont maintenus à la température ordinaire des pays chauds.«

Diese Beschreibung paßt nun in der That auf die sogenannten „Blutplättchen", welche den französischen Forschern vermuthlich nicht genügend bekannt gewesen und von ihnen als Organismen angesehen worden sind. Ihnen selbst hat übrigens der Umstand, daß es nicht gelungen ist, die fraglichen Gebilde außerhalb des Blutes in künstlichen Nährlösungen zur Vermehrung zu bringen, anscheinend schon einige Zweifel an der Richtigkeit ihrer Anschauung erweckt.

Das Urtheil, welches der Führer der deutschen Kommission über die Bedeutung jener Gebilde gefällt hat, dürfte heute kaum mehr von irgend einer Seite angefochten werden.

Die Cholera in Kalkutta.*)

Kalkutta, die Hauptstadt der Präsidentschaft Bengalen und der Sitz der vicekönigliche Regierung von Indien, ist auf dem linken Ufer des Hoogly gelegen, eines jener gewaltigen Flußläufe, in welche sich der Ganges im Delta von Bengalen auflöst. Der Hoogly bildet die westliche Grenze des Deltas, während dasselbe nach Osten zu durch den eigentlichen Gangesstrom und den unteren Lauf des Brahmaputra abgeschlossen wird. So dicht bevölkert das übrige Bengalen ist, ebenso öde und unbewohnt ist der zwischen Hoogly und Brahmaputra gelegene Küstenstrich, dem die außerordentlich zahlreichen Flußläufe und die tiefen Einschnitte, mit welchen von Süden her das Meer sich zwischen die flachen Landzungen hineinschiebt, einen ganz eigenartigen Charakter verleihen. Wie die Karte auf Tafel 16 zeigt, grenzt sich dieser südlichste Theil des Deltas, ein Areal von ca. 7500 englischen Quadratmeilen umfassend, scharf von den bewohnten Gegenden ab. Man nennt ihn die Sunderbuns. Hier**) wogt bei Ebbe und Fluth das mit dem Flußwasser sich mischende Meerwasser hin und her und überschwemmt zur Fluthzeit weite Strecken des zwischen den Wasserläufen gelegenen Landes. „Eine üppige Vegetation und ein reiches Thierleben hat sich in diesem unbewohnten Landstrich entwickelt, der für den Menschen nicht allein wegen der Ueberschwemmungen und wegen der zahlreichen Tiger unzugänglich ist, sondern hauptsächlich wegen der perniciösen Fieber gemieden wird, welche jeden befallen, der sich auch nur ganz kurze Zeit dort aufhält."

Reicht dieses Terrain nach Norden zu auch nicht ganz bis an Kalkutta heran, so ist die Entfernung doch keine sehr große, und sumpfig und verhältnißmäßig wenig bewohnt ist auch derjenige Landstrich, welcher die Stadt von den eigentlichen Sunderbuns trennt. Der Einfluß von Fluth und Ebbe macht sich im Hoogly noch meilenweit über Kalkutta hinaus bemerklich.

Kalkutta ist eine mächtige Handelsstadt. Selbst die tiefgehendsten Schiffe vermögen, wenn auch nur unter der Führung sehr erfahrener Lootsen, zur Fluthzeit den Hoogly aufwärts bis zur Stadt zu passiren, und so gewährt der als „Hafen" dienende Theil des Stromes das lebendige Bild eines großen Seehandelsplatzes.

Die eigentliche Stadt hatte im Jahre 1883 ca. 430000 Einwohner, darunter ca. 278000 Hindus, ca. 121000 Muhamedaner und ca. 13800 Nicht-Asiaten; der Rest entfiel auf Mischrassen und „andere Klassen".

Die Bevölkerung ist übrigens eine in so hohem Grade fluktuirende, daß nach einer Schätzung in Mr. Beverley's (Census report) von der im Jahre 1876 ortsanwesenden Bevölkerung nur 28 Procent in der Stadt geboren waren.***) Nach dem Census von 1881

*) Für die freundliche Ueberlassung eines werthvollen kartographischen Materials, welches bei der Bearbeitung dieses Abschnittes zum Theil benutzt worden ist, fühlt sich die Kommission dem Offic. Surveyor General of India Colonel De Prée in Kalkutta zu verbindlichstem Danke verpflichtet.

**) Vgl. „Erste Conferenz zur Erörterung der Cholerafrage. Deutsche medicin. Wochenschr. und Berliner klin. Wochenschr. Jahrg. 1884."

***) Bericht des Health officer für das Jahr 1876.

waren von der Bevölkerung des Stadtbezirks »Burra Bazar« sogar nur 11 % und von derjenigen des Stadtbezirks »Jorabagan« nur 18 % in Kalkutta geboren.*) — —

Die »Circular road« schließt das eigentliche Stadtgebiet ab, welches nach Westen zu durch den Hoogly begrenzt wird und im Norden, Osten und Süden von den Vorstädten (»Suburbs«) umgeben ist (vgl. den Plan von Kalkutta auf Tafel 17). Die Vorstädte hatten im Jahre 1883 eine Einwohnerzahl von ca. 251 000 Köpfen.

Im südlichen Theile der Stadt, unmittelbar am Hoogly, befindet sich das Fort William, während Kalkutta gegenüber auf dem rechten Ufer des Stromes die Stadt Howrah liegt, gleich den Vorstädten bei weitem überwiegend von Eingeborenen bewohnt.

Die an die Vorstädte grenzenden ländlichen Distrikte tragen den Namen »24 Pergunnahs«. —

Während die Europäer sich vorzugsweise im südlichen Theile der Stadt angesiedelt und hier prächtige Stadttheile mit regelmäßigen geraden Straßen und stattlichen Häusern erbaut haben, wird der nördliche Theil fast ausschließlich von Eingeborenen bewohnt, und das Centrum, wo zugleich überwiegend die ärmeren Europäer, die Chinesen und der den Mischrassen angehörende Theil der Bevölkerung wohnen, von den großen Handelsgeschäften eingenommen. Ueber die ganze Stadt aber verstreut, selbst zwischen den palastartigen Villen des südlichen Theiles, finden sich sogenannte »Bustees« d. h. Anhäufungen von niedrigen, unregelmäßig erbauten und durch schmale Gänge von einander getrennten Lehmhütten, in welchen die ärmste Klasse der Eingeborenen haust. Erhält schon durch diese »Bustees« die Stadt ein ganz eigenthümliches Gepräge, so ist das in noch höherem Grade der Fall durch die außerordentlich zahlreichen offenen teichartigen Wasserbehälter, die sogenannten Tanks.

Um den Ursprung und die überraschende Menge dieser Tanks zu verstehen, muß man sich vergegenwärtigen, „daß**) das Land von Niederbengalen nur ganz unbedeutend über das Meeresniveau sich erhebt und daß es während der tropischen Regenzeit fast in seiner ganzen Ausdehnung unter Wasser gesetzt wird. Jeder Mensch, der sich dort anbaut, muß also, schon um sich vor diesen alljährlichen Ueberschwemmungen zu schützen, seine Hütte auf ein erhöhtes Terrain stellen. Man sieht diese Bauart in allen Dörfern im Delta, auch in Kalkutta selbst, namentlich in den äußeren Stadtgebieten und in den Vorstädten, die mehr oder weniger einen Dorfcharakter tragen. Jedes Haus oder jede Gruppe von Häusern steht auf einer flachen Bodenerhöhung, welche dadurch entstanden ist, daß man von einer neben dem Bauplatze gelegenen Stelle die Erde wegnahm und die Baustelle damit erhöhte. Die auf diese Weise entstandene Vertiefung füllt sich mit Wasser und bildet den sogenannten Tank."

Im Bereiche der eigentlichen Stadt hat allerdings die Zahl der Tanks seit einer Reihe von Jahren allmählich abgenommen, da die städtische Verwaltung nach Möglichkeit diejenigen, deren Wasser die hochgradigste Verunreinigung aufweist, oder in deren Umgebung örtlich begrenzte Cholera-Epidemieen vorgekommen sind, zuschütten läßt.

Immerhin geht diese Arbeit nur langsam vor sich. So schreibt der Health Officer Dr. K. Mc Leod in seinem Berichte für 1883/84: »The work of filling up tanks and

*) Vgl. „Bericht des Health officer für das Jahr 1884."

**) Vgl. „Erste Conferenz zur Erörterung der Cholerafrage. Deutsche medicin. Wochenschr. und Berliner klin. Wochenschr. Jahrg. 1884."

wells has only, as a matter of fact, been commenced, and this must progress until the inhabitants of Calcutta are deprived of this means of committing sanitary suicide.

Ein übersichtliches Bild der in Frage stehenden Verhältnisse gewinnt man erst, wenn man sich in die Vorstädte oder in ein bengalisches Dorf begiebt. Hier ist oft der eine Tank vom anderen nur durch eine schmale Brücke Landes getrennt. Zwischen den hochstämmigen Palmen und sonstigen Bäumen, die hier üppig gedeihen, weil sie vor den immerwiederkehrenden Ueberschwemmungen geschützt sind, erblickt man unmittelbar am Ufer der Tanks, versteckt in Buschwerk und Gestrüpp die niedrigen aus Bambusstäben hergestellten, mit Lehm beworfenen und mit Palmenblättern gedeckten Native Hütten. Blätter und abgestorbene Zweige, ja ganze Baumstämme fallen in das Wasser hinein und vermodern in ihm; an den Ufern und auf den schmalen Landbrücken weidet das Vieh; von den Hütten her ergießen sich flüssige Abfallstoffe jeder Art gemischt mit menschlichen Dejektionen in diese Wasserbehälter hinein, welche zahlreichen Umwohnern zugleich als Badeplatz und Waschanstalt dienen und ihnen das Trink- und das sämmtliche Gebrauchswasser liefern. Je trockner die Jahreszeit ist, um so mehr sinkt der Wasserspiegel in den Tanks, und um so hochgradiger wird die Verunreinigung, bis schließlich vor Beginn der Regenzeit in vielen von ihnen nur noch ein geringer Rest schmutziger übelriechender Flüssigkeit übrig geblieben ist, welche sich nur wenig von der Spüljauche unserer Städte unterscheidet.

Um zu zeigen, daß diese Darstellung keineswegs eine zu ungünstige ist, möge von den in allen Berichten der Gesundheitsbeamten wiederkehrenden Schilderungen nur diejenige hier mitgetheilt sein, welche der Health officer Surgeon major A. J. Payne in seinem Berichte für das Jahr 1876 gegeben hat:

»Whatever may have been the language of description used before, it is certain that with regard to the tanks no power of rhetoric could force conviction further than words of simplicity and truth. No superlatives can enhance the meaning of such terms as »midway between urine and effluent sewage«, »strong sewage«, »stronger than London sewage« which make up the dispassionate report of the Analyst on the tank water of Calcutta; and certainly no word-painting could darken the colouring of a picture which presents itself, as one of many, in Nundoram Sen's Street to the eyes of any one who cares to see it. A filthy drain, passing between the high masonry walls of houses, receives the contents of their privies, which are freely discharged into it through apertures in the walls. To the foot of each wall, whitening the margin of the black mass of filth which fills the drain, there cling myriads of maggots. They are heaped along the line and fall in matted clusters into a slender stream which courses slowly down the surface of the foetid mass and with it they are drifted along to a hollow close at hand, known in local parlance as a »tank«. The liquid which partly fills the hollow owns no source of supply but this foul stream and such casual addition as rare showers of rain may make, falling on its area. The banks are composed of house filth and refuse of every kind, and a few yards from the entrance of the drain there is the »bathing ghât« where dayly a human crowd resort to share with the maggots their sewage bath, and rinse their mouths and cooking-pots in concentrated filth; and the margins of this pool and the adjoining land are covered with huts so closely set together, that single-file passage can scarcely be had between them. . . . . »Nowhere are the inhabitants of a bustee deterred from bathing by such things as I have mentioned. If a hole in the ground contains stuff that is fluid enough to be poured over the body without adhering to it, that stuff is considered fit for ablution, fit to be taken into the mouth and throat, fit for the washing of clothes and of vessels for food and drink, and fit, above all, to be served to the people, mixed with the milk they buy.« —

A. Pedler hat in den Jahren 1876 bis 1880 124 Proben von Wasser aus solchen Tanks und 76 Proben aus Brunnen, deren Wasser in Folge ihrer geringen Tiefe und der hochgradigen Bodenverunreinigung von demjenigen der Tanks sich nur wenig unterscheidet, in Kalkutta untersucht und sich über das Ergebniß folgendermaßen ausgesprochen:*)

»Of the 200 samples of Calcutta tank and well waters examined by me, 44 per cent were true sewages, 22 per cent were dilute sewages, 20 per cent of the waters were contaminated with considerable quantities of sewage, 9 per cent were »dirty waters«, and about 4 or 5 per cent were moderately safe waters. These last consisted principally of the well-kept tanks on the maidan,**) and two or three others in the southern part of the town. A good average quality of Calcutta tank or shallow well water may be made »by mixing six parts of our present hydrant water with one or two parts of the most concentrated Calcutta sewage.«

Besser, als es eine Beschreibung vermag, veranschaulichen die fünf Pläne auf den Tafeln 18 bis 22 die Zahl und Anordnung der Tanks in der Stadt und den Vorstädten. Die vier ersten dieser Pläne stellen Theile einer Karte dar, welche allerdings schon in den Jahren 1847 bis 1849 aufgenommen, aber für das Jahr 1875 revidirt worden ist,***) während der fünfte Plan einen Abschnitt aus einer noch zu erwähnenden Karte der Stadt und ihrer Umgebung wiedergiebt, welche in den Jahren 1852—1856 von dem Deputy Surveyor General of India H. L. Thuillier entworfen ist.

Zu den Plänen ist folgendes zu bemerken: Diejenigen auf den Tafeln 18 und 19 stellen Theile des inneren Stadtgebietes dar und zwar die Bezirke »Colinga«, »Park Street« und »Bamun Bustee« im Südosten (Tafel 18) und den Bezirk »Sokeas Street« im Nordosten der Stadt (Tafel 19). Die erstgenannten drei Bezirke liegen in dem mehr von Europäern bewohnten Theile der Stadt, und es treten dementsprechend hier die Bustees sowohl wie die Tanks nicht so sehr in den Vordergrund, wie in dem einen Theil der »Native-town« darstellenden Bezirke »Sokeas Street«. (Bezüglich der Lage der einzelnen Stadtbezirke vergl. Tafel 27.) Daß ein Theil der Tanks innerhalb des eigentlichen Stadtgebietes seit der Revision der Karte (1875) zugeschüttet worden ist, wurde bereits erwähnt. —

*) Bericht des Health officer für das Jahr 1880.

**) Maidan heißt der große freie Platz in der Umgebung des Fort William.

***) Plan of Calcutta, from actual survey in the years 1847—1849 by Frederick Walter Simms F. R. A. S. F. G. S. M. Ins. C. E. Civil Engineer to the Government of India. The suburbs of the Town are from surveys subsequently furnished by Major H. L. Thuillier, Deputy Surveyor General of India etc. Executed by himself and Captain R. Smith, Revenue Surveyor. Revised to 1875. Reduced and Engraved by J. and C. Walker.

Die Pläne auf den Tafeln 20 und 21 stellen unmittelbar an die Stadt grenzende Abschnitte der Vorstädte dar, nämlich einen südlich vom Fort William am Tolly's Nullah gelegenen (Tafel 20) und einen im Osten der Stadt nördlich von der Sealdah Station gelegenen Bezirk (Tafel 21). Zu dem letzteren befindet sich, wie nebenbei bemerkt sei, der Polizei-Distrikt (Saheb Bagan), in welchem die Kommission die oben bereits eingehend beschriebene Choleraepidemie um einen Tank herum zu beobachten Gelegenheit hatte.

Der auf Tafel 22 dargestellte Vorstadtdistrikt ist etwas weiter entfernt von der Stadt, im Osten derselben, am Belliaghatta Kanal gelegen. Es ist dies dasjenige Gebiet, an welches sich noch weiter nach Osten zu der (Salt water lake) anschließt.

Hier, wo die Tanks so dicht an einander liegen, daß sie stellenweise ebensoviel Raum einnehmen, wie das zwischen ihnen befindliche feste Land, bilden sie auch heute noch die einzige Quelle der Wasserversorgung für die ausschließlich aus Eingeborenen bestehende Bevölkerung. — —

In der Stadt selbst lieferte früher abgesehen von den Tanks und von zahlreichen wenig tiefen Brunnen auch der Hoogly einen großen Theil des Wasserbedarfs.

In welcher Weise die Benutzung des Flußwassers seitens der Eingeborenen vor sich ging und auch heute noch, wenn auch in weniger großer Ausdehnung, vor sich geht, welchen zahlreichen Quellen der Verunreinigung dieses Wasser dabei ausgesetzt ist, das zeigt besser als es eine Beschreibung vermöchte, der diesem Berichte als Titelbild beigegebene, nach einer vorzüglichen Moment-Photographie von Bourne und Shepherd in Kalkutta hergestellte Holzschnitt. Unmittelbar zwischen zahlreichen Schiffen und Native-Fahrzeugen, deren Insassen unbedenklich sämmtliche Abfallstoffe und nicht minder auch ihre Dejektionen dem hier am Ufer langsamer fließenden Strome überantworten, begeben sich die Eingeborenen ins Wasser hinein, um in demselben zu baden, ihre Kleider zu waschen, den Mund auszuspülen und ihren Durst zu stillen, sowie endlich ihre unvermeidlichen Begleiter, die stets blank geputzten „Lota's" (aus Messing hergestellte kleine Gefäße) und sonstige Wasserbehälter zu füllen. Auch die Wasserträger entnehmen hier ihren Bedarf. Plätze wie der abgebildete finden sich in großer Zahl den Fluß entlang. Breite Freitreppen führen an diesen Stellen, den sogenannten „Bathing Ghats" in bequemen Stufen zum Strome hinunter, um der Bevölkerung das Baden und die Wasserentnahme zu erleichtern, und fröhlich drängen schon bei Sonnenaufgang Männer, Weiber und Kinder, mit Blumen geschmückt, zu ihnen heran, um hier zu opfern und zu beten, sich zu erquicken und zu reinigen und für die Götterbilder daheim von dem Wasser des heiligen Stromes zu schöpfen. Selbst Säuglinge werden, wie die Kommission mehrfach persönlich beobachten konnte, mit in das Wasser hineingenommen. Den ganzen Tag über dauert dieses Leben und Treiben, und immer neue Schaaren lösen die früheren ab. Ihre nur leichte Bekleidung waschen die meisten Personen gelegentlich des Badens aus und ersetzen sie mit großem Geschick noch zur Hälfte im Wasser stehend durch die mitgebrachten trockenen Leinen- und Gaze-Gewänder, während die Aermeren es der Sonne überlassen, ihnen ihr nasses Zeug nach dem Baden auf dem Leibe zu trocknen. Das Vieh wird ebenfalls mit Vorliebe zum Strome zur Tränke geführt und in demselben gewaschen; selbst Papageien und ähnliches Hausgethier begleiten nicht selten die Badenden.

Eine durchgreifende Aenderung der Wasserversorgung Kalkutta's ist mit dem 1. November

1869 eingetreten.*) Seit dieser Zeit ist nämlich das eigentliche Stadtgebiet durch ein weit verzweigtes Röhrensystem mit filtrirtem Flußwasser versorgt.

Durch das freundliche Entgegenkommen des Chefs der städtischen Verwaltung Mr. Harrison hat die Kommission Gelegenheit gehabt, die Wasserwerke einer eingehenden Besichtigung zu unterwerfen, deren Ergebnisse im Nachstehenden mitgetheilt sein mögen.

Die »Pultah-Waterworks« befinden sich 16 englische Meilen oberhalb Kalkutta's auf dem linken Ufer des Hoogly. Daß sie in so großer Entfernung von der Stadt angelegt worden sind, erklärt sich aus dem Umstande, daß der Strom noch eine beträchtliche Strecke über Kalkutta hinaus der Fluth und Ebbe unterworfen ist. Die Werke schöpfen ihren Bedarf aus dem Strome mit Hülfe zweier mächtiger eiserner Saugröhren, deren Oeffnung nur wenige Fuß vom Ufer entfernt das Wasser aufnimmt. Von diesen Röhren aus wird das letztere durch Pumpmaschinen in gemauerte Absatzbassins (»settling tanks«) übergeführt, von denen sechs vorhanden sind, je von 500 Fuß Länge, 250 Fuß Breite und 8 Fuß Tiefe. Hier tritt das Wasser zunächst langsam in je zwei Vorbassins (a der nachstehenden Skizzen) ein, läuft, nachdem dieselben gefüllt sind, in zwei etwas tiefer gelegene größere Bassins (b)

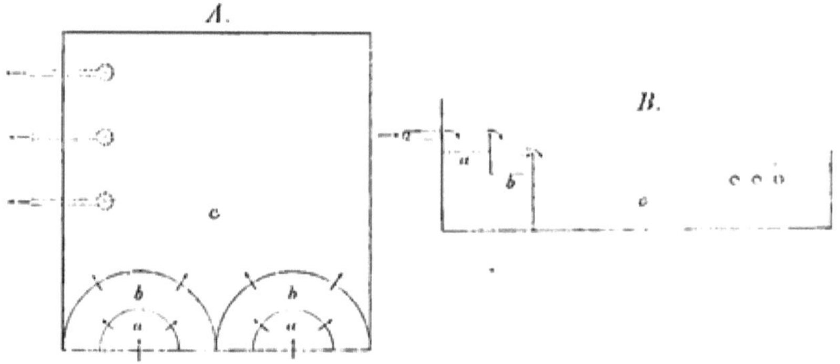

über und ergießt sich erst nach Füllung dieser letzteren über ihren Rand hinweg in das abermals etwas tiefer liegende eigentliche Absatzbassin (c). Die Skizzen, von welchen A die Anlage von oben gesehen, B dieselbe im senkrechten Durchschnitt darstellt, werden hiernach leicht verständlich sein.

In den eigentlichen Absatzbassins (c), in welchen das Wasser 36 Stunden verbleibt, soll es bis zu 70 % der in ihm enthalten gewesenen aufgeschwemmten Bestandtheile verlieren.

*) Die Angabe, daß erst im April bezw. Mai 1870 die Eröffnung der Wasserleitung erfolgt sei, beruht nach einer Mittheilung in dem Berichte des Health Officer für das Jahr 1876 auf einem Irrthum. Dr. A. J. Payne schreibt in diesem Berichte: „The dates given in the quarterly report were those furnished to me at the time. They have since been ascertained from the records of the water-works to be erroneous, and the correction of the error is of great importance to the argument (sc. den Einfluß der Wasserversorgung auf die Abnahme der Cholera). The hydrants were completed in August 1869, and on the last day of that month they were supplied with pure water. The process was repeated on a few occasions in September and October following and from the 1st November a full and regular supply was maintained."

Die Reinigung dieser Bassins findet durchschnittlich nur je einmal im Jahre statt. Ein solches, welches man zufällig zur Zeit der Anwesenheit der Kommission behufs Reinigung entleert hatte, war sieben Monate in Thätigkeit gewesen und hatte eine Schlammschicht von $3\frac{1}{2}$ Zoll abgesetzt. Die Vorbassins (a und b) werden häufiger, etwa alle drei Monate, gereinigt, da ihr Boden sich im Laufe dieser Zeit bereits mit einer Schlammschicht von 6 bis 9 Zoll Dicke zu bedecken pflegt.

Das geklärte Wasser fließt mit eigenem Gefälle in die einige Fuß tiefer gelegenen Filterbassins. Bemerkt sei, daß von der in den Absatzbassins stehenden, acht Fuß hohen geklärten Wasserschicht stets nur wenig mehr als die obere Hälfte ($4\frac{1}{2}$ Fuß) abgelassen wird. Die Röhren, welche die Ueberführung bewirken, sind an ihren, in den Absatztank hinein reichenden Enden mit Sieben versehen und mit Hülfe eines Schwimmers so eingerichtet, daß sie stets von der Oberfläche das Wasser entnehmen.

Die Zahl der Filterbassins betrug zur Zeit der Besichtigung zwölf. Sie sind je 200 Fuß lang und 100 Fuß breit. Die filtrirende Schicht besteht von unten nach oben aus

1. einer 15 Zoll hohen Schicht von hühnerei- bis schrotkorngroßen Steinen,
2. einer 6 Zoll hohen Schicht von gelbem Sande,
3. einer 30 Zoll hohen Schicht von Flußsand und zwar 18 Zoll gewaschenem und 12 Zoll ungewaschenem Flußsand.

Der Sand wird aus dem Hoogly entnommen und zum ersten Male stets ungereinigt verwendet. Vor der Wiederbenutzung wird er in flachen gemauerten Gruben mit reichlichen Mengen filtrirten Wassers gewaschen.

Die Ueberlaufsrohre, durch welche das geklärte Wasser in die Filter gelangt, münden in der Mitte der letzteren und zwar oberhalb der filtrirenden Schicht. Die übergeleitete Wassermenge beträgt ihrer Höhe nach nie mehr als einen Fuß. An den Rändern der Filtrirbassins erheben sich ringsum in regelmäßigen Abständen etwa $\frac{3}{4}$ Meter über den Boden hervorragende eiserne Röhren, welche mit ihrem unteren Theile in die filtrirende Schicht hineinragen und bestimmt sind, die Luft aus dem Filterapparat abzuführen.

In der trockenen Jahreszeit wird alle 14 Tage, in der Regenzeit, wo das Flußwasser stärker getrübt ist, alle 6 Tage die oberflächlichste Sandschicht in Stärke von $\frac{1}{2}$ Zoll entfernt, doch beträgt die Menge des Sandes, welche so allmählich von oben her abgenommen wird, im ganzen niemals mehr als 9 Zoll. Ungefähr jährlich einmal wird das ganze Filterbett gereinigt, und die filtrirende Schicht erneuert.

Wie der Kommission mitgetheilt wurde, verbreitet die Sandschicht, welche von der Oberfläche entfernt wird, in der heißen Jahreszeit stets üblen Geruch. Bemerkt wurde gelegentlich der Besichtigung auch, daß das Wasser in einem Bassin, welches bereits 14 Tage lang in Gebrauch war, reichliche Mengen von grünen Algen enthielt, ein Vorkommniß, welches übrigens oft beobachtet werden soll.

Das von den Filterbassins gelieferte Wasser wird zunächst in einem großen bedeckten Sammelbassin vereinigt und fließt dann durch eine 42 Zoll im Durchmesser haltende eiserne Röhrenleitung mit natürlichem Gefälle zur Stadt. Die Niveau-Differenz zwischen Anfang und Ende der Leitung beträgt 9 Fuß.

Die Menge Wasser, welche täglich von den Werken geliefert wird, betrug zur Zeit der Besichtigung sechs Millionen Gallonen (à etwa $4\frac{1}{2}$ Liter). Schon damals beabsichtigte man die Filter zu vermehren und noch eine zweite Röhrenleitung von 18 Zoll Durchmesser anzulegen und hoffte auf diese Weise täglich 12 Millionen Gallonen Wasser liefern zu können.*)

Wie beiläufig bemerkt sei, wird von den Werken aus auch die in der Nähe gelegene Garnison von Barrakpore durch einen besonderen Röhrenstrang mit Wasser versorgt. —

Die ganze Anlage, deren Leitung offenbar eine durchaus sachgemäße und überaus sorgfältige ist, machte einen vortrefflichen Eindruck. Jede Verunreinigung des Wassers nach der Entnahme aus dem Flusse erscheint ausgeschlossen.

Das eiserne Leitungsrohr, welches das Wasser zur Stadt führt und in dem Tallah-Reservoir mündet, ist 66 882 Fuß lang und mit 23 Ventilationsröhren versehen, welche in Abständen von je einer halben englischen Meile angebracht und durch kleine gemauerte Bauwerke geschützt sind. Das Rohr ist außerdem so eingerichtet, daß eine etwa erforderlich werdende gründliche Reinigung möglich ist.

Das im Norden der Stadt gelegene bedeckte Tallah-Reservoir faßt eine Million Gallonen Wasser. Von hier aus wird letzteres durch drei Dampf-Druckpumpen theils in ein die Straßen versorgendes Röhrennetz mit niedrigem Druck, theils nach dem Wellington-Platze getrieben, um durch drei andere Dampf-Druckpumpen in ein sechs Millionen Gallonen Wasser haltendes, ebenfalls bedecktes Hochreservoir gehoben und von diesem aus unter höherem Drucke in die angeschlossenen Häuser geführt zu werden.

Nach dem Verwaltungsberichte der Stadt für das Jahr 1870 wurden die Werke, deren Bau im Januar 1867 in Angriff genommen war, am 1. April 1870 von den Unternehmern der städtischen Verwaltung übergeben, nachdem sie, wie oben schon erwähnt worden ist, bereits vom 1. November 1869 an in Thätigkeit gewesen waren. Im Mai 1870 lieferten sie durchschnittlich täglich nahezu 4 Millionen Gallonen Wasser. Das Maximum der möglichen Leistung betrug 7 Millionen Gallonen täglich, eine Quantität, welche nach dem erwähnten Berichte für die damaligen Verhältnisse ausreichend war („as the consumption, at present, never exceeds 4 million gallons, there is a sufficient margin for the present"). Daß auch im Jahre 1883, zur Zeit der Anwesenheit der Kommission in Kalkutta, die täglich gelieferte Menge Wasser nur etwa 6 Millionen Gallonen betrug, sei nochmals ausdrücklich hervorgehoben.

Schon bei der ersten Anlage sind sämmtliche Haupt-Straßen und Gassen der Stadt, 300 an der Zahl, mit der Rohrleitung versehen, und 170 Straßenauslässe, in Abständen von je 900 Fuß, errichtet worden.

*) Wie aus der nachstehenden dem „Engineering" Jahrg. 1886 entnommenen Mittheilung des „Gesundheits-Ingenieur" (1887 Nr. 1) ersichtlich ist, hat man neuerdings die Vermehrung der Wasserzufuhr energisch in Angriff genommen. Die Mittheilung lautet:

„Zur Vergrößerung der der Stadt zuzuführenden Wassermenge um 55 000 cbm pro Tag wurde ein 30 km langer Rohrstrang aus Gußeisenröhren von 1,2 m Durchmesser neben dem bereits bestehenden 1,05 m weiten verlegt, welcher gleich wie dieser in das Vertheilungsreservoir zu Tallah mündet. Dieser Strang führt das Wasser zunächst mit natürlichem Gefälle zu, ist jedoch mit Rücksicht auf eine künftig etwa nothwendig werdende Vergrößerung der Wassermenge durch künstliche Förderung und Druckvermehrung gelegt.

Außerdem ist noch die Anlage von 2 Ablagerungsbassins, 18 Filtern und 3 Pumpmaschinen — jede für Förderung von ca. 25 000 cbm in 10 Stunden aus dem Fluß — projektirt und zum Theil in Ausführung begriffen."

Bis Ende 1870 waren 1161 Häuser an die Leitung angeschlossen; 1872 waren es 5874, 1875 8970, 1877 10171 Häuser.

Die vielfach gehegte Befürchtung, daß die eingeborene Bevölkerung aus religiösen Vorurtheilen den Gebrauch des Wassers verschmähen würde, hat sich nicht bestätigt. Schon in seinem Berichte für 1870 schreibt der Health Officer: The use of the water has been universal by the native population since the commencement of the water supply and in spite of the alleged prejudices of the Hindoos. Zudem wurde kurz darauf von Seiten der Priester bekannt gemacht, daß das Leitungswasser mit alleiniger Ausnahme der religiösen Ceremonieen, zu welchen nach wie vor Ganges- bezw. Hooghlywasser benutzt werden muß, für alle Zwecke unbedenklich verwandt werden dürfe.

Was die Beschaffenheit des Leitungswassers betrifft, so sind von Herrn A. Pedler *) während eines Zeitraumes von vier Jahren allmonatlich wiederholte chemische Untersuchungen des Wassers ausgeführt, nach denen dasselbe im Mittel in 100000 Theilen 17,3 Theile Trocken-Rückstand, 0,117 „organischen Kohlenstoff", 0,031 Stickstoff als Nitrate und Nitrite, 0,081 Gesammt-Stickstoff und 0,95 Theile Chlor enthielt und stets frei war von Ammoniak. Pedler erachtet das Wasser für reiner als das Londoner Themse-Leitungswasser und als das Leitungswasser von Edinburg, Liverpool und Dublin.

Hinsichtlich der Zahl der entwickelungsfähigen Keime steht das in der Stadt aus den Röhren ausfließende Wasser, wie die Kommission durch häufiger wiederholte Untersuchungen feststellen konnte, ungefähr auf derselben Stufe wie das Berliner Leitungswasser. Gelegentlich der Besichtigung der Werke in Pultah waren verschiedene Wasserproben entnommen worden, deren Untersuchung alsbald nach der Rückkehr zur Stadt in Angriff genommen wurde, und deren Bakteriengehalt ein Urtheil über die Wirksamkeit der Filter gestattet. Es ergab sich nämlich, daß das Hooghly-Wasser an der Stelle der Wasserentnahme für die Werke in einem Cubikcentimeter ca. 250000 entwickelungsfähige Keime enthielt. Das aus einem algenfreien Absatzbassin geschöpfte Wasser hatte deren ca. 20000, dasjenige aus dem oben erwähnten algenhaltigen Tank ca. 100000. Durch die Filtration war das aus dem erstgenannten Absatzbassin stammende Wasser soweit gereinigt, daß es nur noch 15, das aus dem Algentank stammende Wasser soweit, daß es nur noch ca. 250 entwickelungsfähige Keime im Cubikcentimeter enthielt. Wahrscheinlich würden die letztgenannten Zahlen noch niedriger ausgefallen sein, wenn die Untersuchung unmittelbar nach der Entnahme hätte in Angriff genommen werden können.

Ueber die vortreffliche Wirkung der Filter kann nach den vorstehenden Mittheilungen ein Zweifel wohl nicht bestehen.

Zur Beseitigung der Meteorwässer und der flüssigen Abfallstoffe ist Kalkutta mit einem Netz unterirdischer Kanäle versehen, über dessen Entstehung und Ausbreitung unten noch Weiteres mitgetheilt werden wird. Diese Kanäle sind zur Aufnahme von Fäkalien nicht bestimmt, letztere werden vielmehr durch die sogenannten Mehter, der niedrigsten Hindu-Kaste angehörende Eingeborene, aus den Häusern abgeholt, in geeigneter Weise gesammelt und durch Abfuhr beseitigt; doch unterliegt es keinem Zweifel, daß sie vielfach gegen die Vorschrift auch

*) On the past and present water supplies of Calcutta, London and Berlin.

in die Kanäle hineingelangen. Die Meteorwässer werden nur insoweit durch die Kanäle abgeführt, als sie nicht in die zahlreichen Tanks sich ergießen, deren einzige Versorgungsquelle sie sind.

Der Inhalt des unterirdischen Kanalsystems wird durch einen mannshohen Sammelkanal in östlicher Richtung aus der Stadt herausgeführt und nur bei plötzlich eintretender außergewöhnlich starker Füllung, wie manchmal die wolkenbruchähnlichen Regengüsse sie mit sich bringen, durch besondere Nothauslässe in den Hoogly entleert. Daß einzelne Seitenlinien des Systems sich verstopfen, soll nicht selten vorkommen. Da das Terrain, auf welchem die Stadt liegt, nicht nach dem Hoogly, sondern nach dem östlich von Kalkutta gelegenen Salzwassersee zu abfällt, so genügt zunächst das natürliche Gefälle zur Weiterbeförderung der Spüljauche in dem Hauptkanale. Weiterhin wird indeß das Gefälle zu gering, und man hat daher, etwa eine halbe Stunde von der Grenze der eigentlichen Stadt entfernt, eine Pumpstation erbaut, durch welche die Spüljauche um 9 Fuß gehoben wird. Die Kom-

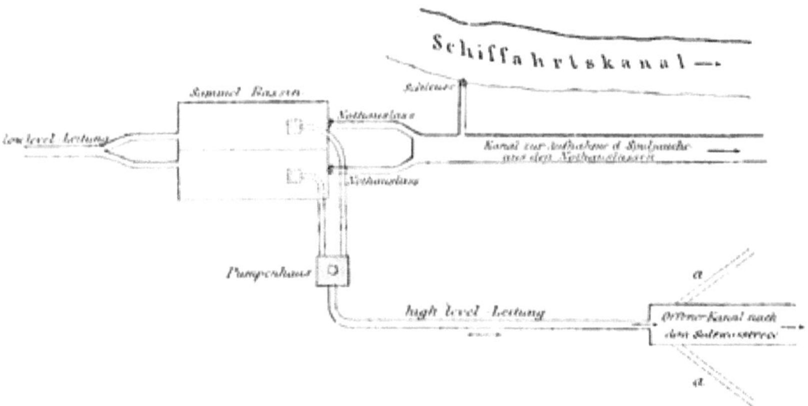

mission hat Gelegenheit gehabt, nicht nur diese Station zu besichtigen, sondern auch den weiteren Lauf, welchen die Spüljauche nimmt, aus eigener Anschauung kennen zu lernen.

In der Pumpstation befindet sich ein längliches, durch eine Scheidewand in zwei Hälften getheiltes Sammelbassin zur Aufnahme der durch die sogenannte „low level“ Leitung zugeführten Jauche. Die Saugrohre, welche in dieses Bassin hineinreichen, und vermittels deren die Jauche durch Pumpvorrichtungen in die geschlossene „high level“ Leitung gehoben wird, sind mit einem Gitterwerk versehen, um die gröberen Bestandtheile zurückzuhalten und auf diese Weise eine Störung des Maschinenbetriebes durch dieselben zu verhüten. Im übrigen werden auch diese Bestandtheile, sowie überhaupt die in dem Bassin sich absetzenden Sinkstoffe, nachdem sie durch Arbeiter herausgeholt sind, in den Anfang der „high level“ Leitung hineingeschüttet, um hier von der Strömung mit fortgeführt zu werden. — Jede der beiden Bassinhälften hat überdies einen Nothauslaß nach einem kleinen, nur diesem Zwecke dienenden offenen Kanale zu, welcher von dem dicht daneben verlaufenden Schiffahrtskanale durch eine Schleuse getrennt ist und eventuell durch Einlassen von Wasser aus dem letzteren gespült werden kann. Die beiden Bassinhälften können abwechselnd mit dem Pumpwerk in Verbindung gesetzt werden, je nachdem eine Reinigung des einen oder des anderen von dem angesammelten Schlamme stattfinden soll. Die high level Leitung erstreckt sich einige englische Meilen weit, um dann ihren Inhalt in einen offenen Kanal zu entleeren, welcher seinerseits nach einem Laufe von ca. 3 englischen Meilen in den Mackutpuna Kanal und durch diesen in einen der zahlreichen Flußarme des Delta's einmündet. In jenem offenen Kanal kann die zufließende Spüljauche durch eine Schleusenvorrichtung aufgestaut werden, um zur Zeit der Ebbe leichter und schneller abzufließen, während die Schleuse gleichzeitig verhindert, daß die Fluth vom Salzwassersee her bis zum Anfang des Kanals vordringt. Die schematische Zeichnung auf Seite 202 veranschaulicht den Eintritt der Spüljauche in die Pumpstation und ihre Weiterführung durch die high level Leitung.

Von dem Anfange des offenen Kanals zweigen sich zwei Seitengräben (a a der Skizze) ab, welche früher zur Berieselung des anliegenden Terrains bestimmt waren, zur Zeit der Anwesenheit der Kommission indeß keine Zuflüsse aus dem Kanal mehr erhielten. Obgleich demnach die Berieselung dieses Terrains aufgegeben ist, soll in der heißen Jahreszeit bei herrschendem Ostwinde der üble Geruch der Spüljauche nicht selten in der ganzen Stadt sich sehr unangenehm bemerklich machen.

In der Umgebung der Pumpstation roch es sehr stark nach Jauche. In den Sammelbassins der letzteren stand etwa vier Fuß hoch eine stinkende Flüssigkeit, welche mit einer dicken zähen Schlammmasse bedeckt war. Die Pumpe war nicht in Thätigkeit, wie denn überhaupt Nachmittags der Zufluß von der Stadt her sehr gering ist. Die beträchtlichen Mengen Spüljauche sollen bereits morgens gegen 9 Uhr an der Pumpstation anlangen. In der trockenen Jahreszeit werden nach Mittheilung des auf der Pumpstation anwesenden Beamten täglich ca. 11 Millionen Gallonen, während der Regenzeit bis zu 30 Millionen Gallonen Spüljauche gepumpt.

Auf dem Wege von der Pumpstation bis zu dem Auslasse der high level Leitung in den offenen Kanal hatte die Kommission wiederum Gelegenheit, die bereits geschilderte Bauart der Vorstädte mit ihren um je einen Tank gelegenen kleinen Gruppen von Hütten kennen zu lernen. Wohl fünfzig Tanks wurden passirt, in welchen das zu allen häuslichen Zwecken benutzte Wasser meist trübe und vielfach von grünlicher oder bräunlicher Farbe war. Der Auslaß der high level Leitung befindet sich an der äußersten Grenze dieses Theiles der Vorstädte. In seiner Nähe liegt eine Art von Abdeckerei, ein Platz zum Abladen von Thierkadavern, von denen nur die Häute und die Knochen verwerthet werden, während alles übrige von den hier versammelten, im wahrsten Sinne des Wortes unzähligen Geiern und sonstigen Raubvögeln, Marabus und Krähen vertilgt wird. — Auf dem nördlichen Damme des Kanals verläuft ein von der Bahnstation in Sealdah abgehendes Bahngeleis, auf welchem die Kehrichtmassen aus Kalkutta heraus transportirt werden. Mehrere Nebengeleise ermöglichen es, die zugeführten Massen, welche täglich etwa 30 Wagenladungen ausmachen, nach verschiedenen Richtungen hin zu vertheilen. In der That sind auf diese Weise bereits ziemlich bedeutende Flächen des nördlich vom Kanal gelegenen Terrains, welches als der Anfang des sogenannten Salt water lake früher stets von der Fluth unter Wasser gesetzt wurde, mit dem Schutt aufgefüllt, planirt und bepflanzt. Für spätere Zeit ist auch die Auffüllung des der Stadt gehörigen, südlich vom Kanal gelegenen Terrains in Aussicht genommen.

Das Bett des an die „high level“-Leitung sich anschließenden Kanals bestand zur Zeit der Besichtigung aus dickem Schlamm, auf welchem eine stinkende brodelnde Flüssigkeit langsam dahin floß. Nahe dem Auslaß der Leitung lagen mehrere kleine Boote, welche angeblich zum Transport von Fischen dienen, die, in entfernteren Gewässern gefangen, auf dem Kanal hierher gebracht und verkauft werden.

Unterhalb der bereits erwähnten, in der Nähe des Dorfes Mackulputta gelegenen Schleuse wird der Kanal auf beiden Seiten von dem eigentlichen Salt water lake begrenzt, einem sumpfigen, zum Theil dauernd von Brackwasser bedeckten und unter dem Einflusse von Fluth und Ebbe stehenden Terrain.

Gelegentlich der Besichtigung dieser Anlagen hat die Kommission von zahlreichen Stellen Proben von Spüljauche, von Schlamm und von Wasser aus dem überflutheten Gelände, sowie Wasserproben aus mehreren Vorstadt Tanks entnommen. Wie bereits an anderer Stelle mitgetheilt worden ist, konnten indeß in keiner dieser Proben Cholerabacillen entdeckt werden. —

Die Behandlung der menschlichen Leichen ist in Kalkutta entsprechend den in der Bevölkerung vertretenen Religionen eine verschiedene. Während die Muhamedaner ihre Todten der Erde überantworten, ist bei den an Zahl weit überwiegenden Hindu's die Leichenverbrennung in Gebrauch. In früherer Zeit wurden, wie es auch jetzt noch oft genug außerhalb Kalkuttas geschehen soll, die Hinduleichen von den Angehörigen vielfach ohne weiteres oder in nur halb verbranntem Zustande in den Strom geworfen; den Anstrengungen der englischen Behörden ist es indeß nach einer Mittheilung des mit den Verhältnissen sehr genau vertrauten Herrn Dr. M. Coates gelungen, in der Stadt selbst diese Unsitte zu beseitigen.

Unter der freundlichen Führung des genannten Arztes hat die Kommission Gelegenheit gehabt, die drei in Kalkutta vorhandenen Verbrennungsplätze (Burning ghats) sämmtlich einer Besichtigung zu unterziehen, und vermag daher über die in Rede stehende Bestattungsweise aus eigener Anschauung zu berichten.

Der bedeutendste jener drei Plätze ist im Norden der Stadt unmittelbar am Ufer des Hoogly, zwischen diesem und einer belebten Straße der Vorstadt Nimtollah gelegen. Er wird durch eine unbedeckte, nach dem Strome zu offene Säulenhalle gebildet, deren gemauerte, der Straße zugekehrte Rückwand den Vorübergehenden nothdürftig den Einblick entzieht. Am Eingange zu dem etwa 40 Schritte langen und nur 10 Schritte breiten Platze befindet sich ein kleiner Raum für einen Beamten, welcher die ankommenden Leichen registrirt d. h. Namen, Kaste, Alter, Geschlecht, Wohnung bezw. Sterbeort und Beschäftigung der Verstorbenen, sowie die Todesursache in ein Buch einträgt. Dieser Beamte ist nicht Arzt; auch werden die Angaben über die Todesursache, welche seitens der Angehörigen gemacht werden, hier nicht weiter geprüft. Bei einem Einblicke in das Buch ergab sich, daß bei weitem am häufigsten Remittens, Dysenterie, Tetanus, Cholera und Diarrhoe als Todesursache verzeichnet waren.

Die Leichen der Armen werden auf primitiven Tragbahren, gebildet aus einem zwischen zwei Bambusstangen ausgespannten Stück Zeug, hierher gebracht. Die alten Kleidungsstücke bezw. die Leinwand, in welche die Leichen gehüllt sind, sollen zwar vorschriftsmäßig mit verbrannt werden, doch scheint diese Bestimmung meist nicht befolgt zu werden; die Personen, welche die Verbrennung besorgen, verwenden vielmehr jene Objekte in ihrem Interesse bezw. verkaufen sie für die Zwecke der Papierfabrikation oder zu anderweitiger Benutzung. — Besondere Vorsichtsmaßregeln beim Transport oder bei der Verbrennung von Choleraleichen werden nicht beobachtet.

Der Boden des Verbrennungsplatzes bestand aus festgestampftem Lehm, in welchem sechs muldenförmige flache Vertiefungen sich befanden. – Während der Anwesenheit der Kommission wurde die Verbrennung der Leiche eines neugeborenen Kindes vorgenommen. Zu diesem Zwecke wurden zunächst über eine jener Vertiefungen einige Holzscheite gelegt, dann ohne weitere Ceremonie und in ziemlich roher Weise die kleine Leiche darauf geworfen, die letztere mit einigen weiteren Holzscheiten vollständig bedeckt, und das Ganze mit Hülfe trockener Palmblätter in Brand gesetzt. Nach Verlauf einer Stunde war die Verbrennung so weit vorgeschritten, daß nur noch der halbverkohlte Kopf übrig geblieben war. Aschenreste und glimmende Kohlen, welche in einigen andern muldenförmigen Vertiefungen lagen, zeigten, daß auch hier vor kurzem Verbrennungen stattgefunden hatten; von den betreffenden Leichen fanden sich indeß außer den Aschenresten nur noch einige weißgebrannte Knochen vor.

Nach Mittheilung der die Verbrennung besorgenden Personen soll die Leiche eines Erwachsenen etwa vierhundert Pfund Holz erfordern, für welche vier Rupien (ca. sieben Mark) seitens der Angehörigen zu entrichten sind. Für die Armen zahlt das Gouvernement, jedoch für jede Leiche nur eine Rupie und vier Annas (= ca. zwei Mark), so daß bei der Verbrennung mit dem Holz sparsam umgegangen werden muß, und auf einen Holzstoß stets mehrere Leichen kommen.

Ein Theil der nach der Verbrennung übrig gebliebenen Asche wird am folgenden Tage von den Angehörigen der Verstorbenen in den Tolly's Nullah, den besonders heilig gehaltenen, dicht unterhalb Kalkutta's von dem Hoogly sich abzweigenden Flußlauf geworfen.

Der zweite von der Kommission besuchte Verbrennungsplatz liegt, etwas weiter stromaufwärts als derjenige von Nimtollah, in der Vorstadt Kassighat. Ebenfalls unmittelbar am Hoogly befindlich besteht er aus einer kleinen, an drei Seiten von einer mannshohen Mauer umgebenen und nur nach dem Flusse zu ganz offenen Brandstätte mit vier Feuerplätzen. Ein Bureau für die Registrirung der Leichen, wie es in Nimtollah vorhanden ist, wurde hier in unmittelbarer Nähe des Platzes nicht bemerkt. Ueber einer der Feuerstätten fand die Kommission bei ihrem Eintreffen einen drei bis vier Fuß hohen Holzstoß errichtet, zwischen dessen Scheiten eine weibliche Leiche lag. Da der Holzstoß erst unmittelbar vorher in Brand gesetzt war, so hatte die Kommission Gelegenheit, der Verbrennung von Anfang bis zu Ende beizuwohnen. Die Länge des Holzstoßes entsprach der Größe des Körpers vom Kopf bis zu den Knieen. Die Unterschenkel waren in den Knieen gewaltsam gebeugt, so daß sie den Oberschenkeln anlagen und demnach ebenfalls im Bereiche des Holzes sich befanden. Letzteres brannte sehr leicht, ohne viel Rauch. Nur anfänglich entwickelten sich reichlich Wasserdämpfe, und ein Geruch nach verbrannten Haaren machte sich ab und zu unangenehm bemerklich.

Die Frau war an der Cholera gestorben. Auf die Frage nach dem Verbleib ihrer Kleidungsstücke wurde der Kommission erwidert, daß dieselben mit verbrannt würden, doch war von ihnen auf dem Holzstoße nichts wahrzunehmen, und abseits an der Mauer lag ein Zeugbündel, welches ganz so aussah, als rühre es von dieser Leiche her.

Etwa dreiviertel Stunden nach der Entzündung war der Holzstoß schon ziemlich vollständig zusammengebrochen. Der Schädel und die Rumpftheile lagen unter den brennen den Holzstücken, während die beiden nur theilweise verkohlten Schenkel abgefallen waren und von den die Verbrennung besorgenden Personen wieder zwischen das Holz geschoben werden mußten. Schon jetzt sahen die sichtbaren Knochen vollständig weiß aus. Im ganzen dauerte die vollständige Verbrennung der Leiche etwa zwei und eine halbe Stunde. Daß auch die kurz vorher stattgehabte Verbrennung einer anderen Leiche vollständig bewirkt war, konnte daraus geschlossen werden, daß an der betreffenden Brandstätte nur spärliche Knochenüberreste und etwas Asche sich fanden.

Inzwischen war ein zweiter etwas größerer Holzstoß errichtet worden, auf welchen eine kurz vorher gebrachte Leiche zusammen mit fünf anderen, in einem geschlossenen Karren aus dem Sealdah Hospitale anlangenden und offenbar zum Theil obducirten Leichen gelegt wurde. Auch hier geschah das in roher Weise und ohne das geringste Ceremoniell. Die Leichen wurden ohne weiteres auf der Erde zum Holzstoß hin geschleift; dann erfaßte ein Mann die Arme, ein Knabe die Beine einer Leiche, schwenkten sie einige Male hin und her und warfen sie dann auf das Holz. Irgend welche Angehörige waren nicht erschienen. — Es wurde versichert, daß der Scheiterhaufen ausreichen würde, die sechs Leichen in einigen Stunden vollständig zu verbrennen, und daß höchstens noch einige Scheite Holz nachgelegt werden würden.

Als die Kommission diese unerfreuliche Stätte verließ, brachten zwei nacktbeinige Kulis auf einer rohen Bambustragbahre schon wieder ein neues Flammenopfer, die in schmutzige Leinewand gehüllte Leiche einer alten Frau.

Der dritte Verbrennungsplatz liegt im Süden Kalkuttas in der Vorstadt Kalighat unmittelbar am Tolly's Nullah, zu dem hier eine breite Treppe hinabführt. Der Platz hat zehn bis zwölf Verbrennungsstellen und wird, nach den Aschenresten bezw. den halb verkohlten, gerade in der Verbrennung begriffenen Leichen zu urtheilen, welche die Kommission hier vorfand, fleißig benutzt. Vielfach sollen hier auch Todte verbrannt werden, welche seitens ihrer Angehörigen von außerhalb, selbst meilenweit, herbeigebracht werden. Die Registrirung der Leichen findet wie in Nimtollah am Eingange statt. Wie der Kommission hier mitgetheilt wurde, werden die Gewänder der Todten nur dann mit verbrannt, wenn sie werthlos erscheinen, andernfalls lassen die Personen, welche die Verbrennung besorgen, dieselben waschen und nehmen sie auch sogar persönlich in Gebrauch. — Ein Theil der Asche wird alsbald nach der Verbrennung in den Tolly's Nullah geworfen, welcher übrigens an dieser Stelle mehr einem tief liegenden Kanale als einem Flußlaufe glich.

Die Registrirung der Todesfälle erfolgt in Kalkutta nach einem Berichte des Health Officer der Stadt vom Jahre 1876*) in doppelter Weise. Die Stadt ist in „Registration Districts" getheilt, deren Mittelpunkte die sogenannten „Thannahs" bilden. In den letzteren werden die Register aufbewahrt, für deren Führung der Polizei-Inspektor des Distrikts verantwortlich ist. Jeder Todesfall muß von den gesetzlich hierzu verpflichteten Personen zur Anzeige gebracht werden. — Zur Kontrole dieser polizeilich geführten Todtenlisten dienen die Verzeichnisse, welche an den Beerdigungs- und Verbrennungsplätzen über die eingelieferten Leichen geführt werden. Finden sich in diesen Verzeichnissen Personen angegeben, deren Tod polizeilich nicht

*) Vgl. „Report by Dr. Payne on Registration of Deaths in Calcutta, 1876 (Administration Report to the Calcutta Municipality for 1875)."

gemeldet war, so werden weitere Erhebungen angestellt, und es wird nachträglich die Eintragung in die polizeilichen Listen bewirkt. Die Hospitäler und insbesondere auch das außerhalb der Stadt gelegene Sealdah Hospital senden Listen über sämmtliche vorgekommenen Todesfälle an die Polizeibehörde, welche ihrerseits feststellt, ob dieselben Einwohner von Kalkutta betreffen oder nicht.

Können sonach bei der jetzigen Art der Registrirung die Angaben über die Zahl der vorgekommenen Todesfälle im allgemeinen als zuverlässig gelten, so lassen andererseits die Aufzeichnungen über die Todesursachen immer noch sehr viel zu wünschen übrig. Wie Dr. Payne in dem soeben citirten Berichte mittheilt, dürfen dieselben als verläßlich nur bei den Christen und bei solchen Eingeborenen angesehen werden, welche in den Hospitälern gestorben sind, während für die große Masse derjenigen, welche ohne ärztliche Behandlung sterben, die Angaben sehr unsicher sind. So sollen beispielsweise unter der Rubrik „Fieber" ohne Unterschied alle Fälle verzeichnet werden, in welchen während der Krankheit die Haut sich heiß anfühlte. Auch Cholera-Todesfälle werden ohne Zweifel unter jener Bezeichnung nicht selten gemeldet, zumal solche Fälle, in welchen die Erscheinungen von Seiten des Verdauungskanals wenig hervorgetreten waren, und in welchen der Tod in dem sogenannten typhoiden Stadium erfolgte. Für die nachstehenden Erörterungen ist diese mangelhafte Registrirung der Choleratodesfälle allerdings insofern von geringerer Bedeutung, als es sich weniger um die absolute Zahl der Todesfälle in einem bestimmten Zeitraume handelt, als um Vergleiche verschiedener Zeitperioden untereinander, in welchen die Fehlerquellen der Statistik im großen und ganzen die gleichen gewesen sind bezw. eine Aenderung nur in dem Sinne erfahren haben, daß die Registrirung eine bessere geworden ist.

Kalkutta liegt im Bereiche des sogenannten endemischen Gebietes der Cholera, in welchem die Seuche Jahr für Jahr mit im ganzen wenig erheblichen Schwankungen herrscht. Dieses Gebiet, nach Osten zu etwa vom 91., nach Westen zu vom 86. Grade östlicher Länge begrenzt, erstreckt sich von den Mündungen des Brahmaputra und des Ganges nach Norden zu bis an den Fuß des Himalaya. In allen übrigen Theilen Indiens macht die Cholera bedeutende Schwankungen oder erlischt oft gänzlich für kürzere oder längere Zeit. Wenn sie an einzelnen außerhalb des endemischen Gebietes gelegenen Orten, wie z. B. in Bombay, bisher niemals ganz verschwunden ist, so ist dies dem außerordentlich regen Verkehr solcher Orte mit dem übrigen Indien zuzuschreiben; wirklich heimisch ist die Cholera im Bereiche von Indien nur in dem oben bezeichneten Gebiete Bengalens.

Ueber die Frage, ob die Cholera schon seit Jahrhunderten in Indien zu Hause ist, oder erst seit der großen Epidemie des Jahres 1817, welche in Niederbengalen ihren Anfang nahm und durch ihr verheerendes Auftreten in Jessore zuerst die Aufmerksamkeit auf sich lenkte, gehen die Ansichten heute noch auseinander. Soviel steht indeß fest, daß in Kalkutta und in Bengalen die Seuche bei ihrem Erscheinen im Jahre 1817 etwas durchaus Neues und Unbekanntes war und in Folge dessen einerseits unter der Bevölkerung überall Furcht und Entsetzen verbreitete, andererseits den Behörden Veranlassung gab, besondere Untersuchungen über den Charakter der Krankheit anstellen zu lassen.

Das Ergebniß dieser Untersuchungen ist damals auf Anordnung der indischen Regierung von Dr. James Jameson in einem ausführlichen Berichte niedergelegt, welcher im Jahr 1820 in Kalkutta im Druck erschienen ist.*) Aus dem Berichte geht hervor, daß allerdings Fälle von sogenanntem »Cholera morbus« mit tödtlichem Verlaufe in Bengalen auch vor 1817 nicht unbekannt waren, daß aber jedenfalls seit Menschengedenken die Krankheit nicht in epidemischer Form vor dem genannten Jahre aufgetreten war. Dr. Jameson schreibt: »It is indeed rumoured, that the disease overran the province of Bundlekund about forty years ago; and was exceedingly destructive in Bengal some time near the end of the last century. But if it were so, how does it happen, that no record has been preserved of its destructive effects, and that the oldest Inhabitants, when applied to, can give no specific information on the subject? The truth is, that as an Epidemick the disease is quite new. Let us hope, that like other pestilences, with which Providence has from time to time been pleased to afflict mankind, it will prove only of temporary duration; and that these Provinces will soon regain their wonted salubrity.«

Was aber klarer als alles andere zeigt, daß in der That in den Jahren vor 1817 die echte „Indische Cholera" in Kalkutta nicht endemisch gewesen ist, das ist eine von Dr. Jameson mitgetheilte Tabelle über Fälle von sogenanntem Cholera morbus, welche in den einzelnen Monaten der Jahre 1815 bis 1819 an den hauptsächlichsten Beerdigungs- bezw. Verbrennungsplätzen Kalkuttas aufgezeichnet worden sind.

Die Zahlen dieser Tabelle sind der graphischen Darstellung auf Seite 209 zu Grunde gelegt; für die Jahre 1815 und 1816 beziehen sie sich nur auf Hindus, für 1817, 1818 und 1819 auf Hindus und Muhamedaner.

Das Diagramm zeigt zunächst, daß vor dem August 1817 die Sterblichkeit an dem sogenannten Cholera morbus in Kalkutta eine sehr geringe gewesen ist. In keinem der 31 Monate erhebt sich die Zahl der unter dieser Rubrik verzeichneten Todesfälle über 37, häufig bleibt sie unter 10 und in zwei Monaten ist überhaupt kein Todesfall angegeben. Erst mit dem August 1817 steigt die Zahl auf 133 und im September auf 468, um von da ab nur ganz ausnahmsweise einmal in einem Monate auf die frühere niedrige Ziffer zurückzusinken. Während im Laufe der ganzen Jahre 1815 und 1816 nur 182 bezw. 141 Todesfälle verzeichnet sind, werden vom August 1817 ab derartige Zahlen in vielen einzelnen Monaten an Höhe weit übertroffen. — Die zweite höchst bemerkenswerthe Thatsache, welche das Diagramm erkennen läßt, besteht darin, daß in den Jahren 1815 bis 1817 das Maximum der Fälle keineswegs in diejenigen Monate fällt, welche später regelmäßig die höchsten Zahlen aufweisen, d. h. in die Monate Februar bis April bezw. Mai. Gerade diese Monate sind vielmehr sowohl im Jahre 1815 wie 1816 und 1817 nur in sehr geringem Grade betheiligt. 1815 fällt das Maximum in den September, einen Monat, der sich später als der Cholera keineswegs günstig erwiesen hat, 1816 in den September und Oktober. Alsbald nach der schweren Epidemie, welche im August 1817 ihren Anfang nahm und bis zum Mai 1818 andauerte, nimmt dagegen die Krankheit denjenigen Typus an, der noch heute der maßgebende ist, d. h. sie bevorzugt die Frühjahrsmonate einerseits und die letzten Monate des Jahres andererseits, während sie in der Regenzeit (Juni bis September) abnimmt.

*) Rapport of the Epidemick Cholera Morbus, as it visited the territories subject to the Presidency of Bengal in the years 1817, 1818 and 1819. Calcutta 1820.

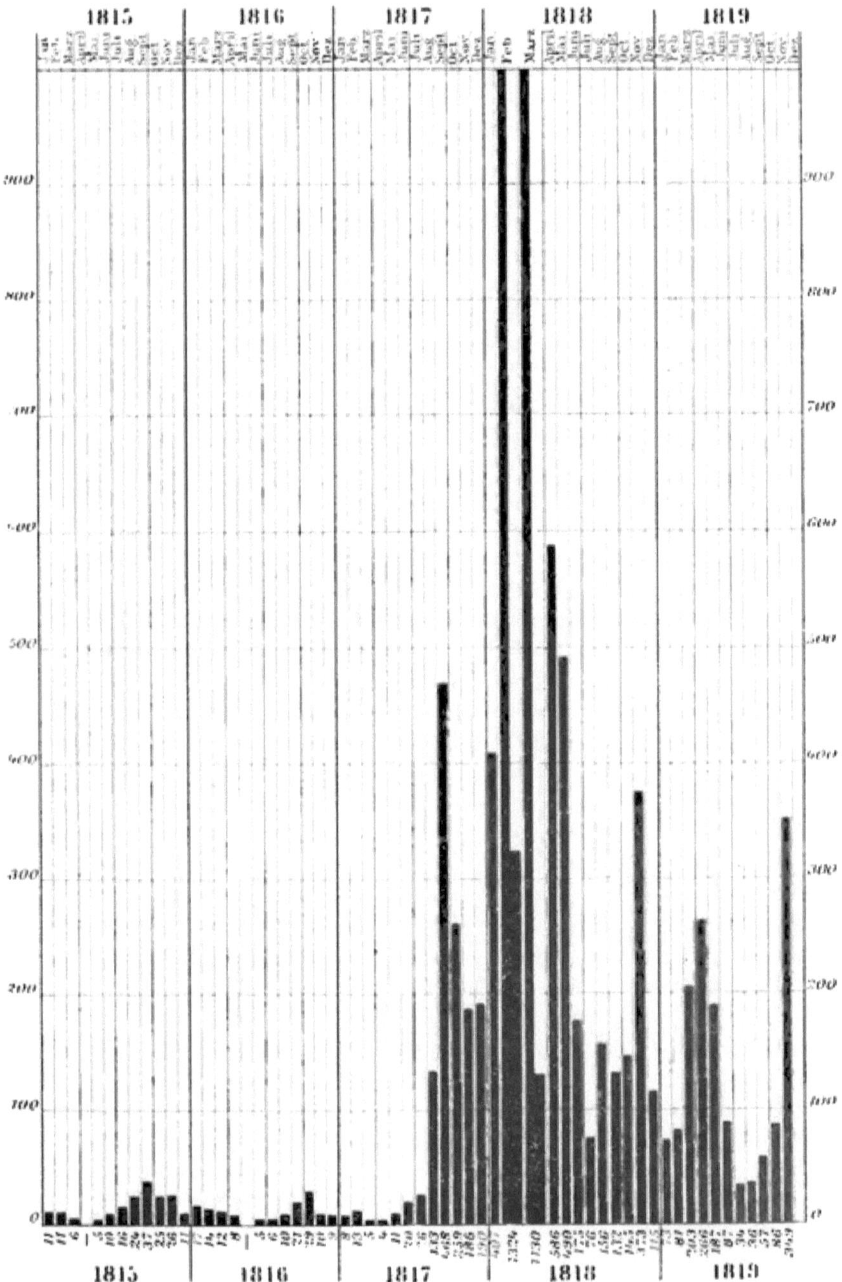

11

Diese Verhältnisse sprechen in überzeugender Weise dafür, daß die Fälle von »Cholera morbus«, welche in den Jahren 1815 und 1816, sowie in der ersten Hälfte des Jahres 1817 in Kalkutta verzeichnet sind, nicht derjenigen Krankheit zugerechnet werden dürfen, welche wir heute als »Cholera asiatica« kennen. Es ist vielmehr klar, daß es sich um tödtlich verlaufende, unter choleraähnlichen Erscheinungen auftretende Fälle gehandelt hat, welche niemals eine größere Verbreitung fanden und vermuthlich derjenigen Krankheit entsprachen, die auch bei uns alljährlich und zumal in den Sommer- und Herbstmonaten beobachtet wird und als »Cholera nostras« bekannt ist. — In seinem oben schon citirten im Jahre 1820 erschienenen Berichte spricht sich Jameson über diese Verhältnisse folgendermaßen aus: »Previously, however, to the year 1817, when for the first time within the memory of man, the disease assumed the epidemical form, the sphere of its influence was very limited, and its destructive effects inconsiderable. Its attacks were chiefly limited to the lower classes of the inhabitants, whose constitutions had been debilitaded by poor, ungenerous diet and by hard labour in the sun, and who were badly clothed and frequently exposed in low and foul situations to the cold and damp air of the night. — It rarely appeared in the dry and equable months of the cold and hot weather; and although cases were now and then met with during every part of the rains, it always shewed itself in greatest vigour towards the autumnal solstice, when the declination of the sun was still inconsiderable, when the air was surcharged with moisture, and when the alternations of atmospherical temperature were sudden and frequent. As the cold season came round and brought with it a clear atmosphere and cool, dry and steady weather, the disease became of less frequent occurrence, and at length altogether withdrew. — The better descriptions of Natives, those who were well fed and sufficiently clad, who ventured little into the sun, and inhabited high, dry and freely ventilated dwellings, were but little subject to its influence; and so rarely did it reach the European portion of the community, that of two gentlemen in immediate charge, one for ten and the other for five years, of the General Hospital for Europeans at the Presidency, neither had seen a single case of the disorder, until it occurred epidemically throughout these Provinces.«

Ob sonst irgendwo in Asien die Seuche schon vor 1817 heimisch gewesen ist, mag dahin gestellt bleiben, in Bengalen und insbesondere in Kalkutta ist sie es offenbar erst seit der großen Epidemie von 1817 und 1818. Es ist dieser Umstand insofern von besonderer Bedeutung, als er der Hoffnung eine weitere Stütze verleiht, daß es mit der Zeit durch sanitäre Maßregeln gelingen werde, der Krankheit allmählich auch in Bengalen ihren endemischen Charakter wieder zu nehmen. —

Vor dem Jahre 1864 hat eine regelmäßige Registrirung der Todesfälle in Kalkutta nicht stattgefunden.*) Von 1864 bis 1868 waren mit derselben sechs Native-Aerzte, einer für jeden Stadtbezirk, beauftragt; da sich indeß dieses System nicht bewährte, so wurden im Jahre 1868 die oben bereits besprochenen, noch heute bestehenden Einrichtungen getroffen. — Unter diesen Umständen ist es begreiflich, daß für die Jahre vor 1864 auch nur einigermaßen

*) Vgl. den Bericht des Health Officer für das Jahr 1876.

verläßliche Angaben über die Zahl der Todesfälle an Cholera in Kalkutta nicht vorhanden sind. Für die Jahre 1841 bis 1860 liegen jedoch von Dr. Macpherson aufgestellte Tabellen vor, welche wenigstens annähernd ein Urtheil über die Ausbreitung der Seuche gestatten, zumal

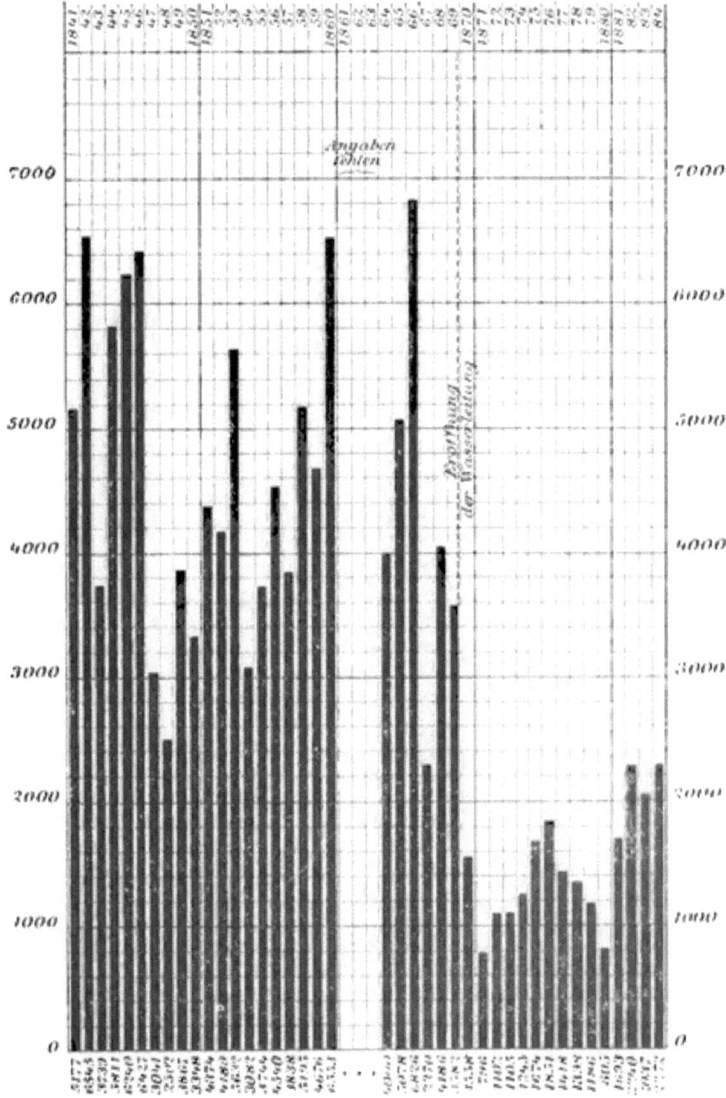

sie mit den für die Jahre 1864 bis 1870 ermittelten Zahlen ziemlich in Uebereinstimmung sich befinden. Diese auch von Dr. Macnamara mitgetheilten Zahlen sind der vorstehenden graphischen Darstellung für den genannten Zeitraum zu Grunde gelegt. Ueber ihre Entſiehung und Zuverläſſigkeit ſpricht ſich der Health Officer Dr. Payne in ſeinem Berichte für das Jahr 1876 folgendermaßen aus:

»I have examined the well-known tables compiled by Dr. Macpherson and the sources from which they were taken, viz. the police office and the reports of the former Municipal Commissioners, and find that in neither office was there the smallest confidence in the figures, whose worthlessness was freely acknowledged by the Commissioners after they had been furnished to Dr. Macpherson, and led to their discontinuance in later reports. The tables, such as they are, show lower general mortality and about equal numbers of cholera deaths with those of the registration period, so that both were probably below the truth.«

Für die Jahre von 1864 an ſind die in den »Health Officer Reports« mitgetheilten Zahlen der graphiſchen Darſtellung zu Grunde gelegt.

Beim erſten Blick auf die graphiſche Darſtellung ſieht man, daß nach dem Jahre 1869 eine entſcheidende Aenderung in den Choleraverhältniſſen Kalkuttas eingetreten iſt. Auch wenn man die weniger zuverläſſigen, übrigens, wie ſchon erwähnt, vermuthlich zu niedrig angegebenen Zahlen vor 1860 außer Acht läßt und nur diejenigen von 1864 an betrachtet, tritt dieſe Thatſache aufs deutlichſte hervor. Plötzlich und dauernd ſinkt mit dem Jahre 1870 die Zahl der Choleratodesfälle in der Stadt auf etwa ein Drittel der früheren herab. Während von 1865 bis 1869 einſchließlich durchſchnittlich jährlich 4 388 Menſchen der Krankheit erlegen ſind, beträgt die Zahl der Todesfälle in den folgenden Jahren nur 1 558, 796, 1 102, 1 105 u. ſ. w., und der Durchſchnitt für die Jahre 1870 bis 1884 einſchließlich beträgt 1 488.

Nicht minder deutlich tritt dieſer plötzliche und dauernde Abfall ſeit 1870 in der graphiſchen Darſtellung auf Tafel 23 hervor, in welcher für die Jahre 1866 bis 1874 Tag für Tag die Choleratodesfälle in Form einer Kurve eingetragen ſind. Dieſe werthvolle Darſtellung iſt dem Führer der Kommiſſion von ihrem Autor, dem lange Jahre in amtlicher Stellung in Indien thätig geweſenen engliſchen Arzte Herrn C. Macnamara, in dankenswerthester Weiſe zur Verfügung geſtellt. Während die Kurve in den 60er Jahren zumal in den Frühjahrsmonaten hoch anſteigt, bleibt in den beiden letzten Monaten des Jahres 1869 die ſonſt regelmäßig beobachtete Erhebung aus; in den Frühjahrsmonaten von 1870 iſt dieſelbe nur eine mäßige, und von da ab bleibt die Kurve dauernd unter dem früheren Niveau. Auch das Diagramm auf Tafel 24, in welchem die monatlich verzeichneten Choleratodesfälle für die Jahre 1865 bis 1884 in Form von Säulen eingetragen ſind, veranſchaulicht dieſe Verhältniſſe. Worauf die Zunahme in den letzten Jahren beruht, welche in dieſem Diagramm auffällt, wird ſpäter erörtert werden. Hier ſei nur noch ausdrücklich hervorgehoben, daß es ſich in dieſen graphiſchen Darſtellungen um die abſolute Zahl der Todesfälle handelt, daß demnach die Zunahme der Bevölkerung unberückſichtigt geblieben iſt. Auch iſt nicht zu vergeſſen, daß, wie oben bereits ausgeführt wurde, die Regiſtrirung der Todesfälle ſeit 1868 eine beſſere geworden iſt.

Zeitlich fällt dieſe ganz auffällige Abnahme der Cholera zuſammen mit der Eröffnung der neuen Waſſerleitung, und es wird daher nunmehr zu erörtern ſein, ob ſie auch in urſächlichem Zuſammenhange mit der letzteren ſteht.

In dieſer Beziehung iſt zunächſt die Frage von Bedeutung, ob nicht ein ähnlicher Abfall der Cholerasterblichkeit im Jahre 1870 in Bengalen überhaupt erfolgt ist. Diese Frage ist zu verneinen, denn bezüglich des Jahres 1871 schreibt der Sanitary Commissioner with the Government of India Dr. J. M. Cuningham: „The points most worthy of notice are that in the end of that year there was a marked increase of the disease within the endemic area and in the eastern provinces.“ Das Jahr 1872 aber war, wie der Health Officer von Kalkutta Dr. A. J. Payne mittheilt, für das übrige Bengalen ein ausgesprochenes „Epidemiejahr“*). Gerade in den genannten beiden Jahren war im Gegensatz dazu die Cholerasterblichkeit Kalkuttas eine ganz außergewöhnlich niedrige. — Angaben über die Zahl der Choleratodesfälle in Bengalen für die Jahre 1871 bis 1882, welche amtlichen Berichten entnommen sind, verdankt die Kommission dem Direktor des Medical College Hospital in Kalkutta Herrn Dr. M. Coates. Diese Zahlen sind nach Monaten getrennt der graphischen Darstellung auf Tafel 25 zu Grunde gelegt. Können sie wegen der mangelhaften Art der Registrirung auf große Zuverlässigkeit auch keinen Anspruch machen, und ist insbesondere nach Ansicht des Herrn Dr. Coates die beträchtliche Zunahme in der Mitte der 70er Jahre auch zum Theil auf eine allmähliche Besserung in der Registrirung zurückzuführen, so lassen die Zahlen doch unzweifelhaft erkennen, daß Bengalen, weit entfernt, an der günstigen Gestaltung der Verhältnisse Kalkutta's Theil zu nehmen, im Gegentheil geradezu schwere Epidemieen auch nach dem Jahre 1870 durchzumachen gehabt hat.

Die Ursache für die Abnahme der Cholera in Kalkutta ist demnach in der Stadt selbst zu suchen.

Man könnte nun meinen, daß die Wendung zum Bessern der oben eingehend geschilderten Kanalisation der Stadt zuzuschreiben sei; bei näherer Erwägung erscheint es indeß ausgeschlossen, daß durch dieselbe eine so plötzlich eintretende Wirkung erzielt sein sollte. Im Jahre 1865 begonnen ist der Bau der Kanalisation seitdem stetig fortgeführt, und man müßte demnach erwarten, daß auch allmählich und stetig die Cholera abgenommen hätte. Gerade das Gegentheil aber ist der Fall gewesen. Die Abnahme erfolgte plötzlich, und trotz der immer weiter vervollkommneten Kanalisation begann später die Seuche allmählich wieder zuzunehmen. Der Bericht des Health Officer für das Jahr 1874 sagt in dieser Beziehung folgendes: „The health of the town has not kept pace with the progress of the drainage. On the contrary, with the extension of the drainage works, there has been a retrogressive movement in the sanitary condition of the city.“

Im Jahre 1867 war bereits der große Endkanal (outfall sewer) fertig. Im Januar 1868 begann die Pumpstation ihre Thätigkeit, während bis dahin die Spüljauche aus dem Endkanal in den oben erwähnten offenen Kanal entleert war.**)

Im Jahre 1872 nahm die Herstellung der Hauptkanäle einen neuen Aufschwung: angeschlossen waren indeß damals von 5551 Häusern erst 1656. Auch im Jahre 1874 hat die Kanalisation beträchtliche Fortschritte gemacht. Ihre damalige Ausdehnung ist aus dem Plane auf Tafel 26 ersichtlich, in welchem nach einer von dem Surgeon General with the Government of India Herrn Dr. J. M. Cuningham der Kommission freundlichst zugänglich gemachten Karte die Haupt- und Nebenkanäle eingetragen worden sind. Trotz der langjährigen

*) Bericht des Health Officer für das Jahr 1876.

**) Administration Reports für das Jahr 1868 und für das Jahr 1869.

Arbeiten war, wie der Plan zeigt, auch damals die Ausdehnung der Nebenkanäle noch eine außerordentlich geringe, und nur die Hauptkanäle waren im wesentlichen fertiggestellt.

Nach dem »Report of the Calcutta Municipality« für das Jahr 1877 betrug die Gesammtlänge der in dem genannten Jahre gebauten Kanäle 68 847 Fuß oder 13,03 Meilen. Ueberhaupt fertig gestellt waren 99,58 Meilen, fertig zu stellen blieben noch 75,77 Meilen. Seitdem ist die Kanalisation immer weiter ausgebaut worden, ohne daß dementsprechend die Choleraverhältnisse sich günstiger gestaltet hätten, vielmehr hat insbesondere seit Anfang der 80er Jahre wieder eine unverkennbare Zunahme der Seuche stattgefunden.

Um diese Verhältnisse richtig zu würdigen, muß man sich zunächst vergegenwärtigen, daß die Kanäle nicht bestimmt sind, die Fäkalien aufzunehmen. Diese werden vielmehr nach wie vor durch die sogenannten „Mehter" aus den Häusern abgeholt und in besondere Depots gebracht, von wo aus sie abgefahren werden. Vielfach aber und zumal in den Bustees werden die Fäkalien auch heute noch in größeren und kleineren Gruben gesammelt, deren Inhalt größtentheils in den Boden versickert, und welche in vielen Fällen während eines langen Zeitraumes überhaupt nicht künstlich entleert werden. Im Jahre 1877*) ist der sogenannte »Night-soil-service« neu geregelt und zwar in Folge eines Strikes, welchen die damals noch unter Privatunternehmern thätigen Mehter veranstalteten. Die Verwaltung läßt seitdem, um einer Wiederholung solcher Vorkommnisse vorzubeugen, durch ein besonderes, städtischen Aufsehern unterstelltes Mehter Corps die Räumung und Reinigung der Latrinen und Abtritte, sowie die Beseitigung sonstigen Unraths bewirken.

In zweiter Linie muß bezüglich der Wirkung der Kanalisation die ganze Anlage und Beschaffenheit der Bustee's in Betracht gezogen werden. Es braucht hier nur auf die Schilderung verwiesen zu werden, welche oben von diesen Hüttencomplexen gegeben ist, um die fast unüberwindlichen Schwierigkeiten darzulegen, welche der Durchführung einer wirksamen Kanalisation derselben entgegenstehen.

Aus allen diesen Verhältnissen ergiebt sich, daß der mit dem Jahre 1870 erfolgte Abfall der Cholerasterblichkeit in Kalkutta offenbar weder auf die Kanalisation, noch auf eine vermehrte Reinhaltung der Stadt zurückgeführt werden kann.

Anders verhält es sich nun mit der Wasserleitung. Vor Eröffnung derselben stand abgesehen von einigen wenigen durch ihre Lage oder durch Maßregeln der Behörde vor Verunreinigungen geschützten Tanks der Bevölkerung kein reines Wasser zur Verfügung. Wenn die neue Wasserversorgung überhaupt einen Einfluß auf die Cholera ausübte, so mußte derselbe demnach plötzlich und auffällig hervortreten. Das ist in der That, wie die graphische Darstellung auf Seite 211 zeigt, der Fall gewesen.

»The law of seasonal prevalence was itself affected« sagt der Health Officer Dr. A. J. Payne in seinem Berichte für das Jahr 1876, indem er die Thatsache hervorhebt, daß nach Eröffnung der Leitung am 1. November 1869 die Cholerasterblichkeit niedrig blieb, obgleich die Jahreszeit eine Steigerung mit Bestimmtheit hätte erwarten lassen sollen. —

Um in übersichtlicher Weise das Verhältniß zu zeigen, in welchem die einzelnen Bezirke der Stadt an der Cholera betheiligt gewesen sind, ist auf Tafel 27 die durchschnittliche Choleramortalität der Stadtbezirke für einen längeren Zeitraum, nämlich für die Jahre 1876

*) Bericht des Health Officer für das Jahr 1877.

bis 1882,*) nach den Mittheilungen in den »Health Officer Reports« kartographisch veranschaulicht worden (s. die zweite Darstellung der Tafel). Mit Ausnahme des isolirt gelegenen Bezirks »Hastings«, welcher eine Mortalität von 5,1 bis 5,5 pro mille aufweist, schwankt die Mortalitätsziffer für den genannten Zeitraum in den übrigen Bezirken zwischen 1 und 4 pro mille der Bevölkerung. Besonders auffallend tritt bei der Betrachtung dieser Darstellung die Immunität des Fort William und der überwiegend europäischen Bezirke »Waterloo Street« und »Park Street« hervor. – Was die erwähnte verhältnißmäßig starke Betheiligung von »Hastings« betrifft, so ist hervorzuheben, daß dieser Bezirk an dem Tolly's Nullah gelegen ist, einem Wasserlaufe, welcher im Bereiche der Stadt und der Vorstädte starken Verunreinigungen ausgesetzt ist, und daß gerade in »Hastings« die Versorgung mit dem städtischen Leitungswasser eine unzureichende war. In dem »Health Officer Report« für das Jahr 1877 heißt es in dieser Beziehung: »The returns for January showed that the unusual prevalence of cholera in Hastings mentioned in my annual report for 1876, was unbated. It was necessary to take immediate steps to prevent, as far as possible, the use of the nullah water. Here great inconvenience must follow entire prevention, for the crowded native quarter was most scantily supplied with filtered water.«

Selbst »Hastings« aber erscheint auf der in Frage stehenden kartographischen Darstellung in hellem Farbenton, wenn man die daneben stehende Darstellung der Cholerasterblichkeit von Kalkutta im Durchschnitt der Jahre 1851 bis 1860 ins Auge faßt. Wie die gesammte Besatzung des Fort William, so weist hier die ganze Stadt, für deren einzelne Bezirke getrennte Zahlen leider nicht zur Verfügung stehen, eine durchschnittliche Cholerasterblichkeit von 10,1 bis 10,5 pro mille der Bevölkerung auf, d. h. etwa dreimal so viel wie in den Jahren 1876 bis 1882.

Die beträchtlichen Unterschiede, welche zwischen den einzelnen Stadtbezirken bezüglich ihrer durchschnittlichen Choleramortalität bestehen, haben Veranlassung gegeben, auf Tafel 27 auch die Bevölkerungsdichtigkeit der Bezirke, ferner das Verhältniß der Nicht-Asiaten, der Hindus und der Muhamedaner zur Gesammtbevölkerung der einzelnen Bezirke und endlich auch das mehr oder weniger große Vorwiegen der Bustee-Bevölkerung in den letzteren kartographisch darzustellen (s. den rechtsgelegenen Abschnitt der Tafel). Zu Grunde gelegt sind dabei ebenfalls die in den »Health Officer Reports« enthaltenen bezüglichen Angaben. Wie es bei der großen Zahl der in Betracht kommenden Faktoren begreiflich ist, liefern diese Darstellungen keine ausreichende Erklärung für die ungleiche Mortalität der einzelnen Bezirke; immerhin sind indeß einige in ihnen hervortretende Thatsachen sehr bemerkenswerth. Zunächst fällt es auf, daß die Bevölkerungsdichtigkeit nur in verhältnißmäßig geringem Grade im entsprechenden Verhältnisse zur Cholerasterblichkeit steht. Der am dichtesten bevölkerte Bezirk »Colootola« (Nr. 8) hat nämlich keineswegs die höchste Sterblichkeitsziffer, während andererseits manche verhältnißmäßig stark an der Cholera betheiligte Bezirke auf der Darstellung der Bevölkerungsdichtigkeit in hellem Farbenton erscheinen. – Die in relativ großer Zahl von Nicht-Asiaten bewohnten Bezirke »Waterloo Street«, »Park Street« und »Bamun Bustee« (Nr. 12, 16 und 17) zeigen, entsprechend den hier herrschenden weit günstigeren sanitären Verhältnissen,

*) Für die erste Hälfte der 70er Jahre standen die Zahlen nicht zur Verfügung.

auch die geringste Sterblichkeitsziffer. Bemerkenswerth ist ferner, daß im allgemeinen die überwiegend von Hindu's bewohnten Bezirke weit stärker betheiligt sind, als diejenigen, in welchen die muhamedanische Religion vorzugsweise vertreten ist, ein Umstand, welcher mindestens zum Theil auf die verschiedenen Lebensgewohnheiten zurückzuführen sein dürfte. Wenn das Ueberwiegen der Bustee-Bevölkerung in geringerem Grade der Cholerasterblichkeit parallel geht, als man nach den oben gegebenen Schilderungen erwarten sollte, so findet diese Thatsache ihre Erklärung ohne Zweifel theilweise darin, daß die in den südlichen Bezirken der Stadt zwischen den europäischen Quartieren gelegenen Bustee's eine im allgemeinen besser situirte Bevölkerung (darunter zahlreiche Diener von Europäern 2c.) beherbergen, als diejenigen im Norden der Stadt.

Daß übrigens die verschiedenen Stadtbezirke in den einzelnen Jahren große Differenzen hinsichtlich ihrer Betheiligung an der Cholerasterblichkeit aufweisen, ergiebt sich bei einer Betrachtung der bezüglichen kartographischen Darstellungen auf Tafel 27, welche die Cholerasterblichkeit der Bezirke für jedes einzelne Jahr von 1876 bis 1882 veranschaulichen. Diese Darstellungen zeigen daneben noch eine Thatsache, welche in überzeugender Weise dafür spricht, daß die Abnahme der Cholera in dem eigentlichen Stadtgebiete in der That der besseren Wasserversorgung zugeschrieben werden muß. Es ist nämlich hier auch die Cholerasterblichkeit der Vorstädte, und soweit der Kommission die betreffenden Zahlen zur Verfügung standen, auch diejenige Howrah's zur Anschauung gebracht worden (nach den »Annual reports of the sanitary Commissioner for Bengal«). „Bei*) einer Betrachtung der Darstellungen ergiebt sich sofort der gewaltige Unterschied zwischen den von der Wasserleitung versorgten und den auf Tankwasser angewiesenen Stadttheilen. Die Vorstädte erscheinen noch in demselben dunklen Farbenton, wie die innere Stadt in der Zeit vor Eröffnung der Wasserleitung und zwar Jahr für Jahr. Wenn, wie im Jahre 1880, die Vorstädte einmal außergewöhnlich wenig Cholera haben, dann folgt die innere Stadt in gleichem Verhältniß, und es bleibt beständig ein gleichmäßiger Abstand in der Choleramortalität zwischen der Stadt und ihren Vorstädten. Nun tragen die Vorstädte keinen wesentlich anderen Charakter in Bezug auf Bauart und Bewohner als der indische Theil der inneren Stadt. Letzterer, native town genannt, bildet den Haupttheil von Kalkutta; er geht unmerklich in die Vorstädte über und hat in den Bustee's dieselben Bambushütten und dieselbe arme dichtgedrängte Bevölkerung wie die unmittelbar daran grenzenden Theile der Vorstädte. Nach der Peripherie des städtischen Gebietes lösen sich auch die Vorstädte in Dörfer und einzelne Gruppen von Hütten auf, welche mit Gärten und Feldern wechseln und in sanitärer Beziehung entschieden besser gestellt sind, als die Bustee's der inneren Stadt. Der Unterschied in der Stadt selbst zwischen der native town und dem europäischen Stadttheil ist in jeder und namentlich in sanitärer Beziehung ein immens großer und steht in keinem Verhältniß zu demjenigen zwischen der übrigen Stadt und den Vorstädten, und dennoch ist der Unterschied der Choleramortalität im Innern der Stadt zwischen dem europäischen Viertel und dem indischen Stadttheil bei Weitem nicht so auffallend als zwischen der indischen Bevölkerung, welche die Stadt, und derjenigen, welche die Vorstädte bewohnt.

Die Choleramortalitätsziffern werden fast ausschließlich von der eingeborenen Bevölkerung

*) Vgl. „Zweite Conferenz zur Erörterung der Cholerafrage. Deutsche medicin. Wochenschr. und Berliner klin. Wochenschr. Jahrg. 1885.“

geliefert. Dieselbe hat aber in der Stadt und in den Vorstädten dieselben Sitten und Gebräuche, ihr Wohlstand ist dort nicht größer als hier. Sie lebt auf einem Boden, welcher auf weite Strecken eine ganz gleichmäßige Beschaffenheit hat und in seiner Porosität, Gehalt an zersetzungsfähigen Stoffen, Feuchtigkeit, Stand und Schwankungen des Grundwassers das gleiche Verhalten zeigt; sie athmen dieselbe Luft, und derselbe Monsun weht über Stadt und Vorstädte. Bei dieser Gleichförmigkeit in allen Dingen macht nur die Wasserversorgung eine Ausnahme. Die Stadt erhält ein sehr gut filtrirtes Flußwasser, das bei der bakterioskopischen Untersuchung sich ebenso rein erwies, als unser Berliner Leitungswasser. Die Vorstadt-Bewohner entnehmen dagegen ihr Trink- und Gebrauchswasser aus den Tanks, welche gleichzeitig zum Waschen, Baden u. s. w. benutzt werden, in welche die Abfallstoffe der umliegenden Hütten und speciell auch menschliche Fäkalien gelangen. Wenn also der einzige hier in Betracht kommende Unterschied zwischen den Bewohnern der inneren Stadt und der Vorstädte in ihrer Wasserversorgung besteht, und wenn namentlich berücksichtigt wird, daß auch die städtische Bevölkerung bis zur Einführung der Wasserleitung dieselbe hohe Choleramortalität hatte wie noch heutzutage die Vorstadtbevölkerung, dann bleibt nichts anderes übrig, als die verbesserte Wasserversorgung der inneren Stadt als die Ursache der Choleraabnahme in derselben anzusehen. In Kalkutta selbst faßt man auch allgemein die Sache in diesem Sinne auf und geht mit der Absicht um, die Wasserleitung auf die Vorstädte auszudehnen. Damit würde das Experiment im Großen, welches die Stadt Kalkutta mit ihrer theilweisen Wasserversorgung bietet, das gewissermaßen von den Vorstädten gelieferte Kontrol-Experiment verlieren. Aber die Zeitdauer dieses Experimentes ist eine hinreichend lange gewesen, um jeden Einwand gegen die Beweiskraft desselben auszuschließen, und es ist allerdings sehr wünschenswerth, daß nach den günstigen Erfahrungen in der inneren Stadt auch die Vorstadtbevölkerung von Kalkutta nunmehr der Wohlthat einer guten Wasserversorgung theilhaftig werde, welche ihr unzweifelhaft auch eine erhebliche Herabminderung der Choleramortalität bringen wird."

Im Anschluß an diese Ausführungen möge noch das Diagramm auf Seite 218 das Verhältniß der Cholerasterblichkeit des eigentlichen Stadtgebietes zu derjenigen der Vorstädte veranschaulichen. In demselben konnten außer den in den besprochenen kartographischen Darstellungen verwertheten Zahlen auch diejenigen für die Jahre 1875, 1883 und 1884 berücksichtigt werden.

Schließlich seien zu der letzten, bisher nicht erwähnten kartographischen Darstellung auf Tafel 27 noch einige Worte gesagt, welche insofern ein besonderes Interesse bietet, als in derselben nicht nur für die Stadt, sondern auch für die Vorstädte die Cholerasterblichkeit nach einzelnen Bezirken ersichtlich gemacht ist. Dieser Darstellung ist eine große Karte zu Grunde gelegt, in deren Besitz die Kommission durch die freundliche Vermittelung des Direktors des Zoologischen Gartens in Kalkutta Herrn Schiller gekommen ist, und auf welcher der Vice-Chairman of the Municipal Commissioners die Cholerasterblichkeit der Stadt- und Vorstadtbezirke für das Jahr 1883 hat eintragen lassen.

Bei der Betrachtung dieser Darstellung ist zu berücksichtigen, daß die Skala der Farben und Schraffirungen hier nicht derselben Höhe der Cholerasterblichkeit entspricht, wie in den Darstellungen auf dem links gelegenen Abschnitt der Tafel 27. Trotzdem läßt sich indeß leicht erkennen, daß das Verhältniß der einzelnen Bezirke der inneren Stadt zu einander nahezu dasselbe gewesen ist, wie im Jahre 1882.

Auch die im Vergleich zu den Vorstadtbezirken bestehende Immunität der inneren Stadt tritt aufs deutlichste hervor. Daneben aber zeigt sich, daß auch die Außenbezirke keineswegs sämmtlich in gleicher Intensität heimgesucht worden sind, daß vielmehr hier ebenfalls ganz be-

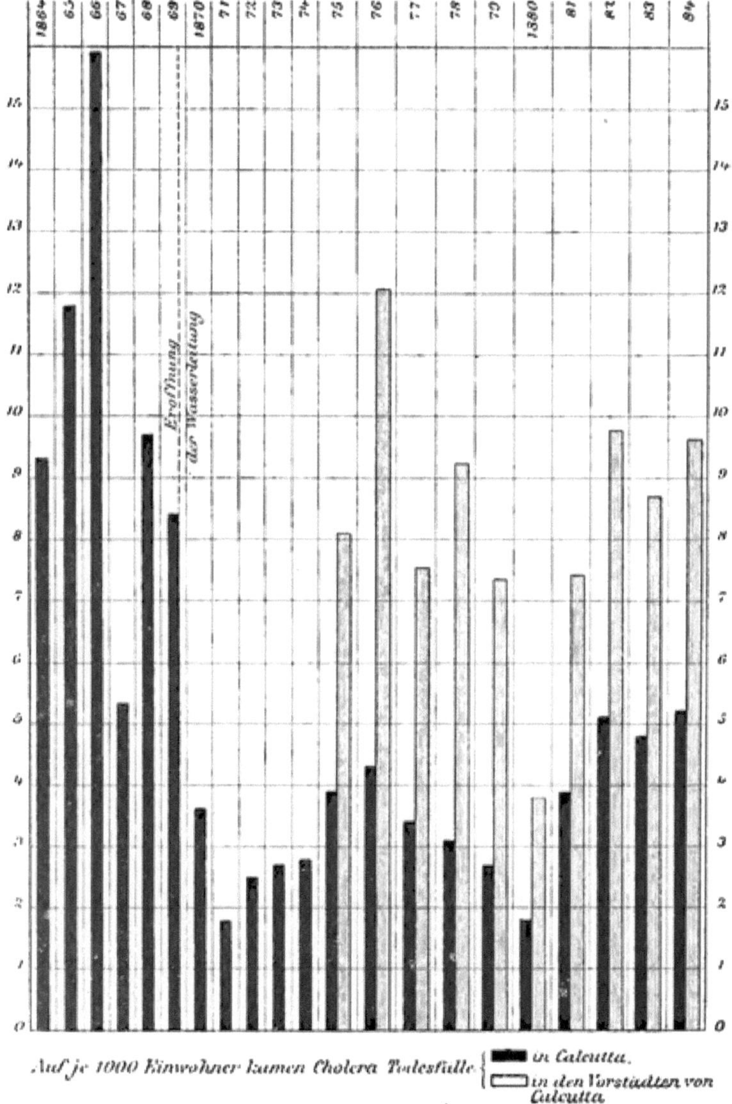

Auf je 1000 Einwohner kamen Cholera Todesfälle { in Calcutta. / in den Vorstädten von Calcutta

trächtliche Unterschiede bestehen. Worauf die letzteren zurückzuführen sind, und ob sie auch in anderen Jahren in derselben Weise sich bemerklich gemacht haben, entzieht sich der Beurtheilung der Kommission. —

Die Thatsache, daß vom Jahre 1880 ab die Cholera in Kalkutta wieder eine unverkennbare Zunahme gezeigt hat, ist hie und da so gedeutet worden, als spräche sie gegen den entscheidenden Einfluß der Wasserleitung, da die letztere ja nach wie vor in gleicher Weise ihre günstige Wirkung hätte geltend machen müssen. Demgegenüber ist darauf hinzuweisen, daß schon im Jahre 1872 die zur Verfügung stehende Menge des Leitungswassers nicht mehr ausreichend war, den naturgemäß bald sich steigernden Bedarf zu decken, so daß man sich im April des genannten Jahres gezwungen sah, von 6 Uhr Abends bis 5 Uhr Morgens das Wasser abzustellen.*) Weiterhin und zumal seit Anfang der 80er Jahre hat sich der Wassermangel mehr und mehr fühlbar gemacht. So schreibt der Health officer Dr. K. Mc Leod in seinem Berichte für das Jahr 1881: »The need of a larger supply has forced itself on the conviction of the Commissioners and the question of how to accomplish this with the greatest possible economy and without sacrifice of purity is at present under consideration.«

In dem Jahresberichte desselben Sanitätsbeamten für 1882 heißt es: »The question of increasing the supply — a measure which is urgently desirable — has been under earnest discussion during the year. Three alternative proposals engaged the attention of the Commissions — namely (1) conveyance by an open cut with subsequent filtration; (2) conveyance after filtration by a brick conduit; and (3) conveyance after filtration by an iron main as present. It has been decided, I rejoice to write, to adopt the last of these measures, and it may be expected that at no distant date the supply of water of similar purity to the present will be doubled.«

Die Ausführung dieses Planes ist indeß nicht so schnell erfolgt, wie Dr. Mc Leod gehofft hat. Es ergiebt sich das daraus, daß noch vor kurzem der Health Officer Dr. W. J. Simpson in seinem Berichte für das 4. Quartal 1886 sich folgendermaßen geäußert hat:

»I would particularly direct attention to this scarcity of water in the parts affected (i. e. von Cholera). Go almost where one may in the north part of the town and especially in the riparian wards, there is the same complaint of want of water, and a very valid one it is. It is a common occurrence to see the people grouped round one of the standposts waiting their turn to fill their chatties (i. e. Wassergefäße); many of them to be disappointed; for the water from the standposts often comes in mere dribblets, and the supply is exhausted or turned off before half the people are supplied. In Coomertolly district**) where cholera has been very severe, I have myself seen a small chattie which contains about 2 gallons take $\frac{3}{4}$ hour to fill. That the supply of water in these localities or in particular parts of these localities is a diminishing quantity, is evidenced by the fact that the taps used to be 4 and 5 feet above the ground; gradually they have had to be lowered until many people have had to sink wells in their premises, and receive the water from the tap at the same level as the pipe is laid in the ground.«

Durch diese Thatsachen dürfte der oben erwähnte Einwand gegen den segensreichen Einfluß der Wasserleitung auf den Stand der Cholera in Kalkutta wohl genügend als hinfällig

---

*) Bericht des Health officer für das Jahr 1876.

**) Bezüglich der Lage dieses Stadt-Bezirkes vgl. die kartographischen Darstellungen auf Tafel 27.

gekennzeichnet sein. Offenbar muß die ärmere Bevölkerung um so mehr an Wassermangel leiden, als die Anschlüsse der besseren Häuser an die Leitung häufiger werden, und in Folge dessen innerhalb dieser Häuser der Verbrauch sich beträchtlich steigert. Gerade die ärmeren Klassen der Bevölkerung aber sind es, welche zumal seit Einführung der Wasserleitung fast ausschließlich die Opfer für die Cholera stellen.

Binnen kurzem dürfte nunmehr die in Bau befindliche Erweiterung der Wasserversorgung fertig gestellt (vgl. die Anmerkung auf S. 200) und damit dem jetzt so schwer empfundenen Uebelstande abgeholfen sein. Ob dann nicht die Erfahrung von 1869/70 sich wiederholen, und ein neuer dauernder und beträchtlicher Abfall der Cholerasterblichkeit erfolgen wird, muß die Zukunft lehren. Jedenfalls findet man immer wiederkehrend in den Berichten der verschiedenen Health Officer die Beobachtung mitgetheilt, daß die Choleraausbrüche nur da, wo die Versorgung mit Leitungswasser unzureichend ist, auftreten, und daß vor allem die Tanks es sind, um welche herum die Krankheit sich lokalisirt. Beseitigung der Tanks und der allen Verunreinigungen zugänglichen Brunnen, thunlichste Reinhaltung der von der Native-Bevölkerung zum Baden u. dgl. benutzten Wasserläufe, das sind die Maßregeln, welche stets in erster Linie als nothwendig hingestellt werden. — Die oben eingehend geschilderte Epidemie um den Tank in Saheb Bagan (s. Seite 128 u. ff.) giebt ein so instruktives Bild von den in Betracht kommenden Verhältnissen, daß es nicht erforderlich erscheint, hier nochmals im einzelnen auf dieselben einzugehen. —

Gleich der Stadt Kalkutta hat auch das in ihrem Bereiche gelegene Fort William eine plötzlich eingetretene und dauernde Abnahme der Cholerasterblichkeit erfahren. Auffälligerweise ist indeß diese Abnahme im Fort bereits mehrere Jahre vor derjenigen erfolgt, welcher die Bevölkerung der Stadt sich zu erfreuen gehabt hat, und es ist daher schon aus diesem Grunde nothwendig, die in Frage kommenden Verhältnisse eingehender darzulegen.

Wie auf dem Plane von Kalkutta auf Tafel 17 ersichtlich ist, liegt das Fort unmittelbar am Hoogly. In nördlicher Richtung wird es von dem »Eden-Garden«, einem prächtigen Parke, nur durch einen schmalen Strich unbebauten Terrains geschieden, während es nach Osten und Süden zu von einem großen freien Platze, dem sogenannten Maidan, umgeben ist. Am geringsten ist die Entfernung von bewohnten Häusern nach Südwesten zu, wo in dem vom Hoogly und Tolly's Nullah gebildeten Winkel der bereits mehrfach erwähnte Stadtbezirk »Hastings« liegt.

Die Besatzung des Forts, theils aus englischen, theils aus Native-Truppen bestehend, ist in geräumigen Kasernen untergebracht; ihre Gesammt-Kopfzahl betrug zur Zeit der Anwesenheit der Kommission in Kalkutta einschließlich der Frauen (ca. 300) und der Kinder etwa 3300 Köpfe.

Zur Wahrnehmung des Wachdienstes in den zahlreichen öffentlichen Gebäuden der Stadt werden von den im Fort kasernirten Truppen nur die Native-Regimenter herangezogen. Eine Ausnahme macht allein das Militär-Hospital in Alipore, wo der Wachdienst von englischen Soldaten versehen wird. Im Uebrigen sind dem außerdienstlichen Verkehr der Besatzung mit der Stadt Beschränkungen nicht auferlegt.

Mit der Verpflegung der Truppen verhält es sich folgendermaßen: Das Fleisch wird aus dem städtischen Schlachthause bezogen; für den Bedarf an Milch ist durch eigene Viehhaltung ausreichend gesorgt; alle anderen Nahrungsmittel werden von auswärts durch Händler in die im Fort befindlichen Verkaufshallen (Bazare) gebracht, von wo die Soldaten sich selbst alles Erforderliche beschaffen. Daneben steht es ihnen frei, ihre Einkäufe in der Stadt zu machen.

Die Wasserversorgung des Forts ist eine doppelte. Als Trinkwasser und zu Küchenzwecken dient filtrirtes Hoogly Wasser aus den städtischen Werken, welches aus einer ausreichenden Anzahl von Standröhren mit der Bezeichnung „water for drinking and cooking" entnommen wird. Vielfach läßt man es vor dem Gebrauche noch sogenannte Macnamarafilter (Holzkohlefilter) passiren.

Daneben wird filtrirtes Tankwasser und zwar nach der bestehenden Vorschrift nur für Wirthschaftszwecke, als Bade- und Waschwasser, zum Tränken der Pferde und zum Besprengen der Wege u. s. w. benutzt; thatsächlich soll dieses Wasser übrigens auch, zumal von den Native Truppen, nicht selten getrunken und zum Kochen verwendet werden. Ueber die Herkunft und vorgängige Behandlung dieses Wassers ist folgendes mitzutheilen: Außerhalb der Umwallung des Forts liegen zwei große Tanks, welche ringsum eingezäunt sind und außerdem von einem Posten bewacht werden, der jede Annäherung Unberufener zu verhindern hat. In der Regenzeit (Juni bis September) steigt das Wasser in diesen Tanks zu einer beträchtlichen Höhe, da das umliegende flache unbewohnte Gelände seinen Abfluß nach ihnen zu hat; dagegen sinkt das Niveau während der trockenen Jahreszeit allmählich um mindestens 10 Fuß, so daß die Wassermenge für die Bedürfnisse des Forts dann nicht mehr ausreicht. Um diesem Uebelstande abzuhelfen, wird in den heißen trockenen Monaten Wasser aus dem das Fort rings umgebenden, mit dem Hoogly in Verbindung stehenden Festungsgraben, der Cunette, in die Tanks übergeführt. Dies geschieht in der Weise, daß das Wasser zunächst aus der Cunette in ein gemauertes Filterbassin gepumpt wird, dessen Boden von unten nach oben aus je einer Lage von zerschlagenen gebrannten Ziegeln, von grobem und von feinerem Sande besteht. Nachdem das Wasser dieses Bassin passirt hat und hier von gröberen Verunreinigungen befreit ist, wird es durch eine Dampfmaschine gehoben und fließt dann in einer offenen, mit Gras bewachsenen, etwa einen halben Kilometer langen flachen Rinne zu den Tanks. Neuen Verunreinigungen ist es während dieses Laufes in keiner Weise ausgesetzt.

Von jedem der beiden Tanks wird das Wasser in ein zwischen ihnen liegendes Sammelbassin geleitet, passirt aber auf diesem Wege wiederum eine filtrirende Schicht von Sand und zerschlagenen Ziegeln, deren Gesammthöhe etwa 5 Fuß beträgt, und deren oberste Sanddecke alle vier Wochen entfernt bezw. erneuert wird. (Vgl. die Skizzen auf Seite 222, welche die Anlage sowohl von oben gesehen, wie im Durchschnitt veranschaulichen.)

Von dem Sammelbassin aus wird das filtrirte Tankwasser durch Dampfkraft in ein bedecktes, im Fort gelegenes Hochreservoir gedrückt. Letzteres speist ein Röhrensystem, welches das Wasser nach allen Seiten im Fort vertheilt, wo es wie dasjenige der städtischen Leitung überall aus Standröhren entnommen werden kann.

Bezüglich der Speisung der Cunette mit Hooglywasser ist folgendes zu bemerken: Der Kreis, welchen der Graben um das Fort zieht, steht durch zwei kurze, dicht neben einander verlaufende Kanäle direkt mit dem Flusse in Verbindung. Diese Kanäle können beide durch Schleusen beliebig abgesperrt werden (vgl. den Plan auf Tafel 28). Zur Fluthzeit wird die nördliche Schleuse geöffnet und, nachdem die Cunette mit Wasser gefüllt ist, wieder geschlossen.

Nach Eintritt der Ebbe öffnet man die südliche Schleuse und läßt das Wasser in den Fluß zurücktreten. — Außer dem Hooghlywasser gelangt auch das sämmtliche Regen- und Nutzwasser aus dem Fort in die Cunette hinein, und zwar ausschließlich durch flache unbedeckte cementirte Abzugsrinnen, welche von den Gebäuden und Plätzen nach der Peripherie zu verlaufen. Andere Sammelplätze für das Regenwasser ꝛc., wie Tanks, Gruben oder dergleichen, existiren im Bereiche des Forts nicht. — Wie schon hier bemerkt sei, nimmt die Cunette in ihrem südlichen, am Flusse gelegenen Ende auch den Urin von den Latrinen her auf. Dieser Theil des Grabens

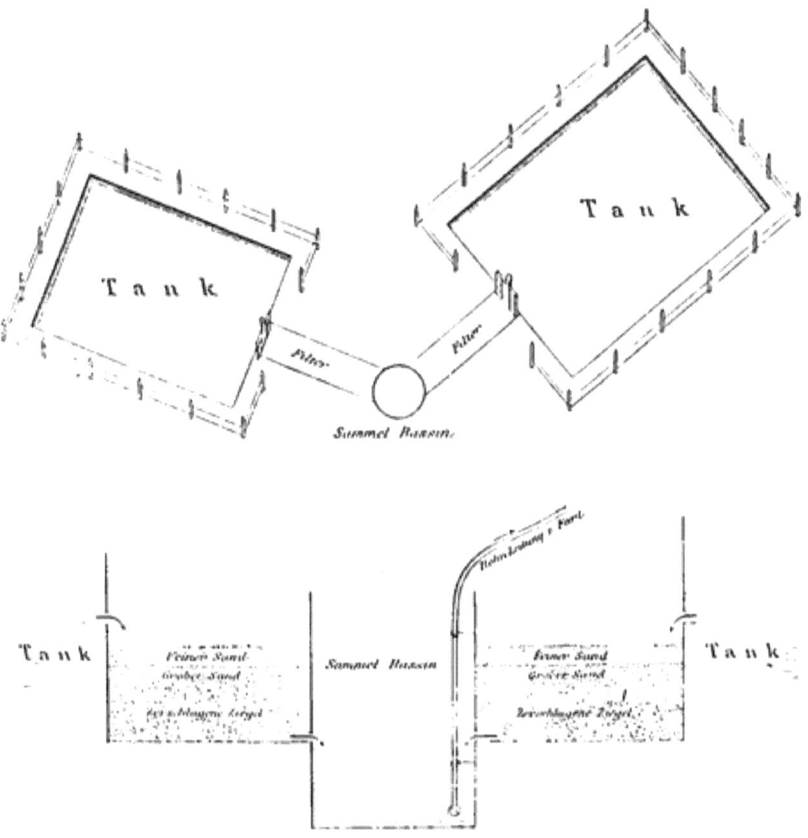

ist indeß durch eine besondere Schleuse abgeschlossen und kann für sich gespült werden. — Die Stelle, an welcher aus der Cunette erforderlichen Falls das Wasser zur Speisung der beiden Tanks entnommen wird, ist an der südöstlichen Seite des Forts gelegen, etwa am Anfange des letzten Drittels, so daß allerdings die meisten offenen Abzugsrinnen hier bereits ihre Zuflüsse in den Graben entleert haben.

Alle festen Abfallstoffe werden, soweit es möglich ist, in besonderen Gefäßen gesammelt und abgefahren. In mehreren neben den Kasernen errichteten Latrinen-Gebäuden werden die

Excremente in Eimern aufgefangen, während der Urin in offenen Rinnen in die Cunette abfließt. Die Abtrittseimer werden auf Karren abgefahren und außerhalb des Forts entleert. Die Aborte der Nativetruppen sind nach demselben System eingerichtet, wie diejenigen für die englischen Soldaten; sie haben ihre Lage am südlichen Ende der Cunette.

Für die englischen Truppen sind in den Kasernen besondere Badezimmer hergerichtet, welche mit fließendem Wasser versehen sind; für die Natives ist ein offener cementirter, am Ende der Cunette gelegener Badeplatz vorhanden, wo ihnen ebenfalls fließendes Wasser zur Verfügung steht: hier wie dort ist dafür gesorgt, daß eine Ansammlung des gebrauchten Badewassers nicht stattfinden kann, sondern daß dasselbe direkt in die Cunette abfließt. Uebrigens ist den Nativetruppen nicht verboten, im Flusse zu baden. -- Für die Weiber und Kinder der Natives ist noch eine besondere Badevorrichtung vorhanden.

Sämmtliche Wäsche wird außerhalb des Forts von berufsmäßigen Wäschern gereinigt.

Ein Hospital existirt im Fort nicht. Die Kranken werden vielmehr nach dem Militär-Hospitale in Alipore übergeführt.

Die Reinlichkeit im Bereiche des Forts ist eine musterhafte, wie die Kommission sich gelegentlich einer eingehenden Besichtigung aller in Frage kommenden Einrichtungen selbst hat überzeugen können. Dem derzeitigen Kommandanten, Herrn General Wilkinson, welcher nicht nur bereitwilligst die Erlaubniß zu der Besichtigung ertheilt, sondern auch persönlich in der liebenswürdigsten Weise die Führung der Kommission übernommen hat, sei auch an dieser Stelle der aufrichtigste Dank ausgesprochen.

Lange Jahre hindurch ist das Fort William eine gefürchtete Cholera-Lokalität gewesen. In meistens nur kurzen Zwischenräumen trat die Seuche immer von neuem mit großer Heftigkeit auf und raffte nicht selten mehrere Procent der englischen Truppen, so noch im Jahre 1858 nicht weniger als 7 Procent dahin. Die Kopfzahl der englischen Truppen — über diejenige der Nativetruppen und die Cholera-Sterblichkeit unter denselben stehen der Kommission ausreichende Angaben nicht zur Verfügung — betrug in den meisten Jahren zwischen 600 und 900. Die Cholera-Sterblichkeit unter diesem Theil der Besatzung für die Jahre 1840 bis 1882 ergiebt sich aus dem nachstehenden Diagramm.*) (Die Jahre vor 1840 sind nicht berücksichtigt, da, wie auch Lewis und Cunningham in dem unten angegebenen Werke hervorheben, die Angaben für dieselben wenig verläßlich zu sein scheinen.)

Ein Blick auf das Diagramm zeigt, daß seit Anfang der 60er Jahre eine entscheidende Aenderung in der Cholera-Sterblichkeit des Forts sich vollzogen hat. Während dieselbe nämlich im Jahre 1862 noch eine verhältnißmäßig hohe war (1,4 %), hat sie sich nach dieser Zeit niemals mehr über 5 pro mille der Besatzung erhoben, und in zahlreichen Jahren ist überhaupt nicht ein einziger Todesfall zu verzeichnen gewesen. Niemals ist es mehr zu einer epidemischen Verbreitung gekommen, und die wenigen Fälle, die in der langen Reihe von Jahren seit 1862 sich ereignet haben, lassen sich ohne Zwang in der Weise erklären, daß die Infektion der Betreffenden außerhalb des Forts erfolgt ist.

Die erste kartographische Darstellung auf Tafel 27 zeigt, daß noch in dem Jahrzehnt 1851 bis 1860 das Fort annähernd die gleiche Cholera-Sterblichkeit hatte, wie Kalkutta

*) Vgl. „Lewis and Cunningham, Cholera in relation to certain physical phenomena. Calcutta 1878" und „De Renzy, The extinction of cholera epidemics in Fort William. The Lancet 13. 12. 1884."

selbst, d. h. im Durchschnitt jenes Zeitraums etwas mehr als ein Procent. Später haben sich sowohl in der Stadt wie im Fort die Verhältnisse wesentlich gebessert. Während aber der Abfall der Cholera-Sterblichkeit in der Stadt, wie oben eingehend erörtert ist, erst mit Einführung der Wasserleitung im Jahre 1870 erfolgte, ist dieser Abfall im Fort bereits mit dem Jahre 1863 eingetreten, und die Einführung der städtischen Wasserleitung, welche hier erst 1872 bewirkt wurde, ist nur noch von einer geringen weiteren Abnahme der Cholera-Sterblichkeit gefolgt gewesen.

Welchen Umständen ist nun das Verschwinden der Cholera aus dem Fort zuzuschreiben?

Cholerasterblichkeit unter den englischen Truppen in Fort William.

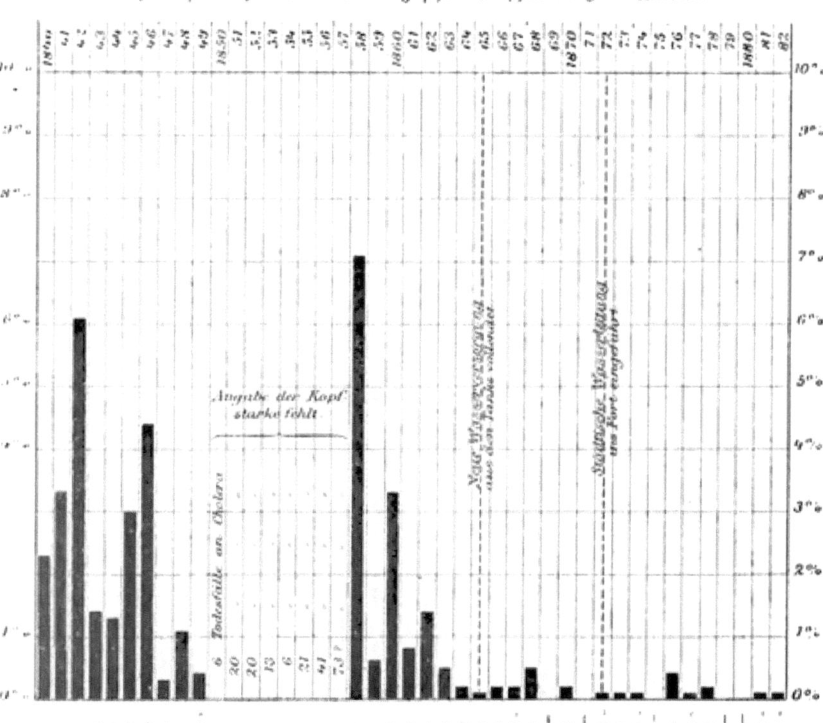

Schon oben ist erwähnt, daß die städtische Kanalisation auf das Fort und seine Umgebung sich nicht erstreckt, wie das auch die Darstellung der Kanalisationsverhältnisse Kalkutta's im Jahre 1874 auf Tafel 26 aufs deutlichste erkennen läßt. Nirgends reichen die städtischen Kanäle an das Fort heran, und der weite Platz, der sogenannte Maidan, welcher das letztere umgiebt, besitzt, wie der Plan auf Tafel 28 noch genauer zeigt, nur eine Anzahl von oberflächlichen Regenrinnen, welche die Meteorwässer nach verschiedenen Richtungen hin theils in den Hoogly, theils in eine Anzahl von Tanks hinein abzuleiten bestimmt sind. Zur Regenzeit erfüllen dieselben auch heute ihren Zweck nur unvollkommen, wie aus einer der Kommission gemachten glaubwürdigen Mittheilung erhellt, nach welcher in der genannten Zeit nach heftigen Regengüssen selbst Fische auf dem Maidan gefangen werden können. Uebrigens ist, wie besonders betont werden muß, der ganze Platz unbewohnt und daher beträchtlicheren Verunreinigungen nicht ausgesetzt. Die Verhältnisse des Grundwassers in dem unmittelbar am Strome gelegenen Fort selbst haben jedenfalls seit langen Jahren keine Aenderung erfahren, zumal, wie de Renzy*) mittheilt, der mittlere Hochwasserspiegel des Hooghly zur Regenzeit nur wenig tiefer liegt als die Bodenoberfläche. Unter den geschilderten Umständen ist es wohl völlig ausgeschlossen, daß die Kanalisirung der Stadt von irgend welchem Einflusse auf die Untergrundsverhältnisse des Forts gewesen sein sollte.

Im Jahre 1858 hat, wie der ehemalige Surgeon General der Bengal Army Dr. Moat**) mittheilt, eine von der Regierung ernannte Spezialkommission Erhebungen über die sanitären Verhältnisse des Forts angestellt und Maßregeln zur Verbesserung derselben vorgeschlagen. Diese Maßregeln bestanden in Nivellirung der Umgebung des Forts und in der Anlage von oberflächlichen Regenrinnen daselbst; in der Verbesserung der Wasserversorgung, sowie der Bade- und der Latrinen-Einrichtungen; in der Beschränkung der Vegetation innerhalb des Forts; in der reichlicheren Verwendung von Holzkohle zum Desodorisiren und Deinsiciren; in Verbesserung der Pissoirs und in der täglichen Entfernung der Fäkalien; ferner in Verbesserungen in den Kasernen, regelmäßiger Beseitigung des Unraths aus dem Fort und häufigerer Spülung des Festungsgrabens. Nachdem die genannte Kommission im September 1858 ihren Bericht erstattet hatte, wurde seitens der Regierung sofort der Befehl ertheilt, die Vorschläge der Kommission mit thunlichster Beschleunigung zur Ausführung zu bringen. Trotzdem herrschte zwei Jahre später (1860) wiederum die Cholera mit großer Heftigkeit im Fort und raffte von den englischen Truppen nicht weniger als 3,5 % dahin; auch im Jahre 1861 betrug diese Ziffer noch 0,8 % und stieg im Jahre 1862 wiederum auf 1,1 %.

Bemerkenswerth ist, daß zu dieser Zeit die Verbesserungen in der Wasserversorgung noch in ihren ersten Anfängen sich befanden. Das Wasser wurde nach wie vor durch die „Bhisties", die eingeborenen Wasserträger, in ledernen Schläuchen ins Fort gebracht. Der Bericht der Royal Commission on the Indian Army von 1860***) hierüber lautet in der Uebersetzung folgendermaßen: „Das Trinkwasser wird aus einem großen, auf dem Glacis gelegenen Tank geholt und zwar durch eingeborene Wasserträger. Der Tank füllt sich durch das hineinlaufende Regenwasser; er wird vollständig rein gehalten und ist gewöhnlich frei von Verunreinigungen durch Schmutzwasser. Doch darf man bei den allbekannten nachlässigen Gewohnheiten der Bhisties und der eingeborenen Diener wohl als sicher annehmen, daß das Wasser zuweilen aus näher liegenden unreinen Quellen, insbesondere dem Festungsgraben, entnommen wird."
Erst im Jahre 1865 war die neue Wasserversorgung aus den beiden außerhalb des Forts gelegenen Tanks vollendet. Die eingehende Schilderung, welche oben bereits von den betreffenden Einrichtungen gegeben ist, dürfte keinen Zweifel darüber lassen, daß von diesem Zeitpunkte an eine Verbreitung der Cholera durch das Wasser im Fort ausgeschlossen war, obgleich die auch jetzt noch allen möglichen Verunreinigungen ausgesetzte Cunette zeitweise einen

The Lancet 13. 12. 1884.

The Lancet 17. 1. 1885. Vgl. auch: „Zweite Conferenz zur Erörterung der Cholerafrage. Deutsche medicin. Wochenschr. und Berliner klin. Wochenschr. Jahrg. 1885."

***) Vgl. „De Renzy. The Lancet 13. 12. 1884."

Theil des Wassers liefern muß. Der lange Weg, welchen das letztere von der Cunette bis zu den Tanks zurückzulegen hat, bevor es zur Verwendung kommt, die Verhütung jeder weiteren Verunreinigung während dieses Weges und die doppelte Filtration, welcher das Wasser unterworfen wird, geben genügende Garantieen nach jener Richtung. Hierzu kommt, daß seit dem Jahre 1872 für Trink- und Küchenzwecke das Wasser der städtischen Leitung zur Verfügung steht, dessen vortreffliche Beschaffenheit bereits an anderer Stelle erörtert ist.

Unter den geschilderten Umständen kann nur der verbesserten Wasserversorgung der entscheidende Einfluß auf die Abnahme der Cholerasterblichkeit im Fort zugeschrieben werden.

Man könnte hiergegen geltend machen, daß die letztere bereits im Jahre 1864, also ein Jahr vor der Eröffnung der Tankwasser-Leitung gering gewesen sei. Einzelne Jahre haben indeß auch früher eine niedrigere Sterblichkeitsziffer gezeigt, so beispielsweise die Jahre 1847 (0,3 ‰) und 1849 (0,4 ‰). Die Thatsache, auf welche es hier ankommt, besteht in dem dauernden Verschontbleiben des Forts von Epidemieen seit Mitte der 60er Jahre. Die vermehrte Reinlichkeit im Fort und die im Jahre 1858 eingeführte regelmäßige Abfuhr der Fäkalien waren nicht im Stande, diese Wirkung hervorzubringen, so lange das Wasser, welches im Fort zur Verwendung gelangte, den Infektionsstoff noch enthalten konnte. Auch der ehemalige Deputy Surgeon General der Bengal Army de Renzy (l. c.) bestreitet nicht, daß seit der Epidemie-Aera große Verbesserungen im Fort ausgeführt sind, soweit die Reinhaltung der Bodenoberfläche in Frage kommt. Aber — so führt er weiter aus — dieselben Verbesserungen seien auch in anderen Stationen gemacht, ohne daß auch nur annähernd ein ähnlicher Wechsel in dem Verhalten der Cholera eingetreten wäre. Fort William sei nicht reiner als Mianmir, Lucknow, Fyzabad und andere Stationen, welche notorische Choleraheerde seien. Lange Jahre hindurch seien die Stationen in Ober-Indien Muster von Reinlichkeit gewesen, hätten aber trotzdem häufig in entsetzlichem Maße von der Cholera gelitten.

Wie in Kalkutta seit Eröffnung der neuen Wasserleitung d. h. nach 1869 die Cholerasterblichkeit dauernd und beträchtlich abgenommen hat, so ist im Fort William seit Einführung der verbesserten Wasserversorgung im Jahre 1865 die Krankheit nahezu verschwunden, und wie dort so führt hier eine eingehende Prüfung der Verhältnisse zu der Ueberzeugung, daß es sich dabei nicht nur um ein »post hoc«, sondern um ein »propter hoc« handelt.

Im Anschluß an die vorstehenden Erörterungen über den Einfluß der Wasserversorgung auf die Cholera in Kalkutta mögen hier noch einige Bemerkungen bezüglich der Verbreitung der Krankheit durch die Milch gemacht sein. Die Milch wird in Kalkutta von Eingeborenen zum Verkauf gebracht, deren Meiereien meist innerhalb der Bustee's gelegen sind, zum Theil in der Stadt selbst, zum Theil in den Vorstädten. Wie sich aus der Schilderung ergiebt, welche eine anläßlich des Ausbruchs der Rinderpest Anfangs der 70er Jahre ernannte Kommission*) von diesen Meiereien und ihrer Umgebung entworfen hat, befanden sich dieselben in einem sehr hochgradigen Zustande von Unreinlichkeit. Wie sonst in den Bustee's geschah die Wasserversorgung überwiegend aus Tanks, und dasselbe Wasser, in welchem die Anwohner badeten und ihre Kleider wuschen, diente nicht nur zum Spülen sämmtlicher in der Wirthschaft gebrauchten Gefäße, sondern wurde, wie man der erwähnten Kommission versicherte, auch dazu

*) Vgl. „Administration Report of the Calcutta Municipality 1872."

benutzt, die zum Verkauf bestimmte Milch zu verdünnen. Nur da, wo das Tankwasser völlig unbrauchbar geworden war, hatte man Brunnen angelegt; das Wasser derselben war indeß nach der Aeußerung der Kommission kaum minder verunreinigt, als dasjenige der Tanks. — Die Folge dieser Zustände liegt auf der Hand. Beim Auftreten von Cholerafällen in der Umgebung der Meiereien oder gar unter dem Personal derselben werden ohne Zweifel nicht selten Cholera-dejektionen in verdünntem Zustande der Milch zugemischt werden, und es ist sonach, da überdies experimentell festgestellt ist, daß die Cholerabacillen in der Milch vortrefflich gedeihen, die Annahme wohlbegründet, daß in Kalkutta vielfach durch den Genuß derartiger inficirter und in ungekochtem Zustande genossener Milch Erkrankungen an Cholera verursacht werden. In der That haben denn auch die Gesundheitsbeamten der Stadt diese Verhältnisse in ihrer Tragweite keineswegs unterschätzt, wie die Berichte zur Genüge ergeben. So schreibt Dr. A. J. Payne in seinem Berichte für das Jahr 1876: »To suppose that the fatal influence of these tanks must be confined to the persons who make direct use of the water would be to underrate it greatly. Milk-cows are stalled in the neighbourhood, and the nearest water is freely mixed with the milk and distributed through the town.«

Aehnlich äußert sich der Health Officer Dr. K. Mc Leod in seinem Berichte für 1883/84.

Uebrigens liegen auch bereits verschiedene Mittheilungen über kleine Epidemieen von Cholera in Kalkutta vor, deren eingehende Erforschung die Annahme sehr nahe legte, daß die Milch Träger des Infektionsstoffes gewesen war. So ist bereits im Jahre 1872 von C. Macnamara*) über einen derartigen Fall berichtet worden, in welchem drei in der besten Stadtgegend gelegene europäische Häuser, in deren Umgebung seit vier Jahren kein Cholerafall vorgekommen war, den Schauplatz einer kleinen Epidemie abgaben. In diesen drei Häusern, welche zusammen ein »boarding establishment« bildeten, und deren Bewohner dementsprechend von einer gemeinsamen Küche aus verpflegt wurden, erkrankten innerhalb 18 Stunden sechs bis dahin ganz gesunde Europäer an Cholera, während von der sehr großen Zahl von Dienern nur ein einziger befallen wurde. Gerade der letztere aber hatte allein an der europäischen Küche Theil genommen, während die sämmtlichen übrigen gesund gebliebenen für ihre Verpflegung selbst gesorgt hatten. Mit jenen sechs Fällen war die kleine Epidemie zu Ende, und auch in der Nachbarschaft kam nicht ein einziger Fall vor. Bei den angestellten Ermittelungen wurde, da die Quelle der Infektion mit Bestimmtheit auf die den Erkrankten gemeinsame Verpflegung zurückgeführt werden mußte, auch der Milch die Aufmerksamkeit zugewandt, und es ergab sich, daß in der Nähe eines Tanks, welcher dem betreffenden Milchverkäufer zur Wasserentnahme gedient hatte, in den Tagen kurz vor der Erkrankung jener Europäer acht Personen an Cholera erkrankt, und vier derselben gestorben waren.

Nicht selten mag auch von außerhalb eingeführte Milch Träger des Infektionsstoffes sein und in Kalkutta Choleraerkrankungen verursachen. In dieser Hinsicht soll hier noch einer Mittheilung gedacht werden, welche der ehemalige Civil Surgeon der 24 Pergunnah's Dr. Cauley in »The Indian Medical Gazette« vom Oktober 1872 bezüglich der Milchversorgung gemacht hat. In dem einige Meilen von Kalkutta entfernt gelegenen Dorfe Kadarhatti waren von

*) In „The Indian Medical Gazette, March 1872.“ Vgl. „Macnamara, A History of Asiatic Cholera. London 1876.“

im ganzen etwa 300 Häusern nicht weniger als 70 von Milchproducenten bewohnt, welche sämmtliche Milch nach Kalkutta verkauften. Diese 70 Häuser lagen alle an einem großen Tank, der zum Waschen und Baden rc. und ohne Zweifel auch zur Milchverdünnung benutzt wurde. Im September 1872 waren dicht am Tank unter den „gualas“ d. h. den Milchproducenten 16 Choleraerkrankungen mit 8 Todesfällen vorgekommen, und im Jahre vorher hatte die Krankheit ebenfalls unter ihnen geherrscht. — Auch hier war also wiederholt in ausgedehntem Maße die Möglichkeit geboten, den Infektionsstoff vermittelst der Milch Einwohnern von Kalkutta zuzuführen.

Es erübrigt nunmehr, das verschiedene Verhalten der Cholera in Kalkutta je nach der Jahreszeit kurz zu erörtern.

Die Vertheilung der in den Jahren 1865 bis 1884 vorgekommenen Choleratodesfälle auf die einzelnen Monate ist aus der Tabelle auf Seite 229, deren Zahlen den Berichten der städtischen Health Officer entnommen sind, ersichtlich. Das Maximum der Krankheit fällt im Durchschnitt der genannten zwanzig Jahre in den Monat April; im Mai beginnt sie abzunehmen, um nach einer weiteren durch den Juni sich fortsetzenden Verminderung in den Monaten Juli, August und September ihren niedrigsten Stand zu erreichen. Vom Oktober ab macht sich wieder eine Zunahme bemerklich, welche im December ein zweites Maximum bedingt. Nach einer vorübergehenden Abnahme im Januar mehren sich die Fälle im Februar bereits nicht unbeträchtlich; im März setzt sich die Steigerung fort, bis wieder im April die größte Höhe erreicht wird.

Auch in den Jahren vor 1865 bestand im wesentlichen dieselbe durchschnittliche Vertheilung der Choleratodesfälle auf die einzelnen Monate. Es ergiebt sich das aus einer von Dr. Macpherson*) mitgetheilten Tabelle, nach welcher in einem 26jährigen Zeitraume in Kalkutta im ganzen an Cholera starben:

Im Monat:	Januar	Februar	März	April	Mai	Juni	Juli	August	Septbr.	Oktober	Novbr.	Decbr.
Personen:	7 150	9 316	14 710	19 382	13 335	6 325	3 979	3 140	3 935	6 211	8 323	8 159

Das in beiden Zahlenreihen unverkennbar sich aussprechende Gesetz des zeitlichen Verhaltens der Cholera in Kalkutta hat übrigens in den einzelnen Jahren nicht durchweg als gültig sich erwiesen. Im Gegentheil finden sich bisweilen, wie die Tabelle für die Jahre 1865 bis 1884 und die zugehörige graphische Darstellung auf Tafel 21 zeigen, nicht unbeträchtliche Abweichungen.

Was nun die Ursachen betrifft, welche das Fallen und Steigen der Cholerasterblichkeit in Kalkutta je nach der Jahreszeit bewirken, so haben insbesondere die Aerzte T. R. Lewis und D. D. Cunningham im Auftrage der Regierung umfangreiche Untersuchungen angestellt, welche sich mit der Frage beschäftigt haben, inwieweit gewissen physikalischen Phänomenen ein Einfluß auf das zeitliche Auftreten der Seuche zukomme. Die Ergebnisse dieser Untersuchungen sind in einer sehr sorgfältigen im Jahre 1878 erschienenen Arbeit**) niedergelegt.

---

*) Cholera in its home, London 1866.

**) Cholera in relation to certain physical phenomena, Calcutta 1878.

Cholera-Todesfälle in Kalkutta 1865—1884.

Jahre	Januar	Februar	März	April	Mai	Juni	Juli	August	September	Oktober	November	December	Summe	pro mille der Bevölkerung von 1881
1865	136	306	508	756	100	131	162	302	496	432	817	452	5 078	11,7
1866	509	826	1 193	736	616	885	552	491	371	236	203	208	6 826	15,7
1867	67	142	292	343	315	137	108	56	150	277	243	140	2 270	5,2
1868	252	328	694	591	360	174	97	395	188	350	405	352	1 186	9,6
1869*)	264	428	759	745	697	336	77	52	40	56	77	57	3 588 (?)	8,2
1870	171	259	257	381	165	118	50	40	29	36	21	31	1 558	3,5
1871	53	96	55	85	29	23	25	41	69	85	127	108	796	1,8
1872	77	78	61	67	63	52	68	76	57	82	177	241	1 102	2,5
1873	129	185	217	159	149	95	55	27	22	20	23	24	1 105	2,5
1874	62	175	186	243	210	79	35	32	17	22	60	121	1 245	2,8
1875	126	69	264	264	115	62	28	31	50	145	353	167	1 674	3,8
1876	90	226	321	268	168	126	42	32	31	41	279	244	1 851	4,2
1877	251	130	174	184	76	28	26	77	119	162	85	106	1 418	3,2
1878	65	98	312	308	131	17	39	57	45	31	84	118	1 338	3,0
1879	73	58	145	175	318	223	56	21	19	17	21	60	1 186	2,7
1880	71	114	90	71	17	11	17	22	18	55	170	119	805	1,8
1881	63	72	227	370	138	36	19	59	80	100	232	267	1 693	3,9
1882	129	111	170	318	380	251	54	52	38	91	292	111	2 240	5,1
1883	201	129	227	190	393	130	38	38	38	162	103	85	2 057	4,7
1884	36	123	186	847	283	129	54	29	44	49	111	78	2 272	5,2
Im Durchschnitt der Jahre 1865—1884	141	202	332	370	253	154	82	101	96	123	190	170		

*) Am 1. November 1869 wurde die Wasserleitung eröffnet.

Da die deutsche Cholerakommission aus naheliegenden Gründen über diese Verhältnisse eigene Untersuchungen nicht hat anstellen können, so muß an dieser Stelle im wesentlichen auf jenes Werk verwiesen werden. Ueber die Beziehungen derjenigen beiden Faktoren zur Cholera in Kalkutta, welche ein besonderes Interesse beanspruchen, nämlich der Regenmenge und des Grundwasserstandes, mögen indeß hier einige Erörterungen angeschlossen sein. Um nach dieser Richtung zunächst einen Ueberblick zu gewähren, ist auf Grund der Mittheilungen von Lewis und Cunningham auf Tafel 29 eine graphische Darstellung beigefügt, in welcher die obere umgekehrte Kurve die in den einzelnen Monaten gefallene Regenmenge (in Zoll) veranschaulicht, die darunter befindlichen Säulen die monatlich vorgekommenen Choleratodesfälle angeben, und die untere ebenfalls umgekehrte Kurve den Abstand des Grundwasserspiegels von der Bodenoberfläche (in Fuß) erkennen läßt.

Die Gestaltung der entsprechenden Verhältnisse in den einzelnen Jahren von 1870 bis 1876 veranschaulicht der links gelegene größere Theil der Darstellung. Bemerkt sei noch dazu, daß den Angaben über den Grundwasserstand für Januar, Februar und März 1870 im Fort William angestellte Beobachtungen, für alle übrigen Monate bezw. Jahre Beobachtungen im Alipore Gefängnisse zu Grunde liegen.

Der rechts gelegene kleinere Abschnitt des Diagramms bezieht sich auf die mittlere Regenhöhe im Durchschnitt von 47 Jahren, die Summe der Choleratodesfälle für einen Zeitraum von 38 Jahren und den mittleren Grundwasserstand im Durchschnitt von 6 Jahren.

Wie auch Lewis und Cunningham betonen, läßt sich zwischen Cholera und Grundwasserstand zwar insofern ein Zusammenhang erkennen, als die Seuche am heftigsten herrscht zu einer Zeit, wo der Grundwasserstand am niedrigsten ist, und weiter insofern, als einer der am meisten von der Seuche verschont bleibenden Monate den höchsten Grundwasserstand aufweist. Bei einer Prüfung im einzelnen ergiebt sich indeß, daß die Uebereinstimmung nur eine sehr unvollkommene ist. Zum Beispiel tritt der tiefste Grundwasserstand im Mittel erst im Mai ein, die Cholera-Sterblichkeit aber hat keineswegs ihr Maximum in diesem Monat, sondern ist in demselben im Vergleich zum April bereits beträchtlich geringer geworden. Im December und Januar sinkt der Grundwasserspiegel, und doch nimmt die Cholera nicht zu, sondern im Gegentheil ab. — Ueberhaupt hat sich auch sonst in Indien zwischen den Grundwasserschwankungen und dem Gange der Cholera eine so geringe Uebereinstimmung ergeben, daß man den ersteren heutzutage dort keine Bedeutung mehr beimißt und die Jahre hindurch an einer großen Anzahl verschiedener Stationen fortgesetzten Messungen als nutzlos wieder aufgegeben hat.

Was die Beziehungen der atmosphärischen Niederschläge zur Cholera betrifft, so sind Lewis und Cunningham zu folgenden Ergebnissen gelangt:

In der ganzen Reihe von Beobachtungen, welche über die quantitativen und qualitativen Charaktere des Regenfalls in verschiedenen Zeiten vorliegen, finde sich nichts, die Annahme zu rechtfertigen, daß der Regenfall irgend welchen unmittelbaren Einfluß, sei es auf die Erzeugung, sei es auf die Verbreitung der eigentlichen Krankheitsursache, ausübe. Andererseits scheine allerdings festzustehen, daß große Regenmengen der Verbreitung der Krankheit hinderlich seien.

In der That ist wohl die regelmäßigste Erscheinung in dem zeitlichen Auftreten der Cholera in Kalkutta und dem endemischen Gebiete überhaupt das geringe Vorherrschen der

Krankheit während der eigentlichen Regenzeit, welche letztere die Monate Juni bis September umfaßt, nicht selten aber auch schon im Mai beginnt und bisweilen bis in den October hinein sich erstreckt. Ausnahmen von jener Regel finden sich allerdings auch. So stieg die Cholerasterblichkeit im Jahre 1865 nach einem beträchtlichen Nachlaß im Juni und Juli schon im August wieder mächtig an. Im Jahre 1866 war im Juli und August die Verbreitung der Krankheit immer noch eine große, und erst in den vier letzten Monaten des Jahres erfolgte ein weiterer Nachlaß.

Für die Beurtheilung dieser Verhältnisse bietet eine vortreffliche Unterlage die auf Tafel 23 wiedergegebene, schon oben erwähnte graphische Darstellung, in welcher von C. Macnamara für die Jahre 1866 bis 1874[1]) neben den in Kurvenform veranschaulichten täglich vorgekommenen Choleratodesfällen die täglichen Regenmengen in Säulenform eingetragen sind. (Die Höhe von je fünf Vierecken entspricht einem Zoll Regen.)

Bei einer Betrachtung der Darstellung ergiebt sich zunächst, daß derjenige Theil der trockenen Jahreszeit, in welchen die beträchtlichste Zunahme der Cholerasterblichkeit fällt, durchaus nicht etwa ohne allen Regen ist. Schon lange vor dem eigentlichen Anfange der Regenzeit, welchen man, wie bereits erwähnt ist, gewöhnlich in den Anfang Juni verlegt, kommen beträchtliche Regenschauer zur Beobachtung. Andererseits fallen auch in der eigentlichen Regenzeit keineswegs alltäglich Niederschläge, es werden nur die schon vorher eingetretenen Regen häufiger und beträchtlicher. Auf die außerordentliche Höhe, welche die Niederschläge bisweilen an einem einzigen Tage erreichen, sei hier nur nebenbei aufmerksam gemacht. Am 9. Juni 1869 fielen beispielsweise nicht weniger als 11½ Zoll, am 12. August 1868 8¾ Zoll Regen. Daß innerhalb weniger Stunden mehrere Zoll Regen fallen, gehört nicht zu den seltenen Vorkommnissen.

Des weiteren ergiebt die Darstellung, daß zwischen dem Regenfall und der Cholera im einzelnen in der That keinerlei Beziehungen ersichtlich sind. Insbesondere unterliegt es wohl keinem Zweifel, daß die Kurve ganz anders gestaltet sein müßte, wenn den atmosphärischen Niederschlägen insofern ein wesentlicher Einfluß auf die Cholera in Kalkutta zukäme, als sie das Grundwasser steigen machen.

Was die Verbreitung der Cholera in regenreichen im Vergleich zu derjenigen in regenarmen Jahren betrifft, so macht der Health officer Dr. A. J. Payne in seinem Berichte für das Jahr 1876 mit Recht darauf aufmerksam, daß die jährliche Regenmenge keineswegs in einem regelmäßigen Verhältnisse zur Ausbreitung der Cholera in Kalkutta stehe. Das Jahr 1871 habe zwar die größte Regenmenge und die geringste Cholerasterblichkeit gehabt, das Jahr 1868 aber, der Regenmenge nach das zweite in der Reihe, habe nur eine mittlere, das Jahr 1867, der Regenmenge nach das dritte, eine niedrige, das Jahr 1866, der Regenmenge nach das vierte, die höchste Cholerasterblichkeit der ganzen Liste aufzuweisen gehabt. – Innerhalb eines und desselben Jahres lasse sich, meint Dr. Payne, der Zusammenhang zwischen Regenfall und Cholera in Kalkutta am ehesten noch dahin zusammenfassen, daß der erste große Monatsabfall der Seuche den ersten großen Monats-Regenfall abzuwarten pflege, möge der letztere früh oder spät in der Jahreszeit erfolgen. Aber auch hiervon gebe es Ausnahmen.

---

[1]) Für das Jahr 1874 fehlen die Angaben über die Regenmengen. Schalttage sind in der Darstellung unberücksichtigt geblieben.

Nach Dr. Payne ist es ferner eine in Kalkutta weit verbreitete Ansicht — und auch die deutsche Kommission ist derselben wiederholt bei den dortigen Aerzten begegnet —, daß in der trockenen Jahreszeit ein leichter Regenfall von einer Zunahme der Cholera gefolgt ist, während starker Regen einen Nachlaß herbeiführt. Jahre hindurch sei in den Hospitälern der Stadt die Bemerkung gemacht, daß ein Regenschauer in den trockenen Monaten fast sicher die Zuführung von Cholerakranken im Gefolge habe. Aehnliche Beobachtungen seien auch aus den Provinzen berichtet. Was die Erklärung dieser Thatsache betrifft, so äußert Dr. Payne sich folgendermaßen: »Nevertheless it is easy to understand that a shower, falling in a dirty locality and washing foul deposits into pools of stagnant water, must add to the filth they already contain, and intensify its effects; while a heavier fall of rain will probably do more good by dilution than harm by its washings.«

Der erste große Abfall der Cholera erfolge, wie Dr. Payne mit Bezug auf diese Verhältnisse weiter ausführt, nicht sofort im Beginne der Regenzeit, sondern erst dann, wenn die Tanks gefüllt, und ihr Inhalt verhältnißmäßig rein geworden sei. Die Zunahme der Cholera dagegen beginne um so später, je länger die Füllung bezw. Reinhaltung der Tanks durch den Regen andauere. In den ersten Jahren nach Einführung der Wasserleitung, wo dieselbe in ausreichender Menge und ununterbrochen gutes Wasser geliefert habe, und wo in Folge dessen die Zahl der Choleratodesfälle überhaupt eine niedrige gewesen sei, habe sich naturgemäß der günstige Einfluß des Regens nur in geringerem Grade bemerklich machen können (vgl. hierzu Tafel 23); schon in den nächsten Jahren aber, als in Folge des vermehrten Wasserverbrauchs in den besseren Häusern die Leitung einen Theil des Tages habe unterbrochen werden müssen, und die ärmeren Klassen in Folge dessen nothgedrungen wieder zu ihren schmutzigen Tanks zurückgekehrt seien, sei der günstige Einfluß des Regens um so mehr hervorgetreten, als die Cholera damals nur noch solchen Bevölkerungsklassen hauptsächlich gefährlich gewesen sei, auf deren Wasserversorgung der Regen von Einfluß habe sein können.*)

Hinsichtlich der Zunahme der Cholera in der kalten trockenen Jahreszeit macht Dr. Payne darauf aufmerksam, daß in dieser Zeit die Tanks wesentlich Mittags und in Folge dessen hauptsächlich von denjenigen Personen benutzt würden, welche daheim bleiben, d. h. von den Weibern und Kindern. Gerade die letzteren aber seien in verschiedenen Fällen besonders schwer betroffen gewesen. Wenn seine Anschauungen richtig seien, so müsse man erwarten, daß die Native Frauen und Kinder in höherem Grade von der Cholera leiden müßten, als diejenigen der Europäer und der Mischrassen-Bevölkerung, und daß sie auch den erwachsenen Männern gegenüber im Nachtheil sein müßten. Inwieweit das zutreffe, lasse die auf Seite 233 wiedergegebene Tabelle erkennen.

Uebrigens verhehlt Dr. Payne sich keineswegs, daß alle diese Verhältnisse noch nicht genügend erforscht sind, und daß es sich nur um Erklärungsversuche handle, welche vielem Widerspruch begegnen würden. Er betont auch, daß er ausschließlich die Verhältnisse Kalkutta's im Auge habe.

---

*) Dr. Payne theilt bei dieser Gelegenheit folgendes mit: Zwischen Januar und Juni 1877 starben in Kalkutta 650 Personen, deren Lebensstellung ermittelt wurde. Von diesen gehörten 548 den ärmsten Klassen an. Die übrigen waren Kaufmannsgehülfen, Lehrer, Studenten u. dergl. Nicht ein einziger Todesfall war, soweit bekannt wurde, unter gut situirten Personen vorgekommen.

	Erwachsene Männer.			Erwachsene Frauen.			Kinder von 1–10 Jahren.		
	Bevölkerung.	Cholera Todesfälle im Jahre 1876.		Bevölkerung.	Cholera Todesfälle im Jahre 1876.		Bevölkerung.	Cholera Todesfälle im Jahre 1876.	
		Zahl.	pro mill. der Bevölkerung.		Zahl	pro mill. der Bevölkerung.		Zahl.	pro mill. der Bevölkerung.
Nicht Asiaten . .	5 536	62	11,0	2 103	1	1,9	1 326	1	0,7
Misch Rassen .	4 122	16	3,8	4 397	6	1,3	2 371	6	2,5
Hindus	160 627	753	4,6	84 146	353	4,0	29 695	211	7,0
Muhamedaner . . .	81 744	258	3,2	28 459	93	3,3	12 053	83	6,8

Jedenfalls spricht der weitere Verlauf der Dinge seit 1876 durchaus für die Richtigkeit seiner Anschauungen, da die örtlichen Choleraausbrüche in Kalkutta auch heute noch, wie aus den Berichten der Health Officer ersichtlich ist, auf solche Bevölkerungsklassen sich beschränken, deren Wasserversorgung durch Mangel an Regen verschlechtert, durch anhaltenden Regenfall außerordentlich verbessert wird, während da, wo das Wasser der städtischen Leitung ausschließlich benutzt wird, die Krankheit überhaupt nur in seltenen vereinzelten Fällen auftritt.

Dr. Payne hat es bei seinen Ausführungen dahingestellt gelassen, ob die Choleraursache in einem lebenden Organismus oder in irgend etwas anderem zu suchen sei. Anscheinend neigt er sich mehr der letzteren Ansicht zu. Aber auch heute, wo jene Ursache in den Cholerabacillen gefunden ist, läßt sich die Zunahme der Cholera in Kalkutta während der trockenen und ihre Abnahme während der Regenzeit am einfachsten dadurch erklären, daß einerseits durch das Sinken des Wassers in den Tanks und das theilweise Austrocknen derselben den Anwohnern ein geringeres Quantum Wasser zur Verfügung steht, welches begreiflicherweise in viel höherem Grade durch den Schmutz der Badenden, durch Fäkalien u. s. w. verunreinigt wird, als eine große Wassermenge, und daß andererseits in der Regenzeit, wo der Boden des Gangesdeltas nach und nach mit Wasser ganz gesättigt, und die Tanks bis zum Ueberfließen gefüllt werden, der Infektionsstoff fortgespült wird oder in dem Uebermaß an Wasser zu Grunde geht.*)

Der Einwand, daß die Cholerabacillen in der geradezu Jauche ähnlichen Flüssigkeit, welche in der trockenen Jahreszeit den Inhalt der Tanks bildet, durch Fäulnißorganismen binnen kurzem überwuchert werden müßten, hat schon aus dem Grunde keine Bedeutung, weil der Infektionsstoff bei den in ausreichendem Maße geschilderten Lebensgewohnheiten der Bevölkerung in zahlreichen Fällen fast unmittelbar nach dem Hineingelangen in die Tanks auch wieder von anderen Menschen aufgenommen werden kann. Es kommt noch hinzu, daß gerade dann das Bedürfniß nach Wasser am größten ist, wenn dasselbe an Menge und Beschaffenheit am meisten zu wünschen übrig läßt, nämlich in der heißen trockenen Jahreszeit.
Auch die oben erwähnte Beobachtung, daß häufig nach einzelnen in der trockenen Jahreszeit erfolgenden Regengüssen totale Ausbrüche der Krankheit vorkommen, steht mit den Lebens-

*) Vgl. „Zweite Conferenz zur Erörterung der Cholerafrage. Deutsche medicin. Wochenschr. und Berliner Klin. Wochenschr. Jahrg. 1885."

eigenschaften der Cholerabacillen im Einklang, da wir wissen, daß in Choleradejektionen, welche auf Erde geschüttet werden, die Bacillen besonders gut gedeihen und sich unter diesen Umständen üppig vermehren. Man braucht sich nur der mehrfach gegebenen Schilderungen der nächsten Umgebung der Tanks zu erinnern, um zu verstehen, wie leicht unter Umständen durch einen Regenguß unzählige Cholerabacillen von den Ufern eines Tanks in den letzteren hinein gespült werden können.

Uebrigens liegt es auf der Hand, daß eine sogenannte Tank-Epidemie auch in der Regenzeit unter Umständen sich wird entwickeln können, wenn sie nach Lage der Dinge im allgemeinen auch in der trockenen Zeit häufiger vorkommen muß. —

Inwieweit neben den erörterten noch allgemeine klimatische Verhältnisse auf die größere oder geringere Verbreitung der Cholera von Einfluß sind, muß dahin gestellt bleiben. Der Umstand, daß diejenigen Jahre, welche in Kalkutta eine niedrige bezw. vermehrte Cholera-sterblichkeit aufweisen, im allgemeinen auch für die Vorstädte und die benachbarten Distrikte leichtere bezw. schwerere Cholerajahre sind,*) spricht für das Bestehen derartiger noch unbekannter Einflüsse, wenn man auch andererseits jene Uebereinstimmung deshalb nicht allzu hoch veranschlagen darf, weil die Bevölkerung zwischen Kalkutta und der Umgebung in steter Bewegung ist. Daß die beregten Einflüsse an sich nicht im Stande sind, Cholera hervorzubringen, zeigen die ersten Jahre nach Eröffnung der Wasserleitung, in welchen die Seuche in Bengalen mit verhältnißmäßig großer Heftigkeit herrschte, während das eigentliche Stadtgebiet von Kalkutta einer bis dahin unerhörten Immunität sich erfreute. Der Zukunft muß es überlassen bleiben, ob durch die bevorstehende Vermehrung der Zufuhr von unverdächtigem Wasser die Cholerasterblichkeit der Stadt von derjenigen der Umgebung und des ganzen übrigen endemischen Gebietes wieder in dem gleichen Grade unabhängig gemacht werden wird.

Veranlaßt durch die in Macnamara's Werk über Cholera**) enthaltene Mittheilung, daß in Kalkutta ein Tempel der unter dem Namen „Oola Bibi" von den Hindu's verehrten Cholera-Göttin sich befindet, hat die Kommission diesem sonst wenig bekannten Tempel einen Besuch abgestattet. Daß ihr seine Auffindung gelungen ist, verdankt die Kommission der freundlichen Vermittelung des Herrn W. W. Hunter, der ihr auch sonst bei ihren Arbeiten mehrfach seine werthvolle Unterstützung hat zu Theil werden lassen.

Der Tempel ist in der Vorstadt Chitpore an der Belgatchya-Road in unmittelbarer Nähe der Eastern-Bengal-Eisenbahn gelegen. Es ist ein kleiner Hindu-Tempel der gewöhnlichen Form. In einem vor ihm befindlichen kleinen Garten steht ein Baum, um dessen Fuß eine Anzahl kopfgroßer Steine gelegt ist, während in den Zweigen an starken Fäden kleinere Steine, Zeuglappen u. dgl. hängen, von kinderlosen Frauen der gleich noch zu erwähnenden Göttin Sasti dargebrachte Opfer. In der wenig tiefen, nach vorn zu offenen Halle des Tempels, welcher selbst übrigens von den Kommissions-Mitgliedern nicht betreten werden durfte, ist in der Mitte des Hintergrundes ein Bild der Oola Bibi sichtbar, rechts daneben je ein Bild der Schlangen-Göttin Manasa und der Kinder-Göttin Sasti, links ein solches der

*) Vgl. hierzu den Bericht des Health officer von Kalkutta für das Jahr 1881.

**) C. Macnamara, A History of Asiatic Cholera. London 1876.

Pocken-Göttin Shitala, sämmtlich halblebensgroße Frauenfiguren in rothen Gewändern und mit reichen Goldzierrathen geschmückt. In der linken Ecke befindet sich noch eine von außen kaum erkennbare dunkle Figur, welche als die Göttin Panchanana bezeichnet wurde. In der rechten Ecke, zu Füßen der Sasti liegt ein etwas über kopfgroßer runder, mit rother Farbe bemalter Stein, das eigentliche Idol der Ola Bibi. Der bei der Besichtigung anwesende Priester des Tempels war bis zum Gürtel herab unbekleidet. Vor den Bildern der Göttinnen brannte Weihrauch. — Wie der Kommission mitgetheilt wurde, sollen die Hindu's, abgesehen von den Zeiten heftigeren Auftretens der Cholera namentlich im Juni der Ola Bibi ihre Opfer darbringen. Der jetzige Tempel ist angeblich im Anfange dieses Jahrhunderts (nach Macnamara schon gegen Mitte des vorigen Jahrhunderts) erbaut; das Stein-Idol dagegen ist wahrscheinlich schon sehr alt. Möglicherweise hat das letztere in früheren Zeiten eine andere Bedeutung gehabt, da, wie bereits ausgeführt ist, vor dem Jahre 1817 die epidemisch auftretende Cholera in Kalkutta unbekannt war.

Erwähnt sei hier noch, daß die Kommission in Madras Gelegenheit gehabt hat, eine im Besitz des Surgeon General Herrn Dr. Furnell befindliche plastische Darstellung der Cholera-göttin zu sehen, eine sitzende weibliche Figur, welche ein todtes Kind auf den Knieen hält und die Därme desselben mit ihren Raubthierzähnen herausreißt und verschlingt.

Bemerkungen über den Einfluß der Wasserversorgung auf die Cholera in Pondicherry, Madras, Nagpur und Guntur.

Die an der Coromandel-Küste südlich von Madras gelegene kleine französische Besitzung Pondicherry hat in früheren Jahren stark von der Cholera zu leiden gehabt, wie unter anderem aus einer Mittheilung Huillet's*) hervorgeht, nach welcher in den Jahren 1855 bis 1866 nicht weniger als 6522 Menschen bei einer Einwohnerzahl von ca. 120000 der Krankheit erlegen sind. — Seit einer Reihe von Jahren ist das Stadtgebiet von Pondicherry mit einer Anzahl von artesischen Brunnen versehen und hat sich seitdem einer so auffallenden Immunität gegenüber der Cholera zu erfreuen gehabt, insbesondere auch während der heftigen Epidemie, welche gegen Ende 1881 und Anfang 1882 über Südindien dahinzog, daß Dr. Furnell, der Sanitary Commissioner for Madras, im Jahre 1882 sich veranlaßt sah, an Ort und Stelle von der Lage der Dinge sich zu unterrichten. Dr. Furnell**) fand in der Stadt 14 artesische Brunnen und in allen Straßen Auslässe, welche theils Wasser aus jenen Brunnen, theils von außerhalb zugeführtes Leitungswasser in reichlicher Menge der Bevölkerung boten. Tanks waren nicht vorhanden. Das Leitungswasser wurde aus einem kleinen,

---

*) Hygiène des blancs, des mixtes et des Indiens de Pondichéry. Arch. de méd. navale. 1867; nach einem Referat in Virchow-Hirsch's Jahresbericht für 1867.

**) 19. Annual Report of the Sanitary Commissioner for Madras. 1882.

in einiger Entfernung von der Stadt gelegenen See (Moutirepaleon) zugeführt und war gegen jede Verunreinigung genügend geschützt.*)

In seinem dem Gouvernement von Madras erstatteten Berichte theilt Dr. Furnell über eine Anzahl der artesischen Brunnen genauere Daten mit, aus welchen hervorgeht, daß sie im Durchschnitt je ca. 200 Liter Wasser in der Minute liefern, daß letzteres eine Temperatur von etwa 32° C hat und durchschnittlich etwa $1\frac{1}{2}$ Meter über die Bodenoberfläche emporsteigt. Auch über die bei den Bohrungen durchschnittenen Bodenschichten enthält der Bericht eingehende Mittheilungen; danach ist die Bodenzusammensetzung an den verschiedenen Stellen eine außerordentlich verschiedene, meist aber wechseln mehr oder weniger mächtige Thonlager mit Sandschichten ab. Die Brunnen sind zum Theil mehrere hundert Fuß tief in den Boden getrieben. Das Wasser der Brunnen wird von den Eingeborenen hoch geschätzt, obgleich es einen deutlichen Eisengeschmack besitzt; ja es gilt bei der Bevölkerung geradezu als heilkräftig.

Wie Dr. Furnell an Ort und Stelle von den Aerzten erfuhr, war die Stadt in der That während der großen Epidemie von 1881/82 vollständig von der Cholera verschont geblieben, und zwar, wie angenommen wurde, in Folge der vortrefflichen Wasserversorgung.

Die Worte, mit welchen der genannte erste Sanitätsbeamte der Präsidentschaft Madras, dem eine langjährige Erfahrung über Cholera in Indien zur Seite steht, seinen Bericht schließt, lauten in der Uebersetzung folgendermaßen:

„Ich habe schon häufig hervorgehoben, aber ich muß immer wiederholen, daß eine verbesserte Wasserversorgung in erster Linie unseren indischen Städten noth thut. Bevor nicht die entsetzliche (frightful) Wasserverunreinigung, wie sie zur Zeit besteht, überwunden sein wird, sind alle unsere sanitären Bemühungen geradezu nutzlos. Wir besitzen große Städte, wie Tanjore, Trichinopoly, Madura, Negapatam, Berhampore und andere, in welchen wenig oder überhaupt gar kein reines Wasser für häusliche Zwecke vorhanden ist. Der größere Theil der Bevölkerung trinkt eine Flüssigkeit und kocht mit derselben, die man in Europa Spüljauche (sewage) nennen würde. Ich übertreibe nicht, wenn ich diesen Ausdruck gebrauche. Dicht in unserer Nähe aber außerhalb des Bereiches unserer Herrschaft liegt eine Stadt, zwar nicht so reich vielleicht wie irgend eine der vorher genannten, aber versorgt mit einer reichlichen Menge guten, auch dem Aermsten zugänglichen, vor jeder Verunreinigung geschützten Wassers. Wie von Rom so kann man von Pondicherry sagen: der größte Reichthum dieser Stadt liegt in ihrer ausgezeichneten Wasserversorgung."

Die Regierung von Madras ließ diesen Bericht veröffentlichen und theilte ihn der Regierung von Indien mit; sie stellte außerdem Dr. Furnell 1000 Rupies (ca. 1700 Mark) zur Verfügung, um in Madras versuchsweise einen artesischen Brunnen anlegen zu lassen, und beschloß auch hiervon der indischen Regierung mit dem Bemerken Kenntniß zu geben, daß man im Begriff stehe, ähnliche Versuche auch an anderen Orten anzustellen.

Im Jahre 1884 erstattete Dr. Furnell über die in Rede stehenden Verhältnisse Pondicherry's einen weiteren Bericht an die Regierung von Madras. Man habe ihm vorgeworfen, daß er offenbar falsch unterrichtet worden sei, und er habe in Folge dessen neue Recherchen

*) Vgl. hierzu auch: „Cholera in relation to water supply in southern India. By Surgeon General M. C. Furnell, M. D. Madras. Presidential Adress of 1886 to the S. J. Branch Brit. Med. Association. Indian Medical Gazette April 1886."

angestellt, welche indeß seine früheren Mittheilungen durchaus bestätigt hätten. Gleichzeitig theilte er einen ihm zugegangenen Bericht des „Chef du service de santé de Pondichéry“ an den „Directeur de l'Intérieur de Pondichéry“ mit, nach welchem zwar in der That gegen Ende des Jahres 1883 eine Zunahme der Choleratodesfälle sich bemerklich gemacht hat — während die Zahl derselben im Jahre 1881 nämlich nur 10 und im Jahre 1882 50 betragen hat, stieg sie im Jahre 1883 auf 107 —, trotzdem aber nach wie vor die mit gutem Wasser versorgten Theile von Pondicherry und insbesondere die Stadt selbst ihre Immunität bewahrt haben. Die Worte des französischen Gesundheitsbeamten lauten:

Dans le relevé ci annexé, il ne s'agit que de la ville de Pondichéry proprement dite et des villages environnants. C'est presqu' entièrement dans ces derniers, où il n'existe ni eau provenant de Montirepaleon, ni eau fournie par des puits artésiens, qu'il faut attribuer les décès cholériques signalés dans ce tableau. Jusqu'à ce jour, on n'a constaté que des cas isolés et éloignés dans la ville proprement dite de Pondichéry, abondamment pourvue des eaux cités plus haut. Il est aussi à remarquer que, parmi les villages environnants, ce sont ceux qui sont pourvus de puits artésiens, qui ont été jusqu'ici indemnes, pour ainsi dire, de l'infection cholérique.

Auch in der Folge hat sich diese Immunität der mit gutem Wasser versorgten Theile Pondicherry's bewährt, während in den benachbarten englischen Städten des South Arcot District (Cuddalore, Chellumbrum) ꝛc. die Cholera wiederholt geherrscht hat.

Die Behauptung,[*] daß die Aeußerungen des Führers der deutschen Kommission über den Einfluß der guten Wasserversorgung auf die Cholera in Pondicherry unrichtig seien und auf Irreführung durch offizielle oder offiziöse Angaben der englischen Behörden beruhen, dürfte hiernach wohl hinfällig geworden sein.

Auch **Madras** bietet ein vortreffliches Beispiel für den entscheidenden Einfluß der Wasserversorgung auf das epidemische Auftreten der Cholera.[**] Die Stadt hat nämlich im Jahre 1872 eine Wasserleitung erhalten, nachdem sie bis dahin ausschließlich mit Wasser versorgt war, welches allen Verunreinigungen ausgesetzt war. Zehn bis zwölf englische Meilen von der Stadt entfernt liegt in den Red Hills ein großer, durch atmosphärische Niederschläge gefüllter Tank, dessen Umgebung frei von menschlichen Wohnungen ist, an dem keine Straßen und Wege vorüber führen, und welcher überdies sorgfältig bewacht wird. Von diesem Tank aus wird das Wasser zunächst in einem theilweise unbedeckten Kanale nach der Stadt zu geleitet und dann durch ein Röhrensystem in derselben vertheilt. Wie sich vor und nach Einführung der ohne Zweifel immerhin noch sehr verbesserungsfähigen einheitlichen Wasserversorgung die Cholerasterblichkeit gestaltet hat, ist aus der Tabelle auf Seite 238 ersichtlich.

In der Tabelle ist bereits bemerkt, daß in den Jahren 1875 bis 1877 Hungersnoth in der Präsidentschaft herrschte. Wie Dr. Furnell mittheilt, strömten damals die Hülfe suchenden Eingeborenen aus den benachbarten Distrikten haufenweise in die Stadt, meist allerdings nur, um hier zu sterben. Die Registrirung der Todesfälle entsprach diesen Aus-

[*] Vgl. den Bericht der im Jahre 1881 von der „Société nationale de médecine de Marseille“ zum Studium der Cholera ernannten Kommission. Journal d'hygiène 1884.

[**] Vgl. „M. C. Furnell, Cholera and the water supply of Madras. The Lancet, 18. 9. 1886.“ und „Cholera in relation to water supply in southern India. Indian Medical Gazette April 1886.“

Choleratodesfälle in der Stadt Madras.

Jahr	Cholera-Todesfälle	Bemerkungen
1855	1 956	
1856	805	
1857	1 378	
1858	1 965	
1859	1 082	
1860	2 580	
1861	2 776	
1862	3 635	
1863	1 681	
1864	571	
1865	911	
1866	2 981	
1867	614	
1868	13	
1869	568	
1870	861	
1871	493	
1872	5	Eröffnung der Wasserleitung im Jahre 1872. (In den Jahren 1872 bis 1874 war in der Präsidentschaft Madras überhaupt die Verbreitung der Cholera eine geringe.)
1873	6	
1874	0	
1875	879	In den Jahren 1875 bis 1877 war die Präsidentschaft von Hungersnoth heimgesucht.
1876	2 035	
1877	6 246	
1878	64	
1879	34	
1880	2	
1881	123	In den Jahren 1881 bis 1884 herrschte eine sehr schwere Cholera-Epidemie in der Präsidentschaft Madras.
1882	361	
1883	168	
1884	269	

nahmezuständen. „Fast jeder Todesfall wurde als Cholerafall bezeichnet; das war einfach und ersparte Weiterungen.“ Unter solchen Umständen müssen jene Jahre außer Betracht bleiben, wenn es sich um die Beurtheilung des Einflusses der Wasserversorgung handelt. In den Jahren 1881 bis 1884 zeigt die Tabelle ebenfalls eine Zunahme der Choleratodesfälle, wenn dieselbe auch weit hinter den Zahlen zurückbleibt, welche vor Eröffnung der Wasserleitung die Regel bildeten. Bezüglich der genannten Jahre ist aber zu berücksichtigen, daß damals die Präsidentschaft Madras von einer der schwersten bis dahin vorgekommenen Epidemieen heimgesucht worden ist, welche begreiflicherweise auch auf die Todtenlisten der Stadt bei dem steten Wechsel der Native-Bevölkerung nicht ganz ohne Einfluß bleiben konnte. Ergiebt sich bei Berücksichtigung dieser Verhältnisse schon unzweifelhaft, daß die Stadt Madras seit Eröffnung der Wasserleitung einer auffälligen Immunität gegenüber der Cholera sich zu erfreuen gehabt hat, so kommt noch hinzu, daß nach Dr. Furnell's Mittheilungen die meisten bekannt gewordenen Todesfälle in den äußeren, nicht mit Wasser der Red Hills-Leitung versorgten Stadtbezirken vorgekommen sind, deren Bewohner auf unreine Brunnen bezw. auf eine Anzahl alter schmutziger Tanks angewiesen waren. Nur einer der mit Red Hills-Wasser versorgten Bezirke, genannt „Triplicane,“ hatte stärker zu leiden. Es ergab sich aber, daß die größtentheils muhamedanischen Bewohner dieses Stadttheils ihr Wasser überwiegend aus kleinen im Bereiche ihrer Häuser angelegten Brunnen entnommen hatten, um zu vermeiden, daß der weibliche Theil der Bevölkerung zum Wasserholen die Straße betrat. Jene Brunnen lagen stets in gefährlicher Nähe der Senkgruben.

Besonders bemerkenswerth ist der Umstand, daß ein Europäer in Madras jetzt nur noch höchst selten von der Cholera betroffen wird. Dr. Furnell erwähnt beispielsweise, in den Jahren 1881 bis 1884 nur zwei Fälle derart gesehen zu haben.

Daß die Abnahme der Cholera in der Stadt nicht etwa auf größere Reinhaltung des Bodens zurückzuführen ist, ergiebt sich schon aus der Thatsache, daß die überwiegende Zahl der Einwohner Abtritte in ihren Häusern bezw. Hütten überhaupt nicht besitzt, vielmehr ihre Nothdurft einfach auf den Straßen verrichtet oder auf den hinter den Häusern gelegenen Höfen, wo das Vorhandensein eines Sumpfes von Schmutzwasser die Regel bildet. Mit unterirdischen Kanälen ist nur ein sehr kleiner Theil der außerordentlich ausgedehnten Stadt versehen.

Ein weiteres Beispiel für den Einfluß der Wasserversorgung auf die Cholera in Indien liefert die etwa 85000 Einwohner zählende Stadt Nagpur, die Hauptstadt des gleichnamigen Bezirkes in den Central Provinzen. Nach einer Mittheilung des ehemaligen Sanitary Commissioner for the Punjab Dr. Townsend*) hat die Stadt, welche im Jahre 1872 mit einer Wasserleitung aus dem Ambaghiri reservoir versehen worden ist, in den sieben der Eröffnung der Leitung vorangegangenen Jahren 1264, in den nächsten sieben Jahren dagegen nur 177 Choleratodesfälle zu verzeichnen gehabt d. h. nur etwa den 7. Theil der früheren Zahl. Auch in Nagpur hat sich wieder die Erfahrung bestätigt, daß nach Eröffnung der Leitung die Cholera fast ausschließlich auf diejenigen Stadttheile sich beschränkt hat, in welchen noch unreine Quellen der Wasserversorgung, flache Brunnen und offene Tanks, bestanden.

Die Zahl der Choleratodesfälle in der Stadt für die Jahre 1865 bis 1881 ergiebt sich aus nachstehender Uebersicht:

Jahr:	1865	1866	1867	1868	1869	1870	1871	1872**)	1873
Choleratodesfälle in der Stadt Nagpur:	420	387	—	11	112	1	1	23	—

Jahr:	1874	1875	1876	1877	1878	1879	1880	1881
Choleratodesfälle in der Stadt Nagpur:	—	32	61	3	69	12	—	60

Von den 60 Todesfällen des Jahres 1881 haben sich nicht weniger als 31 in einem Stadtbezirke ereignet, welcher nicht mit Leitungswasser versehen war, und wo hauptsächlich

*) Vgl.: „Furnell, Cholera in relation to water supply. Indian Medical Gazette. April 1886.“
**) Eröffnung der Wasserleitung.

Tankwasser benutzt wurde; die verbleibenden 29 Fälle vertheilten sich auf die übrigen 25 Stadtbezirke, von denen 20 Leitungswasser zur Verfügung hatten, während die Bewohner der 5 anderen auf Brunnen oder Tanks angewiesen waren und nur zum Theil ihren Bedarf aus den benachbarten mit Leitungswasser versorgten Bezirken sich beschafften.

Man hat die Abnahme der Cholera in der Stadt Nagpur darauf zurückführen wollen, daß überhaupt der ganze Distrikt seit Anfang der 70er Jahre weniger schwer betroffen gewesen wäre. Aus der nachstehenden Uebersicht ergiebt sich indeß, daß dies nicht zutrifft, und daß sich das Verhältniß der Cholerasterblichkeit zwischen Stadt und Distrikt seit Einführung der Wasserleitung geradezu umgekehrt hat:

Es starben an Cholera im Jahre:	1865	1866	1867	1868	1869	1870	1871	1872*)	1873
Im Bezirke Nagpur (1 550 000 Einw.) pro mille der Bevölkerung:	5,50	?	—	0,83	1,61		—	—	—
In der Stadt Nagpur (84 500 Einw.) pro mille der Bevölkerung:	5,0	4,3	—	0,5	1,9	0,01	0,05	0,27	—

Es starben an Cholera im Jahre:	1874	1875	1876	1877	1878	1879	1880	1881
Im Bezirke Nagpur (1 550 000 Einw.) pro mille der Bevölkerung:	—	3,30	1,16	0,10	5,65	0,75	—	2,15
In der Stadt Nagpur (84 500 Einw.) pro mille der Bevölkerung:	—	0,36	0,72	0,03	0,82	0,14	—	0,70

Im Jahre 1883 soll nach einer Mittheilung Dr. Cuningham's**) die Stadt wieder schwerer von der Cholera zu leiden gehabt haben. Es fehlt indeß eine Bemerkung darüber, welche Stadttheile heimgesucht worden sind. Zudem hat die Sterblichkeit an Cholera in dem genannten Jahre auch nur 2,49 pro mille der Einwohner betragen, so daß von einer schweren Epidemie wohl nicht die Rede sein kann. —

Erwähnt möge hier schließlich noch die in der Präsidentschaft Madras (Kistna Collectorate) gelegene Stadt Guntur sein, welche nach einer Mittheilung Dr. Furnell's***) seit dem Jahre 1868 frei von Cholera geblieben ist und zwar ebenfalls nach Herstellung einer einheitlichen Wasserversorgung. Der Bedarf wird hier durch einen außerhalb der Stadt gelegenen großen Tank gedeckt, der vor jeder Verunreinigung durch besondere Wachen geschützt, und dessen Wasser nach einer allerdings nur ziemlich rohen Filtration durch ein Röhrensystem in der Stadt vertheilt wird. Der Ort soll im Uebrigen nicht reiner sein, als viele andere von der Cholera heimgesuchte Städte. Daß es sich nicht um eine durch die Bodenbeschaffenheit oder dergleichen bedingte Immunität handelt, ergiebt sich daraus, daß Guntur nach Dr. Furnell's Bericht in früheren Zeiten geradezu durch das Auftreten von Choleraepidemieen sich auszeichnete, sobald die Krankheit in den benachbarten Distritten erschien.

*) Eröffnung der Wasserleitung.

**) J. M. Cuningham, Cholera, what can the State do to prevent it. Calcutta 1884.

***) Cholera in relation to water supply in southern India. Indian Medical Gazette. April 1886.

Ueber das Auftreten der Cholera auf den zur Beförderung indischer Kuli's dienenden Schiffen.*)

Die Thatsache, daß eigentliche Choleraepidemieen nur auf Schiffen vorkommen, welche eine größere Menge von Menschen an Bord haben, während auf Schiffen mit geringer Bemannung, also auf allen Handelsschiffen, selbst wenn in den ersten Tagen der Fahrt Cholerafälle vorkommen, sich niemals Epidemieen entwickeln, welche sich wochenlang hinziehen, hat Veranlassung gegeben, dem Auftreten der Cholera auf den zur Beförderung indischer Arbeiter, sogenannter Emigranten-Kuli's, dienenden Schiffen besondere Aufmerksamkeit zuzuwenden. Schon in Madras bot sich Gelegenheit über diese Schiffe einiges in Erfahrung zu bringen, wenn hier auch ziffermäßige Angaben über die Häufigkeit des Auftretens der Cholera auf denselben leider nicht zu erlangen waren.

Von Madras bezw. von Pondicherry aus gehen die Transporte hauptsächlich nach den unter französischer Herrschaft stehenden Inseln Mauritius und Réunion; von Pondicherry aus werden außerdem bisweilen Kuli's nach Guadeloupe und Martinique befördert. Die Ueberführung wird durch Segelschiffe bewirkt, welche je 200 bis 500 Kuli's an Bord nehmen und beispielsweise von Pondicherry nach Réunion mindestens einen Monat unterwegs zu sein pflegen. Ein großer Theil der Kuli's führt Weib und Kind mit, so daß gewöhnlich die Weiber etwa 1/4, die Kinder etwa 1/10 der Transporte ausmachen sollen. Bezüglich der Zahl der an Bord zu nehmenden Kuli's bestehen bestimmte Vorschriften. So müssen auf den von Madras auslaufenden Schiffen für jede Person mindestens zwölf, auf den von Pondicherry auslaufenden mindestens acht Quadratfuß Bodenfläche zur Verfügung stehen. Sobald die Cholera in Madras epidemisch herrscht, hört die Kulibeförderung überhaupt auf.

Die vorstehenden Angaben verdankt die Kommission Herrn Dr. Currie in Madras, einem indischen Arzte, welcher seine Studien in England gemacht hat. Derselbe hatte als Schiffsarzt sechsmal Transporte von Kuli's theils von Madras, theils von Pondicherry aus nach Mauritius und Réunion begleitet.

Sehr werthvolle Mittheilungen über die Ausdehnung der Kuliauswanderung und über das Vorkommen der Cholera auf den Kulischiffen sind in dem Eighteenth Annual Report of the Sanitary Commissioner with the Government of India (für das Jahr 1881) enthalten. Nach denselben sind in dem zehnjährigen Zeitraume von 1871 bis 1880 nicht weniger als 129717 Auswanderer-Kulis in indischen Häfen eingeschifft. Von denselben sind 182 oder 1,4 pro mille während der Reise an Cholera gestorben. Die Zahl der Reisen hat 222 betragen; bei 33 derselben kamen Cholerafälle an Bord vor. Eine besonders hervorragende Disposition dieses oder jenes Schiffes für die Cholera hat sich nicht herausgestellt; denn die 33 Choleraausbrüche vertheilen sich auf 32 verschiedene Fahrzeuge, obgleich vielfach ein und dasselbe Schiff in jenem zehnjährigen Zeitraume eine größere Anzahl von Reisen gemacht hat. Die auf Seite 242 und 243 mitgetheilte, dem citirten Berichte entnommene Tabelle giebt

*) Vgl. hierzu die Mittheilungen des Führers der Kommission in den Conferenzen zur Erörterung der Cholerafrage. Deutsche med. Wochenschr. und Berliner klin. Wochenschr. Jahrg. 1884 und 1885.

Zusammenstellung der Choleratodesfälle unter den Kuli-Auswanderern nebst Bezeichnung der

Laufende Nummer	Name des Schiffes	Abfahrts-Hafen	Tag der Einschiffung	Anzahl der Emigranten	Tägliche Zahl der Reise-								
					1.	2.	3.	4.	5.	6.	7.	8.	9.
1.	„Adamant"	Kalkutta	22. 9. 71	343	—	—		—	—		1	—	—
2.	„Medea"	do.	8. 11. 71	431	—	—	—	—	—	—	—	—	—
3.	„Poonah"	do.	22. 2. 72	506	—	—	—	—	—	—	—	—	
4.	„Fateh Salam"	do.	7. 3. 72	275	—	—	—	4	—	1	—	—	—
5.	„Humber"	do.	31. 3. 72	462	—	—	—	—	—	—	—	—	—
6.	„Wellesley"	do.	14. 5. 72	334	—	—	—	—	—	—	—	—	—
7.	„Woodburn"	do.	1 8. 72	577	—	—	—	—	—	—	—	1	1
8.	„Kate Kellock"	do.	5. 8. 72	456	—	—	—	—		—	—	2	1
9.	„Sea Queen"	do.	4. 9. 72	328	—	—	—	1	—	—	—	1	—
10.	„Neva"	do.	23. 11. 72	481	—	—	—	1	—	—	3	—	—
11.	„Shah Jehan"	do.	30. 3. 73	285	—	—	—	—	—	—	—	—	—
12.	„Allumghier"	do.	28. 5. 73	340	—	—	—	—	—	—	1	—	—
13.	Steamer „Enmore"	do.	4. 7. 73	577	—	—	1	—	1	—	—	—	—
14.	„Merchantman"	do.	25. 7. 73	383	—	—	—	—	—		—	—	2
15.	„Syria"	do.	24. 8. 73	438	—	—	—	—	—	—	—	—	—
16.	„Golden Fleece"	do.	2. 9. 73	524	—	—	—	—	—	—	—	—	—
17.	„Sir Henry Lawrence"	do.	16. 9. 73	462	1	—	—	—	—	—	—	1	—
18.	„Hereford"	do.	20. 9. 73	568	—	—	—	—	—	—	—	—	—
19.	„Loch Lomond"	do.	27. 1. 74	518	—	—	—	—	—	—	—	—	—
20.	„Rohilla"	do.	17. 2. 74	425	2	—	1	1	—	—	—	—	—
21.	Steamer „Blenheim"	do.	13. 6. 74	692	—	—	—	—	—	—	—	—	—
22.	„Golden Fleece"	do.	6. 8. 74	519	—	—	—	—	—	—	—	—	
23.	„Forfarshire"	do.	18. 8. 74	509	—	—	—	—	—	—	—	—	—
24.	„Lincelles"	do.	7. 10. 74	342	—	—	—	—	—	—	—	—	—
25.	„British Empire"	do.	8. 11. 74	633	—	—	—	—	—	—	—	—	—
26.	„Lady Melville"	do.	12. 6. 75	391	—	—	—	—	—	—	—	—	—
27.	„Atalanta"	do.	22. 3. 76	393	—	—	1	—	—	—	—	—	—
28.	„Linguist"	do.	2. 8. 76	600	—	—	—	—	—	—	—	—	
29.	„Dupuy de Lome"	Pondicherry	21. 7. 77	190	—	—	—	—	—	—	—	—	
30.	„Artist"	Kalkutta	30. 9. 77	552	—	1	—	—	1	—	1	—	2
31.	„Boyne"	do.	13. 2. 78	568	—	—	—	—	—	—	—	—	—
32.	„Glenroy"	do.	18. 5. 78	486	—	—	1	—	—	—		—	—
33.	„Ophir"	do.	19. 6. 78	351	—	—	—	—	—	—	—	—	—
	—	—	—	—							Keine Cholera		
	—	—	—	—									

*) Der Tag ist nicht angegeben, jedoch ist nur 1 Todesfall an Cholera während der Reise vorgekommen.

...sfälle nach dem Tage der Einschiffung											Ankunfts-Hafen	Tag der Ausschiffung
12.	13.	14.	15.	16.	17.	18.	19.	20.	nach 20 Tagen	Summa		
—	—	—	—				—	—	1	2	Demerara	23. 12. 71
1	—	—	1	—	—	—	—	—	9	11	do.	26. 1. 72
—	1	3	1	2	2	3	—	—	5	17 18?.	do.	18. 6. 72
—	—	—	—	—	—	—	—	—	—	6 (5?)	Mauritius	13. 4. 72
—	—	—	—	—	—	—	—	—	1	1	Jamaica	9. 9. 72
—	—	—	1	—	—	—	—	—	..	1	Mauritius	29. 6. 72
—	1	—	—	—	—	—	—	1	—	5	Trinidad	3. 11. 72
1	—	—	1	—	—	—	—	—	—	14	Demerara	12. 11. 72
—	—	—	—	—	—	—	—	—	—	2	Jamaica	2. 12. 72
—	—	—	—	—	—	—		—	—	4	Demerara	25. 2. 73
—	—	—		—	—	—	—	—	2	2	Mauritius	8. 5. 73
—	—	—	—			—	—	—	—	1	do.	30. 6. 73
—		—	—			1	—	1	5	10	Demerara	25. 8. 73
—	—		—			—	—	—	—	4	Mauritius	1. 9. 73
—		—		4	—	—		—	2	6	Trinidad	27. 11. 73
	—	—	—				—	—	6	6	Demerara	30. 11. 73
2		—	—	—	—	—	1	—	6	12	do.	15. 12. 73
	—	—	—	—		—		—	3	3	do.	9. 12. 73
3	3	—	1	2	1	—	—	—	—	11	Jamaica	21. 4. 74
—	—	—	—	—	—		—	—	—	1	Demerara	11. 5. 74
—	—	—			—		—	—	5	5	Natal	8. 7. 74
—		—	—	—		—	—	—	2	2	Trinidad	29. 10. 74
—	—	6	1	2	2		2		1	11	Demerara	5. 11. 74
	—	3	—	1	3	—	—	—		7	St. Vincent	8. 1. 75
.	—	—				—	—	—	2	2	Trinidad	25. 2. 75
	—		—				—	—	1	1	Mauritius	24. 7. 75
—		—	—	—	—	—	—	—		1	Natal	13. 5. 76
		—	—	1	—	—	—	—	—	1	Demerara	20. 10. 76
—	—	—			—		—	—	—	1*)	Martinique	Nicht angegeb.
—		—	—	1		—	—	1		8	Demerara	29. 12. 77
1	2	2	—	—	—	—	1	—	6	13	do.	15. 5. 78
—	—	—		—	—	—		—		1	Natal	17. 7. 78
—	1	2	—	—	—	—	1	—		4	do.	22. 8. 78
Kuli-Auswanderern im Jahre 1879											—	
" " " 1880											—	

einen Ueberblick über den Verlauf der Cholera an Bord der 33 inficirten Schiffe. Allerdings sind nur die Todesfälle, nicht die in Genesung ausgegangenen Erkrankungen in derselben mitgetheilt, so daß man über die zeitlichen Zwischenräume, welche die einzelnen Fälle von einander trennen, und über das Datum des ersten nach der Abreise aufgetretenen Falles keine genügende Auskunft erhält.

Für die Jahre vor 1871 haben dem citirten Berichte zufolge die entsprechenden Zahlen nicht beschafft werden können abgesehen von dem Schiffe „John Scott," welches am 13. December 1869 mit 324 Auswanderer-Kulis an Bord Pondicherry verlassen und während der Fahrt nach Guadeloupe innerhalb 14 Tagen 20 Mann an Cholera verloren hat. Der erste Todesfall hat sich auf diesem Schiffe am 4. Tage nach der Abreise von Pondicherry ereignet.

Wie die Tabelle zeigt, ist die Cholera im Jahre 1872 auf acht, im Jahre 1873 wiederum auf acht und im Jahre 1874 auf sieben von Kalkutta ausgelaufenen Kulischiffen aufgetreten. Es ist demnach, da im Laufe eines Jahres 20 bis 24 derartige Schiffe den genannten Hafen verlassen, etwa ein Drittel derselben inficirt gewesen, ohne Zweifel eine außerordentlich große Zahl. Sehr bemerkenswerth ist, daß seit 1874 die Cholera auf den Kulischiffen unter dem Einflusse sanitärer Verbesserungen beträchtlich abgenommen hat. Diese Verbesserungen bestehen, wie in Kalkutta versichert wurde, hauptsächlich darin, daß die Schiffe jetzt mit einem guten Trinkwasser versorgt werden. Früher hatten sie das unfiltrirte und stark verunreinigte Hooglywasser an Bord genommen, während später angeordnet wurde, daß sie das städtische Leitungswasser nehmen mußten. 1875 kam nur auf 1 Schiff die Cholera vor, 1876 auf 2, 1877 auf 2, 1878 auf 3. In den Jahren 1879 und 1880 ist nach der Tabelle Cholera überhaupt auf Kulischiffen nicht aufgetreten. Ueber die von Kalkutta im Jahre 1881 ausgelaufenen betreffenden Schiffe ist von dem Sanitary Commissioner with the Government of India die auf Seite 245 wiedergegebene Uebersicht mitgetheilt, aus welcher sich ergiebt, daß in dem genannten Jahre nur auf einem von im ganzen 21 Schiffen die Krankheit ausgebrochen ist, nämlich der „Jumna," welche 9 Tage nach der am 25. Juli erfolgten Abfahrt den ersten Todesfall und dann nach dem 20. Reisetage weitere 13 Todesfälle in Folge von Cholera an Bord gehabt hat.

Inwieweit übrigens Choleraausbrüche auf Kulischiffen der Kenntniß der Sanitätsbehörde in Kalkutta sich entzogen haben, muß dahingestellt bleiben. Im Jahre 1879 ist jedenfalls nach einer anderen Quelle auf einem dieser Schiffe, dem „Leonidas", eine Choleraepidemie vorgekommen. In der Sitzung der »Epidemiological Society of London« vom 10. Juni 1885*) theilte nämlich der Inspector General Robert Lawson auf Grund eines von dem Kolonialarzte Bolton G. Corney ihm zugegangenen Schreibens mit, daß auf vier Schiffen, welche Kulis von Kalkutta nach den Fiji-Inseln befördert haben, die Cholera epidemisch geherrscht hat. Das erste dieser vier Schiffe, welche außer der Besatzung je etwa 500 Kulis an Bord hatten, war der „Leonidas". Am 4. März 1879 soll derselbe Kalkutta verlassen haben; am 4. Tage nach der Abfahrt erkrankte zunächst ein europäischer Seemann an Cholera; am 8. Tage traten auch unter den Kulis Cholera-Fälle auf, und vom 14. bis zum 22. Tage sollen täglich neue Erkrankungen sich ereignet haben.

*) The Lancet, 4. 7. 1885.

Nachweisung der Kuli-Auswanderungs-Schiffe,
welche im Jahre 1881 aus dem Hafen von Kalkutta ausgelaufen sind.

Laufende Nummer	Name des Schiffes	Zahl der Auswanderer: Männer	Frauen	Kinder	Zusammen	Tag der Einschiffung	Bestimmungs-Hafen	Tag der Ankunft	Bemerkungen
1.	„Syria“	279	113	54	446	21. 2. 81	Guadeloupe	28. 5. 81	
2.	„Jura“	343	137	56	536	17. 9. 81	„	13. 12. 81	
3.	„Howrah“	321	132	57	513	20. 2. 81	Jamaica	8. 6. 81	
4.	„Glenroy“	331	85	50	466	25. 1. 81	Natal	11. 3. 81	
5.	„Merchantman“	205	144	43	392	21. 5. 81	„	10. 7. 81	
6.	„Canada“	395	200	57	652	27. 6. 81	„	30. 8. 81	
7.	„Umvoti“	140	57	19	216	19. 7. 81	„	3. 9. 81	
8.	„Jogle“	344	167	81	592	26. 1. 81	Trinidad	3. 5. 81	
9.	„Jumna“	282	99	47	428	25. 7. 81	„	2. 6. 81	1 Cholerafall erfolgt am 9. Tage und 13 nach 26 Tagen der Reise.
10.	„Earl Granville“	245	111	45	401	16. 8. 81	„	23. 11. 81	
11.	„Schiela“	321	147	72	513	4. 9. 81	„	26. 11. 81	
12.	„Lee“	369	147	61	580	5. 10. 81	„	8. 1. 82	
13.	„Reva“	303	119	59	481	15. 11. 81	„	5. 2. 82	
14.	„Poonah“	304	133	45	482	5. 2. 81	Demerara	25. 5. 81	
15.	„Newcastle“	322	141	67	530	26. 2. 81	„	11. 6. 81	
16.	„Lightning“	382	124	70	576	20. 3. 81	„	27. 7. 81	
17.	„Blassey“	375	165	71	611	18. 8. 81	„	19. 11. 81	
18.	„Ellora“	320	126	49	495	18. 9. 81		13. 12. 81	
19.	„North“	335	141	62	538	6. 11. 81	„	6. 2. 82	
20.	„Bayard“	353	122	44	519	23. 12. 81	„	23. 3. 82	
21.	„Ailsa“	271	156	69	496	19. 10. 81	Surinam	21. 1. 82	

Die Namen der drei übrigen Schiffe waren „Poonah“, „Howrah“ und „Pericles.“ Die „Poonah“, welche am 7. April 1883 aus dem Hafen von Kalkutta ausgelaufen war, hatte den ersten Cholerafall am 6. Tage nach der Abfahrt. Im ganzen sollen unter den Kulis dieses Schiffes 54 Fälle vorgekommen sein, der letzte am 36. Tage. Am 11. Tage erkrankte noch ein Europäer. Auf der „Howrah“ war schon vor Antritt der Reise im Hafen von Kalkutta ein Kind unter den Erscheinungen der Cholera gestorben. Der nächste Fall ereignete sich am 9. Tage nach der Abfahrt; am 15. Tage folgten drei weitere Fälle, an welche sich noch bis zum 40. Tage eine Anzahl von Diarrhoe-Erkrankungen anschlossen. Auf dem „Pericles“, welcher Kalkutta am 10. Mai 1884 verlassen hatte, wurde die erste Choleraerkrankung am 5. Tage nach der Abreise, und dann eine größere Zahl von Fällen bis zum 29. Tage verzeichnet. Leider fehlen Angaben über die Zahl der Todesfälle, welche auf diesen vier Schiffen durch Cholera bedingt gewesen sind.

Jedenfalls spricht der Umstand, daß allein unter den von Kalkutta nach Fiji segelnden Kulischiffen nicht weniger als vier in den Jahren 1879 bis 1884 Choleraepidemieen an Bord gehabt haben, für die Annahme, daß auch neuerdings noch derartige Vorkommnisse nicht gerade zu den Seltenheiten gehören, wenn sie auch vielleicht nicht alle bekannt werden. Wenn trotzdem Verschleppungen der Seuche durch die Kulis nur selten eintreten, so ist das wohl nur der langen, meist Monate betragenden Dauer der Seereise zuzuschreiben, welche die Krankheit an Bord erlöschen läßt, bevor die Ankunft an dem Bestimmungsorte erfolgt. Uebrigens soll beispielsweise nach Jamaica mehr als einmal durch Kulis, welche von Kalkutta her daselbst eintrafen, die Cholera verschleppt worden sein.*)

Wie in dem Bericht des »Sanitary Commissioner with the Government of India« besonders hervorgehoben wird, sind von den 182 in der oben mitgetheilten Tabelle verzeichneten Todesfällen nicht weniger als 57 oder nahezu ein Drittel erst nach dem 20. Reisetage vorgekommen. Auf 5 Schiffen (mit 29 Fällen) ereignete sich der erste Todesfall erst am 14. Reisetage und auf 8 Schiffen (mit 22 Fällen) erst nach dem 20. Reisetage. Es muß also, da das Inkubationsstadium der Krankheit in maximo nur wenige Tage beträgt, angenommen werden, daß der Infektionsstoff in diesen Fällen außerhalb des menschlichen Körpers, sei es in Wäsche, welche mit Choleradejektionen beschmutzt war, sei es in einem erst während der Reise in Benutzung gezogenen Wasserbehälter, wochenlang an Bord sich lebensfähig erhalten hat. Es ist aber daneben auch zu berücksichtigen, daß, wie schon hervorgehoben wurde, die mitgetheilten Zahlen sich nur auf Todesfälle beziehen, und daß erfahrungsgemäß die Angaben über Choleraepidemieen auf Schiffen, gerade was das Vorkommen der ersten Fälle betrifft, nur mit großer Vorsicht aufzunehmen sind. Es sei in dieser Beziehung auf die Mittheilungen verwiesen, welche der Führer der Kommission gelegentlich der im Gesundheitsamte stattgehabten 2. Conferenz zur Erörterung der Cholerafrage über die Schiffe „Accomac", „Crocodile" und „Matteo Bruzzo" gegeben hat. Auch die oben eingehend geschilderten Erlebnisse der Kommission in Tor, sowie die Geschichte der Cholera auf den nach dem Hedjaz gehenden Pilgerschiffen lassen keinen Zweifel darüber, daß die Mittheilungen der Schiffsführer und selbst der Schiffsärzte über den Gesundheitszustand an Bord während der Reise vielfach der erforderlichen Zuverlässigkeit entbehren. — Die auf den indischen Kulischiffen gemachten Erfahrungen lehren aber jedenfalls, daß dicht bevölkerte Schiffe, welche aus einem Cholera-inficirten Hafen auslaufen, viel häufiger von Choleraepidemieen heimgesucht werden, als man gewöhnlich annimmt; daß ferner die Seuche auf ihnen nicht selten eine beträchtliche Ausdehnung gewinnt, und daß sie sich wochenlang hinschleppen kann.

Auch die Flußdampfer, welche von Bengalen aus Kulis in großer Zahl den Brahmaputra aufwärts nach Assam befördern, hauptsächlich als Arbeiter in den dortigen Theegärten, sind in früheren Jahren außerordentlich schwer von der Cholera betroffen worden. Leider liegen verwerthbare ziffermäßige Angaben hierüber nicht vor, da eine Trennung der Todesfälle nach Krankheitsursachen in den Berichten nicht gemacht worden ist. Es starben auf diesen Dampfern in den Jahren 1877 und 1878 604 bezw. 794 Kulis oder 23,9 bezw. 33,8 pro mille der überhaupt Beförderten.**) Im Jahre 1877 wurde man zuerst darauf aufmerksam, daß das Wasser, welches auf diesen Schiffen gebraucht wurde, allen Verunreinigungen zugänglich war, und man begann, Einrichtungen zu treffen, sie mit filtrirtem Wasser zu versorgen. Wie die nachstehende Tabelle zeigt, hat denn auch die allgemeine Sterblichkeit in der Folge ganz außerordentlich abgenommen, eine Thatsache, welche der verbesserten Wasserversorgung zugeschrieben wurde.

*) Vgl. „C. Macnamara, A History of Asiatic Cholera. London 1876."

**) Vgl. „J. M. Cuningham, Cholera. What can the State do to prevent it. Calcutta 1884."

Jahr	Zahl der Todesfälle	pro mille der Beförderten
1877	601	23,9
1878	794	33,8
1879	106	8,2
1880	23	2,2
1881	18	1,6
1882	106	6,5
1883	138	6,6

Auch Dr. J. M. Cuningham verkennt offenbar den Werth einer guten Wasserversorgung für diese Schiffe nicht, er macht aber darauf aufmerksam, daß gleichzeitig mit der Abnahme der Cholerasterblichkeit auf denselben auch eine solche in denjenigen Distrikten erfolgt sei, welche von den Schiffen passirt wurden, und daß seit Anfang der 80er Jahre die Dauer der Fahrt mehr und mehr von ungefähr 16 Tagen auf 11 Tage sich verringert habe, da die Kulis in immer größerer Zahl anstatt schon in Goalundo, erst weiter stromaufwärts in Dhubri sich eingeschifft hätten. Auch weist er darauf hin, daß noch im Jahre 1882 eins der Schiffe, der „Nepal", 40 Todesfälle in Folge von Cholera an Bord gehabt habe. — Es kann hier nach dem, was in früheren Abschnitten mitgetheilt ist, darauf verzichtet werden, die Frage über den Einfluß der besseren Wasserversorgung auf die Abnahme der Cholera auf den Brahmaputra-Kulischiffen zu erörtern, zumal es der Kommission zweifelhaft ist, ob sie in der That sämmtlich mit filtrirtem Wasser versehen worden sind; jedenfalls steht so viel fest, daß auch auf diesen dicht bevölkerten Schiffen zahlreiche und schwere Choleraepidemieen vorgekommen sind. Wenn beispielsweise auf dem erwähnten Dampfer „Nepal" von 481 Kulis im März 1882 nicht weniger als 40 an Cholera gestorben sind, so entspricht das einer Sterblichkeit von 8,3 Procent, einer Sterblichkeit, wie sie auf dem Lande nur in sehr seltenen Ausnahmefällen erreicht wird.

Was die Verschleppung der Seuche durch die Kulitransporte auf den Brahmaputra-Dampfern betrifft, so ist eine solche deswegen sehr schwierig nachzuweisen, weil die betreffenden Distrikte von Assam zu dem endemischen Gebiete gehören bezw. demselben nicht fern liegen. Ueber einen bezüglichen Fall wird aus dem Jahre 1869 berichtet. Er betraf den Dampfer „Lahore", welcher Cholera an Bord hatte, und dessen Kulis den Ausgangspunkt für eine schwere Epidemie unter der ansässigen Bevölkerung bildeten.

Pilgerwesen und Cholera in Indien.

Das Pilgerwesen in Indien besitzt eine so gewaltige Ausdehnung, daß eine sehr genaue Kenntniß des Landes und seiner Bewohner erforderlich sein würde, um den Einfluß, welchen es auf die Verbreitung der Cholera ausübt, in seinem ganzen Umfange zu überblicken.

Abgesehen von den noch näher zu erörternden großen Pilgerfesten in Puri und in Hurdwar, zu welchen in manchen Jahren viele Hunderttausende, ja bisweilen Millionen aus allen Gegenden des Landes herbeiströmen, wird nämlich alljährlich eine große Zahl von kleineren Festen an verschiedenen Orten gefeiert, welche zwar einen überwiegend lokalen Charakter haben, trotzdem aber auf ziemlich beträchtliche Entfernungen hin ihre Anziehungskraft ausüben. — Schon bei ihrem Aufenthalte in Madras hatte die Kommission Gelegenheit, über diese Verhältnisse sich zu unterrichten. Wie ihr von dem Sanitary Commissioner of Madras Herrn Surgeon General Dr. Furnell mitgetheilt wurde, sind in der Präsidentschaft Madras abgesehen von einer Anzahl kleinerer nicht weniger als fünf große Pilgerplätze vorhanden, von denen der bedeutendste die im Süden gelegene Stadt Trichinopoly ist. Die vier übrigen sind Tirupati, Trivolore, Conjeeveram und Srirungum.

In Tirupati finden drei oder vier Feste im Laufe des Jahres statt, welche je gegen 15000 Pilger daselbst vereinigen sollen. Auch in Conjeeveram versammeln sich alle drei Monate einige Tausend Pilger, während in Trivolore zur Zeit jeden Neumondes ein Fest gefeiert wird, zu dem sich aus Madras bis zu tausend Personen und von anderen Orten der Umgegend etwa eben so viele einfinden. In Srirungum (?) wird nur einmal im Jahre eine größere Versammlung von Pilgern abgehalten, deren Zahl bei dieser Gelegenheit gegen 10000 betragen soll. Da der Ort indeß wegen seines heilsamen Wassers weithin bekannt sein soll, so hat er angeblich auch das ganze Jahr hindurch zahlreichen Besuch. — Die Pilger sollen sich in der Regel zwischen drei und fünfzehn Tagen an den genannten Orten aufhalten, um daselbst zu beten und täglich zweimal Waschungen in den neben den Tempeln gelegenen Tanks vorzunehmen. Dabei soll in der Regel derselbe Tank, welcher zu den Waschungen dient, auch das Trink- und Gebrauchswasser liefern. Die Ernährung der Pilger ist vielfach eine sehr mangelhafte und soll überwiegend aus nicht selten verdorbenem Reis bestehen, welcher mit Curry genossen wird; auch gesalzene Fische bilden oft einen Theil der Nahrung, Fleisch dagegen nur in sehr seltenen Fällen. Dr. Furnell schreibt dem geschilderten regen Pilgerverkehr in der Präsidentschaft Madras einen wesentlichen Einfluß auf die Verbreitung der Cholera zu. Fälle, in welchen der zuerst an einem Orte Erkrankte ein von der Pilgerschaft soeben Heimgekehrter gewesen ist, und wo von diesem aus die Krankheit weiter sich verbreitete, sollen häufig beobachtet sein. — Auch die Choleraepidemie, welche im Herbst des Jahres 1881 in der Präsidentschaft ausbrach, nachdem die letztere bis dahin während des genannten Jahres wie auch im Jahre 1880 fast völlig frei von der Seuche gewesen war, hat Dr. Furnell's Mittheilungen zufolge ihren Ausgang von einem Pilgerfeste in Tirupati genommen. Dasselbe schien anfänglich glücklich verlaufen zu sollen, als plötzlich gegen Anfang Oktober die Cholera ausbrach, zunächst unter Pilgern, welche von den Centralprovinzen, dann erst unter solchen, welche aus der Provinz Madras gekommen waren. Die in ihre Heimath zurückkehrenden Pilger verbreiteten die Seuche dann nach verschiedenen Richtungen hin. Schon am 6. Oktober kam auch in Madras, welches mit Tirupati in Eisenbahnverbindung steht, ein Todesfall vor. Derselbe betraf eine Frau, welche von dem Pilgerfeste kam und, wie der Bericht sagt, „die Keime der Krankheit mit sich brachte". Nur in wenigen Distrikten fehlten Anhaltspunkte für die Annahme eines Zusammenhanges der im Oktober und November sich ausbreitenden Seuche mit der Heimkehr der Pilger. In einer Anzahl von Fällen erschien ein solcher Zusammenhang erwiesen, in anderen mehr oder weniger wahrscheinlich.

Ein weiteres Beispiel für den Umfang, welchen der Pilgerverkehr nach manchen Orten Indiens im Laufe der Zeit gewonnen hat, bietet das von der Kommission ebenfalls besuchte Benares. Nach Sherring*) sieht man die gläubigen Pilger einzeln oder in Haufen ununterbrochen das ganze Jahr hindurch in die heilige Stadt hineinziehen oder dieselbe verlassen, ganz besonders aber zur Zeit der großen Feste, welche viele Tausende aus allen Theilen Indiens, Hindus sowohl wie Muhamedaner, vereinigen. Sherring zählt nicht weniger als 40 verschiedene Feste auf, von denen sechs größere besonders bemerkenswerth sind. Eins der letzteren fällt in den April, zwei andere in den Juni; ein viertes (Asnan Jatra Mela) wird am 2., 3. und 4. August gefeiert und bildet eine Nachahmung des Hauptfestes in Juggernauth; ein fünftes (Durga Mela) und ein sechstes (Ram Lila Mela) finden im August bezw. in der zweiten Hälfte des September statt. An den letztgenannten vier Festen sollen jedesmal mehr als 30000 Menschen sich betheiligen.

Daß bei einem derartigen, das ganze Jahr hindurch andauernden Verkehr, an dem auch die Bewohner des endemischen Gebietes der Cholera regen Antheil nehmen, die Seuche in dem Distrikt von Benares kaum jemals völlig zum Erlöschen kommt, kann ebensowenig überraschen, wie der Umstand, daß der Einfluß des Pilgerverkehrs hier weniger deutlich zu Tage tritt als beispielsweise in dem bekannten Pilgerorte Puri (auch Juggernauth oder Jagganath genannt).

Die Stadt Puri, südwestlich von Kalkutta an der Küste des bengalischen Meerbusens in der Provinz Orissa gelegen, ist wohl die am meisten frequentirte Pilgerstätte in Indien, und die Choleraverhältnisse des Ortes sind um so mehr von Interesse, als derselbe, abgesehen von den Tausenden von Pilgern, welche sich alljährlich in ihm zusammenfinden, ganz außerhalb des Verkehrs liegt. In der That haben denn auch jene Verhältnisse bereits mehrfach die Aufmerksamkeit auf sich gezogen.

Die Pilger, welche nach Puri gehen, kommen hauptsächlich aus Bengalen. Sie müssen also über Midnapur südlich in das Gebiet von Orissa wandern. Leider sind die Aufzeichnungen, welche über das Auftreten der Cholera in Puri vorliegen, insofern in hohem Grade unzuverlässig, als ohne Zweifel die angegebenen Zahlen weit hinter der Wirklichkeit zurückbleiben; immerhin gestatten sie jedoch, über das Vorherrschen der Seuche in einzelnen Monaten einen Ueberblick zu gewinnen.

In der graphischen Darstellung auf Seite 250 sind die monatlich in Puri verzeichneten Choleratodesfälle auf Grund eines amtlichen Berichtes**) für den Zeitraum von 1842 bis 1868 zusammengestellt und zum Vergleich eine Darstellung der entsprechenden Verhältnisse Kalkuttas***) beigefügt.

In der im Kaiserlichen Gesundheitsamte abgehaltenen zweiten Conferenz zur Erörterung der Cholerafrage hat sich der Führer der Kommission zu dieser Darstellung etwa folgendermaßen geäußert:

„Es ist ersichtlich, daß der Gang der Cholera in Puri von demjenigen von Kalkutta erheblich abweicht. In Kalkutta erhebt sich die Cholerakurve in den heißen Monaten März

*) The sacred city of the Hindus. London 1868.

**) Report on Pilgrimage to Juggernauth in 1868 with a narrative of a tour through Orissa etc. by David B. Smith M. D. Sanitary Commissioner for Bengal. Calcutta 1868.

***) Nach „Lewis and Cunningham, Cholera in relation to certain physical phenomena. Calcutta 1878."

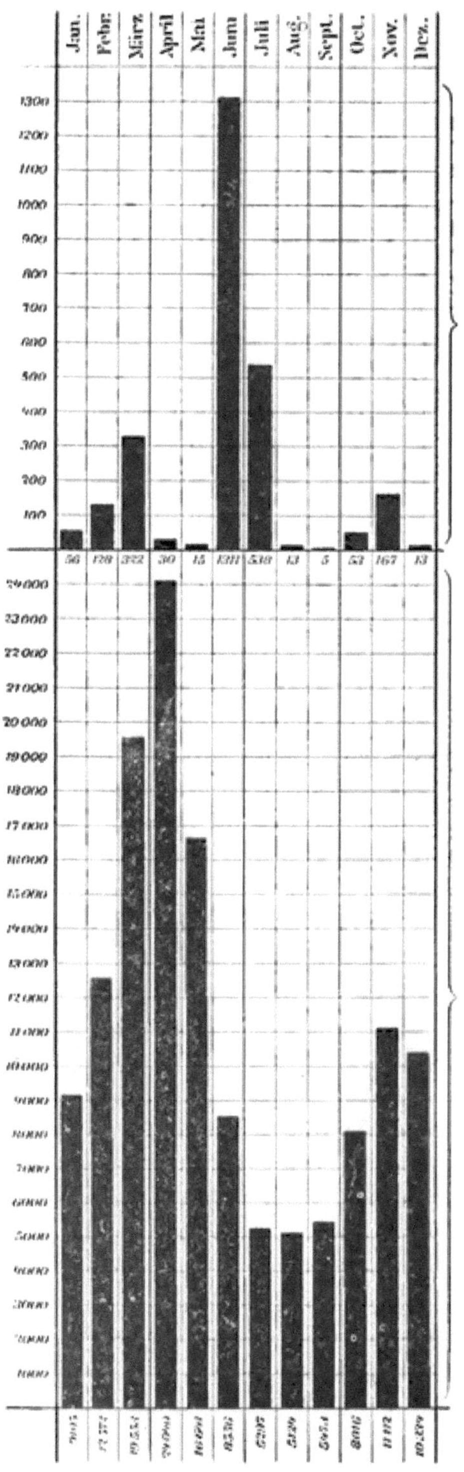

Cholera-Todesfälle
in Puri
in einem 27jährigen Zeitraum.

Cholera-Todesfälle
in Kalkutta
in einem 38jährigen Zeitraum.

und April zu einem steilen Gipfel, der mit dem Beginn der Regenzeit im Mai und Juni ebenso schnell wieder abfällt. Die Choleracurve von Puri hat aber statt dieses einen Gipfels deren zwei, einen kleineren im März, also etwas früher als in Kalkutta, und einen zweiten unverhältnißmäßig, nämlich mehr als viermal so hohen im Juni und Juli, zu einer Zeit, wo die Cholera in Kalkutta bereits wieder ihren niedrigsten Stand erreicht hat. Die meteorologischen Verhältnisse von Puri sind denen von Kalkutta sehr ähnlich; die trockene heiße Jahreszeit und die darauf folgende Regenzeit verlaufen an beiden Orten fast in gleicher Weise.

Da mich die Cholera von Puri natürlich in hohem Grade interessirte, so habe ich mir möglichst eingehende Information darüber zu verschaffen versucht und mich auch bei solchen erkundigt, welche selbst in Puri waren und die dortigen Verhältnisse genau kennen, und zwar verdanke ich die beste Information über Puri Herrn Dr. W. W. Hunter in Kalkutta, der die sorgfältigsten Studien über die Provinz Orissa und speziell über das Pilgerwesen in Puri gemacht und in einem größeren Werke niedergelegt hat.

Puri hat fast dasselbe Klima wie Kalkutta und steht unter dem Einfluß des Südwest-Monsuns, nicht, wie man angenommen hat, gleich Madras unter dem des Nordost-Monsuns. Die Regenzeit gleicht deswegen auch der von Kalkutta und fällt in die Zeit vom Ende Mai bis Anfang Oktober, während Madras eine Regenzeit vom Juli bis December hat. Auch die Choleracurve von Puri stimmt nicht mit der von Madras überein. Hier fällt die Zunahme der Cholera in die Monate Februar und September, dort auf den März und Juni. Ebenso unrichtig, wie die von anderer Seite gemachten Angaben über die meteorologischen Verhältnisse von Puri, sind auch die über die Pilgerfeste. Es werden in Puri zwölf verschiedene Feste gefeiert, darunter zwei Hauptfeste: Dol Jatra im März und Ruth Jatra im Juni. Letzteres ist das größte Fest, welches überhaupt in Indien alljährlich gefeiert wird; es ist dadurch bekannt, daß bei demselben der Wagen mit dem Bilde des Jaggnath von vielen tausend Pilgern gezogen wird. Zu diesem Fest kommen die bei weitem meisten Pilger; das Fest im März ist sehr viel weniger besucht. Ein noch geringeres Fest fällt in den November, zu welcher Zeit auch noch einmal eine geringe Steigerung der Choleramortalität sich geltend macht. Es stellt sich also heraus, daß die Cholerafrequenz in Puri genau der Pilgerfrequenz entspricht, und daß dem mächtigen Factor des menschlichen Verkehrs gegenüber selbst die meteorologischen Einflüsse in den Hintergrund treten; sogar der Beginn der Regenzeit, welcher an anderen Orten mit gleichen Niederschlagsmengen die Cholera fast zum Verschwinden bringt, bleibt hier ohne Wirkung.

Die Pilgercholera in Puri, welche man bisher als einen Beweis gegen die Verbreitung der Cholera durch den menschlichen Verkehr vielfach verwerthet hat, erweist sich demnach bei gründlicher Untersuchung im Gegentheil als ein ausgezeichnetes Beispiel für den Einfluß des Verkehrs.

Nicht minder lehrreich ist, daß auch die Stadt Midnapur, welche nicht weit von Kalkutta liegt und demselben Klimabezirk angehört, ebenfalls den Choleratypus von Puri und nicht den von Kalkutta aufweist. Auch hier lassen uns alle meteorologischen Erklärungsversuche im Stich, dagegen finden wir im menschlichen Verkehr sofort eine Erklärung; denn Midnapur bildet, wie bereits erwähnt, eine der letzten Stationen auf der Pilgerstraße nach Puri, und die meisten dorthin ziehenden Pilger müssen diesen Ort passiren. Es ist nun nichts natürlicher, als daß die Pilgerschaaren in Bezug auf Cholera dieselbe Wirkung in Midnapur wie in Puri ausüben.“

In der That fällt denn auch in der Stadt Midnapur wie in Puri das erste Maximum der Cholerasterblichkeit in den März, das zweite und höchste Maximum aber im Gegensatz zu Kalkutta ebenfalls in den Juni, soweit die von Lewis und Cunningham*) mitgetheilten Zahlen ein Urtheil gestatten. Die in einem 23jährigen Zeitraume unter den Gefangenen bezw. den Truppen in Midnapur vorgekommenen Cholerafälle vertheilen sich nämlich nach Monaten folgendermaßen:

Januar	Februar	März	April	Mai	Juni	Juli	August	September	Oktober	November	December
9	36	**146**	111	8	**287**	35	3	2	4	10	6

Wie in der Stadt Puri, so weicht auch in dem ganzen gleichnamigen Distrikte die Vertheilung der Cholerafälle auf die einzelnen Monate wesentlich und zwar in demselben Sinne von derjenigen in dem endemischen Gebiete ab. Es erhellt das aus der nachstehenden, einen Zeitraum von 12 Jahren umfassenden Zusammenstellung.**)

Zahl der Cholera-Todesfälle in dem 12jährigen Zeitraume von 1871 bis 1882.

Distrikt	Einwohnerzahl	Januar	Februar	März	April	Mai	Juni
21 Pergunnahs und Kalkutta nebst Vorstädten	2 180 363	9 111	7 778	11 118	10 291	6 627	3 205
Puri	829 081	856	1 711	4 551	3 080	3 570	5 119

Distrikt	Einwohnerzahl	Juli	August	September	Oktober	November	December
21 Pergunnahs und Kalkutta nebst Vorstädten	2 180 363	1 147	1 377	1 163	2 298	6 351	13 628
Puri	829 081	5 526	2 103	891	710	1 965	2 340

Bemerkenswerth ist, daß in dem ganzen Distrikte Puri das Maximum der Todesfälle erst im Juli erreicht wird, während in der Stadt Puri, wie die graphische Darstellung auf S. 250 zeigt, der Juli im Vergleich zum Juni bereits einen beträchtlichen Abfall erkennen läßt, entsprechend dem Umstande, daß die Pilger im Juli die heilige Stadt bereits wieder verlassen haben.

Der in den mitgetheilten Zahlen hervortretende Einfluß des Pilgerverkehrs auf das Verhalten der Cholera fällt, wie nochmals hervorgehoben sei, um so mehr ins Gewicht, als

*) Cholera in relation to certain physical phenomena. Calcutta 1878.

**) Vgl. „J. M. Cuningham, Cholera, what can the State do to prevent it. Calcutta 1884."

er sich gerade in der Regenzeit geltend macht, in einer Zeit, wo in dem nahe gelegenen unter den gleichen klimatischen Verhältnissen befindlichen endemischen Gebiete die Seuche regelmäßig auf ihren niedrigsten Stand herabsinkt. —

Neben Puri ist der bekannteste Pilgerort in Indien die kleine Stadt Hurdwar. Dieselbe ist am Ufer des Ganges in einem Thale der „Sewalick Hills" ungefähr 13 englische Meilen von derjenigen Stelle, wo der Strom aus dem Himalaya Gebirge heraustritt, entfernt im Distrikt Saharanpur gelegen. Letzterer bildet die nordwestliche Ecke der Nordwest Provinzen, und Hurdwar liegt dementsprechend nahe der Grenze, welche die genannten Provinzen von der Provinz Punjab trennt.

Alljährlich findet in Hurdwar im Monat April eine Versammlung von Pilgern statt, welche daselbst den Beginn des Sonnenjahres feiern. Der eigentliche Festtag ist seit langer Zeit der 11. oder 12. April, an welchem Tage die Pilger vom frühen Morgen bis zu Sonnenuntergang in dichten Schaaren in den heiligen Strom sich begeben, um in dem Wasser wiederholt unterzutauchen und Gebete murmelnd von demselben zu trinken. Schon im Laufe des Festtages beginnen die Pilger wieder sich zu zerstreuen, um in ihre Heimath zurückzukehren, und wenige Tage später ist der am Flusse sich hinziehende Lagerplatz völlig verlassen.

Obgleich dieses alljährlich wiederkehrende Fest zahlreiche Pilger herbeizieht, so würde Hurdwar doch schwerlich ohne die sogenannten „Kumbha mela"-Feste zu seiner großen Berühmtheit gelangt sein. Alle 12 Jahre nämlich, wenn der Planet Jupiter in das Zeichen des Wassermannes (Kumbh), und die Sonne in das Zeichen des Widders tritt,*) übt das Fest eine weit über das gewöhnliche Maß hinausgehende Anziehungskraft aus, und die Zahl derjenigen, welche aus allen Theilen Indiens zu diesen „Kumbha mela's" herbeiströmen, beziffert sich nach Hunderttausenden, ja selbst nach Millionen. So berichtet Surgeon General H. W. Bellew**) über das vorletzte, im Jahre 1867 stattgehabte Fest: „Nach einer oberflächlichen Schätzung eines Theils des Lagers, welche am Abend des 9. April vorgenommen wurde, betrug die Zahl der Pilger, welche auf einem Raume von 22 (englischen) Quadratmeilen zusammengedrängt waren, 2 855 966. Aber einschließlich der Pilger, welche schon vor dieser Zeit Hurdwar wieder verlassen hatten, und derjenigen, welche später ankamen, wird die Zahl der Festtheilnehmer richtiger auf drei Millionen zu schätzen sein." — Nach einer anderen Quelle***) wird die Zahl allerdings nur auf $1\frac{1}{4}$ Millionen angegeben, während im Jahre 1879 gegen 600 000 Pilger an dem „Kumbha mela" Theil genommen haben sollen.

Was die Rolle betrifft, welche diese alle 12 Jahre wiederkehrenden großen Feste bezüglich der Verbreitung der Cholera spielen, so unterliegt es zunächst keinem Zweifel, daß die bei weitem überwiegende Mehrzahl der englischen Aerzte in Indien von der Verschleppung der Krankheit durch die Pilger überzeugt ist. Der Surgeon general with the Government of India Dr. J. M. Cuningham, welcher selbst einen derartigen Zusammenhang entschieden

Garden, Hurdwar pilgrims and Cholera, more especially with regard to the epidemic in 1885. The Indian Med. Gazette, Sept. 1885.

**) History of Cholera in India from 1862 to 1881 with a general statistical summary and deductions drawn therefrom, etc. Lahore 1882.

***) J. M. Cuningham, Report on the Cholera Epidemic of 1879 in Northern India with special reference to the supposed influence of the Hurdwar Fair. Calcutta 1879.

bestreitet, sagt in seinem bereits citirten Berichte über die Epidemie von 1879: „Bevor das Gesammt-Ergebniß der bezüglichen Berichte besprochen wird, möge bemerkt sein, daß die Ansichten der Berichterstatter mit wenigen Ausnahmen ganz entschieden (strongly) dahin gehen, daß die Pilger die Ursache der Epidemie gewesen sind. Es war eine ganz gewöhnliche Beobachtung, daß man erst nach Ankunft der Pilger auf die Cholera aufmerksam wurde (that no cholera had attracted attention until the pilgrims arrived), daß in vielen Fällen die erste von der Cholera ergriffene Person ein Pilger war, daß dann einige am Orte ansässige Personen, welche nicht in Hurdwar gewesen waren, erkrankten, und daß danach die Seuche mehr oder weniger allgemein durch den Distrikt sich verbreitete." Dr. Cuningham behauptet aber, daß diese ganz allgemein gesagte Ansicht in den Berichten eine genügende Begründung nicht gefunden habe.

Surgeon General Bellew, welcher wie Cuningham der Ansicht ist, daß ein Einfluß der Pilgerfeste von Hurdwar auf die Verbreitung der Cholera nicht ersichtlich sei, spricht sich in seinem ebenfalls schon citirten Werke folgendermaßen aus:

„Im April und Mai 1867 erlagen große Mengen von Pilgern auf der Heimreise von Hurdwar der Cholera; sie starben auf den Wegen, sowie in den Städten und Ortschaften, die sie in verschiedenen Richtungen passirten, und hatten auch dann in vielen Orten noch mehr oder weniger heftig von der Seuche zu leiden, nachdem sie in ihre Heimath zurückgekehrt waren. In einer großen Zahl von Ortschaften waren diese von den Anstrengungen der Reise erschöpften und von den Unbilden der Witterung hart mitgenommenen Pilger die ersten, welche der Cholera erlagen, bevor die Epidemie sich verbreitete, und dieser Umstand hat zu dem allgemeinen Glauben Anlaß gegeben, daß sie die direkte Ursache der weiten Verbreitung und des heftigen Auftretens der Cholera gewesen sind, daß sie in der That die Krankheit nach allen Seiten mit sich geschleppt und dieselbe binnen kurzem über das ganze Land verbreitet hätten. Wie dem nun auch sein mag, so ist jedenfalls nicht zu bezweifeln, daß die Sterblichkeit unter den heimkehrenden Pilgern die Gesammt-Cholerasterblichkeit im Punjab sehr beträchtlich vermehrt hat."

Also sowohl im Jahre 1879 wie im Jahre 1867, denjenigen Jahren, in welchen die letzten beiden Kumbha Mela's gefeiert worden sind, ist die allgemeine Ansicht der Aerzte dahin gegangen, daß die Pilger die Cholera verbreitet haben. Leider liegen erst seit 1867 bezw. 1865 Angaben über die Cholerasterblichkeit in der Civilbevölkerung der hier in Betracht kommenden beiden Provinzen (Nordwest-Provinzen nebst Oudh und Provinz Punjab) vor. Was die früheren Kumbha Mela's betrifft, so fehlt es durchaus an genügenden Unterlagen, um ihren Einfluß auf die Cholera beurtheilen zu können. Es erhellt das unter anderem aus der nachstehenden Aeußerung Bellew's in seinem mehrfach citirten Werke: »Regarding previous outbreaks (sc. vor 1867) traditions exist to the effect that cholera broke out in the fairs of 1819 and 1829 etc.« Zur Beurtheilung der Frage, ob die Kumbha Mela-Feste in der That die ihnen zugeschriebene Rolle in der Verbreitung der Cholera gespielt haben, wird demgemäß vor allem diejenige Zeit ins Auge zu fassen sein, für welche ziffermäßige Angaben über die Zahl der Choleratodesfälle in der Bevölkerung der benachbarten Provinzen vorliegen.

Der Hauptgrund, den man gegen den Einfluß der Kumbha Mela's von 1867 und 1879 auf die Verbreitung der Cholera geltend gemacht hat, ist der, daß die Seuche damals nur nach dem Punjab, d. h. mit dem Monsun nach Nordwesten sich verbreitet habe, während in den von den heimkehrenden Pilgern nicht minder berührten Nordwest-Provinzen keine entsprechende Zunahme der Todesfälle eingetreten sei. Man hat dabei aber, wie der Führer der Kommission gelegentlich der zweiten zur Erörterung der Cholerafrage im Kaiserlichen Gesundheitsamte abgehaltenen Conferenz dargelegt hat, einen sehr wichtigen Punkt übersehen, nämlich die mehr oder weniger große Immunität, welche eine von der Cholera in kurzen Zwischenräumen durchseuchte Bevölkerung gegen die Krankheit erwirbt. Ein Blick auf die beiden Tabellen auf Seite 256, in welchen die Cholerasterblichkeit der Nordwest-Provinzen nebst Oudh und diejenige der Provinz Punjab für eine Reihe von Jahren nach Monaten zusammengestellt ist und zwar nach den Angaben Bellew's, läßt sofort erkennen, welcher bedeutende Unterschied in jener Beziehung zwischen den beiden Gebieten besteht. Während die an das endemische Gebiet grenzenden Nordwest-Provinzen mit Ausnahme von 1874 Jahr für Jahr eine beträchtliche Cholerasterblichkeit aufweisen, gehören im Punjab Jahre, in welchen die Todesfälle nur einige Hundert betragen oder noch weit darunter bleiben, nicht zu den Seltenheiten. Nun sind aber die aus einem durchseuchten Distrikte kommenden Pilger einestheils schon an sich weniger empfänglich für die Cholera, anderentheils finden sie bei ihrer Rückkehr eine Bevölkerung vor, welche mehr oder weniger immun ist. Die aus nicht durchseuchten Gegenden kommenden Pilger werden dagegen nicht nur selbst empfänglicher sein, sondern auch nach ihrer Rückkehr einen für die Ausbreitung der Seuche viel günstigeren Boden vorfinden. – Die Tabelle der Cholera-Todesfälle im Punjab spricht nun in der That in einer so unverkennbaren Weise für den gewaltigen Einfluß der großen Pilgerversammlungen in Hurdwar im April 1867 und April 1879 auf die Verbreitung der Cholera, daß die tausendfältig gemachte Erfahrung der einzelnen Aerzte hier ihre volle Bestätigung findet. Die Zahl der Choleratodesfälle im Punjab hat im Jahre 1867 43146, im Jahre 1879 26135 betragen, d. h. 2,45 bezw. 1,49 pro mille der Bevölkerung, während sie in keinem der übrigen fünfzehn Jahre von 1865 bis 1881 die Zahl 9258 oder 0,53 pro mille der Bevölkerung überschritten hat. **In den beiden Kumbha Mela Jahren sind weit mehr Menschen an der Cholera gestorben, als in den sämmtlichen 15 übrigen Jahren zusammen,** wie die nachstehende Zusammenstellung zeigt.

Zahl der Cholera-Todesfälle im Punjab in 17 Jahren 1865 bis 1881 incl. .	110930
Davon entfallen auf 1867 und 1879 (Kumbha Mela Jahre)	69281
Auf die übrigen 15 Jahre	41649

So überzeugend schon diese Zahlen für den Einfluß der großen Pilgerfeste sprechen, so muß jeder Zweifel schwinden, wenn man die Vertheilung der Cholerafälle auf die einzelnen Monate ins Auge faßt. Es ergiebt sich nämlich, daß, wie es oben von Puri gezeigt ist, so auch hier die Cholera so sehr von dem Pilgerverkehr beherrscht wird, daß sie in den Kumbha Mela Jahren von ihrem gewöhnlichen zeitlichen Verhalten vollständig abweicht. Im Punjab ist es die Regenzeit (Juli bis September), welche der Verbreitung der Cholera am günstigsten ist. Da nun die Rückkehr der Pilger von Hurdwar schon im April und Anfangs Mai erfolgt, so muß man erwarten, daß in Kumbha Mela Jahren, in welchen die Pilger Gelegenheit haben, den Krankheitskeim im großen Maßstabe heimwärts zu verschleppen, die Seuche schon weit früher ihren Höhepunkt erreicht, als in gewöhnlichen Zeiten.

Choleratodesfälle in den Nordwest-Provinzen und Oudh (ca. 42 700 000 Einwohner).

	Summe	Januar	Februar	März	April	Mai	Juni	Juli	August	September	Oktober	November	December
1867	56 367	?	?	?	?	?	?	5 705	7 110	7 650	8 291	3 924	1 323
1868*)	20 910	517	301	797	1 606	2 476	2 130	2 487	2 003	1 534	828	361	251
1869*)	92 929	441	352	1 681	4 452	6 923	12 630	14 383	22 837	7 594	5 384	1 241	397
1870	28 411	230	527	1 263	4 216	7 641	3 473	1 361	1 725	1 861	2 506	2 600	1 038
1871	19 505	291	215	265	715	727	526	431	569	1 031	3 964	6 704	4 034
1872	77 131	377	178	3 492	18 477	16 970	10 718	4 486	8 038	6 507	5 986	1 518	354
1873	19 229	242	345	605	1 608	1 623	3 331	2 528	3 546	3 534	1 191	480	196
1874	6 461	36	28	47	101	197	238	134	389	1 559	2 911	743	81
1875	64 427	35	216	1 923	14 757	9 816	7 557	5 305	6 396	10 051	5 263	1 717	1 391
1876	48 311	65	198	556	2 348	8 757	16 500	8 651	4 217	4 629	1 798	531	61
1877	31 770	18	63	3 865	8 698	7 004	3 480	3 522	2 363	972	1 120	449	216
1878	22 221	35	85	133	827	862	2 877	2 585	4 159	3 333	3 952	2 398	975
1879	35 892	64	35	259	4 731	8 062	7 969	5 290	3 947	2 431	2 420	651	30
1880	71 546	30	50	1 795	21 016	9 945	7 706	6 335	15 100	4 262	2 973	1 733	571
1881	25 864	46	96	924	7 935	7 462	4 184	2 380	998	485	340	687	327

Choleratodesfälle in der Provinz Punjab (ca. 17 500 000 Einwohner).

	Summe	Januar	Februar	März	April	Mai	Juni	Juli	August	September	Oktober	November	December
1865	3 310	389	239	196	223	507	483	351	288	170	75	193	196
1866	1 051	69	36	49	114	106	116	108	88	84	47	116	118
1867	43 146	133	83	296	4 279	8 179	8 461	8 457	7 123	4 525	1 243	321	46
1868	532	49	26	30	43	63	60	44	39	42	90	26	20
1869	9 258	18	32	51	76	144	194	797	3 238	2 391	2 033	204	80
1870	469	29	31	16	33	53	87	52	43	48	22	24	31
1871	369	17	14	22	.46	46	50	26	21	20	18	38	51
1872	8 727	12	22	18	98	1 073	978	489	2 859	2 421	660	92	2
1873	148	4	2	4	10	11	14	28	4	50	17	2	2
1874	78	1	1	3	12	9	10	6	11	16	3	4	2
1875	6 246	4	4	4	10	41	316	747	1 515	2 117	1 358	129	1
1876	5 736	4	7	2	6	8	236	1 096	1 396	1 421	1 277	280	3
1877	29	2	2	2	3	7	3	2	1	4	1	2	—
1878	215	1	4	—	—	—	2	32	70	70	8	27	1
1879	26 135	7	4	2	2 603	9 184	7 085	3 457	2 705	914	147	7	20
1880	274	1	3	6	9	7	15	8	33	14	120	55	3
1881	5 207	3	4	4	5	37	178	183	1 649	2 560	545	38	1

*) Monats-Angaben für Oudh nicht vorhanden.

In der That ist das in ganz überraschend hohem Maße der Fall, wie sich sowohl aus der betreffenden Tabelle auf S. 256, als auch aus der folgenden Zusammenstellung aufs deutlichste ergiebt.

Choleratodesfälle im Punjab	Januar	Februar	März	April	Mai	Juni
1867 und 1879 (Kumbha Mela-Jahre)	140	87	298	6 882	17 363	15 516
In den übrigen 15 Jahren von 1865 bis 1881	603	127	107	688	2 112	2 712

Choleratodesfälle im Punjab	Juli	August	September	Oktober	November	December
1867 und 1879 (Kumbha Mela-Jahre)	11 914	9 828	5 130	1 390	328	66
In den übrigen 15 Jahren von 1865 bis 1881	3 969	11 255	11 431	6 271	1 230	511

Für den zu den Nordwest-Provinzen gehörigen Distrikt Saharanpur, in welchem Hurdwar gelegen ist, sind nach Monaten getrennte Angaben über die Zahl der Cholerafälle für die Jahre 1870 bis 1884 von dem „Civil Surgeon“ des Distriktes Dr. Garden*) veröffentlicht. Auch diese auf Seite 258 mitgetheilten Zahlen lassen im April 1879 eine für die Jahreszeit ganz außergewöhnlich starke Verbreitung der Cholera erkennen, obgleich die fremden Pilger alsbald nach Beendigung des Festes den Distrikt verlassen haben.

Was Hurdwar selbst betrifft, so scheint der Ort an sich wenig empfänglich für die Cholera zu sein, wie denn nach einer Mittheilung in der bereits citirten Arbeit von Dr. Garden beispielsweise von 1879 bis 1885 kein Fall der Krankheit daselbst bekannt geworden ist. Ohne Zweifel ist es zum Theil jenem Umstande, zum Theil aber auch den vortrefflichen Maßregeln der englischen Sanitätsbeamten zur Zeit der Feste zu verdanken, daß unter gewöhnlichen Umständen eine Verbreitung der Cholera durch dieselben meist nicht stattfindet. Andererseits erscheint es begreiflich, daß zur Zeit der gewaltigen Menschenanhäufungen während der Kumbha Mela's alle Maßregeln im Stiche lassen können. Schon im Jahre 1867 hatte man alles gethan, um einem Ausbruche der Seuche vorzubeugen.**) Schmutz und Unrath wurden so schnell wie möglich beseitigt, theils durch Verbrennen in besonders hergerichteten Oefen, theils durch Vergraben; nach dem Dry earth-System eingerichtete Latrinen wurden hergestellt; nach Möglichkeit wurde jede Verunreinigung eines Wasserlaufes verhütet, und Thierkadaver und menschliche Leichen an besonders ausgewählten Stellen sechs Fuß tief vergraben. Seitdem haben ohne Zweifel die sanitären Einrichtungen zur Zeit der Feste weitere beträchtliche Verbesserungen erfahren, und doch ist das Kumbha Mela-Fest von 1879 wieder der Ausgangspunkt für eine große Epidemie im Punjab gewesen.

*) Hardwar Pilgrims and Cholera, more especially with regard to the epidemic in 1885. The Indian Medical Gazette, Sept. 1885.

**) Vgl. „C. Macnamara, A History of Asiatic Cholera. London 1876.“

Cholerafälle im Distrikt Saharanpur.

Jahr	Summe	Januar	Februar	März	April	Mai	Juni	Juli	August	September	Oktober	November	December
1870	113	1	2	17	22	19	5	7	8	9	16	3	4
1871	161	6	5	16	14	19	15	11	13	16	19	12	15
1872	1352?	8	4	14	18	81	65	18	691	366	61	7	2
1873	45	1	2	2	8	5	6	1	4	9	1	3	3
1874	2	—	—	—	—	—	—	—	1	1	—	—	—
1875	504	1	—	2	3	21	54	35	129	212	46	—	1
1876	17	—	—	3	4	6	—	—	—	3	1	—	—
1877	3	—	1	—	—	—	1	—	1	—	—	—	—
1878	12	—	—	—	1	1	—	—	1	—	—	—	9
1879	1057	—	—	2	**600**	96	23	2	18	201	115	—	—
1880	1	—	—	—	—	—	—	—	—	1	—	—	—
1881	9	—	—	—	—	3	4	—	—	1	1	—	—
1882	2	—	1	—	—	—	—	—	1	—	—	—	—
1883	147?	—	—	—	—	2	—	10	128	6	—	—	—
1884	53	—	—	—	—	—	—	—	—	29	21	-	—
Summe		17	15	56	670	256	173	87	998	854	281	25	34
Summe ohne das Kumbha Mela-Jahr 1879		17	15	54	70	160	150	85	980	653	169	25	34

Von Kalkutta nach Bombay.

Außer denjenigen für die Cholerafrage wichtigen Oertlichkeiten und Einrichtungen Kalkuttas, welche in früheren Abschnitten dieses Berichtes bereits besprochen worden sind, hat die Kommission während ihres Aufenthaltes in der genannten Stadt noch einige Truppen-Kantonnements, sowie das große Central-Gefängniß in der Vorstadt Alipore einer Besichtigung unterziehen können. Ueber das Ergebniß derselben ist in Anlage VII. kurz berichtet, woselbst auch über die Hospitäler in Kalkutta, sowie über die zur Bekämpfung der Cholera unter den Truppen in Indien vorgeschriebenen Maßregeln und über die Behandlung von Cholerakranken einige Mittheilungen sich finden.

Ein günstiger Umstand, welcher der Kommission es ermöglicht hat, nach vielen Richtungen hin verhältnißmäßig schnell über manche sie interessirende indische Verhältnisse sich zu unterrichten, bestand darin, daß zur Zeit ihres Aufenthaltes in Kalkutta daselbst eine große allgemeine Ausstellung, die zweite in Indien veranstaltete »International Exhibition« stattfand. Es bildete eine der angenehmsten Erholungen der Kommission, nach arbeitsreichen Tagen in der ihrer Wohnung nahe gelegenen Ausstellung eine Stunde zuzubringen und an den mannichfaltigen und reichen Erzeugnissen des Landes sich zu erfreuen.

Bis gegen die Mitte des Februar waren die Temperaturverhältnisse in Kalkutta sehr günstige gewesen. Die Tage waren zwar ziemlich heiß und wolkenlos, und nur ein einziges Mal, am 18. Januar, war ein leichter Regen gefallen, die Nächte hatten dagegen regelmäßig eine willkommene beträchtliche Abkühlung der Luft gebracht, und noch gegen 7 Uhr Morgens zeigte das Thermometer im Schatten meistens nicht mehr als 14 bis 15° C. Schon in der zweiten Hälfte des Februar aber — ungewöhnlich früh für Kalkutta — begann es heiß zu werden, so daß die Laboratoriumsarbeiten zumal auch in Folge der Verflüssigung der zu den Bakterien-Kulturen benutzten Nährgelatine immer schwieriger wurden, und gegen Anfang März erreichte die Hitze einen so hohen Grad, daß nichts übrig blieb, als die Laboratoriumsarbeiten abzubrechen.

Da überdies die der Kommission gestellten Aufgaben im wesentlichen gelöst waren, und ihre Mitglieder einer Erholung dringend bedurften, so wurde beschlossen, zunächst die nördlich von Kalkutta am Südabhange des Himalaya gelegene Bergstation Darjeeling aufzusuchen und hier die Entscheidung Sr. Excellenz des Herrn Staatssekretär des Innern darüber zu erwarten, ob die Untersuchungen eventuell in Darjeeling selbst bezw. an einem anderen hochgelegenen Orte Indiens noch fortzusetzen, oder ob die Heimreise anzutreten sei. Im ersteren Falle würde es sich namentlich darum gehandelt haben, weitere Ermittelungen über die etwaige Bildung von Dauerformen der Cholerabacillen anzustellen. Denn so zahlreich und vielseitig die von der Kommission über diesen Punkt bereits gemachten Versuche auch waren, so schien es doch bei der Wichtigkeit der Frage nicht unerwünscht, sie noch weiter zu vervollständigen. Andererseits war es damals ausgeschlossen, diese Forschungen in der Heimath fortzusetzen, denn die Möglichkeit, daß eine zufällige Infektion im Laboratorium den Ausgangspunkt für eine unabsehbare Epidemie geben konnte, wog damals, wo nicht nur Deutschland und ganz Europa von der Seuche frei war, sondern auch in Egypten ein Wiederauftreten derselben seit Anfang des Jahres 1884 nicht stattgefunden hatte, zu schwer, als daß die Kommission es hätte wagen dürfen, die von ihr als Ursache der Krankheit erkannten Organismen in entwickelungsfähigem Zustande mit sich zu führen.

So wurde denn Anfangs März zur Auflösung des Laboratoriums im Medical College geschritten, und die noch brauchbaren Gegenstände in der Weise verpackt, daß sie zur Versendung nach einem andern Orte Indiens bezw. zur Rücksendung nach Deutschland bereit standen. Auch der größere Theil des persönlichen Reisegepäcks wurde bis auf weiteres in Kalkutta belassen. — Am Nachmittage des 4. März trat die Kommission auf der North Bengal Railway die Fahrt nach Darjeeling an; gegen Abend wurde bei Saraghât auf einer Dampffähre der Ganges überschritten, und am folgenden Morgen an der Station Siliguri der Fuß des Himalaya erreicht. Hier wurden die kleinen Wagen der Gebirgsbahn bestiegen, welche in Zeit von acht Stunden den Reisenden aus der heißen Ebene zu dem etwa 7000 Fuß über dem Meeresspiegel gelegenen Darjeeling hinaufführt. In bewundernswerther Weise sind bei dem Bau dieser Bahn die gewaltigen technischen Schwierigkeiten überwunden, ohne daß auch nur ein einziger Tunnel angelegt wäre. In überraschend starken Kurven und nicht selten in Zickzacklinien, bald vor- und bald rückwärts arbeitend, schleppt die kleine Lokomotive ohne Zahnradvorrichtung den Zug die Berge hinauf, vorbei an schwindelerregenden Abgründen durch eine üppige Vegetation von Palmen, mächtigen Bananen und gewaltigen Bambusdickichten. Immer wieder taucht dabei nach einer Windung der Bahn in der Tiefe die unendliche Ebene auf, am Fuße des Gebirges von den in der Sonne silberglänzenden Strömen des unteren Berglandes, des sogenannten „Terai", durchzogen. Je höher man steigt, um so mehr ändert sich der Charakter der Vegetation. An Stelle der Palmen und Bananen treten mächtige Baumfarne, der Bambus der Ebene verschwindet, und nach einer von Bambus ganz freien Zone tritt eine Art von Zwergbambus an seine Stelle. Gewaltige Magnolien, Rhododendren und verschiedene Eichenarten, durch üppig blühende Schlinggewächse mit einander verbunden und vielfach von ihnen völlig umwuchert, die Stämme bedeckt mit den prächtigsten Orchideenblüthen, ersetzen mehr und mehr die tropische Vegetation der unteren Regionen. Als fremdartige Erscheinungen stehen dazwischen die hohen Cottontrees mit ihren langen horizontal abstehenden, blätterlosen Zweigen und den feuerrothen großen Blüthen. Auch der Menschenschlag wird ein anderer. Untersetzte muskulöse Gestalten mit mongolischer Gesichtsbildung und den charakteristischen Schlitzaugen, die Männer mit dem Nepalmesser im Gurt, die Frauen mit bunt bemalten Wangen und mit möglichst zahlreichen, nicht gerade sehr reinlichen Kleidungsstücken bedeckt, erinnern daran, daß man sich der Nordgrenze des indischen Reiches nähert. Statt der schwerfälligen Ochsenfuhrwerke der Ebene begegnen dem Reisenden hier in großen Schaaren sehnige kleine Ponies, die Lastträger des Gebirges, oft hoch bepackt und kaum neben dem bergauf sich windenden Eisenbahnzuge Platz findend.

Am Nachmittage des 5. März gegen 4 Uhr traf die Kommission in Darjeeling ein und fand Dank der Fürsorge des Herrn Konsul Bleeck in Kalkutta bereits alles zu ihrer Aufnahme vorbereitet. Nach den heißen Wochen in Kalkutta war es ihr ein eigenartiger Genuß, hier am offenen Kaminfeuer gegen die Kühle des Abends sich zu schützen. Jeder, der diesen Wechsel erlebt hat, wird es verstehen, daß in Kalkutta ansässige Europäer in der heißen Jahreszeit nicht selten die Anstrengungen der 24stündigen Hin- und ebenso langen Rückreise auf sich nehmen, um, sei es auch nur für einen Tag, die Gebirgsluft zu athmen, während sie ihre Frauen und Kinder für längere Zeit hier belassen. Nebenbei sei erwähnt, daß die Kinder der Europäer nur in ihren ersten Lebensjahren in Indien gut gedeihen; es gilt als Regel, daß sie, so schwer begreiflicherweise auch gerade unter diesen Verhältnissen den Eltern die Trennung wird, etwa vom 5. oder 6. Jahre an bis mindestens zum 15. oder 16. Jahre nach Europa gesandt werden müssen; einen Ersatz hierfür soll nur der in der heißen Jahreszeit regelmäßig herbeizuführende Aufenthalt in Darjeeling oder einer der anderen Bergstationen, beispielsweise in Simla, wohin von März bis Oktober auch der Sitz der vicekönigliche Regierung von Indien verlegt wird, bieten. So befinden sich denn in den Bergstationen, abgesehen von den Sanatorien für kranke Civil- bezw. Militär-Personen auch eine Anzahl von wohleingerichteten Schulen und Pensionen.

Während ihres neuntägigen Aufenthaltes in Darjeeling war die Kommission fast dauernd vom schönsten Wetter begünstigt und konnte daher wiederholt auch weitere Ausflüge unternehmen. Unvergeßlich wird ihren Mitgliedern insbesondere ein zweitägiger Ritt in eins der tief eingeschnittenen Gebirgsthäler wohl 5000 Fuß tief hinab zum Zusammenflusse des vom Kinchinjunga herabkommenden Rungeet river mit der Teesta sein, während dessen sie Gelegenheit hatten, die ganze Pracht der Urwald-Vegetation in den Thälern des Himalaya kennen zu lernen. Nicht minder hat sich ihrem Gedächtnisse der Anblick des gewaltigen schneebedeckten Hochgebirges eingeprägt, das für den in Darjeeling oder auf dem nahe gelegenen Tigerhill (ca. 8500 Fuß über dem Meeresspiegel) stehenden Beschauer nahezu die Hälfte des ganzen Horizontes einnimmt, und in dessen Mitte der mehr als 28000 Fuß hohe Kinchinjunga alle seine Genossen überragt. Auch den nordwestlich von Darjeeling gelegenen, den Kinchinjunga an Höhe noch übertreffenden Mount Everest hat die Kommission wiederholt vom Tigerhill aus zu Gesicht bekommen.

Daß nach der anstrengenden Thätigkeit in dem heißen Klima Kalkuttas der Aufenthalt in Darjeeling auf das körperliche Befinden der Kommissionsmitglieder den günstigsten Einfluß ausübte, ist unter den geschilderten Verhältnissen verständlich.

Die hohe Lage Darjeeling's hat den Ort nicht davor geschützt, zeitweise nicht unbeträchtlich von der Cholera heimgesucht zu werden. Die Krankheit hat sich indeß nach einer Mittheilung des Civil Surgeon. Herrn Dr. Nicholson, stets auf die eingeborene Bevölkerung beschränkt. Bemerkt sei, daß der Ort von einer kleinen offenen Wasserrinne durchzogen ist, aus der die Eingeborenen vielfach ihr Gebrauchswasser entnehmen, und welche während ihres Laufes nur ungenügend gegen Verunreinigung durch allerlei Abwässer geschützt ist. — Auch unter den Kulis der hoch oben im Gebirge gelegenen Theepflanzungen ist die Cholera bisweilen aufgetreten. So theilte ein schottischer Theegarten-Besitzer, Herr Monro, welcher seine einige Meilen von Darjeeling entfernt gelegene Plantage mit allen ihren Einrichtungen der Kommission in liebenswürdigster Weise gezeigt hat, mit, daß unter seinen Kulis vor einigen Jahren die Seuche, durch ein aus dem Terai kommendes Weib eingeschleppt, mit großer Heftigkeit ausgebrochen sei. Die Kulis, etwa 200 an der Zahl und meist Nepalesen, wohnen zerstreut auf der Pflanzung und haben sämmtlich ihr Fleckchen Land, auf dem sie für ihren eigenen Bedarf Mais und dergleichen bauen. Nach Herrn Monro's Ansicht unterliegt es keinem Zweifel, daß in der erwähnten Epidemie das Wasser den Krankheitskeim verbreitet hat. Die Leute waschen regelmäßig ihr schmutziges Zeug in den kleinen Gebirgs-Rinnsalen, aus welchen dann etwas weiter unten sowohl von ihnen selbst wie von ihren Genossen unbedenklich das zum Trinken und häuslichen Gebrauche erforderliche Wasser entnommen wird.

Das zur Aufnahme von kranken Civilpersonen bestimmte Eden-Sanitarium in Darjeeling, welches die Kommission unter Führung des Herrn Dr. Nicholson einer Besichtigung hat unterziehen können, ist nach Art eines Boarding-Hauses sehr behaglich eingerichtet. Als Hausarzt fungirt in demselben unter Aufsicht des Civil Surgeon ein Native-Arzt, während die Pflege der Insassen von Krankenschwestern besorgt wird. Es sind drei Verpflegungsklassen vorhanden, in welchen für den Aufenthalt täglich ca. 13 bezw. 7 und 2,50 Mark zu zahlen sind.

Für die oberhalb Darjeeling in Barracken untergebrachten Soldaten ist ein eigenes Hospital vorhanden. Die Wasserversorgung geschieht hier nach einer Mittheilung des Herrn Surgeon major Galwy aus mehreren vor Verunreinigung geschützten Tanks, aus denen Wasserträger den Bedarf in Schläuchen herbeischaffen. Die Latrinen für das Militär sind nach dem Dry earth-System eingerichtet. Das militärische Detachement setzt sich zum großen Theil aus solchen englischen Soldaten zusammen, deren Gesundheit unter dem Klima der Ebene gelitten hat, oder welche nach einer überstandenen Krankheit hier ihre Rekonvalescenz durchmachen.

Schließlich sei noch bemerkt, daß die überwiegend aus Buddhisten bestehende eingeborene Bevölkerung Darjeelings ihre Todten in gleicher Weise verbrennt, wie es seitens der Hindus geschieht.

Am 9. März erhielt der Führer der Kommission ein Telegramm von Sr. Excellenz dem Herrn Staatssekretär des Innern, in welchem die Genehmigung zur Fortsetzung der Untersuchungen in Indien ertheilt wurde, falls letztere nothwendig erscheinen sollten. Das hierdurch von neuem bewiesene hohe Vertrauen gereichte der Kommission begreiflicherweise zur größten Genugthuung. Nach reiflicher Ueberlegung kam sie indeß zu der Ueberzeugung, daß die bereits gewonnenen Ergebnisse ausreichend seien, um eine sichere Grundlage für praktische Maßregeln zur eventuellen Bekämpfung der Seuche in Deutschland abzugeben, und daß andererseits nach Lage der Dinge die von einem längeren Aufenthalte in Indien zu erhoffenden Vortheile in keinem Verhältnisse ständen zu den damit verknüpften nicht unbeträchtlichen Opfern.

Unter diesen Umständen wurde durch eine Depesche vom 10. März die Genehmigung zur Rückkehr erbeten und von Sr. Excellenz dem Herrn Staatssekretär des Innern bereits unter dem 12. März telegraphisch gewährt.

Am Vormittage des 14. März trat die Kommission die Rückreise nach Kalkutta an, woselbst sie am folgenden Tage gegen Mittag wieder eintraf. Trotz der sehr zweckmäßigen Schutzvorrichtungen, mit welchen die Eisenbahnwagen ausgestattet sind, hatte sie während der Fahrt durch die Ebene sehr unter der Hitze zu leiden gehabt.

Die für die Rückreise erforderlichen Geldmittel waren inzwischen bei dem Konsulat schon angewiesen, und so konnte bereits am 17. März die Reise fortgesetzt werden. Gemäß dem ursprünglichen Plane wurde beschlossen, zur Fahrt nach Bombay die Eisenbahn zu benutzen, um auf diesem Wege noch einigen größeren, außerhalb des endemischen Gebietes der Cholera gelegenen Städten einen Besuch abzustatten. Ausreichende Zeit war hierfür zur Verfügung, da die Abfahrt des von der Kommission später zu benutzenden Dampfers von Bombay erst für Anfang April in Aussicht stand. Die Reise durch Indien versprach für die Zwecke der Kommission um so nützlicher sich zu gestalten, als auf freundliche Veranlassung des Surgeon General with the Government of India Herrn Dr. J. M. Cuningham der mit den Choleraverhältnissen des Landes in hohem Grade vertraute Herr Dr. D. D. Cunningham der Kommission sich anschloß, um ihr während der Reise bei eventuellen Besichtigungen als sachverständiger Führer zu dienen und etwa erforderliche Aufschlüsse über die in Betracht kommenden Fragen zu geben. Wenn trotzdem die Ausbeute dieser Reise bezüglich der Choleraverhältnisse keine sehr große gewesen ist, so muß das zum nicht geringen Theil der beträchtlichen Hitze zugeschrieben werden, deren erschlaffender Einfluß sich mehr und mehr bemerklich machte. Auch war die Fülle des sonst Sehenswerthen eine so große, daß die wenigen zur Verfügung stehenden Tage, von denen überdies nur die etwas kühleren Vormittags- und späteren Nachmittagsstunden in Betracht kamen, sehr schnell dahingingen.

Schon in Kalkutta war der Kommission von verschiedenen Seiten mitgetheilt worden, daß zwar auch im Innern von Indien Tanks vielfach eine Rolle in der Wasserversorgung von Städten und Ortschaften spielen, daß sie aber nirgends auch nur annähernd eine derartig hohe Zahl erreichen, wie in Kalkutta und in Niederbengalen überhaupt, wo sie ihre

Entstehung dem Bedürfniß verdanken, dem umliegenden Terrain durch Aufschüttung von Erde Schutz vor den immer wiederkehrenden Ueberschwemmungen zu gewähren. Diese Mittheilung fand schon in Benares, woselbst die Kommission am Nachmittage des 17. März eintraf und bis zum 19. März sich aufgehalten hat, ihre Bestätigung. Das Wasser zum häuslichen Gebrauche und zur Bewässerung der Felder wird nämlich in Benares bei weitem überwiegend aus tiefen Brunnen entnommen, während Tanks nur ganz vereinzelt vorhanden sind. Große Gefäße, an einem Tau befestigt, welches über eine Walze läuft und mit Ochsen bespannt wird, dienen zur Heraufbeförderung des Wassers aus den Brunnen. Den Ochsen wird die Arbeit dadurch erleichtert, daß man sie auf einer vom Brunnen her abfallenden schiefen Ebene gehen läßt, so daß sie bei leeren Gefäßen bergauf, bei gefüllten bergab geführt werden. — In der Nähe eines der berühmtesten Hindutempel, von dessen niedrigen Thürmen der eine ganz mit Goldblech bedeckt ist, und welcher daher „der goldene Tempel" genannt wird, hatte die Kommission Gelegenheit einen heiligen Brunnen zu sehen, der vom hygienischen Gesichtspunkte aus ein gewisses Interesse bot. In diesen Brunnen werden täglich von den Eingeborenen unzählige Opfer, aus etwas Reis, einigen Blumen oder Früchten bestehend, hineingeworfen; denn der Gott „Shiwa" soll in demselben verweilen. Welche Beschaffenheit unter solchen Umständen das Wasser annimmt, kann man sich vorstellen. Die Probe, welche die Kommission sich mittels der vorhandenen Schöpfvorrichtung heraufholen ließ, verbreitete denn auch einen derartigen Gestank, daß an ein Kosten des Wassers nicht zu denken war. Trotzdem trinken es die Hindus als heilsam und nützlich gegen zahlreiche Krankheiten mit besonderer Vorliebe. Uebrigens erschien hier wie bei den meisten anderen Brunnen in Benares eine Verunreinigung durch oberflächliche Schmutzwässer ausgeschlossen. Ein größerer Einfluß als den Brunnen dürfte in Benares bezüglich der Cholera dem Ganges zukommen, welcher wegen der mangelnden Tanks in noch höherem Grade als in Kalkutta der Hoogly der Bevölkerung zum täglichen Baden dient. Da die Eingeborenen während des Badens stets von dem Wasser trinken und vielfach, wie die Kommission selbst sich hat überzeugen können, unmittelbar oberhalb der beliebtesten Badeplätze zahlreiche Wäschereien sich befinden, so wird ohne Zweifel der Strom nicht selten die Infektion vermitteln.

Benares liegt zwar schon außerhalb des eigentlichen endemischen Gebietes, indessen erlischt doch auch hier die Seuche nur selten gänzlich. Nicht in letzter Linie dürfte dazu der bereits an anderer Stelle erörterte außerordentlich rege Pilgerverkehr zwischen Niederbengalen und der als heilig geltenden Stadt beitragen. — Erwähnt möge noch sein, daß auch in Benares die Leichenverbrennungsplätze unmittelbar am Ganges gelegen sind. Wie der Kommission mitgetheilt wurde, sollen übrigens die Leichen der Unbemittelten aus Sparsamkeitsrücksichten nicht selten nur sehr unvollständig verbrannt, ja selbst nur etwas angesengt dem heiligen Strome überantwortet werden.

Am 19. März reiste die Kommission nach Agra weiter, woselbst sie am Vormittage des 20. März eintraf. Die durch ihre monumentalen Bauwerke aus der Zeit der mongolischen Kaiser berühmte Stadt liegt an der Jumna, einem in der trockenen Jahreszeit zwar wasserarmen, in der Regenzeit aber zum mächtigen Strome anschwellenden Flusse. Wie in Benares so liefern auch in Agra theils tiefe Brunnen, theils der Fluß das erforderliche Wasser sowohl für den häuslichen Gebrauch wie für die Bewässerung der Felder, während Tanks nur ganz vereinzelt sich finden. Die Stadt ist nicht selten längere Zeit gänzlich frei von der Cholera. Die Nähe der Wüste machte sich hier theils durch den heißen Wind, welchen dieselbe herübersandte, theils durch die zahlreichen Kameele und Esel, denen man in den Straßen begegnete, sehr bemerklich.

Am 23. März begab sich die Kommission nach Delhi, von hier am 27. März nach Jeypore und nach einem eintägigen Aufenthalte daselbst am 29. März nach Ahmedabad. In sanitärer Beziehung boten diese Städte bis auf die Wasserversorgung von Jeypore nach der Besichtigung von Benares und Agra im allgemeinen wenig Bemerkenswerthes.

Die Stadt Jeypore verdankt dem Interesse, welches der Rajah des gleichnamigen, unter britischem Schutze stehenden Staates europäischen Einrichtungen entgegenbringt, eine Wasserleitung, durch welche sie bei einer Einwohnerzahl von ca. 200 000 Seelen täglich mit ca. 600 000 Gallonen Wasser versorgt wird. In den Hauptstraßen der Stadt befinden sich zur Entnahme des Wassers Standrohre, deren jedes bezeichnender Weise mit drei Auslässen versehen ist. Je nach der Kaste, welcher sie angehören, entnehmen die Hindus das Wasser nur aus diesem oder jenem Auslasse, und ängstlich wird darüber gewacht, daß nicht den niederen Kasten angehörende Personen einen für die höhere Kaste bestimmten Auslaß berühren. Nur sehr allmählich sollen übrigens trotz dieser sinnreichen Einrichtung die höheren Kasten ihre Vorurtheile so weit verleugnen, daß sie von dem Wasser Gebrauch machen. Wie der Kommission mitgetheilt wurde, war die Leitung seit etwa sechs Jahren in Thätigkeit. Entnommen wird das Wasser aus einem kleinen Flusse etwa eine halbe Stunde von der Stadt entfernt. Nach einer nicht sehr vollkommenen Filtration wird es zunächst in ein hochgelegenes Reservoir gepumpt und von hier aus in eisernen Röhren zur Stadt geleitet. Bis auf feine in ihm schwimmende Fäserchen war das Wasser klar und von gutem wenn auch etwas erdigen Geschmack. Als die Kommission unter Führung des englischen Ingenieurs das Wasserwerk besichtigte, bemerkte sie zwei in der Anlage begriffene Tiefbrunnen, welche künftig statt des zeitweise sehr wenig Wasser führenden Flusses den Bedarf liefern sollen. Leider konnte die Kommission darüber, ob in den Choleraverhältnissen der Stadt seit Einführung der Wasserleitung eine Aenderung sich bemerklich gemacht hat, nichts in Erfahrung bringen.

Von Ahmedabad aus erfolgte am 31. März die Weiterreise nach Bombay, woselbst die Kommission, welche bis hierher der Begleitung und Führung des Herrn Dr. D. D. Cunningham sich zu erfreuen gehabt hatte, am Morgen des 1. April eintraf und bereits am Bahnhofe von dem deutschen Konsul Herrn Brandenburg in Empfang genommen wurde.

Zur Cholera in Bombay.

Während ihres Aufenthaltes in Bombay ist die Kommission in den Besitz eines außerordentlich reichhaltigen, die sanitären Verhältnisse der Stadt betreffenden literarischen Materials gelangt, für welches sie dem Sanitary Commissioner for the Government of Bombay Herrn Dr. Hewlett, dem Municipal Commissioner Herrn Ollivant und dem Health Officer Herrn Dr. Weir zu verbindlichstem Danke verpflichtet ist. Wenn es ihr überdies gelungen ist, trotz der kurzen zur Verfügung stehenden Zeit den im Bau befindlichen neuen Wasserwerken und einigen anderen bezüglich der Cholerafrage sie interessirenden Oertlichkeiten einen Besuch abzustatten, so verdankt sie das ebenfalls den letztgenannten beiden Herren, welche ihr freundlichst persönlich als Führer gedient haben.

Ueber die Zahl der Choleratodesfälle in Bombay liegen schon seit dem Jahre 1848 nach Monaten getrennte Angaben vor. Mag die Registrirung in der früheren Zeit auch unvollständiger erfolgt sein, als sie neuerdings geschieht, so sind jene Zahlen doch schon deswegen von großem Werth, weil sie zeigen, daß die Stadt nur verhältnißmäßig selten während eines Monats von der Seuche ganz frei gewesen ist. Wie aus der Tabelle auf S. 266 erhellt, in welcher die Choleratodesfälle für den 35jährigen Zeitraum von 1848 bis 1882 nach Monaten angegeben sind*), ist nämlich nur in 21 von 420 Monaten kein einziger Choleratodesfall gemeldet worden. Bemerkt sei, daß in der Tabelle derjenige Monat, welcher innerhalb des betreffenden Jahres die höchste Zahl der Todesfälle aufwies, durch fetten Druck der Ziffer kenntlich gemacht worden ist. Bei einer Betrachtung der Zahlen ergiebt sich in den einzelnen Jahren eine große Unregelmäßigkeit bezüglich des Verhaltens der Krankheit in den verschiedenen Monaten. Der am Schluß der Tabelle berechnete 35jährige Durchschnitt zeigt, daß im Allgemeinen in den Monaten August, September, Oktober und November das erheblichste Sinken der Cholerasterblichkeit eintritt. Die Regenzeit fällt in Bombay in die Monate Juni, Juli, August und September; sie beginnt bisweilen schon Ende Mai und zieht sich bis in den Oktober hinein. Diejenigen beiden Monate, in welchen die meisten Niederschläge erfolgen, sind Juni und Juli. Wenn demnach die im Juli beginnende und bis in den November sich fortsetzende durchschnittliche Abnahme der Cholera in einem ursächlichen Zusammenhange mit der zunehmenden Menge der atmosphärischen Niederschläge steht, so macht sich in Bombay ein solcher Einfluß jedenfalls sehr viel langsamer geltend, als es in Kalkutta anscheinend der Fall ist. Was die aus der Tabelle ebenfalls ersichtliche Summe der Choleratodesfälle in den verschiedenen Jahren betrifft, so können diese Zahlen bei einem Vergleiche unter einander insofern kein richtiges Bild geben, als die ganz außerordentliche Zunahme der Bevölkerung in den letzten Jahrzehnten bei denselben nicht in Betracht gezogen ist. Jedenfalls ist aber nicht zu bezweifeln, daß seit der Mitte der 60er Jahre eine höchst erfreuliche Abnahme der Krankheit hervorgetreten ist. Die Jahre 1875 bis 1878 müssen bei dieser Betrachtung unberücksichtigt bleiben, weil das Land damals von einer Hungersnoth heimgesucht wurde, welche die in Folge der überstandenen Entbehrungen aufs äußerste heruntergekommenen Eingeborenen zu Tausenden in die Stadt trieb, zu einer Zeit, wo gleichzeitig die Präsidentschaft ausweislich der Uebersicht auf Seite 267 schwer von der Cholera zu leiden hatte.

In früheren Zeiten war die Stadt Bombay mit ihrer Wasserversorgung abgesehen von einer Anzahl von Tanks ausschließlich auf Brunnen angewiesen. Dieselben waren meist wenig tief, lieferten zum Theil brackiges Wasser, waren allen möglichen Verunreinigungen ausgesetzt und vermochten bei alledem, zumal in regenarmen Jahren, dem stets wachsenden Bedarf nicht zu genügen. Die aus diesen Verhältnissen sich ergebenden Uebelstände waren so große, daß die Regierung schon im Jahre 1845 Mittel zu ihrer Beseitigung in Erwägung zu ziehen be-

*) Vgl. „19. Annual Report of the Sanitary Commissioner for the Government of Bombay, 1882.“

Cholera-Todesfälle in der Stadt Bombay.

	Januar	Februar	März	April	Mai	Juni	Juli	August	September	Oktober	November	December	Summe
1848		11	7	**17**	10	9	6	2	2	—	5	—	69
1849	—	—	1	4	1	—	—	121	**690**	369	260	682	2 128
1850	141	53	269	**607**	296	259	324	348	143	51	53	453	2 997
1851	**1 873**	905	1013	601	373	339	73	37	25	19	20	207	5 185
1852	**408**	91	160	271	149	151	165	66	19	10	6	21	1 520
1853	23	8	8	5	16	9	6	6	6	250	**571**	240	1 148
1854	214	299	372	724	520	**950**	317	68	14	11	9	9	3 507
1855	60	22	22	302	**585**	273	167	52	75	46	21	20	1 645
1856	151	266	241	**358**	280	197	89	22	19	38	40	142	1 846
1857	**459**	165	306	363	249	302	157	86	32	31	18	13	2 181
1858	**19**	9	8	15	11	9	5	8	11	6	7	7	115
1859	9	10	9	7	69	**843**	329	170	41	85	131	282	1 985
1860[*])	289	332	**396**	321	163	107	89	128	51	47	29	9	1 961
1861	15	18	5	4	12	18	13	10	11	34	35	**466**	611
1862	**625**	240	339	266	367	218	117	95	161	272	201	269	3 170
1863	89	50	89	161	153	161	**412**	240	178	181	176	319	2 209
1864	622	401	302	680	**837**	395	371	351	232	88	137	431	4 847
1865	363	540	522	356	**624**	206	116	62	31	32	22	13	2 887
1866	13	15	12	16	21	15	27	43	**63**	49	31	27	332
1867	11	21	12	**26**	5	9	5	5	7	6	4	—	111
1868	1	—	—	3	3	2	4	6	1	43	63	**101**	227
1869	**157**	93	97	91	82	41	54	47	60	26	3	3	754
1870	6	3	5	3	7	12	4	73	76	41	64	**92**	386
1871	**68**	41	37	21	15	10	3	11	13	29	8	4	263
1872	7	2	4	7	6	7	46	**54**	32	11	3	11	190
1873	**22**	13	17	12	8	7	3	1	2	3	2	2	92
1874	1	—	2	2	**7**	—	2	1	2	2	—	—	19
1875	1	1	—	31	67	132	**279**	168	43	53	38	21	834
1876	1	—	2	4	5	9	**119**	141	64	23	6	—	374
1877	1	61	111	185	337	**704**	495	337	162	42	21	51	2 510
1878	35	109	**224**	128	137	99	156	116	43	53	40	25	1 165
1879	27	10	13	4	29	14	33	**74**	64	41	10	4	323
1880	**8**	6	3	2	2	2	1	1	1	2	1	1	30
1881	—	—	2	9	68	85	**111**	73	18	33	9	91	529
1882	**80**	52	17	5	1	—	12	12	8	2	—	1	190
Im Durchschnitte der vorstehenden 35 Jahre . . .	166	110	132	160	158	160	117	87	69	58	58	115	1 391

[*]) Eröffnung der Wasserleitung.

Cholera-Todesfälle in der Präsidentschaft Bombay.

Jahr	Choleratodesfälle	Bemerkungen
1862	? (Allgemein epidemisch)	
1863	? (Allgemein vorherrschend)	Nach: „Bellew, History of Cholera in India from 1862 to 1881, Lahore 1885."
1864	? Schwer epidemisch	
1865	86 036	
1866	23 027	
1867	5 143	
1868	6 347	
1869	52 230	
1870	2 666	
1871	5 821	
1872	15 612	
1873	283	Nach: „19. Annual Report of the Sanitary Commissioner for the Government of Bombay, 1882."
1874	37	
1875	47 555	
1876	32 117	
1877	57 252	
1878	46 713	
1879	6 937	
1880	681	
1881	16 694	
1882	7 901	

gann.*) Derjenige Plan, welcher schließlich zur Ausführung gelangte, bestand darin, daß in einem zwischen Bergen gelegenen etwa 14 englische Meilen von der Stadt entfernten Terrain ein großes Reservoir, der Vehar Lake, angelegt wurde, in welchem man von dem benachbarten Gelände her die atmosphärischen Niederschläge aufsammelte, um das Wasser dann in eisernen Röhren zur Stadt zu leiten. Nachdem im Jahre 1860 diese Leitung eröffnet worden war, stellte sich indeß bald heraus, daß die so gewonnene Wassermenge den Bedürfnissen der Stadt nicht Genüge zu leisten vermöge, und man begann daher noch ein zweites großes Bassin abzudämmen, das sogenannte Tulsi-Reservoir, welches indeß erst seit dem Jahre 1879 in Benutzung genommen ist. Das von diesem letzteren Bassin gespeiste Röhrensystem ist von demjenigen des Vehar Lake getrennt. Ein großer Uebelstand war, daß das Tulsi-Wasser sehr stark mit organischen Substanzen verunreinigt sich erwies; ja bei der Eröffnung der neuen Leitung stank es geradezu, so daß die erschreckte Bevölkerung das schlechte Brunnenwasser ihm vorzog.**) Auch die Reinheit des Vehar-Wassers soll übrigens mehrfach zu wünschen übrig gelassen haben. Man hat daher in der Folge sowohl für das Vehar- wie für das Tulsi-Wasser großartige Filtereinrichtungen in der Nähe der Stadt erbaut, zu denen das Wasser von den Seen her durch eigenes Gefälle geleitet wird. In jedem der beiden Werke gelangt es zunächst

*) Vgl. „H. Tulloch, The Water-Supply of Bombay. London 1872."

**) Vgl. Bericht des Health Officer für das Jahr 1879.

in ein mächtiges Reservoir, wird dann in sechs großen Sandfiltern, welche nach Art derjenigen in den Berliner städtischen Wasserwerken construirt sind, gereinigt, in einem Sammelbassin vereinigt und wiederum durch eigenes Gefälle zur Stadt geleitet. Wenn eine Feuersbrunst die plötzliche Zuführung größerer Wassermengen nothwendig macht, kann übrigens auch das unfiltrirte Wasser der Stadt zugeführt werden. Zur Zeit der Anwesenheit der Kommission in Bombay waren diese neuen Wasserwerke zwar im wesentlichen fertig gestellt, aber noch nicht in Gebrauch genommen. Brunnen sollen, wie der Kommission mitgetheilt wurde, noch in sehr beträchtlicher Anzahl in der Stadt vorhanden sein, wenn man auch nach Kräften bestrebt ist, diejenigen, welche den zu stellenden hygienischen Anforderungen nicht genügen, zu beseitigen.

Die wenigen Tanks, welche die Kommission während ihres Aufenthaltes in Bombay zu sehen Gelegenheit hatte, waren neben Tempeln gelegen und dienten offenbar mehr religiösen Zwecken als der Wasserversorgung. Der größte von ihnen hat den Namen »Mumbay Devi« und erfreut sich eines besonders großen Zuspruchs, wie die Kommission gelegentlich einer unter der freundlichen Führung des Health Officer Herrn Dr. Weir vorgenommenen Besichtigung sich persönlich überzeugen konnte. Ganze Schaaren von Eingeborenen stiegen in das Wasser hinab, um zu baden, ihr Zeug auszuwaschen und den Mund auszuspülen bezw. zu trinken, ganz in derselben Weise, wie es, allerdings in weit größerem Maßstabe, in Kalkutta sowohl in Tanks als auch im Hoogly geschieht.

Was die Beseitigung der Abfallstoffe betrifft, so besitzt Bombay zwar ein Netz von unterirdischen Kanälen, die Fäkalien werden jedoch wie in Kalkutta so auch hier durch ein besonderes Mehter Corps aus den Häusern abgeholt. Daneben sollen Senkgruben noch in großer Zahl existiren, und der Inhalt der Kanäle soll vielfach wegen unzureichenden Gefälles bezw. in Folge von Mangel an Spülwasser stagniren. Jedenfalls ist die Reinhaltung des Bodens noch eine ziemlich mangelhafte. So sagt der Health Officer Dr. Weir in seinem Berichte für das Jahr 1879 bezüglich eines keineswegs von der ärmsten Bevölkerung bewohnten Theiles der Stadt: »The condition of the drainage of this and many other portions of the city is fearful. It is sufficient to make one shudder at the thought of the consequences that must result from this putrid contamination of the air and soil.«

Die Spüljauche der Kanäle wird durch den Hauptstrang in der Nähe des Hafens in ein großes Reservoir geleitet und aus diesem direkt in den Hafen übergepumpt, eine Einrichtung, welche begreiflicherweise ebenfalls große Mißstände im Gefolge hat.

Was den Einfluß der centralen Wasserversorgung auf die seit Mitte der 60er Jahre erfolgte beträchtliche Abnahme der Cholerasterblichkeit der Stadt betrifft, so liegen hier die Verhältnisse weniger klar als bei der gleichen Frage in Kalkutta, da die Wasserversorgung Bombays von vorn herein eine unzureichende gewesen ist. Noch im Jahre 1877 schreibt der Health Officer in seinem Jahresberichte: »Statistics of the source of water supply in Bombay now must be received with very great caution. Owing to the scarcity of Vehar water almost all classes drink more or less of the well waters. The use of the well water for washing and cooking purposes is unavoidable in the majority of houses and if well water is used for washing or cooking, it is not difficult to see on any emergency it will be used for drinking too.«

Zwei Umstände sprechen jedenfalls dafür, daß auch in Bombay die Zuführung eines der Infektion nicht ausgesetzten Wassers einen wesentlichen Einfluß auf die Abnahme der

Cholera gehabt hat, nämlich einerseits die Thatsache, daß seit Eröffnung der Wasserleitung ein in der Stadt ansässiger Europäer nur noch in sehr seltenen Fällen von der Krankheit hingerafft wird,*) und andererseits die wiederholt gemachte Beobachtung, daß bei örtlichen Ausbrüchen der Seuche der Infektion zugängliches Brunnenwasser der Bevölkerung zum Genusse gedient hatte. Es entspricht diesen Erfahrungen, wenn der erste Sanitätsbeamte der Präsidentschaft Bombay, der Sanitary Commissioner Dr. Hewlett, in einer im Jahre 1884 erlassenen Instruktion**) zur Bekämpfung der Cholera in den Ortschaften seines Dienstbereiches auf die Verhütung von Verunreinigung der Brunnen, Tanks und Wasserläufe durch Cholera-Dejektionen das Hauptgewicht legt und dringend anräth, zur Zeit eines Choleraausbruchs das Wasser vor dem Genuß zu kochen.

Ob nicht die Stadt Bombay unter dem Einflusse der erst neuerdings erfolgten ausreichenden Versorgung mit filtrirtem Leitungswasser von nennenswerthen Choleraepidemieen überhaupt verschont bleiben wird, selbst zu Zeiten, wo benachbarte Ortschaften bezw. die ganze Präsidentschaft schwer zu leiden haben, muß die Zukunft lehren.

Was den Einfluß der Bodenbeschaffenheit auf die Cholera in Bombay betrifft, so hat der Health Officer Dr. Weir denselben eingehend untersucht, indem er dabei die Cholerasterblichkeit der einzelnen Stadttheile für den 25jährigen Zeitraum von 1851 bis 1875 zu Grunde legte. Ueber die Ergebnisse seiner Untersuchungen hat er sich in seinem Berichte für das Jahr 1875 folgendermaßen geäußert:

It has hitherto been held as an article of belief that particular localities, owing to their geological formation and surface configuration had a peculiar attraction for cholera. It has been assumed that the porous soil and low lying position of some of the districts in this city exerted a great influence, if they did not play a chief part, in the causation and localization of cholera in Bombay. The experience gained regarding the disease in this city, as I read it, goes to prove exactly the contrary, — that there is no apparent connection between the soil and the endemicity of cholera in Bombay, and that when cholera acquires an epidemic character its progress is not controlled nor guided by the surface formation of the city. The history of the last epidemic teaches that the causes of the outbreak lay not in the soil but in the people, and that the progress of the disease was not influenced by the distribution of the soil. That in Bombay cholera extends to and spreads over localities irrespective of their soil formation is, I think, clearly shown by the accompanying return.«

Der Führer der Kommission hat diese von Dr. Weir angestellten Ermittelungen bereits der zweiten Conferenz zur Erörterung der Cholerafrage in Form kartographischer Darstellungen vorgelegt, welche auf Tafel 30 dieses Berichtes mitgetheilt sind. Bemerkt sei, daß die Darstellungen auf eine genaue Abgrenzung der einzelnen Stadtbezirke keinen Anspruch machen können, sowie daß bei der Berechnung der Cholerasterblichkeit die Ergebnisse der Volkszählung

*) Vgl. „De Renzy, The sanitary state of the British troops in Northern India. Transactions of the epidemiological Society of London. New Series Vol. I. Session 1881—82.“

**) Instructions for the Guidance of villagers regarding measures to be taken with reference to outbreaks of cholera.

vom 21. Februar 1872 durchweg zu Grunde gelegt worden sind. Zu den Darstellungen äußerte sich der Führer der Kommission folgendermaßen:

„Meine eigenen Studien haben mir weitere Beweise dafür geliefert, daß die Beziehungen des Bodens zur Cholera nicht so einfach und gesetzmäßig sind, als gewöhnlich angenommen wird. Ein für diese Frage sehr lehrreiches Objekt bietet die Stadt Bombay, welche zum Theil auf durchlässigem grundwasserhaltigen Boden, zum Theil auf felsigem und auch stellenweise sich zu einem Höhenzuge erhebenden Terrain liegt.

Auf der geologischen Karte von Bombay, welche ich Ihnen hier vorlege, sehen sie zwei fast parallele aus Basalt und Trapp bestehenden Höhenzüge, welche die Längsseiten der von Norden nach Süden sich erstreckenden Insel bilden, auf welcher Bombay liegt. Zwischen diesen beiden aus felsigem Boden bestehenden Zügen befindet sich eine langgestreckte, mit Alluvium gefüllte Mulde. Unter dem Alluvium liegt poröser und reichlich Wasser führender Sandstein. Die Stadt Bombay ist zum größten Theil auf dem östlichen Trappzug erbaut, erstreckt sich aber auch in die Mulde und über diese hinweg zu dem westlichen aus Trapp bestehenden Höhenzuge, dem Malabar Hill. Wir haben hier also ein Terrain, welches unmittelbar neben einander diejenigen Bodenverhältnisse aufweist, welche für die Cholera als ganz besonders maßgebend angesehen werden. Felsiger Boden, der bis zum Baugrund der Häuser reicht, so daß man bei der Ausführung der Canalisationsanlagen in diesem Stadttheil die größten Schwierigkeiten hatte, und dicht daneben in einer Mulde abgelagertes Alluvium stellenweise sogar dem Meere durch künstliche Aufschüttung abgewonnenes Terrain. Beide Bodenarten sind dicht bewohnt, und dazu war die Choleramortalität in früheren Jahren regelmäßig bedeutend. In einem solchen Falle mußte sich doch, wenn die herrschende Meinung die richtige ist, mit aller Evidenz zeigen, daß der felsige Untergrund die Cholera abhält, und daß der poröse Alluvialboden sie befördert. Nirgend wo in der Welt konnte diese Frage sicherer zu entscheiden sein, als in Bombay, denn wie unsicher sind die Schlüsse aus den Beobachtungen über das Verschontbleiben oder das Befallenwerden eines Ortes während einer oder selbst mehrerer zeitlich getrennter Epidemieen gegenüber den Folgerungen, welche sich aus dem Verhalten der Jahr für Jahr gleichmäßigen Cholera in Bombay ziehen lassen. Dort ist dem Spiel des Zufalls immer noch ein großer Raum gestattet, hier kann die Beobachtung über eine Reihe von Jahren gleichmäßig ausgedehnt und damit jeder Zufall ausgeschlossen werden. So dachte vermuthlich auch der Health Officer von Bombay, Dr. Weir, als er sich der nicht geringen Mühe unterzog, die Choleramortalität der einzelnen Stadttheile getrennt und für eine Reihe von Jahren (1851–1875) zu berechnen und zu untersuchen, welche Unterschiede durch die verschiedene Bodenbeschaffenheit bedingt werden. Gegen seine Erwartung fand er aber, daß die Boden Beschaffenheit keinen bestimmenden Einfluß in Bombay auf die Frequenz der Cholera hat, und er sah sich in Folge dessen zu dem Ausspruch veranlaßt, daß der Verlauf und die Ausbreitung der Cholera in Bombay ganz unabhängig von der Bodenformation sei.

Wenn wir uns nun überzeugt haben, daß in Bombay die Cholera auch auf Felsboden vorkommt, so ist das an und für sich noch nichts Ungewöhnliches. Auf dem Felsen von Malta hat die Cholera auch schon arg geherrscht. Also giebt es Felsen, welche nicht cholerafrei sind, und Herr v. Pettenkofer hat ja gezeigt, wie das zusammenhängt, und warum der Felsen von Malta im Stande ist, einen Choleraboden abzugeben. Der Fels von Malta ist nämlich ungefähr ebenso porös wie Sandboden, da sein Porenvolumen mehr als 30 Proc.

beträgt. Nun könnte man denken, daß auch Bombay auf einem so porösen Felsen steht, wie der von Malta ist. Das ist aber nicht der Fall. Ich habe, um einem derartigen Einwand zu begegnen, Proben von dem Trappfelsen, welcher den Untergrund des größten Theils von Bombay bildet, mitgebracht und lege sie Ihnen hier vor. Dies Stück ist unverwitterter, von einer frischen Bruchstelle abgeschlagener Trapp, und dies zweite Stück ist von der Oberfläche entnommen, wo das Gestein mehr oder weniger verwittert ist. Das Aussehen und die Schwere dieser Proben beweist Ihnen schon, daß dieselben nicht einer porösen Gesteinsart angehören. Dementsprechend hat sich auch für den unverwitterten Trapp ein Porenvolumen von 1,25 und für den verwitterten von 2,35 Proc. ergeben. Dieses Gestein gehört also zu den dichtesten und ist nicht im Stande, nennenswerthe Mengen von Wasser aufzunehmen. Der auf Trapp stehende Theil von Bombay kann also in seinem Untergrunde kein Grundwasser und keine Grundwasserschwankungen haben, und doch herrscht in ihm die Cholera ebenso, wie in dem auf Alluvium erbauten Stadttheil."

Von Bombay nach Berlin.

Am 4. April 1884 trat die Kommission an Bord der „Bokhara", eines Schiffes der Peninsular and Oriental Steam Navigation Company von Bombay aus die Heimreise an, nachdem sie nahezu vier Monate auf indischem Boden sich aufgehalten hatte. Nach einer schnellen und vom schönsten Wetter begünstigten Fahrt erfolgte am Morgen des 10. April die Ankunft auf der Rhede von Aden. Wenn hier die Zeit des Aufenthaltes auch nur nach Stunden zählte, so genügte sie doch, der Stadt Aden und ihren berühmten Wassertanks einen Besuch abzustatten. Von Steamer Point, dem an der Westseite der Halbinsel gelegenen Hafen, aus gelangte die Kommission zu Wagen auf einem gut gehaltenen Wege in etwa einer halben Stunde zu dem erloschenen Vulkane, in dessen Krater die Stadt erbaut ist, nur durch einen Felsentunnel zugänglich und geschützt durch einen dreifachen Festungsgürtel. Abseits von der Stadt liegen die gewaltigen in das Gestein gearbeiteten und im Innern mit einem Cementüberzug versehenen Cisternen, in welchen bei Regengüssen von dem umliegenden felsigen Terrain aus das Wasser gesammelt wird. Hier finden sich auch von einigen Bäumen und grünem Gesträuch gebildete Anlagen, während im Uebrigen die Stadt und ihre Umgebung einen außerordentlich öden Eindruck machen. Da es in Aden nicht selten ist, daß Jahre hindurch keine nennenswerthe Niederschläge erfolgen, und Brunnen in der Stadt nicht vorhanden sind, so müssen oft die in einem regenreicheren Jahre aufgesammelten Wassermengen den Bedarf für mehrere Jahre decken. Die Cisternen werden bewacht, und die Umgebung ist unbewohnt, so daß eine Verunreinigung des Wassers ausgeschlossen erscheint. Zur Zeit der Besichtigung durch die Kommission war das Wasser klar; nur grüne Algen wuchsen in reichlicher Menge auf dem Grunde der Cisterne.

Angesichts der erwähnten Wasserverhältnisse ist es bemerkenswerth, daß die Stadt Aden in der an anderer Stelle bereits besprochenen Choleraepidemie, von welcher die Halbinsel im

Jahre 1884 betroffen wurde (vgl. S. 135), sehr wenig empfänglich sich gezeigt hat, und daß insbesondere von den in Aden ansässigen Europäern damals Niemand auch nur erkrankt ist.

Noch am Nachmittage des 10. April lichtete die „Bokhara“ die Anker, um die Reise nach Suez fortzusetzen. War wenige Monate früher die Fahrt durchs Rothe Meer der Kommission keineswegs unangenehm erschienen, so hatte sie jetzt an den ersten beiden Tagen nach dem Passiren der Straße von Bab el Mandeb, wo der Wind in der Richtung der Fahrt wehte, und kein Lüftchen an Bord sich regte, desto mehr von der Hitze zu leiden. Schon in dem mittleren windstillen Theile des Meeres machte sich dagegen der durch die Bewegung des Schiffes erzeugte Luftzug angenehm bemerklich, und im nördlichen Theile wehte eine sehr frische Brise dem Schiffe entgegen. Am 14. April, zehn Tage nach der Abfahrt von Bombay, erfolgte spät Abends die Ankunft auf der Rhede von Suez. Nachdem am folgenden Morgen eine kurze ärztliche Inspektion der Mannschaft und der Passagiere stattgefunden hatte, erhielt das Schiff freie Praktik, so daß die Kommission alsbald an Land sich begeben konnte.

Theils um noch einige weitere Informationen über die sanitären Verhältnisse von Kairo und Alexandrien zu gewinnen, welche wegen Mangels an Zeit gelegentlich des früheren Aufenthaltes daselbst nicht mehr hatten erlangt werden können, theils um den Einwirkungen eines allzu schroffen Klimawechsels zu entgehen, hatte die Kommission beschlossen, zunächst noch in Egypten einen kurzen Aufenthalt zu nehmen. Es war das um so rathsamer, als ihr Führer seit der Abreise von Bombay an Krankheitserscheinungen litt, welche als die Folge einer Malaria-Infektion gedeutet werden mußten, jedenfalls aber einige Ruhe und Schonung nothwendig machten. So blieb denn die Kommission vom 15. bis 19. April in Kairo, begab sich dann nach Alexandrien und setzte von hier aus am 22. April an Bord des Dampfers „Tanjore“ die Reise über Brindisi, woselbst, wie nebenbei bemerkt sei, wiederum eine kurze ärztliche Inspektion der Mannschaft und der Passagiere stattfand, nach Venedig fort. Für die Wahl des weiteren Rückweges war der Wunsch des Führers der Kommission maßgebend, dem Vorsitzenden der früheren Reichs-Cholera-Kommission Königlich bayerischen Geheimrath und Obermedizinalrath Herrn Professor Dr. von Pettenkofer einen Besuch abzustatten und demselben persönlich von den Ergebnissen der Expedition Mittheilung zu machen. Dementsprechend begab sich die Kommission am 29. April zunächst nach München, um hier die Rückreise nochmals für einige Tage zu unterbrechen.

Am 2. Mai 1884, nach mehr als achtmonatlicher Abwesenheit, traf die Kommission wieder in Berlin ein.

Anlagen.

Die Ausrüstung der Expedition.

Den nachstehenden Verzeichnissen der von der Kommission mitgeführten Ausrüstungsgegenstände seien einige Bemerkungen über den Gang der Untersuchung bei der Erforschung einer Infectionskrankheit vorangeschickt.

Vor allem gilt es, auf dem Wege der experimentellen Forschung die Natur des Krankheitskeimes klar zu stellen, denselben in sogenannten Reinkulturen zu isoliren und seine Lebenseigenschaften, Absterbebedingungen &c. kennen zu lernen.

Der Weg, welcher zur Erreichung dieses Zieles einzuschlagen ist, läßt sich in drei Abschnitte zerlegen. Zunächst handelt es sich darum, in den Leichen der an der betreffenden Krankheit verstorbenen Personen bezw. in den Absonderungen der Kranken mit Hülfe der mikroskopischen Untersuchung organisirte Gebilde aufzufinden, welche im gesunden Zustande bezw. bei anderen Krankheiten nicht vorhanden sind. Bei der geringen Größe der Objekte bildet dieser Theil der Untersuchung unter Umständen ganz außerordentliche Schwierigkeiten, deren Ueberwindung nur bei Ausnutzung sämmtlicher zu Gebote stehenden optischen Hülfsmittel und unter Anwendung der verschiedensten Präparationsmethoden möglich ist.

Der zweite Theil der Untersuchung besteht darin, die durch das Mikroskop nachgewiesenen Organismen außerhalb des Körpers der Erkrankten bezw. der Leichen zu isoliren und in sogenannten Reinkulturen künstlich fortzuzüchten. Begreiflicherweise wird diese Aufgabe dann besonders schwierig zu lösen sein, wenn in dem Untersuchungsmaterial neben dem Krankheitserreger andere vermehrungsfähige Keime vorhanden sind, wie das beispielsweise bei erbrochenen oder ausgehusteten Massen, noch mehr aber bei Darmausleerungen regelmäßig zu erwarten ist. Aber auch in dem Falle, daß in dem Untersuchungsmaterial nur eine einzige Art von Mikroorganismen sich findet, besteht die Gefahr, daß, sei es aus der Luft, sei es durch die Instrumente und Finger des Untersuchenden, fremde Keime in die Kulturen hineingerathen und das Untersuchungsergebniß unsicher machen.

Die hieraus sich ergebenden Mißstände waren geradezu unüberwindlich, so lange man ausschließlich flüssiger Nährsubstanzen zur Züchtung der Organismen sich bediente. Erst mit der Einführung der sogenannten festen Nährböden gelang es, sowohl aus Bakteriengemischen heraus die verschiedenen Arten mit Sicherheit isolirt zu züchten, als auch die unvermeidlichen, aus der Luft, von den Instrumenten &c. herstammenden Keime unschädlich zu machen. Der am häufigsten zur Verwendung kommende feste Nährboden ist die sogenannte Nährgelatine, und es möge daher an ihr das Wesen der Methode mit einigen Worten erklärt werden.

Die Nährgelatine wird in der Weise bereitet, daß einer für die künstliche Züchtung der Bakterien geeigneten Flüssigkeit, beispielsweise einer Fleischbrühe, soviel Gelatine zugesetzt wird, daß eine bei Zimmertemperatur feste durchsichtige Masse entsteht. Dieselbe läßt sich, wenn man alle in ihr etwa enthaltenen entwickelungsfähigen Keime getödtet hat, unter Watteverschluß aufbewahren, ohne daß sie Zersetzungen erleidet. Will man sie benutzen, um beispielsweise aus einem Gemische verschiedener Bakterien die einzelnen Arten in Reinkultur zu gewinnen, so wird sie zunächst durch Erwärmen auf 30 bis 40° C flüssig gemacht. Hierauf wird sie mit einer geringen Menge jenes Bakteriengemisches inficirt und, nachdem eine gleichmäßige Vertheilung des letzteren bewirkt ist, auf eine abgekühlte Glasplatte ausgegossen. Unter diesen Verhältnissen erstarrt die Masse wieder und zwar innerhalb weniger Minuten; die einzelnen Keime werden hierdurch, von einander getrennt, an verschiedenen Stellen fixirt, sie beginnen sich zu vermehren, und schon nach einem bis zwei Tagen sieht man auf der Platte eine mehr oder weniger große Anzahl von kleinen Pünktchen, deren jedes eine Bakterienkolonie darstellt. Die einzelnen Kolonien sind, weil sie aus isolirten Keimen hervorgegangen sind, Reinkulturen. Beim weiteren Wachsthum lassen die räumlich von einander getrennten Kulturen schon bei der Betrachtung vom bloßen Auge wesentliche Unterschiede wahrnehmen, je nachdem sie dieser oder jener Bakterienart angehören. Sie können ohne Schwierigkeiten jede für sich in neues Nährmaterial übertragen und weiter untersucht werden.

Auch bei der vorstehend kurz geschilderten Art der Züchtung ist man freilich nicht sicher vor zufälligen Verunreinigungen durch Bakterien, welche aus der Luft des Arbeitsraumes in die Kulturen gelangen. Die Methode bietet aber den großen Vortheil, daß diese Verunreinigungen ohne Schwierigkeiten als solche erkannt werden können, und daß sie niemals, wie das bei der Züchtung in Flüssigkeiten stets der Fall ist, die ganze Kultur verderben, da sie in der Gelatine mit ihrem Wachsthum auf diejenige Stelle beschränkt sind, an welche der Zufall sie geführt hat. — Außer der Nährgelatine eignen sich auch sonst einige Substanzen zur Benutzung als feste Nährböden für Bakterienkulturen z. B. die Schnittflächen gekochter Kartoffeln, zum Erstarren gebrachtes Blutserum u. dgl. m.

Nachdem es gelungen ist, die mit Hülfe des Mikroskops gefundenen vermeintlichen Krankheitserreger auf dem geschilderten Wege in Reinkulturen zu isoliren, bleibt die dritte Aufgabe der experimentellen Untersuchung zu lösen, welche darin besteht, daß mit den durch mehrere Generationen außerhalb des Körpers reingezüchteten Organismen, denen also von dem ursprünglichen Aussaatmaterial nichts mehr anhaftet, künstlich die Krankheit wieder erzeugt wird. Sofern es sich um Thierkrankheiten bezw. um solche menschliche Krankheiten handelt, für welche auch Thiere empfänglich sind, bietet diese Aufgabe in der Regel keine besonderen Schwierigkeiten. Anders liegt die Sache, wenn, wie das bei der Cholera der Fall ist, die Krankheit eine ausschließlich dem menschlichen Geschlechte eigenthümliche ist, da unter solchen Umständen Infectionsversuche an Thieren wenig Erfolg versprechen. Hier gilt es dann an einer großen Reihe von Einzelbeobachtungen nachzuweisen, daß der vermeintliche Erreger der Krankheit in allen Fällen derselben, aber nirgendwo sonst gefunden wird. Gelingt dieser Nachweis, so ist man nach dem heutigen Stande der Wissenschaft durchaus berechtigt, jenen Organismus als die Krankheitsursache zu bezeichnen.

Schließlich bleiben noch die Lebenseigenschaften des gefundenen Infectionskeimes außerhalb des menschlichen bezw. thierischen Organismus zu ermitteln, seine Absterbebedingungen, sein Verhalten gegen chemische Agentien und Desinfectionsmittel u. dgl. m. festzustellen. — Damit ist die Aufgabe der experimentellen Forschung im wesentlichen gelöst, und der sichere Boden gewonnen, auf dem nunmehr über die Entstehung und Verbreitungsweise der Krankheit, über die Bedingungen ihres epidemischen Auftretens und ihres Erlöschens, sowie über die Mittel zu ihrer Bekämpfung weitere Untersuchungen anzustellen sind. —

Nach dieser kurzen Darlegung des Weges, welcher bei der Erforschung von Infectionskrankheiten einzuhalten ist, wird der Zweck der von der Kommission mitgeführten Ausrüstungsgegenstände ohne weiteres ersichtlich sein; über einige Einzelheiten mögen indeß hier noch einige Bemerkungen Platz finden.

Da zu befürchten war, daß in Egypten für die Laboratoriumsarbeiten Gas entweder gar nicht oder nicht in der erforderlichen Menge zur Verfügung stehen würde, so wurden einige große Spirituslampen (nach Fuchs) mitgeführt, welche mit sehr geräumigen Spiritus-Reservoirs ausgestattet und derartig eingerichtet sind, daß die Füllung der letzteren ohne Auslöschen der Flamme bewirkt werden kann. Diese Lampen haben sich bei den Arbeiten in Egypten und Indien vortrefflich bewährt.

In großen Mengen wurde absoluter Alkohol mitgenommen, da derselbe sowohl für die mikroskopischen Arbeiten, wie vor allem für die Härtung von Organstücken unentbehrlich war, seine Beschaffung in Egypten aber möglicherweise auf Schwierigkeiten stoßen konnte. Auch wurde ein Alkoholometer nicht vergessen, um etwa anzukaufenden Spiritus auf seinen Alkoholgehalt prüfen zu können. Wenn der Kommission später in Kalkutta die Beschaffung von absolutem Alkohol gelungen ist, so hat sie das nur dem Entgegenkommen des dortigen Regierungschemikers Professor Dr. Warden zu danken gehabt; jene Vorsicht hat sich daher als durchaus begründet erwiesen. Transportirt wurde der größte Theil des Alkohols in gut gearbeiteten Blechflaschen.

Auffallend groß könnte die Zahl der mitgeführten Deckgläschen (3000) erscheinen; sie erklärt sich indeß dadurch, daß es kein anderes so einfaches Mittel giebt, die Untersuchung von frischen Organen, von Blut und sonstigen Flüssigkeiten auf Bakterien für eine spätere Zeit sich zu sichern, wie das Ausstreichen und Antrocknen dünner Schichten der zu untersuchenden Substanz auf Deckgläschen. Zur Unterbringung solcher präparirter Gläschen wurden leere Deckglasschächtelchen in großer Zahl mitgenommen.

Da zu befürchten war, daß das Arbeiten mit Nährgelatine wegen der hohen Temperatur auf Schwierigkeiten stoßen würde, so mußte von vorn herein auf einen geeigneten Ersatz derselben Rücksicht genommen werden. Es wurde daher eine Anzahl fertig präparirter Reagensgläschen, theils mit Agar-Agar-Fleischinfus, theils mit einer Nährgelatine mitgeführt, welcher durch einen Zusatz von Agar-Agar (½ %) die Fähigkeit gegeben war, auch bei Brüt-Temperatur noch fest zu bleiben. Außerdem war auf eine ausreichende Reserve von trockenem Agar-Agar Bedacht genommen. Da ferner Blutserum voraussichtlich bei den Untersuchungen kaum zu entbehren war, und es zweifelhaft erscheinen mußte, ob es gelingen würde, dasselbe in Egypten schnell zu erlangen und zu präpariren, so wurde auch dieses und zwar von verschiedenen Thieren herrührend, theils in flüssigem, theils in erstarrtem Zustande mitgeführt. Um den Transport ohne Gefahr einer Verunreinigung zu ermöglichen, wurden die Reagensgläschen über der Lampe zugeschmolzen. — In der That waren diese Gläschen bei den Arbeiten in Egypten, namentlich während der ersten Zeit, eine willkommene Unterstützung. Sie hatten sich steril erhalten und waren nach Absprengung des zugeschmolzenen Endes ohne weiteres zum Gebrauche fertig. Später bei den in Indien ausgeführten Untersuchungen hat sich übrigens herausgestellt, daß die zum Zwecke der Sterilisirung durch eine Reihe von Tagen ausgeführte Erwärmung des flüssigen Blutserums auf ca. 58° C nicht unbedingt erforderlich ist. Es ergab sich, daß es vollständig ausreichend war, von dem mit möglichster Vorsicht aufgefangenen Blute das ausgeschiedene Serum mittels sterilisirter Pipetten abzuheben und sofort in kleinen vorher sterilisirten, mit Glasdeckeln versehenen Glasklötzchen (vergl. Mittheil. a. d. Kaiserl. Gesundheitsamte Bd. II Tafel IX Fig. 41) durch Erwärmen auf 70—75° C zum Gelatiniren zu bringen. Die so präparirten Glasklötzchen wurden bei Brüt-Temperatur vor dem Gebrauch stets einige Tage aufbewahrt und selbstverständlich nur, wenn sie, was meistens der Fall war, steril geblieben waren, zu den Versuchen verwandt.

Eine besondere Erwähnung verdienen noch die nach Egypten mitgeführten Versuchsthiere. Es war ja allerdings vorauszusehen, daß der Kommission dort zu experimentellen Untersuchungen namentlich Hunde und Katzen, sowie Affen in ausreichender Zahl zur Verfügung stehen würden; von einer Thiergattung aber, deren erneute Verwendung mit Rücksicht auf die bekannten von Thiersch angestellten Infectionsversuche in hohem Grade wünschenswerth erschien, war das mit gleicher Sicherheit nicht zu erwarten, von den weißen Mäusen nämlich. Es wurden daher von diesen Thieren 60 Stück in einer eigens für den Transport hergerichteten Kiste von Berlin aus mitgenommen. Wie hier erwähnt sein mag, haben dieselben die Reise sämmtlich vortrefflich überstanden und sich durch ihr munteres Wesen sowohl unterwegs wie in Egypten viele Freunde erworben, leider aber sonst die an sie geknüpften Hoffnungen nicht erfüllt.

Abgesehen von der Laboratoriumsausrüstung wurde auch auf die zur Ausübung ärztlicher Thätigkeit nothwendigsten Instrumente und Medikamente Rücksicht genommen. Denn es war zu erwarten, daß die Thätigkeit der Kommission in Egypten keineswegs immer auf größere, mit europäischen Aerzten versehene Orte sich beschränken würde, und daß in Folge dessen hier und da die Nothwendigkeit sich ergeben konnte, den Anforderungen der Bevölkerung nach Leistung ärztlichen Beistandes Folge leisten zu müssen. Dementsprechend hat sich denn auch nach dieser Richtung hin die Kommission derartig vorbereitet, daß sie beispielsweise selbst größere chirurgische Operationen hätte ausführen können. — Vor der Weiterreise nach Indien wurde dieser Theil der Ausstattung wesentlich verringert.

Ein Ausrüstungsgegenstand, auf welchen die Kommission nur sehr ungern Verzicht leistete, war ein photographischer Apparat. Bei dem beträchtlichen Umfange des Gepäcks erschien es indeß nicht räthlich, dasselbe noch durch eine immerhin viel Raum beanspruchende photographische Einrichtung zu vermehren. —

Zur Unterbringung der nach Egypten mitgeführten Gegenstände waren im ganzen neun Kisten erforderlich. Vier derselben, je 90 cm lang, 50 cm breit und ebenso hoch, enthielten keine besonderen Abtheilungen. Als Verpackungsmaterial diente in ihnen Werg und Seegras. In einer fünften Kiste von denselben Dimensionen waren in drei über einander liegenden Fächern zwischen reichlichen Mengen von Sägespähnen sämmtliche fertig präparirte Nährsubstanzen nebst anderen leicht zerbrechlichen Glassachen untergebracht. Eine sechste Kiste (47 × 33 × 39 cm) enthielt die Apotheke, eine siebente (50 × 47 × 40 cm) die Chemikalien, eine achte (58 × 47 × 39 cm) hauptsächlich die mit absolutem Alkohol gefüllten Blech- und Glasgefäße. In den letztgenannten drei Kisten fanden sich Einsätze und in denselben mit Tuch ausgekleidete Fächer, in welche die ausschließlich viereckigen Glasflaschen und Blechgefäße genau hineinpaßten. Es ist das diejenige Verpackungsweise, welche für Glasgefäße vor allen anderen entschieden den Vorzug verdient. — Die neunte Kiste endlich (100 × 50 × 30 cm) enthielt in vier aus Drahtgewebe gefertigten Kästen, welche mit Watte, groben Sägespähnen und Hafer gefüllt waren, die mitgeführten 60 Mäuse. Der Deckel der Kiste war mit Löchern versehen. Die Thiere erhielten unterwegs gelegentlich einige Stückchen angefeuchteten Brotes.

Bezüglich der beiden Mikroskope ist noch zu erwähnen, daß die sie einschließenden Holzkästen durch genau passende und mit Tuch ausgekleidete Blechkästen geschützt waren. Das große Mikroskop war in einer der Kisten untergebracht, während das kleinere, um es in jedem Augenblicke zur Hand zu haben, stets als Handgepäck mitgeführt wurde. —

Auf Grund der in Egypten gewonnenen Erfahrungen konnte bei der Weiterreise nach Indien die Ausrüstung nicht unerheblich vereinfacht werden. Das betreffende Verzeichniß ist ebenfalls in der Anlage mitgetheilt, desgleichen ein Verzeichniß derjenigen Gegenstände, welche der Führer der Expedition gelegentlich einer später (im Jahre 1884) im amtlichen Auftrage ausgeführten Reise nach Toulon mitgenommen hat. In letzterem Falle handelte es sich allerdings nicht um umfangreiche wissenschaftliche Forschungen, sondern ausschließlich um Feststellung des Charakters der dort ausgebrochenen Epidemie durch den eventuellen Nachweis der Cholerabacillen in den Ausleerungen der Kranken bezw. dem Darminhalt der Leichen. —

Bei den Laboratoriumsarbeiten in Indien, zumal bei den Untersuchungen über die Frage, ob die Cholerabacillen im Stande seien, Dauerformen zu bilden, erschien ein Brütapparat unerläßlich, welcher gestattete, die Objekte Tag und Nacht annähernd bei Körpertemperatur zu halten. Da ein derartiger Apparat nicht mitgeführt und in ausreichender Größe anderweitig auch nicht zu beschaffen war, so blieb nichts anderes übrig, als ihn nach eigenen Angaben erbauen zu lassen. Als Muster diente ein Brütkasten, wie er in einer von der Kommission gelegentlich ihres Aufenthalts in Kairo besuchten, in der Nähe der genannten Stadt gelegenen Straußenzucht-Anstalt zum Zwecke der künstlichen Ausbrütung der Straußeneier benutzt wird. In einem großen Holzkasten wurde unten sowohl wie oben ein etwa fußhoher, die ganze Breite und Länge des Kastens einnehmender, aus Blech gefertigter Behälter angebracht. Jeder dieser Blechbehälter hatte oben ein trichterförmiges Ansatzstück, durch welches ohne Schwierigkeiten heißes Wasser eingefüllt werden konnte, während unten ein Auslaßhahn gestattete, die entsprechende Menge abgekühlten Wassers ablaufen zu lassen. Der zwischen den beiden mit heißem Wasser gefüllten Behältern verbleibende Raum enthielt zwei nebeneinander angebrachte Schubladen, in welchen die Untersuchungsobjekte untergebracht wurden. Um die Wärmeabgabe möglichst zu verringern, wurde der zwischen den Blechkästen und der äußeren Holzumkleidung verbleibende Raum mit feinen Sägespähnen angefüllt, desgleichen der Raum zwischen dem unteren Blechbehälter und dem Boden des Holzkastens, sowie derjenige zwischen dem oberen Blechbehälter und dem hölzernen Deckel. Jeder Blechbehälter faßte etwa acht Eimer Wasser. Täglich wurden Morgens sowohl wie Abends aus jedem Behälter etwa vier Eimer Wasser abgelassen und durch dieselbe Menge möglichst heißen Wassers ersetzt. Auf diese Weise gelang es nach einigen Vorversuchen über die erforderliche Quantität heißen Wassers innerhalb des eigentlichen Brütraumes eine zwischen 34 und 37° C schwankende Temperatur zu erzielen, während die Temperatur des Wassers innerhalb der Blechbehälter meist mehr als 50° C betrug. Ohne Zweifel würde es, beispielsweise durch Auskleidung und Umhüllung des Holzkastens mit einer Filzdecke, leicht zu erreichen gewesen sein, die Temperatur innerhalb des Brütraumes noch mehr zu steigern und sie eventuell noch gleichmäßiger zu erhalten, indeß wurde hiervon Abstand genommen, da der erzielte Effekt als vollständig ausreichend erachtet wurde.

Verzeichniß der Ausrüstungsgegenstände, welche nach Egypten mitgeführt worden sind.

I. Instrumente pp., sowie Farbstoffe und Reagentien zum Mikroskopiren.

1 Zeiß'sches Mikroskop Stativ II mit 3 Okularen, Beleuchtungsapparat, Revolvervorrichtung und 4 Systemen (Homog. Immers. 1/18, Homog. Immers. 1/12, DD., AA.).
1 Zeiß'sches Mikroskop Stativ Va mit 2 Okularen, Beleuchtungsapparat, Revolvervorrichtung und 3 Systemen (Homog. Immers. 1/12, DD., AA.).
2 Lupen.
3 Fläschchen mit Cedernöl (für die Immersionssysteme).
600 Objektträger (darunter 100 hohlgeschliffene).
3000 Deckgläschen.
4 Präparirnadeln.
2 feine Skalpelle.
2 feine Scheeren.
2 feine Pincetten.
1 kleine Spirituslampe von Glas.
20 große Uhrgläser.
20 mittelgroße Uhrgläser.
4 kleine Glastrichter.
2 Armirungen für Spritzflaschen.
3 Tuben Kanadabalsam.
1 Putzleder.
20 Haarpinsel.
100 leere Deckglasschächtelchen.
1 Mikrotom mit Gefriervorrichtung und zwei Messern.
2 Flaschen Aether à 250 g (für die Gefriervorrichtung).
1 Streichriemen.
2 Präparirschaufeln (zum Handhaben der Schnitte).
Farbstoffe zum Färben mikrosk. Präparate (je 50 g Methylenblau, Methylviolett, Gentianaviolett, Rubin, Vesuvin, Carmin, Pikrocarmin, Pikrinsäure).
Mikroskopische Präparate (für eventuelle Vergleiche und gelegentliche Demonstrationen).
500 Etiquettes für mikroskopische Präparate.
250 g Essigsäure.
250 g verdünnte Salpetersäure (1 : 4).
250 g Ammoniak.
250 g kaustisches Kali in Lösung.
250 g Glycerin.
250 g Jodlösung.
250 g Jod Jodkaliumlösung.
250 g Anilinöl.
250 g Cedernöl.
250 g Nelkenöl.
250 g geglühtes Chlorcalcium.
2 Liter absoluten Alkohols (in einer großen Blechflasche).
250 g Aether.
150 g Glycerin Gelatine (zum Aufkleben von gehärteten Organstücken auf Kork).
150 g Schellacklösung.
200 g Vaseline.

II. Apparate pp. zum Bereiten und Sterilisiren der Nährsubstanzen und zur Herstellung der Kulturen von Mikroorganismen.

1 Wasserdampf Sterilisirungs Apparat mit Einsatz Gefäß und Thermometer.
1 Wasserbad.
1 eiserner Dreifuß.
1 dreiflammiger Bunsenbrenner.
1 einflammiger Bunsenbrenner.
1 Stück feines Drahtnetz.
5 Meter Gasschlauch.
3 große Spirituslampen aus Messing mit Zuleitungsrohr und besonderem Reservoir (nach Koch).
1 kleine Spirituslampe aus Metall.
1 desgleichen aus Glas.
1 Packet Lampendochte.
1 Trockenschrank nebst Thermometer.
6 Drahtkörbe.
1 eiserner Kasten zum Sterilisiren von Glasplatten.
50 Glasplatten für Gelatinekulturen.
2 Tiegelzangen.
2 Drahtnetzschalen.
200 g Asbest.
1 Tafel Asbestpappe.
1 Erstarrungsapparat für Blutserum nebst Thermometer.
100 Glasklötzchen (für erstarrtes Blutserum) mit Deckel.

2 Satz Bechergläser à 10 Stück.
10 Kochflaschen.
25 Erlenmeyer'sche Kölbchen.
100 leere Reagirröhren.
1 Waage nebst Gewichtssatz.
1 Hornlöffel.
1 Heißwassertrichter.
4 Glastrichter.
20 graduirte Pipetten verschiedenen Inhalts.
2 Meßcylinder.
3 Tafeln Watte.
1 Stück Gaze (Mull).
1 Stück Barchent (zum Filtriren von Agar-Agar).
2 Tücher zum Auspressen des Fleischsaftes.
2 Päckchen Glaswolle.
½ Rieß Filtrirpapier.
1 Buch Lakmuspapier (roth und blau).
2 kg Gelatine in Tafelform.
1 kg Agar-Agar (unpräparirt).
500 g Pepton.
500 g Natriumcarbonat.
500 g trockenes Brotpulver.
5 große Doppel-Glasschalen (zur Aufnahme der Platten-Kulturen).
20 Glasbänkchen (zur Unterbringung von mehreren Glasplatten in einer feuchten Kammer).
2 Nivellirständer nebst Libelle.
12 Pipetten ohne Marke.
1 Glasplatte mit Quadratcentimeter-Eintheilung (zum Zählen der Bakterienkolonieen auf den Platten).
3 mattschwarze Papptafeln desgl.
14 vollständig armirte Luftuntersuchungsgläser.
3 Kartoffelmesser.
8 Glasstäbe mit eingeschmolzenem Platindraht.
1 Schachtel mit Platindraht verschiedener Stärke.
25 sterilisirte Erlenmeyer'sche Kölbchen mit Watteverschluß.
50 sterilisirte Reagirröhrchen desgl.
150 Reagirröhrchen mit sterilisirter 10 % Nährgelatine.
80 Glaskölbchen à 50 g desgl.
50 Reagirröhren mit sterilisirter 2 % Nährgelatine mit Zusatz von 1 % Agar-Agar.
25 Glaskölbchen à 50 g desgl.
100 Reagirröhren mit sterilisirtem, theils erstarrten, theils flüssigen Blutserum (Rinderblut-, Kälberblut- und Hammelblutserum).
1000 Papier-Etiquettes verschiedener Größe.
200 g Gummi arabicum.
50 Gummikappen zum Verschließen von Reagirröhrchen.
Getrocknetes Kulturmaterial von chromogenen Bakterien ꝛc. zu eventuellen Demonstrationen.
3 Maximalthermometer.
4 Thermometer bis 360 ° C.
1 Thermometer bis 130 ° C.

III. Instrumente pp. zur Anstellung von Thierversuchen.

10 Skalpelle.
12 Scheeren.
12 Pincetten.
4 Impfnadeln.
4 sterilisirbare Pravaz'sche Spritzen mit Zubehör.
Heftnadeln und Nähseide.
1 Kästchen mit Instrumenten zu Augenoperationen.
18 Stück grobes Drahtnetz (zum Verschließen der Mäusegläser).
1 Mäusezange.
2 Secirbrettchen für Mäuse.
2 Dutzend Aufspannadeln zu denselben.
4 große Glasgefäße zum Sammeln von gehärteten Organstücken.
32 kleine desgl.
Etiquettes aus starkem Papier mit Bindfaden (zum Einbinden der gehärteten Organstücke in Gaze).
6 Liter absoluten Alkohols in zwei großen Blechflaschen (zum Härten von Organstücken).
1 Alkoholometer mit Tabelle und Glascylinder.
2 Rollen Pergamentpapier.
1 Achatmörser.
3 Thermometer zum Messen der Körpertemperatur.

---

1 Kiste mit 60 lebenden Mäusen.

IV. Ausrüstungsgegenstände zu verschiedenen Zwecken.

1 kg Glasröhren verschiedener Stärke.
1 kg Glasstäbe desgl.
1 Diamant zum Glasschneiden.
1 Glasschneidemesser.
1 Glasfeile.
24 Stück Sprengkohle.
1 Stück Glaserkitt (in einem Glase).
200 Stück Korke verschiedener Größe.
1 Satz Korkbohrer.
1 Korkbohrerschärfer.
25 Gummistopfen verschiedener Größe.
3 Meter Gummischlauch verschiedener Stärke.
1 Stück Guttaperchapapier.
4 Rollen Bindfaden.
4 Quetschhähne.

1 Stück Paraffin.
1 Metermaßstab.
2 Bandmaße.
1 Maximal und Minimalthermometer in Etui.
1 Taschen Aneroidbarometer.
1 Bandmaß zum Messen des Grundwasserstandes.

12 Handtücher.
12 Wischtücher.
4 Flaschenbürsten.
1 Waschschwamm.

Verschiedene Werkzeuge und zwar: 1 Hammer, 1 Kneifzange, 1 Fuchsschwanzsäge, 1 Schraubenzieher, 2 Meißel, 2 Bohrer, mehrere Feilen, Schrauben und Nägel, Bleidraht und Eisendraht.
4 Reserve Vorhängeschlösser.

Schreibmaterial.

1 Kochapparat mit Kochtopf und Bratpfanne.

V. Medikamente und Desinfectionsmittel.

500 g Chin. hydrochlor.
250 " Acid. salicyl.
" " Aether sulfur.
" " Alkoh. absol.
" " Chloroform.
" " Kali chlorat.
" " Natr. bicarbon.
" " Ammon.
" " Rad. Ipecac. pulv.
" " Tinct. Opii simpl.
" " Zinc. oxydat. pulv.
" " Ol. Ricini.
" " Chloral. hydr. solut.
150 " Bismuth. subnitr.
50 g Campher.
" " Calomel.
" " Ol. Menth. pip.
" " Ol. Sinap.
" " Solut. Morph. mur.

1 Schachtel mit 50 Pulvern Bismuth. subnitr. (à 0,5 g).
1 desgl. mit 50 Pulvern Chin. mur. (à 0,5 g).
1 desgl. mit 50 Pulvern Morph. mur. (à 0,01 g).
6 Schachteln mit Ol. Ricin. capsul. elast.

500 g Carbolsäure (krystallisirt).
500 g Sublimat.

250 g 10% Carbolöl.

2 Hornlöffel.
10 Medizinflaschen.

VI. Chirurgische Instrumente und Verbandmittel.

1 Kasten mit Instrumenten für chirurgische Operationen.
1 Esmarch'scher Schlauch.
2 leinene Binden.
4 Gazebinden.
1 Flanellbinde.
4 Tripolithbinden.
2 Packete Salicylwatte.
Carbolisirte Seide verschiedener Stärke.
3 Fläschchen Catgut verschiedener Stärke.
1 Fläschchen mit Collodium elasticum.
2 Stück Heftpflaster.
1 Spatel.
1 Stück englisches Pflaster.
1 Schachtel mit Heft- und Insektennadeln.

1 Obduktionsbesteck.

Verzeichniß der Ausrüstungsgegenstände, welche nach Indien mitgeführt worden sind.

I. Instrumente pp., Farbstoffe und Reagentien zum Mikroskopiren.

1 Zeiß'sches Mikroskop Stativ II mit 3 Okularen, Beleuchtungsapparat, Revolvervorrichtung und 4 Systemen (Homog. Immers. $\frac{1}{18}$, Homog. Immers. $\frac{1}{12}$, DD., AA.).
1 Zeiß'sches Mikroskop Stativ Va mit 2 Okularen, Beleuchtungsapparat, Revolvervorrichtung und 3 Systemen (Homog. Immers. $\frac{1}{12}$, DD., AA.).
2 Lupen.
3 Flaschen mit Cedernöl (für die Immersionssysteme).
600 Objektträger (darunter 100 hohl geschliffene).
3000 Deckgläschen.
4 Präparirnadeln.

2 feine Skalpelle.
2 feine Scheeren.
2 feine Pincetten.
1 kleine Spirituslampe von Glas.
20 große Uhrgläser.
20 mittelgroße Uhrgläser.
4 kleine Glastrichter.
3 Tuben Kanadabalsam.
1 Putzleder.
20 Haarpinsel.
100 leere Deckglasschächtelchen.
1 Mikrotom mit Gefriervorrichtung und zwei Messern.
2 Flaschen Aether à 250 g (für die Gefriervorrichtung).
1 Streichriemen.
2 Präparirschaufeln (zum Handhaben der Schnitte).
Farbstoffe zum Färben mikroskop. Präparate (je 50 g Methylenblau, Methylviolett, Gentianaviolett, Rubin, Vesuvin, Carmin, Pikrocarmin, Pikrinsäure).
Mikroskopische Präparate für eventuelle Vergleiche und Demonstrationen.
300 Etiquettes für mikroskopische Präparate.
250 g Essigsäure.
250 g verdünnte Salpetersäure (1 : 4).
250 g Ammoniak.
250 g Glycerin.
250 g Jod-Jodkaliumlösung.
250 g Anilinöl.
250 g Cedernöl.
250 g Nelkenöl.
250 g geglühtes Chlorcalcium.
250 g Aether.
150 g Glycerin-Gelatine (zum Aufkleben von gehärteten Organstücken auf Kork).
150 g Schellacklösung.
200 g Vaseline.

II. Apparate ꝛc. zum Bereiten und Sterilisiren der Nährsubstanzen und zur Herstellung der Kulturen von Mikroorganismen.

1 Wasserdampf-Sterilisirungs-Apparat mit Einsatzgefäß und Thermometer.
1 dreiflammiger Bunsenbrenner.
1 einflammiger Bunsenbrenner.
1 Stück feines Drahtnetz.
5 Meter Gasschlauch.
3 große Spirituslampen aus Messing mit Zuleitungsrohr und besonderem Reservoir (nach Koch).
1 Spirituslampe aus Glas.
1 Packet Lampendochte.
1 Trockenschrank nebst Thermometer.
6 Drahtkörbe.
1 eiserner Kasten zum Sterilisiren von Glasplatten.
50 Glasplatten für Gelatinekulturen.
1 Tiegelzange.
2 Drahtnetzschalen.
200 g Asbest.
1 Tafel Asbestpappe.
1 Erstarrungsapparat für Blutserum nebst Thermometer.
100 Glasklötzchen (für erstarrtes Blutserum) nebst Deckel.
2 Kochflaschen.
25 Erlenmeyer'sche Kölbchen.
50 leere Reagirröhren.
1 Hornlöffel.
2 Glastrichter.
10 Glasstäbe.
20 graduirte Pipetten verschiedenen Inhalts.
2 Meßcylinder.
2 Rollen Watte.
1 Stück Gaze (Mull).
1 Stück Parchent (zum Filtriren von Agar-Agar).
2 Tücher zum Auspressen des Fleischsaftes.
1 Päckchen Glaswolle.
½ Rieß Filtrirpapier.
½ Buch Lackmuspapier (roth und blau).
1 kg Gelatine in Tafelform.
½ kg Agar-Agar (unpräparirt).
500 g Pepton.
500 g Natriumcarbonat.
1 Nivellirständer nebst Libelle.
12 Pipetten ohne Marke.
2 mattschwarze Papptafeln mit Quadratcentimeter-Eintheilung (zum Zählen der Bakterien-Kolonieen auf den Platten).
10 vollständig armirte Luftuntersuchungsgläser.
2 Kartoffelmesser.
8 Glasstäbe mit eingeschmolzenem Platindraht.
1 Schachtel mit Platindraht verschiedener Stärke.
25 sterilisirte Erlenmeyer'sche Kölbchen mit Watteverschluß.
50 sterilisirte Reagirröhrchen desgl.
80 Reagirröhrchen mit sterilisirter 10 % Nährgelatine.
10 Glaskölbchen à 50 g desgl.
30 Reagirröhrchen mit sterilisirter 2 % Nährgelatine mit Zusatz von 1 % Agar-Agar.
20 Glaskölbchen à 50 g desgl.
80 Reagirröhrchen mit sterilisirtem, theils erstarrtem, theils flüssigem Blutserum (Rinderblut-, Kälberblut- und Hammelblutserum).
600 Papier-Etiquettes verschiedener Größe.

200 g Gummi arabicum.
20 Gummikappen zum Verschluß von Reagirröhrchen.
Getrocknetes Kulturmaterial von chromogenen Bakterien zc. zu eventuellen Demonstrationen.
3 Maximalthermometer.
3 Thermometer bis 360° C.
1 Thermometer bis 150° C.

III. Instrumente zc. zur Anstellung von Thierversuchen.

10 Skalpelle.
12 Scheeren.
12 Pincetten.
4 Impfnadeln.
4 sterilisirbare Pravaz'sche Spritzen mit Zubehör.
Heftnadeln und Nähseide.
1 Kästchen mit Instrumenten zu Augenoperationen.
10 Stück grobes Drahtnetz (zum Verschließen der Mäusegläser).
1 Mäusezange.
2 Secirbrettchen für Mäuse.
2 Dutzend Aufspannnadeln zu denselben.
4 große Glasgefäße zum Sammeln von gehärteten Organstücken.
12 kleine desgl., mit absolutem Alkohol gefüllt.
Etiquettes aus starkem Papier mit Bindfaden (zum Einbinden der gehärteten Organstücke in Gaze).
2 Rollen Pergamentpapier.
1 Thermometer zum Messen der Körpertemperatur.

IV. Ausrüstungsgegenstände zu verschiedenen Zwecken.

½ kg Glasröhren verschiedener Stärke.
¼ kg Glasstäbe desgl.
1 Diamant zum Glasschneiden.
1 Glasschneidemesser.
1 Glasfeile.
15 St. Sprengkohle.
100 St. Korke verschiedener Größe.
1 Satz Korkbohrer.
20 Gummistopfen verschiedener Größe.
2 Meter Gummischlauch verschiedener Stärke.
1 Stück Guttaperchapapier.
2 Rollen Bindfaden.
1 Quetschhähne.
1 Stück Paraffin.
1 Metermaßstab.
2 Bandmaße.
1 Maximal- und Minimalthermometer in Etui.
1 Taschen-Aneroidbarometer.
1 Bandmaß zum Messen des Grundwasserstandes.

12 Handtücher.
12 Wischtücher.
4 Flaschenbürsten.

Verschiedene Werkzeuge, und zwar:
1 Kneifzange.
1 Schraubenzieher.
1 Meißel.
1 Bohrer.
1 runde Feile.
Schrauben und Nägel.

Schreibmaterial.

V. Medikamente und Desinfectionsmittel.

500 g Chin. hydrochlor.
250 g Acid. salicyl.
g Aether sulfur.
g Alkohol. absolut.
g Chloroform.
g Kalium chlorat.
g Natrium bicarbon.
g Ammon.
g Rad. Ipecac. pulv.
g Tinct. opii simpl.
g Zinc. oxydat. pulv.
g Ol. Ricini.
g Chloral. hydr. solut.
150 g Bismuth. subnitr.
50 g Camphor.
g Calomel.
g Ol. Menth. pip.
g Ol. Sinap.
g Solut. Morph. mur.

1 Schachtel mit 50 Pulvern Bismuth. subnitr. (à 0,5 g).
1 desgl. mit 50 Pulvern Chin. mur. (à 0,5 g).
1 desgl. mit 50 Pulvern Morph. mur. (à 0,01 g).
3 Schachteln mit Ol. Ricin. capsul. elast.

500 g Carbolsäure (krystallisirte).
500 g Sublimat.

250 g 10 % Carbolöl.

2 Hornlöffel.
10 Medizinflaschen.

VI. Chirurgische Instrumente und Verbandmittel.

2 leinene Binden.
4 Gazebinden.
1 Flanellbinde.
4 Tripolithbinden.
Carbolisirte Seide verschiedener Stärke.
3 Flaschen Catgut verschiedener Stärke.
1 Fläschchen mit Collodium elasticum.
2 Stück Heftpflaster.
1 Spatel.
1 Stück englisches Pflaster.
1 Schachtel mit Heft- und Insektennadeln.

---

1 Obductionsbesteck.

Verzeichniß der Ausrüstungsgegenstände, welche gelegentlich einer amtlichen Reise nach Toulon mitgeführt worden sind.

1 Zeiß'sches Mikroskop Stativ V a mit 2 Okularen, Beleuchtungsapparat, Revolvervorrichtung und 3 Systemen (Homog. Immers. 1/12, DD., AA.).
1 Lupe.
1 Fläschchen mit Cedernöl (für das Immersionssystem).
35 Objektträger (darunter 10 hohlgeschliffene).
1000 Deckgläschen.
Präparirnadeln.
Feine Skalpelle.
„ Scheeren.
„ Pincetten.
1 kleine Spirituslampe aus Glas mit Docht.
6 mittelgroße Uhrgläser.
6 Paar kleine Krystallisationsschälchen (aufeinanderpassend).
1 Tube Kanadabalsam.
1 Putzleder.
3 Haarpinsel.
5 leere Deckglasschächtelchen.
Farbstoffe (je 100 ccm concentrirte alkoholische Methylenblaulösung und Gentianaviolettlösung, sowie alkoholische und mit Wasser verdünnte Methylenblaulösung).
Mikroskopische Präparate für eventuelle Demonstrationen.
Etiquettes.
2 Drahtkörbe.
1 eiserner Kasten zum Sterilisiren von Glasplatten, darin
15 sterile Glasplatten.
1 Tiegelzange.
1 Tafel Watte.
1 Stück Gaze (Mull).
1 Buch Filtrirpapier.
2 Reagirröhren mit Lakmuspapier.
50 g Pepton.
1 Nivellirständer nebst Libelle.
5 kleine Pipetten ohne Marke.
1 schwarze Glasplatte (als Unterlage beim Zählen der Bakterienkolonien auf den Platten).
10 Glasstäbe mit eingeschmolzenem Platindraht.
10 sterilisirte Reagirröhrchen mit Watteverschluß).
60 Reagirröhrchen mit sterilisirter 10 % Nährgelatine.
1 Maximal- und Minimalthermometer in Etui.
2 Wischtücher.
Schreibmaterial.
1 Medizinflasche.
1 Pulverglas.
300 g Sublimat.
200 g Carbolsäure.
200 g Carbolöl 10 %.
50 g Campher.

Berichte über die Thätigkeit der Kommission in Egypten und Indien,

an S. Excellenz den Staatssekretär des Innern Herrn Staatsminister von Bötticher

erstattet

von dem Geheimen Regierungsrath Dr. Koch.

Alexandrien, den 17. September 1883.

Ew. Excellenz beehre ich mich über den Fortgang der Untersuchungen zur Erforschung der Cholera ganz gehorsamst nachstehenden Bericht zu erstatten.

Da die Cholera beim Eintreffen der Kommission in Egypten bereits in schneller Abnahme begriffen war, so ließ sich von vornherein nicht erwarten, in diesem Lande das für den ganzen Umfang der Untersuchung erforderliche Material zu gewinnen; da außerdem die Zeit des Erlöschens einer Epidemie am wenigsten für die ätiologische Erforschung derselben geeignet ist, so ging der ursprüngliche Plan dahin, in Egypten die nöthigen Vorstudien zu machen und diese, wenn die Epidemie sich nach Syrien ausbreiten würde, in solchen Orten, welche von der Cholera erst eben befallen wären und für die Untersuchungen einen günstigen Boden geliefert hätten, zu verwerthen.

Der erste Theil dieses Planes hat sich bisher allen Wünschen entsprechend ausführen lassen; denn die Kommission hat während ihres Aufenthaltes in Alexandrien noch hinlänglich Gelegenheit gefunden, das zum Vorstudium nothwendige Material zu sammeln. Daß dies gelungen ist, verdanke ich weniger den Bemühungen der egyptischen Behörden, welche allerdings vielversprechende Verheißungen gemacht und gleich am ersten Tage auch eine Choleraleiche zur Verfügung gestellt hatten, als dem Entgegenkommen der Aerzte des griechischen Hospitals, welche dadurch, daß sie Arbeitsräume und alle ins Hospital gelangenden Cholerakranken, sowie Choleraleichen zur Verfügung stellten, die Zwecke der Expedition in wirksamster Weise förderten. Anfangs hatte sich die Kommission in zwei zu ebener Erde und neben einander gelegenen hellen Zimmern des Hospitals eingerichtet. In dem einen Raume wurden die mikroskopischen Arbeiten, im zweiten die Kulturversuche ausgeführt. Die Versuchsthiere waren in beiden untergebracht. Als aber die Zahl der Versuchsthiere zunahm, und es auch zu gefährlich erschien, in denselben Räumen, in welchen man sich fast den ganzen Tag aufhalten mußte, mit den Infektionsstoffen zu manipuliren, wurden die Versuchsthiere in einen vollständig abgetrennten Raum des alten Hospitals gebracht und dort die Infektionsversuche angestellt.

Das bisher zur Untersuchung gelangte Material stammt von 12 an Cholera Erkrankten und von 10 Choleraleichen.

Von den Kranken wurden 9 im griechischen, 2 im deutschen und 1 im arabischen Hospital beobachtet. Die Krankheitssymptome entsprachen in allen Fällen in jeder Beziehung denjenigen der echten asiatischen Cholera. Es wurden Proben vom Blut dieser Kranken, vom Erbrochenen und von den Dejektionen derselben entnommen und untersucht. Da sich sehr bald herausstellte, daß das Blut frei von Mikroorganismen und auch die erbrochenen Massen verhältnißmäßig arm daran waren, aber die Dejectionen bedeutende Mengen von Mikroorganismen enthielten, so wurden vorwiegend diese zu den Ansteckungsversuchen an Thieren benutzt.

Obwohl die Zahl der secirten Leichen nur gering ist, so hat es doch der Zufall so gefügt, daß dieselben ein für Orientirungszwecke höchst werthvolles Material bieten. Es sind die verschiedensten Nationalitäten darunter vertreten (3 Nubier, 2 Deutsch-Oesterreicher, 4 Griechen, 1 Türke), verschiedene Altersstufen (2 Kinder, 2 im Alter über 60 Jahre, die übrigen zwischen 20 und 25 Jahre alt) und Fälle verschiedener Krankheitsdauer. Am wichtigsten ist jedoch, daß die Leichen meistens unmittelbar nach dem Tode oder doch wenige Stunden später secirt werden konnten. Die Veränderungen, welche in den Organen und ganz besonders frühzeitig im Darm durch die Fäulniß bedingt werden, und welche die mikroskopische Untersuchung dieser Organe im höchsten Grade erschweren und meistens illusorisch machen, wurden unter diesen Verhältnissen mit Sicherheit ausgeschlossen. Ich möchte gerade auf diesen Umstand um so größeres Gewicht legen, als es an anderen Orten kaum zu ermöglichen sein wird, ein für die mikroskopische Untersuchung so geeignetes Material zu gewinnen. Auch der Leichenbefund ließ ebenso wie die Krankheitssymptome keinen Zweifel, daß es sich hier um die echte Cholera handelt und nicht, wie von mehreren Seiten anfangs behauptet wurde, um choleraähnliche, sogenannte choleriforme oder choleroide Krankheiten.

Im Blute, sowie in den Organen, welche bei anderen Infektionskrankheiten gewöhnlich der Sitz der Mikroparasiten sind, nämlich in den Lungen, Milz, Nieren, Leber konnten keine organisirten Infektionsstoffe nachgewiesen werden. Einige Male fanden sich in der Lunge Bakterien, welche jedoch, wie sich aus dem Verhalten ihrer Form und ihrer Lagerung ergab, mit dem eigentlichen Krankheitsproceß nichts zu thun hatten, sondern durch die Aspiration des erbrochenen Mageninhaltes in die Lunge gelangt waren.

Im Inhalte des Darmes kamen ebenso wie in den Dejektionen der Cholerakranken außerordentlich viele und den verschiedensten Arten angehörige Mikroorganismen vor. Keine derselben trat in überwiegender Menge hervor. Auch bot keine sonstige Anzeichen, welche auf eine Beziehung zum Krankheitsproceß hätte schließen lassen.

Dagegen ergab der Darm selbst ein sehr wichtiges Resultat. Es fanden sich nämlich mit Ausnahme eines Falles, welcher mehrere Wochen nach dem Ueberstehen der Cholera an einer Nachkrankheit tödtlich geendet hatte, in allen übrigen eine bestimmte Art von Bakterien in den Wandungen des Darmes. Diese Bakterien sind stäbchenförmig und gehören also zu den Bacillen, sie kommen in Größe und Gestalt den bei der Rotzkrankheit gefundenen Bacillen am nächsten. In denjenigen Fällen, in denen der Darm mikroskopisch die geringsten Veränderungen zeigte, waren die Bacillen in die schlauchförmigen Drüsen der Darmschleimhaut eingedrungen und hatten daselbst, wie die Erweiterung des Lumens der Drüse und die Ansammlung von mehrkernigen Rundzellen im Innern der Drüse beweisen, einen erheblichen Reiz ausgeübt. Vielfach hatten sich die Bacillen auch hinter dem Epithel der Drüse einen Weg gebahnt und waren zwischen Epithel und Drüsenmembran hineingewuchert. Außerdem hatten sich die Bacillen in reichlicher Menge an der Oberfläche der Darmzotten angesiedelt und waren oft in das Gewebe derselben eingedrungen. In den schweren mit blutiger Infiltration der Darmschleimhaut verlaufenden Fällen fanden sich die Bacillen in sehr großer Anzahl, und sie beschränkten sich dann auch nicht allein auf die Invasion der schlauchförmigen Drüsen, sondern gingen in das umgebende Gewebe, in die tieferen Schichten der Schleimhaut und stellenweise sogar bis zur Muskelhaut des Darmes. Auch die Darmzotten waren in solchen Fällen reichlich von Bacillen durchsetzt. Der Hauptsitz dieser Veränderungen befindet sich im unteren Theile des Dünndarmes. Wenn dieser Befund nicht an ganz frischen Leichen gewonnen wäre, dann hätte man ihn wenig oder gar nicht verwerthen können, weil der Einfluß der Fäulniß im Stande ist, ähnliche Bakterienvegetation im Darme zu veranlassen. Aus diesem Grunde hatte ich auch darauf, daß ich bereits vor einem Jahre im Choleradarm, welchen ich direct aus Indien erhalten hatte, dieselben Bacillen und in derselben Anordnung wie jetzt in den egyptischen Cholerafällen gefunden, früher keinen Werth legen können, weil immer an eine

Complikation mit postmortalen Fäulnißvorgängen gedacht werden mußte. Jetzt gewinnt aber dieser frühere Befund, welcher am Darme von vier verschiedenen indischen Choleraleichen gemacht wurde, außerordentlich an Werth, da sich nunmehr ein durch Fäulnißerscheinungen bedingter Irrthum sicher ausschließen läßt. Nicht unwichtig ist auch, daß durch die Uebereinstimmung in dem Verhalten des Darmes bei der indischen und der egyptischen Cholera ein weiterer Beweis für die Identität beider Krankheiten gewonnen wird.

Die Zahl der zur Untersuchung gelangten Choleraleichen ist allerdings nur eine verhältnißmäßig geringe, da aber die Bacillen in allen frischen Cholerafällen angetroffen wurden, dagegen in dem einen nach Ablauf des Choleraprocesses untersuchten Falle und bei mehreren anderen, an anderweitigen Krankheiten Gestorbenen und vergleichsweise ebenfalls daraufhin untersuchten Fällen vermißt wurden, so kann kein Zweifel darüber sein, daß sie in irgend einer Beziehung zu dem Choleraprocesse stehen. Jedoch ist aus dem Zusammentreffen des letzteren mit dem Vorkommen von Bacillen in der Darmschleimhaut noch nicht zu schließen, daß die Bacillen die Ursache der Cholera seien. Es könnte auch umgekehrt sein und es ließe sich eben so gut annehmen, daß der Choleraproceß derartige Zerstörungen in der Darmschleimhaut hervorruft, daß unter den vielen, im Darm beständig schmarotzenden Bakterien einer bestimmten Bacillenart das Eindringen in die Gewebe der Darmschleimhaut ermöglicht wird.

Welche von diesen beiden Annahmen die richtige ist, ob der Infektionsproceß oder ob die Bakterieninvasion das Primäre ist, das läßt sich nur dadurch entscheiden, daß man versucht, die Bakterien aus den erkrankten Geweben zu isoliren, sie in Reinkulturen zu züchten und dann durch Infektionsversuche an Thieren die Krankheit zu reproduciren. Zu diesem Zwecke ist es vor Allem nothwendig, solche Thiere zur Verfügung zu haben, welche für den fraglichen Infektionsstoff empfänglich sind. Nun ist es aber bisher trotz aller Bemühungen nicht in unanfechtbarer Weise gelungen, Thiere cholerakrank zu machen. Man hat an Kaninchen, Meerschweinchen, Hunden, Katzen, Affen, Schweinen, Ratten u. s. w. vielfach experimentirt, aber immer erfolglos. Die einzigen Angaben, welche in dieser Beziehung Beachtung verdienen, sind von Thiersch gemacht, welcher nach Verfütterung von Choleradarm eine Anzahl von Mäusen am Durchfall erkranken und sterben sah. Dieser Versuch ist von zuverlässigen Experimentatoren wie Burdon Sanderson bestätigt, von anderen allerdings bestritten worden. Immerhin war es, da das Auffinden einer für Cholera empfänglichen Thierspecies von der größten Wichtigkeit ist, nothwendig, diese Versuche zu wiederholen. Zu diesem Zwecke wurden, weil es sehr unwahrscheinlich war, daß die erforderliche Anzahl Mäuse in Alexandrien bald zu beschaffen sein würde, schon von Berlin fünfzig Mäuse mitgeführt, und mit diesen die Infektionsversuche sofort begonnen. Außerdem wurden aber auch noch Affen, welche für einige menschliche Infektionskrankheiten, wie Pocken und Recurrens, die einzig empfängliche Thierspecies sind, gleichfalls für diese Versuche verwendet. Schließlich wurden auch einige Hunde und Hühner zu inficiren versucht. Aber trotz aller Bemühungen sind diese Versuche bislang gänzlich resultatlos geblieben. Es wurden die verschiedensten Proben von Erbrochenem, von Choleradejektionen und vom Darminhalt der Choleraleichen theils frisch, theils nachdem sie längere Zeit in kaltem oder warmem Raume gestanden hatten, theils getrocknet an die Thiere verfüttert. Aber es traten niemals choleraartige Erscheinungen ein, die Thiere blieben im Gegentheil vollkommen gesund. Es waren ferner von den im Darminhalt und in den Darmwandungen vorkommenden Bacillen Reinkulturen gemacht, und auch mit diesen sind Fütterungsversuche, zum Theil auch Impfungen ausgeführt. Einzelne dieser Reinkulturen bewirkten septische Erkrankungen, wenn sie verimpft wurden, aber mit keiner konnte Cholera erzeugt werden. Daß in den Dejektionen der Cholerakranken der Krankheitsstoff in wirksamer Form sehr oft enthalten sein muß, das ist durch vielfache Erfahrungen, namentlich durch das häufige Erkranken von Wäscherinnen, welche mit Dejektionen beschmutzte Cholerawäsche zu waschen hatten, bewiesen. Auch im griechischen Hospital ist in der jetzigen Epidemie ein solcher Fall vorgekommen und eine Wäscherin, welche ausschließlich die Cholerawäsche zu besorgen hatte, an Cholera erkrankt. Es ist demnach wohl als sicher anzunehmen, daß in den zahlreichen zur Verwendung gekommenen Proben mindestens einige den Infektionsstoff enthalten haben. Wenn dennoch keine Resultate erzielt wurden, so kann es daran gelegen haben, daß die zu den Versuchen dienenden Thierarten für die Cholera überhaupt unempfänglich sind, oder daß noch nicht der richtige Modus der Infektion gefunden wurde. Sowohl in der einen wie in der anderen Richtung sollen die Versuche fortgesetzt und modificirt werden, doch ist wenig Aussicht vorhanden, daß auf diesem Wege mit dem jetzt zur

Verfügung stehenden Material etwas erreicht wird. Denn es ist nicht sehr wahrscheinlich, daß allein in jenen Umständen der Grund für das Mißlingen der Infektionsversuche zu suchen ist. Es giebt noch eine dritte Erklärung, für deren Richtigkeit sehr Vieles spricht. In einem von der Cholera befallenen Orte hört bekanntlich die Krankheit auf, lange bevor alle Individuen durchseucht sind, und obwohl der Krankheitsstoff schließlich in großer Menge über den ganzen Ort ausgestreut ist, so erkranken doch immer weniger Menschen, und die Epidemie erlischt mitten unter vielen für die Ansteckung empfänglichen Individuen. Diese Erscheinung ist nur durch die Annahme erklärbar, daß gegen Ende der Epidemie der Infektionsstoff an Wirksamkeit einbüßt oder wenigstens unsicher in seiner Wirkung wird. Wenn nun aber selbst die Menschen gegen Ende der Epidemie auf den Cholera-Infektionsstoff nicht mehr reagiren, dann läßt sich nicht erwarten, daß dies bei Versuchsthieren der Fall sein soll, über deren Empfänglichkeit für Cholera man noch nichts weiß. Für unsere Versuche standen uns nun aber nur solche Objekte zur Verfügung, welche am Ende der Epidemie gesammelt wurden, und deren Unwirksamkeit mehr oder weniger vorausgesetzt werden mußte. Es ist immerhin möglich, daß unter günstigeren Verhältnissen, d. h. zu Anfang einer Epidemie, die Infektion von Thieren gelingt und damit auch sofort zu erfahren ist, ob die in der Darmschleimhaut von mir nachgewiesenen Bacillen die eigentliche Ursache der Cholera bilden.

Soweit nun auch die von der Kommission bisher erhaltenen Resultate von der vollständigen Lösung der Aufgabe noch entfernt sind, und so wenig sie zu einer praktischen Verwerthung in der Bekämpfung der Cholera geeignet sind, so dürfen sie in Anbetracht der ungünstigen Verhältnisse und der kurzen Zeit der Untersuchung dennoch als günstige gelten. Sie entsprechen vollkommen dem ursprünglichen Zwecke der Orientirung und gehen insofern noch darüber hinaus, als durch den konstanten Befund von charakteristischen Mikroorganismen der ersten Bedingung, welche bei der Erforschung einer Infektionskrankheit zu erfüllen ist, Genüge geleistet und damit der weiteren Forschung ein bestimmtes Ziel gesteckt ist.

Ew. Excellenz wollen aus der gehorsamst gegebenen Darlegung hochgeneigtest entnehmen, daß die Kommission in der Lösung der ihr gestellten Aufgabe in Alexandrien nicht weiter zu gelangen vermag als bisher geschehen ist. Es würde nunmehr die Frage an die Kommission herantreten, ob nicht an einem anderen von der Cholera heimgesuchten Orte Egyptens die Untersuchungen fortzusetzen sind. Dem stellen sich aber unüberwindliche Hindernisse entgegen. In allen größeren Städten Egyptens ist die Cholera bereits ganz erloschen. Nur in den Dörfern Oberegyptens macht die Epidemie noch einige Fortschritte. Durch Vermittelung des deutschen Konsulates wurde deswegen eine Anfrage an den Ministerpräsidenten Chérif Pascha gerichtet, ob es möglich sei, in den von der Cholera befallenen Dörfern Material für die Untersuchung zu gewinnen. Die hierauf ertheilte telegraphische Antwort lautete aber folgendermaßen: Je ne puis conseiller à Monsieur le Dr. Koch de se rendre dans les villages pour faire des autopsies, il est même de mon devoir de l'en dissuader, car elles pourraient donner lieu à de graves complications.

Da überdies von zuverlässigen und des Landes kundigen Persönlichkeiten ebenfalls versichert wurde, daß es unmöglich sei, in egyptischen Dörfern Leichen zur Sektion zu bekommen, so mußte darauf verzichtet werden, dem Lauf der Cholera Nil aufwärts zu folgen.

Auch in Syrien scheint die Cholera gegen alle Erwartung keinen Fuß gefaßt zu haben. Da die im Gange befindlichen Untersuchungen nur noch für ungefähr zwei Wochen Beschäftigung verschaffen können, so werden die Arbeiten wegen Mangel an geeignetem Material alsdann vorläufig unterbrochen werden müssen.

Die Kommission ist aber von dem lebhaften Wunsche beseelt, das begonnene Werk fortzusetzen und womöglich auch die ihr gestellte Aufgabe zu lösen. Sie würde es schmerzlich empfinden, wenn die bis jetzt gewonnenen Resultate fruchtlos bleiben sollten.

Die einzige Möglichkeit zur Fortsetzung der Untersuchung bietet sich zur Zeit in Indien, wo in mehreren großen Städten, insbesondere in Bombay, die Cholera noch in einem Umfange herrscht, daß ein baldiges Aufhören derselben nicht zu erwarten ist. Auch würde sich dort unzweifelhaft der Anschluß an ein Hospital, welcher sich in Alexandrien so sehr vortheilhaft erwiesen hat, am ehesten bewerkstelligen lassen. Ew. Excellenz hochgeneigtem Ermessen stelle ich demgemäß ganz gehorsamst anheim, ob unter den obwaltenden Verhältnissen die Fortsetzung der Untersuchungen in Indien statthaben soll, und stelle ich mich, wenn Ew. Excellenz für die Ausdehnung der Expedition nach Indien sich hochgeneigtest entschließen, zur Führung derselben auch ferner ganz gehorsamst zur Verfügung. Auch die beiden ärztlichen Mitglieder der Expedition, die Stabsärzte Herr Dr. Gaffky und Herr Dr. Fischer, sind bereit, sich an einer derartigen weiteren Expedition zu betheiligen. Auf die Hülfe des Chemikers Herrn Treskow, welche bei der Einrichtung und dem bisherigen Betriebe des Laboratoriums unentbehrlich war, würde ich für diesen Fall Verzicht leisten können. Ganz gehorsamst habe ich noch über weitere Arbeiten, welche die Kommission neben ihren Untersuchungen über die Cholera auszuführen Gelegenheit fand, zu berichten.

Egypten ist sehr reich an parasitischen und ansteckenden Krankheiten, und es fiel daher nicht schwer, theils zum kontrolirenden Vergleich mit den bei der Cholera gewonnenen Resultaten, theils um über wichtige die Infektionskrankheiten betreffende allgemeine Fragen weitere Aufschlüsse zu gewinnen, geeignete Untersuchungsobjecte zu erhalten.

So habe ich bisher zwei Fälle von Dysenterie secirt. In dem einen, welcher akut verlaufen war, fanden sich in der erkrankten Darmschleimhaut eigenthümliche Parasiten, welche nicht zur Gruppe der Bakterien gehören und bis dahin unbekannt waren.

Dann secirte ich im arabischen Hospital einen an Darm-Milzbrand gestorbenen Araber. Die Erkrankung desselben ist wahrscheinlich auf eine Infektion durch Schafe zurückzuführen, welche aus Syrien in großer Zahl nach Egypten importirt werden und hier massenhaft an Milzbrand fallen.

Ferner bot sich die Gelegenheit im Griechischen Hospital sechs Fälle von biliösem Typhus zu beobachten, einer Krankheit, welche die größte Aehnlichkeit mit Gelbfieber besitzt, mit letzterem schon mehrfach verwechselt wurde und deswegen von größtem Interesse ist. Drei von diesen Kranken starben. Dieselben sind ebenfalls von mir secirt und sollen eingehend untersucht werden.

Außerdem sind wiederholt Untersuchungen über Mikroorganismen in der Luft und im Trinkwasser von Alexandrien angestellt.

Wenn noch Zeit dafür zu erübrigen ist, beabsichtige ich auch über die egyptische Augenentzündung Beobachtungen zu machen.

In Bezug auf die finanziellen Verhältnisse der Expedition bemerke ich ganz gehorsamst, daß von dem beim Generalkonsulat in Alexandrien eröffneten Credit bis zum heutigen Tage zweitausend Mark erhoben, und damit alle Anschaffungen für die Einrichtung des Laboratoriums und sämmtliche für den Unterhalt der Kommission erforderlichen Ausgaben bestritten sind.

Die Arbeiten der Kommission, welche an und für sich recht anstrengend und zum größten Theil auch sehr unangenehmer Art sind, waren in Folge der hohen Temperatur, welche hier herrscht, doppelt beschwerlich. Bis jetzt litt es der Gang der Untersuchungen nicht, daß sie auch nur einen Tag unterbrochen werden konnten.

Trotzdem erfreuen sich sämmtliche Mitglieder bis auf geringe in den klimatischen Verhältnissen begründete und schnell vorübergehende Unpäßlichkeiten eines guten Gesundheitszustandes. Sobald eine Unterbrechung der Arbeiten zulässig ist, halte ich es indessen für nothwendig, eine Erholungspause von einigen Tagen eintreten zu lassen. Vorbehaltlich der von Ew. Excellenz hochgeneigtest zu ertheilenden Genehmigung beabsichtige ich theils zum Zwecke der Erholung, theils um den Hauptkrankheitsheerd der Cholera in Egypten zu besuchen und über das Verhalten der Krankheit daselbst Nachforschungen anzustellen, die Kommission auf einige Tage nach Kairo zu führen.

Ew. Excellenz bitte ich schließlich ganz gehorsamst über die weitere Führung der Expedition hochgeneigtest mir Instruction ertheilen zu wollen.

Suez, den 10. November 1883.

Ueber die Thätigkeit der Kommission seit meinem letzten Bericht (Dat. Alexandrien, den 17. September) habe ich Folgendes zu berichten:

Trotzdem nur noch vereinzelte Cholerafälle vorkamen, fügte es der Zufall, daß noch die Sektion einer Choleraleiche im europäischen Hospital gemacht werden konnte, wobei in Bezug auf das Vorkommen der Bacillen in der Darmschleimhaut derselbe Befund, wie in den früheren Fällen, erhalten wurde.

Mit dem Darminhalt dieser Leiche, sowie mit den bis dahin gesammelten anderweitigen

Flüssigkeiten von Cholerakranken und Choleraleichen wurden die Infektionsversuche mit den verschiedensten Modifikationen fortgesetzt. Namentlich wurde versucht, durch unmittelbare und möglichst hoch hinaufgebrachte Injektion in den Mastdarm der Versuchsthiere, ferner durch Vermischen jener Substanzen mit Erde oder Wasser, Eintrocknen an Zeugstoffen und einige Zeit später erfolgende Verfütterung an Affen, Hunde, Mäuse und Hühner eine Infektion zu erzielen. Aber alle diese Versuche blieben ebenso wie die früheren erfolglos.

Nachdem diese Arbeiten ihren Abschluß gefunden hatten, und nicht mehr zu erwarten war, daß noch weitere Gelegenheit zur Sektion von Choleraleichen sich bieten würde, begab sich die Kommission am 16. October nach Kairo. Die Instrumente, Apparate und gesammelten pathologischen Objecte wurden, soweit sie für die Fortsetzung der Untersuchungen erforderlich waren, wohlverpackt nach Suez als Frachtgut vorausgesandt, um von da bei der Weiterreise nach Indien mitgeführt zu werden. — Während des Aufenthaltes der Kommission in Kairo wurde von Alexandrien eine nochmalige Zunahme der Epidemie gemeldet. Doch erschien die Rückkehr nach Alexandrien nicht zweckmäßig, weil sich voraussehen ließ, daß das neue Auflodern der Epidemie nicht erheblich und nur von kurzer Dauer sein würde.

Außerdem hatten sich die Herren Dr. Schieß Bey und Dr. Kartulis in Alexandrien mit sehr dankenswerther Bereitwilligkeit erboten, noch etwa vorkommendes Sektionsmaterial zu sammeln. Dies ist inzwischen geschehen, und ich habe von den genannten Herren von acht weiteren Choleraleichen die zur Untersuchung nothwendigen Objecte erhalten.

Als denjenigen Platz in Indien, welcher für die Fortsetzung der Untersuchungen am meisten geeignet schien, hatte ich anfangs Bombay in Aussicht genommen, weil daselbst im August und in der ersten Hälfte des September noch zahlreiche Choleratodesfälle vorgekommen waren. Seitdem hat aber die Epidemie dort rapide abgenommen und ist anscheinend jetzt ganz erloschen. Nach dem Urtheil verschiedener mit den indischen Verhältnissen vertrauter englischer Beamten wurde mir unter diesen Umständen Kalkutta als die für die Zwecke der Kommission geeignetste Stadt bezeichnet, weil daselbst die Cholera beständig mehr oder weniger herrscht. Durch diese Mittheilungen wurde ich veranlaßt, Ew. Excellenz um die Genehmigung zur Reise der Kommission nach Kalkutta gehorsamst auf telegraphischem Wege zu bitten.

Bevor die Kommission Egypten verließ, hielt ich es jedoch für unerläßlich, einige Fragen, welche für die Abwehr der Cholera von der größten Wichtigkeit sind, noch einem eingehenden Studium zu unterwerfen.

Es handelte sich zunächst darum, ob die von mehreren Seiten und mit großem Nachdruck aufgestellte Behauptung richtig ist, daß die diesjährige Choleraepidemie Egyptens nicht von Indien importirt, sondern im Lande selbst entstanden sei, und daß also in Zukunft in Bezug auf die Production dieser gefährlichen Seuche Egypten mit Indien auf die gleiche Stufe gestellt werden müsse. Um hierüber ein Urtheil zu gewinnen, hat sich die Kommission noch von Alexandrien aus am 6. October nach Damiette begeben, wo die Epidemie ihren Anfang gehabt hatte, und hat während mehrerer Tage dort die sorgfältigsten Untersuchungen über den Ursprung der Seuche angestellt.

Ueber das gewonnene Resultat behalte ich mir ausführlichen Bericht vor.

Weit wichtigere Fragen noch waren die über die Wirksamkeit der Quarantäne und die Verschleppung der Cholera durch die nach und von Mekka gehenden Pilger. Auch hiermit hatte sich die Kommission noch während ihres Aufenthaltes in Alexandrien beschäftigt und die Einrichtungen der Quarantäneanstalten in Gabarri und Mex bei Alexandrien, sowie der an der Mündung des östlichen Nilarmes bei Damiette liegenden Anstalt eingehend beschäftigt.

Als aber in den letzten Wochen der Ausbruch der Cholera unter den in Mekka befindlichen Pilgern gemeldet, und die Bestimmung getroffen wurde, daß die von Djeddah kommenden Pilger in Tor Quarantäne halten sollten, bot sich hiermit eine so überaus günstige Gelegenheit zur Information über diese wichtigen Verhältnisse, daß ich mich für verpflichtet hielt, dieselbe nicht unbenutzt vorübergehen zu lassen. — Da jedoch keine regelmäßige Verbindung mit den egyptischen Quarantäneplätzen am Rothen Meere besteht, so blieb nichts übrig, als die Vermittelung der egyptischen Regierung in Anspruch zu nehmen, um der Kommission den Besuch der Quarantänehäfen zu ermöglichen. Auf eine vom deutschen Generalkonsulat ergangene Anfrage erbot sich Seine Hoheit der Khedive auch sofort, der Kommission den nach Tor mit Ausrüstungsgegenständen für das Quarantänelager gehenden Dampfer „Damanhur“ für jenen Zweck zur Verfügung zu stellen, ein Anerbieten, welches dankbarst angenommen wurde. Anfänglich hoffte die Kommission diese Reise in der Weise ausführen zu können, daß sie nach dem Besuch von Tor und El Wedj an der Küste des Rothen Meeres südlich nach Djeddah gegangen wäre und dort den Anschluß an eine der indischen Dampferlinien erreicht hätte. Dies ging jedoch nicht, weil die Kommission in Djeddah sich einer längeren Quarantäne hätte unterwerfen müssen und damit zu viel Zeit verloren hätte. Sie mußte daher von El Wedj nach Suez zurückkehren, um eine Fahrgelegenheit zu finden. — Am 30. October begab sich die Kommission von Kairo nach Suez, am 31. October fuhr sie nach Tor, am 2. November von da nach El Wedj und kehrte am 7. November Abends nach Suez zurück, nachdem sie auf dem Rückwege dem Quarantänelager der Pilger in Tor einen nochmaligen Besuch abgestattet und schließlich noch die Quarantäne an den Mosesquellen bei Suez besichtigt hatte.

Dieser Ausflug ist für die Kommission im höchsten Grade lehrreich gewesen. Es bot sich nämlich die Gelegenheit, beim ersten Besuch von Tor das für den Empfang der Pilger hergerichtete, aber noch unbelegte Quarantänelager zu sehen. An demselben Tage lief dann noch ein mit fast 500 Pilgern besetztes Dampfschiff des österreichischen Lloyd in den Hafen von Tor ein. Nach Angabe des Schiffsarztes war Alles gesund an Bord. Aber beim Ausschiffen der Pilger und bei ihrer Ueberführung in das Zeltlager, was beides in Gegenwart der Kommission stattfand, zeigten sich schon einige Pilger schwer krank und der Cholera verdächtig, so daß sie sofort in das Quarantänelazareth geschickt werden mußten. Beim zweiten Besuch von Tor fand die Kommission noch ein zweites Pilgerschiff angekommen, dessen Pilger bereits gelandet waren. In beiden Zeltlagern war inzwischen die Cholera ausgebrochen; die Pilger des ersten Schiffes hatten drei Todesfälle, diejenigen des zweiten Schiffes einen Todesfall an Cholera und entsprechend viele Erkrankungen. Bei der Anwesenheit der Kommission im Lazareth wurden eine Choleraleiche und mehrere die charakteristischen Symptome der Krankheit bietende Kranke angetroffen. Im Uebrigen hat sich die Kommission bemüht, bei der Besichtigung der Quarantäneanstalten von El Wedj, Tor, bei den Mosesquellen und der Sanitätsanstalt in Suez einen möglichst tiefen Einblick in diese, für die Verschleppung der Cholera nach Europa so wichtigen Verhältnisse zu gewinnen, und glaubt sich sowohl durch eigene Untersuchungen als auch durch die bei den Beamten der Quarantäneanstalten und den Pilgern eingezogenen Erkundigungen in den Stand gesetzt, Ew. Excellenz demnächst eine auf eigene Anschauung begründete und zuverlässige Beurtheilung darüber liefern zu können. Erwähnt möge noch werden, daß auch die Kommission bei ihrer Rückkehr nach Suez mitsammt den Reiseeffecten eine Desinfektionsprocedur durchmachen mußte.

Neben diesen unmittelbar mit der Cholera sich beschäftigenden Untersuchungen hat die Kommission ihre Forschungen über die damit im Zusammenhange stehenden Fragen, wie Wasserversorgung und Filtration des Wassers, Einfluß des Fallens und Steigens des Nils auf den Gang der Epidemie, Begräbnißwesen, Verunreinigung des Bodens durch Latrinen, meteorologische Verhältnisse u. s. w. fortgesetzt.

Außerdem wurden in Alexandrien noch zahlreiche Sektionen gemacht und dabei werthvolle Beobachtungen gesammelt über Dysenterie, über das Vorkommen von Tuberkulose in Egypten, ferner über Parasiten, welche im Blute der Pfortader leben (Distomum haematobium) und einen sehr häufigen Leichenbefund in Egypten bilden. Auch bot sich Gelegenheit, noch andere wichtige durch Parasiten (Anchylostomum duodenale, Filaria sanguinis hominis) bedingte Krankheiten zu sehen.

Ferner wurden fast 50 an der egyptischen Augenkrankheit leidende Patienten untersucht und gefunden, daß mit dem Namen dieser Krankheit zwei verschiedene Krankheitsprocesse belegt werden. Der eine, welcher bösartiger verläuft, ist durch eine Bakterienart veranlaßt, welche den Gonorrhoemikrokokken gleicht und höchst wahrscheinlich damit identisch ist. Bei dem zweiten, weniger gefährlichen Processe finden sich regelmäßig in den Eiterkörperchen sehr kleine Bacillen.

Die Rinderpest ist in Unteregypten in den letzten Monaten noch fortwährend, wenn auch nur vereinzelt, vorgekommen. Die Kommission hat sich in Folge dessen vielfach bemüht, auch diese Krankheit aus eigener Anschauung kennen zu lernen. Leider waren aber alle Versuche, rinderpestkranke Thiere oder deren Kadaver zu erhalten, vergeblich.

Bei der Abreise aus Egypten fühle ich mich verpflichtet, im Namen der Kommission die Umsicht und Sachkenntniß, mit welcher der Vertreter des deutschen Generalkonsulates die Kommission bei jeder Gelegenheit unterstützt hat, in dankbarster Anerkennung hervorzuheben.

Auch die egyptische Regierung, für welche sich anfangs weniger Gelegenheit bot, der Kommission für die Erreichung ihrer Zwecke förderlich zu sein, hat sich für die Untersuchungen über die Entstehung der Cholera in Damiette und für das Studium der Quarantäneanstalten seitens der Kommission lebhaft interessirt und diese Arbeiten durch an ihre Behörden gerichtete Empfehlungen in jeder Beziehung unterstützt.

Ganz besonders fühlt sich aber die Kommission noch Seiner Hoheit dem Khedive dafür zum aufrichtigsten Danke verpflichtet, daß derselbe ihr die Gelegenheit zu dem so sehr wichtigen Besuche der egyptischen Quarantänehäfen gewährt hat.

Kalkutta, den 16. December 1883.

Die mit der Untersuchung über Cholera beauftragte Kommission ist am 11. December in Kalkutta eingetroffen. Die Ankunft derselben erfolgte gerade beim Abgange der Post, so daß diese Meldung erst mit der nächsten, acht Tage später abgehenden Post geschehen konnte. Hierdurch ist es allerdings auch ermöglicht, Ew. Excellenz bereits über den Beginn der Thätigkeit der Kommission in Kalkutta berichten zu können.

Die Kommission reiste am 13. November mit dem englischen Dampfer „Clan Buchanan" von Suez ab und erreichte Kalkutta am 11. December. Das Schiff hatte in Kolombo einen Aufenthalt von dritthalb Tagen und in Madras von fast zwei Tagen. Diese Gelegenheit hat die Kommission benutzt, um sich über die sanitären Verhältnisse dieser Orte, sowie über ihr Verhalten zur Cholera zu informiren, soweit dies bei der kurzen Dauer des Aufenthaltes möglich war. In Kolombo wurde keine Cholera angetroffen; den erhaltenen Mittheilungen zufolge soll die Insel Ceylon überhaupt seit etwa fünf Jahren ganz frei von Cholera gewesen sein und keineswegs, wie mehrfach angenommen ist, zu den endemischen Choleraheerden gehören. In Madras herrscht dagegen augenblicklich die Cholera, in der Stadt selbst anscheinend in mäßigem Grade, dagegen heftig in einigen Städten des südlichen Theiles der Präsidentschaft, hauptsächlich in Madura und Tanjore. In den von der Kommission besuchten Hospitälern der Stadt Madras wurden zwar keine Cholerakranke angetroffen, aber es bot sich die erwünschte Gelegenheit, die Einrichtung des Gefängnisses zu besichtigen, sowie Erkundigungen über die Wasserversorgung und Kanalisation dieser Stadt, welche in der Geschichte der Cholera eine bedeutende Rolle spielt, einzuziehen. Außerdem erhielt die Kommission von dem mit den Choleraverhältnissen durch langjährige Erfahrung vertrauten Sanitary Commissioner Dr. Furnell sehr werthvolle Mittheilungen über das Verhalten der Cholera in der Präsidentschaft Madras, so daß der Aufenthalt in Madras ein für die Zwecke der Kommission sehr nützlicher war.

Bei der Ankunft in Kalkutta wurde die Kommission vom deutschen Konsul empfangen und am folgenden Tage zum Surgeon General with the Government of India Dr. J. M. Cuningham begleitet. Dieser nahm die Kommission in sehr liebenswürdiger Weise auf und sicherte derselben die möglichste Unterstützung sowohl in Bezug auf Beschaffung der erforderlichen Arbeitsräume als die Verfügung über die in die Hospitäler Kalkuttas gelangenden Cholerafälle zu. Er führte die Kommission nach dem Medical College Hospital, woselbst vorzüglich geeignete, mit Gas- und Wasserleitung versehene Arbeitsräume ausgesucht und der Kommission zur Verfügung gestellt wurden. Am 13. December konnte die Einrichtung des Laboratoriums ausgeführt und, da ein Cholerafall ins Medical College Hospital eingeliefert war, auch sofort mit den Arbeiten begonnen werden. Am 14. December konnte bereits die Sektion einer vom General Hospital nach dem Medical College Hospital gesandten Choleraleiche, und am nächsten Tage die Sektion von zwei weiteren Choleraleichen im Sealdah Hospital vorgenommen werden. Mit dem hierdurch gewonnenen sehr reichlichen und für die in Aussicht genommenen Experimente vorzüglich geeigneten Material sind eine Anzahl Versuche in Gang gesetzt, und die Kommission befindet sich wieder in voller Thätigkeit.

Gegen Ende des November hatte die Zahl der Choleratodesfälle in Kalkutta ihr Minimum erreicht; seitdem ist sie jedoch wieder im Zunehmen begriffen, und nach dem Urtheil der hiesigen Aerzte werden in der nächsten Zeit stets so viele Cholerafälle in die Hospitäler gelangen, daß es der Kommission an Untersuchungsobjecten nicht fehlen wird. Sehr wesentlich ist es auch, daß sich der Obduktion von Choleraleichen in den hiesigen Hospitälern anscheinend gar keine

Schwierigkeiten entgegenstellen, und daß die Obduktionen frühzeitig genug nach dem Tode vorgenommen werden können, um durch Fäulniß bedingte Störungen in der Untersuchung auszuschließen. In Berücksichtigung aller dieser Umstände bin ich davon überzeugt, daß in Betreff des Ortes zur Fortsetzung der Untersuchungen über Cholera keine bessere Wahl getroffen werden konnte.

Die ferneren Aufgaben, welche die Kommission in Hinblick auf die Gewinnung praktisch verwerthbarer Resultate zu erledigen haben wird, habe ich zusammengestellt und erlaube mir dieselben Ew. Excellenz im Nachstehenden vorzulegen.

I. Mikroskopische Untersuchung eines möglichst zahlreichen Obduktionsmateriales zur Erweiterung und zur Prüfung der in Egypten erhaltenen Befunde über das Vorkommen von Bacillen in der Darmschleimhaut von Choleraleichen. Insbesondere auch Versuche über specifische Eigenschaften dieser Bacillen in mikroskopischer Beziehung, um eine sichere Unterscheidung derselben von anderen in Gestalt und Größe ähnlichen Bacillen zu gewinnen.

II. Nachforschungen über das Vorkommen von Cholera bei Thieren. Wiederaufnahme der Infektionsversuche mit Cholerastoffen an verschiedenen Thiergattungen; namentlich auch mit Methoden, welche bisher noch nicht benutzt wurden, z. B. directe Injektion in den Darm.

III. Gewinnung von Reinkulturen der im Darm der Choleraleichen gefundenen Bacillen und Benutzung dieser Reinkulturen zu Infektionsversuchen an Thieren.

IV. Bestimmung der biologischen Eigenschaften dieser Bacillen, insbesondere Sporenbildung, Lebensdauer, Verhalten in verschiedenen Nährmedien und bei verschiedenen Temperaturen.

V. Desinfektionsversuche, um die Bacillen im Wachsthum zu behindern resp. zu vernichten.

VI. Untersuchung von Boden, Wasser und Luft in ihren Beziehungen zum Cholerainfektionsstoff, namentlich in Bezug auf die Frage, ob derselbe in den endemischen Choleragebieten unabhängig vom menschlichen Körper, beispielsweise an bestimmte Zersetzungsvorgänge im Boden gebunden, existiren kann.

VII. Specielle Nachforschungen über die Choleraverhältnisse in Indien, und zwar:

a. Zusammenhang der Cholera in den endemischen Gebieten mit besonderen Eigenthümlichkeiten der daselbst lebenden Bevölkerung und ihrer Umgebung.

b. Choleraausbrüche in Gefängnissen, unter Truppen, auf Schiffen.

c. Verhältnisse der im endemischen Gebiete der Cholera am meisten heimgesuchten, sowie der von der Krankheit verschonten Plätze.

d. Art und Weise der Verschleppung der Cholera über die Grenzen des endemischen Gebietes und die Wege, auf welchen die Verschleppung sowohl in Indien, als über die Grenzen Indiens hinaus stattfindet. (Die Kommission hat hierbei besonders die Beförderung der Infektion durch gewisse religiöse Gebräuche und die Ausbreitung der Krankheit durch das Pilgerwesen im Auge, ferner die Verbreitung durch Schiffahrt und auf Handelsstraßen.)

e. Die in Indien bewährt gefundenen Maßregeln zur Verminderung der Cholera in Gefängnissen und unter Truppen und die Bedingungen, unter denen in einigen indischen Städten, wie Madras, Pondichery, Guntur, Kalkutta, eine auffallende Abnahme der Cholerasterblichkeit stattgefunden hat.

Die Kommission beabsichtigt für den Fall, daß die Untersuchungen über die mikroskopischen Erreger der Cholera nicht zu dem Grade von Sicherheit gelangen, um praktischen Maßnahmen zu Grunde gelegt werden zu können, den unter VII. aufgeführten Punkten eine besondere Aufmerksamkeit zu widmen, um Ew. Excellenz demnächst praktisch verwerthbare Vorschläge zur Abhaltung resp. zur Minderung der Choleragefahr für das Deutsche Reich unterbreiten zu können.

Kalkutta, den 7. Januar 1884.

Ew. Excellenz beehre ich mich im Verfolg meines Berichtes vom 16. December v. J. über die Thätigkeit der Cholerakommission in Kalkutta ganz gehorsamst ferneren Bericht zu erstatten.

Die Kommission hatte sich der regen Theilnahme und besten Unterstützung seitens der hiesigen Behörden und Hospitalvorstände zu erfreuen. Fast sämmtliche in den Hospitälern der Stadt zur Sektion kommenden Choleraleichen konnten für die Untersuchung verwerthet werden. Bis jetzt ist von insgesammt 9 Sektionen und außerdem von 8 Cholerakranken Material gesammelt. Die einzelnen Fälle folgten in ziemlich gleichmäßigen Zeiträumen, so daß gerade hinreichend Zeit blieb, um die Untersuchung derselben nach allen Richtungen hin durchführen zu können. Mehrere Fälle, welche nach sehr kurzem Verlauf und ohne jede Komplikation mit anderen Krankheitszuständen tödtlich geendet hatten, lieferten, da sie überdies sehr bald nach dem Tode secirt werden konnten, ausgezeichnete Untersuchungsobjecte. Diesen günstigen Verhältnissen ist es zu verdanken, daß die Kommission bereits wesentliche Fortschritte in der Lösung der ihr gestellten Aufgabe machen konnte.

Zunächst bestätigte die mikroskopische Untersuchung auch in allen diesen Fällen das Vorhandensein derselben Bacillen im Choleradarm, wie sie in Egypten gefunden waren. In meinem gehorsamsten Bericht vom 17. September v. J. mußte ich es indessen noch unentschieden lassen, ob diese Bacillen nicht wie so viele andere Bakterien zu den regelmäßigen Parasiten des menschlichen Darmes gehören und nur unter dem Einflusse des Krankheitsprocesses der Cholera in die Schleimhaut des Darmes einzudringen vermögen. Es fehlte damals noch an Merkmalen, um diese Bacillen von sehr ähnlich geformten anderen Darmbacillen unterscheiden zu können. Dieser Mangel ist nun aber glücklicherweise beseitigt. Denn mit Hülfe der im Gesundheitsamte ausgebildeten Methoden, welche sich auch bei dieser Gelegenheit vorzüglich bewährt haben, gelang es, aus dem Darminhalt der reinsten Cholerafälle die Bacillen zu isoliren und in Reinkulturen zu züchten. Die genaue Beobachtung der Bacillen in ihren Reinkulturen führte dann zur Auffindung von einigen sehr charakteristischen Eigenschaften bezüglich ihrer Form und ihres Wachsthums in Nährgelatine, wodurch sie mit Sicherheit von anderen Bacillen zu unterscheiden sind. Damit waren nun aber die Mittel an die Hand gegeben, um die Frage definitiv zu entscheiden, ob diese Bacillen zu den gewöhnlichen Bewohnern des Darmes gehören, oder ob sie ausschließlich im Darm der Cholerakranken vorkommen.

Zuerst wurden mit Hülfe der Gelatinekulturen ebenfalls die Bacillen in den Dejektionen der Cholerakranken und im Darminhalt der Choleraleichen nachgewiesen, und zwar gelang dies in sämmtlichen hier untersuchten Fällen. Dann aber wurde der Darminhalt anderer Leichen in gleicher Weise untersucht, und es stellte sich heraus, daß die Bacillen des Choleradarmes stets fehlten. Bis jetzt sind 8 Leichen von an Pneumonie, Dysenterie, Phthisis, Nierenleiden Verstorbenen untersucht. Ferner wurde der Darminhalt von verschiedenen Thieren, sowie andere bakterienreiche Substanzen darauf geprüft, aber bislang nirgendwo den Cholerabacillen gleichende Bakterien angetroffen. Wenn sich dieser Befund auch im weiteren Verlaufe als ein ganz konstanter herausstellen sollte, dann wäre damit ein sehr wichtiges Resultat gewonnen. Denn wenn diese mit specifischen Eigenschaften begabten Bacillen ganz ausschließlich dem Choleraproceß angehören, dann würde der ursächliche Zusammenhang zwischen dem Auftreten dieser Bakterien und dem Choleraproceß kaum noch einem Zweifel unterliegen können, selbst wenn die Reproduktion der Krankheit an Thieren nicht gelingen sollte. Aber auch in dieser letzteren Beziehung scheinen sich die Verhältnisse günstig zu gestalten, da in letzter Zeit einige der mit Thieren angestellten Experimente Resultate gegeben haben, welche weitere Erfolge hoffen lassen.

Neben diesen Arbeiten hat sich die Kommission noch damit beschäftigt, sich über das höchst interessante und wichtige Verhalten der Cholera in der Stadt Kalkutta möglichst zu informiren. In Städten außerhalb Indiens, welche nur in längeren Zeiträumen der Cholerainfektion ausgesetzt sind, kann der Einfluß, welchen sanitäre Verbesserungen, z. B. Zufuhr von gutem Trinkwasser, Bodendrainage und dergleichen, auf die Cholera ausüben, nicht mit Sicherheit bestimmt werden, da das einmalige oder selbst wiederholte Verschontbleiben eines solchen Ortes immer noch durch Zufälligkeiten bedingt sein kann. Dagegen muß in Städten, welche wie Kalkutta alljährlich eine beträchtliche Choleramortalität haben, jede Maßregel, welche der Cholera erfolgreich entgegenwirkt, eine mehr oder weniger bemerkbare und andauernde Herabsetzung der Mortalitätsziffer zur Folge haben. Nun hat aber in Kalkutta in der That seit dem Jahre 1870 die Cholera plötzlich in ganz auffallender Weise abgenommen. Vor 1870 war die alljährliche Cholerasterblichkeit in Kalkutta durchschnittlich 10,1 auf 1000 Einwohner. Seit 1870 ist sie auf 3, also um mehr als das Dreifache herabgegangen. Es ist dies eine Thatsache, welche die höchste Beachtung verdient und zu Fingerzeigen für die erfolgreiche Bekämpfung der Krankheit führen muß. Nach dem fast einstimmigen Urtheil der hiesigen Aerzte ist die Abnahme der Cholera allein der Einführung einer Trinkwasserleitung zuzuschreiben. Es wird eine wichtige Aufgabe der Kommission sein, hierüber durch eigene Anschauung und eigenes Studium ein selbständiges Urtheil zu gewinnen. Zu diesem Zwecke hat die Kommission sowohl die Wasserwerke als auch die Kanalisationseinrichtungen von Kalkutta besichtigt. Auch ist eine Anzahl Proben des Flußwassers vor und nach der Filtration in den Wasserwerken von Pultah untersucht und das der Stadt zugeführte Trinkwasser als von vorzüglicher Beschaffenheit gefunden.

Aus medizinischen Zeitschriften habe ich ersehen, daß die zur Erforschung der Cholera nach Egypten gesandte französische Kommission in dem von ihr erstatteten Berichte angiebt, zu anderen Resultaten, als den von mir gehorsamst gemeldeten gelangt zu sein und im Blute Organismen gefunden zu haben, welche der Cholera eigenthümlich sein sollen. Es könnte hiernach scheinen, daß die deutsche Kommission sich in ihren Forschungen auf einem falschen Wege befindet, und ich halte es deswegen für geboten, Ew. Excellenz ganz gehorsamst meine Ansichten über jene Angaben darzulegen.

Es kommen im Blute des gesunden Menschen neben rothen und weißen Blutkörperchen kleine rundliche blasse Formelemente, die sogenannten Blutplättchen, in wechselnder Zahl vor. In manchen fieberhaften Krankheiten, z. B. Flecktyphus, Pneumonie sind diese Gebilde sehr vermehrt, und sie sind wegen ihrer Aehnlichkeit mit Mikroorganismen schon mehrfach für Bakterien gehalten. Auch im Blute der Cholerakranken und Choleraleichen sind sie fast regelmäßig vermehrt, wie wir in den von uns untersuchten Cholerafällen ebenfalls konstatiren konnten. Diese Thatsache ist übrigens nicht neu, sondern bereits von früheren Forschern erwähnt. Beispielsweise ist von D. D. Cunningham in seiner Schrift: „Microscopical and physiological researches into the nature of the agent producing cholera“ schon im Jahre 1872 eine recht gute Abbildung dieser Formelemente des Cholerablutes gegeben. Da nun selbst die bewährtesten Untersuchungsmethoden im Cholerablute keine anderen Gebilde erkennen lassen, welche bakterienähnlich sind, und da die von der französischen Kommission gegebene Beschreibung auf die erwähnten Blutplättchen in jeder Beziehung paßt, so kann ich nicht anders annehmen, als daß die französische Kommission in denselben Irrthum wie vor ihr andere Forscher gefallen ist und die Blutplättchen für specifische Organismen gehalten hat. Irgend einen ätiologischen Zusammenhang mit der Cholera können diese Blutplättchen schon aus dem Grunde nicht haben, weil sie, wie bereits erwähnt ist, auch im Blute gesunder und solcher Menschen vorkommen, welche an anderen Krankheiten leiden.

Kalkutta, den 2. Februar 1884.

Die in meinem letzten Berichte vom 7. Januar cr. noch unentschieden gelassene Frage, ob die im Choleradarm gefundenen Bacillen ausschließlich der Cholera angehörige Parasiten sind, kann nunmehr als gelöst angesehen werden.

Es war anfangs außerordentlich schwierig wegen der ungleichen Verhältnisse, unter welchen die pathologischen Veränderungen im Choleradarm sich darbieten, und wegen der großen Zahl der stets im Darm vorhandenen Bakterien das Richtige herauszufinden. In den meisten Fällen erfolgt nämlich der Tod nicht auf der eigentlichen Höhe des Choleraprocesses, sondern in der sich unmittelbar daran schließenden Reactionsperiode, in welcher so bedeutende Veränderungen in der Beschaffenheit des Darmes und seines Inhaltes eintreten, daß es unmöglich ist, aus solchen Fällen allein eine klare Vorstellung von dem Choleraproceß zu gewinnen. Erst wenn man eine Anzahl von uncomplicirten Fällen zu seciren und frische Erkrankungsfälle damit zu vergleichen Gelegenheit gehabt hat, gelingt es, einen richtigen Einblick in die pathologischen Verhältnisse der Cholera zu gewinnen. Aus diesem Grunde war es geboten, in der Deutung der in Bezug auf die Cholerabakterien erhaltenen Befunde die größte Vorsicht walten zu lassen und so lange mit einem bestimmten Urtheil über ihr kausales Verhältniß zur Cholera zurückzuhalten, bis die volle Ueberzeugung davon gewonnen war.

Im letzten Berichte konnte ich bereits gehorsamst mittheilen, daß an den Bacillen des Choleradarmes besondere Eigenschaften aufgefunden wurden, durch welche sie mit aller Sicherheit von anderen Bakterien zu unterscheiden sind. Von diesen Merkmalen sind folgende die am meisten charakteristischen: Die Bacillen sind nicht ganz geradlinig, wie die übrigen Bacillen, sondern ein wenig gekrümmt, einem Komma ähnlich. Die Krümmung kann mitunter sogar soweit gehen, daß das Stäbchen fast eine halbkreisförmige Gestalt annimmt. In den Reinkulturen entstehen aus diesen gekrümmten Stäbchen oft s-förmige Figuren und mehr oder weniger lange, schwach wellenförmig gestaltete Linien, von denen die ersteren zwei Individuen und die letzteren einer größeren Zahl der Cholerabacillen entsprechen, die bei fortgesetzter Vermehrung im Zusammenhange geblieben sind. Sie besitzen außerdem Eigenbewegung, welche sehr lebhaft und am besten in einem am Deckglase suspendirten Tropfen Nährlösung zu beobachten ist; in einem solchen Präparat sieht man die Bacillen mit großer Geschwindigkeit nach allen Richtungen durch das mikroskopische Gesichtsfeld schwimmen.

Ganz besonders charakteristisch ist ihr Verhalten in Nährgelatine, in welcher sie farblose Kolonieen bilden, welche anfangs geschlossen sind und so aussehen, als ob sie aus stark glänzenden kleinen Glasbrocken zusammengesetzt sind. Allmählich verflüssigen diese Kolonieen die Gelatine und breiten sich dann bis zu einem mäßigen Umfange aus. In Gelatinekulturen sind sie daher durch dies eigenthümliche Aussehen mit großer Sicherheit mitten zwischen anderen Bakterienkolonieen zu erkennen und können von diesen auch leicht isolirt werden. Außerdem lassen sie sich auch ziemlich sicher durch die Kultur in hohlen Objektträgern nachweisen, da sie sich immer an den Rand des Tropfens der Nährflüssigkeit begeben und daselbst in ihren eigenthümlichen Bewegungen und nach Anwendung von Anilinfarblösungen an der kommaähnlichen Gestalt erkannt werden können.

Bis jetzt sind 22 Choleraleichen und 17 Cholerakranke in Kalkutta zur Untersuchung gelangt. Alle diese Fälle wurden sowohl mit Hülfe der Gelatinekulturen, als auch in mikroskopischen Präparaten, meistens zugleich auch noch durch die Kulturen in hohlen Objektträgern auf das Vorhandensein der specifischen Bakterien geprüft, und ausnahmslos konnten die kommaähnlichen Bacillen nachgewiesen werden.

Dieses Resultat, zusammengenommen mit dem in Egypten erhaltenen, berechtigt zu dem Schlusse, daß diese Bakterienart regelmäßig im Choleradarm vorkommt.

Zur Kontrole wurden dagegen ganz in derselben Weise untersucht: 28 andere Leichen (davon 11 Dysenterien), ferner Ausleerungen eines Falles von einfacher Diarrhoe, von Dysenterie und von einem Gesunden nach überstandener Cholera, dann noch verschiedene gesunde, sowie an Darmgeschwüren und Pneumonie gestorbene Thiere, schließlich auch mit putriden Massen verunreinigtes Wasser (verschiedene Proben von städtischer Spüljauche, Wasser aus stark verunreinigten Sümpfen, Sumpfschlamm, unreines Flußwasser). Es gelang aber nicht ein einziges Mal, weder im Magen oder Darm der Menschen- oder Thierleichen, noch in den Ausleerungen oder in den an Bakterien überaus reichen Flüssigkeiten die Cholerabacillen nachzuweisen. Da durch Arsenikvergiftung ein der Cholera sehr ähnlicher Krankheitsproceß bewirkt werden kann, so wurde auch ein solcher Versuch angestellt, und ein Thier nach Arsenikvergiftung auf das Vorkommen der Kommabacillen in den Verdauungsorganen geprüft, aber ebenfalls mit negativem Erfolge.

Aus diesen Resultaten ist nun weiter der Schluß zu ziehen, daß die kommaähnlichen Bacillen ganz allein der Cholera eigenthümlich sind.

Was nun das Verhältniß dieser Bakterien zur Cholera betrifft, so kann dasselbe, wie in einem früheren Berichte bereits gehorsamst auseinandergesetzt wurde, entweder ein derartiges sein, daß diese specifische Art von Bakterien in ihrem Wachsthum durch den Choleraproceß lediglich begünstigt wird und sich deswegen in so auffallender Weise mit der Cholera kombinirt, oder daß die Bakterien die Ursache der Cholera sind, und die Krankheit nur dann entsteht, wenn diese specifischen Bakterien ihren Weg in den Darm des Menschen gefunden haben. Die erstere Annahme ist indessen aus folgenden Gründen nicht zulässig. Es muß nämlich vorausgesetzt werden, daß ein Mensch, wenn er cholerakrank wird, diese Art von Bakterien bereits in seinem Verdauungskanal hat, und daß ferner, da diese besonderen Bakterien sowohl in Egypten als auch in Indien, zwei ganz getrennten Ländern, in einer verhältnißmäßig großen Zahl von Fällen ausnahmslos konstatirt wurden, überhaupt jeder Mensch dieselben besitzen muß. Dies kann aber nicht der Fall sein, denn, wie bereits angeführt wurde, sind die kommaähnlichen Bacillen niemals außer in Cholerafällen gefunden.

Selbst bei Darmaffektionen, wie Dysenterie und Darmkatarrh, zu welchen die Cholera besonders häufig hinzutritt, fehlten sie. Auch ist zu berücksichtigen, daß, wenn diese Bakterien so regelmäßig im menschlichen Körper vorhanden wären, sie doch gewiß schon früher das eine oder andere Mal beobachtet wären, was ebenfalls nicht der Fall ist.

Da also die Vegetation dieser Bakterien im Darm nicht durch die Cholera bewirkt sein kann, so bleibt nur noch die zweite Annahme übrig, daß sie die Ursache der Cholera sind. Daß dies aber auch in der That so ist, dafür spricht noch eine Anzahl anderer Thatsachen in untrüglicher Weise. Vor Allem ihr Verhalten während des Krankheitsprocesses. Ihr Vorkommen beschränkt sich auf dasjenige Organ, welches der Sitz der Krankheit ist, auf den Darm. Im Erbrochenen konnten sie bisher nur zweimal nachgewiesen werden, und in beiden Fällen ließ das Aussehen und die alkalische Reaktion der erbrochenen Flüssigkeit erkennen, daß Darminhalt und mit diesem die Bakterien in den Magen gelangt waren. Im Darm selbst verhalten sie sich folgendermaßen. In den ersten Ausleerungen der Kranken finden sich, so lange sie noch eine fäkulente Beschaffenheit haben, nur wenige Cholerabacillen; die dann folgenden wässerigen, geruchlosen Ausleerungen dagegen enthalten die Bacillen in großer Menge, während dann gleichzeitig alle übrigen Bakterien fast vollkommen verschwinden, so daß die Cholerabacillen in diesem Stadium der Krankheit nahezu eine Reinkultur im Darm bilden. Sobald der Choleraanfall aber abnimmt, und die Ausleerungen wieder fäkulent werden, verschwinden die kommaähnlichen Bakterien in den Ausleerungen allmählich wieder und sind nach dem vollständigen Ueberstehen der Krankheit überhaupt nicht mehr zu finden. Ganz ähnlich ist auch der Befund in den Choleraleichen. Im Magen wurden keine Cholerabacillen angetroffen. Der Darm verhielt sich verschieden, je nachdem der Tod noch während des eigentlichen Cholera-Anfalls oder nach demselben eingetreten war. In den frischesten Fällen, in denen der Darm eine gleichmäßige hellrothe Färbung zeigt, die Schleimhaut noch frei von Blutergüssen ist, und der Darminhalt aus einer weißlichen geruchlosen Flüssigkeit besteht, finden sich die Cholerabacillen im Darm in ganz enormen Massen und nahezu rein. Ihre Vertheilung entspricht ganz genau dem Grade und der Ausbreitung der entzündlichen Reizung der Darmschleimhaut, indem sie gewöhnlich im oberen Theile des Darmes nicht so zahlreich sind, aber nach dem unteren Theile des Dünndarmes hin zunehmen. Tritt dagegen der Tod später ein, dann finden sich die Zeichen einer bedeutenden Reaktion im Darm. Die Schleimhaut ist dunkel geröthet, im unteren Theile des Dünndarmes von Blutextravasaten durchsetzt und oft in den oberflächlichsten Schichten abgestorben. Der Darminhalt ist in diesem Falle mehr oder weniger blutig gefärbt und in Folge der nun wieder eintretenden massenhaften Entwickelung von Fäulnißbakterien von putrider Beschaffenheit und stinkend. Die Cholerabakterien treten in diesem Stadium im Darminhalt immer mehr zurück, sind aber in den schlauchförmigen Drüsen und oft auch in deren Umgebung noch eine Zeit lang ziemlich reichlich vorhanden, ein Umstand, der zuerst auf das Vorkommen dieser eigenthümlichen Bakterien im Darm der egyptischen Cholerafälle aufmerksam gemacht hatte. Sie fehlen nur in solchen Fällen vollständig, welche nach überstandenem Choleraanfall an einer Nachkrankheit sterben.

Die Cholerabakterien verhalten sich also genau so wie alle anderen pathogenen Bakterien. Sie kommen ausschließlich in der ihnen zugehörigen Krankheit vor; ihr erstes Erscheinen fällt mit dem Beginn der Krankheit zusammen, sie nehmen an Zahl dem Aufsteigen des Krankheitsprocesses entsprechend zu und verschwinden wieder mit dem Ablauf der Krankheit. Ihr Sitz ist ebenfalls der Ausbreitung des Krankheitsprocesses entsprechend, und ihre Menge ist auf der Höhe der Krankheit eine so bedeutende, daß ihre verderbliche Wirkung auf die Darmschleimhaut dadurch erklärt wird.

Es wäre allerdings noch zu wünschen, daß es gelingen möchte, mit diesen Bakterien eine der Cholera analoge Krankheit an Thieren künstlich zu erzeugen, um ihr ursächliches Verhältniß zur Krankheit auch ad oculos zu demonstriren. Dies ist jedoch noch nicht gelungen, und es muß auch fraglich erscheinen, ob es jemals gelingen wird, weil allem Anscheine nach Thiere für die Cholerainfektion unempfänglich sind. Könnte irgend eine Thierspecies an Cholera erkranken, dann hätte dies in Bengalen, wo während des ganzen Jahres und über das ganze Land hinweg der Cholera-Infektionsstoff verbreitet ist, irgend einmal in zuverlässiger Weise beobachtet werden müssen. Aber alle darauf gerichteten Erkundigungen sind negativ ausgefallen.

Dennoch kann die Beweiskraft der vorhin angeführten Thatsachen durch das Nichtgelingen des Thierexperiments nicht abgeschwächt werden. Auch bei anderen Infektionskrankheiten tritt uns dieselbe Erscheinung entgegen, so zum Beispiel beim Abdominaltyphus und bei der Lepra, zwei Krankheiten, denen ebenfalls specifische Bakterien zukommen, ohne daß es bisher gelungen ist, diese Krankheiten auf Thiere zu übertragen, und doch ist die Art und Weise des Vorkommens der Bakterien in diesen Krankheiten eine solche, daß unabweislich die Bakterien als die Ursache der Krankheit angesehen werden müssen. Dasselbe gilt auch von den Cholerabakterien.

Uebrigens hat das weitere Studium der Cholerabakterien noch mehrere Eigenschaften derselben erkennen lassen, welche sämmtlich mit dem, was über die Choleraätiologie bekannt ist, in Einklang stehen, mithin als weitere Bestätigung für die Richtigkeit der Annahme, daß die Bacillen die Choleraursache sind, dienen können.

Am bemerkenswerthesten in dieser Beziehung ist die wiederholt gemachte Beobachtung, daß in der Wäsche der Cholerakranken, wenn sie mit den Dejektionen beschmutzt war und während 24 Stunden im feuchten Zustande gehalten wurde, die Cholerabacillen sich in ganz außerordentlicher Weise vermehrten. Es kann dieses Verhalten eine Erklärung für die bekannte Thatsache geben, daß die Cholerawäsche so häufig die Veranlassung zur Infektion solcher Personen abgiebt, welche damit zu thun haben. Durch diese Beobachtung aufmerksam gemacht, wurden weitere Versuche angestellt und gefunden, daß dieselbe Erscheinung eintritt, wenn Choleradejektionen oder Darminhalt von Choleraleichen auf der feucht gehaltenen Oberfläche von Leinewand, Fließpapier und ganz besonders auf der Oberfläche feuchter Erde ausgebreitet wird. Nach 24 Stunden hatte sich regelmäßig die ausgebreitete dünne Schleimschicht vollständig in eine dichte Masse von Cholerabacillen verwandelt.

Eine weitere sehr wichtige Eigenschaft der Cholerabakterien ist die, daß sie nach dem Eintrocknen so rasch absterben, wie kaum eine andere Bakterienart. Gewöhnlich ist schon nach dreistündigem Trocknen alles Leben in ihnen erloschen.

Es hat sich ferner noch ergeben, daß ihr Wachsthum nur in alkalisch reagirenden Nährsubstanzen regelrecht erfolgt. Schon eine sehr geringe Menge freier Säure, welche das Wachsthum anderer Bakterien noch nicht merklich beeinflußt, hält sie in der Entwickelung auffallend zurück.

Im normal funktionirenden Magen werden sie zerstört, was daraus hervorgeht, daß wiederholt bei Thieren, welche anhaltend mit Cholerabacillen gefüttert und dann getödtet waren, weder im Magen noch im Darmkanal die Bacillen nachgewiesen werden konnten. Diese letztere Eigenschaft zusammen mit der geringen Widerstandsfähigkeit gegen das Eintrocknen giebt eine Erklärung dafür, daß, wie es die tägliche Beobachtung lehrt, bei dem unmittelbaren Verkehr mit den Cholerakranken und deren Produkten so selten eine Infektion erfolgt. Es müssen offenbar, damit die Bacillen in den Stand gesetzt werden, den Magen zu passiren, um dann im Darm den Choleraproceß hervorzurufen, noch besondere Umstände zu Hülfe kommen. Vielleicht können die Bacillen unbeschädigt durch den Magen gehen, wenn die Verdauung gestört ist, wofür die in allen Choleraepidemieen und auch hier in Indien regelmäßig gemachte Beobachtung spricht, daß besonders häufig solche Menschen an Cholera erkranken, welche sich eine Indigestion zugezogen haben oder sonst an Verdauungsstörungen leiden. Vielleicht aber befähigt auch ein besonderer Zustand, in welchen diese Bakterien versetzt werden, und welcher dem Dauerzustande anderer Bakterien analog sein würde, dieselben, den Magen unbeschädigt passiren zu können.

Es ist allerdings nicht wahrscheinlich, daß diese Veränderung in der Produktion von Dauersporen besteht, da solche Sporen erfahrungsgemäß viele Monate, selbst Jahre lebensfähig bleiben, während sich das Choleragift nicht länger als ungefähr drei bis vier Wochen wirksam erhält. Trotzdem ist es sehr wohl denkbar, daß irgend eine andere Form von Dauerzustand existirt, in welcher die Bacillen einige Wochen in getrocknetem Zustande am Leben bleiben können, und in welchem sie auch im Stande sind, der zerstörenden Wirkung der Magenverdauung zu widerstehen.

Die Umwandlung in einen solchen Zustand würde dem entsprechen, was Pettenkofer als Reifung des Cholerainfektionsstoffes bezeichnet hat. Bis jetzt ist es noch nicht gelungen, einen solchen Dauerzustand der Cholerabacillen zu entdecken.

Die von den experimentellen Arbeiten nicht in Anspruch genommene Zeit hat die Kommission benutzt, um ein sehr reichhaltiges Material über die Choleraverhältnisse Indiens und speciell Bengalens, des endemischen Choleragebietes, entsprechend den in meinem gehorsamsten Bericht vom 16. December v. J. unter Nr. VII. bezeichneten Punkten zu sammeln.

Außerdem wurden verschiedene für die Cholera sehr wichtige Punkte in Kalkutta und dessen nächster Umgebung besichtigt, unter denen besonders das Fort William und das Centralgefängniß in Alipore zu erwähnen sind.

Kalkutta, den 4. März 1884.

Ew. Excellenz beehre ich mich über die von der Cholerakommission erreichten weiteren Resultate gehorsamst Bericht zu erstatten.

Es ist eine auffallende Thatsache, daß die Cholera auch in ihrem endemischen Gebiet sich sehr oft an bestimmte Lokalitäten gebunden zeigt und daselbst unverkennbare und deutlich abgegrenzte Epidemieen bildet. Besonders häufig werden derartig lokalisirte kleine Epidemieen in den Umgebungen der sogenannten Tanks beobachtet. Zur Erläuterung muß erwähnt werden, daß die über ganz Bengalen in unzähliger Menge verbreiteten Tanks kleine von Hütten umgebene Teiche und Sümpfe sind, welche den Anwohnern ihren sämmtlichen Wasserbedarf liefern und zu den verschiedensten Zwecken, wie Baden, Waschen der Kleidungsstücke, Reinigen der Hausgeräthe und auch zur Entnahme des Trinkwassers benutzt werden.

Daß bei so mannigfaltigem Gebrauch das Wasser im Tank verunreinigt wird und keine den hygienischen Anforderungen entsprechende Beschaffenheit haben kann, ist selbstverständlich. Sehr oft kommt aber hierzu noch, daß Latrinen, wenn Einrichtungen der primitivsten Art so genannt werden dürfen, sich am Rande des Tanks befinden und ihren Inhalt in den Tank ergießen, und daß überhaupt das Tankufer als Ablagerungsstätte für allen Unrath und insbesondere für menschliche Fäkalien dient. Die Tanks enthalten deswegen in der Regel ein stark verunreinigtes Wasser, und es ist unter diesen Verhältnissen erklärlich, daß die hiesigen Aerzte solche um einen Tank gruppirte Choleraepidemieen mit der schlechten Beschaffenheit des Tankwassers in Zusammenhang bringen. Diese Tankepidemieen sind keineswegs selten, und fast jeder Arzt, welcher eine große Erfahrung über Cholera hat, kennt eine mehr oder weniger große Zahl von Beispielen. Ich habe deswegen schon von Anfang an meine Aufmerksamkeit auf diesen Punkt gerichtet und den Sanitary Commissioner with the Government gebeten, mich davon in Kenntniß zu setzen, wenn eine solche Epidemie in leicht erreichbarer Entfernung von Kalkutta vorkommen würde. Dieser Fall ist nun in den letzten Wochen eingetreten. Aus Saheb Bagan, zu Belliaghatta, einer der Vorstädte von Kalkutta, gehörig, wurden während weniger Tage ungewöhnlich viele Cholerafälle gemeldet. Die Erkrankungen beschränkten sich ausschließlich auf die rings um einen Tank gelegenen, von einigen hundert Personen bewohnten Hütten, und es starben von dieser Bevölkerung 17 Personen an Cholera, während in einiger Entfernung vom Tank und im ganzen zugehörigen Polizeidistrikt die Cholera zur selben Zeit nicht herrschte. Bemerkenswerth ist, daß derselbe Platz in den letzten Jahren wiederholt von Cholera heimgesucht ist. Ueber den Beginn und Verlauf der Epidemie wurden nun von der Kommission sorgfältige Untersuchungen angestellt, wobei sich herausstellte, daß der Tank in der gewöhnlichen Weise von den Anwohnern zum Baden, Waschen und Trinken benutzt wird, und daß auch die mit Choleradejektionen beschmutzten Kleider des ersten tödtlich verlaufenden Cholerafalles im Tank gereinigt waren. Es wurde dann ferner eine Anzahl Wasserproben von verschiedenen Stellen des Tanks und zu verschiedenen Zeiten entnommen, mit Hülfe der Nährgelatinekultur untersucht, und die Cholerabacillen in mehreren der ersten Wasserproben ziemlich reichlich gefunden. Unter den späteren Proben, welche am Ende der Epidemie geschöpft waren, enthielt nur noch eine, welche von einer besonders stark verunreinigten Stelle des Tanks herstammte, die Cholerabacillen, und zwar auch nur in sehr geringer Zahl. Wenn man berücksichtigt, daß bis dahin vergeblich in zahlreichen Proben von Tankwasser, Sewage, Flußwasser und sonstigem allen Verunreinigungen ausgesetztem Wasser nach den Cholerabacillen gesucht wurde, und daß sie zum ersten Male mit allen ihren charakteristischen Eigenschaften in einem von einer Choleraepidemie umschlossenen Tank gefunden sind, dann muß dies Resultat als ein höchst wichtiges angesehen werden. Es steht fest, daß das Wasser im Tank inficirt wurde durch Cholerawäsche, welche nach den früheren Beobachtungen die Cholerabacillen besonders reichlich zu enthalten pflegt; ferner ist konstatirt, daß die Anwohner des Tanks dieses inficirte Wasser zu häuslichen Zwecken und namentlich zum Trinken benutzt haben. Es handelt sich hier also gewissermaßen um ein durch den Zufall herbeigeführtes Experiment am Menschen, welches den Mangel des Thierexperimentes in diesem Falle ersetzt und als eine weitere Bestätigung für die Richtigkeit der Annahme dienen kann, daß die specifischen Cholerabacillen in der That die Krankheitsursache bilden.

Bis jetzt steht dieses Faktum allerdings noch vereinzelt da, aber immerhin zeigt uns dasselbe einen der Wege, auf welchen das Choleragift in den menschlichen Körper gelangen kann, und ich zweifle nicht, daß auch in anderen ähnlichen Fällen der Nachweis der Cholera-bacillen im Wasser oder sonstigen Vehikeln des Infektionsstoffes gelingen muß.

Seit meinem letzten gehorsamsten Berichte sind ferner 20 Choleraleichen und die Dejektionen von 11 Cholerakranken untersucht, und es beträgt somit die Gesammtzahl der in Indien zur Untersuchung verwertheten Fälle: 42 Choleraleichen und 28 Cholerakranke. Neue Resultate haben diese letzten Fälle allerdings nicht ergeben. Sie glichen den früheren in jeder Beziehung, namentlich auch in Bezug auf das Verhalten der Cholerabacillen.

Außerdem sind noch eingehende Untersuchungen über den Einfluß verschiedener Substanzen, wie Sublimat, Carbolsäure und anderer desinficirender Stoffe auf die Entwickelung der Cholerabacillen in Nährflüssigkeiten, ferner über das Verhalten derselben in Kohlensäure und beim Abschluß von Luft angestellt. Auch wurden die Versuche, welche dazu dienen sollten, eine Dauerform der Cholerabacillen aufzufinden, unermüdlich fortgesetzt. Doch ist bis jetzt nichts Derartiges aufgefunden. Die einzige Möglichkeit, die Cholerabacillen längere Zeit lebensfähig zu erhalten, besteht darin, daß man sie vor dem Eintrocknen bewahrt. In Flüssigkeiten bleiben sie wochenlang entwickelungsfähig, und es scheint Alles darauf hinzuweisen, daß sie nur in feuchtem Zustande verschleppt und dem menschlichen Körper wirksam einverleibt werden können.

Leider mußten die weiteren Untersuchungen über diesen Gegenstand wegen der in diesem Jahre schon frühzeitig eingetretenen heißen Witterung aufgegeben werden. In den letzten Wochen war die Temperatur schon so hoch, daß nur unter großen Schwierigkeiten im Laboratorium gearbeitet werden konnte. Aber seit einigen Tagen ist es fast unerträglich heiß geworden, und es bleibt nichts Anderes übrig, als die Arbeiten vorläufig abzubrechen.

Decret, betr. die Organisation des „Conseil Sanitaire, Maritime et Quarantenaire" vom 3. Januar 1881.

NOUS, KHÉDIVE D'ÉGYPTE.

Vu les décrets du 3 redjeb 1266 (11 mai 1850), du 2 Zilhadé 1272 (15 juillet 1856), et du 29 Rabi-Akhar 1275 (6 Décembre 1858) réglementant l'organisation des services sanitaires du pays;

Vu le rapport de la Commission instituée par l'arrêté ministériel du 19 Octobre 1880;

Sur la proposition de Notre Ministre de l'Intérieur et l'avis conforme de Notre Conseil des Ministres;

DÉCRÉTONS.

Art. 1.

L'Intendance Générale Sanitaire d'Égypte prendra désormais le titre de Conseil Sanitaire maritime et quarantenaire.

Ce Conseil est chargé d'arrêter les mesures à prendre pour prévenir l'introduction en Égypte, ou la transmission à l'étranger des maladies épidémiques et des épizooties.

Art. 2.

Il a son siège à Alexandrie.

Il est composé de la manière suivante:

Un Président nommé par le Gouvernement;

Un Docteur en médecine européen, Inspecteur général du service sanitaire maritime et quarantenaire;

L'Inspecteur sanitaire de la ville d'Alexandrie;

Le Médecin en chef de l'hôpital général d'Alexandrie;

Un docteur en médecine choisi par le Gouvernement parmi les médecins du même hôpital;

L'inspecteur vétérinaire de la Basse-Égypte;

Le Directeur général des Douanes;

Le Contrôleur général des Ports et Phares;

Le Contrôleur du Port d'Alexandrie;

Les Délégués des Puissances admises à se faire représenter dans le Conseil.

Les délibérations du Conseil ne seront valables qu'autant que la moitié plus un de ses membres seront présents.

Sont admis au Conseil, avec voix consultative seulement, les médecins sanitaires des puissances qui y assistent actuellement en qualité de membres honoraires.

En cas d'absence ou d'empêchement du Président, il sera suppléé par l'Inspecteur général du service sanitaire maritime et quarantenaire.

Art. 3.

Le Conseil Sanitaire maritime et quarantenaire exerce une surveillance permanente sur l'état sanitaire de l'Égypte et sur les provenances des pays étrangers.

Art. 4.

En ce qui concerne l'Égypte, il recevra chaque semaine du Conseil de Santé et d'hygiène publique les bulletins sanitaires des villes du Caire et d'Alexandrie et chaque mois les bulletins sanitaires des provinces. Ces bulletins devront être transmis à des intervalles plus rapprochées lorsque à raison de circonstances spéciales, le Conseil Sanitaire maritime et quarantenaire en fera la demande.

De son côté le Conseil sanitaire maritime et quarantenaire communiquera au Conseil de Santé et d'hygiène publique les décisions qu'il aura prises et les renseignements qu'il aura reçus de l'étranger.

Art. 5.

Le Conseil sanitaire maritime et quarantenaire s'assure de l'état sanitaire du pays, et envoie des commissions d'inspection partout où il le juge nécessaire.

Le Conseil de santé et d'hygiène publique sera avisé de l'envoi de ces commissions et devra s'employer à faciliter l'accomplissement de leur mandat.

Art. 6.

Le Conseil arrête les mesures préventives ayant pour objet d'empêcher l'introduction en Égypte, par les frontières maritimes ou les frontières du désert, des maladies épidémiques ou des épizooties, et détermine les points où devront être installés les campements provisoires, et les établissements permanents quarantenaires.

Art. 7.

Il formule l'annotation à inscrire sur la patente délivrée par les Offices sanitaires aux navires en partence.

Art. 8.

En cas d'apparition de maladies épidémiques ou d'épizooties en Égypte, il arrête les mesures préventives ayant pour objet d'empêcher la transmission de ces maladies à l'étranger.

Art. 9.

Le Conseil surveille et contrôle l'exécution des mesures sanitaires quarantenaires qu'il a arrêtées.

Il formule tous les réglements relatifs au service quarantenaire, et veille à leur stricte exécution, tant en ce qui concerne la protection du pays, que le maintien des garanties stipulées par les conventions sanitaires internationales.

Art. 10.

Il réglemente, au point de vue sanitaire, les conditions dans lesquelles doit s'effectuer le transport des pèlerins à l'aller et au retour du Hedjaz, et surveille leur état de santé en temps de pèlerinage.

Art. 11.

Les décisions prises par le Conseil sanitaire maritime et quarantenaire sont communiquées au Ministère le l'Intérieur; il en sera également donné connaissance au Ministère des Affaires Étrangères qui les notifiera, s'il y a lieu, aux Agences et Consulats Généraux.

Toutefois le Président du Conseil est autorisé à correspondre directement avec les autorités consulaires des villes maritimes pour les affaires courantes du service.

Art. 12.

Le Président, et en cas d'absence ou d'empêchement de celui-ci, l'Inspecteur général du service sanitaire maritime et quarantenaire est chargé d'assurer l'exécution des décisions du Conseil.

A cet effet il correspond directement avec tous les agents du service sanitaire maritime et quarantenaire, et avec les diverses autorités du pays. Il dirige, d'après les avis du Conseil, la police sanitaire du port, les établissements maritimes quarantenaires et les stations quarantenaires du désert, enfin il expédie les affaires courantes.

Art. 13.

L'Inspecteur sanitaire, les directeurs des offices sanitaires, les médecins des lazarets et campements quarantenaires, le Délégué du Conseil à Djeddah, doivent être choisis parmi les docteurs en médecine munis de diplômes délivrés par les Universités d'Europe.

Toutefois les Députés sanitaires actuellement en fonctions pourront être provisoirement maintenus en qualité de Directeurs des Offices sanitaires. Mais, au fur et à mesure des vacances, ils devront être remplacés par des Agents réunissant les conditions spécifiées au 1er paragraphe du présent article.

Art. 14.

Pour toutes les fonctions et emplois relevant du Service sanitaire maritime et quarantenaire, le Conseil, par l'entremise de son Président, désigne ses candidats à Notre Ministre de l'Intérieur, qui seul aura le droit de les nommer.

Il sera procédé de même pour les révocations, mutations et avancements.

Toutefois le Président aura la nomination directe de tous les agents subalternes, tels que gardes de santé, hommes de peine, gens de service, etc.

Art. 15.

Les Directeurs des Offices sanitaires sont au nombre de huit, ayant leur résidence à Alexandrie, Rosette, Damiette, Port Saïd, Suez, Tor ou El Wedj, Souakim et Massaoua.

L'office sanitaire de Tor ou d'El-Wedj pourra ne fonctionner que pendant la durée du pèlerinage ou en temps d'épidémie.

Art. 16.

Les directeurs des offices sanitaires ont sous leurs ordres tous les employés sanitaires de leur circonscription. Ils sont responsables de la bonne exécution du service.

Art. 17.

Les chefs des agences sanitaires d'El-Ariche et de Kosseïr ont les mêmes attributions que celles confiées aux directeurs par l'article qui précède.

Art. 18.

Les directeurs des lazarets et campements quarantenaires ont sous leurs ordres tous les employés du service médical, et du service administratif des établissements qu'ils dirigent.

Art. 19.

L'inspecteur général sanitaire est chargé de la surveillance de tous les services dépendant du Conseil sanitaire maritime et quarantenaire.

Art. 20.

Le délégué du Conseil sanitaire maritime et quarantenaire à Djeddah a pour mission de fournir au Conseil des informations sur l'état sanitaire du Hedjaz, spécialement en temps de pèlerinage.

Art. 21.

Un comité de discipline composé du président, de l'inspecteur général du service sanitaire maritime et quarantenaire, et d'un délégué consulaire élu par le Conseil, est chargé d'examiner les plaintes portées contre les agents relevant du service sanitaire maritime et quarantenaire.

Il dresse sur chaque affaire un rapport et le soumet à l'appréciation du Conseil réuni en Assemblée générale.

La décision du Conseil est, par les soins de son président, soumise à la sanction de notre Ministre de l'Intérieur.

Le comité de discipline peut infliger sans consulter le Conseil: 1° le blâme; 2° la suspension de traitement jusqu'à un mois.

Art. 22.

Les peines disciplinaires sont:

1° Le blâme;

2° La suspension du traitement depuis huit jours jusqu'à trois mois;

3° Le déplacement sans indemnité;

4° La révocation.

Le tout sans préjudice des poursuites à exercer pour les crimes ou délits de droit commun.

Art. 23.

Les droits sanitaires et quarantenaires sont perçus par les agents qui relèvent du service sanitaire maritime et quarantenaire.

Ceux-ci se conforment en ce qui concerne la comptabilité et la tenue des livres aux règlements généraux établis par le Ministère des Finances.

Les agents comptables adressent leur comptabilité et le produit de leurs perceptions à la présidence du Conseil.

L'agent comptable chef du bureau central de la comptabilité leur en donne décharge sur le visa du Président du Conseil.

Art. 24.

Le Conseil sanitaire maritime et quarantenaire dispose de ses finances.

L'administration des recettes et des dépenses est confiée à un comité composé du président, de l'inspecteur général du service sanitaire maritime et quarantenaire et d'un délégué consulaire élu par le Conseil. Il prend le titre de Comité des Finances.

Ce comité fixe, sauf ratification par le Conseil, les traitements des employés de tout grade; il décide les dépenses fixées et les dépenses imprévues. Tous les trois mois, dans une séance spéciale, il fait au Conseil un rapport détaillé de sa gestion. Dans les trois mois qui suivront l'expiration de l'année budgétaire, le Conseil sur la proposition du comité arrête le bilan définitif et le transmet, par l'entremise de son président, à notre Ministre de l'Intérieur.

Le Conseil prépare le budget de ses recettes et celui de ses dépenses. Ce budget sera arrêté par Notre Conseil des Ministres, en même temps que le budget général de l'État, à titre de budget annexe. Pour établir son premier budget, le Conseil prendra pour bases de ses calculs la moyenne des dépenses faites pour assurer la marche de ce service pendant les trois dernières années. Dans le cas où le chiffre des dépenses excéderait le chiffre des recettes, le déficit sera comblé par les ressources générales de l'État. Toutefois, le Conseil devra étudier sans retard les moyens d'équilibrer les recettes et les dépenses. Ses propositions seront, par les soins du président transmises à Notre Ministre de l'Intérieur. L'excédant des recettes, s'il en existe, restera à la caisse du Conseil sanitaire maritime et quarantenaire; il sera après décision du Conseil sanitaire ratifié par le Conseil des Ministres, affecté exclusivement à la création d'un fonds de réserve destiné à faire face aux besoins imprévus.

Art. 25.

Le président est tenu d'ordonner que le vote aura lieu au scrutin secret, toutes les fois que trois membres du Conseil en font la demande. Le vote au scrutin secret est obligatoire toutes les fois qu'il s'agit du choix d'un délégué consulaire pour faire partie du comité de discipline ou du comité des finances et lorsqu'il s'agit de nomination, révocation, mutation ou avancement dans le personnel.

Art. 26.

Les Gouverneurs, moudirs et préfets de police sont responsables, en ce qui les concerne, de l'exécution des règlements sanitaires. — Ils doivent, ainsi que toutes les autorités civiles et militaires, donner leur concours lorsqu'ils en sont légalement requis pas les agents du service sanitaire maritime et quarantenaire pour assurer la prompte exécution des mesures prises dans l'intérêt de la santé publique.

Art. 27.

Les dispositions édictées par le présent décret seront applicables à partir du 10 janvier 1881.

Art. 28.

Tous décrets et règlements antérieurs sont abrogés en ce qu'ils ont de contraire aux dispositions qui précèdent.

Art. 29.

Notre Ministre de l'Intérieur est chargé de l'exécution du présent décret.

Fait au Palais d'Abdin, le 3 Janvier 1881 (2 Safer 1298).

(Signé): MÉHÉMET TEWFIK.

Par le Khédive,
Le Président du Conseil des Ministres,
Ministre de l'Intérieur,
(Signé): RIAZ.

Anlage IV.

Die Lepra-Hospitäler zu Kolombo, Madras und Kalkutta.

1. Das Lepra-Hospital zu Kolombo auf Ceylon.

Einige Kilometer in nördlicher Richtung von Kolombo entfernt und durch den nach Negumbo führenden Kanal von der weitausgedehnten Stadt getrennt liegt nahe dem Meeresstrande auf einer Art Halbinsel das Leprahospital. Die Anstalt verdankt ihre Entstehung einer bereits im Jahre 1708 von einer holländischen Dame gemachten Schenkung. Lange Zeit hat sie ausschließlich aus mehreren einfach nach „Bungalow" Art gebauten einstöckigen Blockhäusern bestanden, zu denen erst in neuerer Zeit einige von Säulenhallen rings umgebene eingeschossige massive Pavillons hinzugekommen sind. Die letzteren bestehen je aus zwei großen länglichen, durch einen überdachten Gang mit einander verbundenen Krankensälen. An beiden Enden eines Pavillons befindet sich je eine Latrinenanlage, nach arabischer Art eingerichtet, d. h. ohne Sitzvorrichtung. Die Fäkalien werden indeß nicht in Gruben aufgefangen, sondern in Untersätze entleert, welche mit Sand gefüllt sind und täglich zweimal gewechselt werden. Ihr Inhalt wird außerhalb einer die ganze Anstalt einschließenden Einfriedigung in mäßiger Entfernung ausgeleert. — Sämmtliche Gebäude sind von hohen alten Bäumen umgeben, ein Umstand, welcher der in peinlichster Sauberkeit gehaltenen Anstalt ein außerordentlich freundliches Ansehen verleiht. — Die Aufnahme der Kranken in die Anstalt ist eine durchaus freiwillige; auch wird ihnen das Verlassen derselben in keiner Weise erschwert, und der Kommunikation mit der Stadt sind keinerlei Beschränkungen auferlegt.

Das Wasser für die Anstalt wird aus Brunnen gewonnen.

Für die ärztliche Behandlung der Kranken ist vortrefflich gesorgt; u. a. besteht die Vorschrift, daß stets ein Arzt im Hospital anwesend sein muß.

Zur Zeit der Besichtigung durch die Kommission waren 131 Leprakranke beiderlei Geschlechts in dem Hospitale untergebracht. Die meisten derselben gehörten dem mittleren Lebensalter an, doch waren auch sämmtliche übrigen Altersklassen vertreten.

Die überwiegende Mehrzahl der Kranken litt an der rein anästhetischen Form der Lepra, welche fast bei Allen bereits zu Lähmungen und Verkrümmungen der Hände und Füße und vielfach auch zum Verlust einzelner oder gar aller Finger und Zehen geführt hatte. In verschiedenen Fällen waren erbsen- bis bohnengroße Knoten an den Nerven der oberen Extremitäten zu fühlen. Häufig waren Verschwärungen und Trübungen der Hornhaut, sowie eingesunkene Nasen.

Verhältnißmäßig sehr wenige Kranke hatten kleinere und größere Knoten in der Haut des Gesichtes, der Ohren und des Rumpfes. Nur in einem einzigen Falle bestanden offene Ulcerationen an den Schenkeln, welche aus zerfallenden Knoten hervorgegangen waren. — In einigen frischen Fällen zeigten sich im Gesicht bezw. am Halse, an der Brust, dem Rücken oder den Oberschenkeln große, heller gefärbte und dadurch gegen die Umgebung scharf abgesetzte Hautstellen; in anderen Fällen machten sich dunkler gefärbte, Psoriasis ähnliche und über größere Haut-Partieen ausgedehnte Flecke bemerklich. Ein Kranker zeigte neben ausgesprochener Lepra hochgradige Elephantiasis an beiden Unterschenkeln. Sowohl aus den Aussagen der besichtigten Kranken, wie aus den seit einer Reihe von Jahren sorgfältig geführten und gesammelten Krankengeschichten, in welche von dem englischen Arzte der Kommission freundlichst ein Einblick gewährt wurde, war zu ersehen, daß das Leiden meist im Gesicht oder mit Verkrümmungen und Lähmungen der Finger begonnen hatte. Fälle von Ansteckung sollen niemals beobachtet sein, obgleich zahlreiche Wärter oft lange Zeit ihren Dienst in der Anstalt versehen haben. Verschiedene Kranke gaben an, daß in ihrer Familie das Leiden mehrere Personen befallen habe. In Europa geborene, auf Ceylon lebende Personen sollen nur höchst selten an Lepra erkranken, etwas häufiger schon von europäischen Eltern auf Ceylon Geborene.

Der Krankenbestand der Anstalt rekrutirt sich aus allen Theilen der Insel. Bei fast sämmtlichen Insassen haben, wie auch die älteren Kranken Journale auswiesen, Fische in trockenem oder gesalzenem Zustande einen Theil der Nahrung gebildet, wie denn überhaupt auch auf Ceylon der Genuß derselben ein außerordentlich verbreiteter ist.

Ein großer Theil der zur Zeit der Besichtigung anwesenden Kranken war schon viele Jahre in der Anstalt. Anscheinend ist die Mortalität keine sehr große; nur Tuberkulose soll verhältnißmäßig oft vorkommen. Im letzten Jahre betrug die Zahl der Gestorbenen vierzehn.

Heilungen sind niemals beobachtet; in therapeutischer Beziehung wurde mitgetheilt, daß Gurjonoil mit verhältnißmäßig günstigem Erfolge angewandt werde.

Untersuchungen auf Leprabacillen sind in der Anstalt bisher nicht gemacht worden.

2. Das Lepra Hospital zu Madras.

Das Hospital, aus mehreren kleinen eingeschossigen Pavillons bestehend, hatte zur Zeit der Besichtigung durch die Kommission 110 Kranke. In Europa geborene Personen befanden sich darunter nicht, dagegen einige Weiße, welche in Indien geboren und aufgewachsen waren.

Die meisten Kranken litten an der anästhetischen Form der Lepra mit Fleckenbildung auf der Haut und Verlust von Fingern und Zehen, doch fanden sich auch einige sehr charakteristische Fälle der tuberkulösen Form, welche überhaupt hier mehr vertreten war, als im Leprahospitale zu Kolombo. Viele Kranke zeigten Verschwärungen und Trübungen der Hornhaut, sowie eingesunkene Nasen. Besonders bemerkt wurde eine lepröse Frau mit acht Monate alten Zwillingen, welche beide deutliche Leprafleckе zeigten, sonst aber gesund und wohlgenährt aussahen. Die Flecke waren angeblich bei beiden Zwillingen unmittelbar nach der Geburt schon wahrgenommen worden. Außer den Zwillingen hatte die Frau noch drei ältere anscheinend ganz gesunde Kinder bei sich. Sie erzählte, daß sie sechs Monate nach der Geburt des ältesten, jetzt acht Jahre alten Kindes, die ersten Anzeichen der Lepra an sich bemerkt habe.

Der einzige Fall von Infektion, welcher innerhalb des Krankenhauses überhaupt vorgekommen sein soll, hat angeblich einen Koch betroffen, welcher Jahre lang regelmäßig die von den Kranken übrig gelassenen Speisen gegessen hatte.

Die daraufhin befragten Kranken gaben mit Ausnahme eines einzigen an, daß Fische früher zu ihrer Nahrung gehört hätten.

Bezüglich der Sterblichkeit wurde in Erfahrung gebracht, daß im letzten Jahre dreißig Todesfälle sich ereignet hatten, von denen wie auch in früheren Jahren die meisten durch Tuberkulose bedingt gewesen waren.

3. Das Leprahospital zu Kalkutta.

Das Hospital, innerhalb der Stadt, etwa zehn Minuten vom Medical College entfernt gelegen, besteht aus einigen niedrigen Gebäuden, deren jedes für etwa 20 bis 25 Personen Platz bietet. Die Unterhaltung des Hospitals wird aus Privatfonds bestritten, doch wird seitens des Gouvernements ein Zuschuß gewährt. Die Wasserversorgung geschieht durch die städtische Leitung; ein im Bereich der Anstalt liegender Tank darf von den Leprösen nicht benutzt werden. Ihre Verpflegung erhalten die Kranken von der Hospitalverwaltung; sie dürfen indeß auch in die Stadt gehen und sich selbst ihren Bedarf an Nahrungsmitteln einkaufen, wie sie denn überhaupt in ihrer Freiheit nicht beschränkt sind und das Hospital nach

Belieben verlassen bezw. sich in dasselbe wieder aufnehmen lassen können. In der That sieht man denn auch in der Stadt zumal unter den Bettlern nicht selten Lepröse. Von dem der Anstalt vorstehenden Native Arzte wurde der Kommission sogar als sichere Thatsache mitgetheilt, daß ein Lepröser in einem Bazar als Verkäufer von Lebensmitteln thätig sei.

Die Wäsche der Kranken wird nicht im Hospitale, sondern von einem Wäscher in der Stadt gewaschen, und zwar, wie versichert wurde, getrennt von sonstiger Wäsche. Erkrankungen der Wäscher an Lepra sollen niemals zur Kenntniß gekommen sein. — Die Leichen der Leprösen werden wie andere Leichen zum „Burning Ghat" gebracht und verbrannt.

Zur Zeit der Besichtigung der nicht gerade sehr reinlich aussehenden Anstalt durch die Kommission waren etwa 75 Kranke, darunter 16 bis 18 weiblichen Geschlechts, in Verpflegung. Sie befanden sich meist in vorgeschrittenen Stadien der Krankheit und waren bis auf eine Europäerin sämmtlich Eingeborene. Erstere gab an, die Lepra in Indien, wo sie bereits seit vielen Jahren lebe, erworben zu haben. Sie war in einem besonderen Raume untergebracht.

Wie in Kolombo und Madras, so überwog auch hier unter den Kranken die anästhetische Form. Die meisten zeigten Verluste von Fingern und Zehen. Bei einem Kranken war eine exquisite Facies leontina vorhanden; ein anderer litt an einem multiplen Molluskum.

Nach einer Mittheilung des die Kommission bei der Besichtigung begleitenden Dr. Coates soll die Lepra meistens mit Störungen der Sensibilität beginnen. Die Weiber sollen auf ihre Erkrankung gewöhnlich dadurch zuerst aufmerksam werden, daß sie keine Schmerzempfindung spüren, wenn ihnen beim Reiskochen einmal siedendes Wasser über die Finger läuft. — Ansteckung ist im Hospitale niemals beobachtet worden, wohl aber soll es mehrfach vorgekommen sein, daß nach einander aus ein und derselben Familie mehrere Personen aufgenommen werden mußten. Der Anstaltsarzt war daher geneigt, die Krankheit für erblich zu halten; dagegen glaubt er nach seinen Erfahrungen nicht, daß der Genuß von Fischen in ursächlicher Beziehung zur Lepra steht. — Die Mortalität soll etwa 20 % der Aufgenommenen im Jahre betragen. Cholera ist angeblich noch niemals epidemisch in der Anstalt aufgetreten; in den letzten zehn Jahren sind überhaupt nur zwei Fälle dieser Krankheit beobachtet.

In Bezug auf die Behandlung der Leprösen wurden seitens des indischen Anstaltsarztes gute Erfolge von dem innerlichen Gebrauche der Carbolsäure gerühmt. Die Verabfolgung geschieht in Form von Pillen, von denen jede einen Tropfen einer wässerigen Carbolsäurelösung enthält. Ueber die Stärke dieser Lösung konnten bestimmte Angaben nicht gemacht werden. Von den Pillen erhalten die Kranken anfänglich täglich eine, dann zwei und schließlich drei. Sobald Intoxicationserscheinungen bezw. dunkle Färbung des Urins auftreten, wird die bei den Kranken angeblich sehr beliebte Behandlung für einige Zeit ausgesetzt.

Die Kommission hat Gelegenheit gehabt, zwei in der Anstalt verstorbene Lepröse zu obduciren. Ueber den Leichenbefund und die bezüglichen mikroskopischen Untersuchungen wird in Anlage VI berichtet werden.

Aufzeichnungen über die von der Kommission ausgeführten Obduktionen von Choleraleichen.

A. Obduktionen von Choleraleichen in Egypten.

1. Fall: Etwa 32 Jahre alter, kräftig gebauter Nubier. Kam am Abend des 23. 8. 83 zum Arzt. Erbrechen und blutig gefärbte flüssige Darmentleerungen. Keinen Urin gelassen. Haut kalt. Puls nicht fühlbar. Stimme tonlos. Große Unruhe. Körpertemperatur ca. 36° C. Tod am 24. 8. Morgens 11 Uhr.

Obduktion 24. 8. Nachm. 4 Uhr: Kräftige muskulöse Leiche. Mäßig entwickeltes Fettpolster. Nicht die geringsten Fäulnißerscheinungen. Ausgesprochene Todtenstarre. Bauch nicht aufgetrieben.

Bauchhöhle: Die vorliegenden Darmschlingen und das Netz zeigen stark injicirte Blutgefäße. Einzelne Darmschlingen braunroth gefärbt, die übrigen dunkel grauroth. Die Dünndarmschlingen und der Magen enthalten ziemlich viel Gas. Im Mesenterium eine Anzahl mäßig geschwollener Drüsen bis zur Größe einer starken Bohne. Einzelne derselben zeigen auf dem Durchschnitt ein dunkelrothes Centrum. Die Milz um die Hälfte vergrößert. Die Oberfläche derselben von dunkel blaugrauer Farbe, leicht gerunzelt. Auf dem Durchschnitt erscheint die Substanz dunkel grauroth, trocken und von ziemlich derber Consistenz; auf Druck entleert sich nur aus einzelnen größeren Blutgefäßen eine geringe Blutmenge. Leber nicht vergrößert, etwas schlaff, auf dem Durchschnitt dunkel braunroth; Leberläppchen deutlich zu erkennen. Aus den durchschnittenen Gefäßen fließt sehr wenig Blut. Gallenblase ziemlich stark gefüllt. Vena cava inferior strotzend von flüssigem Blut erfüllt; dieselbe wird an zwei Stellen doppelt unterbunden, und das unterbundene Stück zur weiteren Untersuchung herausgenommen. Am Pancreas keine Veränderung. Nieren auf dem Durchschnitt in der Marksubstanz etwas dunkel gefärbt, Rindensubstanz etwas verbreitert, von hell gelbbrauner Farbe, die Glomeruli deutlich zu erkennen. Nierenbecken unverändert. Die Harnblase liegt hinter der Symphyse; sie ist fest zusammengezogen und leer. – Der Inhalt des Darmes wird in reine Gefäße gebracht. Aus dem Dickdarm werden ca. 200 ccm, aus dem Dünndarm ca. 500 ccm erhalten. Die Flüssigkeit aus beiden Darmabschnitten ist blutig gefärbt, flockig, dünnflüssig, schmutzig braunroth. Der Dünndarminhalt scheidet an seiner Oberfläche nach ca. zehn Minuten langem Stehen eine etwa ½ cm hohe, scharf abgesetzte Schicht von graugelber Färbung ab. Geruch des Darminhalts mäßig stark fäkulent. Schleimhaut des Darmes in ihrer ganzen Ausdehnung mehr oder weniger intensiv geröthet und geschwollen, sammetartig. Die größeren Blutgefäße bis zu geringeren Verzweigungen hin deutlich über der Fläche der Schleimhaut erhaben. Im durchfallenden Licht erscheint die intensiv rothe Darmschleimhaut bei genauer Betrachtung von einem sehr fein geäderten Blutgefäßnetz durchzogen. An vielen Stellen, an welchen die rothe Farbe der Schleimhaut besonders dunkel ist, finden sich neben den Blutgefäßen verwaschene dunkelrothe Flecken. Substanzverluste der Schleimhaut nicht vorhanden. Im unteren Ende des Dünndarms und des Colon ascendens ausgebreitete Stellen, an denen die Schleimhaut von oberflächlichen Ekchymosen durchsetzt ist und wie mit Blut bespritzt aussieht. — Alle besonders charakteristischen Stellen werden herausgeschnitten und in absoluten Alkohol gebracht. An den Peyerschen Plaques auffallende Veränderungen nicht vorhanden. Das Duodenum weniger geröthet, als die unteren Darm-Abschnitte.

Brusthöhle: Beide Lungen durchweg lufthaltig. Das Gewebe auf dem Durchschnitt trocken; aus den Blutgefäßen entleert sich auf Druck wenig Blut. Herzbeutel leer. Die großen Blutgefäße strotzend mit Blut gefüllt. — In das rechte Herzohr wird unter den nöthigen Cautelen ein Einschnitt gemacht, eine Pipette eingeführt und für die mikroskopische Untersuchung und Kulturversuche aus dem Herzen etwas flüssiges Blut entnommen. Zu denselben Zwecken wird aus der Vena cava Blut entnommen.

---

2. Fall. 21jähriger Berberiner vom weißen Nil. Erkrankte am 16. 8. 83 mit leichter Diarrhoe. Am 18. 8. heftiges Erbrechen und häufige wässerige Entleerungen. Aufnahme ins Griechische Hospital. Körper kalt. Puls nicht fühlbar, keine Urinentleerungen, Stimme tonlos, Haut an den Fingern gerunzelt.

20. 8. blutige Färbung der Darmentleerungen. Singultus. — Vom 22. 8. ab keine Diarrhoe mehr. Die Urinabsonderung stellte sich wieder ein. Andauernder Singultus bis zum Tode, der am 25. 8. Abends 7 Uhr eintrat.

Obduktion 26. 8. Morgens 7 Uhr: Kräftige männliche Leiche, Todtenstarre. Keine Fäulnißerscheinungen.

Bauchhöhle: Bauchdecken bretthart, Bauch nicht aufgetrieben. Die vorliegenden Darmschlingen röthlich, stark injicirt. Einige Darmschlingen herausgezogen, doppelt unterbunden, um flüssigen Inhalt zu gewinnen. Dieselben enthalten jedoch nur Gas und eine geringe Menge dünflüssigen, gelblichen, mit weißen Flocken gemischten Breies. Dann Darm sammt Magen im Zusammenhange herausgenommen. Inhalt aus Dickdarm und Dünndarm getrennt in Glasgefäße aufgefangen. Aus dem Dünndarm ca. 150 g, aus dem Dickdarm ca. 200 g breiartiger gelber übelriechender, aber nicht blutiger Flüssigkeit gewonnen. Der Inhalt des Dickdarms ist etwas dickflüssiger als derjenige des Dünndarms, sonst unterscheiden sich beide nicht. Schleimhaut des Duodenum ziemlich stark injicirt, diejenige des Jejunum in geringerem Grade. Viele Querfalten des Dünndarms auf der Höhe schwach röthlich gefärbt und mit hirsekorngroßen Erosionen bedeckt, welche sich durch ihre Vertiefung und eine dunklere rothe Farbe bemerklich machen. Die Schleimhaut erscheint im Uebrigen verdickt und von sammetartigem Aussehen. Im unteren Theil des Dünndarms sind einzelne Partieen dunkelroth gefärbt, von zahlreichen kleinen Hämorrhagieen durchsetzt. Die Peyerschen Plaques scheinen fast ganz unverändert zu sein, selbst an der Stelle, wo sie von den dunkelroth gefärbten und von Blutergüssen durchsetzten Stellen der Schleimhaut umgeben sind. — Im Coecum und Colon ascendens sind handgroße Stellen blutroth gefärbt und hämorrhagisch infiltrirt; Substanzverluste hier nicht vorhanden. Die Mesenterialdrüsen kaum bohnengroß; auf dem Durchschnitt ist bei einzelnen das Centrum etwas röthlich gefärbt. Der Magen enthält eine geringe Menge von dünnem Speisebrei. Die Schleimhaut im Fundus ist dunkelroth und von Hämorrhagieen durchsetzt. Blase ziemlich stark gefüllt, ihr Peritonealüberzug auf der rechten Seite von Sugillationen fleckig schwarzroth gefärbt. Urin klar und wasserhell. Die Blasenschleimhaut enthält punktförmige, hier und da zu Gruppen verbundene Hämorrhagieen, besonders in demjenigen Bereiche, in welchem der Peritonealüberzug sugillirt ist. An einzelnen Stellen liegen auf der Schleimhaut kleine gelbliche feste Körper von Hirsekorn- bis Stecknadelkopfgröße (Parasiten?). Das Trigonum Lieutodii ist besonders stark und gleichmäßig injicirt. Nieren von gewöhnlicher Größe, Kapsel leicht abzustreifen. Marksubstanz streifig geröthet, Rindensubstanz etwas verbreitert und von gelblichrother Färbung. Im Becken beider Nieren zahlreiche kleine schwarzrothe Hämorrhagieen. Milz klein, sehr derb; auf der Schnittfläche dunkelbraunroth. Leber ohne auffallende Veränderungen, von der Schnittfläche fließt nur sehr wenig Blut. Gallenblase wenig gefüllt. An Nebennieren und Pankreas nichts Besonderes. Die Schleimhaut des Mastdarms blaß. — Im Peritoneum parietale stellenweise kleine Hämorrhagieen.

Brusthöhle: Herzbeutel leer. Am rechten Herzohr neben der Art. coronar. zahlreiche ziemlich große schwarzrothe Blutergüsse. Im Herzen etwas flüssiges Blut. Beide Lungen dunkelroth, überall lufthaltig. Von der Schnittfläche fließt ziemlich viel Blut. Der Pleuraüberzug der Lungen, sowie die Rippenpleura enthalten linsengroße Hämorrhagieen. Auch die Adventitia der Aorta abdominalis ist durch Hämorrhagieen schwarzroth gefleckt. Im großen und kleinen Gehirn keine Veränderungen. Nur auf der Höhe des kleinen Gehirns in der pia mater ein geringer Bluterguß.

---

3. Fall. 30jähriger Berberiner. Am 24. 8. 83 mit wässerigen Stuhlausleerungen erkrankt; am 25. 8. außerdem Erbrechen. Bei der Aufnahme ins Griechische Hospital am 26. 8.: Haut kühl, an den Fingern gerunzelt; Stimme vollständig tonlos; Puls nicht fühlbar. Keine Urinentleerung. Häufiges Erbrechen und Entleerung dünnflüssiger, blutig gefärbter Stühle. Klagen über heftige Wadenschmerzen. Starker Durst.

Nachdem am 27. 8. noch etwas Urin entleert war, trat am 28. 8. Nachm. $1\frac{1}{2}$ Uhr der Tod ein.

Obduktion 28. 8. Nachm. 5 Uhr (eine halbe Stunde nach Eintritt des Todes): Keine Todtenstarre.

Bauchhöhle: Dünndarmschlingen ziemlich stark geröthet. Inhalt des Dünndarms wässerig, flockig, gelbbraun, stellenweise schwach sanguinolent. Schleimhaut des Dünndarms blaßroth, verdickt, sammetartig, viele Falten im Jejunum am freien Rande mit Hämorrhagieen besetzt; die Peyer'schen Plaques fast sämmtlich blaßgrau, etwas geschwollen, von einer stark injicirten und von Hämorrhagieen durchsetzten Zone umgeben. Das unterste Ende des Ileum enthält eine sehr große Zahl stark geschwollener, blaßgrau gefärbter Follikel in röthlich gefärbter Umgebung. Schleimhaut des Dickdarms etwas geschwollen, von blaßgrauer Farbe. Der Magen enthält blaßgraue, flockige Flüssigkeit. Seine Schleimhaut im Fundus dunkelroth und mit vielen kleinen Hämorrhagieen durchsetzt. Mesenterialdrüsen wenig geschwollen, Schnittfläche derb und blaß grauroth. Milz klein, von derber Beschaffenheit, auf der Schnittfläche wenige Blutpunkte. Leber unverändert. Nieren ziemlich groß, Kapseln leicht abzuziehen. Rindensubstanz breit, hellgelbbraun, im Nierenbecken einzelne punktförmige Hämorrhagieen. Blase leer; auf ihrer Schleimhaut an einzelnen Stellen plattenförmige, körnige, gelbliche Auflagerungen (Parasiten?); an einzelnen Stellen auch Hämorrhagieen in der Schleimhaut.

Brusthöhle: Lungen wenig collabirt, Schnittfläche blaßroth, trocken, in der rechten Lungenspitze einige verkalkte kleine Knötchen, in schwärzliches Narbengewebe eingebettet. Bronchien leer. Im Herzen und den großen Blutgefäßen sehr viel flüssiges Blut.

4. Fall. 33jährige Frau, Wienerin. Erkrankte am 28. 8. 83 Nachm. 5 Uhr, nachdem ihre beiden Kinder einige Tage an Diarrhoe gelitten hatten, mit häufigen wässerigen Stuhlausleerungen. Sofortige Aufnahme ins Griechische Hospital. Körper kalt. Gesicht und Fingerspitzen cyanotisch. Augen eingesunken. Puls nicht fühlbar. Abends stellte sich auch Erbrechen ein. — Schon am 29. 8. Vorm. $10\frac{1}{2}$ Uhr erfolgte bei völlig klarem Bewußtsein der Tod.

Obduktion 29. 8. Vorm. 11 Uhr (eine halbe Stunde nach Eintritt des Todes): Leiche blaß, keine Todtenstarre. Beim Durchschneiden der Hautvenen am Halse entleert sich sehr viel dünnflüssiges schwärzliches Blut, welches einige Minuten später auf dem Obduktionstische zur Gerinnung kommt.

Bauchhöhle: Großes Netz und die vorliegenden Darmschlingen von rosarother Farbe, welche durch eine ziemlich starke Injektion der feinen oberflächlichen Blutgefäße bedingt ist. Der Inhalt des Dünndarms beträgt ca. 450, der des Dickdarms ca. 300 ccm. Ersterer ist wässerig, schwach graugelb gefärbt und mit vielen schleimigen grauen Flocken untermischt, fast geruchlos. Der Dickdarminhalt zeigt noch mehr Flocken, hat einen leicht fäkalen Geruch und ist dunkler gefärbt. — Die Schleimhaut des Dünndarms ist in ihrer ganzen Ausdehnung blaßroth, geschwollen und sammetartig. Im Duodenum ist die Röthung etwas stärker, und sind ganz vereinzelte punktförmige Hämorrhagieen zu sehen. Stärker geröthete Stellen finden sich auch im Ileum und sind hier mit noch zahlreicheren punktförmigen Hämorrhagieen besetzt. Im Jejunum sind einzelne Falten auf ihrer Höhe etwas dunkler roth gefärbt. Die Peyer'schen

Plaques sind sämmtlich von blaßgrauer Farbe und heben sich deutlich von der Umgebung ab. Einzelne derselben sind von einem Saume stark injicirter Gefäße und von kleinen Hämorrhagieen umgeben. Im Coecum einige kleine Hämorrhagieen auf einem stärker gerötheten Grunde. Die Dickdarmschleimhaut ist im Uebrigen blaß, die solitären Follikel sind kaum wahrzunehmen. Nirgendswo im Darm finden sich größere Hämorrhagieen oder Substanzverluste. Die Mesenterialdrüsen sind unbedeutend vergrößert; der Magen enthält eine wässerige blaßgraue Flüssigkeit; im Fundus stärkere Röthung und einzelne kleine Hämorrhagieen; nach dem Pylorus zu ist die Schleimhaut stark gerunzelt und erscheint etwas verdickt. Milz nicht vergrößert, ziemlich derb; auf der Schnittfläche tritt nur aus größeren Blutgefäßen etwas Blut. Leber ohne auffallende Veränderung, wenig blutreich. Gallenblase enthält nur wenige Tropfen farbloser klarer Galle und einige kleine Gallensteine. Beide Nieren klein; Kapsel stellenweise adhärent; an diesen Stellen ist die Nierensubstanz narbig eingezogen. Rindensubstanz schmal, braunroth gefärbt: im Nierenbecken keine Ekchymosen. Harnblase leer. Uterus von normaler Größe. Seine Schleimhaut schwärzlich roth gefärbt und von blutigem zähen Schleim bedeckt. Ovarien unverändert. Tuben von dunkelblaurother Farbe. Retroperitonealdrüsen nicht vergrößert.

Brusthöhle: Beide Lungen durchweg lufthaltig bis auf einen schmalen Saum am unteren Rande der rechten Lunge. Lungensubstanz trocken, blaßroth; auf der Schnittfläche tritt nur aus größeren Gefäßen flüssiges Blut. Im Herzen und in den großen Gefäßen viel flüssiges schwärzliches Blut.

---

5. Fall. 26jährige Frau aus Chios. Im sechsten Monate schwanger. Erkrankte am 27. 8. 83 Morgens mit häufigen wässerigen Diarrhoen. Sie wurde sofort ins Griechische Hospital aufgenommen. Bei der Aufnahme kühle Haut, Erbrechen und häufige Entleerung dünnflüssiger, vollständig entfärbter Massen. Starke Magenschmerzen. Sehr schmerzhafte Krämpfe in den Waden und den Vorderarmen. Augen tief eingesunken. — Weiterhin stellte sich tonlose Stimme ein, Anurie, gerunzelte Haut an den Fingern. Keine Temperatursteigerungen. Große Unruhe. Anhaltende heftige Magenschmerzen. Am 30. 8. Morgens 5 Uhr erfolgte bei völlig klarem Bewußtsein der Tod.

Obduktion 30. 8. Vorm. 7 Uhr (zwei Stunden nach Eintritt des Todes):

Mäßige Todtenstarre. Leiche noch warm. Unterleib nur wenig gewölbt. (Aus äußeren Rücksichten konnte nur die Bauchhöhle geöffnet werden).

Die vorliegenden Darmschlingen sind rosenroth gefärbt und ebenso wie das Netz ziemlich stark injicirt. Einzelne Partieen des Ileum sehen dunkelroth aus. Der obere Theil des Dünndarms enthält ungefähr 500 ccm klarer, schwach gelblicher, etwas schleimiger und mit vielen weißlichen Flocken untermischter Flüssigkeit. Im unteren Theile des Dünndarms ungefähr 150 ccm einer etwas dunkler gefärbten wässerigen Flüssigkeit. Die Dünndarmschleimhaut ist blaßroth, verdickt und sammetartig, im Duodenum etwas stärker geröthet mit vereinzelten kleinen Hämorrhagieen. Die Peyer'schen Plaques sehr blaß, geschwollen; einzelne derselben von kleinen Hämorrhagieen und injicirten Gefäßen umsäumt. Im Dickdarm wenig flüssiger Inhalt von schwärzlicher Farbe. Der Schleimhaut haften schwärzliche Schleimflocken ziemlich fest an. Im Coecum eine dunkel geröthete und mit einzelnen Hämorrhagieen besetzte Stelle, ca. 2 cm im Durchmesser haltend. Im Colon descendens mehrere 1 bis 2 cm im Durchmesser haltende prominirende Stellen von sulziger Beschaffenheit, welche theils dunkelbraunroth, theils hellblutigroth gefärbt sind. Magen enthält mäßig viel grasgrün gefärbten Schleim, in welchem feine sandartig anzufühlende Körnchen sich befinden. (Die Kranke war mit Bismuth. subnitr. behandelt.) Der Fundus des Magens dunkel geröthet mit einigen punktförmigen Hämorrhagieen. Nach dem Pylorus zu ist die Schleimhaut ziemlich stark verdickt. Die Milz ist klein; wenige Blutpunkte auf der Schnittfläche. Die Follikel außerordentlich deutlich sichtbar, prominirend. Leber äußerlich unverändert. Auf der Schnittfläche erscheint die Zeichnung deutlich; wenige Blutstropfen entleeren sich aus den durchschnittenen Gefäßen. Gallenblase enthält eine sehr spärliche Menge bräunlichen Schleimes. Pfortader sehr stark gefüllt. Mesenterialdrüsen nicht vergrößert. Beide Nieren ziemlich groß, Kapsel leicht abzustreifen. Die Oberfläche glatt und von blaßgelbbrauner Farbe. Rindensubstanz etwas verbreitert und blaßgelbgrau gefärbt. Die Marksubstanz roth und gelblich gestreift. Im Nierenbecken keine Hämorrhagieen. Blase leer. Im Uterus eine Frucht von etwa sechs Monaten. Die Uterus-Innenfläche dunkelroth, fleckig und zum Theil hämorrhagisch. Die Placenta schlaff, von schwarzrother Farbe. Das Fruchtwasser blutig gefärbt. Aus der durchschnittenen Nabelvene strömt flüssiges Blut. In der Bauchhöhle des Foetus einige Löffel blutig wässeriger Flüssigkeit. Am Darm und den übrigen Organen nichts Besonderes zu bemerken.

Von der Bauchhöhle aus die linke Lunge herausgenommen. Dieselbe ist von blaßrother Farbe, die Schnittfläche derselben trocken, hellroth und mit wenigen Blutpunkten besetzt. Nur an zwei bohnengroßen Stellen des oberen Lappens ist das Gewebe schwärzlichroth und von derber Beschaffenheit.

—

6. Fall. Etwa 60jähriger Grieche. Erkrankte am 28. 8. 83 mit Erbrechen und Durchfall. In der Nacht ins Griechische Hospital aufgenommen, zeigte er am folgenden Tage die ausgesprochenen Erscheinungen der Cholera. (Erbrechen und häufige Stuhlentleerung flüssiger farbloser Massen, sehr kalte Haut, eingesunkene Augen, kleinen Puls, tonlose Stimme, Anurie, heftige Schmerzen in der Magengegend.) Am 30. 8. Mittags 12 Uhr erfolgte der Tod.

Obduktion 30. 8. Nachm. 3 Uhr (3 Stunden nach Eintritt des Todes):

Beginnende Todtenstarre. Leiche noch warm.

Bauchhöhle: Der Darm sieht äußerlich bräunlich aus, ist wenig aufgetrieben. Das Duodenum blaßroth, mit einzelnen etwas dunkler gefärbten und mit kleinen Hämorrhagieen versehenen Stellen. Ebenso verhält sich das Jejunum. Der Inhalt des oberen Darmabschnittes ist dünnflüssig, grau mit schwärzlichen Flocken untermengt (Bismuth-Behandlung). Nach dem Ileum zu geht die Farbe der Schleimhaut allmählich mehr ins dunkelrothe und schließlich ins dunkelbraunrothe über. Dem Laufe der Gefäße entsprechend zeigen sich auf der Schleimhaut circuläre schwärzliche Streifen. Die Peyerschen Plaques sind verdickt, von schmutzig graurother Farbe; ihre Umgebung hat denselben Farbenton, ist aber erheblich dunkler. Bei durchfallendem Licht erscheint der Dünndarm überall dunkel blutigroth, die kleinsten Gefäße stark injicirt und überall von verwaschenen kleinen Hämorrhagieen begleitet. Im unteren Theile des Ileum auf der Serosa eine Anzahl strahliger, am Mesenterialansatz gelegener Narben. Diesen Stellen entsprechend ist das Lumen des Darms unregelmäßig eingezogen und die Schleimhaut besonders dunkel, fast schwarz gefärbt, stellenweise auch oberflächlich erodirt. Der Inhalt der ganzen in dieser Weise veränderten Darmpartie ist dünnflüssig und blutigroth und hat einen intensiv fauligen Geruch. Dickdarm vom Coecum bis zum Colon descendens ebenfalls schwärzlichroth gefärbt, seine Schleimhaut verdickt und von massenhaften Hämorrhagieen durchsetzt. Der Inhalt dünnflüssig und blutig. Mesenterialdrüsen nicht vergrößert. Im Magen eine mäßige Menge schleimigen grünlichen Inhalts mit weißlichen festen Körnchen untermischt. (Bismuth. subnitric.) Einzelne Ekchymosen in der dunkler gefärbten Schleimhaut des Fundus und in der Nähe des Pylorus. Milz klein und schlaff. Substanz trocken und blutleer. Ebenso verhält sich die Leber. Gallenblase ziemlich stark gefüllt mit braungrüner schleimiger Galle. Pfortader mit flüssigem Blute sehr stark gefüllt. Beide Nieren gelbbraun. Kapsel leicht abzustreifen. Die Rindensubstanz anscheinend etwas verbreitert und gelblich gefärbt. Im Nierenbecken keine Ekchymosen. Blase leer.

Brusthöhle: Rippenknorpel nicht verknöchert. Beide Lungen mehrfach fest mit der Rippenwand verwachsen. Ihr Gewebe trocken und blutleer. Bronchien leer. Ebenso auch die Luftröhre. Im Herzen viel flüssiges Blut und lockere Blutgerinnsel. Ein langes Faserstoffgerinnsel erstreckt sich vom rechten Herzen in die Arteria pulmonalis hinein.

—

7. Fall. 2½ Jahre altes Kind der am 29. 8. 83 obducirten Wienerin (4. Fall). Seit einiger Zeit an Diarrhoe leidend wurde es am 28. 8. ins Griechische Hospital aufgenommen. In der Frühe des 30. 8. trat Erbrechen ein, die Stimme wurde tonlos; die Haut kühl, die Stuhlentleerungen farblos. Cyanose des Gesichts, Anurie, Pulslosigkeit. Am 30. 8., 2 Uhr Nachm. 12 Stunden nach Auftreten der choleraartigen Symptome erfolgte der Tod.

Obduktion am 30. 8. Nachm. 4 Uhr (2 Stunden nach Eintritt des Todes):

Leiche noch warm; in den unteren Extremitäten Todtenstarre; Arme noch beweglich. Sehr blasse Haut, schwach entwickelte Muskulatur, ziemlich reichliches Fettpolster.

Bauchhöhle: Die Darmschlingen sehen ganz blaß aus und sind von Gas ziemlich stark aufgetrieben. Aus dem Dünndarm lassen sich ca. 200 ccm einer sehr wenig fäkulent riechenden, schleimigen, dünnen Flüssigkeit gewinnen, von blaßgrauer Farbe und von zahlreichen hellbräunlichen bis dunkelgrau gefärbten Schleimflocken durchsetzt. Schleimhaut des Dünndarms fast durchweg blaß, nur stellenweise schwach ins Röthliche spielend; an diesen letzteren Stellen die Gefäße deutlicher wahrzunehmen. Schon im Jejunum und im ganzen Ileum eine außerordentlich große Zahl von weißlichen, die Größe eines Hirsekorns übertreffenden Follikeln sichtbar. Auch die Peyer'schen Plaques treten sehr deutlich als Haufen von weißlichen Körnchen hervor. Die Mesenterialdrüsen erreichen Bohnengröße und sind auf dem Durchschnitt fast weiß gefärbt und von derber Konsistenz. Keine Geschwürsbildung im Darm und keine käsigen Veränderungen an den Mesenterialdrüsen, ebensowenig an den übrigen Lymphdrüsen, insbesondere den Bronchialdrüsen. Die Dickdarmschleimhaut ist ganz blaß und mit ziemlich vielen weißlichen Follikeln besetzt. Der Dickdarm enthält ziemlich viel Gas und wenig Flüssigkeit von derselben Beschaffenheit, wie diejenige im Dünndarm. Zahlreiche schwärzliche Flocken kleben der Schleimhaut an (Bismuth Behandlung). Der Magen enthält einige Eßlöffel voll weißlicher trüber Flüssigkeit. Seine Schleimhaut ist durchweg blaßgrau gefärbt. Milz verhältnißmäßig groß, von derber Beschaffenheit; auf der Schnittfläche Follikel deutlich erkennbar; vereinzelte Bluttröpfchen treten aus den durchschnittenen Gefäßen aus. Leber von lehmfarbigem Aussehen; Schnittfläche hell gelbbraun. Zeichnung der Leberläppchen kaum zu erkennen. Aus den durchschnittenen Lebergefäßen fließt sehr wenig Blut. Gallenblase stark gefüllt mit dunkelgrünem zähen Schleim. Beide Nieren blaß; Kapsel leicht abzustreifen; Oberfläche glatt. Nierensubstanz hell gelbbraun; Marksubstanz streifig braunroth; keine Ecchymosen im Nierenbecken. Blase leer.

Brusthöhle: Beide Lungen blaß rosaroth. Das Gewebe auf der Schnittfläche trocken und blutarm. Die Luftröhre leer, ebenso die größeren Bronchien; dagegen in den feineren Bronchien schaumiger Schleim. Im Herzen ziemlich viel flüssiges Blut und einige lockere schwärzliche Blutgerinnsel. Keine Ecchymosen.

---

8. Fall. 28jähriger Grieche, von Beruf Koch. Wurde am 27. 8. 83 Abends ins Griechische Hospital aufgenommen, nachdem er bereits 4 Tage lang an schmerzlosen wässrigen Ausleerungen gelitten hatte. Aphonie; Anurie; Haut kühl, an den Fingern runzlig. Heftige Brechneigung ohne Erbrechen. Häufige Stuhlentleerung dünner farbloser Massen. Schmerzen in der Magengegend. Am 30. 8. traten typhoide Symptome auf. Verwirrtheit. Am 31. 8. Abends 7 Uhr erfolgte der Tod.

Obduktion am 1. 9. Morgens $8\frac{1}{2}$ Uhr:

Todtenstarre außerordentlich stark. Körper umokulös. Geringes Fettpolster.

Bauchhöhle: Die vorliegenden Darmschlingen sind stark injizirt, der Dünndarm etwas bräunlich, der Dickdarm mehr grünlich gefärbt. Mesenterialdrüsen bis zu Bohnengröße geschwollen, weißlich, ihre Substanz blaß und derb. Milz mit der Bauchwand stark verwachsen, schlaff, gerunzelt, nicht vergrößert; ihre Kapsel mit alten narbigen Verdickungen versehen. Schnittfläche feucht, dunkelbraunroth, die Follikel nicht zu erkennen; nur aus wenigen durchschnittenen Blutgefäßen tritt etwas Blut aus. Nieren ziemlich groß, Kapsel schwer abzustreifen, an einzelnen Stellen fest adhärent, entsprechend einigen weißlichen eingezogenen Stellen und einer haselnußgroßen Cyste. Auf der Schnittfläche erscheint die Rindensubstanz auffallend breit, die Marksubstanz stark roth gestreift. In den Nierenbecken eine große Zahl punktförmiger Hämorrhagieen. In mehreren Papillen sind die Harnkanälchen mit einer weißgelblichen Masse infiltrirt. Die Blase ist ziemlich stark gefüllt mit einem leicht trüben, blaßgelben Urin. Auf der Blasenschleimhaut eine Anzahl kleiner punktförmiger Hämorrhagieen. Mageninhalt dunkelgrün, dünnflüssig, schleimig; die Venen der Magenwand als grünliche Netze durchschimmernd. Im Fundus zahlreiche kleine Ecchymosen in der etwas dunkler gefärbten Schleimhaut. Im Uebrigen die Schleimhaut schlaff, glatt und von schmutzig hellbrauner Farbe. Im Duodenum eine geringe Menge galligen Schleims; in seinem oberen Theile zahlreiche Ecchymosen; Schleimhaut graugelb gefärbt. Im Dünndarm dünnbreiiger braungrüner Inhalt von mäßiger Menge. Im Jejunum die Schleimhaut ziemlich stark injicirt; die Schleimhautfalten fleckweise an ihren freien Rändern gallig imbibirt; keine Hämorrhagieen. Im Ileum die Blutgefäße der Schleimhaut ebenfalls stark injicirt; nur an einer einzigen

Stelle vereinzelte punktförmige Hämorrhagieen. Die Peyer'schen Plaques nicht geschwollen, blaßgrauroth, von erheblich dunkleren roth gefärbten Partieen umgeben. Im Dickdarme nur spärliche dünnbreiige gelbbraun gefärbte Massen. Im Cöcum einige punktförmige Hämorrhagieen, von dunkel gerötheter Schleimhaut umgeben. Im Uebrigen die Dickdarmschleimhaut schmutzig hellbraun gefärbt, mit einem Stich ins Grünliche. Gallenblase ziemlich stark mit dunkelgelber, dünnflüssiger Galle gefüllt. Leber von blasser Farbe; aus den durchschnittenen Gefäßen fließt reichlich Blut. Auf dem Durchschnitte sonst nichts Besonderes.

Brusthöhle: Herzbeutel leer, keine Ecchymosen. Im linken Herzen ziemlich viel schaumiges Blut, im rechten Herzen zwischen den Trabekeln einige lockere schwärzliche Gerinnsel. Beide Lungen in ihren vorderen Abschnitten blaßroth, nach hinten zu dunkler gefärbt und mit zahlreichen verwaschenen großen Ecchymosen bedeckt. Lungengewebe in den vorderen Partieen trocken, blutleer, nach hinten zu ödematös und stark bluthaltig

---

9. Fall. Acht Monate altes Kind. Am 2. 9. 83 Vorm. außerhalb des Hospitals gestorben, nachdem es einige Zeit an Diarrhoe und zuletzt an choleraverdächtigen Erscheinungen gelitten hatte. Die Mutter und ein Bruder waren vorher am 6. bezw. 11. 8. an Cholera gestorben. (Zweifelhafter Fall.)

Obduktion im Griechischen Hospitale am 3. 9. Vorm.:

Leiche verhältnißmäßig groß, mager, blaß; Bauchdecken schwach grünlich gefärbt; kein Fäulnißgeruch; keine Todtenstarre. Darmschlingen sehr blaß. Der Dünndarm enthält ungefähr 150 ccm dunkelgelben, zähen, breiartigen Kothes. Im Dickdarm eine geringe Menge derselben Masse. Die Schleimhaut des Dünndarms durchweg hell, weißlich grau, an manchen Stellen etwas gelblich gefärbt, namentlich an den freien Enden der Falten. Blutgefäße nur an ganz vereinzelten Stellen in feinen weitmaschigen Netzen sichtbar. Follikel kaum zu erkennen als wenig zahlreiche kleine weißliche Fleckchen mit gelblich gefärbter Peripherie. Die Peyer'schen Plaques sind ebenfalls kaum sichtbar; sie sind nicht geschwollen und auch nicht von sichtbaren Blutgefäßen umgeben. Dickdarmschleimhaut durchweg blaß und ohne bemerkenswerthe Veränderungen. Dicht oberhalb der Ileocöcalklappe treten die Follikel etwas zahlreicher und deutlicher hervor. Die Mesenterialdrüsen erreichen theilweise Bohnengröße, sind ziemlich derb und auf der Schnittfläche weiß. Milz klein und schlaff. Ihre Substanz weich. Die Schnittfläche von gleichmäßig dunkelbraunrother Farbe. Leber sehr schlaff, von hellgelbbrauner Farbe. Die Schnittfläche schmutzig gelbbraun; nur aus vereinzelten Gefäßen fließt Blut in geringer Menge. Zeichnung der Leberläppchen undeutlich. Die Substanz weich, leicht zerdrückbar. Gallenblase ziemlich stark mit schleimiger grüner Galle gefüllt. Nieren nicht vergrößert, anscheinend nicht verändert. Blase ziemlich stark gefüllt mit blassem, wenig getrübten Urin. Magen enthält eine geringe Menge hellbraunen, trüben Schleimes. Die Schleimhaut gleichmäßig hellgrau gefärbt. Beide Lungen in den vorderen Partieen blaßroth, elastisch, blutleer, nach hinten zu etwas dunkler gefärbt und blutreicher. Im Herzen und in den großen Blutgefäßen mäßig viel flüssiges Blut und einige lockere Blutgerinnsel. Die Gehirnhäute sehr stark ödematös und mit stark injicirten Gefäßen; im Uebrigen am Gehirn nichts Bemerkenswerthes.

10. Fall. Etwa 35jährige Frau aus Malta. Erkrankte ohne Vorboten am 26. 9. 83 Abends mit Erbrechen und häufigem Durchfall. Am 27. 9. ins Europäische Hospital aufgenommen bot sie das ausgesprochene Bild der Cholera (Pulslosigkeit, Kälte des Körpers, Wadenkrämpfe, Facies cholerica, gerunzelte Haut an Händen und Füßen, häufige, farblose, wässerige Ausleerungen). Der Zustand der Kranken blieb bis zu dem am 29. 9. Morgens 5 Uhr erfolgten Tode unverändert.

Obduktion am 29. 9. Morgens 9 Uhr (vier Stunden nach Eintritt des Todes):

Leiche wohlgenährt, noch warm. Todtenstarre. Keine Spur von Fäulniß. Im Herzen ziemlich viel flüssiges Blut und lockere Blutgerinnsel, namentlich im rechten Vorhof. Beide Lungen zurückgezogen, schlaff, vorn blutarm und überall lufthaltig, nach hinten zu blutreich, dunkel gefärbt und fast luftleer. In Alkohol gelegte Stücke der letzteren Partieen sinken sofort unter. In dem lockeren Zellgewebe an der Vorderseite der Aorta descendens viele ziemlich große Hämorrhagieen, desgl. auch auf der Oberfläche des Herzens eine Anzahl Hämorrhagieen.

Im Magen braune, trübe Flüssigkeit; Schleimhaut unverändert. Milz nicht vergrößert, etwas schlaff und gerunzelt; ihre Substanz schwarzroth gefärbt, sehr weich. Gallenblase stark mit schwärzlicher Galle gefüllt; Gallengang durchgängig. In der Pfortader ziemlich viel flüssiges Blut und einige lockere Blutgerinnsel. Leber nicht vergrößert. Die Leberläppchen in ihrem Centrum von schmutzig gelbbrauner Farbe, während die Peripherie dunkelbraun ist. Die Darmschlingen und das große Netz geröthet, ihre Blutgefäße stark gefüllt. Der untere Theil des Ileum zeichnet sich schon äußerlich durch dunklere Färbung aus. Im Duodenum ziemlich viel gelbe, schleimige Flüssigkeit; die Schleimhaut fleckweise durch stärkere Anfüllung der Gefäße geröthet. Im übrigen Dünndarm ziemlich reichlicher, schwach gallig gefärbter, sehr dünnflüssiger Inhalt, welchem viele gelbliche zäh-schleimige Flocken beigemengt sind. Nach dem Ileum zu ist die Schleimhaut stärker geröthet; stellenweise zeigt sie zahlreiche kleine Hämorrhagieen auf einem bräunlich gefärbten Grunde. Auch die Schleimhaut des Ileum geröthet und stellenweise mit kleinen Hämorrhagieen besetzt. Nur das unterste, etwa 20 cm lange Ende ist weniger geröthet. Die meisten Peyer'schen Plaques treten in der gerötheten Schleimhaut durch ihre fast schneeweiße Färbung auffallend hervor; nur einzelne derselben sind etwas verdickt und erscheinen leicht geröthet, sind aber ebenfalls von einem dunkler gerötheten Saume umgeben. Solitäre Follikel sind nicht zu bemerken. Im Coecum finden sich nur einige dunkel geröthete, aber nicht mit Hämorrhagieen versehene Schleimhautstellen, im Uebrigen ist die Schleimhaut unverändert. Der Inhalt des Dickdarms ist dünnflüssig, fast wässerig, hellgrau und mit vielen kleinen Flocken untermengt. Die Mesenterialdrüsen sind sehr wenig geschwollen, einzelne auf dem Durchschnitt im Centrum bräunlich gefärbt. Nieren nicht vergrößert; Kapsel leicht abziehbar; Rindensubstanz im Zustande trüber Schwellung; im Nierenbecken keine Hämorrhagieen. In der Blase, welche ganz zusammengezogen ist, einige Tropfen weißlich gefärbten Urins. In den Bronchien schleimig-blutiger Inhalt in mäßiger Quantität.

B. Obduktionen von Cholera-Leichen in Indien.

1. Fall. Europäischer Matrose. Am 14. 12. 83 im General Hospital unter den Erscheinungen der Cholera gestorben. Die Leiche wurde der Kommission zur Verfügung gestellt und nach dem Medical College Hospital übergeführt.

Obduktion am 14. 12. Nachm.:

Kräftig gebaute, gut genährte Leiche. Starke Todtenstarre. Unterer Theil des Dünndarms ziemlich stark geröthet. Der Darm gefüllt mit wässeriger braungrauer Flüssigkeit. Schleimhaut im unteren Theile des Ileum stark injicirt und stellenweise mit kleinen Hämorrhagieen besetzt. Peyer'sche Plaques blaß, ihre Umgebung geröthet. An den übrigen Organen nichts Besonderes. Die Leiche war noch frisch; nur die Bauchorgane schienen sich in den ersten Stadien der Zersetzung zu befinden. In der Blase kein Urin.

---

2. Fall. 30jähriger Hindu. Erkrankte am 11. 12. 83. Morgens mit Erbrechen und Durchfall. Bei der alsbald erfolgten Aufnahme in das Sealdah Hospital war der Kranke pulslos und hatte kalte Extremitäten.

Auch am 12. 12. Puls nicht fühlbar; kein Durchfall oder Erbrechen. Kein Urin gelassen. Heisere Sprache. Abends Delirien.

Am 13. 12. erfolgten zwei blutige dünne Stühle. Ein wenig Urin gelassen.

Am 14. 12. wurde der Kranke komatös. Abends 8 Uhr trat der Tod ein.

Obduktion am 15. 12. Vorm.:

Magere Leiche; keine Todtenstarre; Psoriasisflecke auf der Brust. Darm äußerlich stark geröthet, stellenweise rothbraun. Der Darminhalt dünnbreiig, flockig, von brauner Farbe, stellenweise etwas röthlich gefärbt. Die Schleimhaut des Ileum nach unten hin zunehmend geröthet. Die Peyer'schen Plaques im oberen Theile des Ileum blaß, ihre Umgebung roth; je weiter nach unten, desto mehr sind auch die Plaques selbst geröthet. Zahlreiche kleine Hämorrhagieen in der Umgebung der Plaques und der Follikel. Dicht oberhalb der Klappe sieht die Schleimhaut stellenweise schmutzig gelbbraun aus (oberflächliche Nekrose). Auch in der Schleimhaut des Dickdarms ausgedehnte oberflächlich nekrotische Stellen, abwechselnd mit fleckiger Röthung und ödematöser Schwellung. Mesenterialdrüsen ziemlich groß, einzelne kleine Hämorrhagieen in ihrer Umgebung. In der Blase ein Löffel voll trüben Urins. Auf der Oberfläche der Lunge kleine Ekchymosen.

3. Fall. 22jähriger Hindu. Erkrankte am 15. 12. 83 Morgens 3 Uhr mit Durchfall. Wurde im Laufe desselben Vormittags (10½ Uhr) in das Sealdah Hospital aufgenommen. Kein Erbrechen. Urin seit gestern nicht gelassen. Eingesunkene Augen. Heisere Stimme. Kalte Extremitäten. Kein Puls. Schon um 1 Uhr Mittags — also nach 10stündiger Krankheit — trat der Tod ein.

Obduktion 15. 12. Nachm. 3½ Uhr (2½ Stunden post mortem):

Leiche noch warm. Todtenstarre beginnend. Wenig kräftiger Mensch. Lungen blaß, trocken, stellenweise der Brustwand fest adhärent. Im rechten Herzen viel flüssiges Blut und Gerinnsel. Linkes Herz fest contrahirt und leer. Leber dunkel und etwas schlaff; die Läppchen wenig deutlich. Milz sehr groß (etwa um das dreifache vergrößert), ziemlich fest. Substanz dunkel mit deutlichen Malpighi'schen Körperchen. Blutgefäße wenig gefüllt. Die Dünndarmschlingen rosenroth, ziemlich stark injicirt. Inhalt des Dünndarms reiswasserähnlich mit vielen blaßgrauen schleimigen Flocken. Die Schleimhaut von ebensolchem Schleim vielfach überzogen, etwas verdickt, mäßig geröthet. Die Peyer'schen Plaques ebenfalls leicht geröthet. Mesenterialdrüsen, zum Theil von Bohnengröße, auf dem Durchschnitt blaß; einzelne etwas dunkler gefärbt. Im Dickdarm ebenfalls reiswasserähnlicher Inhalt. Blase vollkommen leer und fest contrahirt. Nieren nicht auffallend verändert.

4. Fall. 35 Jahre alter Hindu, Wäscher von Profession; wurde am 19. 12. 83 Morgens auf der Straße von der Polizei bewußtlos aufgefunden und ins Sealdah Hospital gebracht. Hier gab er an, früher an Fieber gelitten und seit drei Tagen Durchfall gehabt zu haben. Auf dem Wege zum Hospital sei er umgefallen. Im Hospital hatte er am 19. 12. zwei dünne theerfarbige Stühle. Kein Erbrechen. Puls nicht fühlbar. Klagen über Leibschmerzen. Bluthusten (letzteren will er früher nie gehabt haben). Noch am Tage der Aufnahme (Abends ½8 Uhr) erfolgte der Tod.

Obduktion am 20. 12. Vorm. 9 Uhr:

Starke Todtenstarre. Keine Fäulnißerscheinungen. Lungen in den hinteren Partieen dunkler gefärbt, ödematös, besonders die rechte. Bronchien mit schaumiger Flüssigkeit gefüllt. Rechtes Herz voll von flüssigem Blut und Faserstoffgerinnseln. Linkes Herz weniger stark gefüllt. Sämmtliche Organe der Bauch- und Brusthöhle mit einem zähen, äußerst schlüpfrigen Schleime überzogen. Magen stark ausgedehnt, enthält Gas und dünne Flüssigkeit, in welcher unverdaute Speisereste, namentlich Reis, schwimmen. Schleimhaut grauroth gefärbt. Die Dünndarmschlingen äußerlich leicht geröthet, stellenweise aber auch dunkelroth, selbst bräunlich gefärbt. Darm stark gefüllt; Inhalt dünnflüssig, theils schwach sanguinolent, theils graubraun, viel unverdauten Reis enthaltend. Die Schleimhaut streckenweise (den in das kleine Becken herabhängenden Schlingen entsprechend) dunkelroth injicirt, stellenweise auch mit kleinen Hämorrhagieen besetzt. Die Peyer'schen Plaques blaß oder nur leicht geröthet und von einem dunkelrothen Saume umgeben. Die Follikel vergrößert, ebenfalls hell auf dunkelrothem Grunde. Dickdarmschleimhaut durchweg schiefrig gefärbt. Mesenterialdrüsen wenig vergrößert. Milz aufs Doppelte vergrößert, ihre Kapsel sehnig verdickt, stellenweise warzig. Substanz etwas schlaff, aber fest, sehr dunkel. Follikel nicht zu erkennen. Leber sehr klein, schlaff; Substanz gleichmäßig dunkelbraun, mit einzelnen verwaschenen gelbbraunen kleinen Heerden. Beide Nieren klein, die Marksubstanz streifig dunkler gefärbt. Blase vollständig leer.

---

5. Fall. 30jähriger Hindu. Beschäftigung unbekannt. Wurde am 19. 12. 83 Morgens in das Medical College Hospital aufgenommen. Vor der Aufnahme angeblich drei wässerige Stühle, aber kein Erbrechen. Am 19. im Hospital drei wässerige, blutig gefärbte Stühle. Kein Erbrechen. Urin nicht gelassen. Puls nicht fühlbar. Noch am Tage der Aufnahme ins Hospital, am 19. 12. trat Nachm. 5 Uhr der Tod ein.

Obduktion am 20. 12. Vorm. 11½ Uhr:

Sehr kräftig gebaute Leiche. Keine merkliche Fäulniß. Lungen ohne Veränderungen. Im Magen dunkelgraue schleimige Flüssigkeit; in der Mitte der großen Curvatur eine 2—3 cm breite hämorrhagische Partie. Darmschlingen roth gefärbt in Folge Injektion der feinen Gefäße, schlüpfrig anzufühlen. Darminhalt dünnflüssig, braunroth, stinkend. Von der Mitte des Ileum an ist die Schleimhaut stärker geröthet und im untersten Theile des genannten Darmabschnittes dunkelbraunroth, mit vielen kleinen Hämorrhagieen durchsetzt. Peyer'sche Plaques mit dunkelrothem Rande. Follikel prominirend. Dickdarmschleimhaut im Colon ascendens und transversum dunkelbraun gefärbt, mit zahlreichen kleinen Hämorrhagieen durchsetzt und etwas geschwollen. Milz etwas vergrößert, derb, dunkelgraubraun. Einzelne Mesenterialdrüsen etwas geschwollen, aber blaß. Leber anscheinend unverändert. Marksubstanz der Nieren dunkel gefärbt; oberhalb einer Papille ist die Rindensubstanz an einer ziemlich scharf begrenzten Stelle von auffallend braunrother Farbe. Die Blase enthält einige Tropfen trüber Flüssigkeit.

---

6. Fall. Etwa 50jähriger Muhamedaner. In das Sealdah Hospital aufgenommen am 27. 12. 83. 7½ Uhr Abends. Nach Aussage seiner Freunde soll er Durchfall, aber kein Erbrechen gehabt haben. Bei der Aufnahme war er nicht im Stande zu sprechen. Puls nicht fühlbar; eingesunkene Augen; kein Urin; Waschfrauenfinger. Reiswasserähnliche Stühle. Kein Erbrechen. Zunehmender Collaps. Große Unruhe. Athembeschwerden. Tod am 28. 12. Nachm. 5½ Uhr.

Obduktion am 28. 12. Abends ½8 Uhr (drei Stunden nach Eintritt des Todes):

Ziemlich kräftig gebauter Mann. Leiche ganz frisch, noch warm. Todtenstarre eben erst beginnend. — Brusthöhle aus äußeren Rücksichten nicht geöffnet. Ein Stückchen Lunge von der Bauchhöhle her zur mikroskopischen Untersuchung entnommen. — Därme außerordentlich schlüpfrig, Dünndarmschlingen mäßig geröthet, stärker nur stellenweise im Jejunum und Ileum. Schleimhaut des Jejunum und Ileum sehr stark geschwollen und geröthet. Ihr Inhalt besteht aus einer röthlich gefärbten Flüssigkeit mit sehr zahlreichen schmutziggrauen Flocken. Stellenweise Hämorrhagieen in der Schleimhaut. Die Peyer'schen Plaques meist unverändert, in ihrer nächsten Umgebung starke Blutfülle. Einzelne der Plaques allerdings ebenfalls geröthet und geschwollen. Dickdarmschleimhaut im Colon ascendens und transversum stark geröthet und geschwollen, mit derselben Masse bedeckt, wie die Dünndarmschleimhaut. Mesenterialdrüsen nicht vergrößert. Blase leer. Milz vergrößert, sehr derb. Sonst nichts Besonderes.

7. Fall. 35jähriger Muhamedaner. Aufgenommen in das Sealdah Hospital am 27. 12. 83 7½ Uhr Abends. War erst seit kurzem in Kalkutta. Hatte angeblich am 27. 12. vier dünne Stühle, kein Erbrechen. Will Urin mit dem Stuhl gelassen haben. Bei der Aufnahme war Patient bei vollem Bewußtsein. Puls klein. Körper warm. Augen eingesunken. Häufige flüssige Stühle. Krämpfe. Stimme fast tonlos. Am folgenden Tage waren die Stühle reiswasserähnlich. Extremitäten kalt. Puls unfühlbar. Heisere Stimme. Kein Urin gelassen. Erschwertes Athmen. Tod nach schnell auftretendem Collaps am 29. 12. Nachm. 5 Uhr 10 Min.

Obduktion am 29. 12., unmittelbar post mortem:

Leiche ziemlich kräftig gebaut, mäßig gut genährt. Körper noch warm. Keine Todtenstarre. Der untere Theil des Dünndarms ziemlich beträchtlich geröthet. Aus den durchschnittenen Mesenterialgefäßen fließt eine große Menge Blut. Der Inhalt des Darms ist wässerig, braunröthlich gefärbt, mit zahlreichen schmutziggrauen Schleimflocken gemischt. Die Schleimhaut des Dünndarms außerordentlich stark geschwollen und geröthet, stellenweise mit Hämorrhagieen durchsetzt. Die Peyer'schen Plaques treten in dem geschwollenen Gewebe nur wenig hervor, da sie ebenfalls geschwollen und geröthet sind (Obduktion bei künstlichem Licht). Die Schleimhaut des oberen Theils des Dickdarms und des Coecum ist in ähnlicher Weise wie diejenige des Dünndarms verändert. Mesenterialdrüsen klein, nicht verändert. Milz ziemlich groß und sehr derb. Nieren blutreich, die Rinden von der Marksubstanz relativ wenig sich abhebend. Einige Cysten in den Nieren. Leber klein, Oberfläche uneben, mit etwa bohnengroßen Vorwölbungen. Der bindegewebige Ueberzug ziemlich stark verdickt. Schnittfläche braunröthlich gefärbt. Acini kaum zu erkennen. An den übrigen Organen nichts Besonderes. Lungengewebe lufthaltig und trocken. Blase vollständig leer.

8. Fall. Junger Hindu. Policeman. Wohnte in der Nähe des Sealdah Hospitals. Ist im Ganzen nur acht Stunden krank gewesen. Eine Stunde nach der Aufnahme in das genannte Lazareth verstarb er (am 2. 1. 84 Abends $10\frac{1}{2}$ Uhr). Erbrechen soll er nicht gehabt haben, aber häufige dünne Stühle.

Obduktion am 3. 1. 84 Morgens:

Kräftiger junger Mensch. Die Leiche liegt in Fechterstellung mit erhobenem rechten Arm. Starke Todtenstarre. Körper im Innern noch warm. Keine Spur von Fäulniß. Herzbeutel leer. Im rechten Herzen viel flüssiges Blut, linkes fast leer. Lungen trocken, nach hinten zu etwas blutreich; keine Ekchymosen. Magen stark gefüllt (Fisch und Reis). Die Darmschlingen hellroth gefärbt, stark injicirt. Im Jejunum und auch schon im Duodenum eine mehlsuppenartige Flüssigkeit, in welcher keine zusammenhängenden Schleimflocken zu finden sind. Die Schleimhaut blaßgrauroth, nach unten zu wird sie immer stärker geröthet, vereinzelte kleine punktförmige Hämorrhagieen im untersten Dünndarmabschnitt. Der Inhalt des Dünndarmes ist nach dem unteren Theile zu ziemlich reichlich, von derselben Beschaffenheit wie im Jejunum, aber allmählich eine schwach röthliche Färbung annehmend und fibrinöse schleimige Flocken enthaltend. Die Peyer'schen Plaques von einem röthlichen Saume umgeben, ihre Follikel leicht geschwollen. Ebenso verhalten sich die solitären Follikel. Einzelne Mesenterialdrüsen sind leicht vergrößert und auf dem Durchschnitt röthlich gefärbt. Dickdarminhalt von gleicher Beschaffenheit wie derjenige des Dünndarms. Im Coecum fleckweise Röthung der im Uebrigen nicht veränderten Schleimhaut. Milz ums drei- bis vierfache vergrößert (wiegt $2\frac{1}{2}$ Pfund), sehr dunkel, ihre Substanz weich und brüchig, die Follikel vergrößert und deutlich hervortretend. Leber mit verwaschenen helleren etwas gelblichen Flecken auf der Schnittfläche und auf der Oberfläche, im Uebrigen dunkel gefärbt, mit wenig hervortretenden Läppchen. Nieren beide klein, die Papillen und Marksubstanz ziemlich dunkel gefärbt. In der Blase sehr wenig trüber Urin.

9. Fall. 35 Jahre alter Muhamedaner. Kam am 4. 1. 84 ins Mayo Hospital; soll nach Aussage seiner Freunde an demselben Morgen 4 Uhr mit wässerigen Ausleerungen und wiederholtem Erbrechen erkrankt sein. Am 6. 1. Vorm. wurde er ins Medical College Hospital übergeführt. Bei der Ankunft daselbst war der Radialpuls nicht zu fühlen. Extremitäten kalt. Injicirte Augen. Schmerzen im Epigastrium. Dickbelegte Zunge. Bewußtsein ungetrübt. Kein Stuhl, kein Urin, kein Erbrechen, kein Durst. Starb am 6. 1. Nachm.

Obduktion am 7. 1. 10 Uhr Vorm.:

Ziemlich kräftig gebauter, leidlich genährter Mann. Todtenstarre vorhanden: mäßiger Fäulnißgeruch. Herzbeutel leer; im rechten Herzen dunkles dickflüssiges Blut, sowie reichliche Speckhautgerinnsel; linkes Herz leer, contrahirt. Klappen an den Rändern etwas verdickt, sonst intact. In der rechten Lungenspitze einzelne erbsengroße Kavernen mit käsigem, theilweise verkalkten Inhalt: in der Umgebung derselben frische Tuberkelknötchen. Im Uebrigen die Lungen lufthaltig, elastisch, trocken, in den hinteren Partieen stärker bluthaltig als in den vorderen. Im Kehlkopf, in der Luftröhre, sowie in den Bronchien bis ziemlich tief hinab Speisereste. Sämmtliche Organe der Bauchhöhle fühlen sich schleimig an. Die Därme zeigen eine schmutzig graurothe, der unterste Abschnitt des Dünndarms eine blauschwarze Farbe mit stark injicirten Gefäßen. Milz etwa $2\frac{1}{2}$ mal so groß wie gewöhnlich, schlaff; Follikel stark vergrößert. Nieren klein, Marksubstanz stärker geröthet als die blasse, leicht getrübte Rindensubstanz. Blase leer, fest contrahirt, auf der Schleimhaut etwas Schleim. Leber von gewöhnlicher Größe, Leberzeichnung sehr wenig deutlich. Magen enthält eine graue, mehlsuppenartige Flüssigkeit. Im Duodenum sowie im ganzen Dünndarm eine gelbliche suppenartige Flüssigkeit. Schleimhaut geschwollen, die Falten und theilweise auch die Schleimhaut zwischen denselben mit gelben Flocken besetzt, die sich nicht abspülen lassen (Nekrose der Oberfläche). Im untern Abschnitt des Dünndarms hat die Schleimhaut eine dunklere Farbe, die erwähnten nekrotischen Flecke finden sich häufiger und sind von größerer Ausdehnung. Auf dem Durchschnitte erscheint hier die ganze Darmwand von blauschwarzer Farbe. Die Peyer'schen Plaques im oberen Ileum wenig oder nicht, im unteren Ileum dagegen ebenso wie die umgebende Schleimhaut stark geröthet und injicirt. Der Dickdarm enthält grün gefärbten suppenartigen Brei, seine Schleimhaut ist geschwollen und geröthet.

---

10. Fall. 22jähriger Hindu. War am 7. 1. 84 Abends erkrankt. Bis zur Aufnahme ins Medical College Hospital (am 8. 1. Vorm. 10 Uhr) drei Mal Erbrechen, vier dünne Ausleerungen, kein Urin. Bei der Aufnahme Zunge feucht, leicht belegt; schwacher kleiner Puls, Schmerzen in der Magengegend. Wenige Stunden später Pulslosigkeit, kalte Extremitäten, große Unruhe. Drei dünne Ausleerungen im Hospitale. Noch am Nachmittage des Aufnahmetages ($6\frac{1}{2}$ Uhr) erfolgte, nachdem große Unruhe und Trachealrasseln eingetreten waren, der Tod.

Obduktion am 9. 1. Vorm. 10 Uhr:

Kleine schwächliche, mäßig gut genährte männliche Leiche; starke Todtenstarre der unteren, mäßige der oberen Extremitäten. Mäßiger Fäulnißgeruch. Herzbeutel leer, im rechten Herzen dickes geronnenes Blut nebst Speckhautgerinnseln, im linken wenig flüssiges Blut. Lungen lufthaltig, in den hinteren Partieen stärker bluthaltig, daselbst schon an der Oberfläche schwarzrothe Flecke zu erkennen. Dieselben bestehen, wie Durchschnitte zeigen, aus einzelnen Hämorrhagieen in dem Lungengewebe. In den Bronchien blutiger Schleim. Die Baucheingeweide besitzen eine sehr schlüpfrige Oberfläche. Der Dünndarm erscheint schmutzig grauroth, namentlich im unteren Abschnitte. Starke Injektion der Gefäße der Darmwand. Milz nicht vergrößert, schlaff, wenig blutreich; Follikel nicht vergrößert. Nieren klein. Die Marksubstanz hebt sich durch die dunklere Farbe von der blassen Rindensubstanz deutlich ab. Blase enthält einige Eßlöffel voll Urin, ist nicht contrahirt. Leber von gewöhnlicher Größe, Leberzeichnung wenig deutlich. Magen und Duodenum enthalten reichliche Mengen einer graugrünen Flüssigkeit; im oberen Abschnitte des Dünndarms reichliche milchkaffeeartige, im mittleren chokoladefarbige, noch weiter nach abwärts stark sanguinolente suppenartige Massen. Dünndarmschleimhaut durchweg stark ödematös; im oberen Abschnitte des Dünndarms ganz vereinzelte punktförmige Hämorrhagieen. Die Peyer'schen Plaques, nicht geschwollen, unterscheiden sich durch ihre geringe Gefäßinjektion von der gleichmäßig gerötheten und zudem mit größeren stark injicirten Gefäßen durchzogenen benachbarten Schleimhaut. Nur an den untersten Peyer'schen Plaques bemerkt man eine netzförmige Gefäßinjektion. Die solitären Follikel stark prominent. Dickdarmschleimhaut etwas succulent, der Dickdarm enthält dunkelrothbraune, suppenartige Massen.

---

11. Fall. Hindufrau. Ins Medical College Hospital aufgenommen am 11. 1. 84. In der Nacht vor der Aufnahme angeblich unzählige Ausleerungen, anfangs fäkulent, später wässerig, und vier bis fünf Mal Erbrechen. Bei der Aufnahme: Puls nicht fühlbar, ungetrübtes Bewußtsein, Schmerzen im Epigastrium, kalte Unterextremitäten, eingesunkene Augen. Schmerzhafte Krämpfe in den Unterextremitäten. Im Laufe des Tages trat noch drei Mal Erbrechen ein, keine Stuhl-, keine Urinentleerung. Gegen Mitternacht wurde die Patientin pulslos und sehr unruhig. Die Stimme wurde heiser. Am 12. 1. Vorm. $10\frac{1}{2}$ Uhr trat der Tod ein.

Obduktion am 13. 1. Vorm. $10\frac{1}{2}$ Uhr:

Kleine, leidlich gut genährte weibliche Leiche, mäßige Todtenstarre, schwacher Fäulnißgeruch. Dünndarmschlingen von gleichmäßig graurother Farbe, an den tiefer gelegenen Schlingen intensiver roth. Die Gefäße der Darmwand stark injicirt bis zu den kleinsten Verzweigungen. Oberfläche äußerst schlüpfrig anzufühlen. Milz hochgradig vergrößert, dabei schlaff; die Follikel treten auf dem Durchschnitt nicht besonders hervor. Nieren klein mit zahlreichen colloidhaltigen Cysten von Erbsengröße und darunter; Marksubstanz stark geröthet; Rindensubstanz blaß, leicht getrübt. Blase leer, contrahirt. Die Leber bietet nichts Besonderes. Der Magen enthält mehlsuppenartige, mit weißen, käsigen Bröckchen gemischte Flüssigkeit in reichlicher Menge. Im Dünndarm neben viel Gas eine suppenartige, im oberen Theile mehr grauweiße, im unteren Theile mehr sanguinolente Flüssigkeit. Im Dickdarm an mehreren Stellen große Schleimflocken, an anderen fäkulenter Brei der Schleimhaut aufliegend. Dünndarmschleimhaut geschwollen, succulent; die Oberfläche zeigt ein sammetartiges Aussehen. Die Zotten sind als rothe Pünktchen erkennbar. Die Farbe der Schleimhaut ist gleichmäßig roth, dabei zeigen sich innerhalb der gleichmäßigen Röthung stark injicirte Gefäße. Die Gefäßinjektion ist am intensivsten an einzelnen Abschnitten, welche tief gelegen haben. Im oberen Abschnitt des Dünndarms vereinzelte, weiter nach abwärts zahlreichere (namentlich in den Abschnitten, die besonders stark injicirt sind) Hämorrhagieen von Punkt- bis Mohnkorngröße. Dieselben finden sich vorwiegend an der Grenze der Peyer'schen Plaques, wo sie bei einigen einen blutrothen Saum darstellen, sowie zwischen den einzelnen Plaques in der Längsrichtung des Darmes dem Ansatz des Mesenterium gegenüber. Die Plaques, leicht geschwollen, heben sich in den stark injicirten Darmabschnitten durch ihre blasse Farbe besonders deutlich ab. Die solitären Follikel in der Nähe des Coecum ziemlich stark prominirend. Dickdarmschleimhaut etwas geschwollen, an einzelnen circumscripten Stellen die Gefäße stark injicirt. Herzbeutel leer, auf dem visceralen Blatte des Pericardium ziemlich reichliche punktförmige Hämorrhagieen. Im rechten Herzen große Faserstoffgerinnsel und etwas flüssiges dunkles Blut; auch im linken Herzen dunkles flüssiges Blut (mehrere Theelöffel voll). Lungen überall lufthaltig, dunkel gefärbt, sehr blutreich, ohne Hämorrhagieen. In der Luftröhre und den Bronchien weißer Schleim.

12. Fall. 25jähriger Muhamedaner. Bootsmann. Erkrankte am 19. 1. 84 Abends 10 Uhr. Wurde zuerst ins Mayo- und von da am 20. 1. Vorm. ins Medical College Hospital gebracht. Soll drei Mal dünnen Stuhl und eben so oft wässeriges Erbrechen, aber keine Urinentleerung gehabt haben. Bei der Aufnahme: Starker Collaps, Augen eingesunken, kalte Extremitäten, Krämpfe in den Waden, Schmerzen im Epigastrium, großer Durst, Puls nicht fühlbar. Im Hospitale weder Stuhl, noch Erbrechen, noch Urinentleerung. Der Tod erfolgte noch am 20. 1. 3 Uhr 45 Min. Nachm.

Obduktion am 21. 1. Vorm.:

Ziemlich große, mäßig gut genährte Leiche. Starke Todtenstarre, kein Fäulnißgeruch. Die Dünndarmschlingen zeigen eine gleichmäßig rosarothe Farbe, mit stark injicirten Gefäßen; Oberfläche der Eingeweide sehr schlüpfrig anzufühlen. Mesenterialdrüsen kaum geschwollen, von rosarother Farbe. Milz von gewöhnlicher Größe, schlaff, Balken deutlich, Follikel klein. Nieren klein, Marksubstanz durch dunklere Farbe der blassen Rindensubstanz gegenüber stark hervortretend. Magen schwappend gefüllt mit wässeriger Flüssigkeit, untermischt mit Speiseresten (Suppengrün) und größeren Klumpen verkäster Milch. Duodenum, Jejunum und Ileum enthalten reichliche Mengen einer mehlsuppenartigen, nur an einzelnen Stellen schwach sanguinolenten Flüssigkeit, die einen Geruch nach frischem Fleischwasser, aber durchaus keinen fauligen Geruch besitzt; sie enthalten kein Gas. Schleimhaut blaß rosaroth, succulent. Oberfläche sammetartig, mit zähen grauweißen Schleimflocken belegt. Im Duodenum auf der Oberfläche der Falten hier und da eine stärkere Injektion. Im oberen Ileum an einer Stelle mehrere punktförmige Hämorrhagieen; an einer anderen Stelle stärkere Gefäßinjektion. Peyer'sche Plaques im oberen Abschnitt vielfach unverändert, weiter abwärts etwas stärker injicirt; einzelne sind nur theilweise, in der Mitte oder am Rande, stärker injicirt. Dickdarmschleimhaut leicht rosaroth, mit zähem, grauweißen Schleim belegt. Der Inhalt des Dickdarms besteht aus mehlsuppenartigen, hier und da mit Luftblasen untermischten Massen. Herzbeutel leer, im rechten Herzen reichliche Mengen von dunklem geronnenen Blut, sowie Fibringerinnseln; im linken Vorhof viel dunkles geronnenes Blut, im linken Ventrikel neben einigen Theelöffeln voll geronnenen Blutes ein Fibringerinnsel. Lungen überall lufthaltig.

13. Fall. 35jähriger in Indien geborener Europäer. Erkrankte an Bord eines im Hafen liegenden Schiffes am 18. 1. 84 Mittags mit Erbrechen und Durchfall. Wurde am Abend desselben Tages in das General Hospital aufgenommen. Bei der Aufnahme sehr große Schwäche; starker Durst; Schmerzen in der Magengegend; eingesunkene Augen; kalte Extremitäten; Waschfrauenfinger; Puls kaum fühlbar; keine Urinabsonderung. In der Nacht vom 18. zum 19. 1. mehrmals unwillkürliche Entleerung entfärbter Stühle (bakteriologisch untersucht). Am folgenden Tage nahm die Schwäche zu. Die Stimme wurde heiser. Es stellten sich heftige schmerzhafte Krämpfe in den Armen und Beinen ein. Die Urinabsonderung blieb sistirt. Erbrechen und Stuhlentleerung hörten auf. Am 21. 1. Mittags trat der Tod ein.

Obduktion am 21. 1. Nachm. 4½ Uhr:

Mittelgroße, leidlich gut genährte Leiche, im Innern noch warm. Starke Todtenstarre, dabei bereits starker Fäulnißgeruch. Die Dünndarmschlingen haben eine schmutzig graurothe Farbe, die Gefäße der Darmwand sind bis zu den feinsten Verzweigungen hinab mit Blut stark gefüllt. Oberfläche des Darms schlüpfrig. Milz sehr klein (2½ Zoll lang), schlaff, Follikel eben zu erkennen. Marksubstanz der Nieren etwas dunkler als die Rindensubstanz. In der linken Niere sind die Gefäße des Nierenbeckens stark injicirt; einige frische Hämorrhagieen daselbst. Die Blase enthält etwa einen Eßlöffel voll Urin. Die Leber bietet nichts Besonderes. Der Magen enthält eine graue suppenartige, mit weißlichen Flocken untermischte Flüssigkeit. Im Duodenum grünlich weißer, im Jejunum und Ileum fäkulenter, nicht sanguinolenter, suppenartiger Inhalt von stark faulem Geruch, daneben viel Gas. Die Schleimhaut geröthet, succulent, im oberen Abschnitt des Ileum im Bereiche einer etwa Markstück-großen Stelle Hämorrhagieen, namentlich auf der Höhe zweier Falten. Die Peyer'schen Plaques leicht geschwollen, theilweise mit stark injicirtem Gefäßnetz, theilweise nicht injicirt. Solitäre Follikel stark prominirend. Mesenterialdrüsen nur wenig geschwollen. Der Dickdarm enthält geringe Mengen fäkulenten dünnflüssigen Inhalts, seine Schleimhaut zeigt namentlich im Bereiche der Pars descendens vielfache Narben, sowie oberflächliche in der Vernarbung begriffene Geschwüre. Dicht oberhalb der Flexura sigmoidea eine Einschnürung des Darmes, durch Narben der Schleimhaut bewirkt, welche mit der Darmscheerenbranche nicht passirt werden kann. Auch im Rectum Narben. Herzbeutel leer, im rechten Herzen neben reichlichen Fibringerinnseln dunkles flüssiges Blut, im linken Ventrikel ebenfalls mehrere Theelöffel flüssigen Blutes, sowie ein Faserstoffgerinnsel. Klappen intakt. Lungen schwammig, überall lufthaltig; in den Luftröhrenverzweigungen, deren Schleimhaut geröthet erscheint, weißer zäher Schleim.

---

14. Fall. 18jähriger Hindu, ohne Beschäftigung. Erkrankte am 22. 1. 84 10 Uhr Abends. Ins Medical College Hospital aufgenommen am 23. 1. Vorm. 10 Uhr. Bei der Aufnahme: Augen geröthet. Puls nicht fühlbar. Extremitäten kalt. Krämpfe in Armen und Beinen. Kein Urin. Mehrmals Erbrechen. Noch am 23. 1. trat gegen Mittag der Tod ein.

Obduktion 24. 1. Vorm. 10 Uhr:

Kräftige, gut genährte, jugendliche Leiche. Starke Todtenstarre, wenig Fäulnißgeruch. Dünndarmschlingen von gleichmäßig rosarother Farbe mit starker Gefäßinjektion, schlüpfriger Oberfläche. Milz von gewöhnlicher Größe, schlaff; Balken deutlich, Follikel eben zu erkennen. Marksubstanz der Nieren dunkel, Rindensubstanz blaß. Blase leer, Wandung nicht stark contrahirt. Leber von normaler Größe, etwas blaß. Gallenblase enthält dunkelgelbgrüne Galle. Magen mit wässeriger Flüssigkeit gefüllt, in der einzelne käsige Flocken sowie Speisereste schwimmen. Im Duodenum, Jejunum und Ileum reichliche Mengen einer mehlsuppenartigen, nicht sanguinolenten Flüssigkeit; dieselbe — etwas schaumig — findet sich auch im Dickdarm. Der Darminhalt hat leicht fauligen Geruch. Schleimhaut des Duodenum und des ganzen Dünndarms blaßrosaroth, succulent, sammetartig, ohne Hämorrhagieen. Die Peyer'schen Plaques durchgehends etwas geschwollen. Im untersten Theile des Ileum zeigen sich hier und da leichte Gefäßinjektionen, namentlich am Rande der Peyer'schen Plaques. Solitäre Follikel ziemlich stark prominirend. Schleimhaut überall mit grauweißem Schleime belegt. Dickdarmschleimhaut geröthet, succulent. Herzbeutel leer; im rechten Herzen reichliche Mengen flüssigen und geronnenen dunklen Bluts, daneben Faserstoffgerinnsel; im linken Herzen etwas dickflüssiges dunkles Blut und ein kleines Faserstoffgerinnsel. Lungen überall lufthaltig. Bronchialschleimhaut leicht geröthet. Aus den Luftröhrenverzweigungen entleert sich auf Druck etwas zäher Schleim.

---

15. Fall. 7jähriger Hinduknabe; soll seit drei Tagen an Cholera leiden; wurde am Morgen des 26. 1. 84 ins Mayo Hospital gebracht und von dort in das Medical College Hospital übergeführt. Starb auf dem Transport, 10 Uhr 45 Min. Vorm.

Obduktion am 26. 1. 12 Uhr Mittags:

Leiche noch warm, beginnende Todtenstarre. Dünndarmschlingen zeigen blaßrothe, an einzelnen tiefer gelegenen Stellen intensiver rothe Farbe. Die Gefäße des Peritonealüberzuges sind stark injicirt. Milz von gewöhnlicher Größe, schlaff, Balken und Follikel deutlich zu erkennen. Nieren und Leber von gewöhnlicher Größe, blaß. Die Medullarsubstanz der Nieren nur wenig dunkler als die Rindensubstanz. Gallenblase mit schwarzgrüner Galle gefüllt. Harnblase leer, Wandung stark contrahirt. Der Magen enthält neben Gas etwa 300 ccm einer wässerigen farblosen Flüssigkeit; die Magenwandung ist unverändert. Im Duodenum und Jejunum eine gallig gefärbte, suppenartige, schleimige Flüssigkeit. Dieselbe Flüssigkeit findet sich und zwar in mäßiger Menge im Ileum, sowie im Dickdarm. (Im Jejunum zahlreiche Ascariden.) Die Schleimhaut des Dünndarms ist geröthet, succulent mit sammetartiger Oberfläche. Die Peyer'schen Plaques leicht geschwollen, aber mit Ausnahme einer größeren Plaque im untersten Abschnitt des Ileum nicht injicirt (letztere auch nur theilweise). Dicht oberhalb der Ileocoecalklappe zeigt ein 3 Zoll langes Stück des Dünndarms stark injicirte Gefäße der Schleimhaut. Die solitären Follikel prominirend. Herzbeutel leer. Im rechten Herzen neben wenig geronnenem Blute etwa ein Eßlöffel voll flüssigen Blutes; im linken Ventrikel einige Theelöffel voll flüssigen Blutes. Lungen überall lufthaltig, Bronchialschleimhaut blaß, in den Luftröhrenverzweigungen etwas glasiger Schleim.

—

16. Fall. 30jähriger Hindu, war vor kurzem als Pilger nach Kalkutta gekommen. Erkrankte am 19. 1. mit Erbrechen und Durchfall. Am 22. 1. wurde er ins Sealdah Hospital aufgenommen. Puls sehr klein. Stimme heiser. Waschfrauenfinger. Urinabsonderung sistirt. Entleerung dünner, aber bereits wieder gallig gefärbter Stühle. Kein Erbrechen mehr. In den folgenden Tagen traten die Erscheinungen des Choleratyphoid in den Vordergrund. Tod am 26. 1. Nachm. 1 Uhr, nachdem bereits wieder spärliche Urinentleerung erfolgt war, und die Durchfälle aufgehört hatten.

Die Obduktion wurde am 26. 1. Nachm. durch Herrn Dr. Dissent ausgeführt, durch welchen am 27. 1. der Kommission eine reichliche Menge des schwach gallig gefärbten, dickbreiigen Darminhalts, sowie zwei unterbundene Stücke aus dem Ileum und verschiedene in Alkohol eingelegte Organtheile übersandt wurden.

17. Fall. 22jähriger kräftig gebauter, ziemlich gut genährter Hindu. Ins Medical College Hospital aufgenommen am 25. 1. 84. Erbrechen und Durchfall. Kühle Extremitäten. Kleiner Puls. Urinabsonderung sistirt. 27. 1.: Klagen über Schmerzen in der Magengegend. Drei dünne, schwach gallig gefärbte Stühle, einmal Erbrechen. 28. 1.: Augen tief eingesunken. Kleiner Puls. Ein dünner Stuhl. Große Unruhe. Abends Tod.

Obduktion am 29. 1. Vorm. 9½ Uhr:

Ausgesprochene Todtenstarre an den oberen und unteren Extremitäten. Die untersten Dünndarmschlingen blaß rosaroth gefärbt; Jejunum und oberer Theil des Ileum weniger ausgesprochen geröthet. Der Darminhalt besteht aus einer gallig gefärbten Flüssigkeit, in welcher nur wenige Schleimflocken, dagegen ziemlich reichliche feste Kothballen schwimmen. Die Schleimhaut des ganzen Dünndarms gleichmäßig stark geröthet und geschwollen, ebenso auch diejenige des Colon ascendens und transversum. Die Schleimhaut des Coecum relativ blaß. Die Peyer'schen Plaques grauröthlich; sie heben sich von der intensiver gefärbten Umgebung durch relative Blässe ab. Milz klein und derb. Nieren ziemlich groß; die stark getrübte Rindensubstanz setzt sich sehr deutlich von der intensiv gerötheten Marksubstanz ab. Blase ziemlich stark mit klarem Urin gefüllt. Lungen lufthaltig, auf der Oberfläche ziemlich blaß. Keine Verdichtungen. Im rechten Herzen ziemlich viel flüssiges Blut und speckige Gerinnsel, im linken nur eine sehr geringe Quantität geronnenen Blutes. Die Leber bietet nichts Besonderes. Magenschleimhaut gleichmäßig intensiv dunkelroth und theilweise mit glasigem Schleim bedeckt.

18. Fall. Etwa 40jähriger Hindu; wurde am 1. 2. 84 Vorm. ins Sealdah Hospital aufgenommen. Puls nicht fühlbar. Stimme tonlos. Augen eingesunken. Kalte Extremitäten. Ein Freund, der ihn ins Hospital brachte, sagte aus, der Kranke habe seit drei Tagen an Erbrechen und Durchfall gelitten. Nachts hatte er einen wässrigen, aber gallig gefärbten Stuhl. Keinen Urin im Hospital gelassen. Trotz Anwendung von Stimulantien zunehmende Schwäche. Tod 2. 2. 5 Uhr 30 M. Vorm.

Obduktion am 2. 2. 10 Uhr Vorm.:

Magere mittelgroße Leiche. Keine Fäulniß. Starke Todtenstarre. Nach Eröffnung der Bauchhöhle erscheinen die Darmschlingen blaß rosaroth in Folge gleichmäßiger Injektion. Der Inhalt des Dünndarms besteht aus einer gallig gefärbten wässerigen Flüssigkeit, in welcher zahlreiche graue und gelbliche Schleimflocken schwimmen. Die Schleimhaut des Jejunum und Ileum gleichmäßig intensiv geröthet; diejenige des Dickdarms blaß und unverändert. Die Därme fühlen sich auffallend schlüpfrig an. Milz mäßig groß, ziemlich derb. Beide Nieren klein, ziemlich blutreich. Die Marksubstanz von der Rindensubstanz wenig scharf abgesetzt. Blase leer. Leber zeigt nichts besonderes. Das linke Herz enthält mäßig viel flüssiges Blut, das rechte außerdem lockere Gerinnsel. Beide Lungen lufthaltig, auf der Schnittfläche ziemlich trocken.

---

19. Fall. Etwa 25 Jahre alter Hindu; in Kalkutta geboren. Ins Sealdah Hospital aufgenommen am 31. 1. 84 als an Remittens leidend. Angeblich vier Tage vorher mit Fieber erkrankt, welches bis zur Aufnahme angedauert haben soll. Bei der Aufnahme benommen; Augen geröthet; Haut trocken und heiß; Puls klein und frequent; ausgesprochene Gehirnerscheinungen; Zunge belegt. — Auf Verabfolgung eines Abführmittels wurde ein kopiöser Stuhl entleert. Am Morgen des 2. 2. starb der vorher vollständig komatös gewordene Patient.

Obduktion am 2. 2. Vorm. 11 Uhr:

Kräftig gebaute, gut genährte Leiche. Aeußerlich noch kein Zeichen eingetretener Fäulniß. Bei der Eröffnung des Abdomen fallen sofort die Dünndarmschlingen durch die namentlich in den unteren Abschnitten intensiv dunkelrothe Färbung auf. Sie fühlen sich außerordentlich schlüpfrig an. Die Schleimhaut des Jejunum und Ileum ist geschwollen und durch gleichmäßige Injektion geröthet. Auf der Höhe der Falten ist die Röthung am stärksten. Die Peyer'schen Plaques erscheinen theils relativ blaß in der gerötheten Schleimhaut, theils sind auch sie geröthet. Der schwach röthlich gefärbte wässerige Dünndarminhalt enthält zahlreiche Schleimflocken. Dickdarmschleimhaut unverändert; nur im Coecum ebenfalls gleichmäßige Röthung der Schleimhaut. Die Milz, durch alte bindegewebige Adhäsionen befestigt, zeigt auf ihrer Oberfläche weiße bindegewebige Schwielen. Sie ist von mäßiger Größe, derb; auf der Schnittfläche zeigt sie nichts Besonderes. Beide Nieren von mittlerer Größe. Die Rindensubstanz, sehr blaß und leicht getrübt, hebt sich sehr scharf von der intensiv gerötheten Marksubstanz ab. Die Blase enthält wenige Gramm klaren Urins. Leber ohne Veränderungen. Das Herz ist in seiner rechten Hälfte stark mit flüssigem Blut und Gerinnseln gefüllt; das linke Herz wenig gefüllt. Beide Lungen lufthaltig; auf dem Durchschnitt ziemlich trocken.

(Klinisch war in diesem Falle Cholera nicht diagnosticirt. Es sollten zu Kontrolversuchen Darmstücke entnommen werden, wobei sich der Verdacht auf Cholera ergab. Durch die mikroskopische Untersuchung stellte sich dieser Verdacht als begründet heraus; es fanden sich in Deckglaspräparaten und in den Kulturen zahlreiche Cholerabacillen in den Flocken des Darminhalts. Die klinische Diagnose war: »Remittent Fever.«)

---

20. Fall. 30jähriger Hindu; aufgenommen ins Medical College Hospital am 31. 1. 84. Am Morgen dieses Tages nach Aussage der Angehörigen vier dünne Stuhlausleerungen; zehn bis zwölf Mal Erbrechen. Bei der Aufnahme Zunge belegt, Puls kaum fühlbar, Krämpfe in den Extremitäten, Urinabsonderung sistirt. Im Laufe des Tages mehrmaliges Erbrechen, wässerige Stühle, kalte Extremitäten, eingesunkene Augen, heisere Stimme. Mit dem Erbrochenen wurde ein Eingeweidewurm entleert. In den folgenden Tagen dauerten Erbrechen und Durchfall fort. Am 3. 2. Vorm. 4 Uhr trat der Tod ein.

Obduktion: 3. 2. Vorm. 10 Uhr:

Mittelgroße, kräftig gebaute, gut genährte Leiche. Starke Todtenstarre. Dünndarm äußerlich von graurother Farbe mit stark injicirten Gefäßen. Milz etwas vergrößert, derb. Nieren klein, Marksubstanz dunkelroth, Rindensubstanz blaß. Blase enthält etwa einen Eßlöffel voll einer trüben weißlichen Flüssigkeit. Leber von gewöhnlicher Größe; Leberzeichnung nur undeutlich zu erkennen. Oberfläche der Bauchorgane mit einem sehr zähen schleimigen Ueberzug bedeckt. Magen enthält eine graugrüne, mit kleinen Flocken reichlich vermischte Flüssigkeit und darin einen hühnereigroßen Klumpen geronnener Milch. Im Dünndarm neben ziemlich viel Gas fäkulenter dünnbreiiger Inhalt, im oberen Theil von gelbgrüner, im unteren von graugrüner Farbe. Derselbe fäkulente Inhalt im Dickdarm. Dünndarmschleimhaut geschwollen, geröthet und namentlich im untern Abschnitte vielfach von Hämorrhagieen durchsetzt, meist mit einem dicken grauen Schleim belegt. Peyer'sche Plaques nicht injicirt. Solitäre Follikel treten stark hervor. Mesenterialdrüsen wenig geschwollen. Herzbeutel leer; auf dem visceralen Blatte des Pericardium einige punktförmige Hämorrhagieen. Im linken Ventrikel dunkles flüssiges, sowie geronnenes Blut; rechter Ventrikel, stärker gefüllt, enthält neben geronnenem dunklen Blut auch Fibringerinnsel. Lungen lufthaltig, nur in der rechten Lunge hinten unten ein taubeneigroßer frischer Infarkt.

---

21. Fall. 27jährige Hindufrau, am 30. 1. 84 mit Erbrechen und Durchfall erkrankt und an demselben Tage ins Medical College Hospital aufgenommen. Bei der Aufnahme Schmerzen im Epigastrium, starker Durst, Krämpfe in den Unterextremitäten, eingefallene Augen, kaum fühlbarer Puls, kalte Extremitäten. Kein Stuhl, kein Urin im Laufe des Tages. In den folgenden Tagen stellte sich allmählich die Urinabsonderung wieder ein. Täglich erfolgten mehrere dünne fäkulent gefärbte Stühle. Auch das Erbrechen wiederholte sich noch einige Male. Dabei besserte sich das Allgemeinbefinden nicht. Große Unruhe und Delirien stellten sich ein, und am 3. 2. Vorm. 3 Uhr erfolgte der Tod.

Obduktion am 3. 2. Vorm. $10\frac{1}{2}$ Uhr:

Mittelgroße, gut genährte Leiche, im Innern noch warm. Starke Todtenstarre. Dünndarm stark geröthet, namentlich im untern Abschnitte des Ileum. Mesenterialdrüsen nicht verändert. Milz von gewöhnlicher Größe, schlaff, Follikel undeutlich. Nieren ebenfalls von gewöhnlicher Größe; Marksubstanz dunkel geröthet. Blase enthält ca. 2 Eßlöffel voll trüben Urin. Leberzeichnung auf dem Durchschnitt sehr undeutlich. Gallenblase mit dunkelgrüner Galle gefüllt. Im Magen eine graugrüne Flüssigkeit, im Duodenum galliger, schleimiger Brei. Weiter abwärts hat der Darminhalt fäkulente Beschaffenheit. Im Dickdarm wenig breiiger fäkulenter Inhalt. Schleimhaut des Dünn- und Dickdarms succulent und geröthet und zwar im Dünndarm namentlich der unterste Abschnitt, woselbst zahlreiche Hämorrhagieen in der Schleimhaut sich finden, so daß stellenweise die Schleimhaut in der Ausdehnung von mehreren Centimetern vollständig damit bedeckt ist. Vielfach liegt der Schleimhaut zäher flockiger Schleim auf. Herzbeutel leer, im rechten Ventrikel viel, im linken etwa $1\frac{1}{2}$ Eßlöffel dunkles flüssiges ungeronnenes Blut; im rechten Ventrikel außerdem ein Faserstoffgerinnsel. Lungen überall lufthaltig.

---

22. Fall. 16jähriger männlicher Hindu. Wurde am 3. 2. 84 in bewußtlosem Zustande in das Sealdah Hospital aufgenommen. Bei der Aufnahme ein wässeriger Stuhl und Erbrechen. Bald nachher einige gallig gefärbte Ausleerungen. Kein Urin gelassen. Puls nicht zu fühlen. Haut kühl. Augen eingesunken. Tod bald nach der Aufnahme am 3. 2. Mittags 12 Uhr.

Obduktion am 4. 2. Vorm.:

Leiche gut genährt. Keine Fäulnißerscheinungen. Bei der Eröffnung der Bauchhöhle fällt die ziemlich gleichmäßige blaßrothe Färbung der Dünndärme auf. Der Inhalt derselben besteht aus einer schmutzig grün gefärbten wässerigen Flüssigkeit, in welcher sehr zahlreiche grünlichgraue Schleimflocken schwimmen. Die Schleimhaut des Jejunum und Ileum, sowie des Colon ascendens und transversum ziemlich gleichmäßig geröthet. Im Jejunum ist die Röthung auf der Höhe der Falten am stärksten. Die Peyer'schen Plaques, ebenfalls geröthet, heben sich von der Umgebung sehr wenig ab. Milz sehr groß, $1\frac{1}{2}$ Pfd. schwer; dabei ziemlich derb. Beide Nieren zeigen eine sehr scharfe Absetzung der Rinden von der Marksubstanz. Während letztere dunkel geröthet ist, erscheint die erstere blaß graugelb gefärbt und leicht getrübt. Blase leer. Leber bietet nichts Besonderes. Beide Lungen lufthaltig und ohne Verdichtungen. Auf dem Durchschnitt auffallend trocken. Linkes Herz mit einer mäßigen Quantität flüssigen Blutes, rechtes Herz sehr reichlich mit flüssigem Blut und Faserstoffgerinnseln gefüllt.

---

23. Fall. 27jähriger Hindu, Policeman. Erkrankte am 4. 2. 84 mit wässerigen Ausleerungen, mehrmaligem Erbrechen und erschwerter Athmung. Zunächst ins Mayo Hospital aufgenommen wurde er von da am 5. 2. ins Medical College Hospital übergeführt. Hier ließ das Erbrechen bald nach. Täglich erfolgten einige schwach gefärbte dünne Ausleerungen; dabei blieben die Extremitäten kalt, die Urinabsonderung sehr gering. Unter zunehmender Schwäche und unter starken Athembeschwerden trat am 8. 2. Vorm. 11 Uhr der Tod ein.

Obduktion am 9. 2. Vorm.:

Kräftiger Mann; Leiche todtenstarr, ohne Fäulniß. Im rechten Herzen viel, im linken etwas dickflüssiges Blut und lockere Blutgerinnsel. Lungen dunkel gefärbt, fleckig, auf der Schnittfläche viele Hämorrhagieen, nach hinten zu ödematös und von größeren schwarzrothen luftleeren Heerden durchsetzt. Neben der Art. coronaria einige Ekchymosen. Magen mit dünnflüssiger grauer Flüssigkeit gefüllt, welche einige dicke harte Milchcoagula enthält; Schleimhaut von vielen Hämorrhagieen durchsetzt. Dünndarm äußerlich dunkelroth, namentlich nach dem unteren Theil zu. Duodenum mit gelblicher, schleimiger Flüssigkeit gefüllt; Schleimhaut mäßig geröthet und mit einigen Hämorrhagieen versehen. Die Schleimhaut des übrigen Dünndarms fleckig dunkel geröthet, im Ileum auch vielfach fleckig schmutzig braun gefärbt und oberflächlich nekrotisirt. Peyer'sche Plaques und solitäre Follikel von blasser Farbe, geschwollen, ihre Umgebung im unteren Ileum besonders stark geröthet und injicirt. Dünndarminhalt oben dünnflüssig, graugelblich; nach unten zu mehr wässerig mit großen graurothen schleimig-fibrinösen Flocken. Dickdarm nicht verändert, Inhalt dünnflüssig, bräunlich, stinkend. Mesenterialdrüsen vergrößert, etwas dunkel und röthlich gefärbt. Nieren klein, Marksubstanz dunkelbraunroth, Rindensubstanz streifig geröthet. Blase ziemlich stark mit blassem Urin gefüllt. Milz klein, schlaff. Leber auf der Schnittfläche mit undeutlicher Läppchenzeichnung; mehrere derbe, gelbweiße, concentrisch geschichtete kirschkerngroße Heerde in der Lebersubstanz.

---

24. Fall. 25jähriger Hindu. In der Nacht vom 7. zum 8. 2. 84 mit heftigem Durchfall erkrankt, wurde er am 8. 2. ins Medical College Hospital aufgenommen. Bei der Aufnahme erfolgte einmal Erbrechen, die Augen waren geröthet, der Puls unfühlbar. Klagen über Durst. Kalte Extremitäten und Krämpfe in denselben. Das Erbrechen wiederholte sich, Stuhlentleerungen dagegen traten nicht mehr ein. Wenige Stunden nach der Aufnahme erfolgte bereits der Tod.

Obduktion am 9. 2. Vorm. 10 Uhr:

Leiche von kräftigem Körperbau, starke Todtenstarre, keine Fäulniß. Rechtes Herz stark gefüllt mit dickflüssigem Blut; linkes Herz fast leer. Lungen trocken, nach hinten zu dunkler gefärbt und blutreich. Darmoberfläche gleichmäßig geröthet. Alle Organe der Brust- und Bauchhöhle mit zähem schlüpfrigen Schleim überzogen. Im Magen viel wässerige Flüssigkeit mit unverdauten Reiskörnern. Schleimhaut desselben im Fundus mit kleinen Hämorrhagieen besetzt. Schleimhaut des Dünndarms stark injicirt und gleichmäßig hellroth; nur in der Umgebung der Peyer'schen Plaques und solitären Follikel in der unteren Hälfte dunkelgeröthet; außerdem etwas verdickt und sammetartig. Peyer'sche Plaques etwas geschwollen, weiß. Dünndarminhalt mehlsuppenartig, sehr reichlich; im unteren Theile des Dünndarms mit fibrinösen Flocken untermischt und von schwach röthlicher Farbe; ein wenig nach Schwefelwasserstoff riechend. Dickdarm nicht verändert, sein Inhalt hellgraubraun und dünnflüssig. Mesenterialdrüsen kaum vergrößert, von heller Farbe. Nieren klein; Marksubstanz dunkel gefärbt. Blase ganz leer. Milz nicht vergrößert, schlaff. Leber nicht verändert.

---

25. Fall. Hindufrau. Nach kurzer Krankheit am 8. 2. 84 auf der Höhe des algiden Stadium im Sealdah Hospital gestorben.

Obduktion am 8. 2. von Herrn Dr. Dissent ausgeführt, welcher der Kommission Dünndarminhalt und doppelt unterbundene Dünndarmschlingen (Ileum) übersandte. Der Darminhalt bestand aus einer grau durchscheinenden zäh gallertigen Masse. Die Dünndarmschlingen waren gleichmäßig hellroth gefärbt.

---

26. Fall. Männlicher Hindu; nach Ablauf des eigentlichen Choleraanfalls, wahrscheinlich in Folge der ausgedehnten Darmveränderungen, im Sealdah Hospital am 8. 2. 84 gestorben.

Die Obduktion wurde an demselben Tage von Herrn Dr. Dissent ausgeführt, welcher der Kommission Darminhalt und Theile des Dünndarms übersandte. Die Schleimhaut des letzteren war intensiv dunkelroth gefärbt; der Darminhalt stellte eine blutige, mit Schleim gemischte Masse dar.

---

27. Fall. 25jähriger Hindu. Am 9. 2. 84 in einem Kuli Depot mit Erbrechen und Durchfall erkrankt wurde er sofort ins Sealdah Hospital geschickt. Bei der Aufnahme (10½ Uhr Vorm.) befand er sich im Collapszustande. Kalte Extremitäten, Finger und Zehen runzelig, kein Puls, Augen eingefallen, Stimme völlig tonlos. Urinabsonderung sistirt. Bereits fünf Stunden nach der Aufnahme, um 3½ Uhr Nachm., erfolgte der Tod.

Obduktion am 10. 2. Vorm. 9 Uhr:

Kräftig gebaute, gut genährte Leiche. Todtenstarre hochgradig, kein Fäulnißgeruch. Oberfläche der Baucheingeweide außerordentlich schlüpfrig. Der Darm von gleichmäßig blaßrosa Farbe. Milz um das Doppelte vergrößert, schlaff, Follikel schwer zu erkennen. Nieren klein, Markſubstanz durch ihre dunkelrothe Färbung stark von der blassen Rindensubstanz sich abhebend. Blase vollständig leer, fest contrahirt. Leber von gewöhnlicher Größe, Schnittfläche trocken, Leberzeichnung schwer zu erkennen. Magen stark ausgedehnt, enthält neben reichlichem Gas eine große Menge einer trüben, grauen, wässerigen Flüssigkeit. Im Dünndarm sowie im Dickdarm suppenartiger Inhalt, im oberen Abschnitt des Dünndarms von milchkaffeeartiger Farbe, weiter abwärts von Mehlsuppen-Farbe mit leichtem Stich ins Röthliche. Der Darminhalt ist fast geruchlos, hier und da etwas schaumig. Die Schleimhaut in der ganzen Ausdehnung des Darmes mit hellgrauem Schleim bedeckt, gleichmäßig geröthet und geschwollen. Im Duodenum ein kleiner Wurm, 1 cm lang, fadenförmig. Die Peyer'schen Plaques theils unverändert, theils mit netzartiger Gefäßinjektion im Innern. Im Jejunum hier und da, namentlich auf der Höhe der Falten, kleine punktförmige Hämorrhagieen. Die solitären Follikel etwas prominirend. Mesenterialdrüsen leicht vergrößert. Herzbeutel mit dem Herzen auf der vorderen Seite an mehreren Stellen verwachsen; im Herzbeutel keine Flüssigkeit. Beide Herzkammern enthalten Blut, die rechte neben Fibringerinnseln dickes geronnenes Blut in ziemlich reichlicher Menge, die linke ein bis zwei Eßlöffel dunkles flüssiges Blut. Herzklappen intakt. Die Lungen überall lufthaltig, ihre Schnittfläche trocken.

---

28. Fall. 35jähriger Hindu, Kuli, am 8. 2. 84 mit wiederholtem Erbrechen und Durchfall erkrankt. Wurde am Nachmittage ins Sealdah Hospital aufgenommen. Bei der Aufnahme: Kleiner, schwacher, frequenter Puls. Haut warm. Augen eingesunken. Heisere Stimme. Erbrechen. Der Kranke klagt über Krämpfe in den Extremitäten und Schmerz bei Druck auf die Lebergegend, läßt den Stuhl ins Bett. Entleerung einer geringen Menge hellgefärbten Urins. — Am 9. 2. war der Puls nicht mehr zu fühlen. Sensorium benommen; schwache und mühsame Respiration. Die letzten 20 Minuten vor dem Tode, welcher am 9. 2. Nachm. 5 Uhr erfolgte, war der Kranke völlig komatös.

Obduktion am 10. 2. Vorm. 9½ Uhr:

Mittelkräftig gebaute, leidlich gut genährte Leiche, starke Todtenstarre, schwacher Leichengeruch. Oberfläche der Baucheingeweide schlüpfrig: Darm zeigt eine gleichmäßige intensive Röthung mit stark injicirten Gefäßverzweigungen. Milz etwas größer als normal, schlaff. Nieren klein: die dunkelrothe Marksubstanz hebt sich deutlich gegen die blasse Rindensubstanz ab. Blase enthält nur wenige Tropfen trüben Urins. Leber von gewöhnlicher Größe, Leberzeichnung nicht sehr deutlich. Magen enthält Gas, sowie reichliche Mengen einer graugrünlichen, mit kleinen ebenso gefärbten Flocken vermischten Flüssigkeit. Darminhalt oben von hell, weiter abwärts von dunkelgrüner Farbe, suppenartiger Consistenz und fäkulentem Geruch. Im Duodenum ein ca. 1 cm langer fadenförmiger Wurm. Die Darmschleimhaut, mit zähem gallig gefärbten Schleim bedeckt, erscheint in ihrer ganzen Ausdehnung geröthet und geschwollen, die Oberfläche sammetartig. Die Peyer'schen Plaques fast alle von einem injicirten Gefäßnetz durchsetzt, viele außerdem mit einer starken Gefäßinjektion am Rande.

Solitäre Follikel stark prominirend. In der Schleimhaut des Dünndarms hier und da kleine Hämorrhagieen. Mesenterialdrüsen nicht verändert. Herzbeutel leer. Im rechten Ventrikel viel, im linken wenig theerartiges Blut; im rechten ein dickes Faserstoffgerinnsel. Klappen intakt. Lungen überall lufthaltig, in den unteren und hinteren Partieen stärker bluthaltig.

---

29. Fall. 30 Jahre alter Muhamedaner. In der Nacht vom 11. zum 12. 2. 84 mit heftigem Erbrechen und Durchfall erkrankt. Am 12. 2. in das Medical College Hospital aufgenommen. Urinabsonderung gering. Schnelle Athmung. Klagen über Schmerzen in der Magengegend. Keine Krämpfe. Zunge feucht und kalt. Im Hospitale kein Erbrechen mehr. Große Unruhe. 52 Athemzüge in der Minute. Tod 10 Uhr 30 Min. Vorm. (wenige Stunden nach der Aufnahme).

Obduktion am 12. 2. 12 Uhr Mittags:

Kräftige Leiche, starke Todtenstarre, keine Spur von Fäulnißerscheinungen. Alle Organe der Brust- und Bauchhöhle auffallend schlüpfrig. Das rechte Herz mäßig stark mit flüssigem Blute und lockeren Gerinnseln gefüllt; das linke Herz hat den gleichen Inhalt, aber in etwas geringerer Menge. Lungengewebe trocken, auf der Schnittfläche tritt flüssiges Blut in mäßiger Quantität aus den Gefäßen. Netz und Dünndarm sind gleichmäßig injicirt und von rosenrother Farbe. An der Grenze zwischen dem unteren und mittleren Drittel des Dünndarms eine 5 cm lange Intussusception des Darms, welche erst durch ziemlich kräftigen Zug zu lösen ist. Der Magen enthält mit vielen unverdauten Reiskörnern untermischte wässerige, trübe Flüssigkeit; seine Schleimhaut blaß grauroth, ohne Hämorrhagieen. Der Dünndarm ist oberhalb der Intussusception mit wässerig-schleimiger, fast klarer Flüssigkeit schwappend gefüllt; in dieser Flüssigkeit suspendirt, theilweise auch der Schleimhaut anhaftend große hellgraue schleimig-fibrinöse Flocken in großer Zahl. Die Schleimhaut gleichmäßig leicht geröthet. Die Peyer'schen Plaques und solitären Follikel sehr wenig geschwollen und blaß, ihre Umgebung nicht auffallend geröthet. An der Stelle der Intussusception hat die Schleimhaut dieselbe Farbe wie darüber und darunter. Der Darm ist hier ohne Verklebung oder sonstige Reaktionserscheinungen. Weiter abwärts dieselbe Flüssigkeit und Flocken. Die unterste Partie des Dünndarms und der Dickdarm fast vollkommen leer und zusammengefallen. Dickdarmschleimhaut blaß, mit schleimig-fibrinösen Flocken in spärlicher Menge bedeckt. Mesenterialdrüsen nicht merklich vergrößert. Milz um das Dreifache vergrößert, ziemlich derb. Schnittfläche schwarzroth. Leber ohne bemerkbare Veränderungen. Gallenblase mit dunkelbrauner Galle mäßig gefüllt. Beide Nieren klein. Mark- und Rindensubstanz fast gleichmäßig dunkel geröthet. Blase vollkommen leer.

---

30. Fall. 25jähriger Hindu. Soeben erst von der Pilgerfahrt nach Juggernath Puri zurückgekehrt, am Morgen des 7. 2. 84 mit heftigem Erbrechen und Durchfall erkrankt. Noch am 7. 2. in das Sealdah Hospital aufgenommen. Bei der Aufnahme Puls nicht zu fühlen. Heisere Stimme; kalte Extremitäten; Haut an den Fingern runzlich; Körper mäßig warm; Ausleerungen reiswasserartig; kein Urin. Große Schwäche bei erhaltenem Bewußtsein. Die Diarrhoe dauerte in den nächsten Tagen fort, doch färbten sich die Ausleerungen gallig. Am 11. etwas Urin gelassen. Der Puls, eine Zeitlang kräftig, wurde am 11. Abends wieder schwächer, gleichzeitig trat Benommenheit ein, die allmählig in Coma überging. Die Athmung wurde mühsam und kurz. Urämische (?) Convulsionen. Der Tod erfolgte am 12. 2. Vorm. 11¾ Uhr.

Obduktion am 12. 2. Nachm. 1 Uhr:

Leiche noch warm, Todtenstarre beginnend. Oberfläche der Baucheingeweide mit einem schlüpfrigen Ueberzuge bedeckt. Dünndarmoberfläche von schmutzig rothgrauer Farbe, Gefäße stark injicirt. Milz mäßig vergrößert, schlaff, auf dem Durchschnitte von grünschwarzer Farbe, Follikel schwer zu erkennen. Nieren von gewöhnlicher Größe, Marksubstanz dunkelroth. Rindensubstanz blaß. Blase enthält mehrere Eßlöffel voll etwas trüben Urins. Leber von gewöhnlicher Größe, auf dem Durchschnitte von dunkelbrauner Farbe, Leberzeichnung wenig ausgeprägt; aus den Gefäßen tritt wenig Blut auf die Schnittfläche. Magen enthält graugrüne, mit kleinen Flocken vermischte Flüssigkeit in reichlicher Menge. Im Dünn- und Dickdarm ziemlich reichlicher gallig gefärbter Inhalt von Suppenconsistenz und fäkulentem Geruch. Die

Schleimhaut des Dünndarms hochgradig geschwollen und geröthet, ödematös, auf der Oberfläche mit zähen, schleimigen Massen bedeckt. Peyer'sche Plaques an den Rändern, sowie im Innern netzartig injicirt. Vielfach kleine Hämorrhagieen in der Schleimhaut, namentlich auf der Höhe der Falten. Solitäre Follikel mäßig prominent. Dickdarmschleimhaut geschwollen und geröthet, ebenfalls succulent. Herzbeutel leer, in beiden Herzhälften dunkles flüssiges Blut, in der linken weniger als in der rechten; in letzterer ein dickes Speckhautgerinnsel. Lungen überall lufthaltig. Auf dem Durchschnitt treten aus den durchschnittenen Bronchien grüngelbe, schleimig eitrige Massen hervor. Schleimhaut der Bronchien geröthet.

31. Fall. 20 Jahre alter Hindu. Am 8. 2. 84 mit heftigem Erbrechen und Durchfall erkrankt. Am 9. 2. ins Sealdah Hospital aufgenommen. Bei der Aufnahme wässerige, mit Schleimflocken gemischte Stühle, die sich bald und häufig wiederholten. Kein Puls. Kalte Zunge. Erbrechen. Augen eingesunken. Heisere Stimme. Kein Urin. Haut mäßig warm. Diese Erscheinungen dauerten an bis zum 11. 2., wo die Reaktion eintrat. Die Stühle wurden gallig, die Haut warm, der Puls fühlbar. Urin wurde gelassen. Am 12. 2. wurde der Puls wieder unfühlbar. Unter großer Unruhe erfolgte am 13. 2. Nachm. der Tod.

Die Obduktion wurde wenige Stunden nach Eintritt des Todes von Herrn Dr. Dissent ausgeführt. Sie ergab nichts besonders Abweichendes von einem in der Reaktionsperiode an Cholera Gestorbenen. Die beiden von Herrn Dr. Dissent der Kommission übersandten Dünndarmstücke enthielten eine ziemlich consistente grünliche Masse mit sehr vielen Schleimflocken. Die Schleimhaut war geschwollen und mäßig geröthet.

32. Fall. Etwa 14jähriges Hindumädchen. Erkrankte mit heftigem Erbrechen und Durchfall in der Nacht vom 11. zum 12. 2. 84. Am 13. 2. in das Sealdah Hospital aufgenommen. Bei der Aufnahme: Puls nicht zu fühlen; Augen eingesunken; Wäscherinnenfinger; schwache Respiration; kalte Extremitäten; tonlose Stimme; große Unruhe; farblose, wässerige häufige Stühle, in die Unterlage gelassen; zahlreiche Schleimflocken in den Stühlen; häufiges Erbrechen; kein Urin. Der Collaps nahm schnell zu. Die Stühle wurden blutig. Klagen über excessiven Durst. Profuser Schweiß. Tod am 14. 2. Morgens 1 Uhr.

Obduktion am 14. 2. Vorm.:

Gut genährte, zierlich gebaute weibliche Leiche. Keine Fäulnißerscheinungen. Nach Eröffnung der Bauchhöhle fallen sofort die Dünndarmschlingen durch gleichmäßig tiefrothe Färbung auf. Sie fühlen sich außerordentlich schlüpfrig an. Die Schleimhaut des Duodenum blaß und unverändert. Vom Jejunum ab bis zur Ileocoecalklappe ist die Schleimhaut verdickt, gleichmäßig dunkelgeröthet und hier und da mit kleinen Hämorrhagieen, namentlich auf der Höhe der Falten besetzt. Die Peyer'schen Plaques heben sich auf dem rothen Grunde als relativ blasse Stellen ab. Der Inhalt des Jejunum und Ileum besteht aus einer hell-chokoladefarbigen Flüssigkeit, in welcher reichliche Mengen von bräunlichen und gelblichgrünen Bröckchen und Klümpchen, aber keine eigentlichen Schleimflocken schwimmen. Die Schleimhaut des Dickdarms ist blaß und unverändert. Die Milz ist sehr groß, derb; auf dem Durchschnitt von schmutzig graurother Färbung. Die Nieren klein, zeigen nichts Besonderes. Lungen auf der Schnittfläche trocken, rechte Lunge blutreicher als die linke, beide ohne Verdichtungen. Linkes Herz enthält nur ein speckiges Blutgerinnsel, kein flüssiges Blut; das rechte Herz enthält ziemlich viel flüssiges Blut und einige speckige Blutgerinnsel. Leber bietet nichts Besonderes. Blase vollständig leer und contrahirt.

33. Fall. Etwa 25jähriger Hindu. Kuli. Am 11. 2. 84 10 Uhr Vorm. mit Erbrechen und Durchfall erkrankt. Vor der Aufnahme zwölf dünne Stühle und fünfmal Erbrechen. Bei der Aufnahme ins Sealdah Hospital am Vormittage des 12. 2.: Puls unfühlbar; Stimme tonlos; Extremitäten kalt; Haut an Fingern und Zehen gefaltet; Augen eingesunken; Klagen über sehr großen Durst; Stühle häufig und ins Bett entleert, von wässeriger Beschaffenheit, fleischfarben und mit zahlreichen Schleimflocken durchsetzt. Patient collabirte mehr und mehr. Die Stühle wurden zuletzt chokoladefarbig. Große Unruhe. Sehr erschwertes Athmen. Tod am 13. 2. Nachm. 5 Uhr 15 Min.

Obduktion am 14. 2. Vorm. 10 Uhr:

Kräftige, mäßig gut genährte Leiche. Keine Fäulnißerscheinungen. Nach Eröffnung der Bauchhöhle erscheinen die Dünndärme schwach geröthet; Ileumschlingen fallen durch etwas intensivere Röthung auf. Der Inhalt des Dünndarms besteht aus einer wässerigen Flüssigkeit, in welcher reichlich hellgrünliche und graue Flocken und Schleimtheile schwimmen. Die Schleimhaut des Jejunum und Ileum ist kaum verdickt und nur mäßig geröthet. Ganz vereinzelt finden sich auf der Höhe der Falten kleine punktförmige Hämorrhagieen. Die Mesenterialdrüsen sind etwas vergrößert, bieten aber sonst nichts Besonderes. Die Peyer'schen Plaques sind leicht geröthet, namentlich am Rande. Die Schleimhaut des Dickdarms ist an verschiedenen Stellen in der Ausdehnung von Handflächen leicht verdickt und intensiv gleichmäßig geröthet. Im Bereich dieser Partieen finden sich auch einzelne kleine Hämorrhagieen. Geschwüre nicht vorhanden. Milz groß und derb. Nieren nicht verändert; die Marksubstanz relativ blaß. Beide Lungen ziemlich blutreich, ohne Verdichtungen. Linkes Herz fast leer; rechtes ziemlich stark mit flüssigem Blut gefüllt. Blase vollständig leer.

---

34. **Fall.** 38jähriger Hindu. Kuli. Erkrankte am Abend des 13. 2. 84 mit heftigem Erbrechen und Durchfall, sowie schmerzhaften Krämpfen in den Extremitäten. Am Vormittage des 14. 2. in das Sealdah Hospital aufgenommen. Sehr häufiges Erbrechen und Entleerung wässeriger Stühle, welche mit zahlreichen Schleimflocken gemischt waren. Puls nicht zu fühlen. Extremitäten kalt. Augen eingesunken. Waschfrauenfinger. Urinabsonderung sistirt. Bewußtsein völlig ungetrübt, Klagen über unerträglichen Durst. Am folgenden Tage Klagen über intensive brennende Schmerzen im Unterleibe. Die Stühle begannen gallige Färbung zu zeigen. Große Unruhe bei zunehmendem Collaps. Athmung langsam und oberflächlich. Tod am 16. 2. Nachm. 4 Uhr.

Die **Obduktion** wurde am 16. 2. Abends durch Herrn Dr. Dissent ausgeführt, welcher der Kommission am folgenden Tage zwei unterbundene Ileumstücke sandte. Der Inhalt derselben war blutig gefärbt, ohne Beimengung von Schleimflocken. Die Darmschleimhaut war stark geröthet und von Hämorrhagieen durchsetzt.

---

35. **Fall.** Männlicher Hindu, am 16. 2. 84 sterbend ins Sealdah Hospital gebracht. Krankengeschichte nicht bekannt.

Die **Obduktion** wurde noch an demselben Tage durch Herrn Dr. Dissent ausgeführt, welcher der Kommission ein Glas voll Dünndarminhalt und zwei doppelt unterbundene Ileumstücke übersandte. Der Darminhalt bestand aus einer fast farblosen wässerigen Flüssigkeit, in welcher zahlreiche gallertige, etwas durchscheinende, fleischfarbige Schleimklumpen schwammen. Die Schleimhaut sowohl, wie der Peritonealüberzug der beiden Darmschlingen war gleichmäßig hellroth gefärbt.

---

36. **Fall.** 34jähriger Hindu. Kuli. Erkrankte in einem Auswanderer-Depot am 18. 2. 84 Vorm. 10 Uhr mit sehr heftigem Erbrechen, Durchfall und schmerzhaften Krämpfen in den Extremitäten und den Bauchmuskeln. Auf Anordnung des Inhabers des Depots wurde er noch an demselben Tage in das Sealdah Hospital übergeführt. Bei der Aufnahme angstvoller Gesichtsausdruck. Große Unruhe bei gleichzeitig vorhandener großer Schwäche. Oberflächliche Athmung. Tonlose Stimme. Kalter Körper. Pulslosigkeit. Urinabsonderung sistirt. In der folgenden Nacht nahm die Schwäche zu, Patient wurde komatös und starb am 19. 2. Vorm. 8½ Uhr.

Die **Obduktion**, welche die charakteristischen Veränderungen der Cholera ergab, wurde einige Stunden nach dem Tode durch Herrn Dr. Dissent ausgeführt. Derselbe sandte der Kommission unmittelbar darauf zwei unterbundene Ileumstücke, deren Inhalt aus einer röthlich gefärbten, klaren Flüssigkeit, untermischt mit großen Massen grauröthlicher schleimig-fibrinöser Flocken, bestand. Die Masse glich gehacktem und mit einer reichlichen Menge Wasser ausgezogenem Fleisch. Die Darmstücke waren äußerlich gleichmäßig rosaroth gefärbt, ihre Schleimhaut verdickt und ebenfalls von gleichmäßig blaßrother Färbung.

37. Fall. 65jähriger Hindu. Erkrankte am 22. 2. 81 Abends ganz plötzlich mit Erbrechen und Durchfall. Alsbald in das Sealdah Hospital aufgenommen bot er das ausgesprochene Bild der Cholera (eingesunkene Augen, angstvolles Aussehen, heisere Stimme, Unruhe, kalte Extremitäten, Waschfrauenfinger, blauschwarze Färbung der Fingernägel, unstillbaren Durst, oberflächliche Athmung, unfühlbaren Puls ꝛc.). Bereits vier Stunden nach der Aufnahme war er eine Leiche.

Die Obduktion wurde am 23. 2. Vorm. durch Herrn Dr. Dissent ausgeführt. Die der Kommission übersandten beiden Ileumstücke hatten dieselbe Beschaffenheit wie diejenigen im Fall 36. Wie dort, so bestand auch hier ihr Inhalt aus einer röthlich gefärbten klaren Flüssigkeit, mit großen Mengen von röthlich gefärbten gallertig fibrinösen Massen durchsetzt.

- -

38. Fall. 40jähriger Hindu. Kuli. Erkrankte am 22. 2. 81 Morgens mit Erbrechen und Durchfall; wurde noch an demselben Tage in das Medical College Hospital gebracht. Bei der Aufnahme: Puls an der Radialis kaum zu fühlen; Extremitäten kalt; Schmerzen in der Magengegend; Augen eingefallen; heisere Stimme; Krämpfe in den Extremitäten. Urinentleerung im Hospital erfolgt. Am folgenden Tage wiederholt Erbrechen und dünne Ausleerungen. Am 23. 2. zeigten sich blutige Beimengungen in den Darmentleerungen, die Schwäche nahm zu, der Radialpuls wurde unfühlbar, die Athmung beschleunigt. Gegen Mittag erfolgte der Tod.

Obduktion am 24. 2. Vorm.:

Mittelgroße, kräftig gebaute, gut genährte Leiche; mäßige Todtenstarre; Fäulnißgeruch. Dünndarmoberfläche gleichmäßig geröthet. Darm durch Gas stark ausgedehnt. Oberfläche nicht auffallend schlüpfrig. Milz etwas vergrößert, schlaff; Trabekel verdickt, Milzbläschen kaum zu erkennen. Nieren klein, Marksubstanz dunkel geröthet, Rindensubstanz blaß. Blase enthält etwa einen Kinderlöffel voll trüben Urins. Leber von gewöhnlicher Größe, auf der Schnittfläche trocken, Leberzeichnung undeutlich. Gallenblase mit dunkelgrüner dickflüssiger Galle gefüllt. Magen enthält viel Gas, sowie graue suppenartige, mit kleinen Käseflocken vermischte Flüssigkeit. Im Duodenum und oberen Abschnitt des übrigen Dünndarms wenig mehlsuppenartige, grauweiße, fade aber nicht fäkulent riechende, weiter abwärts mehr milchkaffeeartige, mit kleinen Flocken vermischte Flüssigkeit. Schleimhaut des ganzen Dünn- und Dickdarms geschwollen, geröthet, succulent. Im oberen Theil des Dünndarms in der Schleimhaut hier und da kleine Hämorrhagieen. Peyer'sche Plaques nicht verändert, insbesondere nicht injicirt. Im Coecum, sowie im Colon descendens einzelne Stellen der Schleimhaut in der Ausdehnung von 3—5 qcm stark injicirt. Im Bereiche dieser Stellen vereinzelte hämorrhagische Flecke. Herzbeutel leer. Im rechten Herzen viel, im linken wenig dickflüssiges und geronnenes Blut. Die Lungen überall lufthaltig, die hinteren unteren Abschnitte stärker bluthaltig. Bronchialschleimhaut injicirt; in den größeren Bronchien reichliche Mengen zähen, grauen Schleims.

- — -

39. Fall. 33jähriger Hindu, Bettler. Will seit dem 23. 2. 81 Morgens an Erbrechen und Durchfall leiden; wurde am 24. 2. ins Medical College Hospital aufgenommen. Bei der Aufnahme: Kalte Extremitäten; eingesunkene Augen; heisere Stimme; feuchte kalte Zunge; Puls an der Radialis kaum fühlbar; Krämpfe; Urinabsonderung sistirt. Noch am Tage der Aufnahme erfolgte (Nachm. 2 Uhr) der Tod.

Obduktion am 25. 2. Vorm.:

Mittelgroße, mäßig gut genährte Leiche; Waschfrauenhände; mäßige Todtenstarre; kein Fäulnißgeruch. Dünndarm gleichmäßig rosafarben, mit stark injicirten Gefäßen, enthält viel Gas. Oberfläche der Baucheingeweide nicht sehr schlüpfrig. Milz fast doppelt so groß wie gewöhnlich, namentlich im Breitendurchmesser beträchtlich vergrößert, schlaff, trocken, Follikel eben zu erkennen, Trabekel nicht verdickt. Nieren ziemlich klein, Marksubstanz dunkelgeröthet, Rindensubstanz blaß. Blase leer, fest contrahirt. Leber von gewöhnlicher Größe, Leberzeichnung deutlich. Gallenblase enthält reichlich dunkelbraune dickflüssige Galle. Magen enthält neben viel Gas eine graugrüne, dünne, suppenartige Flüssigkeit; auf der Schleimhaut vereinzelte punktförmige Hämorrhagieen. Dünndarm enthält außer Gas eine graue, mehlsuppenartige, theilweise schaumige Flüssigkeit in mäßiger Menge, welche leicht nach Schwefelwasserstoff riecht.

Im untern Abschnitte ist die Schleimhaut mit einer Schleimschicht überzogen. Schleimhaut des ganzen Dünndarms gleichmäßig geröthet, succulent, mit sammetartiger Oberfläche. Im oberen Abschnitte des Ileum einzelne stecknadelkopfgroße, hämorrhagische Flecke in der Schleimhaut. Die Peyer'schen Plaques etwas geschwollen, mit Ausnahme eines einzigen großen im untersten Theil des Ileum befindlichen ohne injicirtes Gefäßnetz. Solitäre Follikel ziemlich stark prominirend. Der Dickdam enthält dieselbe suppenartige Flüssigkeit wie der Dünndarm; Schleimhaut ebenfalls succulent. Mesenterialdrüsen leicht vergrößert. Die Lungen überlagern den Herzbeutel. Herzbeutel leer. In beiden Ventrikeln etwas flüssiges, sowie dunkles geronnenes Blut, im linken weniger als im rechten, in beiden viel Speckhautgerinnsel. Klappen intakt. Beide Lungen überall lufthaltig, in den hinteren unteren Partieen stärker bluthaltig.

---

40. Fall. Männlicher Hindu. Am 23. 2. 84 Morgens mit außerordentlich häufigem Erbrechen und Durchfall erkrankt. Wurde am 24. 2. in vollständig collabirtem Zustande, pulslos, mit eingesunkenen Augen und kalten Extremitäten in das Sealdah Hospital aufgenommen. Die Urinabsonderung war völlig sistirt, dagegen wurden fortwährend wässerige Stühle entleert. Am 25. 2. trat Schweiß ein, der Durchfall ließ nach, ohne daß der Collapszustand aufhörte. Mittags wurde Patient sehr unruhig. Nachmittags 5 Uhr erfolgte der Tod.

Die Obduktion wurde am 25. 2. Abends durch Herrn Dr. Dissent ausgeführt, welcher am 26. 2. der Kommission zwei unterbundene Ileumstücke und ein Glas mit Dünndarminhalt übersandte. Letzterer bestand aus einer leicht trüben, röthlich gefärbten Flüssigkeit, in welcher in großen Massen grünlich gelbe Flocken und Schleimklumpen schwammen. — Die Darmstücke waren bereits ziemlich faul; ihr Inhalt bestand aus einer schmutzig-röthlichen Flüssigkeit ohne Flocken.

---

41. Fall. 16jähriger Hindu, Wäscher; am 25. 2. 84 Nachm. mit häufigem Erbrechen und Durchfall erkrankt; am 26. 2. Nachm. in das Sealdah Hospital pulslos und im Collapszustande aufgenommen. Augen tiefliegend; Extremitäten kalt; Haut an den Fingern und Zehen faltig; kalter klebriger Schweiß; großer Durst; Unruhe; Urinabsonderung sistirt; kein Erbrechen mehr; häufige entfärbte wässerige, mit Schleimflocken gemischte Stühle ins Bett entleert. — Der Collapszustand besserte sich nicht, die Athmung wurde frequent und oberflächlich, Patient begann zu deliriren und starb am 27. 2. Nachm. 1 Uhr.

Die Obduktion wurde am 27. 2. Abends von Herrn Dr. Dissent ausgeführt. Derselbe sandte der Kommission am 28. 2. zwei doppelt unterbundene Ileumstücke, welche bereits stark in Fäulniß übergegangen waren. Der Inhalt derselben bestand aus einer stinkenden bräunlichen Flüssigkeit, in welcher Schleimflocken nicht mehr nachweisbar waren.

---

42. Fall. 25jähriger Hindu. Erkrankte am 27. 2. 84 Abends 9 Uhr mit Erbrechen und Durchfall; wurde am 28. 2. Abends 5 Uhr ins Medical College Hospital aufgenommen. Er hat innerhalb der letzten 24 Stunden vor der Aufnahme etwa acht dünne Stuhlausleerungen gehabt, drei Mal erbrochen und nur einige Tropfen Urin entleert. Bei der Aufnahme: Collapszustand, Radialpuls nicht zu fühlen, halbkomatös, Augen eingefallen, Conjunctiven injicirt, Körper kalt, kein Schweiß, kein Durst, kurzes und beschleunigtes Athmen. Im Hospital kein Stuhl, kein Urin. Schon zwei Stunden nach der Aufnahme erfolgte der Tod.

Obduktion am 29. 2. Vorm. 10 Uhr:

Mittelgroßes Individuum, kräftig gebaut, starke Todtenstarre, ganz schwacher Fäulnißgeruch. Dünndarmoberfläche gleichmäßig geröthet mit stark injicirten Gefäßen. Eingeweide der Bauch- und Brusthöhle sehr schlüpfrig anzufühlen. Milz auffallend klein und schlaff. Trabekel und Follikel gut zu erkennen. Nieren klein, Marksubstanz geröthet, Rindensubstanz verhältnißmäßig blaß. Blase enthält etwa einen Eßlöffel voll trüben weißlichen Urins. Magen enthält graugrüne Flüssigkeit, in welcher kleine Flocken sich finden. Der ganze Dünndarm und ebenso der Dickdarm enthalten ziemlich viel mehlsuppenartige, an einzelnen Stellen schwach chokoladefarbige, leicht nach Schwefelwasserstoff riechende Flüssigkeit. Die Schleimhaut des Magens ist geschwollen, stark injicirt, mit vielen punktförmigen Hämorrhagieen besetzt. Schleimhaut des Dünndarms succulent, gleichmäßig geröthet, sammetartig, im unteren Abschnitt des

Jejunum, sowie im ganzen Ileum mit einem grauen, zähen, schleimigen Ueberzuge versehen. Im Duodenum ganz vereinzelte, im Jejunum, namentlich im unteren Abschnitte desselben, etwas zahlreichere kleine frische Hämorrhagieen, das Ileum voll von frischen punktförmigen Hämorrhagieen, welche dem Ansatz des Mesenterium gegenüber am häufigsten sind und in den mit Falten versehenen Abschnitten zwischen den Falten sich finden. Nur die obersten Peyerschen Plaques erscheinen nicht verändert, weiter abwärts sind sie etwas geschwollen und mit einem injicirten Gefäßnetz versehen; auch ihr Rand ist von einem aus stark injicirten Gefäßen und kleinen frischen Hämorrhagieen bestehenden Hofe umgeben. Die solitären Follikel sind geschwollen. Im Dickdarm in der Gegend der Flexura sinistra zwei etwa markstück große Flecke, innerhalb welcher die Gefäße der Schleimhaut besonders stark injicirt sind, und sich einige kleine Hämorrhagieen finden. Die Leber erscheint blaß, die Leberzeichnung wenig deutlich. Gallenblase voll von graugrüner Galle. Herzbeutel leer, ohne Hämorrhagieen: rechter Ventrikel enthält ziemlich viel flüssiges, daneben dunkles geronnenes Blut, sowie Fibringerinnsel: im linken Ventrikel nur ein kleines Speckhautgerinnsel, kein flüssiges Blut. Lungen in allen Partieen lufthaltig, die hinteren und unteren Abschnitte enthalten mehr Blut als die übrigen.

Anlage VI.

Einige in Egypten und Indien gemachte Beobachtungen, verschiedene Krankheiten (ausschl. Cholera) betreffend, nebst den zugehörigen Obduktions-Protokollen.

Unter den in Egypten vorkommenden Krankheiten giebt es eine Gruppe, welche durch ihre weite Verbreitung jedem, auch dem nichtärztlichen Fremden auffallen muß; es sind dies die Augenkrankheiten. Ist schon die Menge der völlig erblindeten Personen eine überraschend große, so übertrifft die Zahl derjenigen, welche mit Trübungen und Narben der Hornhaut behaftet sind und in Folge dessen einen Theil ihres Sehvermögens eingebüßt haben, alle Erwartungen. — Auch in der Poliklinik des Griechischen Hospitals zu Alexandrien, welche von der eingeborenen ärmeren Bevölkerung mit Vorliebe aufgesucht wird, und wo die Kommission wiederholt Gelegenheit gehabt hat, bezügliche Beobachtungen anzustellen, war das Vorwiegen der Augenkrankheiten ein ganz auffälliges. Zwei aus den Listen der Poliklinik herausgegriffene Tage weisen beispielsweise folgende Zahlen auf: An dem einen Tage wurden 120 Personen poliklinisch behandelt, darunter 94 Augenkranke und 26 mit anderen Leiden Behaftete; an dem andern Tage stellten sich 103 Patienten vor, von welchen 73 an Augenaffektionen und 30 an anderen Krankheiten litten. Die 94 Augenkranken des ersten Tages vertheilten sich folgendermaßen: 4 Fälle von Trichiasis, 1 Fall von frischer blennorrhoischer und 2 Fälle von frischer katarrhalischer Augenentzündung; alle übrigen Fälle waren alte chronisch entzündliche und trachomatöse Affektionen. Unter den 73 Augenkranken des zweiten Tages befanden sich 7 Trichiasisfälle, 8 Fälle von Hornhauttrübungen, zur Iridektomie geeignet, 13 frische und 45 chronische Entzündungen.

Von stärker secernirenden Bindehautentzündungen kommt in Egypten neben der an Häufigkeit überwiegenden blennorrhoischen noch eine Form vor, welche ein fast rein schleimiges Sekret liefert und klinisch von jener wohl zu unterscheiden ist. Sie gilt als weniger contagiös, gehört aber unzweifelhaft ebenfalls in die Gruppe der infektiösen Entzündungen.

Bei einer Reihe von Untersuchungen, welche von dem Führer der Kommission im Griechischen Hospitale ausgeführt wurden, ergab sich nun das sehr interessante Resultat, daß in dem Sekret jener beiden wichtigsten Formen der egyptischen Ophthalmie mit großer Regelmäßigkeit zwei ganz verschiedene Arten von Mikroorganismen gefunden wurden. In den blennorrhoischen Fällen ließen sich nämlich bei der mikroskopischen Untersuchung von gefärbten Deckglas Trockenpräparaten regelmäßig Mikrokokken in dem Sekret nachweisen, welche nach Form, Anordnung und Färbbarkeit von den Mikrokokken der Gonorrhoe nicht zu unterscheiden waren, während in dem Sekret der katarrhalischen Form fast stets außerordentlich feine Stäbchen sich fanden, welche wie jene meist innerhalb der Zellen lagen und in jeder Beziehung den bekannten feinen Bacillen der Mäusesepticämie bezw. des Schweinerothlaufs glichen.

Unter 58 an acht verschiedenen Tagen untersuchten poliklinischen Patienten, welche mit secernirender Bindehautentzündung behaftet waren, fanden sich bei 40 die Gonorrhoe-Mikrokokken und bei 18 die feinen Stäbchen; in 2 Fällen waren beide Formen von Mikroorganismen neben einander in dem Sekret vorhanden. Außer jenen 58 Fällen kamen noch 5 an der katarrhalischen Form leidende Kranke zur Untersuchung, bei welchen im Sekret überhaupt keine Bakterien gefunden wurden. — Sowohl bei der blennorrhoischen wie bei der katarrhalischen Form ließen sich nicht nur in den akuten, sondern auch in den chronisch verlaufenden Fällen die charakteristischen Mikrokokken bezw. Bacillen nachweisen.

Ein Versuch, die Blennorrhoe-Kokken künstlich zu züchten, mißlang sowohl bei der Benutzung von Nährgelatine, wie von erstarrtem Blutserum und von Fleischbrühe. Auch Infektionsversuche, welche mit dem blennorrhoischen Sekrete an zwei Affen und einer Katze in der Weise angestellt wurden, daß nach oberflächlicher Verletzung der Bindehaut der Eiter in den Conjunctivalsack eingebracht wurde, hatten nur negative Ergebnisse.

Bemerkt sei noch, daß die untersuchten Fälle überwiegend Kinder betrafen. Von 26 Kranken, bei welchen das Lebensalter notirt worden ist, kamen auf das erste Lebensjahr 13 (davon waren die jüngsten drei Monate alt), auf das zweite bis fünfte Lebensjahr 11, auf das dreißigste und fünfzigste je 1.

Wegen Mangels an Zeit konnten diese Untersuchungen nicht weiter verfolgt werden; insbesondere mußten leider die beabsichtigten Kulturversuche mit dem katarrhalischen, die feinen Stäbchen enthaltenden Sekret unterbleiben. Die Untersuchungen sind indeß später von Herrn Dr. Kartulis fortgesetzt worden*), und es ist demselben u. a. gelungen, den experimentellen Nachweis zu führen, daß in der That der Infektionsstoff der blennorrhoischen Form identisch ist mit demjenigen der Gonorrhoe.

Bei der Verbreitung der besprochenen ansteckenden Augenkrankheiten, welche ohne die unglaubliche Indolenz der ärmeren arabischen Bevölkerung wohl nie eine so große geworden wäre, dürften die Fliegen eine Hauptrolle spielen. Es wird dieser Annahme jeder zustimmen, der es gesehen hat, in welcher Weise die Gesichter der Kinder von jenen Thieren heimgesucht werden. Vielfach mit Hautausschlägen behaftet, mit den Ueberresten von Naschwerk beschmiert verschwindet das Antlitz dieser im Sonnenschein vor den Hütten spielenden Kleinen nicht selten vollständig unter der schwarzen von unzähligen Fliegen gebildeten Decke. Dabei ist die Plage so sehr etwas Gewohntes, daß weder die Mütter noch die Kinder selbst irgend einen, wie sie allerdings wissen, doch vergeblichen Versuch machen, die zudringliche Gesellschaft zu verscheuchen. Auch sind es ohne Zweifel gerade die Augen, welche die größte Anziehungskraft für die Fliegen besitzen, eine Wahrnehmung, welche sich auch den Mitgliedern der Kommission in Egypten bald genug aufgedrängt hat. — Die besser situirten Europäer kennen die aus den geschilderten Verhältnissen entstehenden Gefahren und schützen ihre Kinder gegen die ansteckenden Augenkrankheiten erfolgreich dadurch, daß sie dieselben stets nur mit einem Fliegen nicht durchlassenden Schleier versehen ins Freie führen lassen.

Im Anschluß an die vorstehenden Mittheilungen möge hier eine Aufzählung derjenigen Krankheiten Platz finden, welche abgesehen von Augenaffektionen an jenen beiden Tagen in der Poliklinik des Griechischen Hospitals zur Vorstellung kamen. Am ersten Tage waren es folgende Fälle: Wechselfieber (2), Akute Dysenterie (1), Lungenentzündung (1), Unterschenkelgeschwür (1), Skrophulose (1), Bronchitis (2), Gesichtsneuralgie (1), Bubo (3), Syphilis (2), Helminthen (1), Zahncaries (3), Krätze (1), Aphthen (1), Blasenstein (1), Blasenentzündung (1), Interkostalneuralgie (1), unbestimmte Diagnosen (3), zusammen 26. — Am zweiten Tage wurden folgende Fälle notirt: Dysenterie (1), Rheumatismus (1), Ekzem (2), Leistenbruch (2), Hydrocele (1), Knochenhautentzündung (1), Hodenentzündung (1), Asthma (1), Ozoena (1), Rachitis (1), Wechselfieber (1), Helminthen (1), Bronchitis (3), Brustdrüsenabsceß (1), Lungenschwindsucht (1), Zahnfleischentzündung (1), eitrige Mittelohrentzündung (1), zusammen 30.

Neben den Obduktionen von Choleraleichen hat die Kommission in Egypten Gelegenheit gehabt, eine größere Anzahl von Leichen an anderen Krankheiten verstorbener Personen zu untersuchen. Die Aufzeichnungen über diese Obduktionen dürften nebst den beigefügten kurzen Notizen über den Krankheitsverlauf ꝛc. schon insofern nicht ohne Interesse sein, als sie bei ihrer nicht geringen Zahl einen Ueberblick über die in Egypten am häufigsten gefundenen pathologisch-anatomischen Veränderungen gewähren; sie betreffen zum Theil auch Krankheiten

*) Vgl. „Centralbl. f. Bakteriologie und Parasitenkunde. Bd. I, Nr. 10."

und Parasiten, zu deren Beobachtung in Deutschland keine Gelegenheit geboten ist; einige von ihnen haben außerdem dem Führer der Expedition Anlaß zu mikroskopischen Untersuchungen gegeben, welche zu bemerkenswerthen, bisher nicht bekannten Befunden geführt haben.

In erster Linie ist hier des biliösen Typhoids Erwähnung zu thun, einer Krankheit, welche an verschiedenen Punkten der Küste des mittelländischen Meeres beobachtet wird, und deren Ursache zur Zeit noch vollständig dunkel ist. Auch in Alexandrien kommen Fälle dieser außerordentlich bösartigen Affektion, zumal in den Herbstmonaten nicht selten vor, und zwar sind nach einer Mittheilung des Herrn Dr. Kartulis die von ihr Betroffenen meist solche Personen, deren Wohnung oder Beschäftigungsort nahe dem Meeresstrande gelegen ist, oder welche daselbst im Freien genächtigt haben. Während der Anwesenheit der Kommission in Alexandrien kamen sechs Fälle der Krankheit zu ihrer Kenntniß, von welchen drei im Griechischen Hospitale behandelte tödtlich endeten. Die Aufzeichnungen über die Krankengeschichten und Obduktionsbefunde dieser Fälle sind nachstehend unter I bis III mitgetheilt. In einem vierten Falle, welcher nicht in Hospitalbehandlung gelangte und mit Genesung endete, handelte es sich um die Frau eines die Eisfabrikation betreibenden Deutschen. Die Familie, aus vier Erwachsenen, drei Kindern und mehreren Dienstboten bestehend, bewohnte ein kleines zweistöckiges, mitten in Gartenanlagen und ziemlich weit von anderen Grundstücken entfernt gelegenes Fachwerkgebäude, dessen Einrichtung in hygienischer Beziehung insofern viel zu wünschen übrig ließ, als die Fäkalien in eine an der Hausecke gelegene Grube entleert wurden, deren Inhalt seit langen Jahren einfach in den Boden versickerte. Unmittelbar über dieser Grube befand sich die Küche, in welcher es infolge dessen ziemlich stark nach Fäkalien roch. Das zu Küchenzwecken &c. erforderliche Wasser wurde von einem etwa 50 Schritt vom Hause entfernt gelegenen Brunnen geliefert und innerhalb des Hauses in einem Reservoir aufbewahrt. Das Wasser roch ziemlich stark faulig. — Anfangs September war ein Kind der Familie an Cholera gestorben, am 6. ein zweites Kind und am 14. der Vater an Cholera erkrankt, ohne daß in der nächsten Nachbarschaft Cholerafälle vorgekommen waren. Etwa am 10. September stellten sich bei der Frau Erscheinungen einer beginnenden schweren Erkrankung ein, welche sich bis zum 20. September zu dem ausgesprochenen Bilde des biliösen Typhoids entwickelten. Die Symptome waren: Initialer Frostanfall, Nasenbluten, starke Muskelschmerzen, besonders im Kreuz und in den Waden, beträchtliche Steigerung der Körpertemperatur (am 20. September 41° C), unruhiger Schlaf und Delirien, Athemnoth sowie quälender Husten ohne Auswurf und ohne physikalisch nachweisbare Lungenerkrankung, starke Empfindlichkeit in der Lebergegend, Stuhlverstopfung und seit dem 19. September auch ikterische Färbung der Haut und des Urins. Die Milz wurde bei der Untersuchung am 20. September nicht vergrößert gefunden. Trotz der sehr bedrohlichen Erscheinungen besserte sich der Zustand schon in den nächsten Tagen, das Fieber ließ nach, der Ikterus verschwand, und die Krankheit ging in völlige Genesung über.

Außer den vorstehend aufgeführten vier Fällen von biliösem Typhoid kamen noch zwei weitere im Griechischen Hospitale zur Beobachtung, welche in Heilung endeten, und von denen der eine mit einem Parotisabsceß complicirt war. Weitere Notizen über den Verlauf sind in diesen Fällen nicht gemacht.

Eine besonders sorgfältige mikroskopische Untersuchung hat in dem ersten tödtlich endenden Falle stattgefunden. Abgesehen von Tuberkelbacillen, welche zum Theil in Riesenzellen liegend in Lungenschnitten nachgewiesen wurden, fanden sich in den inneren Organen, der Lunge, der Leber, der Milz, den Nieren und der Darmwand Bakterien nicht vor. Wohl aber zeigten sich in Nierenschnitten größere eigenthümliche Parasiten, welche für Psorospermienschläuche angesprochen wurden, langgestreckte, rundliche Körper enthaltende Gebilde. Ganz ebenso aussehende Parasiten wurden übrigens, wie gleich hier bemerkt sei, später auch in Dünndarmschnitten des an Darm-Milzbrand gestorbenen Mannes (Obd. X) gefunden, so daß eine ursächliche Beziehung derselben zum biliösen Typhoid wohl ausgeschlossen ist. — In vielen Darmzotten waren die Blutgefäße sehr stark erweitert, und die Follikel enthielten eigenthümliche, dunkle, grünliche, schollige Massen.

Während des Lebens entnommene Blutproben wurden in mehreren Fällen untersucht, irgendwelche Parasiten darin aber nicht gefunden, und insbesondere die bei dem Rückfalltyphus im Blute vorkommenden Spirillen vermißt. Auch dieser negative Befund spricht dafür, daß Beziehungen zwischen dem biliösen Typhoid und dem Rückfalltyphus nicht bestehen. In einem

Falle, in welchem ebenfalls noch während des Lebens das Blut untersucht wurde, fiel es auf, daß sämmtliche weiße Blutkörperchen bei der Färbung mit Methylenblaulösung eine sehr deutliche Granulirung erkennen ließen.

Mit dem Dünndarminhalte des dritten Falles von biliösem Typhoid (Obd. III) wurden vier Mäuse subkutan geimpft; sie blieben indeß sämmtlich gesund. Aus Stückchen von Mesenterialdrüsen derselben Leiche, welche in Fleischwasserpeptongelatine, auf erstarrtem Kälberblutserum und auf Kartoffeln ausgesät wurden, erfolgte auch nach mehreren Tagen keinerlei Wachsthum.

Bei den zur Obduktion gelangten fünf Fällen von Dysenterie (Obd. IV bis VIII), unter welchen zwei (Obd. IV und V) mit Leberabsceß complicirt waren, hat die von dem Führer der Kommission angestellte mikroskopische Untersuchung der Darmgeschwüre zu sehr bemerkenswerthen Ergebnissen geführt. Es fanden sich nämlich mit Ausnahme eines Falles, in welchem die untersuchten Geschwüre bereits vernarbt oder der Vernarbung nahe waren (Obd. VI), im Grunde der frischen Geschwüre neben zahlreichen Bakterien stets eigenthümliche amöbenartige Gebilde vor. Etwa $1\frac{1}{2}$ bis 2 mal so groß wie farblose Blutkörperchen zeigten diese Organismen sehr verschiedenartige Formen, deutliche Vakuolen und eine mehr oder weniger große Zahl von Körnchen bezw. Stäbchen, welche häufig durchaus kurzen dicken Bacillen glichen.

Auffallend war, daß die in Frage stehenden Gebilde nur in Schnitten, welche von dem Geschwürsgrunde angefertigt und mit Anilinfarben behandelt waren, oder in dem vom Geschwürsgrunde entnommenen Material nachzuweisen waren, während sie in den schleimig blutigen Flocken der Dejektionen bezw. des Darminhaltes nicht aufgefunden werden konnten. Es spricht dieser Umstand jedenfalls dafür, daß sie zu dem Krankheitsproceß in naher Beziehung stehen.

In einem der mit Leberabsceß complicirten Fälle (Obd. V) fanden sich in den Capillaren des dem Absceß benachbarten Lebergewebes dieselben anscheinend stäbchenhaltigen Amöben vor. In der Wandung des Abscesses wurden dagegen nur Haufen von Mikrokokken nachgewiesen. In dem Leberabsceß des anderen Falles (Obd. IV) konnten weder in dem Eiter, noch in der Absceßwandung, noch auch in der weiteren Umgebung der Eiterhöhle Bakterien oder Amöben entdeckt werden.

Besonderes Interesse bot theils wegen des pathologisch anatomischen, theils auch wegen des mikroskopischen Befundes der Fall von Darmmilzbrand (Obd. X). Die charakteristischen Milzbrandbacillen fanden sich hier in allen daraufhin untersuchten Organen der unmittelbar nach dem Tode obducirten Leiche vor, zunächst in einer karbunkulös veränderten Stelle der Darmschleimhaut sowie in den Blutgefäßen der letzteren, ferner und zwar meist in kleinen Gruppen in den Capillaren der Leber und der Nieren, sowie in der Milz; besonders reichlich waren sie in Blutextravasaten des Nierenbeckens vorhanden. In letzterem lagen außerdem theils in Blutgerinnsel eingebettet, theils in dem lockeren Zellgewebe der Wandungen sehr dünne 1–2 cm lange Fadenwürmer. Der auch in diesem Falle in der Niere gefundenen psorospermienartigen Gebilde ist oben schon Erwähnung gethan. Sie lagen in den Glomerulis, meist in je einem Glomerulus nur ein Exemplar.

In den beiden Fällen von croupöser Pneumonie (Obd. XX u. XXI) wurde in den Alveolen bei der Untersuchung in Schnittpräparaten nur eine Form von Mikroorganismen gefunden, kurze meist zu zweien aneinander gelagerte und in der Mitte nur schwach sich färbende Bacillen.

Leichenuntersuchungen bei der in Egypten häufig vorkommenden sogenannten Febris continua vorzunehmen hat sich keine Gelegenheit geboten. In dem Blute eines an dieser Krankheit leidenden im Griechischen Hospitale zur Beobachtung gekommenen Patienten konnten trotz sorgfältiger Untersuchung keinerlei Mikroorganismen gefunden werden.

Bezüglich der in Egypten ausgeführten Obduktionen sei im Uebrigen hier nur noch auf das häufige Vorkommen von Distomen und Anchylostomen und auf die nicht selten angetroffenen, bisweilen weit vorgeschrittenen tuberkulösen Veränderungen aufmerksam gemacht.

Auch in Indien hätte sich vielfach Gelegenheit geboten, Untersuchungen über andere Krankheiten und insbesondere über die außerordentlich häufig vorkommenden bösartigen Fieber anzustellen. Da aber stets ausreichendes Material zu Untersuchungen über Cholera vorlag, und außerdem die im Laboratorium zu erledigenden Aufgaben sich wesentlich mehrten, nachdem es gelungen war, die Cholerabacillen in Reinkulturen zu isoliren, so blieb nur wenig Zeit für anderweitige mikroskopische und experimentelle Forschungen übrig. — Von den zahlreichen Obduktionen, welche ausgeführt wurden, um Material für Controluntersuchungen zu gewinnen, ist an anderer Stelle die Rede gewesen. Hier möge nur noch zweier in Kalkutta gemachter Obduktionen von Lepraleichen (Obd. XXIII und XXIV dieser Anlage) gedacht sein. Bei der mikroskopischen Untersuchung fanden sich in diesen beiden Leichen ganz außerordentlich große Mengen von Leprabacillen vor, in dem ersten Falle namentlich in den grau aussehenden Stellen der Lymphdrüsen. Auch auf Schnitten der Nerven ließen sich an denjenigen Stellen, wo dieselben spindelförmig verdickt waren, unzählige Leprabacillen nachweisen. In beiden Fällen wurde der Versuch gemacht, die Bacillen künstlich zu züchten, und zwar kamen verschiedene Nährsubstrate, erstarrtes Blutserum, Fleischbrühe und Nährgelatine zur Verwendung. Es fand indeß in Uebereinstimmung mit früheren in Berlin ausgeführten Versuchen weder im Brütapparat noch außerhalb desselben ein Wachsthum statt.

Aufzeichnungen über 22 in Egypten ausgeführte Obduktionen von Leichen an verschiedenen Krankheiten (ausschl. Cholera) gestorbener Personen, sowie über zwei in Indien ausgeführte Obduktionen von Lepraleichen.

I. Biliöses Typhoid. 17jähriger Grieche. War Tags über in einem am Meere gelegenen Kaffeehause als Diener beschäftigt. Erkrankte am 21. 8. 83 mit Hitzegefühl und Schmerzen beim Schlucken. Nachdem er am folgenden Tage ein Gramm Chinin genommen hatte, besserte sich die Halsaffektion. Am 24. 8. fühlte er sich sehr matt, litt an Schlaflosigkeit und Lichtscheu. Am 26. 8. fing das Weiße im Auge an sich gelb zu färben, und heftige Schmerzen in den Kniekehlen, den Wadenmuskeln, den Vorderarmen und im Rücken stellten sich ein. Die Darmentleerungen waren angeblich bis zum 27. 8. von gewöhnlicher Färbung. Erst am Tage der Aufnahme ins Griechische Hospital, dem 28. 8., erfolgten vier kreideweiße Entleerungen. Bei der Aufnahme war der Kranke bei klarem Bewußtsein. Er klagte über Schmerzen in den Gliedern und im Rücken. Im Uebrigen war der Befund folgender: Druck auf die Lebergegend sehr schmerzhaft. Haut stark ikterisch. Zunge trocken und hart, in der Mitte weiß belegt. Puls sehr klein, unregelmäßig, unzählbar. 42 Athemzüge in der Minute. Körpertemperatur (in der Achselhöhle gemessen) 41 ° C. Das Blut zeigte bei der mikroskopischen Untersuchung nichts Auffallendes, insbesondere konnten Spirillen nicht gefunden werden. Milz anscheinend nicht, Leber wenig vergrößert. Ueber den unteren Lungenpartieen geringe Dämpfung und unbestimmtes Athmungsgeräusch. — Am 29. 8. Morgens 6 Uhr erfolgte der Tod, nachdem kurz vorher die Körpertemperatur bis auf fast 43 ° C gestiegen war.

Obduktion am 29. 8. 8 Uhr 30 Minuten Vorm. ($2\frac{1}{2}$ Stunden nach Eintritt des Todes):

Leiche stark ikterisch gefärbt, von schwächlichem Körperbau, schlaffer Muskulatur, mäßigem Fettpolster. Die Haut auffallend heiß. Das Thermometer zeigt in ano drei Stunden nach dem Tode noch 42,6 ° C. — Aus den durchschnittenen Venen am Halse fließt eine große Menge gelber seröser Flüssigkeit, aus den durchschnittenen Hautvenen schwärzliches Blut in geringer Menge. Keine Todtenstarre. Beide Lungen fast in ihrem ganzen Umfange mit der Brustwand verwachsen, blaßroth, trocken; nur aus den größeren Blutgefäßen fließt schwärzliches Blut. Im unteren hinteren Abschnitte des rechten oberen Lungenlappens eine taubeneigroße verdichtete Stelle; in der Mitte derselben gelbweiße käsige lobuläre Infiltrationen, umgeben von dichten Gruppen derber grauer Tuberkelknötchen. Die Bronchien sind größtentheils leer, an einzelnen Stellen enthalten sie zähen gelblichen glasartigen Schleim. Einige Bronchialdrüsen vergrößert, graugelb infiltrirt. Eine mehr als bohnengroße schwärzliche Bronchialdrüse enthält ziemlich viele graue Tuberkelknötchen. Luftröhre und Kehlkopf unverändert. Herz in allen seinen Höhlen mit flüssigem Blut stark gefüllt. Herzbeutel und Pleurahöhlen leer. Magen ikterisch gefärbt, Schleimhaut dunkelroth und von zahlreichen Ekchymosen durchsetzt. Den Inhalt bildet nur dünne milchartige flockige Flüssigkeit. Im

Duodenum zäher weißer Schleim, stellenweise von schwach gelblicher Färbung. Gallengang und Ductus Wirsungianus durchgängig und anscheinend ohne Veränderung. Aus der Pfortader ergießt sich beim Einschneiden sehr viel flüssiges schwarzes Blut. Der Inhalt des übrigen Darmkanals besteht aus einer der Schleimhaut fest anhaftenden schneeweißen zähen Schleimmasse von schwach fauligem Geruch. Der After ist in seiner Umgebung mit völlig entfärbten Darminhalt bedeckt und sieht wie mit weißer Oelfarbe bestrichen aus. Die Darmschleimhaut ist durchweg mehr oder weniger intensiv geröthet, an vielen Stellen, besonders im Ileum von großen Blutergüssen durchsetzt. Die Peyer'schen Plaques treten überall als dunkelgeröthete und von zahlreichen Hämorrhagieen durchsetzte Stellen hervor; an denselben keine Substanzverluste. Auch in der Schleimhaut des Dickdarms vielfach geröthete und mit Hämorrhagieen versehene Stellen, welche erst nach Entfernung des sie bedeckenden kreideweißen Schleimes sichtbar werden. Die Mesenterialdrüsen mäßig vergrößert. Das große Netz und die serösen Ueberzüge der Brust und Bauchhöhle stark icterisch gefärbt. Milz klein, die Follikel auf der Schnittfläche deutlich hervortretend; wenig Blut in den durchschnittenen Gefäßen. Leber nicht vergrößert, von ziemlich fester Consistenz; Zeichnung der Leberläppchen unverändert; in den Blutgefäßen mäßig viel Blut. In der Gallenblase schleimige, blaßgrüne Flüssigkeit von geringer Menge. Beide Nieren auffallend groß, von blaßorangelber Farbe; Kapseln leicht abzutrennen; Rindensubstanz sehr breit, gelbgrau; Marksubstanz gelblich und röthlich gestreift; im Nierenbecken ziemlich viele punktförmige Hämorrhagieen. In der Harnblase wenig blasser Urin.

II. Biliöses Typhoid. 40jähriger Mann, aus Korfu gebürtig. Wohnte in der Nähe des Meeres. Am 26. 8. 83 hat er nach reichlichem Spirituosengenuß im Freien nahe dem Meeresstrande Nachts geschlafen. Beim Erwachen Krankheitsgefühl, Schmerzen in den Waden und bei Druck auch in der Lebergegend. Diese Erscheinungen, verbunden mit starkem Fieber, veranlaßten ihn am 2. 9. das Griechische Hospital aufzusuchen, nachdem am 31. 8. das Weiße im Auge und am 1. 9. auch die Haut sich gelb gefärbt hatten.

Bei der Aufnahme war das Sensorium benommen. Starke Delirien. Körpertemperatur in der Achselhöhle: 39,8° C. Puls klein; 100 Schläge in der Minute. Leberdämpfung wenig, Milzdämpfung gar nicht vergrößert. In den Lungen nichts Besonderes nachweisbar.

Die Delirien hielten auch am folgenden Tage an, der Puls wurde noch kleiner und häufiger, bald unzählbar. Körpertemperatur 39,0° C. Mehrere dünne kreidefarbige Stuhlentleerungen. Heiserkeit und Athemnoth stellten sich ein. Auf dem Epigastrium zeigten sich linsengroße Roseolaflecke. Um 3 Uhr Nachm. erfolgte der Tod.

Obduction am 3. 9. Nachm. 4 Uhr (eine Stunde nach Eintritt des Todes):

Kräftige Leiche, sehr stark icterisch. Starke Todtenstarre. Darm äußerlich ziemlich intensiv geröthet und mit stark injicirten Blutgefäßen versehen. Der Inhalt des Dünndarms sowohl, wie des Dickdarms ist dünn breiartig und von schmutziger hell graubrauner Färbung. Alle inneren Organe sind sehr stark icterisch gefärbt. Die Schleimhaut des Duodenum ziemlich stark geröthet, ohne Hämorrhagieen. Bei mäßigem Druck auf die nicht unbeträchtlich gefüllte Gallenblase fließt schwarzgrüne Galle aus der Mündung des Gallenganges. Die Schleimhaut des Jejunum mäßig geröthet. Im Ileum wird die Röthung und Injection der Gefäße sehr viel stärker; stellenweise sind die Gefäße hier von kleinen Hämorrhagieen begleitet, und der Darm erscheint daselbst bei durchfallendem Lichte fast gleichmäßig blutigroth. Die Peyer'schen Plaques sind nicht geschwollen und auch nicht auffallend geröthet. Im Coecum ist die Schleimhaut dunkel geröthet und stellenweise von kleinen Hämorrhagieen durchsetzt. Im übrigen Theile des Dickdarms ist die Schleimhaut weniger geröthet und ohne bemerkenswerthe Veränderungen. Mesenterialdrüsen klein, auf der Schnittfläche gelb. Milz nicht vergrößert, schlaff; Schnittfläche blutreich, die Follikel deutlich hervortretend. Leber hell gelbbraun, anscheinend nicht vergrößert; auf der Schnittfläche fließt ziemlich viel Blut aus den größeren Venen; stellenweise ist dieses Blut schaumig. Die Zeichnung der Leberläppchen deutlich hervortretend. Beide Nieren stark vergrößert. Kapseln leicht abzustreifen. Die Oberfläche hell gelbbraun. Rindensubstanz stark verbreitert und von heller Färbung. Marksubstanz streifig geröthet. Im Nierenbecken ziemlich viele punktförmige Hämorrhagieen. In der Blase eine geringe Menge hellen Urins. Der Magen fast leer; Schleimhaut dunkelgrauroth, etwas verdickt, im Fundus ziemlich stark geröthet und von Hämorrhagieen durchsetzt. Im Herzen und den großen Blutgefäßen ziemlich viel dunkles flüssiges Blut. Am rechten Herzohr mehrere große Ekchymosen. Beide Lungen nach hinten zu dunkelroth gefärbt und mit zahlreichen verwaschenen schwarzrothen Flecken besetzt, welche sich bis über die vorderen heller gefärbten Partieen erstrecken. Die Schnittfläche ist vorn fleckigroth und blutreich aber lufthaltig, nach hinten zu stark ödematös und luftleer. In den Bronchien eine geringe Menge schmutzig roth gefärbten Schleimes.

III. Biliöses Typhoid. 24jähriger Mann aus Chios, seit acht Monaten in Egypten. Soll in Folge des Genusses von unreinem Wasser (aus einem Sammelgraben von berieselten Feldern) erkrankt sein. Am 8. 9. 83 zuerst Krankheitsgefühl und leichter Schüttelfrost. Bis zur Aufnahme ins Griechische Hospital, welche am 10. 9. erfolgte, Unruhe und Schlaflosigkeit, große Mattigkeit und Fieber.

Bei der Aufnahme: Klagen über Schmerzen im Kopfe, den Vorderarmen und den Waden. Der Kranke konnte wegen der Schmerzen kaum gehen. Unterkieferbewegungen erschwert und schmerzhaft. Körpertemperatur 39,2 ° C. Keine Milzschwellung; kein Ikterus.

11. 9. Leichter Ikterus der Conjunktiven, Unruhe, Schlaflosigkeit. Druck auf die Lebergegend schmerzhaft. Leber etwas vergrößert. Nasenbluten. Einige thonfarbige dünne Darmentleerungen. Körpertemperatur Morgens 37,0 ° C, Abends 38,4 ° C.

12. 9. Zustand im Wesentlichen derselbe. Körpertemperatur Morgens und Abends 37,0 ° C.

13. 9. Ikterische Färbung der Haut. Dreimal wiederholtes Nasenbluten. Häufiges Aufstoßen. Klagen über Durst, Schlaflosigkeit und große Schwäche. 110 regelmäßige Pulse. Körpertemperatur: Morgens 38,0 ° C, Abends 37,6 ° C.

14. 9. Während der Nacht Delirien, dann große Schwäche. Noch einmal Nasenbluten. Morgens 125 Pulse. Temperatur: 38,6 ° C. Starker Ikterus. Abends: 125 sehr kleine Pulse. Temperatur: 39,2 ° C. Erneute Delirien. Tod am 15. 9. Vorm. 7 Uhr.

Obduktion am 15. 9. Vorm. $8\frac{1}{2}$ Uhr ($1\frac{1}{2}$ Stunden nach Eintritt des Todes):

Die außerordentlich muskulöse und gut genährte Leiche noch warm, hochgradig ikterisch. Starke Todtenstarre. Temperatur $2\frac{1}{2}$ Stunden post mortem im Mastdarm 42,0 ° C. Zu beiden Seiten der Brust finden sich in der Haut einige Petechien. Aus den durchschnittenen Hautgefäßen fließt auffallend dünnflüssiges Blut. Die Unterleibsorgane sind sämmtlich stark ikterisch gefärbt. Die Darmschlingen und das Netz erscheinen geröthet und ihre Blutgefäße ziemlich stark injicirt. Die Baucheingeweide sind von einer schleimigen Feuchtigkeit überzogen und fühlen sich auffallend schlüpfrig an. Der Gallengang ist ziemlich weit, fast vom Durchmesser eines Gänsekiels; beim Einschnitt ergießt sich aus ihm eine reichliche Menge blaßgelber schleimiger Flüssigkeit. Die Vena portarum enthält nicht viel flüssiges Blut, dagegen reichliche Mengen lockerer Blutgerinnsel und gelber Faserstoffgerinnsel. Der Ductus choledochus ist durchgängig und die Einmündungsstelle desselben im Duodenum unverändert. Im Magen graubraune schleimige Flüssigkeit in geringer Menge; der Fundus desselben enthält eine so große Zahl von kleinen Hämorrhagieen, daß er wie mit Blut bespritzt aussieht. Die Schleimhaut des Magens erscheint etwas verdickt und im Zustande trüber Schwellung. In der Pylorusgegend ist die Schleimhaut blaßgrau. Unmittelbar hinter dem Pylorus erscheint die Duodenalschleimhaut stark geröthet und stellenweise mit punktförmigen Hämorrhagieen besetzt. Nach dem Jejunum zu nimmt die Röthung ab, und nur noch vereinzelt treten durch Gefäßinjektion stärker geröthete Stellen auf; hin und wieder trifft man auch noch vereinzelte punktförmige Hämorrhagieen. An der Ileocöcalklappe ist die Röthung wieder stärker, und die Hämorrhagieen sind zahlreicher. Die Peyer'schen Drüsenhaufen treten etwas mehr hervor als gewöhnlich. Die einzelnen Follikel derselben sind in ihrem Centrum mit einem grauen Punkt versehen, so daß die Plaques beim ersten Anblick wie mattgrau punktirt erscheinen. Die Mesenterialdrüsen sind dunkel gefärbt; auf dem Durchschnitt im Centrum braunroth, etwas vergrößert; am unteren Ende des Ileum erreichen sie Bohnengröße. Im Coecum ist die Schleimhaut von grauer Farbe; zahlreiche Follikel durch einen in ihrer Mitte befindlichen schwärzlichen Punkt sofort in die Augen fallend. Die übrigen Theile des Dickdarms und Mastdarms blaß und ohne auffallende Veränderungen. Der Inhalt des Duodenum ist blaß gelblich gefärbt und schleimig; weiter abwärts nimmt der Darminhalt eine immer mehr weiße Färbung an und sieht im Ileum wie ein ziemlich dicker aus Kreide und Wasser gemengter Brei aus, hat aber dabei eine zähschleimige Beschaffenheit. Im Dickdarm hat der Inhalt wieder eine etwas dunklere Färbung, indem sich der weißen Farbe etwas Grau beimengt. Der After ist mit einer kreideähnlichen weißlichen Masse beschmutzt. Die Milz ist 13 cm lang, 8 cm breit, $3\frac{1}{2}$ cm dick. Sie ist schlaff; die Schnittfläche sieht leberbraun aus; Follikel nicht zu bemerken; wenig Blut auf der Schnittfläche. Die Substanz der Milz läßt sich durch mäßigen Fingerdruck zerquetschen. Die Leber ist auffallend groß; der größte Durchmesser beträgt 38 cm. Der linke Leberlappen ist 17 cm, der rechte 22 cm breit. Ersterer hat in der Nähe des Lig. suspens. eine Dicke von 5 cm, das Maximum der Dicke im rechten Lappen beträgt 10 cm. Die Leber sieht gelblichbraun aus, auf der Schnittfläche dunkelgelbbraun; die Zeichnung der Leberläppchen tritt deutlich hervor. Aus den durchschnittenen Gefäßen fließt wenig Blut. In der Gallenblase eine mäßige Menge blaßgelber, stark fadenziehender Galle. Beide Nieren sehr groß. (Linke Niere 14 cm lang, $8\frac{1}{2}$ cm breit, 5 cm dick. Rechte Niere 14 cm lang, $8\frac{1}{2}$ cm breit, $4\frac{1}{2}$ cm dick.) Nierenkapseln mit zahlreichen Ecchymosen besetzt. Sie lösen sich außerordentlich leicht ab, so daß, nachdem sie eingeschnitten sind, bei einem leichten Druck die Niere aus der Kapsel heraustritt. Die Oberfläche der Niere sehr dunkel, mit dichten zahlreichen Venennetzen besetzt. Die Schnittfläche sieht fast gleichmäßig dunkel braunroth aus. Die Rindensubstanz ist nur wenig heller als die Marksubstanz, aber beträchtlich verbreitert. Die Nierenbecken sind mit zahlreichen punktförmigen Ecchymosen besetzt. Einige der Nierenkelche sind in ihrer ganzen Ausdehnung hämorrhagisch infiltrirt und sehen schwarz aus. Die Blase ist mit dunkelgelbem Urin, in welchem zahlreiche Schleimflocken suspendirt sind, gefüllt. Die Blutgefäße der Blasenschleimhaut ziemlich stark injicirt. Im Herzbeutel einige Cubikcentimeter einer gelblichen fadenziehenden Flüssigkeit. Die Herzoberfläche, namentlich diejenige des rechten Vorhofs, mit zahlreichen kleinen Ecchymosen besetzt. Die beiden Vorhöfe mit flüssigem Blut und lockeren schwarzen Blutgerinnseln reichlich gefüllt. Im rechten Herzen ein dickes, in die Pulmonalis sich hineinziehendes gelbes Faserstoffgerinnsel. Ein ebensolches, aber viel kleineres im linken Ventrikel. Die Mitralis ist an ihrem freien Rande ein wenig verdickt. Die Herzmusculatur ist hellbraunroth, im linken Ventrikel vielfach fleckweise und namentlich in den oberflächlichen Partieen heller gefärbt. Beide Lungen sind mit zahlreichen Ecchymosen an ihrer Oberfläche versehen; vorn sind sie elastisch, grauroth und vollständig lufthaltig, nach hinten zu dunkelbraunroth, schwer. Auf der Schnittfläche erscheinen in dem Lungengewebe der vorderen Partieen ziemlich viele dunkelroth gefärbte hanfkorn- bis erbsengroße Stellen, welche nach hinten zu immer häufiger und dichter werden und stellenweise schwarzrothe ausgedehnte Stellen bilden, an denen das Lungengewebe nicht mehr lufthaltig ist. Von der Schnittfläche fließt vorn ziemlich viel und in den hinteren stark hämorrhagischen Theilen sehr viel Blut. Die Bronchien sind mit schleimiger schaumiger blutig gefärbter Flüssigkeit vollständig gefüllt. Ihre Schleimhaut ist hellbraunroth gefärbt. Einige Bronchialdrüsen erscheinen etwas vergrößert und braunroth gefärbt.

IV. Leberabsceß, Dysenterische Darmgeschwüre, Peritonitis. Etwa 35 Jahre alter Sudanneger. Nach mehrwöchentlicher Krankheit am 1. 9. 83 ins Arabische Hospital aufgenommen. Andauerndes heftiges Erbrechen. Tod am 4. 9.

Obduction 4. 9. ($\frac{1}{2}$ Stunde nach Eintritt des Todes):

Kräftig gebaute und ziemlich gut genährte Leiche. In der Bauchhöhle eine beträchtliche Menge trüber, schmutzig gelbrother Flüssigkeit. Das Peritoneum und die sämmtlichen Organe der Bauchhöhle sind mit einer dicken eitrig fibrinösen Membran überzogen und fest mit einander verklebt. Leber vergrößert. In ihrem rechten Lappen nach hinten zu befindet sich eine fast faustgroße Absceßhöhle, welche zerrissene und zerfressene Wandungen hat und mit einem schmierigen flockigen Eiter gefüllt ist. Diese Absceßhöhle communicirt mit einem zwischen Magen und Leber gelegenen abgekapselten Raume, welcher strotzend mit Eiter gefüllt ist. Das Foramen Winslowii ist verklebt, läßt sich aber durch mäßigen Druck öffnen. Die Pfortader enthält sehr wenig flüssiges Blut, keine Parasiten. Im Darm, dessen Wandungen stark geröthet sind, und dessen Schleimhaut eine dunkelgraurothe Färbung hat, ist nur gelblicher Schleim vorhanden. Gallenblase stark mit grünlicher Galle gefüllt. Im Dickdarm eine große Anzahl dysenterischer Geschwüre, welche fast sämmtlich kraterförmig sind und einen gelben Grund und stark gerötheten Saum besitzen. Im Coecum confluiren dieselben und sind mit einer grauen brandigen Masse bedeckt. Nach dem Colon transversum zu werden die Geschwüre kleiner, bis zu Hirsekorngröße; im Mastdarm nehmen sie an Zahl und Größe wieder zu. Hier finden sich auch einige in der Vernarbung begriffene Geschwüre. Die durch das Peritonealexsudat comprimirte Blase enthält nur wenige Tropfen trüben Urins. Milz klein. Nieren anscheinend unverändert; desgl. die Organe der Brusthöhle.

V. Leberabsceß, Dysenterische Darmgeschwüre. Etwa 60jähriger Mann aus Ober Egypten. Am 24. 9. 83 Morgens im Arabischen Hospitale gestorben. Krankengeschichte nicht bekannt.

Obduktion 24. 9. Nachm.:

Magere Leiche; leichtes Oedem um die Knöchel. Noch keine ausgesprochenen Fäulnißerscheinungen. In der Bauchhöhle eine reichliche Menge grünlich gelber, mit gelben Eiterflocken gemischter Flüssigkeit. In den abhängigen Partieen hat dieselbe einen fast rein eitrigen Charakter. Sämmtliche Unterleibsorgane mit eitrigen Auflagerungen bedeckt. Auf dem Perikardialüberzuge des Herzens mehrere große Sehnenflecke. An den Aortenklappen einige alte Verdickungen; doch schließen die Klappen. Linke Lunge nicht mit der Brustwand verwachsen, mäßig blutreich, weich, elastisch und lufthaltig. Rechte Lunge oben und hinten, sowie an ihrer ganzen Basis adhärent; Lunge selbst indeß durchweg lufthaltig, mäßig blutreich. In der Vena portarum mäßig viel flüssiges, mit einigen Gerinnseln gemengtes Blut; keine Distomen. Gallenblase mit schwarzbrauner Galle mäßig stark gefüllt. Gallengang durchgängig. Unter dem rechten Leberlappen ein abgesacktes, über faustgroßes eitriges Exsudat (von welchem anscheinend die Peritonitis ausgegangen ist). Im rechten Leberlappen eine etwa faustgroße mit theils graugrünlichem, theils schmutzig graurothen Eiter gefüllte Höhle. Dieselbe zeigt in ihrer Wand zahlreiche unregelmäßige Buchten, reicht nach der Leberoberfläche zu bis unmittelbar an die bindegewebige Kapsel, so daß hier von dem Lebergewebe nichts mehr erhalten ist, und wird an verschiedenen Stellen von derben, schwer zerreißlichen Strängen durchzogen (Reste der Gefäße). Milz eingebettet in eitrige Massen, weich und ziemlich groß. An der Peripherie zeigen sich auf dem Durchschnitte einige keilförmige Infarkte mit breiter peripher gelegener Basis. Aehnliche etwas kleinere Infarkte finden sich in der rechten Niere. Im Colon zahlreiche unregelmäßig gestaltete Geschwüre mit schmutzig-grau aussehendem Grunde. Die Umgebung derselben kaum geröthet. Dazwischen einige gereinigte Geschwüre mit rothem Hofe. Die Schleimhaut selbst mäßig verdickt und von schmutzig grauer Färbung. An einzelnen Stellen zeigen sich auf der Schleimhaut kleine warzige, festsitzende Hervorragungen. Eine sehr auffallende Veränderung findet sich im Ileum. Die Schleimhaut desselben sieht aus, als wäre sie von Ichthyosis befallen. Außerordentlich zahlreiche etwa hirsekorn- bis fast stecknadelkopfgroße graue warzige fest anhaftende Erhabenheiten sitzen auf der schwach gerötheten Schleimhaut. In etwas geringerem Maße findet sich diese Veränderung auch an den übrigens wenig gerötheten Peyer'schen Plaques; im untersten Theile des Ileum ist sie weniger ausgesprochen vorhanden. Nach oben zu wird die Grenze der Affektion etwa durch die Grenze des oberen und mittleren Drittels des Ileum bezeichnet. In der Blase, die mit einer geringen Menge klaren Urins gefüllt ist, nichts Besonderes.

VI. Dysenterie. 28jähriger Mann aus Epirus. Seit Anfang Juli Diarrhoe und Tenesmus. Am 9. 8. 83 ins Griechische Hospital aufgenommen. Dünnflüssige, mit Blut gemischte Ausleerungen. Nachdem bereits Besserung eingetreten war, stellten sich gegen Ende August Erbrechen und Singultus, sowie Fieber ein, und am 31. 8. Nachm. erfolgte der Tod.

Obduktion 1. 9. Vorm. 9 Uhr:

Ziemlich stark abgemagerte Leiche. Interkostalräume grünlich gefärbt; kein Fäulnißgeruch; unbedeutende Todtenstarre. Magen, Darm und Netz zeigen äußerlich stark injicirte Blutgefäße und sehen schmutzig braunroth aus. Im Dünndarm wenig gelbbrauner dünnbreiiger Inhalt und viel Gas. Die Schleimhaut durchweg ziemlich stark geröthet. Einzelne Darmschlingen sehen bei durchfallendem Licht dunkel blutigroth aus. Die kleinsten sichtbaren Gefäße noch mit Blut gefüllt. Neben dem Verlaufe der größeren Blutgefäße verwaschene streifige Hämorrhagieen. Im Dickdarm ungefähr 300 ccm gelbbrauner dünnbreiiger Masse, welcher einige schleimig blutige Flocken beigemengt sind. Das Coecum stark geröthet und injicirt; im Colon ascendens und transversum ist die Schleimhaut von schmutzig hellbrauner Farbe; in der Flexura sigmoidea ist sie fast in ihrer ganzen Ausdehnung dunkel blutigroth gefärbt und mit zahlreichen gallertig blutigen Massen von Hanfkorn- bis Bohnengröße bedeckt. Dieselben haften der Schleimhaut ganz fest an. Im Colon descendens zeigt sich oberhalb der eben beschriebenen Stelle eine Anzahl zu Gruppen vereinigter flacher Ulcerationen, welche von schiefrigen Rändern umgeben sind. Im Rectum ist die Schleimhaut durchweg in derselben Weise verändert wie in der Flexura sigmoidea, nur ist der Grad der Veränderung ein noch höherer.

VII. Dysenterie, Peritonitis, Lungentuberkulose, Distomen. Etwa 50 Jahre alter Muhamedaner aus Syrien. Am 26. 9. 83 ins Arabische Hospital aufgenommen. Tod am 2. 10. Nachts 12 Uhr.

Obduktion am 3. 10. Vorm. 9 Uhr:

Sehr stark abgemagerte Leiche. Etwas Oedem um die Knöchel; keine Todtenstarre; Leib etwas grünlich. Die hinteren Partieen der Lungen stark ödematös. In beiden Lungen eine Anzahl Tuberkel, einzeln und in Gruppen. In der linken Lunge eine fast hühnereigroße Kaverne mit glatten Wänden. Bronchialdrüsen etwas vergrößert und tuberkulös infiltrirt. Milz ziemlich groß. In der Blase zwei fast bohnengroße rauhe Stellen (Distomeneier). In der Pfortader acht Distomen von verschiedener Größe. Eine geringe Menge von peritonitischem Exsudat und einige eitrige Fibrinflocken finden sich in der Umgebung des Coecum. Netz mit dem rechten Leistenring verwachsen; rechtsseitiger irreponibler Netzbruch. Im Dünndarm die Peyer'schen Plaques unverändert bis auf einen, an dessen oberem Ende ein erbsengroßer käsiger Knoten sich findet. Im Dickdarm außerordentlich zahlreiche dysenterische Ulcerationen, welche im Coecum confluiren, mit nekrotischen Massen bedeckt sind und stellenweise bis auf den Peritonealüberzug des Darms eindringen. In den unteren Abschnitten des Dickdarms finden sich zwischen alten, in Vernarbung begriffenen Geschwüren große ulcerirte Flächen und stellenweise auch frische kleine kraterförmige Geschwüre mit stark geröthetem Saum. Der größte Theil der Dickdarmschleimhaut ist dysenterisch ulcerirt. Mesenterialdrüsen ziemlich stark geschwollen und auf dem Durchschnitt von markigem Aussehen.

VIII. Dysenterie, Peritonitis. Etwa 45 Jahre alter Mann aus Beirut. Soll seit Ende August krank sein. Am 14. 9. 83 ins Deutsche Diakonissen-Hospital aufgenommen starb er am 18. 9. Mittags.

Obduktion am 18. 9. Nachm. 3 Uhr:

Leiche sehr abgemagert; keine Todtenstarre. Linke Lunge in ihrem ganzen Umfange, rechte Lunge nur in geringer Ausdehnung mit der Brustwand verwachsen. In dem lockeren Zellgewebe auf der linken Seite der Trachea eine etwa 3 cm lange, ½ cm breite Sugillation. Linke Lunge zeigt viele narbige Einziehungen. Die Spitze emphysematös. Das Gewebe lufthaltig, trocken, blutarm, in den vorderen Partieen hellgrauroth, in den hinteren oberen Partieen fast schwarz von Pigment. Auch in der rechten Lunge einige große Emphysemblasen. Lungengewebe trocken und blutleer. In der Bauchhöhle eine mäßige Menge seröser, eitrig getrübter Flüssigkeit, mit vielen gelblichen Fibrinflocken untermengt. Die Darmschlingen ziemlich stark geröthet; ihr seröser Ueberzug grau, mit Fibrinschwarten bedeckt. In der rechten Darmbeingrube sind die Darmschlingen fest angelöthet; das Coecum und Colon ascendens sind an ihrer Oberfläche eitrig infiltrirt. Die Wand des Coecum sieht roth und gelb gestreift aus, stellenweise ist sie schmutzig graugelb gefärbt. Milz sehr klein, schlaff; ihre Oberfläche blaugrau, gerunzelt; auf dem Durchschnitt grauroth; Follikel deutlich zu erkennen. Leber nicht vergrößert; enthält keine Abscesse; ihre Oberfläche mit Fibrinflocken bedeckt. Gallenblase ziemlich stark gefüllt. In der Rindensubstanz der Nieren einige kleine Cysten. Pfortader ziemlich stark gefüllt mit flüssigem Blut, untermengt mit lockeren Blut- und weißen Fibringerinnseln. Im oberen Theil des Duodenum ist die Schleimhaut etwas geröthet und mit punktförmigen Hämorrhagieen in mäßiger Zahl versehen. Zwei Bandwürmer von beträchtlicher Länge (Taenia mediocanellata), von welchen der eine im oberen Theile des Jejunum unter einer Schleimhautfalte mit dem Kopf in die Schleimhaut sich fest eingebohrt hat, befinden sich im Dünndarm. Das Ende der Würmer liegt etwa in der Mitte des Ileum. Zahlreiche abgestoßene reife Glieder liegen in den unteren Darmabschnitten. Im untersten Theile des Ileum ist die Schleimhaut stärker geröthet, etwas verdickt und zeigt sehr zahlreiche stark hervortretende Follikel. Unmittelbar unter der Ileocöcalklappe ist die Schleimhaut des Dickdarms mit zahlreichen großen Geschwüren besetzt. Das Coecum ist bis auf einige kleine unzerstörte Schleimhautinseln in eine schmutziggrau gefärbte und mit zahlreichen nekrotischen Fetzen bedeckte Geschwürsfläche verwandelt. Die Wandungen des Coecum sind fast fingerdick, serös durchtränkt und stellenweise auch eitrig infiltrirt. Im vorderen unteren Theile des Coecum erreicht die Nekrose des Gewebes den serösen Ueberzug mehrfach: an diesen Stellen ist die Außenwand graugelb gefärbt und mit Fibrinflocken bedeckt. Wurmfortsatz frei von Geschwüren. Nach dem Colon transversum zu nimmt die Geschwürsbildung ab, die einzelnen Geschwüre erreichen zum Theil noch die Größe eines Zwei-Markstückes, viele sind kleiner. Einige größere sind anscheinend aus dem Zusammenfluß mehrerer kleinerer entstanden. Die einzelnen Geschwüre sind kraterförmig, mit graugelbem nekrotischen Grunde und rothem Saume. Nach dem Mastdarm zu wird die Zahl der Geschwüre wieder größer, und zwischen denselben finden sich einige strahlige, stark pigmentirte, anscheinend frische Narben. Der Inhalt des Dickdarms und Mastdarms ist stellenweise sanguinolent, an einzelnen Stellen finden sich ziemlich fest zusammenhängende glasige Schleimmassen, welche von Blutstreifen durchsetzt sind. Die Blasenschleimhaut ist überall glatt, mit Ausnahme einer markstückgroßen warzig rauhen Stelle in der Nähe des Fundus. (Parasiten?) Die großen Venen der Bauchhöhle wurden auf Distomen untersucht, solche jedoch nicht gefunden.

IX. **Diphtherische Geschwüre im Dünn- und Dickdarm, Peritonitis, alte Syphilis.** 27jähriger Fellache. Wurde am 9. 9. 83 bewußtlos ins Arabische Hospital gebracht. Wiederholtes Erbrechen. Tod am 10. 9. Mittags 12 Uhr.

Obduktion 10. 9. ($1\frac{1}{2}$ Stunden nach Eintritt des Todes):

Magere Leiche, noch warm; starke Leichenstarre. Abdomen nicht aufgetrieben. In der Bauchhöhle ziemlich viel schwach gelblich gefärbte und leicht getrübte Flüssigkeit. Die Darmschlingen sind ziemlich stark geröthet, glanzlos, vielfach mit einander verklebt und mit gelblich weißen Fibrinflocken bedeckt. Der Blinddarm sieht fleckig dunkelroth aus; an einzelnen Stellen ist er schmutzig graubraun gefärbt, hart anzufühlen und mit weißlich grauem Exsudat bedeckt; seine Wandungen sind stark verdickt. Beim Versuch ihn frei zu präpariren zerreißt die Wand an einer der grau gefärbten Stellen, und es ergießt sich graugelbe Flüssigkeit von wenig fauligem Geruch. Auch die übrigen Bauchorgane sind mit Fibrinflocken bedeckt. Das Duodenum enthält eine geringe Menge gelblichen Schleims; die Schleimhaut ist etwas verdickt, auf der Höhe der Falten wie erodirt aussehend und daselbst hell gelbbraun gefärbt. Dieselbe Veränderung setzt sich im Jejunum fort, immer mehr zunehmend und im Ileum schließlich in flache Ulcerationen übergehend. Dieselben sind von Hirsekorn- bis zu Pfennigstückgröße, mehr oder weniger der Kreisform sich nähernd. Sie sehen gelbgrau aus: ihre Ränder sind etwas erhaben über die benachbarte Schleimhaut und intensiv geröthet. Die Zahl dieser Geschwüre ist sehr groß. Sie stehen anscheinend in keiner Beziehung zu den Follikeln und Peyer'schen Plaques. Letztere sind unverändert. Die von den Geschwüren frei gebliebenen Stellen der Schleimhaut sind stark injicirt und geröthet. Im Coecum ist die Schleimhaut fingerdick, graugelb sulzig infiltrirt, an ihrer Oberfläche mit schwärzlichen und schmutzig graugelben Ulcerationen bedeckt, welche nach dem Colon ascendens zu an Größe abnehmen, einen weniger nekrotischen Charakter haben und schließlich wieder dasselbe Aussehen gewinnen wie diejenigen im Dünndarm. Auch im Processus vermiformis, welcher stark erweitert ist, finden sich einige solche Geschwüre. Nach dem Mastdarm zu wird das Aussehen der Geschwüre wieder mehr schwärzlich und nekrotisch, so daß die Schleimhaut des Mastdarms der des Coecum sehr ähnlich sieht. Die Mesenterialdrüsen in der Nähe der Ileocöcalklappe sind ziemlich stark vergrößert und graugelb infiltrirt. Im Magen findet sich nichts Bemerkenswerthes. Die Milz nicht vergrößert, ihre Substanz ziemlich derb. Leber mit vielen narbigen weißlichen Einziehungen versehen, dunkelbraun gefärbt; auf der Schnittfläche zahlreiche breite Narbenstränge, an einzelnen Stellen auch erbsengroße Gummiknoten von grauem, halb durchscheinenden Aussehen mit gelblichem undurchsichtigen Centrum. Lobulus quadratus zu der Größe eines Fingergliedes zusammengeschrumpft und auf dem Durchschnitt weiß und dunkelbraun marmorirt aussehend. Beide Nieren von gewöhnlicher Größe; an der Oberfläche einzelne narbige Einziehungen. Rindensubstanz hell gelbgrau, etwas breit. In der Blase eine geringe Menge dunkelgelb gefärbten klaren Urins. Die Hoden zeigen einige narbige Verdickungen der Septa. Die Inguinaldrüsen sind um ein geringes vergrößert. Am Penis oberhalb der Corona eine weiße strahlige Narbe. Tonsillen groß. In der Mundhöhle, im Rachen und Kehlkopf keine Ulcerationen. Luftröhre leer, Bronchien ebenfalls. In der Spitze des linken oberen Lungenlappens eine fast hühnereigroße derb anzufühlende Stelle, in welcher zahlreiche graue hanfkorn- bis erbsengroße Knoten eingebettet sind. Dieselben sind grau durchscheinend, ohne käsiges Centrum und von einem dunkelrothen Rande umgeben. In der Umgebung dieser Partie einzelne stark emphysematöse Stellen. Im Uebrigen sind die Lungen unverändert. Einige Bronchialdrüsen sind etwas vergrößert und von markiger Beschaffenheit. Am Herzen nichts Auffallendes. Einige der maxillaren Lymphdrüsen sind ebenfalls bis zu Bohnengröße geschwollen. An der linken Tibia eine dem Gefühl deutlich wahrnehmbare Knochenverdickung.

X. Darm-Milzbrand, Anämie. 20jähriger dunkelfarbiger Mann aus Oberegypten. Angeblich seit dem 4. 9. 83 krank. Wurde am 9. 9. ins Arabische Hospital aufgenommen. Außerordentlich heftige Blutungen aus Mund und After. Tod am 10. 9. Nachm.

Obduktion am 10. 9. unmittelbar nach Eintritt des Todes (Temperatur im Rectum 39,5 ° C):

Trotz der dunklen Hautfarbe ist die Anämie der Schleimhäute und der äußeren Haut sehr auffallend. Beginnende Todtenstarre. Hunderte von erbsengroßen Petechien, welche besonders reichlich in der Haut der Stirn, des Halses und der Beine sich finden. Diese Blutergüsse in der Haut erstrecken sich an vielen Stellen bis zum Panniculus adiposus. Zunge und Gaumen unverändert. Kehlkopfeingang schwarzblau gefärbt und sugillirt. Beide Lungen sehr blaß und von einzelnen Petechien bedeckt. Auch in der trockenen blutarmen Lungensubstanz einzelne kleinere Hämorrhagieen; desgleichen am Pericardium. Herz und große Blutgefäße fast leer. Oesophaguswand im unteren Theile verdickt. Die Schleimhaut sulzig und schwärzlich gestreift. In der Bauchhöhle eine ziemlich reichliche Menge blutig seröser Flüssigkeit. Im Dünndarm gelblicher schleimiger Inhalt; einzelne Petechien in seinem Peritoneal-Ueberzuge. Die Peyer'schen Plaques nicht verändert. Das Colon transversum spindelförmig; seine Wand verdickt, von derber Beschaffenheit; die Schleimhaut ist gelb sulzig infiltrirt, von zahlreichen kleineren und größern Hämorrhagieen durchsetzt, an einzelnen Stellen schwärzlich gefärbt, nekrotisch. An zwei Stellen hängen polypenartig geformte lange derbe braunrothe Blutgerinnsel den nekrotisch veränderten Stellen der Schleimhaut fest an. Die übrigen Theile des Dickdarms und der Mastdarm sind nicht verändert. Der Darminhalt ist unterhalb der erwähnten Stelle blutig gefärbt. Die Mesenterialdrüsen sind anscheinend nicht verändert. Das retroperitoneale Bindegewebe ist in weiter Ausdehnung sugillirt und umhüllt als schwarzrothe Masse die Nieren und die großen Blutgefäße. Alle Unterleibsorgane sind außerordentlich blaß und blutleer. Milz auffallend klein; in ihrem unteren Theile eine kuglig gestaltete, auf dem Durchschnitt etwas heller gefärbte und prominirende Stelle, von festerer Beschaffenheit als die Umgebung. Aehnliche, aber erheblich kleinere Stellen finden sich noch mehrere zerstreut in der Milz. Die Leber gelbbraun, blutleer. Beide Nieren verhältnißmäßig groß. Ihre Substanz wachsgelb. Das linke Nierenbecken schwarzroth, hämorrhagisch infiltrirt. Das Lumen desselben von einem festen Blutgerinnsel ausgefüllt, welches sich im Zusammenhange herausziehen läßt und einen vollständigen Abguß des Nierenbeckens bildet. In der Blase blutig gefärbter klarer Urin. In der Pfortader eine geringe Menge flüssigen Blutes. In der Flüssigkeit, welche aus den sulzigen Massen der Darmschleimhaut ausgepreßt war, wurden schon bei der Obduktion unbewegliche Bacillen, Milzbrandbacillen gleichend, in mäßiger Zahl gefunden.

XI. Distomen, Anchylostomen, Lungen-Tuberkulose, Hydrocele. Etwa 25jähriger Fellache. Wurde gegen Mitte August als cholerakrank in das Arabische Hospital aufgenommen. Hat seitdem an Anämie und Schwäche, sowie an Diarrhoe gelitten. Tod in der Nacht vom 14. zum 15. 10. 83.

Obduktion am 15. 10. (6 Stunden p. m.):

Oedem der Füße bis zur Mitte der Unterschenkel. Starke Abmagerung. Keine Fäulniß. In beiden Lungen vereinzelte bis haselnußgroße verdichtete und von grauen Knötchen durchsetzte Stellen. Die Lungenspitzen enthalten pigmentirte Narben und einzelne Emphysem-Blasen. Eine unter dem Brustbein gelegene Drüse verkäst und verkalkt. Die Bronchialdrüsen vergrößert und stellenweise graue Knötchen enthaltend. Das Blut der Vena portarum wird mit einem Löffel aufgefangen und auf einem Glasteller ausgebreitet (Methode Schieß). Bei oberflächlicher Betrachtung scheint nur ein Exemplar von Distomum vorhanden zu sein. Im Sonnenlicht betrachtet finden sich dagegen ungefähr 20 Distomen, fast zur Hälfte Männchen (lange dünne schwärzliche Fädchen und deswegen schwierig im Blute zu finden); die Weibchen, dick, weiß und etwa ebenso lang wie die Männchen, rollen sich in Wasser übertragen spiralförmig auf, während die Männchen gestreckt bleiben. Ein Distomum wurde in einem Leberast der Vena portarum gefunden. Im Duodenum zahlreiche Anchylostomen (gegen 50 Stück), theils lose im Schleim liegend, zum größten Theil aber der Schleimhaut fest anhaftend. An der Haftstelle hat die Schleimhaut nach dem Abreißen des Anchylostomum eine punktförmige blutige Vertiefung. Ziemlich viele Blutpunkte, offenbar den Stellen entsprechend, wo Anchylostomen gesessen haben, finden sich auf der Duodenalschleimhaut zerstreut. Jejunum unverändert, ohne Anchylostomen. Im Ileum ist die Schleimhaut strich- und fleckweise geröthet durch Injektion der Zottengefäße. Außerdem ziemlich viele kleine follikuläre Geschwüre. Einzelne Follikel mit käsigem Centrum. Peyer'sche Plaques nicht vergrößert. Auch im Dickdarm einzelne Follikulargeschwüre und oberflächliche, bis zum Mastdarm sich erstreckende Schleimhaut-Erosionen von geringem Umfang. Im Colon ascendens zwei der Schleimhaut fest anhaftende Anchylostomen. Milz nicht vergrößert. Leber ohne Veränderungen. Linke Niere mit erweitertem Becken; an der Seitenfläche einer Papille eine schwärzliche Stelle von 2 mm Durchmesser. Rindensubstanz geschrumpft. Rechte Niere ähnlich verändert. Blase mit klarem Urin gefüllt, ohne Ablagerung von Distomeneiern. Rechtsseitige Hydrocele mit klarem, serösen Inhalt. Harnleiter unverändert, insbesondere auch an der Stelle ihrer Einmündung in die Blase.

XII. Typhus abdominalis, Lungengangrän. 28jähriger Grieche aus Tripolis. Am 22. 8. 83 ins Griechische Hospital aufgenommen. Mittelschwerer Abdominaltyphus. In der Rekonvalescenz entwickelte sich am 18. 9. eine linksseitige Lungenentzündung. Der Auswurf wurde stinkend und am 23. 9. trat der Tod ein.

Obduktion am 24. 9.:

Leiche nicht mehr ganz frisch. Stark abgemagert. Im Ileum und Coecum, insbesondere im Bereiche der Peyer'schen Plaques zahlreiche, meist gereinigte bezw. vernarbte Geschwüre. Milz mäßig vergrößert, Kapsel runzelig. Milzsubstanz mäßig derb. Linksseitige Lungengangrän, anscheinend von Infarkten ausgehend.

XIII. Lungengangrän. Etwa 45jähriger Mann aus Oberegypten. Seit Ende September wegen Gastro-Enteritis im Arabischen Hospitale in Behandlung. Tod am 13. 10. 83.

Obduktion am 13. 10. (4 Stunden p. m.):

Leiche stark abgemagert. Gangrän des rechten unteren Lungenlappens; mehrere lobuläre Infiltrationen in der linken Lunge; gänseeigroßer pneumonischer Heerd im linken unteren Lappen. Beide Nieren sehr groß, gelblich, im Zustande trüber Schwellung; Rindensubstanz sehr stark verbreitert. Keine Parasiten in der Vena portarum, dem Duodenum oder der Blase. Schleimhaut im unteren Ileumabschnitte und im Coecum verdickt und geröthet.

XIV. Lungentuberkulose, Empyem, Darmtuberkulose, Distomeneier in der Blase. 21jähriger arabischer Soldat. Im April 1883 wegen linksseitiger Pleuritis ins Arabische Hospital aufgenommen. In den letzten vier Wochen starke Diarrhoeen. Tod 27. 9. Morgens.

Obduktion 27. 9. ($3\frac{1}{2}$ Stunden p. m.):

Leiche noch warm, keine Todtenstarre. Starke Abmagerung. Etwa fünf Liter eitriger Flüssigkeit in der linken Pleurahöhle. Exsudat ohne Fäulnißgeruch. Die mikroskopische Untersuchung desselben ergiebt keine Tuberkelbacillen. Nach Entleerung des Exsudats zeigt sich die ganze Pleurahöhle mit einer dicken Schwarte, auf welcher sich frischere fibrinöse Auflagerungen befinden, ausgekleidet. In diesen Auflagerungen werden vereinzelte Tuberkelbacillen aufgefunden. Linke Lunge vollständig comprimirt, gänzlich luftleer. Auf Durchschnitten derselben zeigen sich überall frische tuberkulöse Einlagerungen, sowie namentlich in den oberen Partieen vielfach verkäste Stellen und mehrere Kavernen. Rechte Lunge zeigt geringe Adhäsionen. In derselben ist eine Anzahl Knoten, namentlich in den oberen Partieen, durchzufühlen, welche auf dem Durchschnitt aus vereinzelten, dicht zusammenliegenden grauen Knötchen bestehen. In der Spitze mehrere etwa haselnußgroße Kavernen. Die Bronchialdrüsen vergrößert, von kleinen grauen Knötchen reichlich durchsetzt. Milz sehr klein. Nieren ohne nennenswerthe Veränderung. Auf der rechten Seite der Leberwölbung kleine zottige, beim Aufgießen von Wasser flottirende Wucherungen des peritonealen Ueberzuges. Die Blase enthält wenig klaren Urin; ihre Schleimhaut ist blaß mit hellbraun gefärbten, sammetartigen resp. warzigen Auflagerungen bedeckt, die sich bei der mikroskopischen Untersuchung als auf Einlagerung von Distomeneiern beruhend erweisen. Tuberkulose der Mesenterialdrüsen. Zahlreiche tuberkulöse Darmgeschwüre mit frischen käsigen Knötchen am Rande. Auf der Serosa des Darms, dem Sitz der Geschwüre entsprechend, mehrfach frische, dem Verlauf der Chylusgefäße folgende Tuberkelknötchen, namentlich auf dem unteren Theile des Ileum.

XV. Lungen und Darmtuberkulose. Etwa 30jähriger Araber, am 26. 9. 83 Abends sterbend ins Arabische Hospital eingeliefert.

Die am 27. 9. Morgens ausgeführte Obduktion ergab tuberkulöse Lungenphthise in vorgeschrittenem Stadium, tuberkulöse Geschwüre im Dünn- und Dickdarm, sowie Tuberkulose der Mesenterialdrüsen.

XVI. Tuberkulose der Lungen, der Nieren und des Darms. Peritonitis. Etwa 30jähriger, in Egypten geborener Israelit. Seit 27. 9. 83 im Arabischen Hospital. Tod am 3. 10. Morgens.

Die am 3. 10. ausgeführte Obduktion ergab in beiden Lungen zahlreiche kleinere und größere Kavernen; daneben käsige Heerde und in deren Umgebung zahlreiche miliare Tuberkelknötchen. Die vergrößerten Bronchialdrüsen waren stellenweise tuberkulös infiltrirt. In beiden Nieren einzelne Tuberkelknötchen; in einer Papille ein fast erbsengroßer Käseheerd. Im unteren Theile des Dünndarms zahlreiche tuberkulöse Geschwüre. Frische Verklebung der Darmschlingen durch peritonitisches Exsudat.

XVII. Chronische Nephritis, chronischer Darmkatarrh. Negerin aus dem Sudan, am 29. 9. 83 im Arabischen Hospitale gestorben.

Die an demselben Tage ausgeführte Obduktion der kleinen stark abgemagerten und sehr anämischen Leiche ergab eine chronische Nephritis, Hypertrophie der linken Herzkammer, graue schiefrige Färbung und mäßige Verdickung der Schleimhaut im Dünn- und Dickdarm.

XVIII. Pyelonephritis, Nierenabscesse, Nierensteine, Peritonitis, Pleuritis, Harnröhrenstriktur. 46jähriger Araber. Vom 3. 8. bis 11. 9. 83 an Albuminurie und chronischem Darmkatarrh im Arabischen Hospitale behandelt. Am 25. 9. wurde er wieder ins Arabische Hospital aufgenommen und starb noch an demselben Tage.

Obduktion am 26. 9. Vorm.:

Abgemagerte Leiche. In der linken Pleurahöhle mäßig reichlicher fibrinös-eitriger Erguß. Rechte Lunge elastisch, überall lufthaltig, ohne Verwachsungen. Linke Lunge an der Basis mit dem Zwerchfell verlöthet. In der Bauchhöhle eitrige Flüssigkeit; seröser Ueberzug der Leber und der Darmschlingen mit Fibrinflocken bedeckt. Leber von gewöhnlicher Größe. Auf der glatten Fläche des rechten Leberlappens eine fast viereckige, etwa 1 qcm große, bläulich gefärbte Partie, welche das Niveau der Umgebung nicht ganz erreicht. Dieselbe bildet die Basis eines nach dem Leberinneren gerichteten $1\frac{1}{2}$—2 cm hohen dunkelbraunroth gefärbten und von der Umgebung scharf abgesetzten Kegels. Milz ziemlich groß, auffallend schlaff, in ihrem untern Theile mit der Umgebung fest verwachsen. Bei Trennung der Verwachsung tritt eine mit stinkendem Eiter gefüllte Höhle zu Tage, welche nach oben von dem Zwerchfell und der Milz, nach vorne und innen von dem Colon, nach unten von der linken Niere und nach außen von der seitlichen Bauchwand begrenzt ist. Rechte Niere, von unregelmäßiger höckeriger Oberfläche, läßt mehrere theils steinharte, theils fluctuirende Knoten durchfühlen. Kapsel schwer abzuziehen. Im Nierenbecken ein dasselbe vollständig ausfüllender, etwas bröcklicher Stein von der Größe eines Fingers, der einen Abguß des stark erweiterten Beckens sowie der Kelche darstellt. Auf der Schleimhaut des Nierenbeckens mehrfache schiefergraue Punkt- bis Stecknadelkopfgroße Hämorrhagieen. Die Papillen abgeflacht, an der Oberfläche ulcerirt. Die Nierensubstanz von zahlreichen Heerden von Kirschkern- bis Haselnußgröße durchsetzt, die sich auf dem Durchschnitt theils als Abscesse, theils als Cysten mit sanguinolenter Flüssigkeit gefüllt zu erkennen geben. Der Ureter, dessen Wandung stark verdickt ist, hat den Umfang eines kleinen Fingers und ist mit einer eitrigen Flüssigkeit gefüllt. In der linken Niere ein das stark erweiterte Nierenbecken vollständig ausfüllender Stein. Nierensubstanz noch mehr als die der rechten Niere von zahlreichen und großen Heerden (Abscessen und Cysten) durchsetzt, von denen einige nahe der Oberfläche gelegen sind. Das die Niere umgebende Bindegewebe ist eitrig infiltrirt. Linker Ureter wie der rechte. In der Harnblase eine reichliche Menge einer eitrigen Flüssigkeit; die Schleimhaut, namentlich in der Gegend der Einmündung der Ureteren, stark gewulstet. Die Harnröhre zeigt im hintern Abschnitt der Pars membranacea eine hochgradige Verengung. Auf der Schleimhaut findet sich an der verengten Stelle eine alte Narbe. Im Coecum ist die Schleimhaut stark injicirt; im Colon zeigt sich namentlich da, wo dasselbe mit der Umgebung verwachsen die geschilderte Absceßhöhle begrenzt, ziemlich starke Injektion der Schleimhaut mit schiefriger Färbung.

XIX. Insufficienz der Aortenklappen, Fettleber. Etwa 35jähriger kräftig gebauter, gut genährter Europäer. Wurde todt auf der Straße gefunden und ins Arabische Hospital gebracht.

Die Obduktion, am 5. 10. 83 ausgeführt, ergab starke Verdickung und Insufficienz der Aortenklappen; bedeutende Vergrößerung des Herzens, zumal des linken; Fettleber; sehr starkes Oedem der Gehirnhäute.

XX. Rechtsseitige croupöse Pneumonie. Etwa 30jähriger Fellache, am 3. 9. 83 sterbend ins Arabische Hospital gebracht.

Die Obduktion, am 4. 9. Vorm. ausgeführt, ergab: Rechte Lunge voluminös, schwer und von fester Consistenz; oberer und mittlerer Lappen hepatisirt, auf der Schnittfläche grauroth, vollkommen luftleer. In den Bronchien eine ziemlich reichliche Menge röthlichen Schleims. Der untere Lappen stark bluthaltig, aber nicht hepatisirt. An der linken Lunge und am Herzen nichts Besonderes. Schleimhaut des Dünn- und Dickdarms an vielen Stellen geröthet und mit stark gefüllten Gefäßen versehen, stellenweise auch schiefrig gefärbt.

XXI. Rechtsseitige croupöse Pneumonie, Nierenschrumpfung, alte Syphilis, Icterus, Distomeneier. Etwa 40jähriger Araber, am 18. 9. 83 Mittags todt auf der Straße gefunden.

Obduktion wenige Stunden später im Arabischen Hospitale:

Stark abgemagerte Leiche, Todtenstarre nur in den unteren Extremitäten. Ziemlich starke ikterische Färbung der Haut und der inneren Organe. Narbige Einziehungen und defekte Haut an der Nase und an den Wangen. Perforation des Septum narium. Beide Tonsillen etwas vergrößert und oberflächlich exulcerirt. Uvula und Epiglottis narbig geschrumpft, kleine syphilitische Ulcerationen im Kehlkopf und oberen Theil der Trachea. Maxillar- und Trachealdrüsen vergrößert. In der Luftröhre und den Bronchien chokoladefarbige, ziemlich dickflüssige und wenig schaumige Flüssigkeit. Linke Lunge aufgebläht, überall lufthaltig, von graurother Farbe. Rechte Lunge im ganzen Umfang mit der Brustwand verwachsen, schwer, fast ganz luftleer bis auf einen kleinen Theil der Spitze, auf der Schnittfläche schmutzig grauroth mit vielen gelblich gefärbten Stellen, an welchen das Gewebe in eitriger Schmelzung begriffen ist. Von der Schnittfläche fließt graubraune, dicke Flüssigkeit. Die Substanz ist weich und läßt sich leicht zerdrücken. Milz ziemlich groß, schlaff, mit einer großen narbigen Schwiele an der Oberfläche. Substanz sehr weich, dunkelgrauviolett. Leber ebenfalls mit einer narbigen Einziehung und einer schwieligen Verdickung des Ueberzuges an der entsprechenden Stelle. Die Schnittfläche der Leber ist dunkelrothbraun; wenig Blut tritt aus den durchschnittenen Gefäßen; einzelne breite, weißliche Bindegewebsstränge ziehen sich durch das Lebergewebe. Die Gallenblase enthält eine geringe Menge blaßgelber schleimiger Galle. Die Pfortader ist frei von Distomen. Beide Nieren sehr klein und außerordentlich schlaff. Kapsel fest adhärent. Nierenbecken sehr erweitert. Die Nierensubstanz stark geschrumpft, an einigen Stellen auf eine 1 mm dicke Schicht reducirt. Die Schrumpfung betrifft fast gleichmäßig die Mark- und Rindensubstanz. Im Ureter der rechten Niere, und zwar ganz oben ein Paar hirsekorn- bis hanfkorngroße, kugelige, gelbdurchscheinende, der Schleimhaut fest anhaftende Körper. Die Blase enthält dunkelgefärbten Urin. In der Nähe des Blasenhalses sitzen der Schleimhaut ebensolche Körper auf, wie im Ureter. Außerdem finden sich daselbst einige kleine oberflächliche kreisrunde rothgefärbte Defekte, auf welchen anscheinend solche Körper gesessen hatten. An der hinteren Blasenwand eine linsenförmig gestaltete Verdickung der Schleimhaut von einem Centimeter Durchmesser. Beim Einschneiden in dieselbe kommt ein der Krystalllinse ähnliches colloides Gebilde zum Vorschein. Duodenalschleimhaut ziemlich stark injicirt und stark icterisch gefärbt. Die Schleimhaut des übrigen Darmes ebenfalls icterisch, im unteren Theil des Ileum etwas stärker geröthet. Peyer'sche Plaques nicht verändert. Darminhalt gelbbraun gefärbt. Ein reponirbarer rechtsseitiger Leistenbruch von Kindskopfgröße. Die in demselben gelagerten Darmschlingen sind etwas dunkler gefärbt als die übrigen.

XXII. Parotisabsceß, Lungenödem (nach überstandener Cholera). Etwa 60jähriger Türke; hatte Ende Juli 1883 einen Choleraanfall im Arabischen Hospital überstanden; erholte sich nach demselben nur sehr langsam. Ab und zu Temperatursteigerungen. Am 10. 8. wurde ein Parotisabsceß entdeckt, welcher eröffnet wurde. Zunehmende Anämie. Am 11. 9. erfolgte der Tod unter den Erscheinungen des Lungenödems.

Obduktion am 12. 9. Vorm.:

Magere anämische Leiche. Todtenstarre. In der rechten Parotisgegend ein mit blassen Granulationen bedecktes Geschwür, von dem aus unterhalb des Gehörganges in die Tiefe ein enger Kanal führt. Aus dem rechten Gehörgange fließt etwas Eiter. Keine Senkungen in das Bindegewebe am Halse. Lungen zum Theil mit der Brustwand verwachsen, in den vorderen Partieen lufthaltig, nach hinten zu außerordentlich stark wässerig durchtränkt und luftleer. In den Bronchien sehr viel schaumige wässerige Flüssigkeit. Das Fettgewebe des Herzens wässerig und sulzig. Im Herzen sehr wenig Blut. In der Perikardial- und den Pleurahöhlen reichlicher seröser Erguß. Im Dünndarm gelblicher Schleim. In der Schleimhaut an einzelnen Stellen Injektion der feineren Gefäße und eine geringe Zahl punktförmiger Hämorrhagieen. Im Dickdarm feste Kothmassen. Milz um das Dreifache vergrößert, von schwärzlicher Farbe, ihre Substanz sehr weich.

XXIII. Lepra.

Sektion am 12. 2. 84 (ca. zwölf Stunden nach dem Tode) im Medical College Hospital:

Männliche Leiche von ca. 50 Jahren aus dem Leprasspital. Stark abgemagert, ohne Todtenstarre; keine Fäulniß. Haut stark verdünnt, an vielen Stellen, namentlich an den Gelenken, rauh und abschilfernd. Keine Lepraknoten in der Haut. Sämmtliche Zehen und Finger fehlen. An Stelle der Finger ragen die entblößten Mittelhand-Knochen aus dem Stumpf der Hand. An den Händen einige flache Geschwüre. Hornhäute ulcerirt und vollkommen trübe. An den Ohren keine leprösen Veränderungen. Nase eingesunken und geschrumpft. Haut des Gesichtes dem Knochen fest anliegend, pergamentartig. Lungen vielfach der Brustwand adhärent, nach hinten zu stark ödematös; in beiden oberen Lappen mehrere feste Knoten, welche auf dem Durchschnitt sich aus einer pigmentirten Narbe und darum gruppirten grauen Knötchen bestehend erweisen. Bronchialdrüsen stark pigmentirt, kaum vergrößert, ohne Tuberkel. Auch in den Lungenspitzen weder Kavernen, noch Narben, Käseheerde oder dergl. Rechtes Stimmband stark verbreitert und oberflächlich ulcerirt, nicht geröthet. Gaumen, Tonsillen, Zunge ohne lepröse Veränderungen. Lymphdrüsen am Halse und Unterkiefer nicht verändert. Im rechten Herzen Fibringerinnsel, im linken wenige lockere Blutgerinnsel. Das Herz im ganzen Umfange ziemlich fest mit dem Herzbeutel verwachsen. Im Magen Speisereste und trübe Flüssigkeit. Im Dünndarm ein gallertig schleimiger, hellgrau gefärbter Brei. Schleimhaut des Darms blaß, Drüsen unverändert, Mesenterialdrüsen nicht vergrößert. Milz klein, schlaff, Gewebe derb. Leber mit deutlicher Läppchenzeichnung ohne Veränderungen. Nieren klein, stellenweise narbig eingezogen und mit erbsengroßen Cysten durchsetzt; Rindensubstanz schmal, granulirt. Hoden geschrumpft. Die Nerven der oberen Extremitäten bis nahe zur Handwurzel, wo sie stark spindelförmig angeschwollen sind, unverändert. Rechts sind die Cubitaldrüsen und auf beiden Seiten die Axillardrüsen sehr stark geschwollen, von grauen durchscheinenden und am Rande braun bis schwärzlich gefärbten Heerden durchsetzt. Die Nerven der unteren Extremitäten haben keine spindelförmige Anschwellungen. Die Leistendrüsen und die am Eingange des Beckens gelegenen Lymphdrüsen sind sehr vergrößert, auf dem Durchschnitt marmorirt; sie zeigen gelbliche derbe buchtige Centra, welche von grauen und schwärzlichen Randzonen eingefaßt sind; keine erweichten Stellen.

XXIV. Lepra, Gangrän des linken Fußes.

Obduktion am 18. 2. 84 im Medical College Hospital:

Männliche Leiche (Hindu) aus dem Lepraspital, zwischen 30 und 40 Jahre alt, schwächlich gebaut; Fettpolster der Haut nicht ganz geschwunden; mäßige Todtenstarre; keine Fäulniß. Keine Lepraknoten in der Haut. Am rechten Oberarm einige thalergroße hellere Flecke der Haut. Augen ohne Veränderungen, ebenso Nase und Ohren. Die Finger in paralytischer Stellung, Muskulatur der Hände geschwunden; der linke Daumen im letzten Gelenk ulcerirt und luxirt, so daß das nekrotische Ende der zweiten Phalanx aus dem ulcerirten Gelenk hervorragt. Der linke Fuß dick geschwollen, zum größten Theil von Epidermis entblößt, nekrotisch, stinkend. Die Nekrose reicht bis zum unteren Drittel der Wade. An den Nerven und Gefäßen der unteren Extremitäten keine Anschwellungen, Thromben ꝛc. zu finden. Lymphdrüsen der Inguinalgegend und am Beckeneingang geschwollen, besonders stark links, stellenweise von blaßgelblichen Partieen durchsetzt, aber nicht eitrig erweicht. Achseldrüsen ebenfalls stark geschwollen. Nervus radialis in der Höhe des Ellenbogengelenks, Nervus medianus dicht oberhalb des Handgelenks beiderseits ziemlich stark spindelförmig verdickt. Rechtes Ellenbogengelenk mit Eiter gefüllt, die Muskulatur in der Nachbarschaft erweicht und mißfarbig. Im Rachen, an der Zunge und am Kehlkopf keine Veränderungen. Submaxillardrüsen etwas vergrößert und dunkelgrau marmorirt. Lungen und Luftröhre unverändert, ebenso das Herz (Klappen normal). Milz etwas vergrößert, mit Verdickungen in der Kapsel. Magen unverändert, ebenso die Leber. Nieren sehr blaß, wachsartig. Hoden etwas klein. Darm und Mesenterialdrüsen unverändert. Blase stark mit blassem Urin gefüllt.

(In dem Lepra Hospital waren in den letzten Wochen 15 Fälle von Erysipelas mit mehreren Todesfällen vorgekommen. Vermuthlich stand auch im vorliegenden Falle die Gangrän des Fußes mit vorhergegangenem Erysipel in Zusammenhang.)

Aufzeichnungen über einige von der Kommission besichtigte Truppen-Kantonnements, Gefängnisse und Hospitäler, nebst Mittheilungen über Maßregeln zur Bekämpfung der Cholera unter den Truppen in Indien und über die ärztliche Behandlung der Cholerakranken.

Abgesehen von dem an anderer Stelle bereits besprochenen Fort William hat die Kommission während ihres Aufenthaltes in Kalkutta noch drei Truppen-Kantonnements zu besichtigen Gelegenheit gehabt, über deren in hygienischer Beziehung in Betracht kommende Verhältnisse hier einige Mittheilungen folgen:

Das Lager in Baracpore.

In dem auf dem linken Ufer des Hooghly oberhalb Kalkutta's in der Nähe der Vizeköniglichen Sommer-Residenz gelegenen Kantonnement von Baracpore waren zur Zeit der Besichtigung, welche unter der freundlichen Führung des Herrn Dr. M. Coates und eines im Lager wohnenden Militärarztes, des Herrn Dr. Corbett, stattfand, gegen 150 Mann englische und 300 Mann eingeborene Truppen vereinigt. Die ersteren wohnen in sechs massiven Kasernen, während die Native-Truppen in einem ca. ¾ Kilometer von den Kasernen entfernten Lager untergebracht sind. In den Kasernen wird nur das obere Stockwerk mit Mannschaften belegt. Dasselbe ist in zwei große Säle getheilt, welche je 22 Mann aufzunehmen vermögen. Das Erdgeschoß dient dagegen ausschließlich Wirthschaftszwecken. Seit dem Jahre 1877 wird das Kantonnement durch eine besondere Leitung von den Pultah-Wasserwerken aus mit filtrirtem Wasser versorgt. Dasselbe wird in der Nähe des Kantonnements in ein eisernes Hochreservoir gepumpt, von wo aus es in eiserne Röhren vertheilt wird. In der Quantität des zu verbrauchenden Wassers sind die Mannschaften in keiner Weise beschränkt; auch steht ihnen in einem Baderaum dasselbe Wasser zur täglichen Körperreinigung zur Verfügung. Die Pferde der im Lager befindlichen Artillerie erhalten ebenfalls filtrirtes Wasser. Da das Hochreservoir durch keine besonderen Vorrichtungen gegen die Sonnenwirkung geschützt ist, so soll das Wasser, zumal im Sommer, sehr warm, sonst aber von vorzüglicher Beschaffenheit sein. Bis zum Jahre 1877 ist ausschließlich Wasser aus einem mehrere hundert Schritte von den Kasernen entfernten, frei gelegenen Tank benutzt, welcher in trockenen Zeiten wiederholt aus der in der Nähe vorbeilaufenden Kalkutta-Leitung gefüllt worden ist. Da das oberirdische Drainwasser der Umgebung in diesen Tank sich ergießt, und eine Fahrstraße unmittelbar an ihm vorüberführt, so sind Verunreinigungen des Tankwassers jedenfalls nicht ausgeschlossen gewesen, wenn die Militärbehörde auch durch Aufstellung eines Postens dieselben möglichst zu verhüten gesucht hat. Wie Herr Dr. Corbett der Kommission mittheilte, haben seit Einführung der Wasserleitung nicht nur die Krankheiten unter den Truppen (Cholera, Bowel complaints, Dysenterie und Diarrhoeen) beträchtlich abgenommen, sondern es soll auch unter den Pferden der Gesundheitszustand seitdem ein besserer geworden sein. In den letzten fünf Jahren ist unter den Truppen nur ein einziger, überdies nicht tödtlich verlaufener Cholerafall vorgekommen, obgleich in den umliegenden Ortschaften vereinzelte Fälle stets aufgetreten, und auch Epidemieen in und um den Bazar von Barakpore und in den umliegenden Ortschaften zur Beobachtung gelangt sind. — Unterirdische Drainage ist im Lager nicht vorhanden. Die sehr reinlich gehaltenen Latrinen haben das Dry earth-System, und die Sammelgefäße, welche die Fäkalien aufnehmen, werden zwei Mal täglich abgefahren und entleert. — Die Wäsche der europäischen Truppen wird außerhalb des Lagers gewaschen, die Native-Truppen und die Followers dagegen reinigen ihre Wäsche selbst. Uebrigens hat die englische Infanterie nur sehr wenige Followers, während die Artillerie, welche zur Zeit der Besichtigung zum größten Theil zu Uebungszwecken abwesend war, deren mehr mit sich führt. Die Followers wohnen in der Nähe der Kasernen und im Allgemeinen unter denselben sanitären Verhältnissen wie die englischen Truppen.

Die Native-Truppen liegen sehr eng zusammen in leicht gebauten Hütten. Auch sie sind ausschließlich mit Leitungswasser versorgt, während in der dicht dabei gelegenen Ortschaft Barakpore zwar auch an verschiedenen Stellen aus Straßenauslässen Leitungswasser entnommen werden kann, daneben aber noch zahlreiche von Native-Hütten umgebene Tanks vorhanden sind, welche von der eingeborenen Civilbevölkerung in sehr ausgedehntem Maße benutzt werden sollen.

Die Verpflegung der englischen Truppen besorgt das Gouvernement, während die Followers und die Mehrzahl der Native-Truppen sich aus dem Bazar von Barakpore mit Lebensmitteln versehen. Nur die Milch wird auch für die englischen Soldaten aus dem Bazar bezogen; für das Hospital des Kantonnements geschieht ihre Beschaffung in der Weise, daß die Kühe an Ort und Stelle gebracht und unter Aufsicht gemolken werden. — In dem geräumigen und mit Dachreiter versehenen Hospitale, welches durch seine musterhafte Ordnung und Reinlichkeit, sowie seine gute und kühle Luft einen vortrefflichen Eindruck machte, befanden sich zur Zeit der Besichtigung nur sechs Kranke. Nach Mittheilung des Herrn Dr. Corbett sollen indeß in der heißen feuchten Jahreszeit nicht selten gegen 30 Kranke in Hospitalbehandlung gewesen sein.

Die »Bodyguard-Lines.«

Die »Bodyguards«, eine aus den stattlichsten indischen Mannschaften zusammengesetzte Elite-Truppe, sind in einem Kantonnement in einer Vorstadt Kalkutta's untergebracht. Zur Zeit der Besichtigung waren etwa 120 Mann anwesend, theils Hindu's, theils Muhamedaner, welche von einander getrennt in zwei geräumigen, massiv gebauten, eingeschossigen Häusern wohnten. In einiger Entfernung von denselben lagen die mit Palmblättern bedachten Lehmhütten der Followers, deren Zahl etwa 170 betrug. Angehörige der Soldaten befanden sich unter diesen Followers nicht, vielmehr waren es ausschließlich Diener, Pferdewärter, Köche und mit sonstigen Arbeiten beschäftigte Personen.

Das erforderliche Trinkwasser wird in diesem Kantonnement von Wasserträgern in Schläuchen aus dem nächsten Standrohr der Kalkutta-Wasserleitung herbeigeschafft, während das für sonstige Zwecke erforderliche Wasser aus drei Tanks entnommen wird, von welchen einer für die indischen Offiziere, ein zweiter für die Soldaten und ein dritter für die Followers reservirt ist. Der den Soldaten zugewiesene Tank liegt in der Nähe der beiden Kasernen und eines dazu gehörigen Küchengebäudes. An seinem Ufer ist ein großer steinerner Trog aufgestellt, welcher mittelst einer Handpumpe mit Wasser gefüllt werden kann. Hier waschen sich die Soldaten, und hier werden auch die Kochgeschirre u. dgl. gespült. In dem Tank selbst baden die Soldaten nicht, sie übergießen sich vielmehr nur am Ufer stehend mit aus dem Troge geschöpftem Wasser.

Die Latrinen sind, wie in Baralpore, nach dem Dry earth-System eingerichtet. Sie sind ziemlich weit von den Gebäuden und den Tanks abgelegen und bestehen aus sechs Abtheilungen, von denen jede zwei Sitze hat. Zu jedem Sitze gehören zwei irdene große Schalen. Die eine ist zur Aufnahme der Fäkalien bestimmt und kann von hinten her durch eine Oeffnung der Wand entfernt werden; die andere enthält trockene Erde zum Ueberschütten der Fäkalien. Hinter je zwei Sitzen steht ein Eimer, in welchen der Inhalt der erstgenannten Schalen regelmäßig entleert wird. Der Inhalt der Eimer wird in ein auf Rädern befindliches

Faß geschüttet, welches von Zeit zu Zeit abgefahren und in genügender Entfernung von dem Kantonnement entleert wird. Eine der Latrinenabtheilungen ist so eingerichtet, daß die muhamedanischen Soldaten in ihr die vorgeschriebenen religiösen Waschungen vornehmen können.

Die Leibwäsche wird niemals von den Soldaten selbst, sondern von berufsmäßigen Wäschern (Dhobies) in einem entfernt gelegenen Tank gewaschen.

Die Kücheneinrichtung der muhamedanischen Soldaten ist von derjenigen der Hindus getrennt. Die Nahrungsmittel werden nicht vom Gouvernement geliefert, sondern in Bazaren ꝛc. eingekauft.

Das für die Bodyguards bestimmte kleine Hospital liegt einige hundert Schritte von den Kasernen entfernt. Es besteht aus einem massiven, nur einen großen Krankensaal enthaltenden Gebäude. Die eine Hälfte des Saales ist für die Soldaten, die andere für die Followers bestimmt. Zur Zeit der Besichtigung waren nur 12 Betten aufgestellt, und 6 kranke Soldaten nebst 3 kranken Followers in Behandlung (2 Pneumonieen, 1 Handverstauchung, Bronchitiden ꝛc.). Gewöhnlich sollen die Kranken die Zahl 5 nicht erreichen. Die Arztwohnung — das Lazareth wird von einem Native-Arzte besorgt —, die Küche und die Latrinen befinden sich in einem besonderen Gebäude.

In den letzten 15 Jahren ist unter den Bodyguards nur ein einziger Fall von Cholera vorgekommen.

Die »Alipore-Lines.«

Die Alipore-Lines, ein in der Vorstadt Alipore befindliches Truppen-Kantonnement, bestehen aus massiven, einstöckigen Baracken, welche mit weit vorstehenden Dächern ausgestattet sind, so daß eine Art von bedeckter Veranda an der Längsseite der Gebäude gebildet wird. Das Kantonnement, welches zur Zeit der Besichtigung mit etwa 370 Mann belegt war, ist räumlich sehr ausgedehnt, weil die einzelnen Baracken ziemlich weit von einander entfernt errichtet sind. — Das Trinkwasser wird aus der städtischen Wasserleitung in großen, auf Rädern stehenden Fässern angefahren. Zum Kochen und zur Körperwäsche wird dagegen Wasser aus einem im Bereiche des Lagers befindlichen großen Tank benutzt. Die Latrinen sind auch hier nach dem Dry earth-System eingerichtet. Nur oberflächliche Rinnen dienen zur Abführung der Meteor- und Gebrauchswässer. Die Leibwäsche wird außerhalb des Lagers von „Dhobies“ gewaschen.

Außer den massiven Gebäuden enthielt das Lager zur Zeit der Besichtigung noch eine größere Anzahl provisorisch errichteter für Sepoy's bestimmter Baracken, aus Bambusstäben hergestellt und mit Palmblättern bedeckt. Belegt waren diese Baracken indeß zur Zeit nicht.

Auch die Alipore-Lines haben ihr eigenes massiv gebautes Hospital.

Maßregeln zur Bekämpfung der Cholera unter den Truppen in Indien.

Im Anschluß an die vorstehenden Aufzeichnungen mögen hier einige Mittheilungen über die hauptsächlichsten Maßregeln gemacht sein, welche beim Auftreten von Cholera unter den Truppen in Indien ergriffen werden.

Nach den im Jahre 1882 neu veröffentlichten*) »Rules regarding the measures to be adopted on the outbreak of Cholera amongst British Troops« soll beim Ausbruch von Cholera unter den Mannschaften eines Truppentheils unter anderem folgendes geschehen:

Die Kommunikation mit inficirten Lokalitäten soll verhütet werden.

Gebäude bezw. Räume, in welchen ein Cholerafall vorgekommen ist, sollen verlassen und erst zehn Tage später, nach stattgehabter Reinigung und Desinfektion wieder bezogen werden.

Falls ein zweiter Cholerafall unter den umquartierten Mannschaften sich ereignet, soll eine nochmalige Umquartierung stattfinden, und beim Auftreten eines dritten Falles ein Nothlager bezogen werden.

---

*) Regulations and orders for the Medical Department H. M.'s forces in the Bengal Presidency. 1882 Calcutta.

Zu diesen Maßregeln wird bemerkt, daß die Entfernung von der inficirten Lokalität das einzige zuverlässige Mittel sei, welches um so mehr Aussicht auf Erfolg biete, je früher es zur Anwendung komme. Daß stets sofort nach dem Lagerwechsel die Krankheit gänzlich aufhöre, könne nicht erwartet werden, da es klar sei, daß die Mannschaften den Keim der Krankheit oft mit sich nähmen. (»It is clear that men often take with them the seeds of cholera.«)

Mannschaften, welche mit demjenigen Platze, dem die Krankheitsursache vermuthlich anhaftet, in Berührung gekommen sind, sollen von den übrigen Truppen getrennt werden.

Cholera-inficirte Truppen sollen, wenn sie ein anderes Lager beziehen und hierzu die Eisenbahn benutzen, nicht zu den Latrinen der Bahnstationen zugelassen werden; überhaupt sollen die betreffenden Züge nicht auf den Stationen, sondern auf der freien Strecke Halt machen.

Wenn nach dem Lagerwechsel die Krankheit länger als drei oder vier Tage virulent bleibt, soll wiederum ein neuer Lagerplatz bezogen werden.

Die äußerste Aufmerksamkeit soll dem Trinkwasser zugewandt werden. (»The utmost attention must be paid to the drinking water.«) Wo es erforderlich ist, müssen neue Brunnen angelegt werden. Beim Verlassen des inficirten Kantonnements soll kein Wasser aus Brunnen, welche von dem inficirten Truppentheil benutzt worden sind, in das neue Lager mitgeführt werden. Die Filter sollen gut gereinigt und mit frischer Kohle versehen werden. Das Trinkwasser ist der Vorsicht wegen vor dem Genuß zu kochen.

Die Hospitalleitung hat Sorge zu tragen, daß keine Ueberfüllung stattfindet (all unimportant cases, the treatment of which in hospital is not essential, should be discharged; every case in hospital must be careful watched; and it must be borne in mind that in very numerous instances it is in the hospital, among patients under treatment for other diseases, that cholera first appears).

Die Cholerakranken sollen womöglich in besonderen Gebäuden, eventuell in Zelten oder in provisorischen Hütten (grass-huts) untergebracht werden.

Die Ausleerungen der Kranken sind in Gefäßen aufzufangen, welche Desinfektionsmittel enthalten; danach sind sie mit trockener Erde reichlich zu mischen und in eigens für diesen Zweck aufgeworfene Gräben zu schütten, neben welchen auch die betreffenden Gefäße gereinigt werden müssen.

Die Krankenwärter sollen nicht dieselben Latrinen, Waschhäuser ꝛc. wie die Hospitalkranken benutzen; sie sollen ihre Hände sorgfältig reinigen, mit Choleraausleerungen beschmutzte Kleider ablegen ꝛc.

Bezüglich der Desinfektion wird folgendes vorgeschrieben: Holz und Möbel sollen mit Wasser und Seife gewaschen, Wände ꝛc. abgekratzt und frisch geweißt werden. Die Fenster und Thüren der betreffenden Räume sollen mehrere Tage geöffnet bleiben. Latrinen sind bis zur vollständigen Reinigung und Desinfektion zu schließen. Als Desinfektionsmittel soll Carbolsäure bezw. M'Dougall's Carbolsäure-Pulver reichlich gebraucht werden. Stroh, welches als Lager für Kranke gedient hat, soll verbrannt, Matratzen und Kissen der Luft ausgesetzt, geklopft und wenn möglich mit trockener Hitze von nicht weniger als 212 ° F mindestens 2 Stunden lang behandelt werden. Wäsche ꝛc. ist zu kochen. Was nicht gereinigt werden kann, ist zu verbrennen. Zelte sollen geräuchert und dann 10 Tage lang gelüftet werden. Außerdem wird die Desinfektion mit Chlorgas, salpetriger oder schwefliger Säure empfohlen, und zwar soll die Einwirkung dieser Mittel 2—3 Stunden andauern. — Choleradejektionen sollen mit dem am besten geeigneten, zur Verfügung stehenden Desinfektionsmittel desinficirt werden (»The exreta from patients suffering from cholera shall be subjected to desinfection by the most suitable desinfectants at command.«)

Das sind im wesentlichen die Maßregeln, welche die oben citirten »Rules« zur Bekämpfung der Cholera unter den Truppen vorschreiben. Quarantänemaßregeln anzuwenden, wird ausdrücklich verboten. Bemerkenswerth ist noch die Vorschrift, daß ein Unterschied zwischen Choleradiarrhoe und wirklicher Cholera in den Rapporten nicht gemacht werden soll. Auch wird in den »Rules« der Wunsch ausgesprochen, daß die Ausdrücke „sporadische“ und „epidemische“ Cholera in den Berichten vermieden werden, da es kein Mittel gebe, zwischen jenen beiden eine Unterscheidung zu machen.

Die Regeln gelten sowohl für das Auftreten der Cholera unter den englischen wie unter den Native-Truppen. In letzterem Falle ist es jedoch je nach den Umständen den militärischen und ärztlichen Instanzen überlassen, wie weit sie die Vorschriften zur Ausführung bringen wollen, da die Cholera erfahrungsgemäß die Native-Truppen nur in verhältnißmäßig geringem Grade heimzusuchen pflege (»as the disease rarely attacks them with any great severity«). Es ist dies eine Erfahrung, welche in hohem Maße für die Annahme spricht, daß eine mehr oder weniger große Immunität gegen die Krankheit durch den Aufenthalt in inficirten Gegenden bezw. durch das Ueberstehen leichterer Anfälle erworben werden kann.

Gefängnisse.

Die Kommission hat Gelegenheit gehabt, zwei große Gefängnisse in Indien einer eingehenden Besichtigung zu unterziehen, nämlich das »Madras Penitentiary« und das »Alipore Jail« zu Kalkutta. Wie vorweg bemerkt sei, waren diese beiden ausschließlich für Native-Gefangene bestimmten Anstalten geradezu Muster von Reinlichkeit und Ordnung und geeignet, das Geschick und die Sorgfalt der englischen Verwaltungsbehörden im besten Lichte erscheinen zu lassen.

Das »Madras Penitentiary« ist am Coom-Flusse gelegen, besteht aus einer größeren Anzahl einstöckiger Gebäude und ist rings von einer hohen Mauer umgeben. Die Lage ist nach einer von dem Superintendent Herrn W. A. Symonds der Kommission gemachten Mittheilung insofern eine wenig günstige, als der Fluß in der heißen trockenen Zeit stark versumpfen und dann höchst übelriechende Ausdünstungen verbreiten soll, während er in der Regenzeit so stark anschwillt, daß das Grundwasser in der Umgebung fast bis zur Erdoberfläche ansteigt. Hierzu kommt, daß an der dem Flusse entgegengesetzten Seite der Anstalt in unmittelbarer Nähe derselben Begräbnißplätze sich befinden.

Unterirdische Drainage ist in der Anstalt nicht vorhanden. Das Regen- und Schmutzwasser wird vielmehr in offenen cementirten Rinnen in den Fluß abgeleitet.

Die Gefangenen sind zum Theil in Einzelhaft untergebracht, zum Theil leben sie zu je zwölf in größeren Räumen und werden während des Tages im Freien beschäftigt.

Ganz außerordentliche Sorgfalt wird der Beseitigung der Dejektionen zugewandt. In allen Gebäuden befinden sich asphaltirte Räume, in welchen Erdklosets und außerdem zur Aufnahme des Urins bestimmte Gefäße aufgestellt sind. Letztere sowohl wie die Erdklosets werden täglich zweimal gereinigt.

Für die im Freien beschäftigten Gefangenen sind besondere, ebenso eingerichtete Latrinengebäude vorhanden, und es wird darauf gehalten, daß wo möglich überhaupt nur diese benutzt werden, die innerhalb der Gebäude gelegenen aber nur im Nothfalle in Thätigkeit kommen.

Die Wasserversorgung der Anstalt geschieht durch die städtische Leitung, welche von den red hills aus das Wasser zuführt. Nur zum Waschen der Wäsche wird Wasser aus einem im Bereiche der Anstalt gelegenen Brunnen entnommen. Das Wasser des letzteren ist brackig und wird deswegen von den Gefangenen angeblich niemals getrunken. — Während der Anwesenheit der Kommission war man zufällig mit Reinigung von Wäsche beschäftigt. Es geschah das in der Weise, daß das nasse Zeug auf große Steine aufgeschlagen wurde, wie es vielfach auch im südlichen Europa noch Brauch ist. Das schmutzige Wasser spritzte dabei überall umher.

Nach Mittheilung des Superintendent werden die Gefangenen bei ihrer Aufnahme gebadet und erhalten reine Anzüge, während die von ihnen mitgebrachten Kleider außerhalb der Anstalt gereinigt und bis zur Entlassung aufbewahrt werden, falls man sie nicht wegen des Verdachts auf ansteckende Krankheiten alsbald verbrennt. — Die Ernährung der Gefangenen geschah in früheren Jahren überwiegend mit Reis. Wegen der dabei häufig aufgetretenen Verdauungsstörungen hat man in neuerer Zeit mehr Abwechslung in die Verpflegung gebracht und giebt jetzt hauptsächlich die sogenannten Dry grains (von den Eingeborenen redschi genannt), ein Gemisch verschiedener Hülsenfrüchte, daneben grünes Gemüse und nur zweimal wöchentlich Reis; ferner Zwiebeln und das in Indien von Jedermann fast täglich genossene curry. Fleisch wird in neuerer Zeit in der Regel dreimal wöchentlich gegeben. — Uebrigens läßt man auch je nach der Dauer der Haft gewisse Unterschiede in der Art der Verpflegung eintreten.

Da das »Madras Penitentiary« zugleich eine Sammelstätte für solche Verbrecher aus der Präsidentschaft Madras ist, welche zu längeren, auf den Andamanen-Inseln abzubüßenden

Freiheitsstrafen verurtheilt sind, so ist der Wechsel der Insassen des Gefängnisses zeitweise ein sehr reger. Trotzdem ist seit einer Reihe von Jahren nur einmal und zwar im Jahre 1882 Cholera zur Beobachtung gekommen. Es erkrankten im ganzen elf Gefangene, theils in der Anstalt befindliche, theils solche, welche bereits auf das Transportschiff übergeführt waren.

Das in Kalkutta in der Vorstadt Alipore gelegene, ebenfalls ausschließlich für Eingeborene bestimmte große Centralgefängniß, das »Alipore Jail«, bietet für nicht weniger als etwa 2000 Gefangene Platz. Es besteht aus einer Anzahl massiver einstöckiger Gebäude und besitzt ein neues ebenfalls massives Hospital, in dem etwa 200 Kranke untergebracht werden können. Das Terrain, auf welchem die rings von einer hohen Mauer umgebene Anstalt steht, entbehrt jeder unterirdischen Drainage, vielmehr sind auch hier zur Ableitung des Schmutz- und Regenwassers nur offene cementirte Rinnen vorhanden. — Die Einrichtungen zur Aufnahme und Beseitigung der Dejektionen sind dieselben wie im »Madras Penitentiary«. Sie bringen es mit sich, daß das Vorhandensein eines Durchfalls bei den Gefangenen nicht unbemerkt bleiben kann. Jeder derartig Erkrankte wird ins Hospital übergeführt, eine Maßregel, welche stets mit vermehrter Aufmerksamkeit überwacht wird, sobald ein Fall von Cholera in der Anstalt aufgetreten ist. Die Wasserversorgung ist eine gemischte, indem seit etwa zwei Jahren für Trinkzwecke aus der städtischen Leitung entnommenes, in besonderen Räderkarren zugeführtes und von einem Hochreservoir aus in der Anstalt vertheiltes Wasser verwandt wird, während für alle übrigen Zwecke ein innerhalb der Mauern gelegener Tank den Bedarf liefert. Ueberraschender Weise schwankt der Wasserstand dieses Tanks, welcher von dem Tolly's Nullah, dem mehrfach erwähnten, unterhalb Kalkuttas vom Hoogly sich abzweigenden Wasserlauf, noch einige hundert Schritte entfernt ist, mit der Fluth und Ebbe auf und nieder. Bis zu zwölf Fuß sollen diese Schwankungen im Laufe eines Tages betragen. Im Uebrigen sind Verunreinigungen des Tanks durch die Gefangenen oder sonstigen Anstaltsbewohner in Folge seiner isolirten Lage ausgeschlossen. Vor dem Gebrauch zu Küchenzwecken wird das Tankwasser erst noch einer Filtration unterworfen, nach welcher es völlig klar erscheint. Dagegen wird es in unfiltrirtem Zustande zum Spülen der Eßgeschirre, zur Körperwäsche und zum Waschen der Leibwäsche und Kleider benutzt. Die Gefangenen nehmen täglich eine gründliche Körperreinigung vor. Es geschieht das in der Weise, daß sie aus einer cementirten Rinne, welche mit fließendem unfiltrirten Tankwasser gefüllt ist, das Wasser zu Uebergießungen schöpfen. Das abfließende Wasser, sowie dasjenige, welches von den Gefangenen zur Reinigung ihrer Leibwäsche und ihrer Kleider benutzt ist, fließt in den Tolly's Nullah ab. — Nur die Gefängnißkleidung wird von den Gefangenen selbst gewaschen, während ihnen ihre eigenen Kleidungsstücke beim Eintritt in die Anstalt abgenommen und von berufsmäßigen Wäschern besonders gewaschen werden. — Die Verpflegung ist für sämmtliche Gefangene dieselbe. Das Gemüse wird innerhalb der Anstalt selbst gezogen. Die Milch wird von einem in der Vorstadt wohnenden Privat-Unternehmer geliefert. In einem eigenen Küchengebäude werden die Speisen für sämmtliche Gefangene zubereitet. — Ein großer Theil der im »Alipore Jail« untergebrachten Gefangenen wird aus den Distrikts-Gefängnissen dahin übergeführt, doch werden auch zahlreiche Verbrecher direkt in die Anstalt eingeliefert.

Kleine Choleraausbrüche sind auch in den letzten Jahren noch wiederholt vorgekommen. Die Ersterkrankten waren dabei in der Regel frisch eingelieferte Gefangene. In dem Hospitale, in welchem zur Zeit der Besichtigung durch die Kommission etwa 100 Kranke sich befanden, ist ein eigener Cholera-Krankensaal von den übrigen Räumen abgesondert. Verdächtige Kranke werden hierher gebracht, ohne daß sie vorher die Kleider wechseln dürfen. Nach Ablauf der Krankheit werden die Kleider verbrannt. Bei einer Durchsicht der Krankenbücher des Lazareths fiel es auf, daß in zwei Epidemieen verhältnißmäßig zahlreiche Erkrankungen solche Leute betroffen hatten, welche aus anderer Ursache im Lazareth sich befanden. In einem dieser Fälle sollen durch das Versehen eines Native-Hülfsarztes zwei aus Jessore frisch eingelieferte, an der Cholera erkrankte Gefangene nicht in den Cholerasaal, sondern zu den übrigen Kranken gelegt worden sein.

Erwähnt sei an dieser Stelle noch ein egyptisches Gefängniß, welches die Kommission während ihres Aufenthaltes in Mansurah unter Führung des Herrn Dr. Winkler zu besichtigen Gelegenheit hatte. Dasselbe war ein eingeschossiges langgestrecktes Gebäude, von einer Seite zur anderen von einem Corridor durchzogen, an welchem beiderseits zu ebener Erde eine größere Anzahl von offenen Gefäßen lag. Sehr zahlreiche junge und alte Straf- und Untersuchungsgefangene, zum Theil mit Ketten an den Füßen, waren in dem Gebäude untergebracht, ohne irgendwie in dem Verkehr mit einander gehindert zu sein. In den einzelnen Räumen befanden sich niedrige Kochheerde, sowie primitive Abtritte. Der einzige Eingang zu dem Gebäude wurde von einer starken militärischen Wache besetzt gehalten. Die Räume waren wenig reinlich gehalten, und die Gefangenen sahen meist sehr vernachlässigt aus.

Hospitäler.

Ueber die von der Kommission während ihres Aufenthaltes in Indien besichtigten Hospitäler mögen hier ebenfalls einige kurze Bemerkungen Platz finden. Zunächst ist das Medical College Hospital in Kalkutta zu erwähnen, welches mit der zur Heranbildung von Native-Aerzten bestimmten medicinischen Fakultät verbunden ist. Dasselbe besteht aus einem großen, nicht unterkellerten Gebäude, dessen einzelne Räume durch Bogenwölbungen frei mit einander communiciren. Eine rings um das Gebäude laufende Gallerie enthält die Baderäume und die mit Wasserspülung versehenen Closets. Der Boden der Krankenräume besteht aus Asphalt. An der Decke sind zur Unterstützung der begreiflicherweise in erster Linie in Betracht kommenden natürlichen Ventilation einfache Ventilationsöffnungen angebracht. — Die Betten bestehen aus einer Segeltuch-Unterlage, welche mit Schnüren an einem in der Bettstelle liegenden Rahmen befestigt ist, und auf welcher eine mit Baumwolle gefüllte Matratze und ein ebensolcher runder Kopfpfühl ruht. — Abgesehen von Betrunkenen, welche bisweilen ins Hospital gebracht werden, kommt eine Isolirung nach Mittheilung des Chefs des Lazareths, Herrn Dr. M. Coates, nur bei Erisypel-Kranken zur Anwendung, da Uebertragungen dieser Affektion von einer Person auf die andere häufig beobachtet worden sind.

Cholerakranke werden nicht isolirt: sie liegen in einem Raume mit äußerlich kranken Personen zusammen, jedoch auf einer Hälfte des Saales für sich, um jene nicht zu sehr zu stören. — Die Wäsche der Cholerakranken wird zunächst im Hospitale oberflächlich gewaschen und dann zwischen die übrige beschmutzte Wäsche gethan, um außerhalb des Hospitals weiter gereinigt zu werden. Eine Desinfektion der Wäsche oder der Choleradejektionen findet nicht statt: auch erinnerte man sich nicht, eine Cholerainfektion anderer Kranker bezw. des Wärterpersonals im Hospitale beobachtet zu haben. Für die größtmögliche Reinlichkeit wird Sorge getragen.

Kranke, welche eine chirurgische Operation durchgemacht haben, kommen zunächst in einen besonders luftigen großen Raum; die Durchführung der antiseptischen Wundbehandlung soll eine strenge, und das Vorkommen von Wundinfektionskrankheiten selten sein.

Für geburtshülfliche und gynäkologische Zwecke dient in Kalkutta das „Eden Hospital," ein prächtiges massives Lazareth, welches ganz nach europäischem Muster erbaut und eingerichtet ist.

Das für Natives bestimmte Sealdah Hospital in Kalkutta besteht aus einem einstöckigen Hauptgebäude und einem zur Unterbringung von Pockenkranken bestimmten Isolir-Hause. Es besitzt ferner ein eigenes kleines Gebäude für den Arzt, Unterrichtsräume für die Heranbildung von Native-Heilgehülfen und endlich ein besonderes Obduktionshaus. Das Hauptgebäude enthält im wesentlichen nur einen sehr großen zu ebener Erde gelegenen asphaltirten Raum, welcher in seiner einen Hälfte die männlichen, in der anderen die weiblichen Kranken aufzunehmen bestimmt ist.

Die Cholerakranken werden in der Regel von den übrigen Patienten getrennt in einem Vorraume untergebracht, der durch eine niedrige Scheidewand von dem Hauptsaale geschieden ist. Einer Mittheilung des Herrn Dr. Dissent zufolge ist der Fall vorgekommen, daß ein amputirter Knabe, welcher schon längere Zeit im Hospital lag und wie die meisten Kranken seine Mahlzeiten neben seinem Bette am Boden kauernd einzunehmen pflegte, innerhalb des Hospitals an Cholera erkrankt und gestorben ist zu einer Zeit, wo neben ihm Cholerakranke lagen.

Von kleineren Hospitälern, sogenannten »Dispensarys«, hatte die Kommission Gelegenheit das zum »Mayo Hospital« gehörige »Chandnie Hospital« zu besichtigen. Dasselbe enthielt in zwei zu ebener Erde gelegenen Räumen 6 bezw. 2 Betten, von denen die letzteren für

Cholerakranke bestimmt waren. Die Betten bestanden aus einer Holzpritsche, einem schmutzigen auf derselben liegenden Strohsack und einer wollenen Decke. — Die Latrinen waren nach arabischer Weise eingerichtet und enthielten einen Wasserbehälter für die Vornahme der religiösen Waschungen. — Ueber das Verfahren bei der Aufnahme &c. von Cholerakranken erhielt die Kommission folgende Auskunft: Den genannten Kranken wird nur dann seitens des Hospitals Wäsche geliefert, wenn die ihrige sehr beschmutzt ist. Die Dejektionen werden in die Latrinen geschüttet. Eine Desinfektion findet nicht statt. Die beschmutzten Strohsäcke werden an der Sonne getrocknet und danach ohne weiteres wieder benutzt; erneuert werden sie nur, wenn sie völlig unbrauchbar geworden sind. Choleraleichen werden, in ein Stück alte Leinwand oder eine Strohmatte nothdürftig eingehüllt, an einen Bambusstab gebunden und so auf den Schultern von Kulis durch die Stadt zum Leichenverbrennungsplatze getragen. Die Kleidungsstücke der an der Cholera verstorbenen Personen werden nach Angabe des Native-Arztes von den Leichenträgern in der Regel mitgenommen, gewaschen und persönlich benutzt, während die Wäsche der Cholerakranken zusammen mit der übrigen Wäsche außerhalb des Hospitals von berufsmäßigen Wäschern gewaschen wird. Uebrigens sollen weder im Hospitale, noch unter den Wäschern und den die Latrinen reinigenden Personen je Cholerafälle vorgekommen sein, welche auf eine Infektion durch die Wäsche &c. hätten zurückgeführt werden können. — Bemerkt sei noch, daß dieses einen keineswegs günstigen Eindruck machende kleine Hospital getrennte Küchen für Muhamedaner und Hindus besaß. — Die übrigen Dispensarys, sowohl in Kalkutta selbst wie auf dem Lande, sollen in ähnlicher, ja zum Theil in noch mangelhafterer Weise eingerichtet sein, wie das vorstehend beschriebene Chandnie Hospital.

Von einer Besichtigung der in Kalkutta sonst noch vorhandenen größeren Krankenhäuser, des General Hospital, des Military Hospital und des Mayo Hospital hat die Kommission mit Rücksicht auf die zahlreichen anderen von ihr zu erledigenden Aufgaben Abstand nehmen müssen.

Während, wie aus den vorstehenden Mittheilungen sich ergiebt, in den Krankenhäusern Kalkutta's eine Absonderung der Cholerakranken von den übrigen Patienten entweder gar nicht oder nur in sehr unvollkommenem Maße stattfindet, besitzt das von der Kommission ebenfalls besichtigte General Hospital in Madras eine besondere Cholera-Abtheilung, welche ihre eigene Küche hat, und in welcher der Dienst von besonderen Wärtern versehen wird. Choleradejektionen werden hier sorgfältig desinficirt und dann vergraben. Die Wäsche der Cholerakranken wird durch Kochen in verdünnter Karbolsäure desinficirt, bevor sie in die Hände der Wäscher gelangt.

Die Erfahrungen, welche die Kommission bezüglich der ärztlichen Behandlung von Cholerakranken hat sammeln können, sind wenig umfangreich und laufen darauf hinaus, daß sowohl in Egypten wie in Indien die Aerzte ihrer Ohnmacht gegenüber der Krankheit sich völlig bewußt waren. Erfahrene, lange Jahre in Indien thätige Aerzte sprachen sich dahin aus, daß eine Mortalität von ca. 50 % der Erkrankten die Regel sei, und daß dieses Verhältniß durch die Art der Behandlung nicht oder jedenfalls nicht nennenswerth beeinflußt werde. Häufig begegnete man der Mittheilung, daß gelegentlich dieses oder jenes Mittel anscheinend gute Erfolge erzielt habe, daß es dann aber regelmäßig bei längerer Prüfung ebenso wirkungslos sich erwiesen habe wie vor ihm andere Medikamente. In einer Beziehung stimmten in Indien fast alle daraufhin befragten Aerzte überein, daß nämlich Abführmittel im Beginne der Krankheit schädlich seien, und daß in diesem Stadium von vorn herein Opiate den Vorzug verdienten.

Im Griechischen Hospitale in Alexandrien war die Behandlungsweise im algiden Stadium folgende: Reibungen des Körpers mit Kampherspiritus; Einwickelungen in Flanell, der mit Kalk bestreut und mit Ammoniak besprengt war; Dampfbäder. Innerlich stündlich $\frac{1}{2}$ g Chloralhydrat und stündlich 1 g Bismuth. subnitric., außerdem kleine Gaben Cognac und kalt bereitetes Fleischinfus. — Im Arabischen Hospitale zu Alexandrien wurden Opiate oder Narkotika gar nicht verabreicht. Von innerlich angewandten Mitteln wurde seitens des einen dirigirenden Arztes Salicylsäure, seitens des anderen Citronensäure mit Vorliebe verordnet. — Im Europäischen Hospitale in Alexandrien standen unter den innerlich gegebenen Mitteln wie im Griechischen Hospitale Bismuthum subnitricum und Chloralhydrat in erster Linie.

Zusammenstellung der durch die Entsendung der Kommission erwachsenen Kosten.

Die Kosten, welche durch die Entsendung der Kommission nach Egypten und Indien erwachsen sind, haben im ganzen 33 608 Mk. 22 Pf. betragen, über deren Verwendung die nachstehende Zusammenstellung Aufschluß giebt:

	Mk.	Pf.
Ausrüstung zur Reise	2 265	15
Beschaffung von Ausrüstungsgegenständen während der Reise	896	27
Beschaffung von Literatur	511	16
Reisekosten (Eisenbahn, Dampfschiffe rc.)	13 581	67
Hôtel-Rechnungen	10 377	62
Anderweitige Unterhalts-Ausgaben	1 716	83
Exkursionen in Egypten und Indien	1 696	39
Löhne für persönliche Bedienung	502	29
Beschaffung von Laboratoriumsgegenständen in Egypten und Indien	512	5
Sonstige Ausgaben für das Laboratorium	911	97
Porti und Telegramme	325	66
Kurs-Differenzen	215	16
Summe	33 608	22

Die Bereitstellung der Geldmittel geschah in der Weise, daß der Kommission bei Beginn der Expedition für die Zwecke der Ausrüstung und die Reise nach Egypten 6000 Mk. zur Verfügung gestellt, und daß ihr weiterhin bei dem General-Konsulate in Alexandrien bezw. dem Konsulate in Kalkutta ein Kredit in ausreichender Höhe eröffnet wurde.